AF902323

K. Billwitz, K.-D. Jäger, W. Janke
(Hrsg.)

Jungquartäre Landschaftsräume

Aktuelle Forschungen zwischen Atlantik und Tienschan

Mit 122 Abbildungen und 4 Einstecktafeln

Springer-Verlag
Berlin Heidelberg New York
London Paris Tokyo
Hong Kong Barcelona Budapest

Prof. Dr. MANFRED STÖHR
Dr. BERNHARD RIFFEL
Dr. KARL PFADENHAUER

Dr. ANNA-MARIA BELTINGER
Dr. DIETER HEUSS
Dr. HILDEGARD KROISS
Dr. ROBERT PFISTER
Dr. BIRGIT SOMMER-EDLINGER
Dr. HANS-ULRICH VOELTER

Neurologische Klinik, Zentralklinikum Augsburg,
Stenglinstr. 2, D-8900 Augsburg

Mit Unterstützung der DFG (Sto 117/5-4)

ISBN-13:978-3-642-76746-3 e-ISBN-13:978-3-642-76745-6
DOI: 10.1007/978-3-642-76745-6

Die Deutsche Bibliothek – CIP-Einheitsaufnahme
Neurophysiologische Untersuchungsmethoden in der Intensivmedizin /
M. Stöhr ... Mit Beitr. von A. Beltinger ... –
Berlin ; Heidelberg ; New York ; London ; Paris ;
Tokyo ; Hong Kong ; Barcelona ; Budapest : Springer, 1991

NE: Stöhr, Manfred

Dieses Werk ist urheberrechtlich geschützt. Die dadurch begründeten Rechte, insbesondere die der Übersetzung, des Nachdruckes, des Vortrags, der Entnahme von Abbildungen und Tabellen, der Funksendung, der Mikroverfilmung oder der Vervielfältigung auf anderen Wegen und der Speicherung in Datenverarbeitungsanlagen, bleiben, auch bei nur auszugsweiser Verwertung, vorbehalten. Eine Vervielfältigung dieses Werkes oder von Teilen dieses Werkes ist auch im Einzelfall nur in den Grenzen der gesetzlichen Bestimmungen des Urheberrechtsgesetzes der Bundesrepublik Deutschland von 9. September 1965 in der jeweils geltenden Fassung zulässig. Sie ist grundsätzlich vergütungspflichtig. Zuwiderhandlungen unterliegen den Strafbestimmungen des Urheberrechtsgesetzes.

© Springer-Verlag Berlin Heidelberg 1991
Softcover reprint of the hardcover 1st edition 1991

Die Wiedergabe von Gebrauchsnamen, Handelsnamen, Warenbezeichnungen usw. in diesem Werk berechtigt auch ohne besondere Kennzeichnung nicht zu der Annahme, daß solche Namen im Sinne der Warenzeichen- und Markenschutz-Gesetzgebung als frei zu betrachten wären und daher von jedermann benutzt werden dürften.

Produkthaftung: Für Angaben über Dosierungsanweisungen und Applikationsformen kann vom Verlag keine Gewähr übernommen werden. Derartige Angaben müssen vom jeweiligen Anwender im Einzelfall anhand anderer Literaturstellen auf ihre Richtigkeit überprüft werden.

25/3130-543210

Herrn Professor Dr.

HEINZ KLIEWE

gewidmet

Vorwort

Die jüngste erdgeschichtliche Vergangenheit findet in der Gegenwart in zunehmendem Maße nicht nur wissenschaftliches, sondern auch – von praktischen Überlegungen bestimmt – öffentliches Interesse. Der stark vom Fortschritt in Technik und Landnutzung bestimmte Umweltwandel in unserem Jahrhundert führt zu tiefgreifenden Rückwirkungen auf Möglichkeiten und Grenzen menschlicher Existenz. Tendenz und Intensität aller Veränderungen sind jedoch nicht allein vom menschlichen Tun abhängig, vielmehr wesentlich von natürlichen Vorgängen und Bedingungen beeinflußt. Deren Richtung und Wirkungsweise ist allein im Rückblick auf die letzten Etappen erdgeschichtlicher Entwicklung erkennbar, mehr oder weniger prognosefähig und kalkulierbar. Wesentliche Erkenntnisse zu diesem sensiblen Fragenkreis ergeben sich vor allem aus den Befunden zum Landschaftswandel im jüngsten, etwa 130000 Jahre umfassenden Abschnitt des Eiszeitalters. Jeder Beitrag hierzu stellt eine wertvolle Unterstützung in dem Bemühen dar, auch Zukunftsproblemen gerecht zu werden.

Der vorliegende Band versucht, solche Beiträge zusammenzutragen. Den Anlaß dafür bot ein Jubiläum des Greifswalder Hochschullehrers Prof. Dr. Heinz Kliewe. Die Begründung für die Veröffentlichung liegt jedoch in der Aktualität der dabei berührten Problemkreise und Ergebnisse, sicher mitbestimmt vom individuellen Interessenspektrum des Jubilars. Sie sind zugleich repräsentativ für die Bandbreite der Fragestellungen, die seine Aufmerksamkeit gefunden haben und auch für Praxiserfordernisse hilfreiche Aussagen liefern. Sie reichen vom Klimagang im jüngsten Abschnitt des Eiszeitalters mit seinen Zeugnissen über die vielfältigen Aspekte nacheiszeitlicher Küstenentwicklung und über Inventur und Kartierung von Naturraummosaiken in glaziär vorgeprägten Räumen bis hin zur zielgerichteten differenzierten Nutzung naturräumlicher Strukturen in der gegenwärtigen Landnutzung. Ebenso sind Periglazialforschung, Untersuchungen zum Binnenholozän und insgesamt zur Quartärstratigraphie einbezogen. Der regionale Rahmen reicht dabei von den Britischen Inseln bis zum Tienschan-Gebirge und von Schweden bis zur Arabischen Halbinsel. Dabei ist der mitteleuropäische Raum besonders vertreten. Dieser Umstand entspricht nicht nur dem äußeren Anlaß für den vorliegenden Band, sondern vielmehr einer regionalen Forschungstradition.

Die Herausgeber wünschen dem Band und den einzelnen Beiträgen eine freundliche Aufnahme in einem wohlwollenden Leserkreis. Besonderer Dank gilt dabei dem Springer-Verlag, ohne dessen Entgegenkommen, Beratung und Unterstützung die Veröffentlichung nicht zustandegekommen wäre.

Greifswald, Halle im August 1992 Die Herausgeber

Inhalt

3 Beiträge zur Periglazialforschung und Talformung im Pleistozän Mitteleuropas

4 Beiträge zur Küstenforschung

Autoren

A. Bernhardt, Dresden
K. Billwitz, Greifswald
H. Birr, Greifswald
Z. Borsy, Debrecen
A. G. Cepek, Berlin
K. Erd, Berlin
K. Fandrich, Dresden
K. Fritsche, Dresden
J. F. Gellert, Potsdam
V. Gudelis, Wilna
A. Guilcher, Brest
B. P. Hageman, Haarlem
W.-D. Heinrich, Berlin
K.-D. Jäger, Halle
W. Janke, Greifswald
L. Jeschke, Schwerin
K. O. Refki, Aden
M. Klimaszewski, Krakau
L.-K. Königsson, Uppsala
D. Kopp, Eberswalde-Finow
S. Kozarski, Posen
R. Lampe, Greifswald
E. Lange, Berlin
R. Lauterbach, Leipzig
J. Lehmann, Greifswald
H. Linke, Eberswalde-Finow
Th. Litt, Halle
V. Ložek, Prag
A. O. Ludwig, Potsdam
J. Marcinek, Berlin
G. Markuse, Berlin
B. Müller, Berlin
R.-O. Niedermeyer, Greifswald
A. Orlov, Moskau
M. Pécsi, Budapest
Z. Pinczés, Debrecen
F. Prägert †, Dresden
A. Raukas, Tallinn
K. Ruchholz, Greifswald
H. Schramm, Jena
J. D. Šujskij, Odessa
J. Schulze, Erfurt
L. R. Serebrjannyj, Moskau
S. Slobodda, Dresden
A. Steinmüller, Jena
H. Svensson, Kopenhagen
R. Voigtland, Magdeburg
G. V. Vychovanec, Odessa
R. Weiße, Potsdam
F. Wiegank, Potsdam
L. Zaumseil, Berlin

1 Beiträge zur Glazialforschung

1.1 Ausgewählte Aspekte der jungweichselzeitlichen Entwicklung in Vorpommern

WOLFGANG JANKE

Eine große Anzahl von Autoren, wie beispielsweise Eiermann, Elbert, Hesemann, Janke, Klautzsch, Kliewe, A. Ludwig, Peterss, Reinhard, K. Richter, G. Richter, Rühberg, Schultz und Schulz, hat sich in den letzten Jahrzehnten mit der Glazialgenese des vorpommerschen und ostmecklenburgischen Raumes beschäftigt. Die Aufgabe vorliegender Arbeit besteht nun nicht darin, die verschiedenen Auffassungen gegenüberzustellen und zu werten, vielmehr soll auf einige Aspekte aufmerksam gemacht werden, die bei zukünftigen Forschungen zur Glazialgenese und Spätglazialentwicklung von Bedeutung sein könnten. Dabei wird in Abhängigkeit von der jeweiligen Aufgabenstellung zu prüfen sein, welchen Anteil diese Forschungen für die Weiterentwicklung unserer Kenntnisse zur Glazialgenese Mitteleuropas beisteuern können.

Inbesondere die Arbeiten der letzten Jahrzehnte erbrachten neue Erkenntnisse über Struktur und Genese von Grund- und Endmoränen (Weisse 1980), vor allem zum Mecklenburger Stadium (Heerdt 1965; Rühberg u. Krienke 1977; Stephan u. Menke 1977; Eiermann 1984; Rühberg 1987), ferner über Gletscherphysik sowohl der Gebirgsgletscher als auch der Großgletscher Grönlands und der Antarktis, über die reliefstrukturbeeinflussende Dynamik des Permafrostes, über den Wirkungsmechanismus gravitativer Prozesse sowie über Ablauf und Vereisungsdynamik des Weichselglazials, beispielsweise zum Verlauf und zu den Bildungsbedingungen des Mecklenburger Stadiums oder zum Klima- und Vegetationscharakter des Weichselfrühglazials. Einen besonders hohen Erkenntniszuwachs gibt es bei der Untersuchung von Großaufschlüssen, vor allem in den Braunkohlenrevieren (Eissmann 1987; Mania u. Stechemesser 1970) sowie bei Auswertungen von Travertinaufschlüssen im unmittelbaren Umland der pleistozänen Inlandeisdecken.

In einigen früheren Arbeiten (z. B. Kliewe u. Janke 1972) erfolgte durch den Autor in Anlehnung insbesondere an Gripp (1947) und Reinhard (1959) ebenfalls eine Überbetonung morphographischer Methoden bei der Ansprache von Marginalzonen. Fehlinterpretationen können nur vermieden bzw. in Grenzen gehalten werden, wenn in Komplexstudien Aussagen zu dem Sediment, den Sedimentstrukturen und den Reliefeigenschaften bei Mitberücksichtigung der Kenntnisse über das präexistente Relief und die Gletscherdynamik enthalten sind.

Im folgenden werden eine als erster Versuch zu wertende Karte der morphogenetischen Landschaftseinheiten des Greifswalder Raumes (Abb. 1) sowie einige auf der Auswertung von Spezialkarten basierende Verfahren und Ergebnisse der Relief- und Substratansprache (Tabelle 1, Abb. 2 und 3) für das Untersuchungsgebiet vorgestellt.

Den Ergebnissen, die vorwiegend im Greifswalder Umland gewonnen wurden und die hier nicht vollständig vorgestellt werden können, liegen folgende Prämissen zugrunde:

– Die Weichselvereisung war auf dem Territorium der ehemaligen DDR von kurzer Dauer und in ihrer landschaftsprägenden Wirkung wesentlich schwächer als die Hauptphasen der Saale- und Elster-Vergletscherung. Bevor der Inlandeiskörper erstmalig bzw. erneut im Rahmen größerer Gletscheroszillationen in der Lage war, auf das höhergelegene mitteleuropäische Festland überzugreifen, befand sich sein peripherer Bereich über einen kürzeren Zeitabschnitt im zumindest teilweise schon vorher durch Schelfeis und abbrechendes Gletschereis ausgefüllten Ostseebecken, wo er eine spezifische Dynamik entwickelte.

– Während der Vorstoßzeiten zu den verschiedenen Marginalzonen, insbesondere aber beim Eisvorstoß während des Brandenburger und Pommerschen Stadiums, kam es zur Entstehung von Endmoränen und anderen Akkumulationsformen; diese wurden teilweise „überfahren" und stellen zumeist reliefstärkere Grundmoränengebiete dar, die größere Höhen als benachbarte Endmoränen erreichen können.

– Die spätglazialen Gletschervorstöße erfolgten durch geringmächtige, schnelle und relativ warme Gletscher; sie hinterließen zumeist eine Grundmoräne mit nur geringer Mächtigkeit, Sander und auch Endmoränen können fehlen. Das präexistente Landschaftsrelief wurde in der Regel nur „zugedeckt", jedoch kaum glazialtektonisch beansprucht, und wenn, dann nur in den oberen Schichten, die lediglich einige Dezimeter bis Meter mächtig waren, so daß es weitgehend erhalten blieb. Die Bewegtheit der heutigen Präquartäroberfläche im Bereich der Grundmoränen- und Sanderplatten des weiteren Greifswalder Raumes ist bis um das Dreifache stärker als die der prärosenthaler und auch der gegenwärtigen Landschaftsoberfläche. Präquartäre Störungszonen wie insbesondere der Grimmener Wall und der Dargibell-Möckower Graben sind an der Ausprägung des heutigen Landschaftsreliefs höchstens örtlich, so möglicherweise im Bereich von Möckow-Berg und Umland, beteiligt. Dieser Grabenbruch quert sowohl das Peene- als auch das Zietal ohne erkennbare Einflüsse auf die Talkonfiguration bzw. auf die jungglazialzeitliche Morphodynamik.

– Die spätglazialen Gletscheroszillationen erfolgten in kurzen Abständen, verbreitet bestanden zur Zeit des nächsten Gletschervorstoßes bzw. der nächsten Verharrungsphase noch Resteisfelder. Diese und die mit Eis ausgefüllten Senken, wie z. B. Bodden und ehemalige Binnenseebecken, wurden überfahren und mit einer Grundmoränendecke versehen oder aber auch verbreitet von Sandern bzw. glazilimnischen Sedimenten überschüttet.

– Der Permafrost führte – vor allem im Hochglazial – zu Modifikationen im Relief sowie in der Sedimentlagerung. Während des jüngeren Spätglazials gehörte er dem atlantischen Typ an und erreichte keine größeren reliefmodifizierenden Wirkungen mehr. Auch der Druck des Inlandeises auf das Anstehende und auf das unmittelbare Gletschervorland sollte als strukturprägender Faktor nicht außer acht gelassen werden.

– Die heutige Reliefstruktur glazial geprägter Räume hängt insbesondere von der Dynamik der jüngsten Bildungsmedien ab (z. B. des Inlandeises und der Prozesse während der Abbau- und Periglazialphase), aber auch in unterschiedlich starkem Maße vom präexistenten Relief und Sediment. Je besser die Informationen über die prä- und früh- bis hochweichselzeitlichen Reliefverhältnisse und deren Anteil an der aktualgeomorphologischen Reliefstruktur sowie über die Wirkungsart und -intensität der jüngsten glazialzeitlichen reliefprägenden Prozesse sind und je zweckmäßiger die Kartierung von Reliefmerkmalen durchgeführt wird, desto höher ist die Aussagekraft von Reliefkartierungen für glazialgenetische Fragestellungen sowie für die Charakterisierung morphogenetischer Landschaftseinheiten. Diese wiederum bilden eine wichtige Vorleistung für die Landschaftstypisierung in der nano- und mikrochorischen Dimensionsstufe, vor allem aber auch eine Hilfestellung bei der Aufnahme von Intensitätsstufen der normativ-potentiellen Wassererosion unter den Bedingungen landwirtschaftlicher Nutzung.

Aufbauend auf den genannten Prämissen werden folgende erste Forschungsergebnisse zur Diskussion gestellt:

(1) Nur wenige der lobenförmig gestalteten Bodden weisen Endmoränen an ihren Flanken auf. Die meisten Bodden sind von Grundmoränen- oder Beckensandgebieten umgeben. Die Bodden der Darß-Zingster-Boddenkette einschließlich der ihnen binnenwärts vorgelagerten Küstenniederungen entstanden als Gletscherzungenbecken. Der Entstehungszeitraum lag vor dem Übergreifen zumindest des jüngsten, aus dem Ostseebecken heraus erfolgenden weichselzeitlichen Gletschervorstoßes auf das Festland. Ehemalige Randbildungen wurden überfahren und lassen sich als eigenständige Endmoränen nicht mehr nachweisen. Zumindest alle südlich der Küstenstaffel gelegenen Bodden stellten zur Zeit des jüngsten spätglazialen, das Festland erreichenden Inlandeisvorstoßes in unterschiedlich starkem Maße durch Eis plombierte präexistente Tiefenlagen dar, über die der Gletscher hinwegglitt. Die typisch lobenförmig gestalteten Bodden sind ältere Kleinstzungenbecken im Übergangsbereich von der Ostsee zum erheblich höher gelegenen Festland und dürften sich jeweils in Zeiten kurz vor dem Übergreifen des Inlandeises auf das Untersuchungsgebiet formiert haben. Eine Mehrfachprägung dieses Boddentyps durch Gletscheroszillationen ist somit nicht ausgeschlossen. Größere und von diesem Typ in ihrer Konfiguration abweichende Bodden, wie z. B. der Greifswalder Bodden und das Achterwasser, stellen präexistente, wahrscheinlich schon präweichselzeitliche Tiefenlagen dar, die zeitweise als Meeresbuchten bzw. Binnenseebecken fungierten.

(2) Die Marginalzonen der Franzburger Zwischenstaffel und der Velgaster Staffel lassen sich im Raum Greifswald-Wolgast zu einer Endmoränenzone zusammenfassen, und zwar im Sinne der Zone der Aufschüttungsendmoränen-Sander von Kliewe (1960). Sie entstand im Rahmen einer Stagnations- und Zerfallsphase des Mecklenburger Stadiums bald nach dessen Maximalvorstoß im Bereich einer marginal verlaufenden Schwächezone des Inlandeiskörpers, die sich zu einer immer breiter werdenden Spalte öffnete. Zwischen Dersekow und Hohendorf (südlich Wolgast) fehlt fast überall eine Endmoräne. Hier grenzt eine geringmächtige und sehr stark lückig erhaltene Grundmoräne mit welligem bis

GREIFSWALD
Ryck
Gristow
Struck
Lubmin
oWusterhusen
oLoissin
Kröslin
Ziese
Kemnitz
Rappenhagen
Hanshagen
Hanshagener Bach
Prägelbach
Katzow
WOLGAST
Lühmannsdorf
Buddenhagen
Züssow
Karlsburg
Bandelin
Schwinge
Swinow
GÜTZKOW
oSchmatzin
LASSAN
Murchin
1.1
1.2.1
1.2.5
1.3.1
1.3.2
1.4.1
1.4.2
1.4.3
1.4.4
1.4.5
1.4.6
1.5.1
1.5.2
1.5.3
1.6
1.7.1
1.7.2
1.8.1
1.8.2
1.9.1
2.1
2.2
2.3
2.4
2.5
3
4.1
4.1.1
4.1.2
4.2.1
4.2.2
4.3
5.1
5.2
5.2.1
5.2.2
5.3
5.5
5.1/5.2
5.2/5.3
5.4/4.3
zu 1.9
zu 1.2
96
109
110
111
ktremer Sturmhochwässer
rt
ung an KOLP 1955)
-Felder auf Tabelle 1
äler
sande

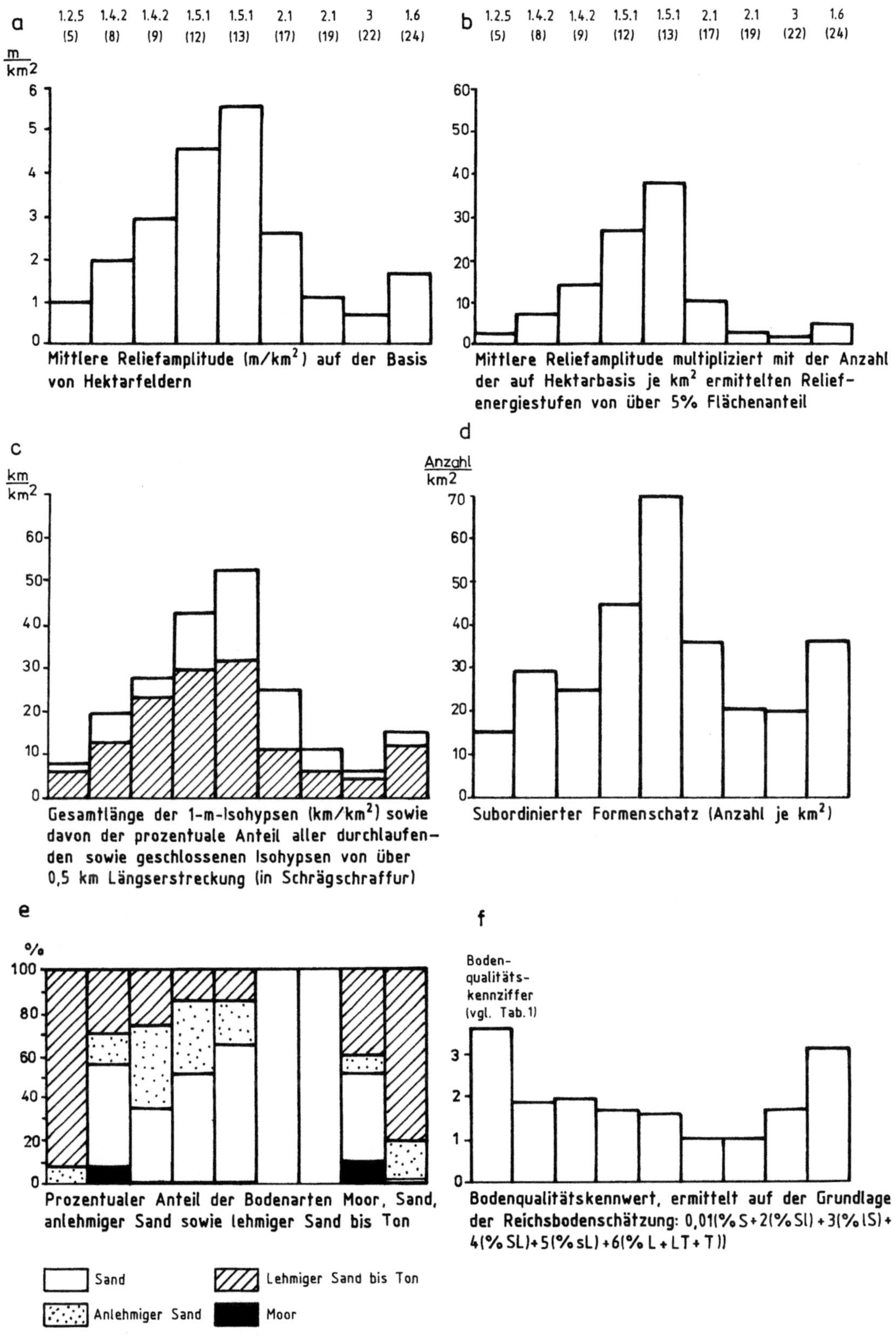

Abb. 2. Ausgewählte Relief- und Substratparameter aus typischen Bereichen einiger morphogenetischer Landschaftseinheiten des Greifswalder Raumes, Lage der 9 MGL (1.2.5...3) und 1-km^2-Auswertefelder (5...24) entsprechend Abb. 1, Daten nach Tabelle 1

Tabelle 1. Ausgewählte Relief- und Substrateigenschaften von morphogenetischen Landschaftseinheiten (MGL) des Greifswalder Umlandes sowie von zwei stärker reliefierten Vergleichsräumen (die Daten der Spalten C bis S wurden vorwiegend durch Auswertung von 1-km²-Feldern auf Topographischen Karten 1 : 10000 und Karten der Reichsbodenschätzung gewonnen und beziehen sich auf typische, zumeist die Zentralbereiche der MGL)

A	B	C	D	E	F	G	H	I	J	K	L	M	N	O	P	Q	R	S	T_1	T_2	T_3
1.2.2	1	8,7	8,4	1,11	13,2	0,45	3 (0−2)	1 (62)	2 (0−1)	2,22	10,1	90,5	17	lS, SL	3,16	100	2	23	0	0	0̇
1.2.2	2	18,9	16,9	2,36	14,0	0,96	7 (0−6)	1 (39)	4 (1−4)	9,44	22,1	73,3	24	lS, Sl, SL	2,88	95	12	40	0+1	0	1
1.2.3	3	18,9	15,9	5,65	35,5	2,29	11 (1−11)	5 (19)	8 (2−9)	45,20	53,8	71,4	37	lS, SL, Sl	3,06	84	9	54	3	0	3
1.2.3	4	27,9	10,7	3,44	32,2	1,39	6 (1−6)	3 (40)	4 (2−5)	13,76	39,5	57,8	98	S bis SL	2,49	70	33	72	3	0	3
1.2.5	5	14,9	6,0	0,99	16,5	0,40	3 (0−2)	0 (51)	3 (0−2)	2,97	8,2	72,3	15	SL, lS	3,66	100	2	11	0	0	0̇ (1)
1.4.1	6	6,1	5,0	1,44	28,8	0,58	4 (0−3)	1 (62)	4 (0−3)	5,76	14,0	67,2	29	lS	2,79	93	10	15	0	0	0̇ (1)
1.4.1	7	17,7	17,1	2,78	16,3	1,13	5 (1−5)	2 (43)	5 (1−5)	13,90	24,0	91,2	34	Sl bis SL	2,92	100	12	22	1̇ (2)	0	1̇ (2)
1.4.2	8	11,1	9,3	2,01	21,6	0,81	6 (0−5)	2 (37)	4 (0−3)	8,04	20,0	67,9	30	S, lS, Sl	1,87	46	52	21	1	0 (1)	3
1.4.2	9	15,9	17,3	2,95	17,1	1,19	6 (1−6)	2 (37)	5 (1−5)	14,75	28,0	84,4	25	Sl, S, lS	1,98	67	46	32	1−2	0 (1)	3
1.5.1	10	30,5	14,5	3,22	22,2	1,30	7 (0−6)	2 (33)	5 (1−5)	16,10	28,5	62,5	54	S, Sl	1,56	43	66	17	2	1−2	3
1.5.1	11	28,6	11,9	2,79	23,4	1,13	6 (0−5)	2 (37)	4 (1−4)	11,16	27,6	77,1	48	S, Sl	1,45	40	72	–	2	1	3
1.5.1	12	25,6	26,6	4,54	17,1	1,84	11 (1−11)	5 (20)	6 (1−6)	27,24	43,4	68,5	45	S, Sl, lS	1,67	50	61	19	3	1	3
1.5.1	13	29,2	26,8	5,55	20,7	2,25	10 (2−11)	5 (18)	7 (2−8)	38,85	53,2	60,0	70	S, lS, Sl	1,56	36	67	–	3	1−2	3
1.5.2	14	23,9	15,7	4,89	31,1	1,98	8 (1−8)	3 (23)	6 (2−7)	29,34	50,2	65,7	62	S, Mo	1,00	0	85	–	3	1−2	3
2.1	15	32,6	4,0	0,72	18,0	0,29	2 (0−1)	0 (72)	2 (0−1)	1,44	6,3	40,9	19	S	1,00	0	100	–	0	3	3
2.1	16	31,1	6,7	1,90	28,4	0,77	5 (0−4)	1 (37)	4 (0−3)	7,60	19,4	40,7	59	S	1,00	0	97	–	0+1	2−3	3
2.1	17	28,8	9,1	2,58	28,4	1,04	6 (0−5)	1 (41)	4 (1−4)	10,32	24,5	47,0	36	S	1,00	0	99	–	2	2−3	3
2.1	18	36,2	11,7	2,33	19,9	0,94	7 (0−6)	1 (43)	6 (0−5)	13,98	11,6	34,7	36	S	1,04	2	98	–	1−2	3	3
2.1	19	33,8	6,6	1,12	17,0	0,45	4 (0−3)	0 (54)	3 (0−2)	3,36	11,1	56,1	21	S	1,00	0	99	–	0̇	3	3
2.3	20	32,5	5,5	1,55	28,2	0,63	4 (0−3)	1 (63)	3 (0−2)	4,65	17,6	39,3	46	S, Mo	1,00	0	90	–	0−1	2−3	3
3	21	29,7	4,0	0,84	21,0	0,34	3 (0−2)	0 (66)	3 (0−2)	2,52	7,9	58,2	22	S, lS, SL	2,04	51	43	14	0	0̇ (1)	3
3	22	34,5	3,6	0,73	20,3	0,30	3 (0−2)	0 (80)	3 (0−2)	2,19	6,5	71,9	20	Sl, S, lS	1,69	60	49	9	0	0̇ (1−2)	3
1.6	23	38,4	6,1	1,26	20,7	0,51	3 (0−2)	1 (54)	3 (0−2)	3,78	11,0	74,5	23	lS, SL, Sl	3,01	100	7	6	0̇	0	0̇ (1)
1.6	24	35,2	8,3	1,66	20,0	0,67	4 (0−3)	1 (55)	3 (0−2)	4,98	15,6	78,4	36	lS, SL, Sl	3,16	99	6	9	0̇ (1)	0	0̇ (1)
1.7.1	25	45,6	11,6	2,06	17,8	0,83	5 (0−4)	1 (46)	5 (0−4)	10,30	19,6	76,4	30	Sl, S	1,63	63	58	9	1̇	1̇	1−3
1.7.1	26	41,8	18,3	2,07	11,3	0,84	4 (0−3)	2 (51)	2 (1−2)	4,14	17,2	99,5	5	SL, S, lS	3,28	80	20	9	0−1	0	1 (3)
+	27	25,0	56,5	13,64	24,1	5,51	26 (3−29)	7 (8)	10 (6−15)	136,40	138,8	48,9	53	S	1,04	2	96	7	3	1−2	3
+ +	28	77,9	76,0	17,97	23,6	7,24	26 (7−33)	14 (11)	7 (11, 13−19)	125,79	165,6	75,8	63	S	1,02	1	92	11	3	1	3

A Kennziffer der MGL (Lage und Kurzcharakteristik, vgl. Abb. 1 bzw. Text).
B Nummer der 1-km^2-Auswertefelder in den Zentralbereichen der MGL (Lage vgl. Abb. 1).
C Mittlere Höhe über NN der 1-km^2-Auswertefelder [m].
D Reliefamplitude [m/km^2].
E Mittlere Reliefamplitude [m/km^2], berechnet als Mittelwert aus den Reliefamplituden [m/ha] von 100 je einen Hektar großen Rasterquadraten.
F E in % von D.
G Mittlere Hangneigung der 1-km^2-Auswertefelder (tan = E/141,5)
H Zahl (Spreizungsbreite) der 1-m-Reliefenergiestufen je km^2.
I Dominierende Reliefenergiestufe und deren prozentualer Anteil (Angaben in Klammern).
J Zahl (Spreizungsbreite) der 1-m-Reliefenergiestufen mit über 5% Anteil je km^2.
K E·J.
L Gesamtlänge der 1-m-Isohypsen [km/km^2].
M Anteil der durchlaufenden und geschlossenen Isohypsen von über 0,5 km Länge [%].
N Subordinierter Formenschatz [Anzahl je km^2].
O Dominierende Substrate.
P Bodenqualitätskennwert = 0,01 [%S + 2(%Sl) + 3(%lS) + 4(%SL) + 5(%sL) + 6(%L + %LT + %T)].
Q Prozentualer Anteil lehm- und tonhaltiger Bodenarten (Sl, lS, SL, sL, L, LT, T).
R %S + 0,3 (%Sl).
S Anzahl der Bodenartenflächen je km^2.
T_1 Potentielle Erosionsgefährdung bei landwirtschaftlicher Nutzung gegenüber Wassererosion.
T_2 Potentielle Erosionsgefährdung bei landwirtschaftlicher Nutzung gegenüber Winderosion.
T_3 Kontaminationsgefährdung oberer Grundwasserleiter bei Abwasserverregnung und/bzw. Begüllung.

Erläuterungen zu Spalte A:
+ Reliefstarke Sandhügel-Landschaft mit ungleichmäßig geformten, großenteils ineinander übergehenden Sandhügeln zwischen Mümmelkensee und Bansin (Insel Usedom); örtlich kleinflächig mit geringmächtiger Geschiebelehmdecke.
+ + Äußerst reliefstarke, vorwiegend sandige und sandig-kiesige Rücken-Strecksenken- bis Kuppen-Senken-Landschaft der Rosenthaler Staffel im Revier Nettelgrund nordöstlich Rosenthal.

Erläuterungen zu Spalte O:
S: Sand
Sl: anlehmiger Sand
lS: lehmiger Sand
SL: stark lehmiger Sand
sL: sandiger Lehm
L: Lehm
LT: lehmiger Ton
T: Ton
Mo: Moor
} Bodenarten auf den Karten der Reichsbodenschätzung

Erläuterungen zu den Spalten T_1, T_2 und T_3:
Stufen 0 (keine) bis 3 (sehr starke Gefährdung).
$\dot{0}$, $\dot{1}$: vorwiegende Stufe 0 bzw. 1.
(1), (2), (3): örtliche bzw. untergeordnete Mitbeteiligung der Stufe 1, 2 bzw. 3.

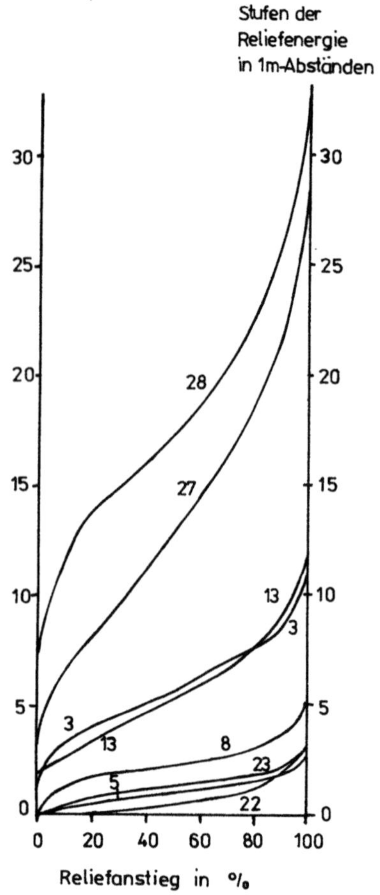

Abb. 3. Diagramm der Reliefenergie der 1-km^2-Auswertefelder 3, 5, 8, 13, 22, 23, 27, 28 (entsprechend Abb. 1 und Tabelle 1) auf der Grundlage von 1-m-Stufen

Flachkuppen-/Flachsenkenrelief unmittelbar an die geringmächtige Sanderzone an. Frontale Stauchungsstrukturen an der Grenze Grundmoräne/Sander sind nicht nachweisbar. Die unter dem Geschiebemergel der morphogenetischen Speziallandschaften 1.4 und 1.5 anstehenden glazifluvialen und glazilimnischen Sedimente weisen nur geringfügige Deformierungen als Folge des Überfahrungsprozesses auf.

(3) Zur Zeit der Sanderschüttung der Weitenhagen-Südusedomer Marginalzone waren in ihrem heutigen Bereich ebenso wie in der südlich anschließenden morphogenetischen Rahmenlandschaft 3 verbreitet niedertauende Resteisfelder sowie Wintereis- und Toteisvorkommen vorhanden. Hierin liegt die Hauptursache für die heutigen Reliefverhältnisse und die Substratverteilung in beiden Rahmenlandschaften. Insbesondere im Südteil der Rahmenlandschaft 3 (Abb. 1) zeugen ausgedehnte Grundmoränenflächen in Beckenlage von zur Zeit der Ablagerung der glazilimnischen und Sandersedimente vorhandenen Resteisfeldern. Im Sanderbereich paust sich das Grundmoränenrelief in abgeschwächter Form bis auf die heutige Sanderoberfläche als Flachkuppen- bzw. Flachrücken-/Flachsenkenrelief durch.

(4) Die Weitenhagen-Südusedomer Marginalzone erreicht auf Südwestusedom ihre größte Breite und wird westwärts immer schmaler. Sie hört bei Dersekow auf, als geschlossenes Band zu bestehen. Die an der Nordflanke des Rycktales auftretenden kames- und osartigen Rücken zwischen Gristow und Wendorf entsprechen zeitlich der Marginalzone.

(5) Die Fortsetzung der Weitenhagen-Südusedomer Eisrandzone in nordwestliche Richtung bedarf weiterer Untersuchungen. Sie grenzt hier an eine von Dömitzow über südlich Stralsund und Velgast bis zum Glöwitzer Sporn verlaufende und sich in Richtung Saal weiter fortsetzende Marginalzone mit völlig anderem Reliefcharakter, die in der Literatur als Velgaster Staffel bekannt ist. Diese hebt sich vom Vorland und verbreitet besonders kräftig vom Rückland ab durch ihre größere Höhenlage mit breit wallartigem Charakter bzw. anderenorts durch ein Flachkuppen- oder Flachrücken-/Senkenrelief. Es dominiert geringmächtiger Geschiebemergel in Deckenlage, der in Kuppenbereichen teilweise schon völlig gekappt ist; typische Sander fehlen fast völlig.

Auf dem Kern des Fischlandes ist die Velgaster Staffel nicht nachweisbar, und die in der Literatur bisher in unterschiedlichem Ausmaß der Velgaster Staffel zugeordnete Marginalzone Velgast-Glöwitz-Martenshagen-Saal wird von Janke (1986, 1987) als hangasymmetrischer Grundmoränenrücken mit geringmächtiger, teilweise lückiger Geschiebemergeldecke über glazifluvialen und/bzw. glazilimnischen Sedimenten eingestuft. Auch die Ergebnisse der Reliefanalyse sprechen für ein Überfahrenwordensein dieses markanten Rückens bzw. Flachrückens, der verbreitet zentrale Verebnungsbereiche mit mittleren Hangneigungen zwischen 0–2° (Skandera 1989) und an den Flanken einen hangstreichenparallelen Isohypsenverlauf aufweist. Die Südgrenze der Verbreitung der hangenden Grundmoränendecke dieses Raumes ist bisher noch unbekannt.

Für den Abschnitt Dömitzow-Velgast wird ebenfalls angenommen, daß es sich um eine reliefstärkere, marginal verlaufende Zone handelt, die für den Inlandeisvorstoß des Mecklenburger Stadiums ein Hindernis darstellte und überfahren wurde. Durch diesen Prozeß kam es verbreitet zu Sedimentdeformationen und Abweichungen von einer geschlossenen Geschiebemergeldeckenlage. In unterschiedlich starkem Maße wurden luvseitig aus dem stirnnahen basalen Gletscherbereich stammende Eisschollen mit in die „Überwindungsstrukturen" eingelagert, und es kam zu Sedimentauf- und einschuppungen. Besonders typisch für diesen stark gestörten Typ einer Grundmoränenlandschaft ist der Abschnitt Dömitzow-Miltzow (Speziallandschaft 1.2.3 in Abb. 1 und Tabelle 1 sowie Kurve 3 in Abb. 3), der einen markanten Reliefanstieg zwischen den Speziallandschaften 1.2.2 und 1.2.3 aufweist und eine für Grundmoränenplatten besonders hohe Reliefenergie besitzt, wobei der in der luvwärtigen Hälfte besonders hohe Anteil an kessel- und strecknischenförmigen Eintiefungen auf im Überwindungsraum mitakkumulierte Eisblöcke zurückgeführt wird. Ein Übergreifen der Velgaster Staffel auf Südwestrügen wird vom Autor nicht mehr vertreten; dieser unterschiedlich stark reliefierte Raum besitzt den Charakter einer Grundmoränenlandschaft.

(6) Die Gahlkow-Wusterhusener Zwischenstaffel als Teil der Mittelrügener Zwischenstaffel (Kliewe u. Janke 1972, 1978) kann für den untersuchten Abschnitt, der zwischen den Gazbergen (Südwestusedom) und Gahlkow verläuft und Bestandteil einer reliefstärkeren Zone im Zentralbereich einer Grundmoränenplatte mit stark lückiger Geschiebemergeldecke ist, nicht aufrechterhalten werden. Ähnliches gilt für die Franzburger Zwischenstaffel westwärts von Dersekow. Ihr bisher dargestellter Verlaufsraum entspricht ebenen bis flachwelligen Grundmoränenplatten mit weitständig in ihrem Bereich angeordneten Osern, Kames, Beckensandflächen, Tälchen und vereinzelten rückenartigen Aufpressungsformen, also Landschaftseinheiten mit für Toteiszerfallslandschaften typischen Reliefformen.

(7) Die periglazialen Umlagerungsprozesse während der Dryaszeiten erreichten im küstennahen Jungmoränengebiet zumindest zeitweise eine beachtliche Intensität. Davon zeugt die teilweise bis völlige Kappung der geringmächtigen Grundmoränendecken an Hängen und Talflanken. Die Solifluktion wirkte sowohl flächenhaft als auch über Hangdellen und reichte zumeist mehrere Dutzend bis hundert Meter, am Nordhang des Peenetales sogar mehr als einen Kilometer weit binnenwärts. Besonders intensives spätglaziales Bodenfließen, erkennbar am großflächigen Ausstreichen der Liegendsande an der Oberfläche von Flankenbereichen, läßt sich für die Landschaftseinheiten 1.1, 1.3, 1.4 (teilweise), 1.5, 1.8 und 1.9 belegen. Spätglaziale äolische Prozesse, insbesondere Dünenbildung, konnten hingegen nur auf ausgedehnten, über längere Zeit austrocknenden fein- bis mittelsandigen Sandplatten stattfinden und sind für das Untersuchungsgebiet mit seiner Dominanz von Grundmoränenplatten und dem verbreiteten Vorkommen von Sandarealen in Zuzugslage (erhöhte Hydromorphie!) nur kleinflächig nachweisbar.

(8) Die morphogenetischen Rahmenlandschaften des Untersuchungsgebietes (Abb. 1) wurden mittels Struktur-, Relief- und Substratanalysen ermittelt. Die Erfassung der Relief- und Substratmerkmale erfolgte dabei zum großen Teil mittels Quadratrastermethode; für das hier vorgestellte Gebiet erwies sich eine Feldgröße von einem Hektar als zweckmäßig. In erster Linie wurden ermittelt: Reliefenergie bzw. Reliefamplitude (m/ha), mittlere Hangneigung (°), mittlere Reliefamplitude je km^2 auf der Grundlage der über die Hektarquadrate erhaltenen Werte, Anzahl der Reliefenergiestufen sowie Dichte des subordinierten Formenbesatzes je km^2 und Charakterisierung der Isohypsenanordnung (vgl. Tabelle 1). Bei Landschaftstypen mit erhöhter Substratheterogenität – wie bei Grundmoränen mit lückiger Deckenlagerung von basalem Geschiebemergel oder mit Durchsetzung von Kames/Osern/Flachtälchen – ermöglichen ergänzende Angaben zum Substrat (z. B. dominierende Bodenarten oder Anzahl der Bodenartenflächen je km^2 bzw. Bodenqualitätskennwerte) weitere volkswirtschaftlich relevante Zusatzinformationen, beispielsweise zum Eignungsgrad für Beregnung bzw. für das Aufbringen von Gülle und zur Kontaminationsgefährdung von Grundwasserleitern. Mit der vom Autor schon mehrfach bei Untersuchungen an Grundmoränenplatten des Barther, Greifswalder und Demminer Raumes angewandten Arbeitsmethodik lassen sich verschieden alte, aber auch unterschiedlich weit vom Grundmoränen-/Endmoränenrand bzw. Grundmoränen-/Sanderrand entfernte Grundmoränengebiete in ihren Relief- und Substratparametern deutlich voneinander unterscheiden (vgl. Tabelle 1 und Abb. 1–3).

Die morphogenetischen Rahmenlandschaften des Untersuchungsraumes lassen sich im einzelnen wie folgt charakterisieren:

1. Ebene bis wellige Grundmoränenplatte des Mecklenburger Stadiums nördlich und südwärts des Sander- und Beckensandgürtels (s. 2.) der Weitenhagen-Südusedomer Marginalzone mit geringmächtigem (in der Regel 0,5–3 m) und lückigem sandigem Geschiebemergel. Dieser bildet das Hangende einer Folge glazifluvialer und glazilimnischer Sedimente stark schwankender Mächtigkeit (0,5 bis >10 m) in zumeist ungestörter bis wenig gestörter Lagerung. Ihre Speziallandschaften 1.1–1.9 unterscheiden sich insbesondere in bezug auf Relief, Substrat und Hydromorphie und somit auch in ihren Nutzungseigenschaften.

2. Ebene, flachwellige bzw. weitständig kesseldurchsetzte (Flachkuppen- bzw. Flachrücken-/Flachsenkenrelief) Sanderlandschaft der Weitenhagen-Südusedomer Marginalzone mit von innen nach außen sowie in der Regel auch von Ost nach West abnehmender Reliefenergie. Die Sander sind geringmächtig (in der Regel 0,5 – 4 m) und sehr häufig von glazilimnischen Feinsanden, Schluffen und/bzw. Tonen unterlagert, die an der Landschaftssüdgrenze zum Hangenden werden. Die Sandermächtigkeit nimmt von Nord nach Süd ab, die Beteiligung glazilimnischer Sedimente hingegen zu; verbreitet sind, bei 0,5 – 6 m Mächtigkeit dieser landschaftstypischen Sedimentfolge, bis zu 2 Horizonte glazifluvialer und glazilimnischer Ablagerungen ausgebildet. In Nachbarschaft zur Speziallandschaft 1.5 kommt eine schlechtere Sortierung der Sandersande bei zusätzlichem geringem Kies- und Steingehalt sehr häufig vor; dabei dürfte es sich vor allem um ausgewaschenes und transportsortiertes ehemaliges Grundmoränenmaterial handeln. Das Liegende bildet Geschiebemergel einer undulaten und hohlformenbesetzten Grundmoräne des Mecklenburger Stadiums, deren Relief in abgeschwächter Form bis auf die heutige Sanderoberfläche durchpaust. Örtlich durchragt dieser Geschiebemergel die Sand-Schluffabfolge und erreicht kleinräumig die Oberfläche. In den Flachsenken stehen häufig mittel- und jungholozäne Torfe und teilweise auch Mudden an, die verbreitet von spätglazialen (vorwiegend allerödzeitlichen) sowie seltener auch von frühholozänen (präborealen und borealen) Beckensedimenten und/bzw. geringmächtigen Torfen unterlagert werden. Die Sanderlandschaft besitzt in ihrem nördlichen Abschnitt eine zumeist deutlich größere Höhenlage als die Speziallandschaften 1.4 und 1.5. Sie entstand als Aufschüttungsmoränen-Sanderzone im Sinne von Kliewe (1960) im Zuge des Eiszerfalls des Mecklenburger Stadiums und verfügt über keine vorgelagerten Stauchendmoränen.

3. Ebene Beckenlandschaft in den Einzugsgebieten von Schwinge und Hanshäger Bach mit zumeist unauffälligem Übergang in die Rahmenlandschaft 2 und in der Regel kräftigem Anstieg zur südwärts anschließenden Speziallandschaft 1.6. Die Rahmenlandschaft 3 ist durch eine Verzahnung und mosaikartige Vernetzung von glazilimnischen Beckensedimenten (Feinsande, Schluffe, Tone) und Geschiebemergel mit jungspätglazialen/holozänen Beckenausfüllungen gekennzeichnet. Dabei dominieren erstere im nördlichen Teil, während die stauvernäßten Geschiebemergelflächen vorwiegend den breiteren Südabschnitt dieser Rahmenlandschaft einnehmen. Der Geschiebemergel liegt verbreitet gleich hoch wie die an ihn grenzenden Beckensedimente, anderenorts aber auch tiefer (unter organogenen Sedimenten) bzw. höher. In den tieferen Beckenbereichen dieser Rahmenlandschaft sind für die obersten ein bis drei Sedimentmeter folgende Ablagerungen (vom älteren zum jüngeren) typisch:

– Geringmächtige Kleinseggen-Braunmoostorfe des Alleröd, z. T. mit zwischengeschaltetem Laacher See-Tuffband. Diese Torfe befinden sich entweder an der Basis oder inmitten von Flachseeablagerungen;

– Flachseeablagerungen (Feinsande, Schluffe, Tone, Kalkschluffe bis -tone, Kalkmudden, Lebermudden) des Alleröd und der Jüngeren Dryas mit Pflanzenresten, Diatomeen und z. T. auch Mollusken;

– früh- bis mittelholozäne Kalkmudden bzw. Seekreide mit darüber anschließenden Verlandungstorfen in den Zentralbereichen von Becken; an den Flanken stehen verbreitet Hangquelltorfe, z. T. karbonathaltig, an; in Abhängigkeit von der Dauer und der Intensität des Trockenfallens der Seen konnte es im Boreal zu an- bis semihydromorphen Bodenbedingungen kommen;

– mittel- und jungholozäne Torfe als Folge des durch den Weltmeerspiegelanstieg hervorgerufenen generellen Ansteigens des Grundwasserspiegels.

In einigen der tieferen Becken treten unmittelbar unter der genannten Sedimentfolge zusätzlich weißgraue bis bläulichgraue Kalkschluffe bis -tone auf, die frei von Pflanzenresten, Diatomeen und Mollusken sind und dem glazilimnischen Sedimentationszyklus zugerechnet werden müssen. An der reliefierteren Südflanke und im Übergang dazu bilden in einem schmalen Saum verbreitet die unter dem Geschiebemergel anstehenden Pleistozänsande sowie mehrerenorts auch spätglazialer Wanderschutt das Hangende.

4. Landschaft gefälleschwacher Breitsohlentäler mit flächenhafter Vermoorung in den Zentralbereichen. In den Talbiegungen und -weitungen sowie im Übergang zu Becken sind verbreitet höhere spätglaziale Flußterrassen und Staubeckenniveaus, oft mit fossilen Deltaschüttungen, erhalten. Vielfach treten Bifurkationen auf; nicht wenige von ihnen entstanden durch anthropogene Eingriffe in den Talhaushalt. Die Erstanlage dieser großen Talungen ist älter als deren spätglaziale glazifluviale und/bzw. glazilimnische sowie spätere fluviale Überformung.

5. Landschaft der rezenten Küstenufer und fossiler Küstenbereiche.

Die aufgeführten morphogenetischen Speziallandschaften des Untersuchungsraumes (Auswahl) lassen sich wie folgt kennzeichnen:

1.1 Horizontal stark gegliedertes und einander durchdringendes Mosaik von netzartig verzahnten Tälchen (mit Beckensand- und/oder Torfdecke) und

Becken einerseits sowie zwischengeschalteten, fast ebenen Grundmoränenflächen andererseits. Letztere weisen eine geringmächtige Deckenlagerung von Geschiebemergel über Sanden auf, bei verbreiteter Staunässe in den zentralen Bereichen und z. T. fehlender Geschiebemergeldecke an deren Flanken.

1.2 Hohlformen- und tälchendurchsetzte, fast ebene bis wellige, zumeist stark staunässebeeinflußte geringmächtige Grundmoränenplatte im Rückland des Strelasundes und südlich des Greifswalder Boddens mit schwach bis mäßig lückiger Deckenlagerung und einem sich höhenmäßig deutlich abhebenden Zentralbereich (1.2.3) mit Kuppen-Senken-Relief und erhöhter Substratheterogenität bei deutlicher Geschiebemergeldominanz im Hangenden.

1.3 Vorwiegend flachwellige, verbreitet auch stärker undulat reliefierte Grundmoränenplatte mit sehr stark lückiger Deckenlagerung des Geschiebemergels über nicht bis nur wenig gestörten liegenden Sanden. Sehr verbreitet kommen hangende, zumeist geringmächtige Decksande unsicherer Genese vor, mehrfach – insbesondere an Talflanken sowie bei Kappungsrelief – stehen auch liegende Sande an. Vor allem in Küstennähe ist oft eine geringmächtige Flugsanddecke mit der Tendenz zu örtlicher Dünenbildung anzutreffen.

1.4 Hohlformen- und tälchendurchsetzte undulate Grundmoränenplatte, im unmittelbaren Rückland der Weitenhagen-Südusedomer Satzendmoräne und direkt binnenwärts des Talsystems Peenestrom-Ziesetal-Rycktal gelegen, welches eine schwach bis sehr stark lückige Deckenlagerung von sandigem Geschiebemergel und zumeist mehrere Meter mächtige liegende geschichtete Sande in wenig gestörter Lagerung aufweist. Charakteristisch sind ein geschlängelter, tälchen- und dellendurchsetzter Parallelverlauf der Isohypsen mit Flachriedeln, Strecksenken und untergeordnet rundlichen Strukturen sowie ein leichter, von Norden nach Süden orientierter Reliefanstieg. Die mittlere Reliefamplitude beträgt 2–3 m/km^2; es besteht vorwiegend eine geringe Gefährdung gegenüber Wassererosion, eine geringe bis starke gegenüber Begüllungskontamination, und bei 1.4.5 ist schwache Winderosion möglich.

1.5 Flachkuppen-Flachsenken- bis Kuppen-Senken-Grundmoränenplatte mit sehr stark lückiger, geringmächtiger Deckenlagerung von Geschiebemergel (vorwiegend basal, verbreitet auch mit Fließtexturen und umgelagert) über liegenden geschichteten Schmelzwassersedimenten in wenig gestörter bis ungestörter Lagerung im Übergangsbereich zur südwärts anschließenden Sanderplatte (2.1–2.4). Die Oberflächensedimente, zu denen auch gut bis relativ schlecht sortierte Ablationsmoränenablagerungen, Fließsedimente, Sanderwurzelsedimente, Liegendsande in Kappungsräumen und vereinzelt Blockhäufungen gehören, lassen sich zumeist nur kleinflächig verfolgen.

1.6 Fast ebene bis flachwellige Grundmoränenplatte mit vorwiegend geschlossener, geringmächtiger Deckenlagerung von basalem Geschiebemergel über geschichteten Sanden in relativ ungestörter bis wenig gestörter Lagerung.

1.7 Substratheterogene Zwischenzone in Zuzugslage inmitten relativ substrateinheitlicher Grundmoränenplatten. Sie wurde vorwiegend durch Eisabbauprozesse im Bereich einer marginal verlaufenden Spaltenzone des niedertauenden Inlandeises geprägt sowie durch spätglaziale Denudation an deren Flanken und durch die spätglazial/holozäne Talnetzweiterentwicklung (mit Kames, Osern, Beckensand-, Moor- und Anmoorflächen). Hydromorphiemerkmale sind großflächig feststellbar. Von dem fast ebenen Zentralbereich erfolgt ein allmählicher bis markanter Übergang zu den Nachbarlandschaften. Prägnante Merkmale sind Hangdellen, Durchragungen der Liegendsande infolge Kappung bzw. Aussetzens des hangenden Geschiebemergels und Gefährdung durch Wassererosion bei landwirtschaftlicher Nutzung. An den Flanken blieb eine relativ großflächige und stärker geschlossene Deckenlagerung des Geschiebemergels erhalten.

5.2.1 Geringmächtiges (0,3–1,0 m), ebenes subatlantisches Transgressions- und Überflutungsmoor aus verdichtetem, schlickdurchsetztem Salzgrastorf über Schilftorf, darunter spätglaziale Beckensande, vereinzelt Priele. Die tiefer als 0,4 m unter Flur befindlichen Organogensedimente besitzen einen erhöhten Schwefelgehalt. Im Fall einer tiefer reichenden Entwässerung erfolgt eine zeitweilige Freisetzung in Form von SO_3^{--}, ein Absinken des pH-Wertes und eine Erhöhung der Sedimentaggressivität. Die auch weiterhin durchzuführende Beweidung ermöglicht den Erhalt einer artenreichen Salzgrastorfvegetation.

Literatur

Amelang K (1987) Zur Intensität und Vorausschätzung des wassererosiven Bodenabtrags im küstennahen Jungmoränengebiet. Wiss Z Ernst-Moritz-Arndt-Univ, Math-Nat Reihe 36 (2–3):127–130

Amelang N (1987) Untersuchungen zu Problemen der Winderosion auf Ackerflächen im küstennahen Jungmoränengebiet der DDR. Diss Ernst-Moritz-Arndt-Univ, Greifswald

Atlas der Bezirke Rostock, Schwerin, Neubrandenburg (1962) Textheft: Natur des Landes, Schwerin

Boulton GS et al. (1985) Glacial geology and glaciology of the last mid-latitude ice sheets. J Geol Soc 142:447–474

Burmeister U (1989) Landschaftsgenetische Interpretation von Bohrungen und ergänzenden Geländeuntersuchungen unter Berücksichtigung hydrogeologischer Aspekte für die Einzugsgebiete des Lodmannshäger und Hanshäger Baches. Dipl.-Arbeit Greifswald

Chodakov VG (1982) Aktualističeskaja model' Evropejskogo pokrovnogo lednika. In: Paleogeografija Evropy za poslednie sto tysjač let. Moskva, S 48–62

Denton GH, Hughes TJ (Hrsg) (1981) The last great ice sheets. New York

Eiermann J (1984) Ein zeitliches, räumliches und genetisches Modell zur Erklärung der Sedimente und Reliefformen im Pleistozän gletscherbedeckter Tieflandsgebiete – ein Beitrag zur Methodik der mittelmaßstäbigen naturräumlichen Gliederung. In: Umweltforschung. Zur Analyse und Diagnose der Landschaft. Gotha, S. 169–183

Eissmann L (1987) Lagerungsstörungen im Lockergebirge: exogene und endogene Tektonik im Lockergebirge des nördlichen Mitteleuropa. Geophys Geol Ser 3 (4):7–77

Elbert J (1904/1907) Die Entwicklung des Bodenreliefs von Vorpommern und Rügen sowie den angrenzenden Gebieten der Uckermark und Mecklenburgs während der letzten diluvialen Vereisung. Jahresber Geogr Ges, Greifswald 8 u. 10

Gripp K (1947) Glazialmorphologie und geologische Kartierung. Zugleich eine Deutung der Oberflächenformen Ost-Holsteins. Dtsch Geol Ges, Stuttgart 99:190–205

Heerdt S (1965) Zur Stratigraphie des Jungpleistozäns im mittleren N-Mecklenburg. Geologie 14 (5–6):589–609

Heerdt S, Ludwig A (1966) Neue quartärgeologische Ergebnisse aus dem Rostocker Raum. In: Der Rostocker Raum. Wiss Abh Geogr Ges DDR 4:15–43

Hesemann J (1933) Zur Geschiebeführung und Geologie des Odergletschers. Äußere, Rosenthaler und Velgaster Randlage. Jahrb Preuss Geol Landesanst 53:70–84

Hurtig T (1957) Physische Geographie von Mecklenburg. Berlin

Janke W (1986) Genese sowie landschaftsgenetisch-reliefstrukturelle Bau- und Landschaftstypen des Exkursionsgebietes. In: Exkursionsführer Raum Barth-Darß-Fischland. Greifswald

Janke W (1987) Landschaftsgenetische reliefstrukturelle Bautypen des küstennahen Jungmoränengebietes und der Boddenküsten (Raum Barth) sowie ausgewählte Aspekte seiner jungweichselglazialen und holozänen Landschaftsentwicklung. Wiss Z Ernst-Moritz-Arndt-Univ, Math-Nat Reihe 36 (2–3):122–126

Klautzsch A (1924a) Erläuterungen zur Geologischen Karte von Preußen, Blatt Greifswald. Berlin

Klautzsch A (1924b) Erläuterungen zur Geologischen Karte von Preußen, Blatt Hanshagen. Berlin

Kliewe H (1960) Die Insel Usedom in ihrer spät- und nacheiszeitlichen Formenentwicklung. Neuere Arbeiten zur mecklenburgischen Küstenforschung 5, Berlin

Kliewe H (1965) Das Pommersche Stadium nördlich des Mecklenburgischen Grenztales. In: Die Weichsel-Eiszeit im Gebiet der Deutschen Demokratischen Republik. Berlin, S. 102–113

Kliewe H (1966) Quartärmorphologische Prinzipien und Probleme in Küstengebieten pleistozäner Vergletscherung in den Mittelbreiten. Beispiel: Vergleich Südschwedens mit Nordmecklenburg. Wiss Veröffentl Dtsch Inst Länderkunde, Neue Folge 23/24:18–30

Kliewe H (1975) Spätglaziale Marginalzonen auf der Insel Rügen: Untersuchungsergebnisse und Anwendungsbereiche. Petermanns Georgr Mitt 119 (4):261–269

Kliewe H, Janke W (1972) Verlauf und System der Marginalzonen der letzten Vereisung auf dem Territorium der DDR. Wiss Z Ernst-Moritz-Arndt-Univ, Math-Nat Reihe 21 (1):31–37

Kliewe H, Janke W (1978) Zur Stratigraphie und Entwicklung des nordöstlichen Küstenraumes der DDR. Petermanns Geogr Mitt 122 (2):81–91

Lawruschin JA (1971) Dynamische Fazies und Subfazies der Grundmoräne. Angew Geol 17 (8):337–343

Mania D, Stechemesser H (1970) Jungpleistozäne Klimazyklen im Harzvorland. In: Periglazial-Löß-Paläolithikum im Jungpleistozän der Deutschen Demokratischen Republik. Ergänzungsh Petermanns Geogr Mittl 274, Gotha, S. 39–55

Niedermeyer R-O, Kliewe H, Janke W (1987) Die Ostseeküste zwischen Boltenhagen und Ahlbeck. Ein geologischer und geomorphologischer Überblick mit Exkursionshinweisen. Geogr Bausteine, Neue Reihe 30, Gotha

Peterss K (1987) Analyse der Bewegungsrichtungen des Inlandeises mit tektonischen Arbeitsmethoden im Nordteil der DDR. Diss Ernst-Moritz-Arndt-Univ, Greifswald

Prange W (1978) Der letzte weichselzeitliche Gletschervorstoß in Schleswig-Holstein: das Gefüge überfahrener Schmelzwassersande und die Entstehung der Morphologie. Meyniana 30:61–75

Reinhard H (1959) Beiträge zur Entwicklung der Küstenlandschaft der südlichen Ostsee. Geogr Ber, Berlin 4 (10/11): 1–9

Reinhard H, Schultz H-J (1961) Zur Morphologie und Genese des Rycktal-Zungenbeckens. Geogr Ber, Berlin 6 (1): 10–25

Richter K (1937) Die Eiszeit in Norddeutschland. Dtsch Boden, Berlin 4

Ruchholz K (1979) Lithologie und Sedimentgefüge: Ihre Bedeutung für die Methodologie sedimentgenetisch-tektonischer Untersuchungen in Vereisungsgebieten. Ein neues Konzept für Schicht- und Sedimentkörper-Deformationen. Z Geol Wiss 7 (2):225–234

Rühberg N (1987) Die Grundmoräne des jüngsten Weichselvorstoßes im Gebiet der DDR. Z Geol Wiss 15 (6): 759–767

Rühberg N, Krienke H-D (1977) Zur Geschiebeführung der Weichselgrundmoräne im westlichen Odermündungsgebiet. Z Geol Wiss 5 (6):805–814

Schultz H-J (1965a) Geomorphologische Untersuchungen zu den Endmoränen in Nordostmecklenburg. Wiss Z Friedrich-Schiller-Univ, Math-Nat Reihe 14, Jena 4:79–83

Schultz H-J (1965b) Methodische und regionale Studien zur spätglazialen Formenentwicklung in Nordostmecklenburg. Jena

Schulz W (1965) Die Stauchmoräne der Rosenthaler Staffel zwischen Jatznick und Brohm in Mecklenburg und ihre Beziehung zum Helpter Berg. Geologie 14 (5–6):564–588

Schulz W (1970) Abriß der Quartärstratigraphie Mecklenburgs. Arch Freunde Naturgesch Mecklenburg 1967, Rostock 13:99–119

Skandera U (1989) Kartometrische sowie luftbildgestützte Erfassung und kartographische Modellierung des abspülrelevanten, insbesondere morphographischen Landschaftsinventars mit dem Ziel praxisorientierter Dispositionskennzeichnungen von Ackerflächen – dargestellt am Beispiel des küstennahen Jungglazials. Diss Ernst-Moritz-Arndt-Univ, Greifswald

Stephan H-J, Menke B (1977) Untersuchungen über den Verlauf der Weichselkaltzeit in Schleswig-Holstein. Z Geomorphol, Neue Folge (Suppl) 27:12–28

Weisse R (1977) Genetische Typen glazialer Oberflächenformen in den mittleren Bezirken der DDR. Potsdamer Forsch, Reihe B, 10
Weisse R (1979) Neue Ergebnisse zum Bau der Grundmoränenplatten im Raum von Potsdam. In: Beiträge zur regionalen physischen Geographie. Potsdamer Forsch, Reihe B, 15:151–155
Weisse R (1980) Untersuchungsergebnisse zum Bau von Grundmoränenplatten bei Potsdam. Potsdamer Forsch, Reihe B, 21
Zotikov IA (1982) Modelirovanie processov dviženija i teploobmena v lednikovom pokrove. In: Paleogeografija Evropy za poslednie sto tysjač let. Moskva S. 63–67

1.2 Eine auf der Radiokarbonmethode basierende Abschätzung der Rückzugschronologie des letzten Inlandeises in Nordpolen

STEFAN KOZARSKI

Anfang der 70er Jahre wurde in Polen eine umfassende Diskussion über den Zeitabschnitt der letzten Vergletscherung anhand skandinavischer, deutscher und sowjetischer Literatur geführt (Różycki 1972). Sie enthielt zwei wesentliche Feststellungen und zwar die, daß die letzte Vergletscherung nur eine Episode in der ganzen Vistulian-Kaltzeit darstellte und daß der Vorstoß des letzten Inlandeises seinen Beginn vor etwa 24000 Radiokarbonjahren hatte. Derart formulierte Anschauungen konnten nicht sofort akzeptiert werden, denn es fehlten unmittelbare Beweise auf dem Gebiet Polens, um sie zu begründen. Deshalb nahmen einige Forscher an (z. B. Krygowski 1975), daß der Zeitraum der letzten Vergletscherung mit der Radiokarbonmethode (^{14}C-Methode) nicht datierbar sei und identifizierten sie nur mit der Vistulian-Kaltzeit. Dagegen wurde für die Haupteisrandlagen des Norddeutschen Tieflandes schon früher vorausgesetzt (Woldstedt 1958), daß das sogenannte Brandenburg-Frankfurter Stadium wahrscheinlich ein Alter von wenigstens 15000–16000 und das Pommersche Stadium von 14000 Jahren B.P. (before present) hat. Ähnliche Werte wurden durch die geochronologische Abschätzung (De Geer 1954) des Rückzugs des Inlandeises gewonnen, die für das Pommersche Stadium ein Alter von 16000 Jahren ergab.

Die ersten modernen Radiokarbondatierungen der maximalen Ausdehnung des letzten Inlandeises in Mitteleuropa (Brandenburger Stadium) stammen aus der ehemaligen DDR (Cepek 1965). Das Alter dieses Vorstoßes wurde auf etwa 21000 Jahre geschätzt, allerdings war dies eine indirekte Datierung in der periglazialen Zone (Lausitzer Urstromtal). Deshalb wurde nun versucht, Profile mit organogenen Ablagerungen unter dem Geschiebemergel des letzten Inlandeises zu finden. Diese Bedingung erfüllen Funde aus der Gegend von Konin in Polen (Stankowska u. Stankowski 1979), die nach Radiokarbondatierungen (Pazdur u. Walanus 1979; Pazdur et al. 1981) und Radiokarbonbezeichnungen der Seensedimente im Küstengebiet (Kopczyńska-Lamparska et al. 1984) Grundlagen für die Abschätzung der maximalen Ausdehnung (Kozarski 1980, 1986; Pazdur et al. 1981) und der Rückzugszeit des letzten Inlandeises aus Nordpolen (Kozarski 1986) geschaffen haben. Die Abschätzungsmethode wie auch die notwendigen Korrelationen werden in diesem Beitrag diskutiert.

Frühe Befunde zur Geochronologie

Die Faszination der Altersbestimmung organogener Ablagerungen mit Hilfe von ^{14}C-Isotopen und in letzter Zeit auch minerogener Ablagerungen unter Anwendung der Thermolumineszenzmethode (TL) hat zur Folge, daß oft an die früheren Versuche der Altersbestimmung von Ablagerungen und indirekt von glazialen Vorgängen auf dem Gebiet der letzten Vergletscherung in Polen nicht mehr gedacht wird. Dies zeigt sich auch im schwindenden Interesse an den Bändertonen (Krygowski 1950), obwohl sie sich weiterhin als nützliche Ablagerungen bei der Bestimmung der Rückzugschronologie des letzten Inlandeises erweisen.

In den Grenzen des gegenwärtigen Polens gibt es ein bemerkenswertes Beispiel eines interessanten und fortgeschrittenen Versuchs der Altersbestimmung von Bändertonen und, indirekt, von glazialen Vorgängen in der Küstenzone. Dieses Beispiel wurde von Vierke (1937) aus dem Gebiet zwischen Lębork und Sławno geliefert. Nachdem vier Bändertonlagerstätten in Jeżyce, Sławno, Słupsk und Lębork untersucht und Diagramme angefertigt worden waren, führte Vierke eine Telekorrelation mit den bekannten Bändertonlagerstätten Bara in Südwestschweden durch. Die Korrelation ergab ein durchschnittliches absolutes Alter von 16474 Jahren. Es ist heute bekannt, daß eine Revision (Nilsson 1968; Duphorn et al. 1979, 1981) der Tonlagerstätten von Bara zu neuen Datierungen des unteren Bändertonlagers führte. Das Alter wird nun mit etwas über 13500 Jahren angegeben (Duphorn et al. 1979). Darüber hinaus ist die Telekorrelation der ostpommerschen Bändertone mit denen der Lagerstätte von Bara ein Verfahren, das viele Bedenken hervorruft, falls es überhaupt möglich ist. Daher kann auf Basis des von Vierke (1937) angegebenen durchschnittlichen absoluten Alters keine exakte chronologische Aussage getroffen werden. Trotzdem bleibt dies ein interessanter Versuch der Einordnung der Bändertone in die damals übliche Zeitskala, die Vierke auf die Randlagen des letzten Inlandeises im Raum des südlichen und des westlichen Küstengebiets der Ostsee bezog. Von den heutigen Abschätzungen weicht das durch ihn angegebene Alter um etwa 3000 Jahre ab.

Das Alter der maximalen Ausdehnung des letzten Inlandeises

Es gibt kaum Zweifel darüber, daß erst Radiokarbon-Altersbestimmungen organogener Ablagerungen einen wesentlichen Fortschritt in den Versuchen der Datierung der Zeitabschnitte brachten, in denen klimatische Schwankungen der Vistulian-Kaltzeit stattfanden. Dies trifft besonders auch auf das Ereignis der letzten Vergletscherung zu. Auf dieser Grundlage ist von Bedeutung, daß zum Beispiel für das Gebiet des Wielkopolska-Tieflandes (Kozarski 1980, 1981) diese Vergletscherung nur eine Episode darstellt, die lediglich 4000–5000 Jahre dauerte und daß man eine Altersabschätzung der maximalen Ausdehnung des letzten Inlandeises vornehmen kann.

Dies war möglich dank der Entdeckung (Stankowska u. Stankowski 1979) und Untersuchung (Pazdur et al. 1981) organogener Sedimente in Konin-Maliniec. Sie lagen unter den jüngsten Moränenablagerungen im Bereich der maximalen Ausdehnung des Inlandeises. Das mit der ^{14}C-Methode bestimmte Alter organogener Ablagerungen (Pazdur u. Walanus 1979; Pazdur et al. 1981) von 22050±450 Jahren (Gd-645) bzw. 22230±480 Jahren (Gd-646) läßt darauf schließen, daß die maximale Ausdehnung des Inlandeises jünger als diese Ablagerungen ist. Nach einer Korrelation (Kozarski 1981, 1986) mit ^{14}C-Datierungen organogener Ablagerungen in der ehemaligen DDR (Cepek 1965) und in der UdSSR (Krasnov 1978; Gerasimov u. Velitschko 1982) hatte das Inlandeis seine maximale Ausdehnung schätzungsweise vor etwa 20000 Jahren (Kozarski 1980, 1981; Pazdur et al. 1981; vgl. Tabelle 1 und Abb. 1). Zu einer analogen Schlußfolgerung führen sowohl Untersuchungsergebnisse aus Dänemark, wo der Geschiebemergel der maximalen Ausdehnung des letzten Inlandeises über Ablagerungen liegt, die Mammutknochen mit einem Alter von 21530 Jahren enthalten, als auch Berichte über die minerogenen Ablagerungen in Livø, deren mit der Thermolumineszenzmethode ermitteltes Alter mit 20000 Jahren angegeben wird (Petersen 1984). Es muß an dieser Stelle erwähnt werden, daß in Polen bei der vorgenommenen Schätzung der Zone der maximalen Ausdehnung des Inlandeises die Gebiete östlich von Konin bis zum Weichseltal und auch die südlichen Randbereiche der Masurischen Seenplatte nicht mit einbezogen werden können, da diese nicht durch die Lesznoer Phase, sondern durch die Poznańsche Phase bestimmt werden (Mojski 1984, Abb. 94).

Ein Versuch der Altersabschätzung der Haupteisrandlagen

Der Zeitabschnitt zwischen 22000 und 13000 Jahren kann im Nordpolnischen Flachland mit Hilfe von biostratigraphischen Fakten nicht in kleinere Einheiten eingeteilt werden, wenn man einmal von dem immer noch ungeklärten Problem des sogenannten Masurischen Interstadials absieht (Kozarski 1986). Die klimatischen und edaphischen Bedingungen während des Rückzugs des letzten Inlandeises waren nämlich zu rauh, um auf den bereits durch das Inlandeis verlassenen Gebieten eine schnelle Sukzession der Pflanzen zu ermöglichen. Aus den dürftigen paläobotanischen Informationen (Borówko-Dłużakowa 1969; Kopczyńska-Lamparska et al. 1984) geht hervor, daß der Anfang der Wiederbesiedlung durch Pflanzen erst während der Ältesten Dryaszeit erfolgte, also in einem Zeitabschnitt, wo sich der Inlandeisrand ungefähr im Bereich der heutigen südlichen Ostseeküste befand. Dies bedeutet, daß man im bisher behandelten Gebiet keine organogenen Ablagerungen aus dem oben erwähnten Zeitabschnitt erwarten darf, die für Radiokarbonmessungen geeignet sind, wie es zum Beispiel in Nordamerika der Fall ist (Clayton u. Moran 1982). Es müssen also neue, indirekte Methoden der Altersbestimmung für den Rückzug des letzten Inlandeises gefunden werden. Hier geht es vor allem um Haupteisrandlagen nach der maximalen Ausdehnung, also um Endmoränenzüge, die eine morphostratigraphische Bedeutung besitzen. Im nordwestlichen Teil Polens sind es die Poznańsche Phase, die Chodzież-Subphase (= Kujawische Phase), die Pommersche Phase und die Gardno-Phase (Abb. 1). Die genannten Phasen haben eine überregionale Bedeutung und können mit ähnlichen Haupteisrandlagen in Nachbarländern korreliert werden.

Als eine einfache Methode kann der nachstehend geschilderte Vorschlag angesehen werden. Es handelt sich um die Altersabschätzung extremer Randlagen des Inlandeises, d.h. der Lesznoer Phase wie

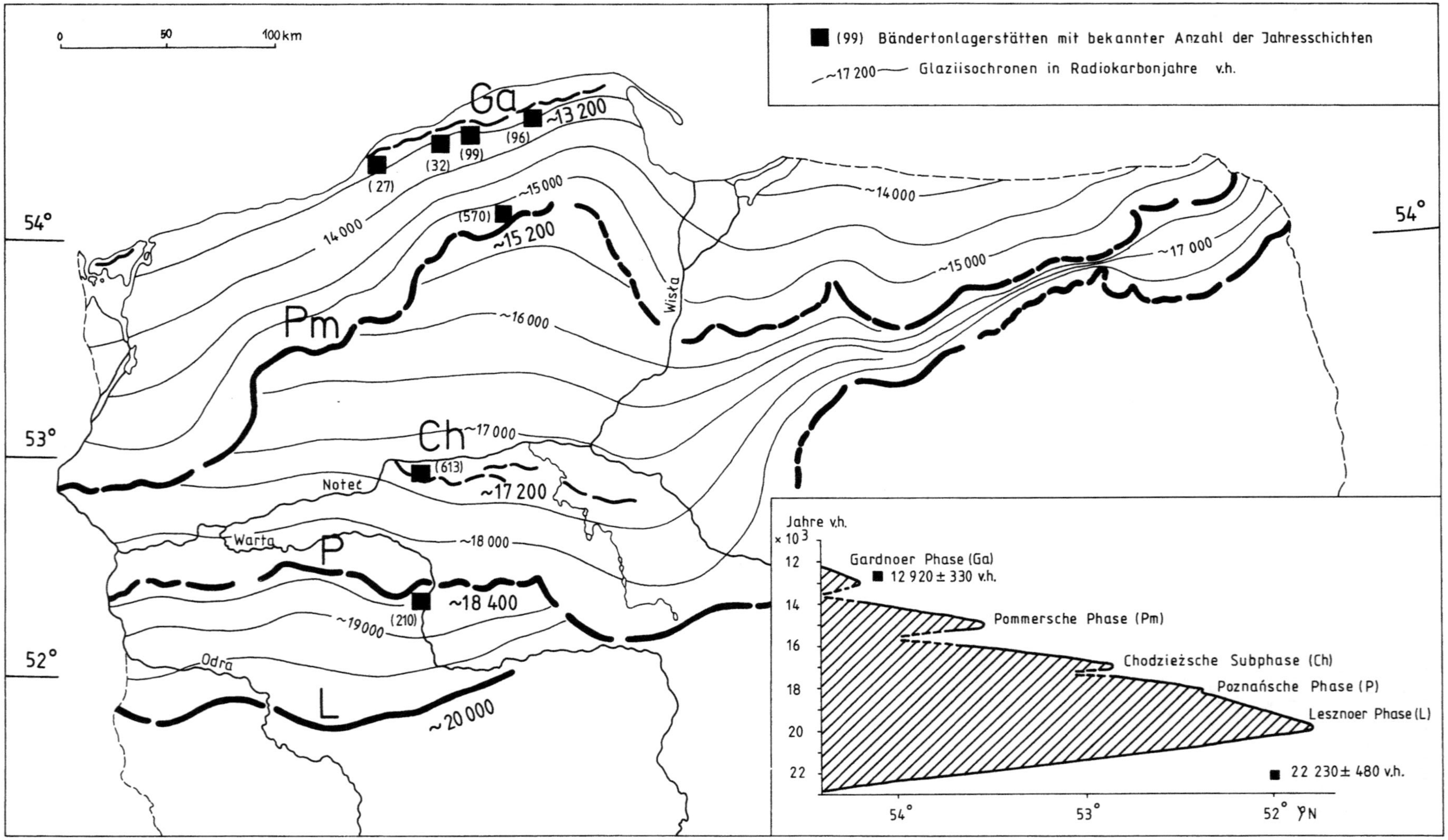

Abb. 1. Geschätztes Alter der Haupteisrandlagen des letzten Inlandeises in Nordwestpolen und Vergletscherungskurve

auch der Gardnoer Phase, und um eine Vermessung der Entfernungen zwischen ihnen entlang des Meridians 16° 40' ö. L. Für die Lesznoer Phase wurde, in Übereinstimmung mit den vorstehenden Ausführungen, das Alter mit 20000 Jahren angenommen. Für die Gardnoer Phase dagegen, die u.a. durch Rosa (1968) und Roszko (1968) für den Raum der Polnischen Küste in die Älteste Dryaszeit gelegt wurde, beträgt das hier verwendete Alter 13200 Jahre. Dieser Wert wurde aus den ersten Schätzungen von Gross (1958) abgeleitet, die auf einer Radiokarbonchronologie beruhen. Diese Altersangabe oder auch eine ähnliche von 13100 Jahren kommt wiederholt in neueren Arbeiten vor (Mörner 1979, 1981; Mörner et al. 1977; Berglund 1979; Duphorn et al. 1979, 1981). Deren Richtigkeit scheinen auch Radiokarbondatierungen organogener Ablagerungen mit einem Alter von 13390±500 Jahren zu bestätigen, die unter dem Geschiebemergel liegen und als ein Zeichen des Vorstoßes des Inlandeises (Čebotareva u. Faustova 1975) während der Ältesten Dryaszeit (= Luga) betrachtet werden, wie auch organogene Ablagerungen, die auf diesem Geschiebemergel liegen und in der UdSSR mit 12650±500 Jahren datiert wurden. In ähnlicher stratigraphischer Lage ist auf der Insel Rügen der Standort Frankenthal bekannt, der organogene Ablagerungen mit einem Alter von 12365 ± 180 Jahren aufweist (Brose u. Kliewe 1975). Sie liegen hier auf dem Geschiebemergel der Velgaster Staffel im Hinterland des G-I-Zuges, der mit dem Vorstoß des Inlandeises während der Ältesten Dryaszeit korreliert wird (Kliewe 1975).

Die oben erfolgten Schätzungen des Alters der Lesznoer und der Gardnoer Phase ermöglichen die Berechnung des mittleren Wertes des Rückzugs der Inlandeisstirn. Er beträgt 44 m pro Jahr. Bei bekannten Entfernungen der Haupteisrandlagen des von der Linie der maximalen Ausdehnung rückschreitenden Inlandeises kann deren Alter approximiert werden (Abb. 1). Die auf solche Weise erhaltenen Schätzwerte sind natürlich nur als Richtwerte zu betrachten, da sie durch die Ungenauigkeit der angenommenen Zeitangaben für die extremen Lagen der Inlandeisstirn, die der Berechnung zugrunde liegen, belastet sind. Darüber hinaus ergeben sich weitere Abweichungen von den tatsächlichen Werten, da es unmöglich ist, den Bereich einer Oszillation der Inlandeisstirn im Falle eines erneuten Vorstoßes zu bestimmen. Solche Fälle betreffen die Chodzieżsche Subphase (Kasprzak u. Kozarski 1987), die Pommersche Phase (Maksiak u. Mróz 1978) und die Gardnoer Phase (Petelski u. Szukalski 1983), was auf der Vergletscherungskurve unter Zuhilfenahme von Ergebnissen lithostratigraphischer Untersuchungen veranschaulicht wurde (Abb. 1). Es fällt jedoch auf, daß ein Vergleich der Altersabschätzungen für die Poznańsche Phase und die Pommersche Phase mit den Radiokarbondatierungen organogener Ablagerungen ebenfalls die entsprechenden Kälteschwankungen zeigt, die im bekannten Profil des

Tabelle 1. Versuch einer Korrelation des geschätzten Alters der Haupteisrandlagen in Polen mit den radiokarbondatierten Horizonten im Profil von Grand Pile. (Nach Kozarski 1986)

^{14}C Jahre $\times 10^3$ v.h.	Ostsee (Mörner et al. 1977) Grand Pile (Mörner 1981)	Ehemalige DDR (Cepek 1965)	Polen (Kozarski 1986)	UdSSR (Gerasimov, Velitschko 1982)
Vistulian				
13	Low Baltic Stadial	Velgaster Staffel	Gardnoer Phase	Luga
	13100		~13200	
14				
15	East Jylland Stadial	Pommersches Stadium	Pommersche Phase	Vepsovo
	15300		~15200	
16				
17			Chodzieżsche Subphase	
			~17200	
18	Frankfurter Stadial	Frankfurter Staffel	Poznańsche Phase	
	18600–19700		~18400	
19				
20			Lesznoer Phase	
21	Brandenburger Stadial	Brandenburger Stadium	~20000	Maximalstadium
	20500–22500	Skado (W4) 20270±1000		Putschka I
22		20475± 600		21410±150
		Kl. Koschen (W6)	Konin Maliniec II	21880±110
23		21160± 800	20050±450	Shapurovo
			22230±480	22410±210
				Gosha
				22950±440

Grand Pile festgestellt wurden (Mörner 1981). Hier ist eine große Übereinstimmung vorhanden (Tabelle 1). Es darf angenommen werden, daß diese nicht zufällig ist, denn sie wird durch weitere Fakten bestätigt, welche die gesamte große Kälteperiode betreffen, vom Maximum der Vergletscherung bis zum Ende des Oberen Plenivistulian (Pommersche Phase).

Einer dieser Fakten ist der ozeanische Beweis von Klimaschwankungen aufgrund der Konzentrationsänderungen von *Globigerina pachyderma* in Ablagerungen des nördlichen Atlantiks (45–65° n. Br.). Wie Ruddiman und McIntyre (1981) angeben, läßt sich daraus ableiten, daß das Maximum der Vistulian-Kaltzeit, das durch niedrige Temperaturen und ein größeres Volumen des Inlandeises auf der nördlichen Halbkugel gekennzeichnet war, vor 20000–16000 Jahren erreicht wurde. In der vom Autor abgeschätzten Sequenz glazialer Vorgänge ist es etwa der Zeitabschnitt, der die Jahre zwischen der Lesznoer und der Pommerschen Phase umfaßt. Laut Ruddiman und McIntyre (1981) folgte dem Maximum der Vergletscherung ein schneller Rückzug des Eises vor 16000–13000 Jahren. An dieser Stelle sollte aufgrund von Angaben aus dem westlichen Teil Polens ein zweiter Fakt erörtert werden, er ergibt sich aus dem Beweismaterial, den die Bändertone liefern.

Es wurde bereits erwähnt, daß diesen Ablagerungen keine große geochronologische Bedeutung zugeschrieben wurde (Krygowski 1950). Ein solcher Standpunkt leuchtet ein, wenn man den Wert dieser Ablagerungen mit dem der Sedimente vergleicht, die die Grundlage für die „Schwedische Zeitskala" bilden. Das bedeutet jedoch nicht, daß lokale Bändertone ohne jeden Wert für die Abschätzung der Dauer glazialer Vorgänge sind. In Abbildung 1 sind die wichtigeren Fundorte von Bändertonen, die während der letzten Vergletscherung entstanden, lokalisiert. Einbezogen wurden auch Lagerstätten von Ablagerungen in Poznań-Junikowo, die Krygowski (1931) anfangs irrtümlich – entgegen der Argumentation in seiner Arbeit – mit dem Eem-Interglazial verband und (Krygowski 1975) nach einer späteren Reinterpretation mit der Poznańschen Phase der letzten Vergletscherung in Beziehung brachte. Ein Teil der Lagerstätten besitzt eine bestimmte Anzahl von Warven, sie wurde in Klammern angegeben (Abb. 1). Es ist bemerkenswert, daß die Lagerstätten Poznań-Junikowo, Chodzież und Niezabyszewo bei Bytów durch eine große Warvenzahl gekennzeichnet sind (s. in Abb. 1 die Zahlen 210, 613 und 570). Sie entfallen auf den Zeitabschnitt des Rückzugs des Inlandeises von der Linie der maximalen Ausdehnung bis einschließlich zur Pommerschen Phase. Die große Mächtigkeit der Bändertonlagerstätten zwischen der Oder und der Havel, die aus dieser Periode stammen, ist auffällig. Sie schwankt nach Liedtke (1956/57) zwischen 10 m (Neuenhagen) und 22 m (Zehdenick, Eberswalde). Gleichzeitig ist die geringe Anzahl von Warven in den Lagerstätten im Küstengebiet von Lębork über Sławno bis zum Grabowatal charakteristisch (Abb. 1). Hier wurden lediglich 96, 99, 32 und 27 Warven festgestellt. Ein Vergleich der Größenordnung der angegebenen Zahlen spricht für einen anfangs langsamen und später, nach der Pommerschen Phase, bedeutend schnelleren Rückzug des Inlandeises, so daß Staubecken nur noch kurzzeitig funktionsfähig waren. Es zeigt sich also eine recht charakteristische Ähnlichkeit zwischen den von Ruddiman und McIntyre (1981) angegebenen Zeitabschnitten des Eisrückzuges und denen, die im westlichen Teil Polens aufgrund von Altersabschätzungen der Hauptlinien der Inlandeisstirn und der relativen geochronologischen Bedeutung der Bändertone bestimmt werden können. Das angeführte Beispiel sieht ermutigend aus und es wäre interessant, das Ergebnis durch ein genaues Studium anderer Bändertonlagerstätten und sonstiger rhythmischer glazialer Ablagerungen, die in Staubecken während des Rückzugs des letzten Inlandeises entstanden, zu prüfen. Von Bedeutung dürften auch Untersuchungen des Paläomagnetismus sein, die sich bei Bändertonen gut anwenden lassen (Austin 1988).

Bändertonlagerstätten als Zeitmaßstäbe können auch andere Informationen liefern, die für die Bestimmung des Rhythmus glazialer und geomorphologischer Vorgänge Bedeutung haben. Sie sind zum Beispiel in den lesbaren Unterschieden der Mächtigkeit der Warven als Beleg des Ablationstempos des Inlandeises, also auch der kleineren Klimaschwankungen, enthalten. Dies wird sichtbar in der Art und Weise der Lagerungsverhältnisse der Warven als deutliche Anordnung von Schichten verschiedener mittlerer Mächtigkeit ($\bar{x}$) und unterschiedlicher Standardabweichung (δ), was in Abb. 2 verdeutlicht wird. In Situationen, wo dank einer genauen geomorphologischen Kartierung die Möglichkeit besteht, die Lageverhältnisse zwischen dem Becken mit Bändertonen und der Eisrandlage zu rekonstruieren, entstehen Möglichkeiten, den Rhythmus und die Intensität der geomorphologischen Prozesse, die in der marginalen Zone vor sich gingen und in Abhängigkeit von den allgemeinen thermischen Bedingungen in Bändertonen registriert wurden, vollständiger nachzuvollziehen. In der Zukunft könnte auch von Bedeutung sein, daß sich Bändertone als feine Ablagerungen für Altersbestimmungen unter Anwendung der Thermolumineszenzmethode als nützlich erweisen, wenn die damit noch verbundenen metho-

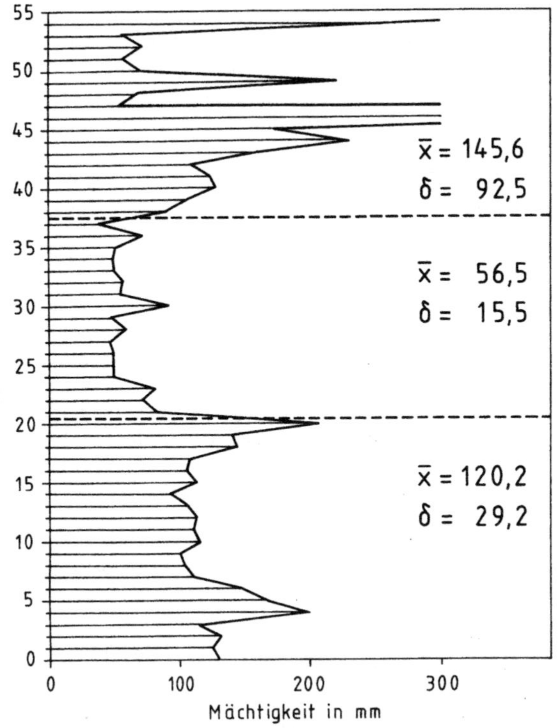

Abb. 2. Poznań-Junikowo. Ein Warven-Diagramm (nach Krygowski 1931) ergänzt durch Ausgliederung von Warvensystemen mit verschiedener durchschnittlicher Mächtigkeit ($\bar{x}$) und Standardabweichung (δ)

dologischen Schwierigkeiten überwunden sein werden (Wintle u. Huntley 1982).

Schlußfolgerungen

Die vorgestellten Betrachtungen und Interpretationen ermöglichen die Schlußfolgerung, daß sich dank der Entdeckung organogener Ablagerungen in den letzten Jahren, die mit Hilfe der ^{14}C-Methode datiert wurden, neue Möglichkeiten ergaben, um das Alter der maximalen Ausdehnung des letzten Inlandeises und die Zeit seines Rückzugs in Nordpolen zu bestimmen. Das große Zeitintervall zwischen den frühesten und spätesten Datierungen organogener Ablagerungen, das einen bedeutenden Zeitabschnitt mit Änderungen der Eisrandlagen und der Entstehung ganzer Endmoränenzüge umfaßt (7000 Jahre), erlaubt nur eine Abschätzung des Alters dieser Züge mit Hilfe indirekter Methoden, d.h. durch die Berechnung des mittleren jährlichen Wertes des Rückzugs der Inlandeisstirn. Dieses Verfahren, obwohl es nicht genau ist, bringt einen gewissen Fortschritt im Vergleich zu den fast zeitlosen Betrachtungen glazialer Vorgänge in bisherigen Arbeiten über den Rückzug des letzten skandinavischen Inlandeises in Polen.

Literatur

Austin TJF (1988) Palaeomagnetism of varved clays in western Poland: some preliminary results. Quaest Geogr 10:5–17

Berglund BE (1979) The deglaciation of southern Sweden 13500–10000 BP. Boreas 8 (2):89–117

Borówko-Dłużakowa Z (1969) Palynological investigations of Late Glacial and Holocene deposits at Konin. Geogr Pol 17 (6):267–281

Brose F, Kliewe H (1975) Saale- und Weichselkataglazial vergleichend betrachtet. Wiss Z Ernst-Moritz-Arndt-Univ, Greifswald 24 (3/4):119–127

Cepek AG (1965) Geologische Ergebnisse der ersten Radiokarbondatierungen von Interstadialen im Lausitzer Urstromtal. Geologie 14 (5/6):625–657

Čebotareva NS, Faustova MA (1975) Struktur und Dynamik der letzten europäischen Eisbedeckung. Petermanns Geogr Mitt 119 (4):253–260

Clayton L, Moran SR (1982) Chronology of Late Wisconsinan glaciation in middle North America. Quat Sci Rev 1:55–82

De Geer EH (1954) Skandinaviens geokronologi. Geol Föreningens Förhandl, Stockholm 76

Duphorn K, Stay B, Stiller D (1979) Deglaciation of the Bara Basin near Malmö, Sweden. Boreas 8 (2):141–144

Duphorn K, Kögler FC, Stay B (1981) Late Glacial varved clay in the southern Baltic Sea. Quat Stud Poland 3:29–36

Gerasimov IP, Velitschko AA (1982) Paleogeografia Evropy sa poslednyje sto tysiač let (Atlas monografija). Moskva

Gross H (1958) Die bisherigen Ergebnisse von ^{14}C-Messungen und paläontologischen Untersuchungen für die Chronologie des Jungpleistozäns in Mitteleuropa und den Nachbargebieten. Eiszeitalter Ggw 9:155–187

Kasprzak L, Kozarski S (1987) Facies analysis and depositional models of Vistulian ice-marginal features in northwestern Poland. In: International Geomorphology 1986, Part II. Chichester, S. 693–710

Kliewe H (1975) Spätglaziale Marginalzonen auf der Insel Rügen, Untersuchungsergebnisse und Anwendungsbereiche. Petermanns Geogr Mitt 119 (4):261–269

Kopczyńska-Lamparska K, Cieśla A, Skompski S (1984) Evolution of a fossil lake basin of the Late Glacial and Holocene in the cliff near Niechorze (Pomeranian Lakeland, Poland). Quat Stud Poland 6:39–58

Kozarski S (1980) An outline of Vistulian stratigraphy of the Great Poland Lowland. Quat Stud Poland 2:21–35

Kozarski S (1981) Stratygrafia i chronologia vistulianu Niziny Wielkopolskiej (Vistulian Stratigraphie und Chronologie des Großpolnischen Flachlandes). Warszawa/Poznań [= PAN Oddział w Poznaniu, Ser Geografia 6]

Kozarski S (1986) Skale czasu a rytm zdarzeń geomorfologicznych vistulianu na Niżu Polskim (Zeitskalen und Rhythmus der Vistulian-geomorphologischen Ereignisse im Polnischen Flachland). Czasopismo Geogr 57 (2):247–270

Krasnov II (1978) Stratigraphische Korrelation der Quartärablagerungen im östlichen Gebiet der fennoskandischen Vereisung. Schriftenr Geol Wiss 9:69–79

Krygowski B (1931) Iły warwowe w okolicy Poznania (Bändertone in der Gegend von Poznań). Badania Geogr 8:1–43

Krygowski B (1950) Materiały do chronologii dyluwium (Materialien zur Chronologie des Diluviums). Badania Fizjogr Polską Zachodnią 2 (1):9–24

Krygowski B (1975) Niektóre problemy z morfodynamiki Niziny Wielkopolskiej (Einige Probleme der Morphodynamik des Großpolnischen Flachlandes). Badania Fizjogr Polską Zachodnią, Ser A, Geogr Fizyczny 27 (2):89–156

Liedtke H (1956/57) Beiträge zur geomorphologischen Entwicklung des Thorn-Eberswalder Urstromtales zwischen Oder und Havel. Wiss Z Humboldt-Univ, Berlin 6 (1): 2–49

Maksiak S, Mróz WJ (1978) Czwartorzęd środkowej częścki Pojezierza Pomorskiego (Das Quartär der mittelpommerschen Seenplatte). Biul Inst Geol 300:97–152

Mojski JE (1984) Zlodowacenie północnopolskie (Die nordpolnische Vereisung). In: Budowa Geol Polski 1–Stratygrafia 3b, Kenozoik, Czwartorzęd, S 218–255

Mörner, NA (1979) The deglaciation of southern Sweden: a multiparameter consideration. Boreas 8 (2):189–198

Mörner NA (1981) Weichselian chronostratigraphy and correlations. Boreas 10 (4):463–470

Mörner NA et al. (1977) Late Weichselian deglaciation of the Baltic. Baltica 6:33–51

Nilsson E (1968) Om södra Sveriges senkvartära historia (Geschichte des südschwedischen Spätquartärs). Kunglige Svenska Vetensk Handlingar 4 (12):1

Pazdur M, Walanus A (1979) The Konin-Maliniec site: age assessment by radiocarbon method. Symp Vistulian Stratigraphy, Poland 1979, Guide-book of excursion, Warszawa

Pazdur M, Stankowski W, Tobolski K (1981) Litologiczna i stratygraficzna charakterystyka profilu z kopalnymi utworami organogenicznymi w Malińcu koło Konina, doniesienie wstępne (Eine lithologische und stratigraphische Charakteristik des Profils mit fossilen organogenen Ablagerungen aus Maliniec bei Konin, ein vorläufiger Bericht). Badania Fizjogr Polską Zachodni, Ser A. Geogr Fizyczna 33 (2):79–86

Petelski K, Szukalski J (1983) Entwicklung des Gardno-Zungenbeckens im Verlaufe der Gardno-Phase und der ihr folgenden Vereisung. In: Das Jungquartär und seine Nutzung im Küsten- und Binnentiefland der DDR und der VR Polen. Ergänzungsh Petermanns Geogr Mitt 282:41–53

Petersen KS (1984) Stratigraphical position of Weichselian tills in Denmark. Striae 20:75–78

Rosa B (1968) Obszar południowobałtycki w okresie ostatniego zlodowacenia i holocenie (Das südbaltische Gebiet während der letzten Vereisung und im Holozän). In: Ostatnie Zlodowacenie Skandynawskie w Polsce. Prace Geogr 74:121–155

Roszko L (1968) Recesja ostatniego lądolodu z terenu Polski (Rückzug des letzten Inlandeises aus dem Gebiet Polens). In: Ostatnie Zlodowacenie Skandynawskie w Polsce. Prace Geogr 74:65–100

Ruddiman WF, McIntyre A (1981) The mode and mechanism of the last deglaciation: oceanic evidence. Quat Res 16:125–134

Różycki SZ (1972) Plejstocen Polski środkowej (Das Pleistozän Mittelpolens). Warszawa

Stankowska A, Stankowski W (1979) The Vistulian till covering stagnant water sediments with organic sediments. Symp Vistulian Stratigraphy, Poland 1979, Guide-Book of excursion, Warszawa

Vierke M (1973) Die ostpommerschen Bändertone als Zeitmarken und Klimazeugen. Abh Geol-Paläontol Inst Ernst-Moritz-Arndt-Univ, Greifswald 18 (1):1–34

Wintle AG, Huntley DJ (1982) Thermoluminescence dating of sediments. Quat Sci Rev 1 (1):31–53

Woldstedt P (1958) Das Eiszeitalter. Grundlinien einer Geologie des Quartärs. Stuttgart

1.3 Zur Vererbung von Formelementen der Landschaft im Quartär

ALFRED O. LUDWIG

Problemstellung

An der Formung der Glaziallandschaft sind verschiedene Arten von Toteis beteiligt, im wesentlichen durch die Nieder- bzw. Tieftauprozesse (Gripp 1964) und ihre morphologischen Folgen. Diese Prozesse sind während des Zerfalls des Inlandeises sowie einige Zeit darüber hinaus wirksam. Ihre Ursache liegt jedoch in Vorgängen, die sich zum großen Teil schon beim Vorrücken der Inlandeisdecken abspielen.

Während die mit dem Abbau des Inlandeises und seiner Toteisreste verbundene Landschaftsgestaltung, die Herausbildung des Abflußnetzes der Schmelzwässer und seine Umformung zum heutigen Flußnetz, schon recht gut untersucht ist, vor allem für den Ablauf nach dem weichselzeitlichen Eishöchststand, trifft das weniger auf die Entwicklung der Gewässer in der viel länger andauernden Anlaufzeit der Vereisungen zu und für ihren Einfluß auf die spätere Oberflächenformung, wenn man von den intensiv bearbeiteten Flußterrassen in den nichtvereisten Gebieten absieht. Die vor jedem Inlandeisvorstoß im Relief vorhandenen großen Gewässer müssen – auch unter dem Aspekt der glazialeustatischen Rückwirkungen auf sie – ebenfalls das Vereisungsgeschehen beeinflussen, und ihre gefrorene Füllung muß als „totes" Eis unter dem günstigeren Klima der Eiszerfallszeit sowie danach an der Reliefbildung mitgewirkt haben. Dazu sollen einige Vorstellungen entwickelt und ein Beispiel dargestellt werden.

Toteis und „totes Eis"

Von den im Glazial- und im Periglazialgebiet vorkommenden 4 Eisarten Inlandeis, Toteis, Bodeneis (des Permafrostbodens) und Gewässereis (See- und Flußeis) soll hier nur das Gewässereis betrachtet werden. Es gehört zwar wie das Bodeneis zum Dauerfrostboden, aber weil es sich nur an der Oberfläche bildet und spezifisch an Hohlformen gebunden ist, kann es als eigener Eistyp behandelt werden. In mancher Beziehung, so als Medium für die Vererbung von Formelementen der Landschaft einer Zeitperiode auf eine nachfolgende, ist es dem Toteis ähnlich.

Als Toteis gelten die von einer Inlandeisdecke abgetrennten Eiskörper. Werden sie von glazialen Ablagerungen eingeschlossen oder überdeckt, so kann ihr verzögertes Ausschmelzen die Bildung von Thermokarstformen verursachen, die jedoch nicht an vorausgegangene Hohlformen gebunden sein müssen.

Das weit weniger beachtete „tote" Eis der unter Permafrostbedingungen ausgefrorenen Gewässer kann ebenfalls von glazialen Ablagerungen verschüttet, beziehungsweise damit bedeckt werden (Löß) und später zur Bildung von Thermokarstformen führen. Seine Verbreitung greift jedoch über den mit dem Inlandeis überzogenen Raum hinaus.

Die Frage, was in der früh- bis hochglazialen Entwicklung mit den Gewässern geschehen ist und welche Bedeutung dem nicht vom Inlandeis abstammenden toten Eis im glazialen Prozeß zukommt, betrifft zum einen aus den Interglazialen überlieferte Gewässer, die Hohlformen der Landschaft ausfüllen und zum anderen Gewässer in Hohlformen, die in Wechselwirkung mit dem Inlandeis während dessen Ausbreitung erweitert worden sind oder sich neu gebildet haben.

Entwicklung der Gewässer im Anlauf einer Vereisung und Vererbung von Hohlformen

Allgemeines

Man darf davon ausgehen, daß im Tiefland südlich und südöstlich der Ostsee – außer vor der ersten – vor jeder folgenden Inlandeisbedeckung eine der heutigen Landschaft ähnliche, hydrodynamisch unreife, im wesentlichen glazial geformte Landschaft existierte mit einem Flußnetz, in das zahlreiche Seen eingeschaltet waren. Nördlich davon befanden sich Vorläufer der Ostsee.

Unter dem glazialen Klima entwickelte sich bei genügender Intensität und Dauer der Temperaturerniedrigung ein mindestens einige 10 m mächtiger Dauerfrostboden, denn wegen des verzögerten Aufbaus der Inlandeismassen war vor deren Eintreffen der Boden in diesen Gebieten lange Zeit ungeschützt dem Dauerfrostklima ausgesetzt. Bis zum Hochglazial hatten interstadiale Erwärmungen wahrscheinlich nur ein Stagnieren oder einen leichten Rückgang im Wachstum des Dauerfrostbodens verursacht. Im wesentlichen überdauerte die Permafrostzone solche Perioden. So froren vor allem die stehenden Gewässer aus, nur in den tieferen unter ihnen dürfte ein Wasserkissen erhalten geblieben sein.

In den Flüssen im Bereich des Dauerfrostbodens wurden infolge der Verminderung der Niederschläge im Früh- bis Hochglazial im wesentlichen nur periodisch (jahreszeitlich) anfallende Wässer der Schneeschmelze abgeführt (Bildung der glazialklimatischen Schotterterrassen). Wegen der Phasenverschiebung zwischen Eisakkumulation und glazialem Klimaablauf wirkte sich die glazialeustatische Meeresspiegelsenkung verzögert auf das kontinentale Gewässernetz aus, da bereits ein Dauerfrostboden entwickelt und das Klima so stark umgestellt war, daß die Auswirkungen auf das Gewässernetz geringer bleiben mußten als bei einer Ozeanspiegelsenkung unter interglazialen Verhältnissen.

Wegen der gegenüber dem Klimagang verspäteten Inlandeisausbreitung dürfte auch im Früh- und vor allem im Hochglazial die südliche Randzone des Inlandeises kein ausgesprochenes Zehrgebiet gebildet haben. Die Verluste beschränkten sich auf geringes sommerliches Tauen und auf Ablation, die vom Nachschub ausgeglichen und übertroffen wurden. Das gilt zumindest in der Jahres- und längerfristigen Massenbilanz während der Hauptakkumulationsphasen des Inlandeises.

Deshalb hat das Nährgebiet zeitweise über die Inlandeisdecke hinausgereicht. Das heißt, daß in ihrer Randzone und in einem Streifen ihres Vorlands der jährliche feste Niederschlag im Sommer nicht aufgezehrt wurde. In solchen Perioden müßten sich im Vorland eine mehr oder weniger verharschte Schneedecke entwickelt und für das vordringende Eis veränderte Bodenverhältnisse beziehungsweise Bewegungsbedingungen ergeben haben. Ein Zehrgebiet im eigentlichen Sinne muß daher nicht ständig existiert haben. Wegen der bis zum Hochglazial verminderten Niederschlagsrate kann der Massenzuwachs an Eis in einem solchen Gürtel allerdings nur gering gewesen sein.

Für die dargelegten Vorstellungen spricht, daß für die Anlaufzeiten der pleistozänen Vereisungen wasserreiche Flußsysteme kaum nachzuweisen sind und daß sich der Anstau der Gewässer vor dem vordringenden Inlandeis (Eisstauseen) in Grenzen hielt. Auch die glazialklimatische Aufschotterung der Terrassen in den von Süden kommenden Flußtälern läßt nur auf jahreszeitlichen, hauptsächlich während der Schneeschmelze erfolgten Anfall und Durchfluß größerer Wassermassen schließen und nicht auf die den heutigen Bedingungen nahekommenden, zeitlich gleichmäßiger verteilten Niederschläge mit bedeutendem flüssigem Anteil.

Während der Temperaturtiefstände muß die jahreszeitlich angefallene Wasser- und Schmelzwassermenge auch insofern gering gewesen sein, da aus dem polnischen, dem nordböhmischen und dem mitteldeutschen Raum kommende größere Wassermassen im Abfluß nach Nordwesten stärkere Spuren hinterlassen hätten, als zu beobachten sind. Auch aufgrund dieser Verhältnisse müssen alle flachen Gewässer im betrachteten Zeitraum ausgefroren gewesen sein.

Da die Seen in der dem glazialen Klima unterworfenen Landschaft große Flächen einnehmen, erlangt das Gewässereis als Oberflächengestein wegen der folgenden besonderen Eigenschaften erhöhte Bedeutung:

- Möglichkeit der Verschweißung mit dem Inlandeis und des Einbezugs in dessen Bewegung;
- leichte Deformierbarkeit bei niedrigen Drücken und niedrigen Temperaturen;
- Möglichkeit, bei steigenden Temperaturen aus dem Gesteinsverband als fester Körper zu verschwinden und, flüssig geworden, in die Porenräume der umgebenden Gesteine einzudringen.

Deshalb kann es im vom Inlandeis erreichten Gebiet wie andere Oberflächengesteine aufgeschürft, aus seinem Verband (Hohlformfüllung) gelöst und als Glazialscholle verfrachtet und ebenso von glazialen Ablagerungen überschüttet oder in Moränen, besonders Stauchmoränen, als „Eisscholle" beziehungsweise „Eisschuppe" – ein spezieller Typ der Glazialscholle – eingebaut werden. In diesen Fällen gleichen seine morphologischen Effekte denen von Toteis, das sich vom Inlandeis ableitet und denselben Prozessen unterlag. Die beim Ausschmelzen entstehenden Thermokarstformen können dann nicht auf einen bestimmten der beiden Ausgangstypen von totem Eis bezogen werden.

Anders dagegen verhält sich Gewässereis, das vom Inlandeis nicht erreicht oder wegen anderer Umstände in dessen Bewegung nicht einbezogen wurde. Zweifellos kann begrabenes Gewässereis auch in geringmächtigen Marginalzonen des Inlandeises von diesem unbeeinflußt und im ursprünglichen Gesteinsverband über die Periode der Eisbedeckung hinweg erhalten geblieben sein.

Begrabenem Toteis und Gewässereis ist gemeinsam, daß beide verzögert zum Vereisungsablauf und stärker verzögert zum Klimagang einer Kaltzeit ausschmelzen und morphologisch wirksam werden.

Vererbung von Formelementen der Landschaft durch Gewässereis außerhalb der Inlandeisbedeckung

Durch Ausfrieren der Gewässer werden Hohlformen plombiert und vor der Verfüllung mit periglazialen oder glazifluvialen Sedimenten geschützt, die Eisfüllung kann lediglich damit überdeckt werden. Tritt dies ein, so müssen, wenn das Austauen des Gewässereises die Periode der intensiven Umlagerungsvorgänge nach dem Hochglazial überdauert, die von ihm eingenommenen Hohlformen (Seen) in der Glaziallandschaft wiedererscheinen. Ein Beispiel dafür (Abb. 1) wurde bei gemeinsamen Arbeiten im westlichen Belorußland südöstlich von Grodno gefunden (Levkov et al. 1988).

Um die Zeit seines Höchststandes, ungefähr vor 18000 Jahren, bildete sich vor dem Weichseleis in der Niederung des Oberen Neman und seiner Nebenflüsse der ausgedehnte Skidel-Eisstausee. Dieser begann sich erst zu leeren, als das Eis den Abfluß nach Westen ins Warschau-Berliner Urstromtal freigab. In dem Stausee wurden vorwiegend horizontal geschichtete Feinsande (Delta), Schluffe und Bändertone abgelagert. Sie bilden heute umfangreiche Terrassenflächen, die zum Teil mit Dünenfeldern besetzt sind. Später schnitten sich die Flüsse mehrere Meter tief in die Stauseesedimente ein (Voźnjačuk u. Valčik 1978). So durchschneidet die Zel'vjanka heute bei Peski stark mäandrierend ufernahe feinsandige Flachwasserabsätze des Eisstausees. Vereinzelt wurden Pseudomorphosen von 3–4 m langen synsedimentären Eiskeilen darin beobachtet. Diese Absätze ähneln den spätglazialen Stauseeablagerungen am Südufer der Ostsee, z. B. in der Rostocker Heide.

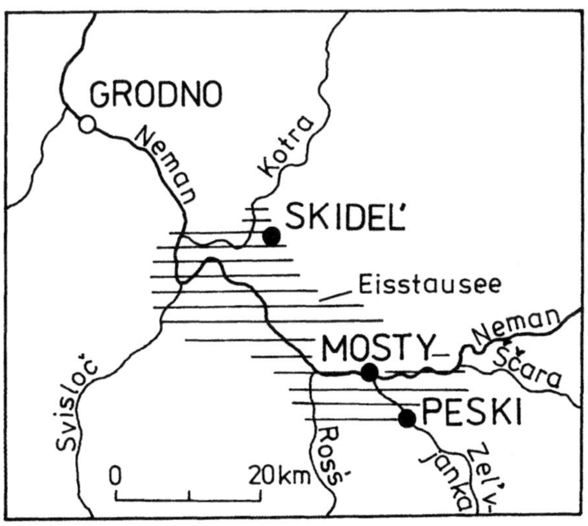

Abb. 1. Lage des Skidel-Eisstausees in Westbelorußland

Etwa 1 km unterhalb von Peski können in den Prallhängen der Zel'vjanka in die glazilimnischen Schichten eingeschaltete, muldenartige Senken von einigen Dekametern Ausdehnung wiederholt beobachtet werden. Sie sind in ihrem unteren Abschnitt mit teilweise schräggeschichteten fluviatilen und mit limnisch-humosen Ablagerungen, darüber mit äolischen Sanden und Hangabspülmaterial ausgefüllt (Abb. 2). Charakteristisch ist das Durchhängen der Schichten, die am Rande, in den Feinsanden des Eisstausees mit kleinen Abschiebungen einhergehen. Besondere Beachtung verdient die feinsandig-schluffige Schicht mit zahlreichen humosen Lagen (3 in Abb. 2). Anstatt eingemuldet zu sein infolge stärkerer Kompaktion dieses Bereichs im Vergleich zu den angrenzenden, an humoser Substanz weit ärmeren Partien, ist die Schicht im Osten linsig aufgeweitet mit nach oben gewölbter Hangendgrenze. Im Verein mit der tieferen Absenkung der nach Westen anschließenden Teile muß diese Lagerungsform als Folge lokalen Austauens von begrabenem Eis verstanden werden und zwar von Gewässereis, da das Weichseleis diese Gegend nicht mehr erreicht hat. Dagegen kann die geringe Einmuldung des atlantischen Torfs, der das Zentrum der Senke füllt, auf Kompaktion zurückgeführt werden.

Aus der Lagerung und dem karpologischen Inhalt der Schichten läßt sich in Anlehnung an Levkov et al. (1988) folgende Entwicklung rekonstruieren:

Im Hochglazial wurde Gewässereis des präweichselzeitlichen Flußnetzes von Sedimenten des Skidel-Eisstausees bedeckt und vor raschem Austauen bewahrt. Mit der Leerung des Stausees während des Zerfalls der Inlandeisdecke begannen sich die Flüsse wieder einzuschneiden. Zu Beginn des Austauens entwickelte sich im Zuge des alten Flußtales eine Kette von Bodensenken, die durch Verbindung untereinander das wiederentstehende Flußsystem vorzeichneten und dem präweichselzeitlichen ungefähr folgen ließen, im Detail durch die Mäanderbildung modifiziert.

Bis zum Alleröd schnitt sich die Zel'vjanka ca. 3 m tief in die Stauseesedimente ein. Mit der nochmaligen Abkühlung an der Wende zur Jüngeren Dryas (Dryas III) wurde teilweise schräggeschichteter fluviatiler Sand mit eingeschwemmten Holzresten abgelagert, unter anderem wurde ein 3 m langer Kiefernstamm in horizontaler Einbettung freigelegt. Unter dem verringerten Wasserangebot in den kalten und trockeneren Perioden der Jüngeren Dryas und

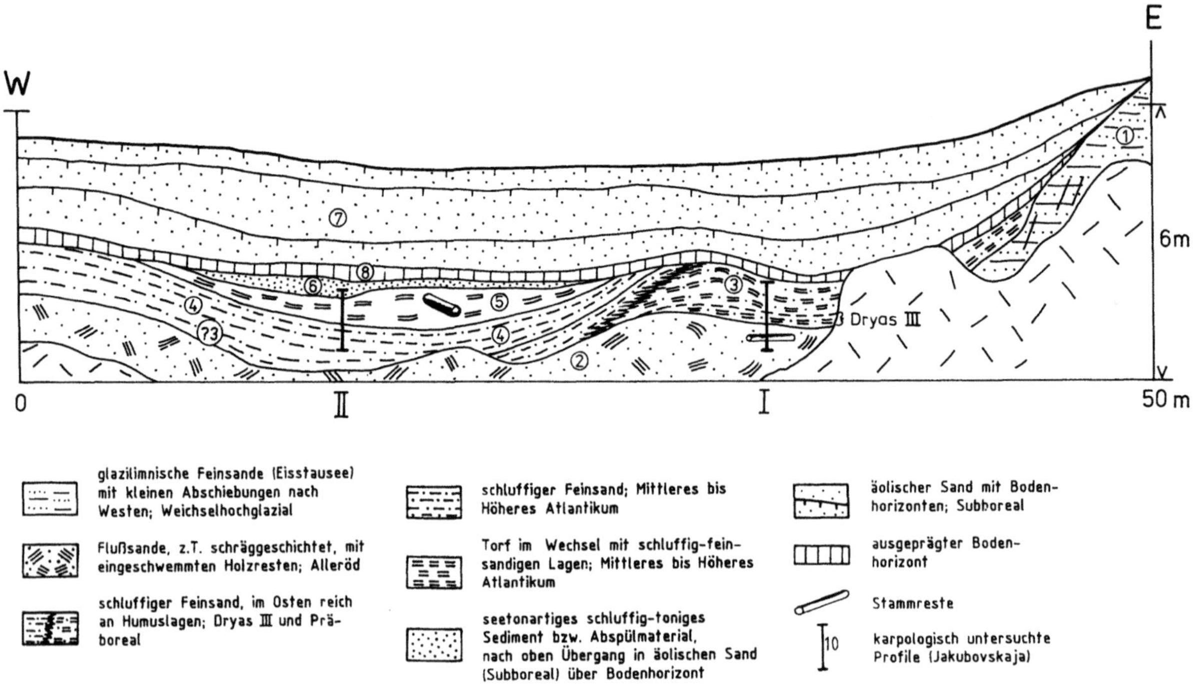

Abb. 2. Profil der Thermokarstsenke in Feinsanden des Skidel-Eisstausees bei Peski (Westbelorußland), Länge: Höhe 2:1. (Nach Levkov et al. 1988 und eigenen Unterlagen)

des Präboreals setzten sich feinkörnigere Sedimente ab, in der Nähe des Grundwasserspiegels mit zahlreichen Lagen von Pflanzenresten (vgl. Ostteil in Abb. 2). Gegen Ende dieser Periode war die Sedimentation unterbrochen, und mit weiterer Erwärmung verlagerte sich der Schwerpunkt des Austauens nach Westen. Deshalb sanken die zuvor gebildeten Absätze hier am tiefsten ab und formten das Zentrum der Senke. Steigender Grundwasserspiegel unter zunehmend feuchterem Klima führte schließlich zur Entwicklung der atlantischen Torfschicht. Seeton oder seetonartiges Abspülmaterial leitete die folgende äolische Auffüllung der Restsenke im wieder trockeneren Subboreal ein.

So ergibt sich, daß durch das Zusammenspiel der fluviatilen mit der Thermokarstentwicklung in der Nähe des Außenrandes des Weichseleises präweichselzeitliche Flußtäler der nachglazialen Landschaft vererbt worden sind. Die Thermokarstprozesse überdauerten die Periode der Eisbedeckung erheblich und hielten mindestens bis zum Beginn des Holozäns an. Auch in Norddeutschland sind während der Schlußphase der Weichselvereisung Tieftauprozesse bis ins Präboreal und darüber hinaus zu verfolgen. In beiden Gebieten liefen sie im Alleröd beschleunigt ab.

Eine ähnliche Verlagerung des Schwerpunkts des Austauens, allerdings von Toteis des Saale-III-Eisvorstoßes, zeigt der Eem-Interglazialaufschluß von Schönfeld (Niederlausitz) (Striegler u. Striegler 1986). Dort wird eine kleine Senke durch einen Rücken von einer größeren getrennt, in der die Thermokarstentwicklung länger angedauert hat als in jener. Nach floristischen und faunistischen Befunden (Striegler u. Striegler 1986) reichte sie bis in die Zeit der Wiederbewaldung im Eem.

Andererseits kann begrabenes Gewässereis auch zum Kern eines ausgedehnteren Körpers von Bodeneis werden, der beim Austauen den morphologischen Effekt verstärkt und modifiziert. Da ein derartiger Eiskörper unter günstigen Umständen den Eisübergang im ursprünglichen Verband überdauern kann, dürfte diese Erscheinung auch in den zeitweise vom Inlandeis überdeckten Gebieten auftreten.

Vererbung von Formelementen der Landschaft durch Gewässereis im Bereich der Inlandeisbedeckung

Das Übergreifen von Inlandeis auf die Eiskörper großer ausgefrorener Gewässer wirft zahlreiche Fragen auf, von denen nur einige hier erörtert werden können. Unter den großen Gewässern sind vor allem ausgedehnte, flache Grundmoränenseen, tiefere Zungenbecken- und Rinnenseen einer älteren Glaziallandschaft sowie Eisstausseen vor einer heranrückenden Eisfront zu verstehen. Das umfangreichste Gewässereisvorkommen ist im Ostseegebiet zu suchen; denn dort war zumindest vor der Weichselvereisung ein durch Schwellen (Untiefen) von der Nordsee getrennter, während der glazialeustatischen Meeresspiegelsenkung vollständig isolierter und wahrscheinlich in mehrere Becken aufgeteilter Wasserkörper als Vorläufer der Ostsee vorhanden.

So ist im Ostseegebiet vor den Eisbedeckungen mit ausgedehnten Restseeflächen und dem zeitweise mehr oder weniger vollständigen Ausfrieren dieser Gewässer zu rechnen. Wegen der großen Flächen und Volumina, die diese See-Eiskörper einnahmen, müssen von ihnen im Vereisungsablauf wesentliche Effekte ausgegangen sein.

Im vorigen Abschnitt wurde darauf hingewiesen, daß begrabenes Gewässereis unter günstigen Umständen auch in den Marginalzonen einer Inlandeisdecke am Bildungsort bleibt und später morphologisch wirksam werden kann. Häufiger jedoch werden größere See-Eismassen im Verbreitungsgebiet des Inlandeises, sobald dieses sie erfaßt, in dessen Bewegungen einbezogen. Der Kontakt erfolgt unmittelbar, wenn das See-Eis vor dem Eintreffen des Inlandeises unbedeckt geblieben ist. Dieses wird die ihm zugewandte Randzone des See-Eiskörpers zunächst mit seiner Grundmoräne überziehen (Abb. 3a). Im weiteren Vordringen wird die Eisstirn bestrebt sein, ihre Form den veränderten dynamischen Verhältnissen anzupassen und einen generell ausgeglichenen Oberflächenabfall wiederherzustellen (Abb. 3b, c).

An der Basis des in Bewegung gesetzten Gewässereises kann sich eine neue, im Gesteinsinhalt sehr lokal geprägte Grundmoräne entwickeln, vor allem auf der Gegenseite, wo der Gewässerboden wieder ansteigt, das Inlandeis gestaut wird, der Bodendruck sich erhöht und exarativ Gesteinsmaterial aufgenommen oder spanartig abgeschert wird. Die Hohlform wird dort aufgeweitet.

Beim weiteren Vordringen der Eismassen werden beide Moränen miteinander vermischt, da die unteren Eislagen zum Rand hin aufsteigen und den Gesteinsschutt mit nach „oben“ schleppen. Es erscheint als möglich, daß dann, wenn der Eisvorstoß im Bereich eines umfangreichen ausgefrorenen Gewässers endet, beide Moränen unvermischt bleiben und beim Abtauen des Eises unmittelbar aufeinandergelegt werden. Vielleicht ist auch die Bildung der in den Geschiebemergeln im Küstengebiet der südwestlichen Ostsee verbreiteten Geschiebepflaster mit derartigen Prozessen verbunden.

Im Ergebnis bleibt so die vom Gewässereis (See-Eis) zunächst plombierte Hohlform im vom Inlandeis überdeckten Gebiet ebenfalls weitgehend erhalten. Sie kann vom nachgeführten Inlandeis und so-

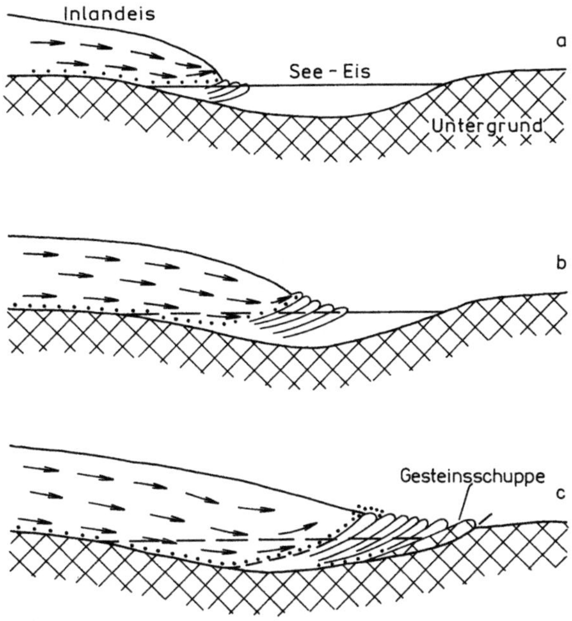

Abb. 3. Übergreifen von Inlandeis auf See-Eis (Schema)

gar zusammen mit dem ihm einverleibten Gewässereis exarativ vertieft und ausgeweitet werden. Besonders ist das in Rinnen und Zungenbecken zu erwarten. Bleiben beim Zerfall des Inlandeises Eisteile in der Hohlform liegen, so ist es nicht mehr das See-Eis, sondern vom nachgeführten Inlandeis abgetrenntes Toteis, das eine rasche spätglaziale Verfüllung der Hohlform verhindert und ihre Überlieferung sichert. Thermokarsterscheinungen können beim Abtauen auftreten, müssen es aber nicht (wenn das Toteis unbedeckt geblieben ist). So werden auch auf diese Weise ältere Hohlformen der Landschaft der Folgezeit vererbt.

Tiefere Gewässer, vor allem im Bereich der Ostsee, sind vielleicht nicht vollständig ausgefroren, so daß das See-Eis nur in den Randzonen dem Untergrund aufliegt, während es in den zentralen Regionen auf einem Wasserkissen schwimmt. Mit der Belastung durch eintreffendes Inlandeis und der Übertragung seiner Bewegung auf das See-Eis wird der Druck auf das Wasserkissen erhöht. Dieser Wasserüberdruck dürfte zusammen mit den Scherkräften der Eisbewegung die See-Eisdecke aufbrechen und in ein Feld von Eisschollen verwandeln, dessen Eisblöcke das Inlandeis verdrängen oder sich einverleiben. Die ursprüngliche Hohlform wird ebenfalls vom nachfolgenden Eis ausgefüllt und weitgehend konserviert.

In diesem Zusammenhang erlangen die übertieften glazialen Rinnen (Tunneltäler usw.) Interesse. Schon längst wahrgenommen, sind sie erst in den letzten beiden Jahrzehnten näher untersucht worden. Teils wird ihnen subglaziale erosive, kombiniert mit exarativer und gelegentlich auch tektonische Formung zugeschrieben. Obwohl die beiden ersten Formungsprozesse als die wesentlichen erkannt sind, ist die Genese der übertieften Rinnen noch nicht befriedigend erklärt (Eissmann 1975; Ortlam u. Vierhuff 1978; Grube 1983; Ehlers et al. 1984).

Soweit das Eis die Rinnen geformt und konserviert hat, wird das auf aktives Inlandeis und/oder Toteis zurückgeführt, zum Teil unter Zuhilfenahme eines präexistenten Flußnetzes, dessen Täler durch eingedrungene Gletscherzungen konserviert worden sind. Ebenso vorstellbar ist, daß Eis von Seen, die in den Lauf solcher Täler eingeschaltet und vom heranrückenden Eis noch überstaut worden waren, diese Rolle wenigstens teilweise übernommen haben.

Zur Lösung des Problems der übertieften Rinnen sollte andererseits dem Gedanken weiter nachgegangen werden, daß an der Bildung dieses Netzes glazialisostatische Erdkrustendeformationen mitgewirkt haben, die durch Aufwulstung der Kruste vor dem Eisrand und damit durch tieferes exaratives oder glazifluviales Einschneiden, das beim Rücksinken der Kruste Übertiefungen schuf, zustande kamen (Berthelsen 1972; Sjörring 1979).

Schlußfolgerungen

In der früh- und hochglazialen Phase einer Kaltzeit bilden sich vor allem in den stehenden Gewässern der Landschaft umfangreiche Eiskörper. Dieses Gewässereis plombiert und konserviert die Hohlformen. Es verhindert dadurch deren Zerstörung und Verfüllung durch periglaziale Umlagerungsprozesse (Solifluktionsdecken usw.) und wird selbst nur mehr oder weniger überdeckt. Wegen seines zum Klimagang verzögerten Ausschmelzens wird es ähnlich wie verschüttetes Toteis beim Nieder- und Tieftauen am Ende einer Vereisungsperiode durch Thermokarstbildung morphologisch wirksam.

In einem Gürtel außerhalb der Inlandeisbedeckung und wahrscheinlich auch in deren äußerster Randzone können so ehemalige Hohlformen durch Thermokarstbildungen, die an glaziales „totes" Gewässereis gebunden sind, an der Oberfläche wiedererscheinen. Das Beispiel aus Belorußland zeigt, daß auf diese Weise auch lineare Formelemente wie Täler kleiner Flüsse vererbt werden können und daß solche Thermokarste lokale Ansätze und Leitlinien für die Ausbildung des nachglazialen Gewässernetzes liefern.

Im vom Inlandeis überzogenen Gebiet wird das Gewässereis in der Regel von diesem aus der Hohlform weggeführt und ersetzt. Dadurch können die Hohlformen ebenfalls erhalten bleiben und bei späterer Toteisbildung überliefert werden. Das Gewässereis ist dann nur mittelbar an der Vererbung der Hohlformen beteiligt.

Auf diese Art hat das Gewässereis auch dazu beigetragen, daß die Ostseesenke im Verlauf mehrerer Vereisungen nicht zunehmend aufgefüllt worden ist, sondern daß die Ablagerungen älterer Vereisungen jeweils gering genug geblieben sind, um während der nachfolgenden weitgehend wieder ausgeräumt zu werden.

Da in die Landschaftsgestaltung am Ende einer Kaltzeit andere Formungsprozesse mit eingreifen, können die Hohlformen nur prinzipiell und nicht morphologisch detailgetreu vererbt werden. In der Folgezeit arbeiten weitere Kräfte am zunehmenden Ausgleich des Reliefs und füllen die Hohlformen mehr oder weniger auf, diese werden „fossil", bleiben dem Geologen jedoch erkennbar.

Das Thema konnte hier nicht umfassend behandelt werden. Aus der Verknüpfung einiger Beobachtungen mit allgemeinen Erkenntnissen über das Vereisungsgeschehen geht jedoch hervor, daß das „tote" Eis der ausgefrorenen Gewässer in der Entwicklung einer Glaziallandschaft einen landschaftsbildenden Faktor darstellt, der nicht vernachlässigt werden sollte.

Literatur

Berthelsen A (1972) Flod-, fjord- og tunneldale (Fluß-, Fjord- und Urstromtäler). Dans Geol Foren Aarsskrift for 1971, 1972, København 1972:101–104

Ehlers J, Meyer K-D, Stephan H-J (1984) Pre-Weichselian Glaciations of North-West Europe. Quat Sci Rev 3 (1):1–40

Eissmann L (1975) Das Quartär der Leipziger Tieflandsbucht und angrenzender Gebiete um Saale und Elbe. Schriftenr Geol Wiss 2

Gripp K (1964) Erdgeschichte von Schleswig-Holstein. Neumünster

Grube F (1979) Übertiefe Täler im Hamburger Raum. Eiszeitalter Ggw 29:157–172

Grube F (1983) Tunnel valleys. In: Ehlers J (Hrsg) Glacial deposits in North-West Europa. Balkema, Rotterdam

Hinsch W (1979) Rinnen an der Basis des glaziären Pleistozäns in Schleswig-Holstein. Eiszeitalter Ggw 29:173–178

Kuster H, Meyer K-D (1979) Glaziäre Rinnen im mittleren und nordöstlichen Niedersachsen. Eiszeitalter Ggw 29: 135–156

Levkov EA et al. (1988) O roli termokarstovych processov v formirovanii gidroseti i vremeni isčesnovenija mnogoletnemerslych porod na territorii Belorussii (Über die Rolle von Thermokarstprozessen bei der Bildung des Gewässernetzes während des Zerfalls des Dauerfrostbodens). Dokl Akad Nauk USSR 32 (4):343–346

Ortlam D, Vierhuff H (1978) Aspekte zur Geologie des höheren Känozoikums zwischen Elbe und Weser-Aller. Neues Jahrb Geol Palaeontol 7:408–426

Pasierbski M (1979) Remarks on the genesis of subglacial channels in northern Poland. Eiszeitalter Ggw 29: 189–200

Sjörring S (1979) Tunneltäler in Dänemark. Eiszeitalter Ggw 29:179–188

Striegler R, Striegler U (1986) Das Eem von Schönfeld. Zum Eem von Klinge. In: Cepek AG (Hrsg) Kurzreferate und Exkursionsführer 25 Jahre Ak „Quartärgeologie" der GGW. Berlin, S. 25–29

Voznjačuk LN, Val'čik MA (1978) Morfologja, stroenie i istorija razvitija doliny Nemana v neoplejstocene i golocene (Morphologie, Bau und Geschichte der Entwicklung des Neman-Tals im Jungpleistozän und Holozän). Minsk

1.4 Die Entstehung einer mit moränebedecktem Glaziofluvium gefüllten Rinne auf Südöland, Südostschweden

LARS-KÖNIG KÖNIGSSON

Die Kenntnisse über die Deglaziation Ölands, die Entstehung und ursprüngliche Verbreitung ihrer glazigenen und glazifluvialen Ablagerungen sind sehr unvollständig. Das hängt natürlich damit zusammen, daß die Insel während ihrer postglazialen Entwicklung mehrmals im Bereich der Brandungszonen lag, wodurch die ursprünglichen Formationen von den Wellen bearbeitet wurden. Die dabei entstandenen litoralen Ablagerungen haben eigene Formen entwickelt. Alle noch erhalten gebliebenen primären Lockergesteine glazigener oder glazifluvialer Entstehung sind ständig oberflächig verändert worden, liegen sehr oft aber versteckt unter den postglazialen Ablagerungen.

Die bisher bekannten primären glazifluvialen Ablagerungen wie auch einige andere Lokalitäten, die in dem vorliegenden Aufsatz behandelt oder erwähnt werden, sind auf der Übersichtskarte in Abb. 1 eingetragen. Die Karte basiert teils auf Informationen aus den offiziellen geologischen Karten (Munthe 1902a, b; Munthe u. Hedström 1904; Svedmark 1904; Rudmark 1980, 1981, 1983, 1984a, b; 1985), teils auf anderen Angaben, z. B. aus Berichten von ingenieurgeologischen Untersuchungen sowie auf neuen Erkenntnissen des Verfassers.

In der geologischen Karte von Ottenby (Munthe 1902b) ist nördlich von Degerhamn ein sehr kleines glazifluviales Gebiet eingezeichnet. In der Beschreibung, welche die Karte begleitet, hat Munthe diese Ablagerung als den Degerhamnsåsen (das Degerhamm-Os) bezeichnet. In einem Aufschluß direkt neben der dort sehr steilen Schichtkopfwand der Cuesta fand er eine 11 m mächtige primäre glazifluviale Ablagerung, die er aufgrund ihres Gehalts an Geschieben auf einen vom Nordosten kommenden glazifluvialen Strom des Baltischen Eislobus zurückführte. Alle anderen glazifluvialen Ablagerungen auf Öland sind, laut Munthe, von Nordwesten abgelagert worden und stehen deshalb in Verbindung mit den glazifluvialen Zonen des schwedischen Festlandes.

Die südlichste topographische Karte Ölands, „Kristianopel NV“, wurde im Rahmen des Kartierungskurses für Studenten der Quartärgeologischen Abteilung der Universität Uppsala aufgenommen. Das Gebiet wurde abschnittsweise über mehrere Jahre unter Leitung des Verfassers bearbeitet. Die Studenten nahmen geologische Oberflächenkartierungen vor, fertigten quartärgeologische Karten an, untersuchten geologische Unterschiede und arbeiteten dazu Beschreibungen aus. Das Gebiet, in dem nach Meinung Munthes der „Degerhamnsåsen“ liegt, wurde im Jahre 1973 bearbeitet. Eine Karte mit Beschreibung erschien im selben Jahr (Falk et al. 1973). Sie liegt hier als Abb. 2 in etwas veränderter Form vor. Die bei der Kartierung definierten Kartierungselemente sind in der Karte eingezeichnet. Im großen und ganzen wurde die Methodik der Schwedischen Geologischen Landesanstalt (SGU) angewandt, Ausnahmen sind im Abbildungstext angegeben. Die SGU hat übrigens auch das Gebiet neu kartiert (Rudmark 1984a), wobei sich beide Karten etwas voneinander unterscheiden. Das beruht hauptsächlich darauf, daß für die unter Leitung des Verfassers erarbeitete Karte ein größerer Maßstab benutzt wurde, der ein detaillierteres Kartenbild zuließ, als es die SGU im Maßstab 1 : 50000 zur Darstellung bringen konnte.

Man erkennt auf der Karte zwei glazifluviale Ablagerungen, die eine westsüdwestlich der Kirche von Smedby und die andere beim Bauernhof Strömmeln im Süden, die nordostwärts in Richtung Gettlinge verläuft. Diese beiden glazifluvialen Ablagerungen sind in Abb. 3 zusammen mit Isolinien für die quartären Ablagerungen gesondert dargestellt. Ferner sind auch die Positionen der drei vermessenen und abgebohrten Profile markiert, die in Abb. 4 wiedergegeben werden. Im Abbildungstext ist die Methodik der Profilvermessung beschrieben.

Die Smedbyablagerung

Bergdahl (1947) hat in einem Aufsatz die glazifluvialen Ablagerungen im Kalmarsund und auf Öland behandelt. Er beschrieb darin einen Aufschluß bei

Hammarby (Abb. 2), etwa 4 km nördlich von Munthes „Degerhamnsåsen", in dem glazifluviales Material vorkam. Nach seiner Meinung bestanden zwischen den beiden Ablagerungen keine Unterschiede, und sie bildeten vermutlich sogar eine Einheit. Sein Aufschluß ist wahrscheinlich identisch mit der in Abb. 3 kartierten Kiesgrube (Sedimentprobe 3). Nach heutigen Erkenntnissen bilden die beiden Ablagerungen jedoch keine zusammenhängende Fläche. Unter anderem weisen sie verschiedene petrographische Merkmale auf: Der Anteil kalkarmer oder kalkfreier Partikel ist hier charakteristisch hoch.

Nördlich der Kiesgrube wurde unter Leitung des Verfassers ein seismisches Profil erstellt, das eine minimale Mächtigkeit der Ablagerung von 10 m erkennen ließ. Mündlichen Angaben zufolge befinden sich auf dem Hof unmittelbar nördlich des Profils noch mächtigere Ablagerungen, die nach Mitteilung von Frau Irma Killig in einem Brunnen 20 m betragen sollen.

Unmittelbar nördlich der von Osten nach Westen verlaufenden Dorfstraße in Smedby scheint sich diese Ablagerung fortzusetzen, wovon ein sandiges Band in den Ackerflächen zeugt. Das sandige Band ist noch weiter nördlich (am Hof Vesterstad vorbei und bis in die Höhe der Kirche von Kastlösa) auf einer Länge von gut 5 km verfolgbar. Es setzt sich auch in südliche Richtung fort, was später diskutiert werden soll. Leider entsprechen diese Bänder nicht den unterlagernden und erhaltenen glazifluvialen Ablagerungen. Die Mächtigkeiten sind sehr gering.

Der „Degerhamnsåsen"

Im folgenden soll anstelle der Bezeichnung „Ås" (Os, Esker – glazifluviale Ablagerung) von Munthe die Bezeichnung „Strömmelnablagerung" verwendet werden (Abkürzung „StM" in den Profilen).

Außer dem Aufschluß von Munthe, der noch vorhanden ist, gibt es zusätzlich einen Aufschluß nördlich des Bauernhofs Strömmeln (Abb. 2 und 3). Beide Aufschlüsse wurden in feinkörnigem Material angelegt, das zahlreiche Preßstrukturen und Diskordanzen aufweist und sehr hart und dicht ist. Die Wände der Aufschlüsse sind gegenüber der Erosion relativ widerständig, größere Talausbildungen kön-

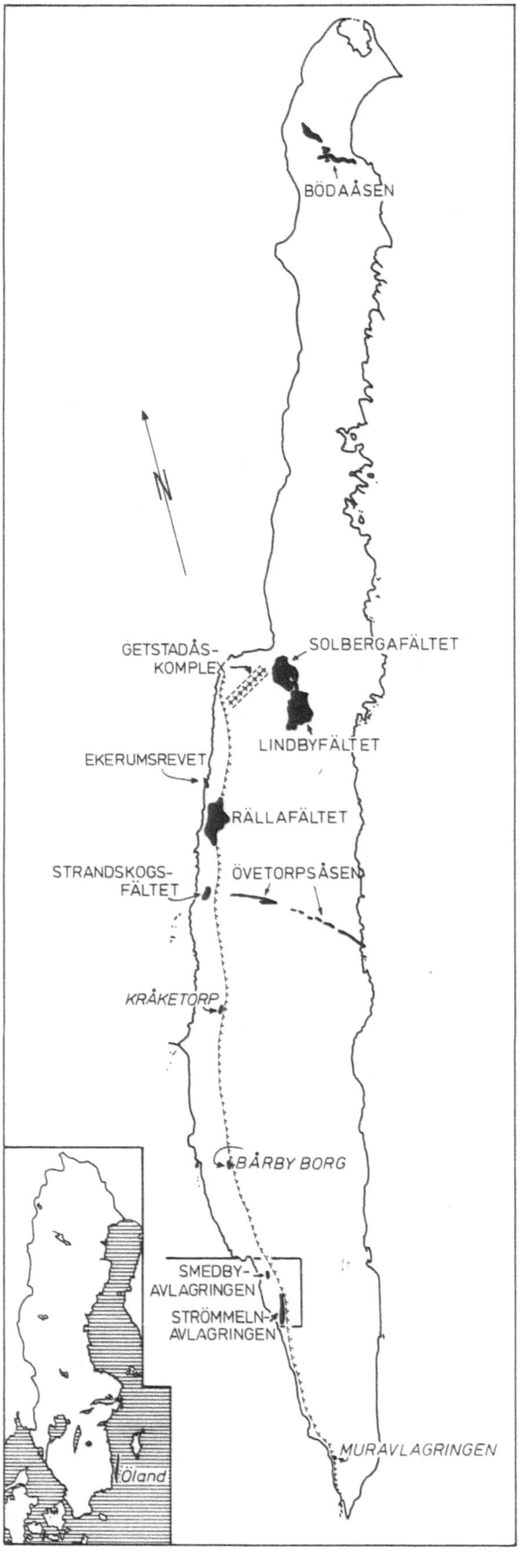

Abb. 1. Übersichtskarte mit den bisher entdeckten glazifluvialen Ablagerungen Ölands. Der „Getstadås-Komplex" ist eine komplizierte Bildung mit u.a. sehr auffallenden Rinnen, die möglicherweise von glazifluvialer Erosion herrühren. Die sandigen Ablagerungen mit bedeutenden Mächtigkeiten können hypothetisch ein ähnliches Bildungsmilieu gehabt haben wie die Strömmelnablagerung

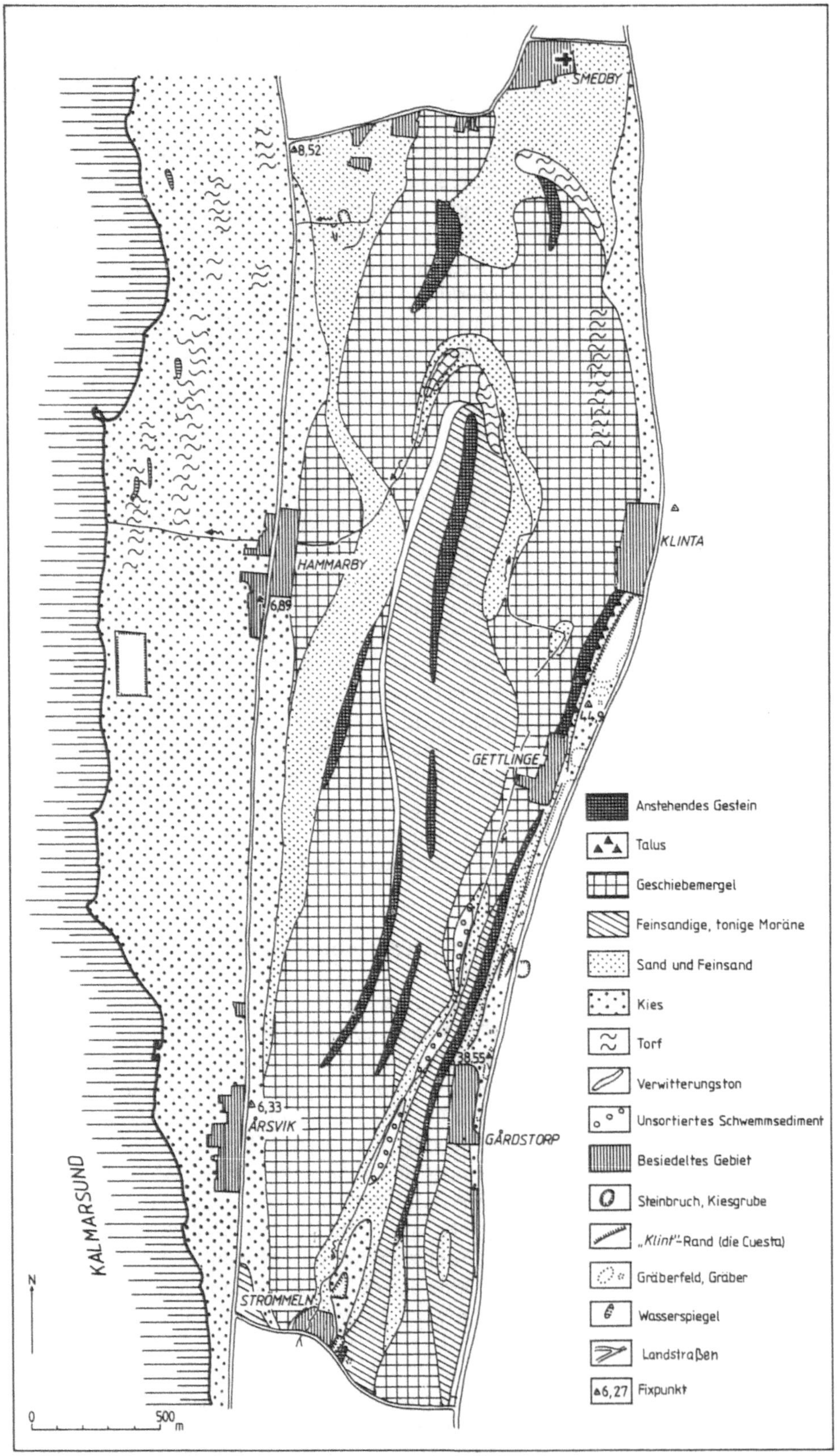

Abb. 2. Geologische Oberflächenkarte für das Gebiet nördlich von Degerhamn, Südwestöland

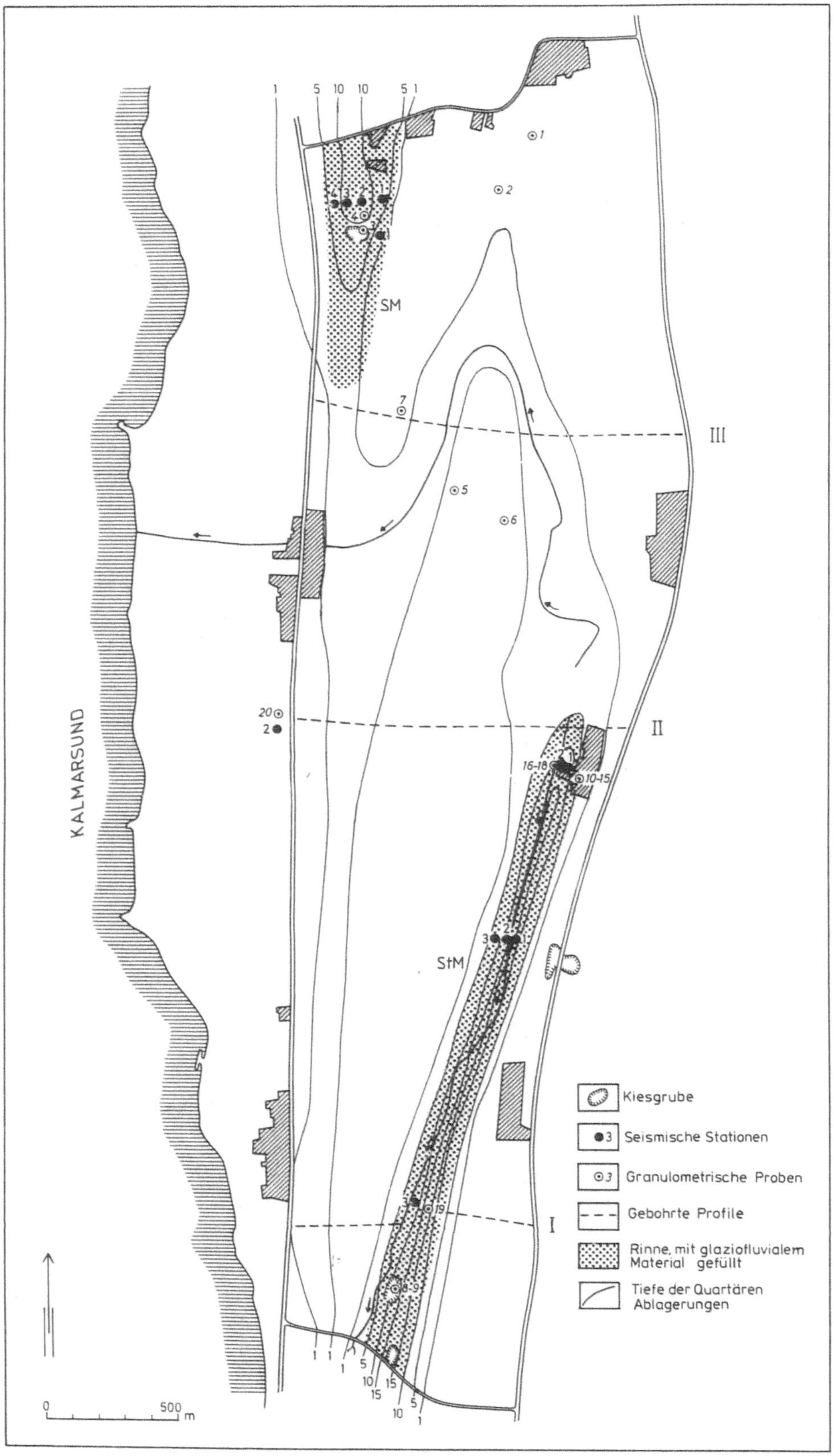

Abb. 3. Glaziofluvium nördlich von Degerhamn. Die Strömmelnrinne ist eingetragen zusammen mit den Tiefenlinien der Quartärbasisfläche, die der Oberflächenmorphologie des anstehenden Gesteins im Gebiet entspricht; *SM*: Smedbyablagerung, *StM*: Strömmelnablagerung

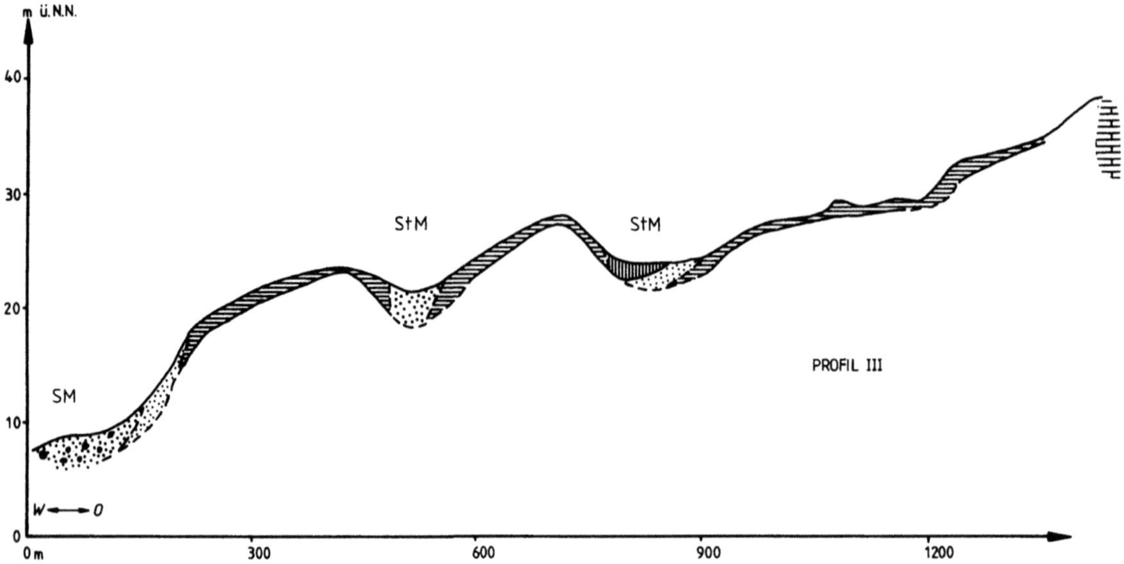
m ü.N.N.
40
30
20
10
0
StM
StM
SM
PROFIL III
W ⟷ O
0 m
300
600
900
1200

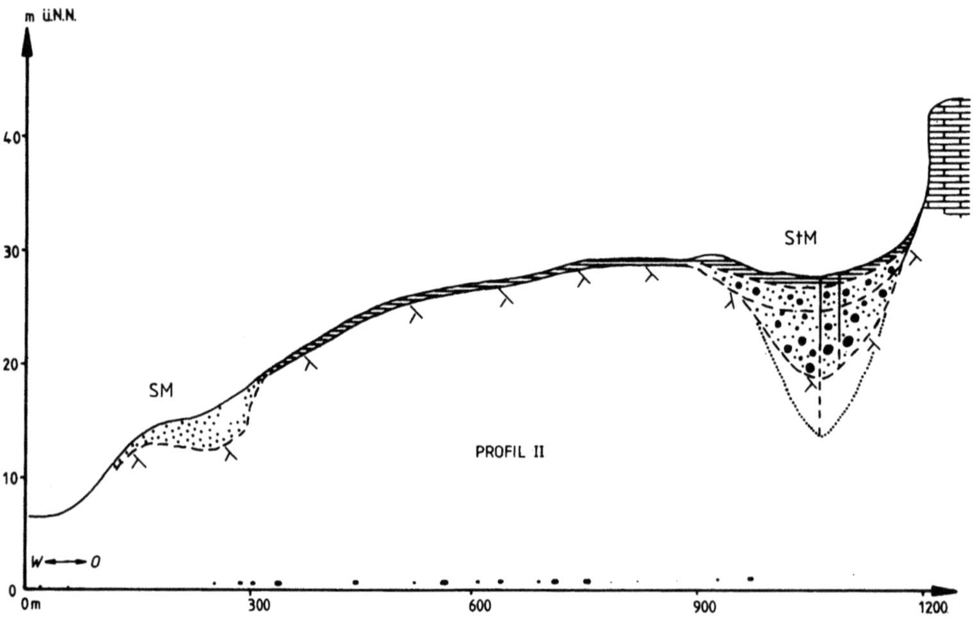
m ü.N.N.
40
30
20
10
0
StM
SM
PROFIL II
W ⟷ O
0 m
300
600
900
1200

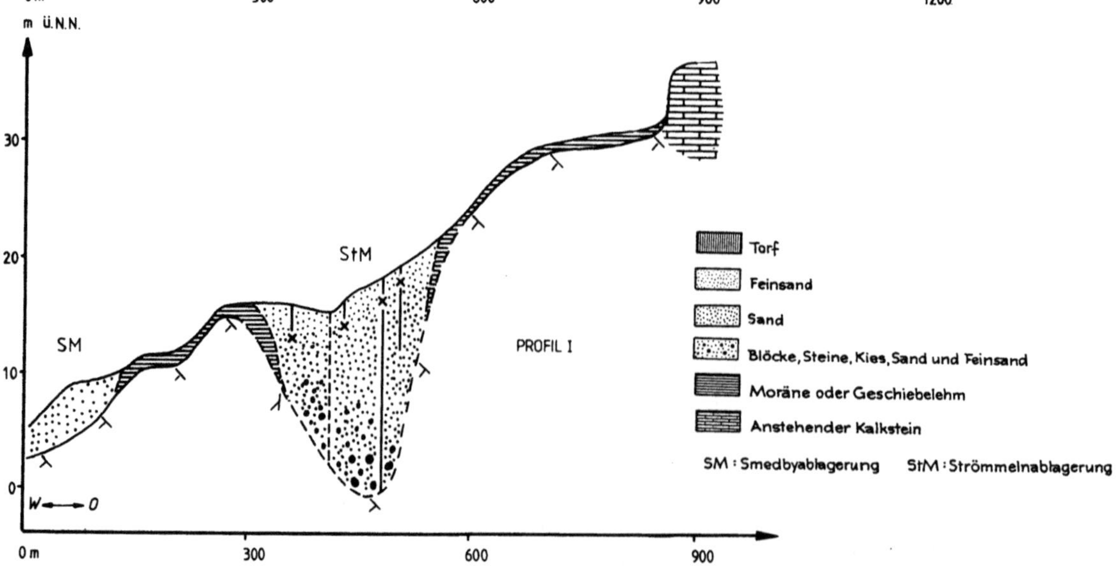
m ü.N.N.
30
20
10
0
StM
SM
PROFIL I
W ⟷ O
0 m
300
600
900
Torf
Feinsand
Sand
Blöcke, Steine, Kies, Sand und Feinsand
Moräne oder Geschiebelehm
Anstehender Kalkstein
SM : Smedbyablagerung
StM : Strömmelnablagerung

nen kaum beobachtet werden. Die Preßstrukturen stellen kleine schuppenförmige Muster und Parallelformen dar. Vereinzelte Schichten mit gröberem Material sind in beiden Aufschlüssen zu finden. In den obersten Schichten kam es aufgrund der Einwirkung der litoralen Kräfte zur Herausbildung eines Materialmantels mit umgelagertem und gröberem Material. Außerdem fand man im südlichen Aufschluß steinzeitliche Kulturschichten mit Herden, Knochenresten sowie Feuersteinartefakten und -abschlägen. Die Kulturschichten sind vom Kohlenstaub schwarzgefärbt. Nach Tagebuchnotizen des Autors von 1963 überdeckt im südlichen Aufschluß eine geringmächtige Moränenlage das Glaziofluvium. Damals wurden leider keine Proben entnommen.

- *Profil I:* Die Strömmelnrinne ist hier mindestens 18 m tief. Die Maximalbohrung erreicht eine Tiefe von beinahe 18 m, und die seismischen Messungen zeigen ähnliche Werte. Nach den vorliegenden Ergebnissen der Sondenbohrung kommt im unteren Bereich der Rinne grobes Material vor.

  Im westlichen Teil des Profils befindet sich ein bis zu 6 m mächtiges Lager von Sand und Kies, das als umgelagertes Glaziofluvium interpretiert werden kann und möglicherweise ursprünglich in Verbindung mit der Smedbyablagerung stand (durch die Bezeichnung „SM" angedeutet).

- *Profil II:* Dieses Profil basiert teils auf einer vom Verfasser veranlaßten Grabung mittels Bagger, teils auf Bohrungen und teils auf seismischen Untersuchungen. Die Rinne ist hier nicht mehr so tief wie bei Strömmeln, aber dennoch deutlich zu erkennen. Die seismische Sondierung spricht für eine Tiefe von ungefähr 8 m. Die Grabung war 6 m tief und erfolgte in einem sehr groben und reichlich wasserführenden Material. Das Glaziofluvium war hier von einer etwa 1 m mächtigen Moränenlage bedeckt.

  Auch in diesem Profil kann man im Westen die umgelagerte Fortsetzung der Smedbyablagerung erkennen.

- *Profil III:* Die Rinne ist hier nicht mehr ganz eindeutig ausgebildet. Zwei kleinere Rinnen, die mit Sand bzw. Sand und Torf verfüllt sind, entsprechen wahrscheinlich einer nordwärts gerichteten Fortsetzung der Strömmelnrinne. Darauf weist auch die Verteilung der oberflächigen Sedimente hin, wie etwa einem sandigen Band, das in den nördlichsten bekannten Teilen der Strömmelnablagerung seinen Anfang nimmt.

  Die westlichen Sandvorkommen sind mit der Smedbyablagerung verbunden.

Petrographie

Für die petrographische Analyse lag nur wenig Material vor, im ganzen etwa 100 Einzelproben. Die Analysen des Kalkgehalts der Feinfraktionen erfolgten nach der Methode von Passon (1901).

Die bearbeiteten Proben enthalten im allgemeinen in Strömmeln einen höheren Anteil an Kalkstein als Munthe angab, und in Smedby einen hohen Anteil von „anderen Gesteinen" (Tabelle 1). Die Unterschiede lassen sich nur teilweise darauf zurückführen, daß die neueren Analysen auf andere Art und Weise durchgeführt wurden als diejenigen von Munthe. Die Tendenz ist aber nach Meinung des Autors dennoch sicher: In Strömmeln ist deutlich mehr Kalk und Kalkstein als in Smedby vorhanden.

Schlußfolgerungen

Die Strömmelnablagerung, die – außer in ihren oberen Schichten – in primärer Form vorliegt, ist zweifellos glazifluvial bedingt. Es besteht eine bis zu 18 m tiefe Rinne, die parallel zum Schichtkopf der Cuesta zwischen den kambrischen kalkarmen und den ordovizischen kalkreichen Sedimenten verläuft und zwar dort, wo der Schichtkopf meist mit einer steilen Wand ausgebildet ist. Die Rinne ist mit einem Material verfüllt, das einen hohen Anteil von Kalksteinpartikeln enthält, und über große Teile mit einer Deckmoräne praktisch „versiegelt". Die Wände der Aufschlüsse weisen Preßstrukturen auf.

Munthe (1902b) und Johnsson (1973) meinen beide, daß der Kalkanteil im Material ein Beweis dafür sei, daß ein glazifluvialer Strom aus Richtung Westen für die bestehende Verteilung nicht in Frage käme. Statt dessen sind sie der Auffassung, daß ein Strom aus Osten oder Nordosten, der in dem Balti-

◄

Abb. 4. Profilschnitte quer zur Strömmelnrinne. Die Positionen der Profile in der Landschaft gehen aus Abb. 3 hervor. Die Rinne ist im Süden tiefer, und das gröbere Material in den unteren Teilen der Rinne wird von feineren Sedimenten überlagert. Das Material in den nördlichen Teilen der Rinne ist dagegen sehr grob. Die punktierte Kontur in Profil II deutet dort ein tieferes Becken an, als mit der Bohrung festgestellt werden konnte. Die Kontur wurde aufgrund seismischer Untersuchungen konstruiert

Tabelle 1. Kalkgehalt und Petrographie einiger glazifluvialer Proben von Südwestöland

Probeentnahmestelle	Beprobung	Kalkgehalt in den Feinfraktionen [%] Korngröße [mm]			Petrographie		Andere Gesteine
		0,006 – 0,12	0,12 – 0,5	>0,5	Kalkstein	Alaunschiefer	
Smedby 1[a]	UU[b] 1973	8	7	1	0	40	60
Smedby 2	UU[b] 1973	54	25	1	24	38	48
Strömmeln	Munthe 1902	–	–	–	40	10	50
Strömmeln	B1[c] 1972	–	–	–	45	2	53
Strömmeln, oberflächig	UU[b] 1973	23	31	39	65	2	34
Strömmeln, 1,5 m Tiefe	UU[b] 1973	56	37	37	74	1	25
Strömmeln, 3,0 m Tiefe	UU[b] 1973	51	28	35	61	13	26

[a] Oberflächig, wahrscheinlich sehr stark von Versäuerung beeinflußt.
[b] Verschiedene Studentengruppen der Universität Uppsala unter Leitung von Königsson.
[c] Studentengruppe B1 (Christiansson u. Edberg 1972).

schen Eislobus östlich von Öland seinen Ursprung hatte, solches Material mitgeführt haben könnte (s. Abb. 5 und 6).

Was zunächst die Natur der Rinne betrifft, ist denkbar, daß diese von dem glazifluvialen Wasser-Stein-Kies-Sand-Strom ausskulptiert wurde, als das Eis zum ersten Mal den Schichtkopf verließ (Abb. 7 und 8). Als sich die Eiskante dann weiter gegen Nordwesten zurückzog, wurden zunächst in die gerade herausgebildete Rinne die sehr groben Blöcke und Steine in dem ausgeweiteten Tunnel oder außerhalb in einer Lateralrinne sedimentiert. Mit dem weiteren Abschmelzen entstanden Verhältnisse, die auch die Sedimentation von feinerem Material erlaubten. Als Beweis dafür kann angesehen werden, daß die groben Sedimente im nördlichsten Teil der Rinne in den oberen und weiter südwärts in tieferen Schichten anzutreffen sind. Die feinkörnigen Sedimente, die jetzt noch in den beiden Aufschlüssen im Süden vorkommen, entsprechen dann einer mehr distalen Phase der Ablagerung von Material.

Eine solche Entwicklung läßt sich einfacher durch einen Strom von Nordwesten, das heißt vom schwedischen Festland her, erklären. Von den dortigen glazifluvialen Zonen bestand eine Verlängerung quer über den Kalmarsund hinweg. Weniger wahrscheinlich ist ein Transport mit Hilfe des Baltischen Eisstroms aus Richtung Osten.

Die glazifluvialen Zonen zeigen im ganzen Kalmarsundgebiet eine vergleichbare Entwicklung. Die Oszüge wurden auch im Norden des Kalmarsunds auf ähnliche Weise nach Süden abgelenkt. Wenig ist aber bekannt, wie weit nördlich die Rezession reichte, bevor der Strömmelnvorstoß einsetzte. Genauso wenig ist über die chronostratigraphische Einstufung des Vorstoßes bekannt.

Der Baltische Eislobus zwischen Öland und Gotland hat die Ostküste Ölands zumindest bis in das Gebiet zwischen der Kirche von Stenåsa und dem Dorf Norra Kvinneby (Abb. 6) beeinflußt. Funde von oberordovizischem oder untersilurischem Geschiebe zeigen das. Bei Ottenby an der Südspitze Ölands überquerte der Lobus sogar die Insel. Wie weit westlich der Einfluß des Lobus im Gebiet von Degerhamn reichte, ist noch nicht geklärt. Auch für den Baltischen Eislobus ist die chronostratigraphische Einordnung noch unklar, insbesondere seit dem Bekanntwerden einiger Funde von Laachersee-Bimstuff in Sedimentkernen von Nordwestgotland, was auf eisfreie Verhältnisse schon im Alleröd oder noch früher hinweist (Påhlsson u. Alm 1985).

Der hohe Anteil an Kalkstein, der natürlich zunächst nicht auf einen Eisstrom aus Richtung Nordwesten deutet, läßt sich damit erklären, daß bei der Herausbildung der Rinne der Schichtkopf mit einer Art „Billardeffekt" erodiert und der Kalk herauspräpariert wurde. Dafür spricht, daß der Gehalt an Kalksteinen nachweisbar an eine sehr engräumige und lokale Provenienz gebunden ist. Man könnte das mit Hilfe von Conodontenanalysen der Blöcke, Steine und Kiese untersuchen. Bei lokaler Herkunft müßten eindeutig lokale Conodontenfaunen dominieren; demgegenüber ist bei baltischen Provenienzen ein breites Spektrum von Arten und Gattungen aus verschiedenen stratigraphischen Horizonten und sogar vermischt mit silurischen Formen zu erwarten.

Was ferner die Deckmoräne betrifft, so spricht sie dafür, daß die Rinne und das darin sedimentierte Material schon während einer früheren Phase der Deglaziation entstanden waren und später ein Eisvorstoß über dieses Gebiet hinweg erfolgte. Johnsson schlug vor, daß die Deckmoräne im Zusammen-

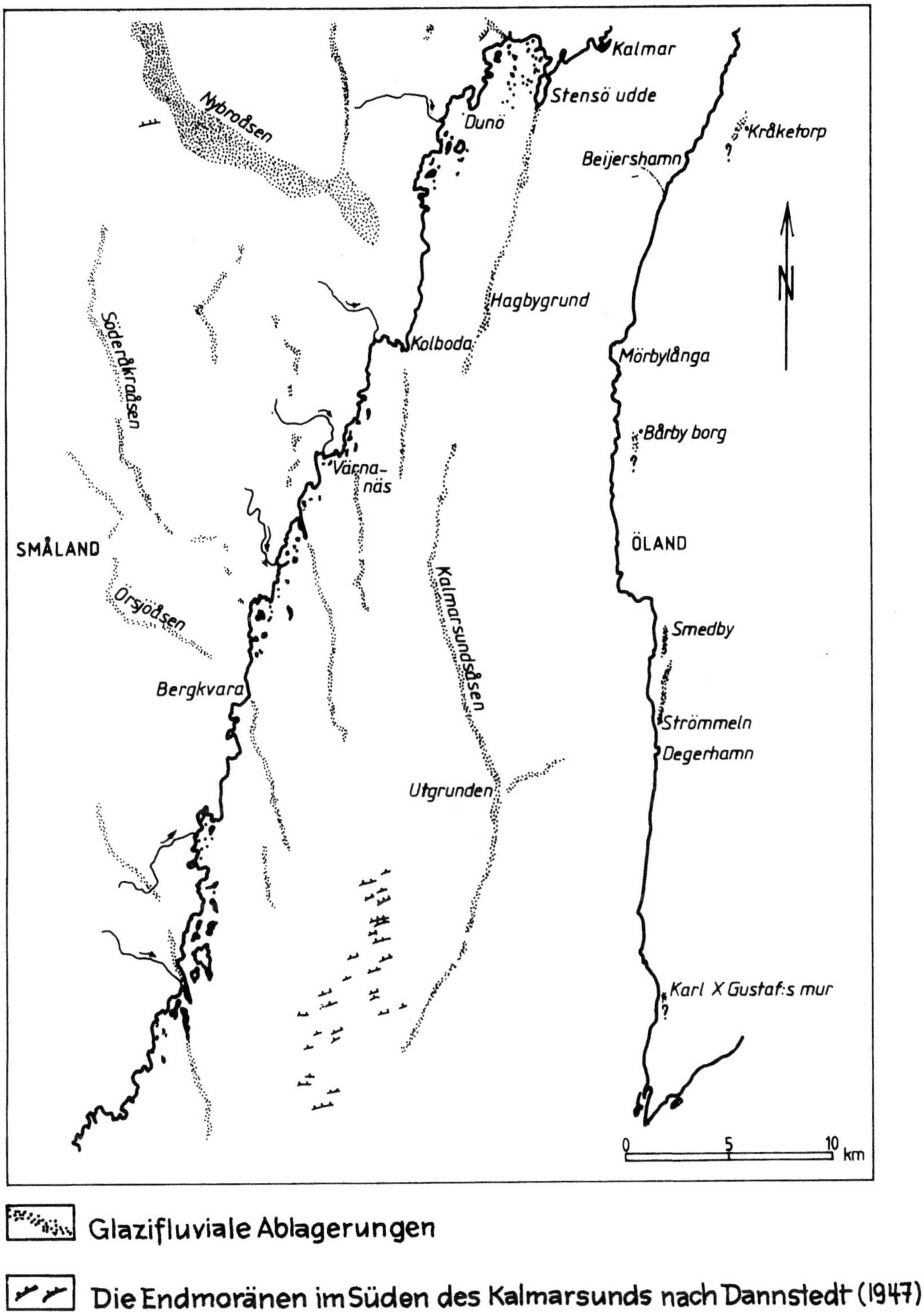

Abb. 5. Die glazifluvialen Ablagerungen des südlichen Kalmarsunds nach Dannstedt (1947), Bergdahl (1947) und Königsson (1967b). Eingezeichnet sind auch die verhältnismäßig neu entdeckten Ablagerungen auf Südöland, die als glazifluviale Ablagerungen gedeutet werden (Karl X Gustafs mur, Strömmeln, Smedby, Barby Borg und Kraketorp)

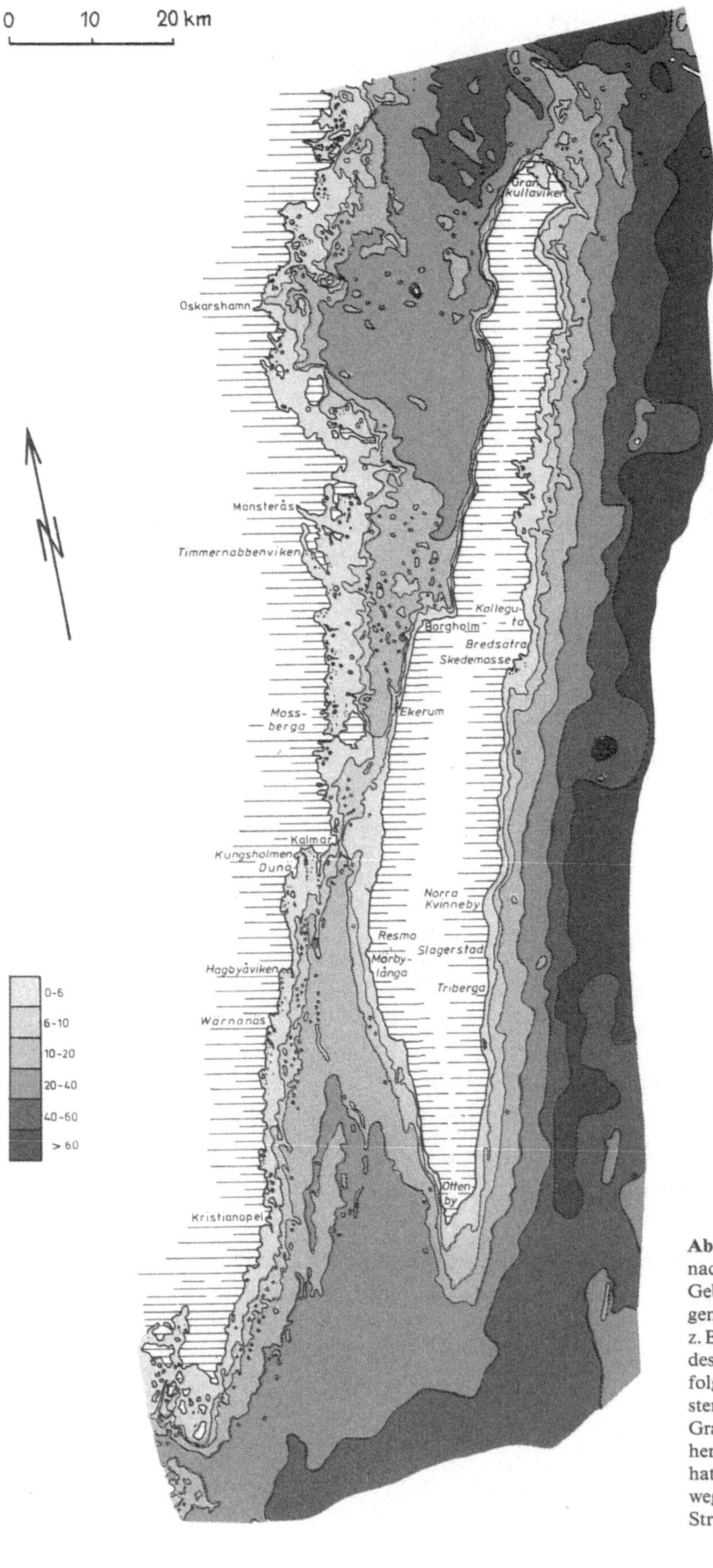

Abb. 6. Bathymetrische Karte des Kalmarsunds nach Angaben aus offiziellen Seekarten des Gebietes. Die Karte kann teilweise mit derjenigen in Abb. 5 verglichen werden, so läßt sich z. B. das Os „Kalmarsundsåsen" in der Mitte des Kalmarsunds sehr deutlich und leicht verfolgen. Zwischen einer Tiefebene im südlichsten Kalmarsund vor Degerhamn und dem Grat der Cuesta bei Strömmeln besteht ein Höhenunterschied von gut 60 m. Diese „Mauer" hatte einen ablenkenden Effekt bei der Eisbewegung der Kalmarsundeiszunge während des Strömmelnvorstoßes

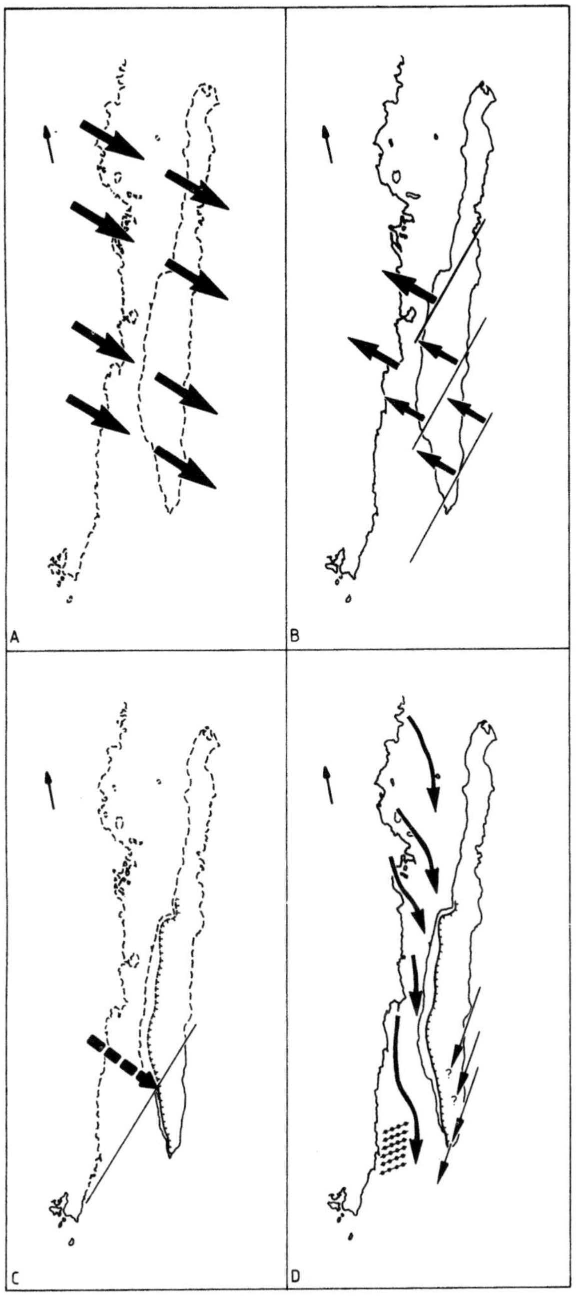

Abb. 7. Versuch einer Darstellung der Verhältnisse im Kalmarsundgebiet während der spätweichselzeitlichen Eisrezession. *A* Die Hauptbewegungsrichtung des Eises während des Spätweichsel-Glazials; *B* die sogenannten Equizessen der Eisrezession über Öland, erweitert nach einem Vorschlag von Rudmark (1975) für das Degerhamngebiet; *C* das Stadium der Eisrezession, in dem sich die Strömmelnrinne durch Erosion herausbildete, danach wurde sie mit glazifluvialem Material verfüllt; *D* der Strömmelneisvorstoß im Kalmarsund, bei dem die Deckmoräne abgesetzt wurde. Dies war wahrscheinlich mit einer Eisbewegung verbunden, die parallel zur Cuesta verlief. Die glazifluvialen Zonen wurden im Kalmarsund in eine Richtung abgelenkt, die parallel zur Längsachse der Seestraße verlief. Die Endmoränen Dannstedts sind eingezeichnet; sie entstanden während einer stagnierenden Phase

hang mit den Oszillationsindikatoren zu sehen ist, über die im Kontext am Beispiel der Kalmarlinie berichtet wird (vgl. Königsson 1967a, b). Das erscheint möglich, aber man kann sich auch einen noch früheren Eisvorstoß denken, der im Zusammenhang mit einer Zone von Endmoränen im südlichsten Kalmarsund steht (vgl. Abb. 5 und Dannstedt 1947). Es gibt übrigens auch andere Indikatoren, die für Oszillationen sprechen. In Ottenby, nahe der Südspitze der Insel (Abb. 6), wurden gedoppelte Moränen gefunden (Hammergren 1976).

Es ist denkbar, daß die Strömmelnrinne eine noch ältere und noch kompliziertere quartäre Geschichte hat. Bei Untersuchungen des Potentials der Strömmelnrinne hinsichtlich der Grundwassergewinnung wurde eine Bohrung ein paar hundert Meter nördlich vom nördlichsten Aufschluß niedergebracht (Möller u. Königsson 1975). Dabei zeigte sich, daß dort das glazifluviale Material von tonigen Schichten unterlagert ist. Die Art der Bohrung ließ es leider nicht zu, Proben zu entnehmen, und der Charakter des Sediments blieb deshalb noch unbekannt. Es kann sich um glaziale oder glaziolakustrine Sedimente handeln, aber es ist auch möglich, daß die Sedimente noch unkonsolidierten Horizonten der kambrischen Gesteinsfolge angehören. Nur eine erneute Bohrung mit Kernentnahme kann zeigen, welche Art von Tonen das Strömmelnglaziofluvium unterlagern.

Es gibt Hinweise, wonach entlang der Cuesta mehrere Rinnen vom Strömmelntypus zu finden sind. Der Aufschluß bei Linsänkan umfaßt ein Schichtpaket mit einer Mächtigkeit von mehr als 20 m. Bei Kråketorp besitzt der Aufschluß Minimaltiefen von 10 m wie auch bei Bårby Borg (Abb. 1), dort in ähnlicher morphologischer Position wie bei Strömmeln. Da diese Rinnen große Grundwasserpotentiale aufweisen, wäre es wünschenswert, mit einer speziellen Untersuchung der Klintlinien (Cuesta) die vorliegenden Arbeiten in dieser Richtung weiterzuführen. Dabei sind auch wichtige Informationen über die glazialgeologischen Verhältnisse und über die Deglaziation Ölands zu erwarten.

Der Autor möchte die Gelegenheit nutzen, um sich für die Unterstützung der über viele Jahre durchgeführten Studentenkurse auf Südöland zu bedanken. Besonderer Dank gilt den beiden Disponenten Herrn Lage Themner und Herrn Lars Ove Persson aus Degerhamn sowie den Assistenten Herrn Lizentiat Lars Linde und Herrn Dozent Dr. Harald Agrell.

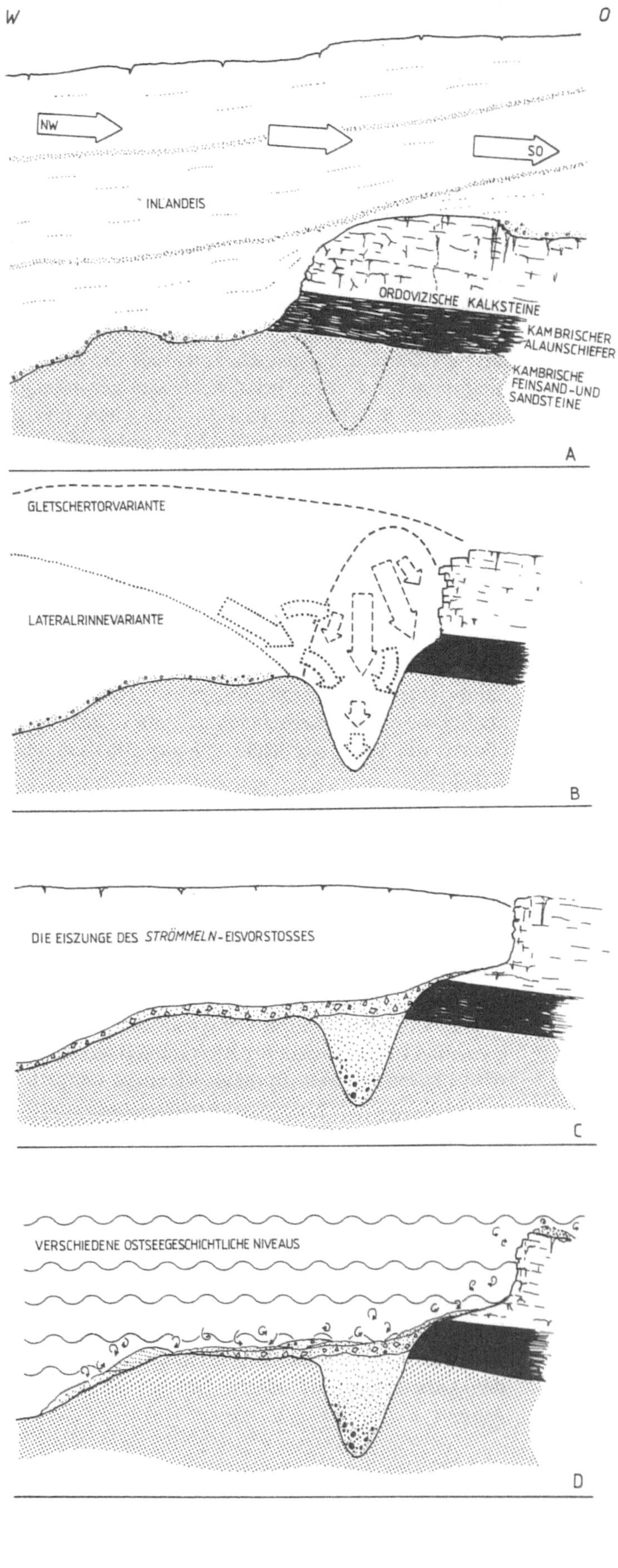

Abb. 8. Versuch einer Wiedergabe der Landschaftsentwicklung während des Spätglazials und des frühen Postglazials für Strömmeln auf Südöland anhand von Situationsprofilen. *A* Das Gebiet steht noch unter dem Einfluß des Nordwesteises (Weichselspätglazial). Die Cuesta wird von der Erosion des Eises geprägt und eine Stoßseite mit „Roche-Moutonne-Mustern" herauspräpariert. Es ist anzunehmen, daß zu dieser Zeit auch die häufigen Spalten und Durchsetzungen der exponierten und eisgepreßten Teile der Cuestwand entstanden; *B* zwei Varianten der Entstehung einer Kalkrinne bei Strömmeln (Gletschertor- und Lateralrinnenvariante), die beide zur Erosion der Cuesta geführt haben können. Die Kalksteinwand, die zunächst eine durch Eisschliff geprägte Morphologie besitzt, wird später durch einen Wasserstrom zerrissen, der – unter hohem Druck mit seiner Last an Kies, Steinen und Blöcken gegen die Wand geschleudert – eine Art „Billardeffekt" auslöst. Die durch zahlreiche Spalten zersetzte Wand erodiert leicht, und in der Rinne lagert sich eine Mischung aus erratischem, schwedischem und lokalem, öländischen Kalksteinmaterial ab. *C* Die Eiszunge des Strömmelnvorstoßes hat den Kalmarsund erreicht und die Rinne gewissermaßen mit Moränenmaterial versiegelt. Die Morphologie wird noch modifiziert und eine weitere Erosion der Klintlinie (Cuesta) darf angenommen werden. Die Eiszunge reicht bis zum Endmoränengebiet Dannstedts (vgl. Abb. 5 und 7). Danach setzt endgültig die Rezession ein. *D* Die Morphologie wird später durch die verschiedenen Ostseestadien weiter modifiziert und die Cuesta durch Abrasion noch etwas verändert sowie weiter nach Osten verlegt, wobei litorale Ablagerungen in verschiedenen Formen und Höhenlagen entstehen

Literatur

Bergdahl A (1947) Glacialmorfologiska studier vid Kalmarsund (Glazialmorphologische Studien im Kalmarsund). Svensk Geogr Arsbok 1947, Lund

Christiansson R, Edberg L (1972) Bergartsmaterialet i de kvartära avlagringarna längs Västra landborgen (Gesteinsarten in den quartären Schichten entlang der Västra-Landburg). Kvartärgeol Avdelningen, Rapp 31

Dannstedt G (1947) Bottentopografien i södra Kalmarsund (Topographie des Meeresbodens im südlichen Kalmarsund). Geogr Annal 19

Hammergren P (1976) En kvartärgeologisk-mineralogisk undersökning av Rosenkindssprickan på Ölands södra udde (Eine quartärgeologisch-mineralogische Untersuchung der Rosenkindsrinne auf der Südspitze Ölands). Kvartärgeol Avdelningen, Rapp 63

Johnsson J (1973) Isälvsavlagringarnas stratigrafi (Stratigraphie der glazifluvialen Ablagerungen). Kvartärgeol Avdelningen, Rapp 41

Königsson L-K (1967a) Submarine geology of Kalmarsund. Geol Fören Stockholm Förhand 89

Königsson L-K (1967b) Kalmarsunds geologi (Geologie des Kalmarsunds). Kalmar Nations Skriftser, Uppsala

Munthe H (1902a) Beskrifning till kartbladet Kalmar (Beschreibung zu dem Kartenblatt Kalmar). Sver Geol Unders, Ser Ac:6

Munthe H (1902b) Beskrifning till kartbladet Ottenby (Beschreibung zu dem Kartenblatt Ottenby), Sver Geol Unders, Ser Ac:7

Munthe H, Hedström H (1904) Beskrifning till kartbladet Mönsterås med Högby (Beschreibung zu dem Kartenblatt Mönsterås nebst Högby). Sver Geol Unders. Ser Ac:8

Möller Å, Königsson L-K (1975) Gömda isälvsavlagringar ger vatten på Öland (Überdeckte wasserführende glazifluviale Ablagerungen auf Öland). Kommunal Tidskr 8:9

Passon M (1901) Der kohlensaure Kalk der Ackererden und ein neuer Apparat zur Bestimmung derselben für praktische Landwirte. Dtsch Landwirtsch Presse 28 (42)

Påhlsson I, Alm K (1985) Pollen-analytical studies of the cores 14103-3 and 14102-1 from the western Baltic. In: Paleoecology reflected in physical and chemical properties of three Baltic cores. Striae 23

Rudmark L (1975) The deglaciation of Kalmarsund. Sver Geol Unders, Ser C:713

Rudmark L (1980) Beskrivning till jordartskartan Kalmar NO/Runsten NV (Beschreibung zur Bodenkarte Kalmar Nordost/Runsten Nordwest). Sver Geol Unders, Ser Ae:43

Rudmark L (1981) Beskrivining till jordartskartan Borgholm SV (Beschreibung zur Bodenkarte Borgholm Südwest). Sver Geol Unders, Ser Ae:45

Rudmark L (1983) Beskrivning till jordartskartan Borgholm NV/NO (Beschreibung zur Bodenkarte Borgholm Nordwest/Nordost). Sver Geol Unders, Ser Ae:55

Rudmark L (1984a) Beskrivning till jordantskartan Kalmar NV (Beschreibung zur Bodenkarte Kalmar Nordwest). Sver Geol Unders, Ser Ae:62

Rudmark L (1984b) Beskrivning till jordartskartan Kristianopel NO (Beschreibung zur Bodenkarte Kristianopel Nordost). Sver Geol Unders, Ser Ae:71

Rudmark L (1985) Beskrivining till jordartskartan Kalmar SO/Runsten SV (Beschreibung zur Bodenkarte Kalmar Südost/Runsten Südwest). Sver Geol Unders, Ser Ae:70

Scheer W (1985) Geologische Kartierung am Klint Südölands zwischen den Ortschaften Resmo und Bredinge. Dipl.-Arbeit, Math-Nat Fak Christian-Albrechts-Univ, Kiel

Svedmark E (1904) Beskrifning till kartbladet Oskarshamn (Beschreibung zu dem Kartenblatt Oskarshamn). Sver Geol Unders, Ser Ac:

1.5 Evolution of Ice-Dammed Lakes and Deglaciation of the Eastern Peribaltic

ANTON RAUKAS

The papers published by H. Kliewe on the southern Baltic set an excellent example of a complex approach aimed at elucidating the course of the glacier's retreat and the development of proglacial water basins. As a result of these investigations, a reasonable picture of the topography and landscape development in the northern part of the former German Democratic Republic and adjoining areas became available. In his papers, Kliewe paid much attention to the history of the Baltic Sea and correlated the shorelines of basins of differing ages. The results obtained are in good agreement with corresponding levels in adjacent areas.

However, there are still some problems of topical interest in the development of proglacial basins and the Baltic Sea which cannot be solved on the basis of the southern Baltic alone. In this part of the Baltic, due to the neotectonic sinking of the territory, coastal formations and deposits lie below contemporary sea level and are difficult to assess by recent studies. The territory of the former GDR remained relatively far from the ancient connections of the Baltic Sea with the ocean, and therefore ecological changes in the basin were less distinct and rather late. Even the time when the Baltic Sea came into being is rather difficult to establish in this territory. Gothi- and Finiglacial marginal formations are lacking here as well. These and several other problems require the joint efforts of scientists from many countries and could be successfully solved within the framework of the Council for Mutual Economic Aid and International Union for Quaternary Research. It should be pointed out that for several years the INQUA Subcommission on the Baltic and North Seas worked under the guidance of H. Kliewe, who actually laid the foundation of today's cooperation.

The present chapter attempts a short survey on the evolution of proglacial basins and the first Baltic Sea stages in late glacial time in the territory of the three Baltic Republics: Lithuania, Latvia and Estonia. The deglaciation of the territory under consideration may be described by the well-known scheme of De Geer (1912, 1940), slightly modified by succeeding studies (Serebrjannyj and Raukas 1966, 1967). Serebrjannyj and the author hold the opinion that the Daniglacial stage distinguished by De Geer covers the time span from the retreat of the glacier margin from its maximum limit up to the Luga (Haanja) stade. Gothiglacial time lasted as long as the end of the Salpausselkä stade in Finland, whereas Finiglacial time ended with the complete melting of Scandinavian mountain glaciers. In Daniglacial time the peripheral part of the glacier was actively supplied from the central shield which laid the foundation of extensive marginal heights and end moraines, whereas in front of the glacier edge large water streams formed, leading to the formation of extensive marginal valleys, which are characterized by the German term "Urstromtal". In the Daniglacial zone of the glacier the deposits are rather thick and of complicated structure.

Profound palaeogeographical changes took place at the boundary of Daniglacial and Gothiglacial stages. As a result of the eustatic rise in the World Ocean level, connected with an influx of subpolar waters into the North Atlantic, the ice sheet split up over the greater part of the Norwegian Sea, and feeding balance of the ice sheet became negative almost all over its surface as a result of which its volume diminished considerably (Punning and Raukas 1985). The movement of ice streams, lobes and tongues differentiated, and the bedrock topography exerted an increasing effect on the melting regime (Raukas and Karukäpp 1982). Deglaciation of lowlands and elevations displayed distinct contrasts, and the glacier margin became more movable (Serebrjannyj and Raukas 1970). Temporal halts in the ice margin movement became shorter and new glacier advances were limited to smaller areas. The highest mobility was characteristic of single active glacial lobes related to extensive bedrock depressions, e.g. the Peipsi depression. All this affected the evolution of proglacial water bodies, which rapidly changed their contours and levels.

In our opinon it has not as yet been established

unambiguously when the North European ice sheet reached its maximum distribution in the Late Pleistocene – Early or Late Würm. According to oxygen-isotope curves, the volume of water stored in glacier ice in the Early and Late Würm was almost equal. On the basis of geomorphological evidence, it is difficult to reconstruct palaeoglaciological parameters. Moreover, geochronological methods also do not enable one to draw unambiguous conclusions. Therefore, the spatial distribution of the North European ice sheet in the Early Würm has remained a topical problem thus far. Some investigators (Breslev et al. 1971; Serebrjannyj and Raukas 1970) believe that on the East-European Plain the glaciation culminated in the first half of the Late Pleistocene, when the Brandenburgian (Bologoye) glacier marginal zone was formed. This agrees with the general trend of successive reduction of the ice sheets in Europe after the Dniepr glaciation. This supposition is confirmed by a set of geomorphological and lithological factors, such as differing erosional reworking of the glacigenous relief, sharp contrasts in the distribution of lake basins, variable depths of carbonate leaching in tills, different degrees of weathering of erratic boulders, and several other characteristics (Serebrjannyj and Raukas 1970). It should be pointed out that in the final report of the Canadian Working Group of the IGCP Project No. 24 "Quaternary Glaciations in the Northern Hemisphere" (Fulton 1984), the Early Wisconsin glaciation is also considered as a maximal one, despite the asynchronity of the glacier's maximum distribution.

On the other hand, a large number of investigators either refute the existence of the Early Würmian advance of the glaciers entirely or acknowledge its rather limited distribution. Thus, Nilsson (1973) states that at that time the glaciers did not reach as far as Scania in southern Sweden. According to Čebotarëva (Čebotarëva and Makaryčeva 1974), the East European Plain is entirely devoid of reliable traces of the Early Valdai (Würm) glaciation.

However, there may well have been a third possibility: in the Late Pleistocene the maximum distribution of the glaciation was asynchronous, culminating in some areas in the Early Würmian, in others during the Late Würmian.

The first radiocarbon data, enabling one to date the maximum distribution of the last glaciation, ice sheets were obtained for the samples from North German Lowlands (Lausitzer Urstromtal). This event took place about 20000–22000 years ago (Cepek 1965). However, the bedding conditions call for some precaution, as the redeposition of the material is not excluded here.

A similar age was obtained for the intermorainic lake deposits from the Lake Kubenskoye depression near the maximum limit of the Late Pleistocene glaciation in the northern part of the East European Plain (Auslender et al. 1970). Radiocarbon dates of 21410±150 BP:1y–18B (peat) and 21880±110 BP:1y–18A (cellulose, separated from peat) were in good agreement, although they exclude the effect of postsedimentary contamination. In addition, it was established that on the North American continent in the Great Lakes Region the Late Wisconsin glaciation culminated at about the same time, 23000–21000 years ago (Dreimanis and Goldthwait 1973). Thus, it became widely accepted that in the Northern Hemisphere the Late Pleistocene glaciers had the widest distribution, about 21000–23000 years BP. However, even in view of theoretical palaeoglaciological conceptions, such an ideal picture is hardly possible.

Later, publications appeared, reporting a considerably younger age of the event. For example, on the basis of complex geochronological and palaeobotanical studies performed on several Byelorussian sections, Voznyachuk concluded that in Byelorussia the Late Valdai (Würm) ice sheet reached its maximum distribution about 18000 years BP. This conclusion was based for the most part on radiocarbon dating of plant detritus (17000±170:1y–95A and 17900±160:1y–95B years) embedded in alluvial deposits under basal till of the maximum stage in the Drichaluki section on the left bank of the Usvjaga River (right tributary of the Zapadnaja Dvina) (Arslanov et al. 1971).

Further complex investigations of this and several other sections in the northwestern part of the East-European Plain (Punning et al. 1982) showed that biodetritus is far from being a reliable object for radiocarbon dating, and the age of the maximum glaciation is still debatable. Most likely, it differs from region to region.

Below, we present the classical scheme showing the extinction of the glacier in the territory of the three Baltic Republics, whereby we are aware that such an approach is open to debate and is conventional. Several methods, including geomorphological, lithological, palynological, varvometrical, radiocarbon, etc., have been used to elucidate the character, and the rate and time of the glacier's retreat during the last glaciation. Unfortunately, the results obtained by different methods are difficult to correlate and sometimes even contradictory.

A morphostratigraphical basis is furnished by a wide set of well-pronounced belts of ice marginal formations, genetically related to proglacial basins and stream channels (Fig. 1). For the most part, they

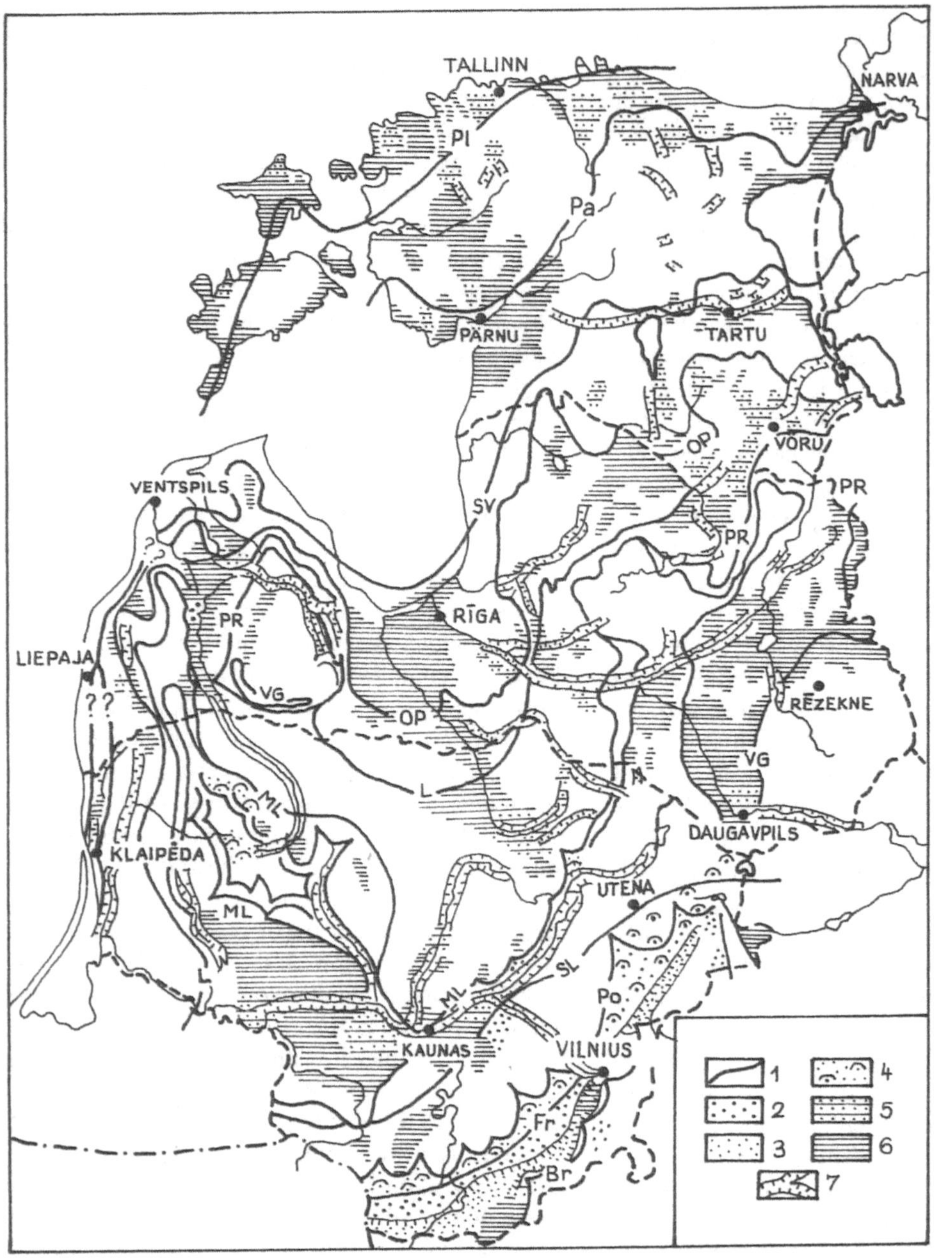

Fig. 1. Retreat of the glacier of the last glaciation and evolution of ice-dammed lakes in the territory of the three Baltic Republics (Aboltynž et al. 1974). 1 stages and stades: Br – Brandenburgian, Fr – Frankfurthian, Po – Pomeranian (max). SL – South-Lithuanian, ML – Middle-Lithuanian, L – Luga (Haanja, Linkuva, North-Lithuanian), VG – Vainode-Gulbene, PR – Pampalo-Ranka, OP – Otepää-Pliens, SV – Sakala-Valdemarpils, Pa – Pandivere, Pl – Palivere; 2 outwash plains (sandurs); 3 valley sandurs, 4 hilly morainic and outwash formations; 5 glaciofluvial deltas; 6 outcrops of limnoglacial deposits; 7 rills of meltwater discharge

are represented by accumulative end moraines, outwash plains (sandurs), marginal eskers and glaciofluvial deltas, in places by a hilly-morainic relief of complex genesis. Push formations are rather rare.

Interstadial deposits, not so abundant, enable one to determine the age of marginal zones with physical methods. In this respect the most promising sections appear to be Rauna in central Latvia and Kurenurme in southern Estonia. The former is located under Luga (Haanja) till in the extreme northwestern part of the central Vidzeme elevation northeast of the town Cesis. The sands between two till beds contain peaty-silty lenses with organic matter; the latter comprises macroremains of Dryas vegetation and tree pollen, mainly pine and birch. Certain difficulties arose during sampling and ^{14}C analysis, since at this site the roots of contemporary plants penetrate to depths of 3 m and more.

However, considering the good agreement of results obtained in different laboratories (years BP): 13390±500 (Mo−196), 13250±160 (TA−177), 13320±250 (Ri−39), the age of the Luga stade may be established at 13200 years (Punning et al. 1968). This supposition is confirmed by the dates for organogenous deposits [12650±500 (TA−57) and 12420±100 (Tln−35) years], overlying Luga till in the Kurenurme section in the southeastern part of the Otepää Heights (southern Estonia).

The other ice marginal zones have been dated less reliably, often with indirect methods. Taking the above-mentioned age of the Luga ice marginal zone as a reference date, and considering the scattered varvometrical data available, it may be concluded that the ice marginal formations of the Otepää-Pliens zone were formed about 12600 years BP; those of the Sakala-Valdemarpils zone about 12050 years BP; Pandivere zone, ca.12250 years BP; and in the Palivere zone about 11200 years BP (Raukas et al. 1969).

With the retreat of the glaciers of the Pandivere stade from the northern part of the Pandivere Upland (northern Estonia) about 12000 years BP, large proglacial lakes joined west and east of the upland, including those in the Baltic basin. We believe that from a palaeogeographical viewpoint, this event marks the formation of the Baltic Ice Lake, and, hence, the entire Baltic Sea (Kvasov and Raukas 1970).

During the Brandenburgian and Frankfurthian stages, the conditions proved unfavorable for the development of large proglacial basins. During the Brandenburgian stage, when the glacier with its single lobes bounded on the Oshmyany-Lida heights, even the free movement of glaciofluvial streams was hampered in the near-marginal zone. For this reason outwash plains are less frequent here than in the Frankfurthian zone where the concentration of outwash plains was the highest in the east Peribaltic region.

Pomeranian formations are represented by relief forms and deposits attributed to three stades, i.e. maximum, South Lithuanian and Middle Lithuanian ones. Push or push-accumulative end moraine ridges of the maximum stade are devoid of outwash plains (with the exception of embryonic forms) and proglacial basins. The whole system of formations is indented by the rills of meltwater discharge, which joined together to form a large pra-Neris-pra-Merkis drainage artery giving rise to the development of the largest valley sandur in the three Baltic Republics. During the South Lithuanian stade, the formation of outwash plains continued, but in contrast to the Frankfurthian stage, they were for the most part related to ancient glaciodepressions. Single proglacial water bodies came into being, in which deposits, in places over 7 m in thickness, started to accumulate (e.g. in the vicinity of the settlement Balberishkis: Mikaila 1958).

In the territory of the three Baltic Republics the first large proglacial lakes were formed during the Middle Lithuanian stade, i.e. in the basins of the Jura and Shjashupe rivers. Their existence is estimated at about 300 years, the thickness of deposits reached 13 m (e.g. between the towns of Kaunas and Kaishjadoris: Mikaila 1958). Due to the surface, which slopes towards the glacier, abundant rivers developed, which flowed parallel to the glacier in the southwest. Extensive glaciofluvial deltas formed occasionally.

The further retreat of the glacier is inseparably connected with the evolution of proglacial water bodies. Thus, extensive Nicgale and Lubana basins developed in front of the marginal formations of the Pampalo-Ranka marginal belt in eastern Latvia, whereas in the western part of the republic on the East-Kurzeme heights, the Saldus-Amula basin came into being. In these basins the thickness of limnoglacial clays and silts reached 10 m. In the marginal belt of the Luga (Haanja, Linkuva) stade the Gauja, Daudzeva and Venta-Usma proglacial basins formed (Aboltynž et al. 1974), which Kvasov (1975) termed the Baltic system of proglacial lakes. In front of the glacier edge, attributed to the Otepää-Pliens, Sakala-Valdemarpils and Pandivere zones, large basins developed in western Estonia and in the Peipsi depression (Raukas et al. 1971). During the last stages of the glacier's extinction in eastern Peribaltic (Pandivere and Palivere stades), practically the whole territory in front of the glacier's margin was covered by proglacial basins. This was favored by the slope of the topography towards the glacier. Besides the waters supplied by the melting of the glacier's margin, proglacial lakes were fed by the water streams from periglacial heights. Varved clays, in some places over 20 m thick, accumulated in lakes.

The history of proglacial lakes in the northwestern part of the East European Plain, including the territory of the three Baltic Republics, was elucidated by Kvasov (1975). In some respects his reconstructions should be considered as hypothetical, being based frequently on contemporary topography. However, due to uneven neotectonic movements of the runoff threshold, the position of coastlines has changed beyond recognition since late glacial times. The current state of stratigraphic studies does not as yet permit reliable palaeogeographic reconstructions.

Similarly, one cannot always rely on geomorphology. This applies to the coastal formations of ancient lakes in particular. Often they are simply lacking. The small size of coastal formations or their absence on the ancient shores of proglacial lakes is due to the flatness of topography, the occurrence of relatively erosion-resistant rocks and deposits, and short-term halts of coastlines at corresponding levels. Owing to the shallowness of the basins, waves were small and their destructive power inconsiderable. They are devoid of any remarkable alongshore drift which might have contributed to the development of large coastal formations.

Reliable deglaciation schemes should consider the peculiarities of the development of proglacial water bodies. At present, the vast majority of investigators acknowledge the oscillatory character of the deglaciation, when the glacier's retreats alternated with its short-term stadial advances. However, to a certain extent this concept is inconsistent with the structures in proglacial sediments. In the majority of the varved clay sections studied in the northern Baltic, the thickness of annual layers decreases slowly but steadily upwards and a shift of the distal sedimentations zone above the proximal one is observed almost everywhere. This is reflected in the gradual movement of the water body close behind the retreating glacier. Evidence is derived from the almost entire lack of till beds in the sections of varved clays. The sections are devoid of the structures developing under the pressure of newly advancing ice sheets. The fluctuations in the thickness of annual layers, and their series observable in places, are most likely conditioned by short-term intensifications of the input of material into sedimentation basins as a result of the activation of the glacier's melting or some changes in the basin's hydrodynamic regime (e.g. the development of temporary currents), but not due to oscillating movement of the glacier's margin.

From the above, it follows that several principal problems related to the deglaciation call for further complex investigations. Intensive contacts between the investigators and institutions of the former German Democratic Republic and the three Baltic Republics, develed in the form of mutual cooperation between the previous member states of the Council for Mutual Economic Aid, have proved valuable.

References

Aboltynž O, Mikalauskas A, Raukas A (1974) Osobennosti rasprostranenija predfrontal'nych kraevych lednikovych obrazovanij poslednego oledenenija na territorii Pribaltiki i nekotorye voprosy ich formirovanija (Distribution pecularities of prefrontal ice marginal formations in the territory of Peribaltic and some problems of their formation). In: Predfrontal'nye kraevye lednikovye obrazovanija. Vilnius, S. 36–43

Arslanov CA et al. (1971) Paleogeografija i geochronologija srednevaldajskogo interstadiala na territorii Belorusskogo Poozer'ja (Palaeogeography and geochronology of the Middle-Valdaian interstadial on the territory of the Byelorussian Poozerje). Dokl AN SSSR 201 (3):661–664

Auslender VG, Arslanov CA, Garkuša VJ (1970) K voprosu o stratigrafii i geochronologii pozdneplejstocenovych otloženij Kubano-Suchonskoj nižiny i prilegajuščich vodorazdelov (On stratigraphy and geochronology of Late-Pleistocene deposits in Kubano-Sukhona depression and adjacent watersheds). In: Periodizacija i chronologija plejstocena. Leningrad, S. 92–95

Breslev SL, Zarrina EP, Krasnov II (1971) Periodizacija i geochronologija pozdnego plejstocena severo-zapada Evropejskoj časti SSSR (Periodization and geochronology of the Late Pleistocene in the northwest of the USSR European part). In: Problemy periodizacii plejstocena. Leningrad, S. 124–138

Cepek AG (1965) Geologische Ergebnisse der ersten Radiokarbondatierungen von Interstadialen im Lausitzer Urstromtal. Geologie 14 (5–6):617–642

Čebotareva NS, Makaryčeva IA (1974) Poslednee oledenenie Evropy i ego geochronologija (Last glaciation in Europe and its geochronology). Moskva

Dreimanis A, Goldthwait RP (1973) Wisconsin glaciation in the Huron, Erie and Ontario Lakes. In: The Wisconsin stage. Soc Am, New York Mem 136:71–106

Fulton RJ (ed) (1984) Quarternary stratigraphy of Canada. A Canadian contribution to IGCP Project 24. Geol Surv Can

de Geer G (1912) A geochronology of the last 12000 years. In: CR 11th Int Geol Congr, Stockholm 1910, S. 241–258

de Geer G (1940) Geochronologia Suecica Principles. Kgl Sven Vetenskaps Akad Handlingar, Ser 3, Bd 18 (6)

Kvasov DD (1975) Pozdnečetvertičnaja istorija krupnych ozer i vnutrennych morej Vostočnoj Evropy (Late-Quaternary history of large lakes and inner seas in East Europe). Leningrad

Kvasov DD, Raukas AV (1970) O pozdnelednikovoj istorii Finskogo zaliva. (On Late-Quaternary history of the Gulf of Finland). Izvest Vsesojuznogo Geogr Obščestva 102 (5):432–438

Mikaila V (1958)Lietuvos stambesniuju limnoglacialiniu baseinu nuosedos ir ju ryšiai su paskutiniuoju ledynu – Moksliniai pranešimai (Deposits of the largest Lithuanian limnoglacial basins and their connection with the retreat of the glaciers of the last continental glaciation). Lietuvos TSR Mokslu Akad Geol Geogr Inst 1 (7):81–87

Nilsson K (1973) Glacialgeologiska problem i Sydvästskåne. Thesis Univ Lund, Dpt Quat Geol

Pirrus EA (1969) Lentočnye gliny Ėstonii (Estonian varved clays). Tallinn

Punning J-MK, Raukas AV (1985) Paleogeografija pozdnečetvertičnogo vremeni Severnoj Evropy (Late Quaternary palaeogeography in North Europe). Itogi Nauki Tekh, Ser Paleogeogr 2

Punning J-MK, Rajamäe R, Hütt G (1982) O vozraste ozërnoalluvial'nych otloženij v razrezach Drichaluki i Brigitpole/Sev. Belorussia (On the age of lake alluvial deposits in the sections of Drichaluki and Grigitpole (northern Byelorussia). Izvestija AN ESSR, Geologija 31 (1):15–20

Punning J-MK et al. (1968) Paleogeografičeskie osobennosti i absoljutnyj vozrast lužskoj stadii valdajskogo oledenenija na Russkoj ravnine (Palaeogeographical pecularities and absolute age of the Luga stage of the Valdai glaciation on the Russian Plain). Dokl Akad nauk SSSR 178 (4):916–918

Raukas AV, Karukäpp RJ (1982) Različija lednikovoj dinamiki i lednikovogo litomorfogeneza na raznych ėtapach sokraščenija poslednego oledenenija (Differences in ice dynamics and glacial lithomorphogenesis at different stages of the reduction of the last glaciation). In: Materialy gljaciologičeskich issledovanij: Chronika, obsuždenija 44:117–121

Raukas AV, Punning M, Rähni EE (1969) Millal taandus Eestist mandrijää? (When did the continental ice retreat from the Estonian territory?). Eesti Loodus, Tallinn 7:396–401

Raukas AV, Rähni EE, Miidel AM (1971) Kraevye lednikovye obrazovanija Severnoj Ėstonii (Ice marginal formations in North Estonia). Tallinn

Serebrjannyj LR, Raukas AV (1966) Transbaltijskie korreljacii kraevych lednikovych obrazovanij pozdnego plejstocena (Transbaltic correlations of ice marginal formations of the Late Pleistocene). In: Verchnij Plejstocen. Stratigr Absoljutnaja Geochronol. Moskva, S. 12–27

Serebrjannyj LR, Raukas AV (1967) Sopostavlenie gotigljacial'nych kraevych lednikovych obrazovanij vo vpadine Baltijskogo morja i prilegajuščich k nej stranach (Correlation of Gothiglacial marginal ice formations in the Baltic Sea basin and adjacent countries). Baltica 3:235–249

Serebrjannyj LR, Raukas AV (1970a) Novye puti i metody izučenija lednikovoj istorii Russkoj ravniny v verchnem plejstocene (New ways and methods of the investigation of glacial history of the Russian Plain in the Upper Pleistocene). Geogr Sbornik 19 (4):117–137

Serebrjannyj LR, Raukas AV (1970b) Über die eiszeitliche Geschichte der Russischen Ebene im oberen Pleistozän. Petermanns Geogr Mitt 114 (3):161–172

1.6 Die Parallelisierung der pleistozänen Gebirgsvergletscherungen (Alpen und Tatra) mit den skandinavischen Inlandvergletscherungen

MIECZYSŁAW KLIMASZEWSKI

In Europa waren während des Pleistozäns zwei Regionen vergletschert, Hochgebirge – wie Alpen und die Tatra – sowie Nordeuropa und das nördliche Mitteleuropa. Die Möglichkeit der Parallelisierung der Gebirgsvergletscherungen mit den skandinavischen Vereisungen besteht für die Alpen nur im Bereich des Rheintales und für die Tatra nur längs des Dunajec- und des Weichseltales. Aber wie weit ist eine solche Paralleliserung möglich?

Erkenntnisgang zu den Vergletscherungen in den Alpen

Bereits vor reichlich 200 Jahren, im Jahre 1787, erkannte Kuhn in seiner Veröffentlichung „Versuch über den Mechanismus der Gletscher", daß die Alpengletscher einst viel größere Dimensionen als heute annahmen (Kuhn 1787). Venetz (1833) und Charpentier (1841) bestätigten diese Ansicht und erweiterten sie auf die gesamten Alpen. Zu analogen Erkenntnissen kam Agassiz (1840) für die Vergletscherungsräume der gesamten Nordhalbkugel. Eine zweimalige Vergletscherung der Alpen hatte schon Venetz vermutet, sie wurde aber erst durch Morlot (zitiert bei Kaiser 1975) im Jahre 1854 bewiesen. Eine dreimalige Vergletscherung der Alpen hat erstmals A. Penck (1882) angenommen, und eine viermalige wurde durch A. Penck und E. Brückner im Jahre 1909 belegt. Diese Vergletscherungsperioden erhielten die Namen Günz, Mindel, Riß und Würm. Im Jahre 1930 stellte B. Eberl eine ältere Donau-Vereisung und im Jahre 1956 I. Schaefer eine noch ältere Biber-Vergletscherung fest. Vorherrschend ist dabei die Ansicht von A. Penck und E. Brückner über eine viermalige Vergletscherung der Alpen, wobei in den Westalpen die Gletscher die größten Dimensionen während der Riß-Periode und in den Ostalpen während der Mindel-Periode erreichten. Die wichtigsten Erkenntnisetappen sind in Tabelle 1 zusammengestellt.

Tabelle 1. Erkenntnisgang zu den quartären Vergletscherungen in den Alpen

Kuhn (1787)	Venetz (1821) (1833)	Charpentier (1834)	Agassiz (1840)	v. Morlot (1854) (nach Kaiser (1975))	Penck (1882)	Penck und Brückner (1901 – 1909)	Eberl (1930)	Schaefer (1953)
Erkenntnis über eine einst ausgedehntere Vergletscherung der Alpen	Vermutung der Wiederkehr eiszeitlicher Vergletscherungen in den Westalpen	Entwicklung einer Theorie der pleistozänen Vergletscherung der Alpen	Erkenntnis über eine eiszeitliche Vergletscherung der Nordhalbkugel	Beweisführung für eine wiederholte Vergletscherung der Alpen	Beweisführung für eine dreimalige Vergletscherung der Alpen einschließlich zweier Interglazialzeiten	Nachweis einer viermaligen Vergletscherung der Alpen	Erkenntnis über eine fünfte Vergletscherung	Feststellung einer sechsten Vergletscherung
					Niederterrasse	Würm	Würm	Würm
					Hochterrasse	Riß	Riß	Riß
					Deckenschotter	Mindel Günz	Mindel Günz Donau	Mindel Günz Donau Biber

Erkenntnisgang zu den Vergletscherungen in der Tatra

Die Tatra ist ein im Vergleich zu den Alpen 740mal kleinerer Gebirgsstock, beide Gebirge besitzen jedoch ein sehr ähnliches Relief. Als erster fand L. Zeuschner im Jahre 1843 die Spuren einer einstigen Vergletscherung in der Tatra und veröffentlichte diese Nachricht im Jahre 1856. Diese Ansicht haben später andere Forscher des Tatragebietes bestätigt. A. Rehmann (1893) nahm eine zweimalige Vergletscherung an, ebenso J. Partsch (1907). R. Lucerna (1908), ein Schüler von A. Penck, ging in Übereinstimmung mit dem alpinen Schema für die Westtatra auf der Grundlage der Trogtäler und Akkumulationsdecken von einer viermaligen Vergletscherung aus (Günz-Mindel-Riß-Würm). Spätere, sehr detaillierte Untersuchungen von J. Partsch (1923) bewiesen eine dreimalige Vergletscherung der Hohen Tatra. Ein gleiches Ergebnis brachten Studien von A. Gadomski (1926) für den Nordabhang der Tatra. E. Romer (1929) stellte aufgrund von Untersuchungen in der Tatra und vor allem in deren Vorland zuerst eine dreimalige, später eine viermalige Vereisung fest. Die Vereisungen wurden nach der Akkumulationsdecke von Hurkotne mit dem Buchstaben H bezeichnet, und zwar die zweitälteste Vergletscherung mit H, die nächstjüngere mit H-1 und die jüngste mit H-2. Später, als die fluvioglazialen Bildungen in Szaflary als Moräne erkannt wurden, kam noch eine ältere Vereisung (H+1) hinzu. Die Vergletscherungen versuchte Romer mit den tektonischen Aufwölbungen in Zusammenhang zu bringen. Bei genauen Untersuchungen von B. Halicki (1930), M. Klimaszewski (1948, 1962, 1966, 1967, 1987) und M. Lukniš (1973) konnten ebenfalls nur Spuren von drei Vergletscherungen nachgewiesen werden (Tabelle 2). Die zweite Vereisung war zweiteilig (Halicki 1951), und die jüngste erreichte die größte Ausdehnung (Klimaszewski 1987).

Erkenntnisgang zu den Vereisungen in Nord- und Mitteleuropa

Aus dem mittel- und nordeuropäischen Tiefland waren seit langem Felsblöcke fremder Herkunft bekannt, die man ursprünglich mit übernatürlichen Kräften, später mit der biblischen Sintflut und bald darauf mit der Drifttheorie in Verbindung brachte.

Erst im Jahre 1875, also vor 117 Jahren, hat O. Torell die Theorie der pleistozänen Vergletscherung Nord- und Mitteleuropas aufgestellt und bewiesen. Etwas später erkannte A. Helland (1879) eine zweimalige Vereisung des europäischen Tieflandes und K. Keilhack (1899) die dreimalige (Elster-Saale-Weichsel) mit jeweils abnehmender Ausdehnung des Eises (Tabelle 3).

P. Woldstedt (1929, 1955, 1962) bewies unter anderem die Zweiteiligkeit der Saale-Vereisung (Drenthe- und Warthe-Stadium).

In Polen nahm J. Siemiradzki (1881) die zweimalige skandinavische Vereisung des polnischen Territoriums an, wovon die erste bis zu den Karpaten und die zweite bis Mittelpolen gereicht hat. M. Limanowski (1922) vertrat in seiner Hypothese ebenfalls die Auffassung einer zweimaligen Vergletscherung Polens (L_3 und L_4). Sawicki (1922) stellte drei Vergletscherungen auf polnischem Gebiet fest, von denen die ältere bis an die Karpaten gereicht hat und die zweite bis zur Mittelpolnischen Hochebene. Die letzte war auf das peribaltische Gebiet beschränkt. Eine dreimalige Vergletscherung stellte auch W. Szafer (1928) aufgrund paläobotanischer Untersuchungen von interglazialen Floraresten fest. Dafür wurden die Namen Cracovien, Varsovien I und Varsovien II vergeben. Später (1953) nahm er eine viermalige Vereisung Polens an, wobei die erste (Jaroslavien oder Szczecin-Stadial) nur eine geringe Ausdehnung hatte. Diese Anschauung über eine viermalige Vergletscherung Polens ist bis heute aktuell (Tabelle 4). Leider sind die Namen der Vergletscherungen sehr

Tabelle 2. Erkenntnisgang zu den pleistozänen Vergletscherungen in der Tatra

Zeuschner (1856)	Rehman (1893)	Partsch (1907)	Lucerna (1908)	Partsch (1923)	Gadomski (1926)
Erkenntnis über eine eiszeitliche Vergletscherung der Tatra	Annahme einer zweimaligen eiszeitlichen Vergletscherung	Würm Riß	Würm Riß Mindel Günz	Würm Riß Mindel	Würm Riß Mindel
Romer (1929)	**Halicki (1930)**	**Klimaszewski (1948)**	**Halicki (1951)**	**Klimaszewski (1962)**	**Lukniš (1973)**
H-2	III	III-Vergletscherung	III	Würm	Würm
H-1	II	II-Vergletscherung	IIb	Riß II	Riß
			IIa	Riß I	
H	I	I-Vergletscherung	I	Mindel	Mindel
H+;					

Tabelle 3. Erkenntnisgang zu den pleistozänen Vergletscherungen in Nord- und Mitteleuropa (außer Polen)

Torell (1875)	Helland (1879)	Keilhack (1899)	Woldstedt (1929)	Woldstedt (1955)
Nachweis einer mindestens einmaligen Vergletscherung Nordeuropas und des nördlichen Mitteleuropa	Feststellung einer zweimaligen Vergletscherung Nordeuropas und des nördlichen Mitteleuropa	Weichsel	Weichsel	Weichsel
				Eem
			Warthe-Stadium	Warthe
		Saale	Saale	Saale
				Holstein
		Elster	Elster	Elster
				Cromer
				Weybourne-Kaltzeit
				Tegelen-Warmzeit

Tabelle 4. Erkenntnisgang zu den pleistozänen Vergletscherungen in Polen

Siemiradzki (1881)	Limanowski (1922)	Sawicki (1922)	Szafer (1928)	Szafer (1953)	Rühle (1965)
Erste Mitteilung über eine zweimalige eiszeitliche Vergletscherung Polens		Baltische	Varsovien II	Baltic Glacial	Nordpolnische
			Masovien II	*Eemian*	
	L_4	Mittelpolnische	Varsovien I	Middle Polish Glacial	Mittelpolnische
			Masovien I	*Masovian*	
	L_3	Karpatische	Cracovien	Cracov Glacial	Südpolnische
				Tegelen	
				Szczecin Glacial	Älteste
Różycki (1967)	**Rühle (1973)**	**Różycki (1979)**			**Mojski (1985)**
Baltische (Vistulian-)Vereisung	Nordpolnische (Weichsel-)Vereisung	Baltische (Weichsel-)Vereisung	Würm	Nordpolnische Vereisung	North Polish Glacial
Eem Interglacial	*Eem*	*Eem*	*R/W*		*Eemian Interglacial*
Mława Stadial					Mława Stadial
Regimina Interstadial					
Warta Stadial					Wkra Stadial
Bug-Narew-Interstadial					Pre-Warta-Interstadial
Warta Stadial		Warthe Stadial			Maximum Stadial
Radomka Interstadial		Lublin Interstadial			Zbójno Interstadial
					Pre-Maximum-Stadial
Mittelpolnische Vereisung	Mittelpolnische (Saale-)Vereisung	Odra	Riß	Mittelpolnische Vereisung	Middle Polish Glacial
Masovien Interglacial	*Masovien-Holstein*	*Masovien*	*M/R*		*Mazovian Interglacial*
					Wilga Glacial
					Ferdynandów Interglacial
					Kock Stadial
					Luszawa Interstadial
					Lubartów Stadial
Krakauer Vereisung	Südpolnische (Elster-)Vereisung	San Kleinpolen Nida	Mindel	Südpolnische Vereisung	South Polish Glacial
Przasnysz Interglazial	*Cromer*	*Podlasie*	*G/M*		*Cromerian Interglacial*
Podlasie-Vereisung	Narew-Günz-Vereisung	Narew	Günz	Nordwestpolnische	Krasny Staw Stadial
	Tegelen				
	Pretiglian-Donau-Vereisung				Kozienice Stadial

verschieden, so nennt sich beispielsweise die größte von ihnen Karpatische, Cracovien, Südpolnische, Krakauer oder San-Nida-Vereisung. Die Bezeichnung Oder- bzw. Warthe-Stadium für die größte Ausdehnung der Saale-Vereisung wurde vom Autor eingeführt (Klimaszewski 1966).

Problem der Parallelisierung der Gebirgs- und der Skandinavischen Vergletscherungen

Zuerst versuchte man rein mechanisch, die Gebirgsvergletscherungen mit den skandinavischen zu parallelisieren. Mindel-, Riß- und Würm-Eiszeit der Hochgebirge (Alpen, Tatra) hat man mit der Elster-, Saale- und Weichsel-Vereisung gleichgestellt. Aber eine solche Parallelisierung war unsicher und hatte viele Gegner. So hatten beispielsweise einige Forscher die Gebirgsvergletscherungen mit den tektonischen Bewegungen in Zusammenhang gebracht, und diese können unabhängig von den klimatischen Veränderungen verlaufen. Nur längs zweier Täler konnte man mittels der fluvioglazialen Terrassen die glazialen Bildungen unterschiedlichen Alters der Gebirge mit glazialen Bildungen verschiedenen Alters im Tiefland parallelisieren. Es handelt sich um das Rheintal (Alpen-Vergletscherungen und skandinavische Saale-Vereisung des Tieflandes) sowie um das Dunajectal (Vergletscherungen der Tatra und skandinavische Elster-Vereisung in den Subbeskiden).

Das alpine Gebiet um den Oberrhein war viermal vergletschert (Günz-Mindel-Riß-Würm), der untere Teil des Rheintales hingegen war nur während der Saale-Vereisung vom Inlandeis bedeckt. Die Untersuchungen von G. Steinmann (1926), H. Breddin (1928), K. Kaiser (1957, 1961) und K. Thome (1958) zeigten, daß die größte Vergletscherung in den Alpen (Riß) gleichzeitig mit der nordischen Saale-Vergletscherung stattfand. Die in den Alpen mit Riß-Moränen verbundene Mittelterrasse des Rheintales ist am Unterlauf des Rheins mit Material der Saale-Moräne bedeckt.

In der Tatra stellte man drei Vergletscherungsperioden, in Mittel- und Nordpolen drei Vereisungen sowie eine vierte, älteste, von viel geringerer Ausdehnung fest. Das Dunajectal verbindet die dreimal vergletscherte Tatra mit dem karpatischen Hügelland, welches mit elsterzeitlichem Inlandeis bedeckt war. Die Untersuchung der Terrassen längs des Dunajectales ermöglichte die Parallelisierung der Mindel-Vergletscherung in der Tatra mit der Cracovien-(Elster-)Vereisung (Klimaszewski 1937). Die 60–80-m-Terrasse am Nordhang der Tatra mit einer starken Decke von Tatraquarzitgeröllen ist an die fluvioglazialen Schotterkegel der Mindel-Periode geknüpft und wird im Unterlauf des Dunajectales von der Moräne der Cracovien-(Elster-)Vereisung bedeckt. Die Parallelisierung der jüngeren Tatra-Vergletscherungen (Riß, Würm) mit den jüngeren skandinavischen Vereisungen (Saale, Weichsel) ist bis heute längs des Dunajec- und Weichseltales nicht durchgeführt worden.

Parallelisierung der Rückzugsstadien der letzten Vereisung

Viel größere Schwierigkeiten macht die Parallelisierung der Rückzugsphasen des Würm im Gebirge (Alpen, Tatra) mit den Rückzugsphasen der letzten skandinavischen Vereisung (Weichsel-, Baltische, Nordpolnische Vereisung). Zum einen wird die Zahl der Rückzugstadien sowohl in den Alpen (3–5) als auch in der Tatra (3–7) wie auch im Norden (3–8–14) von verschiedenen Forschern sehr unterschiedlich angegeben (Tabellen 5, 6, 7). Zum ande-

Tabelle 5. Chronologie der letzten pleistozänen Vergletscherung in den Alpen

Penck und Brückner (1909)	Klebelsberg (1949)	Heuberger (1966)	Fink (1979)
		Egesen	Egesen – Jüngere Dryas-Salpauseelkä
			Alleröd
Daun	Daun	Daun	Daun – Ältere Dryas
			Bölling
Gschnitz	Gschnitz	Gschnitz	Gschnitz – Älteste Dryas
		Alleröd	
	Schlern	Steinach	Steinach
		Bölling	
Bühl	Ammersee	Ende Hochwürm	Bühl
	Schlieren		
Würm	Würm II		
	Würm I		

Tabelle 6. Chronologie der letzten Vergletscherung in der Tatra

Partsch (1907)	Lucerna (1908)	Partsch (1923)	Gadomski (1926)	Halicki (1930)
			Spätglacial	
	Daun		Daun	V-Rezessionsphase
III-Rezessionsphase	Gschnitz	IV 1780 m	Gschnitz	IV-Rezessionsphase
II-Rezessionsphase	Bühl	III 1528 m	Bühl	III-Rezessionsphase
I-Rezessionsphase	Würm (max.)	II 1278 m	Achenschwankung	II-Rezessionsphase
Würm (max.)		I 1037 m		I-Rezessionsphase
		Würm (max.)	Würm (max.)	Würm (max.)

Klimaszewski (1962)	Klimaszewski (1987)			
	Hohe Tatra		West-Tatra	
	VII 2050–2070 m	} im Kar		
VI 2160 m Jüngere Dryas	VI 1890–1960 m			
V 1930–1960 m	V 1760–1840 m		V 1700–1800 m	} im Kar
IV 1770–1840 m	IV 1590–1660 m		IV 1600–1610 m	
III 1660–1730	III 1300–1400 m	} im Trogtal	III 1440–1550 m	
II 1540–1580 m	II 1280–1350 m		II 1330–1380 m	} im Trogtal
I 1280–1370 m	I 1080–1280 m		I 1230–1300 m	
914–1150 m	950–1180 m		980–1175 m	
= Würm (max.)	= Würm (max.)		= Würm (max.)	

Tabelle 7. Chronologie der letzten Vereisung in Nordpolen. Eine zeitliche Korrelierung der hier aufgeführten weichselzeitlichen Entwicklungsabschnitte ist nicht in jedem Fall möglich, gleiche Druckzeile bedeutet deshalb nicht unbedingt gleiches Alter.

Ältere Auffassungen (vor 1970)						Jüngere Auffassungen (nach 1970)			
Pawłowski 1933	Różycki 1961	Kondracki 1965	Rühle und Mojski 1965	Różycki 1967	Galon 1967	Klimaszewski 1971	Kozarski 1980	Galon 1982	Mojski 1985
	Jüngere Dryas	Salpausselkä	Jüngere Dryas	} letzte Deglaciation	Jüngere Dryas	Jüngere Dryas	Jüngere Dryas		Jüngere Dryas
	Alleröd	*Alleröd*	*Alleröd*		*Alleröd*	*Alleröd*	*Alleröd*		*Alleröd*
	Ältere Dryas	Ältere Dryas	Ältere Dryas		Ältere Dryas	Ältere Dryas	Ältere Dryas		Ältere Dryas
	Bölling	*Bölling*	*Bölling*		*Bölling*	*Bölling*	*Bölling*		*Bölling*
	Älteste Dryas	Langeland			Słupsk Phase	Älteste Dryas	Älteste Dryas		
					Gardno Phase	*Raunis*		Gardno Ost	Gardno Phase
									Sławno-Lębork-Phase
					Koszalin Phase				Koszalin Phase
					Kaszuby Phase				Kaszuby Phase
					Mielęcin Subphase				

Pommersches Stadial	Pommersches Stadial Masuren Interstadial	Pommersches Stadial	Pommersches Stadial Mazurian Interstadial	Pommersches Stadial Mazurian Interstadial	Pommersches Stadial Mazurian Interstadial Krajno Stadial Kujawy Stadial	Pomeranian Stadial Lasceaux Interstadial	Chojna Phase Pommersches Stadial	Pomeranian Stadial Mazurian Interphase	Pomeranian Phase
							Chodzież Phase		Kujawy Phase Chodzież Phase Mazurian Interphase
								? Opatów Stadial	
Posener Stadial	Posener Stadial	Posener Stadial	Posener Stadial Pre-Poznań-Interphase		Posener Stadial	Poznań Stadial	Poznań Stadial		Poznań Phase
Leszno Stadial	Leszno Stadial Zawichost Interstadial Lublin Stadial	Leszno Stadial Paudorf Interstadial	Leszno Stadial	Leszno Stadial Zawichost Interstadial Lublin Stadial	Leszno Stadial	Leszno Stadial Paudorf Interstadial	Leszno Stadial	Leszno Stadial Grudziądz Interstadial	Leszno Phase Grudziądz Interphase Pregrudziądz Phase
	Hrubieszów Interstadial Sandomierz Stadial			Hrubieszów Interstadial Sandomierz Stadial		Denekamp Interstadial Cooling	Konin-Maliniec-Interstadial	Maliniec Interstadial Kujawy Stadial	Konin Interphase Kaszuby Phase
						Hengelo Interstadial Cold phase Moershoofd Interstadial	Stadial? Moershoofd Interstadial? Odderade Interstadial?	Interstadial	
						Cold phase Brörup Interstadial Cold phase Amersfoort Interstadial Cold phase	Stadial Brörup Interstadial	Toruń Phase Knibawa Interstadial	Toruń Phase Knibawa Interstadial
								Małbork Stadial	Małbork Stadial

Tabelle 8. Versuch einer Parallelisierung der Rückzugsphasen der letzten Vergletscherungen von Tatra und Alpen

Klimaszewski (1967)			Lukniš (1973)		Baumgart-Kotarba und Kotarba (1979)		Dzierżek, Lindner, Nitychoruk (1986)			
Rezessionsphase in der Hohen Tatra	Absolute Höhe der Stirnmoränen in der Hohen Tatra	Vergleichbarer Abschnitt in den Alpen	Rückzugsphase in der Hohen Tatra	Vergleichbarer Abschnitt in den Alpen	Rückzugsphase in der Hohen Tatra	Vergleichbarer Abschnitt in den Alpen	Rückzugsphase in der Hohen Tatra	Absolute Höhe der Stirnbereiche in der Hohen Tatra	Vergleichbarer Abschnitt in den Alpen	
VI	2160 m	Fernau?								
V	1930 – 1960 m	Egesen	Holozäne Phase	Egesen			5-Stawów Phase IV	1930 – 1980 m	Venediger Phase	
							5-Stawów Phase III	1880 – 1910 m	Daum-Egesen	E
IV	1770 – 1840 m	Daun	E_3 Pod Vysokou II	Daun	RM Pod Vysokou	Daun	5-Stawów Phase II	1750 – 1810 m		D_2
III	1660 – 1730 m	Gschnitz	E_2 Pod Vysokou I	Gschnitz	Om Mündung Żabi Potok	Gschnitz	5-Stawów Phase I	1660 – 1710 m	Gschnitz	D_1
II	1540 – 1580 m	Schlern	E_1 Mündung Rybi Potok	Schlern	RS Mündung Rybi Potok	Steinach				
I	1280 – 1370 m	Bühl	D_2 Prostredná II	Bühl						
			D_1 Prostredná I	Schlieren						
			D Veża	Würm III	Os Łysa Polana	Würm III	Włosienica Phase	1280 – 1400 m	Würm III	Veża
			B Štosy	Würm II		Würm II	Łysa Polana Phase	914 m	Würm II	Štosy
	914 – 1150 m	Würm (max.)	A Rakytovec	Würm I		Würm I				

Tabelle 9. Versuch einer Parallelisierung der Rückzugsphasen der letzten Tatra- und Skandinavischen Vergletscherung

Klimaszewski 1967			Lukniš 1973		Dzierżek, Lindner, Nitychoruk 1986		
Rückzugsphasen in der Hohen Tatra	Absolute Höhe der Stirnbereiche in der Hohen Tatra	Zeitliche Zuordnung bzw. Marginalzonenvergleich mit dem Mitteleuropäischen Tiefland	Rückzugsphase in der Hohen Tatra	Zeitliche Zuordnung bzw. Marginalzonenvergleich mit dem Mitteleuropäischen Tiefland	Rückzugsphase in der Hohen Tatra	Absolute Höhe der Stirnbereiche in der Hohen Tatra	Zeitliche Zuordnung bzw. Marginalzonenvergleich mit dem Mitteleuropäischen Tiefland
VI	2160 m			Finiglazial	5-Stawów Phase IV	1930 – 1980 m	Holozän
V	1930 – 1960 m	Jüngere Dryas	E_3 Pod Vysokou II E_2 Pod Vysokou I E_1 Mündung Rybi Potok	} Jüngere Dryas = Salpausselkä Stadial	5-Stawów Phase III	1880 – 1910 m	Jüngere Dryas
IV	1770 – 1840 m	Ältere Dryas	D_2 Prostredná II	Ältere Dryas = Langeland Stadial	5-Stawów Phase II	1750 – 1810 m	Ältere Dryas
III	1660 – 1730 m	Kleiner Belt Phase	D_1 Prostredná I	Älteste Dryas = Grömitz Phase	5-Stawów Phase I	1660 – 1710 m	Älteste Dryas
II	1540 – 1580 m	Velgaster Phase					
I	1280 – 1370 m	Pommersches Stadial	D Veża	Pommersches Stadial	Włosienica Phase	1280 – 1400 m	Pommersches Stadial
	914 – 1150 m	Frankfurter/Brandenburger Stadial		Frankfurter Stadial Brandenburger Stadial	} Łysa Polana Phase	914 m	Leszno-Poznań Stadial
			C Lomnica				
			B Štosy				

ren fehlen in der Tatra Reste einer fossilen pleistozänen Vegetation, weswegen man die ^{14}C-Methode nicht anwenden kann. Einige Varianten der Parallelisierung der Würm-Rückzugsphasen in den Alpen und der Tatra zeigt Tabelle 8. Die Versuche der mechanischen Parallelisierung der Rückzugsphasen der Würm-Vergletscherung der Tatra mit denen des Vistulian (Weichsel-Vereisung) der Tiefländer sind unsicher und provisorisch (Tabelle 9).

Aufgrund des begrenzten Umfanges dieses Aufsatzes besteht keine Möglichkeit einer kritischen Wertung der zitierten Publikationen. Der Autor beschränkt sich deshalb auf die Zusammenstellung der vielen Ansichten und Schemata, welche die Grundlagen für weitere Untersuchungen bilden können. Die in den Tabellen ersichtlichen Auffassungen basieren nicht alle auf überzeugenden Begründungen. Zu den führenden Pleistozänforschern der Gegenwart gehört Heinz Kliewe mit seinen weiterführenden Untersuchungen sowohl auf Usedom und Rügen wie auch in Thüringen.

Wissensstand und Aussichten

Die Erkenntnisse über das Pleistozän sind uneinheitlich. In den 200 Jahren entsprechender Forschungen stellte man in den Alpen vier Vergletscherungsperioden fest, in der Tatra drei; die vierte, älteste war nur eine Kälte-Periode. In den letzten 100 Jahren hat man auch im Norden vier Vereisungsperioden festgestellt, aber die älteste Vereisung hatte kleinere Dimensionen. Dank palynologischer Untersuchungen und der radiometrischen Altersbestimmung gibt es immer mehr Angaben über Charakter und Verlauf sowie das absolute Alter der Interglazialperioden. Die übrigen Methoden dagegen erweisen sich als weniger zuverlässig. Obwohl der Kenntnisstand über die letzte Vereisungsperiode schon relativ gut ist, insbesondere über deren Verlauf und absolute Chronologie, gibt es beachtliche Wissenslücken, so zu Anzahl und Alter der Rückzugsstadien sowohl in den Alpen und in der Tatra als auch im Norden. Eine noch größere Zahl absoluter Daten wird die Parallelisierung ermöglichen und erlauben, den Klimarhythmus im Weichsel-Spätglazial in Verbindung mit dem des Holozäns kennenzulernen. Dieser Klimarhythmus hatte einen großen Einfluß auf die Weiterentwicklung der Fauna, Flora und des Menschen während der prähistorischen Zeitabschnitte. Große Schwierigkeiten bereitet die vielfältige und zum Teil voneinander abweichende Terminologie. Nur diejenige von A. Penck ist bis heute auch in anderen Hochgebirgen gebräuchlich, die anderen dagegen kommen teilweise nur in bestimmten Territorien zur Anwendung. Es handelt sich häufig um Wortschöpfungen einzelner Forscher, was die Vergleichbarkeit erschwert.

Literatur

Agassiz L (1840) Études sur les glaciers. Neuchâtel

Baumgart-Kotarba M, Kotarba A (1979) Relation between the Quaternary relief and glacial deposits lithology and channel morphology of the Biała Woda river (the High Tatra). Folia Geogr, Ser Geogr-Phys 12

Breddin H (1928) Die Höhenterrassen von Rhein am Rande des Bergischen Landes. Jahrb Preuss Geol Landesanst 49

Cepek A (1965) Die Stratigraphie der pleistozänen Ablagerungen im Norddeutschen Tiefland. In: Die Weichsel-Eiszeit im Gebiet der Deutschen Demokratischen Republik. Berlin

Charpentier J (1841) Essai sur les glaciers et sur le terrain erratique du bassin du Rhone. Lausanne

Dzierżek J, Lindner L, Nitychoruk J (1986) Late Quaternary deglaciation of the eastern Polish Tatra Mts. Bull Pol Aca Sci, Earth Sci 34

Eberl B (1930) Die Eiszeitenfolge im nördlichen Alpenvorlande. Augsburg

Fink J (1979) Stand und Aufgaben der Österreichischen Quartärforschung Innsbrucker Geogr Stud 5

Gadomski A (1926) Morfologia glacjalna północnych stoków Tatr Wysokich (Glazialmorphologie des nördlichen Abhanges der H. Tatra). Cieszyn

Galon R (1967) The course of deglaciation in the Peribalticum. Last Scandinavian glaciation in Poland. Geogr Stud 74

Galon R (1982) On the stratigraphy and chronology of the last glaciation (Vistulian) in Poland. Quat Stud Poland 3

Głązek J (1984) First isotope dating of speleothems from Tatra caves and their bearing on Pleistocene stratigraphy of Tatra Mts. Przegląd Geol 32

Halicki B (1930) La glaciation quaternaire du versant nord de la Tatra. Sprawozdania Państwowego Inst Geol 5

Halicki B (1951) Czwartorzęd (Quartärperiode). In: Regionalna geologia Polski, Bd. Karpaty, Kraków

Helland A (1879) Über die glazialen Bildungen der nordeuropäischen Ebene. Z Dtsch Geol Ges 31

Heuberger H (1966) Gletschergeschichtliche Untersuchungen in den Zentralalpen zwischen Sellrein und Ötztal. Wiss Alpenvereinsh 20

Keilhack K (1899) Die Stillstandslagen des letzten Inlandeises und die hydrographische Entwicklung der pommerschen Küstengebiete. Jahrb Preuss Geol Landesanst 19

Kaiser K (1957) Die Höhenterrassen der Bergischen Randhöhen und die Eisrandbildungen an der Ruhr. Sonderveröffentlichung Geol Inst Univ Köln 2

Kaiser K (1961) Gliederung und Formenschatz des Pliozäns und Quartärs am Mittel- und Niederrhein, sowie in den angrenzenden Niederlanden unter besonderer Berücksichtigung der Rheinterrassen. Köln und Rheinlande. Festschrift zum 33. dtsch Geographentag in Köln

Kaiser K (1975) Die Inlandeis-Theorie, seit 100 Jahren fester Bestand der Deutschen Quartärforschung. Eiszeitalter Ggw 26

Klebelsberg R (1948/49) Handbuch der Gletscherkunde und Glazialgeologie. Wien

Kliewe H (1965) Das Pommersche Stadium nördlich des Mecklenburgischen Grenztales. In: Die Weichsel-Eiszeit im Gebiet der Deutschen Demokratischen Republik. Berlin

Klimaszewski M (1937) Morphologie und Diluvium des Dunajectales von den Pieninen bis zur Mündung. Prace Inst Geogr Uni Jagiellońskiego 18.

Klimaszewski M (1948) Polskie Karpaty Zachodnie w okresie dyluwialnym (Die polnischen Westkarpaten während der Eiszeit). Prace Wrocławskiego Towarzystwa Naukowiego, Ser B 7

Klimaszewski M (1959) Rozwój geomorfologiczny Tatr Polskich (Die geomorphologische Entwicklung der polnischen Tatra). Biul Inst Geol 149.

Klimaszewski M (1962) An outline of the development of the relief of the Polish Tatra Mountains. In: Tatrzański Park Narodowy. Kraków

Klimaszewski M (1966) Views on the geomorphological development of the western Carpathians during the Quaternary. In: Geomorphological problems of Carpathians II. Geogr Polonica 10

Klimaszewski M (1967) Polskie Karpaty Zachodnie w okresie czwartorzędowym (Polnische Westkarpaten in der Quartärperiode). In: Czwartorzęd Polski, Warszawa

Klimaszewski M (1971) The effect of solifluction processes on the formation of mountain slopes in the Beskidy (Flysch Carpathians). Folia Quat 38

Klimaszewski M (1987) The geomorphological evolution of the Tatra Mountains of Poland. Z Geomorphol, NF (Suppl) 65

Kondracki J (1965) Geografia fizyczna Polski (Physische Geographie Polens). Pleistozän. Warszawa

Kozarski S (1980) An outline of the Vistulian stratigraphy and chronology of the Great Poland Lowland. Quat Stud Poland 2.

Kuhn B (1787) Versuch über den Mechanismus der Gletscher. Höpfners Mag Naturkd Helvet 1

Limanowski M (1922) O znaczeniu iłów warwowych (wstęgowych) Chełmna dla stratygrafii dyluwium Pomorza (Über die Bedeutung der Bändertone von Chełmno für die Stratigraphie des Diluviums von Pommern). Sprawozdanie Państwowego Inst Geol 4–6

Lucerna R (1908) Glazialgeologische Untersuchung der Liptauer Alpen. Sitzungsberichte der Kaiserlichen Akademie der Wissenschaften in Wien

Lukniš M (1973) Relief Vysokých Tatier a ich predpolia (Relief der Hohen Tatra und ihrer Vorländer). Bratislava

Mojski JE (1967) Outline of the stratigraphy of North Polish Glaciation (Würm, Vistula, Kalinin) in the Polish Lowland and the Middle Polish Uplands. Biul Inst geol 220

Mojski JE (1985) Quaternary. In: Geology of Poland. Warszawa

Partsch J (1907) Die Hohe Tatra zur Eiszeit. Ber Phil-Hist Kl der Königlich Sächsischen Ges Wiss Bd 60, Leipzig

Partsch J (1923) Die Hohe Tatra zur Eiszeit. Leipzig

Pawłowski S (1933) La glaciation nordique en Pologne d'àprès les recherches nouvelles. In: Zbornik Radova III Kongresa Slovenskich Geografa i Etnografa u Kraljevini Jugoslaviji 1930. Beograd

Penck A (1882) Die Vergletscherung der Deutschen Alpen. Leipzig

Penck A, Brückner E (1909) Die Alpen im Eiszeitalter. 3 Bände – Chr Herm Tauchnitz, Leipzig

Rehman A (1893) Eine Moränenlandschaft in der Hohen Tatra und andere Gletscherspuren dieses Gebirges. Mitt Geogr Ges Wien 36

Romer E (1929) The Ice Age in the Tatra Mts. Prace Geogr 11

Roszko L (1967) Recession of last inland-ice from Poland Territory. Last Scandinavian glaciation in Poland. Geogr Stud 74

Różycki S (1961) Middle Poland. In: Guide-book of excursion: from the Baltic to the Tatras, Part II, Vol. 1, INQUA Congress. Warszawa

Różycki S (1967) The Pleistocene of Middle Poland. Warszawa

Różycki S (1979) From Mochty to synthesis of Polish Pleistocene. Roc Pol Tow Geol 48

Rühle E (1965) The Quaternary in Poland. Warszawa

Rühle E (1973) Stratygrafia czwartorzędu Polski (Polens Quartärstratigraphie). In: Metodyka badań osadów czwartorzędowych. Warszawa

Sawicki L (1922) Wiadomość o środkowopolskiej morenie czołowej (Bericht über die mittelpolnische Endmoräne). Rozpr Pol Akad Umiejętności. Ser A 61 (1953)

Schaefer I (1953)Die donaueiszeitlichen Ablagerungen an Lech und Wertach. Geol Bavarica 19

Schaefer I (1956) Sur la division du Quaternaire dans l'avant-pays des Alpes en Allemagne. Actes du IV Congr Intl du Quaternaire, Rome-Pise, Aug–Sept 1953, S. 910–914

Siemiradzki J (1881) On the traces of the ice age in northern-mid Europe. In: 3. Zjazd Lekarzy i Przyrodników. Lwów

Steinmann G (1926) Das Diluvium des Niederrheins und die Gliederung des Eizeitalters. Geol Rundsch 17

Szafer W (1928) Entwurf einer Stratigraphie des polnischen Diluviums auf floristischer Grundlage. Rocz Pol Tow Geol 5

Szafer W (1953) Pleistocene stratigraphy of Poland from floristical point of view. Rocz Pol Tow Geol 22

Thome K (1958) Die Begegnung des nördlichen Inlandeises mit dem Rhein. Geol Jahrb Hannover 76

Torell O (1875) Vortrag über das Inlandeis in Norddeutschland. Z Dtsch Geol Ges 27

Venetz-Sitten M (1822) Mémoire sur l'Extension des Anciens Glaciers. Soc Helvet Sci Nat, N Dschr 18

Venetz M (1833) Mémoire sur les variations de la température dans les Alpes de la Suisse. Denkschr Schweiz Ges Naturwiss, Bd I, Abt 2, S. 1–38

Woldstedt P (1929) Das Eiszeitalter. Stuttgart

Woldstedt P (1932) Über Randlagen der letzten Vereisung in Ostdeutschland und Polen und über die Herausbildung des Netze-Warthe-Urstromtales. Jahrb Preuss Geol Landesanst 52

Woldstedt P (1954) Das Eiszeitalter. Stuttgart

Woldstedt P (1955) Die Gliederung des Pleistozäns in Norddeutschland und angrenzenden Gebieten. Geol Fören Stockholm Förh 77

Woldstedt P (1962) Über die Gliederung des Quartärs und Pleistozäns. Eiszeitalter 15

Zeuschner L (1856) Über eine alte Längsmoräne im Thale des Biały Dunajec beim Hochofen von Zakopane in der Tatra. Sitzungsber Wiener Akad, Math-Nat Kl 21, Wien

1.7 Bildung von Moränen und geologische Tätigkeit der Gletscher im zentralen Tienschan

LEONID R. SEREBRJANNYJ und ANDREY V. ORLOV

Bis zur Gegenwart existieren bereits umfangreiche Forschungsergebnisse zur Zusammensetzung und zum Aufbau von Moränen der ehemaligen Inlandvereisungsräume in den Tiefländern Eurasiens und Nordamerikas. Diese Befunde wurden zur Rekonstruktion der Dimension und der Anzahl pleistozäner Inlandvereisungen genutzt. Die Ergebnisse der lithologischen Analysen erwiesen sich als höchst informativ zur Aufklärung der Konfiguration von Inlandgletschern sowie zur Präzisierung iher Struktur. Für die bisher am intensivsten erforschten Gebiete war es möglich, die Lage der Vergletscherungszentren und der Hauptwanderrichtungen der Eisströme zu rekonstruieren.

In den letzten Jahren gelang es immer besser, die Kenntnis der Zusammensetzung und des Aufbaus der Moränen auch zur Charakterisierung einzelner Seiten der Lebensfunktion von Gletscherkörpern sowie zur Enträtselung der Klimabedingungen von Vergletscherungsperioden zu nutzen. Die Aussagegenauigkeit solcher Rekonstruktionen hängt in hohem Maße davon ab, wie genau die Wechselbeziehungen zwischen den Eigenschaften der Gletscherablagerungen und den Sedimentationsbedingungen bekannt sind. Offensichtlich bestehen für glaziosedimentologische Forschungen die günstigsten Bedingungen in den rezenten Vergletscherungsgebieten.

Als ein in dieser Hinsicht typisches Beispiel gilt der Tienschan, ein Hochgebirge im Zentrum Eurasiens mit vielgestaltigen Gletschertypen von baumartig verzweigten Trogtalgletschern bis hin zu Gletscherkappen auf hoch aufragenden Fragmenten von Einebnungsflächen (vgl. Abb. 1 und 2). Die vergletscherte Fläche des Tienschans beträgt mehr als 10000 km^2.

Abb. 1. Der große, dendritenartig verzweigte Semjonowgletscher (Nordwestteil des Chan-Tengri-Massivs)

Abb. 2. Südhang des Terskej-Alatau-Kammes mit Talgletschern

Diese befindet sich in relativ großer absoluter Höhe: Die Stirnbereiche liegen zwischen 3600 und 3800 m über NN, sie reichen bis auf die ausgedehnten Einebnungsflächen der Syrten herab, während die Akkumulationsgebiete Höhen von über 4100–4200 m voraussetzen. Als einer der ersten erklärte der bekannte Wiener Geograph G. Merzbacher (1904) die Entstehung und den Verlauf von Vereisungen in derartigen hochkontinentalen ariden Gebirgen. Die Hauptschneemenge im nivalglazialen Gürtel des Tienschans fällt in den Sommermonaten als Folge der Aktivierung der zyklonalen Tätigkeit. Im Winter steht Zentralasien unter der Einwirkung der ausgedehnten sibirischen Antizyklone, und der Tienschan erhält nur wenig Niederschlag. Die häufigen sommerlichen Schneefälle erreichen im Durchschnitt eine Höhe von 400–600 mm und begrenzen die Möglichkeiten einer strahlungsbedingten Schneeschmelze; dadurch ist in einzelnen Jahren die Massenbilanz der Gletscher sogar positiv. Infolge des Niederschlagsdefizits und des begrenzten Abschmelzvermögens sind die Tienschangletscher durch ihre geringe Erneuerungsrate (im Mittel bis zu 100 Jahren) und ihre demzufolge geringe dynamische Aktivität charakterisiert.

Viele Erforscher des Tienschan waren der Meinung, daß die Gletscher dieses Gebietes nicht zur Erosion fähig seien und begründeten dies mit der Tatsache, daß auf den Gletscheroberflächen Anreicherungen von Gesteinsschutt weit verbreitet sind (Markov 1946). Die gesamte geologische Wirksamkeit heutiger und einstiger Gletscher bestünde nur in einer talabwärts gerichteten Umlagerung von Steinen, die durch physikalische Verwitterung des anstehenden Gesteins der benachbarten Hänge entstanden waren.

Um die Prozesse der Moränengenese unter diesen spezifischen Bedingungen aufzuklären, führten die Autoren in den Jahren 1982–1984 entsprechende spezielle Untersuchungen im zentralen Tienschan durch. Dazu bediente man sich einer besonderen glaziosedimentologischen Arbeitsweise, bestehend aus einer komplexen lithologischen Analyse sowohl der transportierten als auch der abgelagerten Moränen. Dabei wurde vorausgesetzt, daß in lithologischen Kennwerten gesetzmäßig auch die wichtigsten Informationen zur Moränengenese enthalten sind.

Die Bewertung der geologischen Prozesse im Vergletscherungskörper führte im untersuchten Fall zur Feststellung von Unterschieden in der Zusammensetzung und in der Struktur der Moränen, die aus verschiedenen Herkunftsgebieten in die Gletscher gelangten und sich unter den unterschiedlichsten glazidynamischen Bedingungen vermischten, sowie auch zur Aufklärung von Beziehungen zwischen verschiedenen genetischen Kategorien klastischen Materials und zur Berechnung seiner allgemeinen Bilanz. Die wichtigsten Forschungsergebnisse werden im folgenden betrachtet.

Produkte der physikalischen Verwitterung von anstehenden Gesteinen in Gletschern

Das klastische Material gelangt aus zwei Quellen in die Gletscher: von den angrenzenden Hängen und von der Sohle. Im ersten Fall handelt es sich um Produkte einer subaerischen Verwitterung, für die eine disperse Verteilung charakteristisch ist, und nur in Ablationsgebieten konzentrieren sich solche Klastika auf bestimmte Weise auf der Oberfläche der Gletscher. Im zweiten Fall sind es Exarationsprodukte, die sich vorwiegend in den basalen Bereichen der Gletscher anreichern und zur Bildung von moränehaltigem Eis beitragen.

Der Prozess der physikalischen Verwitterung im nival-glazialen Gürtel des Tienschan wird durch das rauhe Klima begünstigt. In den Sommermonaten führen häufige Einbrüche feuchter westlicher Luftmassen und innerhalb dieser ausgelöste atmosphärische Prozesse zu starken Schwankungen der Insolation und damit zu einer schnellen Erhitzung und Abkühlung des anstehenden Gesteins. Nicht weniger bedeutsam sind die Temperaturschwankungen im Tagesverlauf. Messungen auf dem Davydovgletscher im August 1984 ergaben, daß sich während der Tagesstunden die Oberfläche verschieden großer auf der Gletscheroberfläche liegender Steine (980×560 ×540 mm, 146×94×57 mm und 161×106×50 mm) auf 15–26 °C erhitzt und nachts auf 3,5–6,5 °C abkühlt. Die Tag-Nacht-Schwankungen der Temperatur erreichen 20–30 °C und unterschreiten die 0 °-Grenze. Unter diesen Bedingungen erfolgt die mechanische Zerstörung der oberflächennahen Schicht des anstehenden Gesteins.

Am Verwitterungsprozeß sind mehrere Mechanismen beteiligt, nämlich periodisches Gefrieren des Wassers und Tauen des Eises in Spalten, temperaturbedingte Ausdehnung und Kompression der Gesteine, Veränderungen des hydrostatischen Drucks, kapillare Feuchtemigration, Ausrichtung des gebundenen Wassers und Wachstum der Eiskristalle (McGreevy 1981). Die Meinung, daß die klastischen Teilchen während des physikalischen Verwitterungsprozesses eine abgeflachte Form erhalten (Tricart u. Cailleux 1972), konnte im Verlauf der Untersuchungen bestätigt werden. Davon zeugen die Meßergebnisse an den Achsen A, B und C des Mittelmoränenschutts von Gletschern des Tienschan. Der Schuttanteil mit einem Achsenverhältnis $B/A > 2/3$ sowie $1/3 < C/B < 2/3$ schwankt zwischen 23 und 45% und jener mit einem Achsenverhältnis $1/3 < B/A < 2/3$ und $1/3 < C/B < 2/3$ zwischen 10 und 42%. Außerdem tritt in den Mittelmoränen auch Schutt mit den Achsenverhältnissen $B/A > 2/3$, $C/B < 1/3$, $1/3 < B/A < 2/3$ und $C/B < 1/3$ auf. Sein Anteil kann mitunter zwischen 18 und 25% erreichen.

Ähnliche Meßwerte wurden von den Autoren früher für die Mittelmoränen des Kaukasus und Spitzbergens (Serebrjannyj et al. 1984, 1985) erhalten. Sie stimmen auch mit Forschungsresultaten zu Prozessen der Moränengenese in anderen Gebirgsvergletscherungsräumen überein (Ballantyne 1982; Seppälä 1976). Offensichtlich zeugt dieser Fakt von einer hohen Einheitlichkeit der Mechanismen der subaerischen Verwitterung. Kernsprünge und Desquamation des anstehenden Gesteins begünstigen die Entstehung von Stein- und Geröllschlägen sowie Erdrutschen, die von den Flanken der Kare und Trogtäler ausgehend bis auf die Gletscheroberfläche reichen.

Die Transportart dieses klastischen Gesteinschutts ergibt sich in der Hauptsache aus der Lage seines Herkunftsgebietes zur Nährgrenze des Gletschers. Befinden sich Felsvorsprünge innerhalb des Ablationsbereichs, dann lassen sich Mittelmoränen entlang der Gesamterstreckung der Gletscherzungen verfolgen (vgl. Abb. 3). Im Gegensatz dazu werden Gesteinsblöcke, die von den Umrandungen der am weitesten oberhalb gelegenen Firndepressionen auf den Gletscher gelangen, unter einer Schicht von Firn bzw. Eis begraben und unterliegen einem Transport innerhalb des Gletschers bis fast zu dessen Stirn. Das Austauen des Gesteinsschutts führt zur Bildung einer geschlossenen Moränendecke auf dessen Oberfläche. Besonders stark mit Gesteinsblöcken versehen sind die Gletscherzungen von zusammengesetzten sowie von dendritisch verzweigten Talgletschern, die durch einen erhöhten Anteil an Materialzufuhr über Lawinen gekennzeichnet sind. Als Beispiele hierfür gelten die Gletscher „Jushny Inyltschek" und „Sewerny Karassai".

Während im Bereich der Eisscheiden isolierte Felsen und Felsrücken auftreten, sind für die Stirnbereiche der Gletscherzungen kurze Mittelmoränen von einigen Dutzenden bis zu Hunderten von Metern charakteristisch. Zur Ermittlung der Herkunftsgebiete der Oberflächenmoränen diente der Vergleich der Gesteinszusammensetzung des Moränenschutts mit dem geologischen Aufbau der einzelnen Gletscherteileinzugsgebiete. Über die angewandte Methodik wurde schon früher informiert (Serebrjannyj u. Orlov 1984).

Es stellte sich heraus, daß sich das Transportmedium Gletscher in den Strukturmerkmalen der Mittelmoränen nicht widerspiegelt. Darin dominieren völlig ungerundete, scharfkantige Steine, oft mit Gebirgslackrinden. Sogar bei kurzen Mittelmoränen mit einer besonders starken Transportbeanspru-

Abb. 3. Gletscher am Oberlauf des Flusses Karakoltor. Im Vordergrund eine Mittelmoräne; sie beginnt bei dem im Ablationsgebiet gelegenen Nunatak

chung konnten an den Oberflächen des Gesteinsschutts keine der so typischen Spuren einer Gletschereinwirkung wie Gletscherschrammen und Harnische festgestellt werden.

Der Unterschied zwischen kurzen und langen Mittelmoränen wird nur auf den unterschiedlichen Grad der Abplattung des Schuttmaterials zurückgeführt, wobei die Verwitterungsprozesse sich infolge von Gesteinsumlagerungen auch auf der Oberfläche der Gletscher fortsetzen. In einigen Fällen gelang es nachzuweisen, daß eine Tendenz zur Erhöhung des Abplattungsgrades in Richtung Gletscherende innerhalb jeweils derselben Mittelmoräne besteht (Tabelle 1).

Daß eine passive Durchmischung von Schuttmaterial sowohl auf der Oberfläche als auch im Inneren der Tienschangletscher stattfindet, kann durch die Resultate von Korngrößenanalysen, speziell des Feinmaterialanteils (< 10 mm) von Mittelmoränen, erhärtet werden. Dabei fällt vor allem ein erhöhter Kies- (2 – 10 mm) und Sandanteil (0,05 – 2 mm) auf, der in den verschiedenen Mittelmoränen zwischen 26,6 und 86,6% bzw. zwischen 12,6 und 67,7% schwankt. Demgegenüber sind die Schluff- und die Tonfraktion nur gering vertreten, ihr Anteil liegt bei wenigen Prozent.

Die Maxima in den Histogrammen entfallen in der Regel auf die Kiesfraktionen, während der Anteil der feineren Fraktionen gewöhnlich deutlich reduziert ist. Für einen beachtlichen Teil der Moränen ist dabei ein die gesamte Kiesfraktion umfassendes Maximum charakteristisch; für einige liegt es jedoch nur in der 3 – 5-mm-Fraktion bei gleichzeitiger merklicher Reduzierung des Anteils der gröberen Kiese (5 – 10 mm) und Erhöhung der Grobsandbeteiligung.

Den Ergebnissen der Korngrößenanalyse zufolge bestehen die Mittelmoränen aus Kryoklastika, dem Initialprodukt kryoeluvialer Prozesse. In deren Verlauf werden die anstehenden Gesteine entlang von Schwächezonen, Spalten und Grenzflächen zwischen den Mineralen zerstört, und es entstehen Blockschutt, Kiese und Sande. Die Frostverwitte-

Tabelle 1. Abplattungsgrad von Gesteinsschutt in Mittelmoränen des Gletschers Nr. 135 im Einzugsgebiet des Flusses Kujlo

Entnahmepunkt der Proben	Abplattungskoeffizienten	
	C/B	C/A
linke Moräne im Ausgangsgebiet	0,58	0,39
linke Moräne am Gletscherende	0,54	0,38
zentrale Moräne im Ausgangsgebiet	0,55	0,37
zentrale Moräne am Gletscherende	0,55	0,33
rechte Moräne im Ausgangsgebiet	0,56	0,38
rechte Moräne am Gletscherende	0,55	0,37

Abb. 4. Typischer Aufschluß eines moränehaltigen Eises am Ende eines Talgletschers im zentralen Tienschan

rungsprozesse führen zur Anreicherung mit feineren Kornfraktionen, die für Grobschuttablagerungen nicht charakteristisch sind.

Jedoch gibt es für den geringen Anteil von Tonen und Schluffen auch eine andere Erklärung. Für Schuttmaterial aus den Innenbereichen von Gletschern ist eine disperse Verteilung kennzeichnend. Bei seinem Weitertransport im Gletscherinneren hat es in der Hauptsache Kontakt mit reinem Eis und wird nicht zerrieben. Für eine solche Annahme spricht die geringe Mächtigkeit von Mittelmoränen auf den Gletscheroberflächen. Bei einer Abschmelzhöhe von 3–4 m erreichen sie nur eine Mächtigkeit von wenigen Dutzend Zentimetern.

Basalmoränen

Unter prinzipiell unterschiedlichen dynamischen Bedingungen erfolgt die Durchmischung von Schuttmaterial in den Basalbereichen der Gletscher (vgl. Abb. 4). Davon zeugen in erster Linie die Forschungsergebnisse zu Form und Oberflächencharakter großer Moränenblöcke. Dem Aussehen nach unterscheiden sich diese Steine stark von jenen der Mittelmoränen; sie weisen eine ausgeprägte Tendenz zu größerer Isometrie auf. In moränehaltigem Eis verringert sich der Anteil von Schutteilchen mit Achsenverhältnissen von $B/A > 2/3$, $C/B < 1/3$ sowie $1/3 < B/A < 2/3$ und $1/3 < C/B < 2/3$. Ihr Anteil macht insgesamt 30–50% aus, während er in Mittelmoränen stets 50% überschreitet. In Basalmoränen sind die Schuttkörper praktisch nicht abgeplattet ($C/A < 1/3$).

Viele Steine sind scharf begrenzt, und an den Grenzflächen erhalten sich hervorragend die Spuren einer mechanischen Gletscherbeanspruchung wie Gletscherschrammen, Harnische und Schlagspuren. Die Hauptmasse der Steine (50–80%) gehört Stufe 1 von fünf Abrundungsstufen an. Auch die zweite Abrundungsstufe ist mit 15–40% noch relativ stark vertreten. Der Anteil völlig ungerundeter Steine (Stufe 0) beträgt in der Regel 15–40%. Gut gerundetes Material (Stufen 3 und 4) ist nicht typisch. Wo es in basalen Grundmoränen in größerer Menge auftritt, zeugt es von durch den Gletscher assimiliertem Material aus dem Liegenden, speziell von Geröllen alluvialer und fluvioglazialer Genese.

Ein deutlicher Unterschied zwischen Basal- und Mittelmoränen besteht auch im Feinmaterialanteil. In den Basalbereichen der Gletscher ist der Ton- und Schluffanteil des Moränenschutts deutlich erhöht und kann in einzelnen Proben bis zu 47% erreichen. Sande sind mit 22–64% vertreten, während der Anteil der Kiesfraktion stark reduziert ist und nirgends den Wert von 64% überschreitet. Durch die höhere Beteiligung feinerer Fraktionen kommt es zu einer bedeutenden Verringerung des mittleren Korndurchmessers (d) des Moränenmaterials. Der Wert dieses Parameters schwankt zwischen 1 und 3 mm um einen Mittelwert von 1,8 mm.

Für die Mehrzahl der Proben ist eine ein- oder zweimodale Verteilung der Körnungsspektren charakteristisch. Im ersten Fall fällt der Modalwert in die Fraktion des Grobschluffs (0,01–0,05 mm), im zweiten Fall können als Modalwerte sowohl die Feinsand- als auch die Grobsandfraktion (0,1–0,25 bzw. 1–2 mm) auftreten. Allgemein jedoch sind Körnungsmaxima nicht allzu deutlich ausgeprägt, was zum Teil zu einer starken Streuung des Sortierungskoeffizienten (S_0) führt, der Werte zwischen 2 und 18,3 annimmt.

Mechanismus und Intensität der Gletschererosion

Die Resultate der durchgeführten Untersuchungen bildeten die Grundlage für eine Faziesdiagnostik der Gletscherablagerungen. In Abb. 5 sind die Koeffizienten der Form der großen Schuttblöcke (I) und der Korngrößenzusammensetzung des Feinmaterials (II) dargestellt. Dabei lassen sich deutlich Konzentrationsfelder des Materials unterscheiden, das entweder Mittel- oder Basalmoränen entstammt. Besonders zu erwähnen ist das Vorhandensein eines Überlappungsbereichs, zu dem Mittelmoränen tendieren, die aus einem Gemisch von subaerischem Verwitterungs- und Exarationsmaterial bestehen. Derartige Moränen haben jedoch eine sehr begrenzte Verbreitung.

Ihre Bildung ist an den Abfluß moränehaltigen Eises in gletscherrandnahe Bereiche von Gletscherzuflüssen, die sich in Zonen einer intensiven Druckströmung befinden, gebunden. Dieser Prozeß findet gewöhnlich bei der Vereinigung dynamisch gleichgroßer Gletscherströme oder an Zungen der Hauptgletscher unterhalb von Gletscherfällen statt, wo das Strombett stark ausgespült wird. In letzterem Fall sind die Austritte moränehaltigen Eises an die „Schweißnähte“ der Gletscherströme gebunden. Im Ergebnis dessen reichern sich die Mittelmoränen mit Schuttmaterial an, das vom Gletscher überarbeitet wird. Dies läßt sich eindeutig an den lithologischen Eigenschaften der betrachteten Moränen nachweisen.

Das Vorhandensein moränehaltigen Eises in Gletschern allein kann jedoch nicht als zweifelsfreier Beweis für Gletschererosion dienen, da aufgrund von theoretischen Überlegungen ein Teil des Schuttmaterials von den umgebenden Flanken auch entlang der Stromlinien in den Bereich der Gletscherbasis gelangen kann. Für die Lösung dieser Fragestellung erwies sich die petrographische Analyse des Grobschuttes als höchst geeignet, da mit Hilfe dieser Methode eine genaue Lokalisierung der Herkunftsgebiete des Schuttmaterials, das in den bodennahen Gletscherbereichen vorkommt, möglich ist.

Besonders aussagekräftige Resultate wurden für den Davydovgletscher erhalten, der im Nordwestteil des Ak-Schijrak-Massivs liegt. In diesem Gebiet gibt es einige fast quer zur Gletschervorstoßrichtung verlaufende strukturell-petrographische Zonen. Der Gletscheroberlauf einschließlich des Kammes der Gletscherscheide besteht aus proterozoischen Graniten und Granodioriten (Sarydshasski-Komplex). Am Aufbau der Trogflanken sowie der Nunataker des Firngebietes und teilweise auch des oberen Bereiches des Ablationsgebietes beteiligen sich Gesteine zweier Folgen riphäischen Alters, Biotitgneise und Granitgneise der Kujlju-Folge und weiter talabwärts basische und saure Effusiva der Bolschoj-Naryn-Folge.

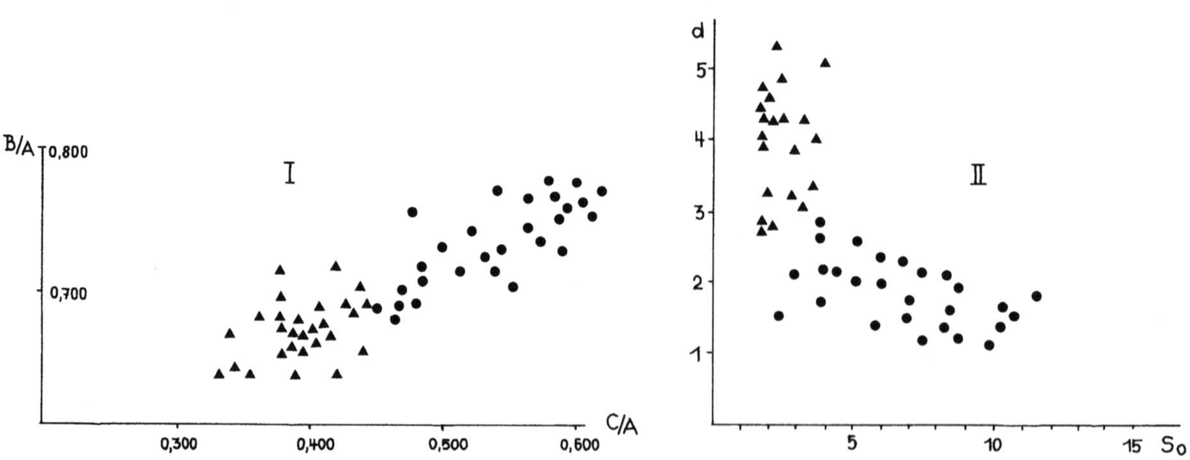

Abb. 5. Lithologische Untersuchungsergebnisse über transportierte Moränenablagerungen im Tienschan. *I* Morphometrie des Grobschuttmaterials; *II* Korngrößenverteilung im Feinerdebereich. ▲ aus Mittelmoränen, ● aus moränehaltigem Eis

Unter letzteren dominieren Rhyolithe, Rhyolithtuffe und Metadiabase. Die Trogflanken sind im Bereich zwischen dem Zusammenfluß der Gletscherströme bis fast zum Gletscherende in Kohle- und Tonschiefer sowie Kalkstein der Dshetymtau-Folge eingetieft. Durch das Studium der Zusammensetzung des Grobschutts konnte belegt werden, daß im moräneführenden Eis Schuttmaterial aus allen aufgeführten Gesteinsabfolgen vertreten ist. Dieser Fakt stellt ein wichtiges Argument zugunsten der Exarationseffektivität dar.

Durch die Untersuchung des Anteils der einzelnen Gesteinskomplexe am Schuttmaterial konnte eine Konkretisierung von Besonderheiten der Wechselbeziehungen zwischen Gletscher und Untergrund erreicht werden (Abb. 6). Die stärkste Exaration erfolgt in dem Abschnitt, in dem die Gesteine der Kujlju- und Bolschoj-Naryn-Folge anstehen. Sie nehmen 50% der Gletscherbettfläche ein, erreichen jedoch einen Anteil von 75% am Schuttmaterial der Basalmoräne. Demzufolge stammen von den übrigen 50% Flächenanteil nur 25% des abgelagerten Materials. Daraus kann abgeleitet werden, daß sich die Verbreitungsabschnitte der Gesteine der Kujlju- und Bolschoj-Naryn-Folge vollständig in der Exarationszone befinden, dagegen unterliegen die Verbreitungsgebiete der Granite und Granodiorite des Sarydshasski-Komplexes (oberster Teil des Gletschereinzugsgebietes) sowie die im Gletscherbereich anstehenden Schiefer und Kalksteine der Dshetymtau-Folge nur teilweise der Zerstörung.

Im Ergebnis komplizierter Berechnungen unter Einbeziehung von Daten zur mittleren Abtragungsintensität je Flächeneinheit in den verschiedenen Gesteinsverbreitungsgebieten gelang es, exakt den Exarationsabschnitt zu begrenzen und innerhalb dieser Grenzen die Bereiche zu ermitteln, in denen die Ausschürfung des Gletscherbettes besonders intensiv verläuft. Die glazidynamischen Besonderheiten des Davydovgletschers erhärten die Richtigkeit der er-

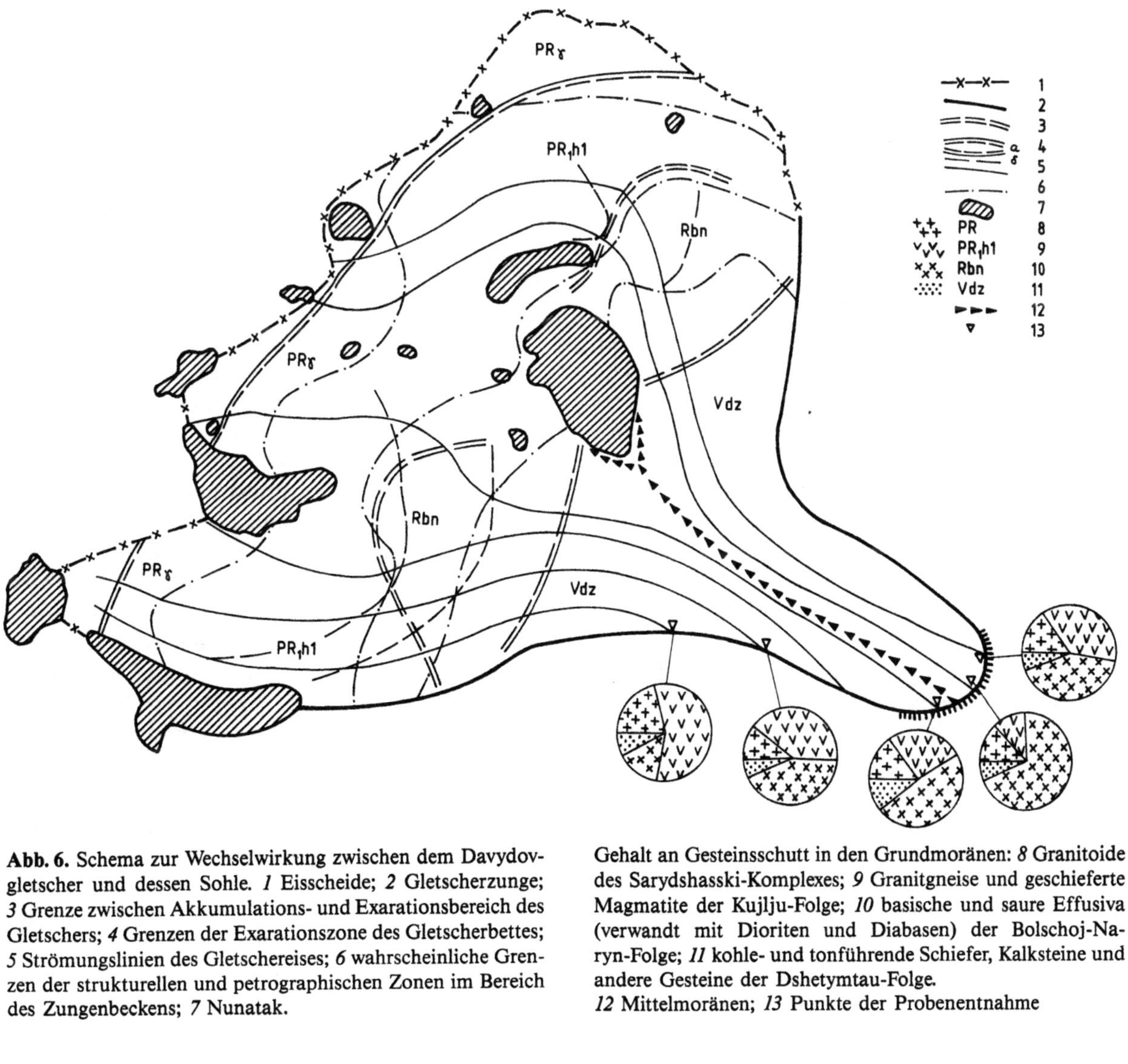

Abb. 6. Schema zur Wechselwirkung zwischen dem Davydovgletscher und dessen Sohle. *1* Eisscheide; *2* Gletscherzunge; *3* Grenze zwischen Akkumulations- und Exarationsbereich des Gletschers; *4* Grenzen der Exarationszone des Gletscherbettes; *5* Strömungslinien des Gletschereises; *6* wahrscheinliche Grenzen der strukturellen und petrographischen Zonen im Bereich des Zungenbeckens; *7* Nunatak. Gehalt an Gesteinsschutt in den Grundmoränen: *8* Granitoide des Sarydshasski-Komplexes; *9* Granitgneise und geschieferte Magmatite der Kujlju-Folge; *10* basische und saure Effusiva (verwandt mit Dioriten und Diabasen) der Bolschoj-Naryn-Folge; *11* kohle- und tonführende Schiefer, Kalksteine und andere Gesteine der Dshetymtau-Folge.
12 Mittelmoränen; *13* Punkte der Probenentnahme

haltenen Ergebnisse. Vor allem konnte ermittelt werden, daß die Zone der Maximalexaration mit der Lage der kinematischen Nährgrenze, die nach der Methode von Höfer ermittelt wurde, zusammenfällt. Die Bindung der Zone der Maximalexaration an die Lage der Nährgrenze hat offensichtlich die Ursache, daß in diesem Niveau die höchste Eisergiebigkeit besteht. Tatsächlich wurde speziell im Bereich der kinematischen Nährgrenze auch die größte Fortbewegungsgeschwindigkeit der Gletscheroberfläche mit einem Wert von 120 cm pro Tag ermittelt.

Zur Zerstörung des Gletscherbettes trägt insbesondere ein hohes Tempo des basalen Gleitprozesses in Verbindung mit dem Sättigungsgrad der bodennahen Gletscherschicht an Gesteinsschutt bei. Sein Anteil im moränehaltigen Eis beträgt durchschnittlich 7,7% und kann in einzelnen Lagen 18% erreichen. Offensichtlich fällt die Lage der Exarationszone mit jenen Abschnitten des Gletscherbettes zusammen, in denen die Prozesse der Eisschmelze und des Gefrierens von Wasser miteinander abwechseln. In den oberen Teilen der Firnbereiche ist die Exaration von nur schwacher Effektivität, am ehesten wohl hervorgerufen durch Besonderheiten im thermischen Regime des Gletschers. Es ist nicht ausgeschlossen, daß die Basalbereiche des Eises dort negative Temperaturen aufweisen und an das Gletscherbett angefroren sind.

Lange Zeit wurde die Meinung vertreten, daß der gesamte Gesteinsschutt bis zum Gletscherende transportiert und dort in Form von Endmoränenrücken abgelagert wird. Die erhaltenen Resultate stimmen nicht mit diesen Vorstellungen überein. Wahrscheinlich beginnen die Prozesse der Schuttablagerung schon an der Basis der Gletscherzungen unter dem sich aktiv bewegenden Eis. Nur so kann man überzeugend den geringen Gehalt an wenig widerstandsfähigen Gesteinen, Schiefern und Kalksteinen der Dshetymtau-Folge, die auch das Liegende bilden, im moränehaltigen Eis des Davydovgletschers erklären.

Eine Voraussetzung für den Prozeß der subglazialen Akkumulation besteht in der äußerst großen Anreicherung der bodennahen Eisschichten mit Schuttmaterial. Das moräneübersättigte Eis zeichnet sich durch eine hohe Stabilität und eine geringe Kriechfähigkeit aus (Šumskij 1969). Ein solches Eis ist schwach deformierbar. Deshalb führt Beanspruchung in den bodennahen Gletscherbereichen zur Bildung von Scherflächen sowohl im moränehaltigen Bereich als auch in dessen Kontaktzone mit dem reinen Eis. Demzufolge erfolgt in diesen Abschnitten das Gleiten des Gletschers nicht auf der Oberfläche des Anstehenden, sondern auf der Oberfläche des moränehaltigen Toteises. Es ist nicht ausgeschlossen, daß die Zone der Moränenakkumulation mit jenen Abschnitten des Gletscherbettes zusammenfällt, in denen sich das basale Eis unter isothermen Bedingungen befindet.

Die Entwicklung der Vorstellungen zur Zonalität der Gletschertätigkeit führt zum Anzweifeln bekannter mathematischer Modelle der Gletscherbewegung (Weertman 1957; Lliboutry 1968), welche nur die Wechselwirkung zwischen reinem Eis und Untergrund berücksichtigen. Es zeigte sich, daß die soeben beschriebenen Bedingungen nur in der Zone der Akkumulation von Schuttmaterial beobachtet werden, also dort, wo innerhalb der Talgletscherzungen die Eisbewegung entlang der Oberfläche des moränehaltigen Horizonts erfolgt. In dem Maße, wie das Eis sich unter diesen Bedingungen entlang von Scherflächen bewegt, kann die Erfassung der Unebenheiten des Gletscheruntergrundes auf die Taxierung des Anteils und der Dimension des Schuttmaterials zurückgeführt werden, das diese Unebenheiten geschaffen hat.

Völlig andere glazidynamische Verhältnisse entstehen in der Exarationszone, in der die bodennahen Eisbereiche mit Steinen gesättigt sind. Hier besteht offensichtlich kein Anlaß zur Annahme der Möglichkeit einer Fortbewegung von reinem Gletschereis über dem Untergrund. Die Konzeption der Flüssigreibung ist in diesem Zusammenhang einer kritischen Überprüfung zu unterziehen, da gleichzeitig mit dem Exarationsprozeß Reibung zwischen Gletscherschutt und anstehendem Gestein entsteht, wodurch ein beachtlicher Energieverlust stattfindet.

Die Forschungsergebnisse zur Dynamik des Davydovgletschers ermöglichen auch eine annähernde Einschätzung seiner Exarationsgeschwindigkeit. Im Mittelteil des rechten Gletscherzweiges befindet sich an der unteren Grenze der von uns ausgewählten Exarationszone ein Vorsprung des anstehenden Gesteins, der zur Bildung von zwei Gletscherströmen führt. Hier kann man den Gletscherkontakt mit dessen Untergrund beobachten. An der Gletscherbasis ist ein Horizont moränehaltigen Eises von bis zu 4 m Mächtigkeit aufgeschlossen. Dieser wird vom hangenden reinen Eis durch eine deutliche Scherfläche abgegrenzt und ist noch wanderungsfähig. Er bewegt sich entlang der Grenze zum anstehenden Felsgestein mit einer Geschwindigkeit von etwa 18 m pro Jahr fort. Der mittlere Gehalt an Moränenmaterial beträgt in diesem basalen Gletschereis auf der Grundlage von 16 Messungen 7,7%.

Für das Gesamtgebiet der Exarationszone konnte anhand des akkumulierten Materials eine Schuttmenge ermittelt werden, die der Abtragung einer 10 mm starken Schicht des Anstehenden entspricht. Für den Abschnitt mit der stärksten Exaration durchgeführte analoge Berechnungen ergaben einen jährlichen Eintiefungsbetrag von etwa 18,3 mm. Die Gletscher des Tienschan wirken demzufolge sehr stark verändernd auf sein Relief und zwar bedeutend intensiver als andere exogene Prozesse wie beispielsweise die subaerische Verwitterung.

Zur Erhärtung der erhaltenen Aussagen dienen auch die Ergebnisse lithologischer Untersuchungen an Moränenablagerungen verschiedener Faziesbereiche. Den Schwerpunkt bildeten End- und Seitenmoränen, an deren proximale Seite eine Grundmoränenebene mit einer zentralen Depression grenzt (vgl. Abb. 7).

Bei der Ansprache der Gletscherablagerungen wurde sich an den bereits vorgestellten lithologischen Differenzen von Moränen der verschiedenen Gletscherabschnitte orientiert. Wie Abb. 8 zeigt, sind für die übergroße Mehrheit der Proben mor-

Abb. 7. Stauchendmoränenkomplex am Ende des Petrowgletschers im Ak-Schijrak-Massiv

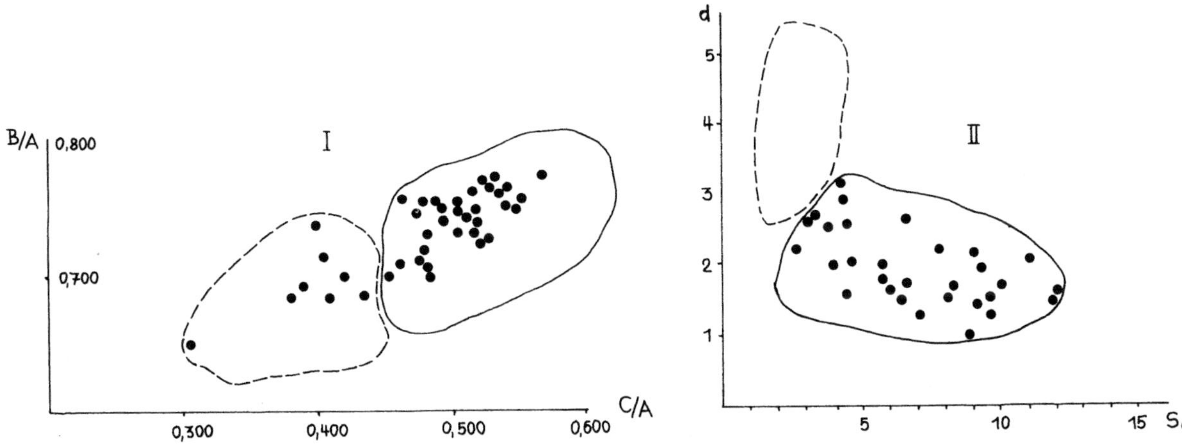

Abb. 8. Genetische Diagnose der Moränen des Tienschan. *I* Ergebnisse aufgrund der morphometrischen Analyse von Grobschuttmaterial; *II* Ergebnisse aufgrund der Korngrößenanalyse von Feinmaterial. Verteilungsfelder von: – – – subaerischem Verwitterungsmaterial; ——— Exarationsprodukten; ● Moränenablagerungen

phometrische (I) und granulometrische (II) Merkmale charakteristisch, die sich in die Konzentrationsfelder der für das moränehaltige Eis ermittelten Schuttmaterialkennziffern einpassen. Aus dem Rahmen fallen nur vereinzelte Proben, die eine hohe Ähnlichkeit mit subaerischem Verwitterungsschutt der Gletscheroberflächen aufweisen. Ein derartiges Schuttmaterial konnte bisher nur in den obersten Horizonten von Gletscherablagerungen festgestellt werden, wo es eine geringmächtige und lückenhafte Deckschicht bildet.

Die Angaben zur Lithologie der Moränen eignen sich nicht nur zur Faziesansprache, sondern auch zur Aufklärung von Bedingungen und Mechanismen der Exaration. Besonderes Interesse gilt den Ergebnissen einer vergleichenden Analyse zwischen granulometrischen Spektren von Tienschanmoränen und Gletscherablagerungen aus anderen Gebieten rezenter Gebirgs- und ehemaliger Inlandvergletscherungen. Die Ergebnisse wurden in Dreiecksdiagrammen dargestellt, aus denen die Anteile der Kies-, Sand- und Schluff-/Ton-Fraktionen (10–2 mm, 2–0,05 mm und <0,05 mm Korndurchmesser) hervorgehen (Abb. 9). Insgesamt bestätigte sich ein deutlicher Einfluß der Zusammensetzung des Liegenden auf das Körnungsspektrum des Feinerdematerials. So ergaben sich zum Beispiel beachtliche Unterschiede zwischen den Moränen der Russischen Ebene, wo Sedimentgesteine der Exaration unterlagen, und Moränen, die sich im wesentlichen aus Material kristalliner Gesteine zusammensetzen. Zur letzteren Gruppe gehören sowohl Moränen der relativ kleinen Gebirgsgletscher wie auch solche der großen Inlandvereisungen innerhalb der Grenzen des Baltischen Schildes.

Der Einfluß der Zusammensetzung der unter dem Gletscher anstehenden Gesteine wirkt sich auf die Moräne aus. Dies läßt sich insbesondere an der Kiesfraktion nachweisen. Möglich ist, daß bei der Aufbereitung von Sedimentgesteinen durch den Gletscher Prozesse des Zerkleinerns und Zermahlens stark in Erscheinung treten, während bei im Liegenden anstehendem Kristallin das Herausbrechen bzw. Ausschürfen dominiert, was zur Anreicherung von Grobschutt in den Moränen führt.

Eine gesonderte Stellung im Diagramm nehmen die Moränen kaukasischer Gletscher ein; in ihnen sind die Schluff- und Tonfraktionen unterrepräsentiert. Ein Zurückführen dieser abweichenden Ergebnisse auf den geologischen Faktor ist schwierig, da im Kaukasus – ebenso wie in anderen untersuchten Gebieten mit Gebirgsgletschern – auch Gletscher-

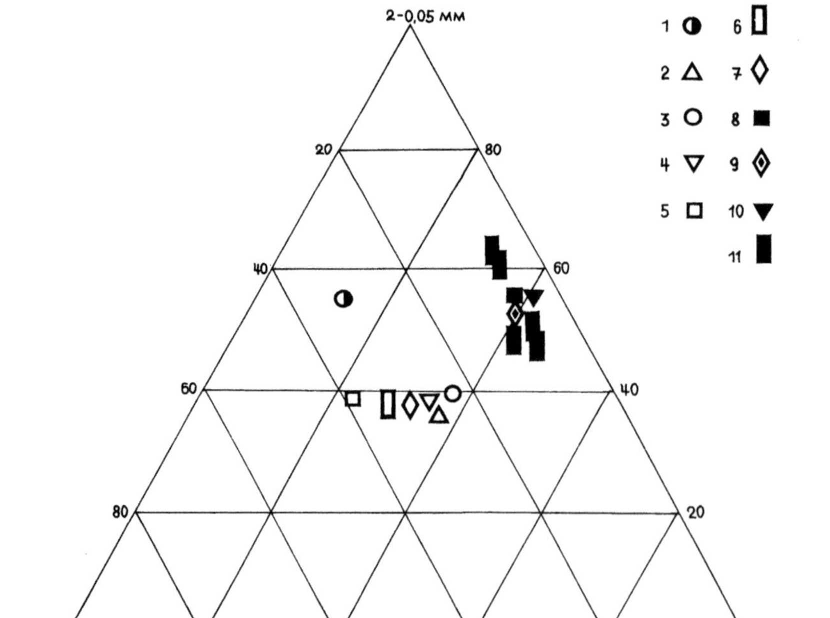

Abb. 9. Dreiecksdiagramm zur Bestimmung des mittleren Kies- (10–2 mm), Sand- (2–0,05 mm) sowie Schluff- und Tongehaltes (<0,05 mm) in Grundmoränen ausgewählter Gebiete. Grundmoränen von rezenten Gletschern: *1* Kaukasus; *2* Tienschan; *3* Spitzbergen; *4* Pamir
Grundmoränen aus dem Gebiet der europäischen Inlandvereisung über anstehendem Kristallin: *5* Nordkarelien im Gebiet Knjashaja Guba (Ruchina 1973); *6* Karelische Halbinsel im Gebiet Priosjorsk (Ruchina 1973); *7* Südostnorwegen im Gebiet Ostadalen (Haldorsen 1981).
Grundmoränen über Sedimentgesteinen: *8* Süden Estlands (Raukas 1978); *9* Belarus (Matveev 1976); *10* Gebiet St. Petersburg, Rayon Siwerski (Ruchina 1973); *11* Zentrale Karelische Höhen (Ruchina 1973)

schutt aus Granitoiden und kristallinen Schiefern, also aus Gesteinen mit ähnlichen physikalisch-mechanischen Eigenschaften, vorherrscht.

Nach Ansicht der Autoren gibt es dafür eine andere Erklärung. Die große Übereinstimmung der Moränen des Tienschan, des Pamir und Spitzbergens in ihrer Korngrößenzusammensetzung hängt mit deren glazidynamischen Eigenschaften zusammen. Die Gletscher dieser Räume gehören bezüglich des thermischen Regimes zum subpolaren Typ. Für sie ist deshalb ein aktiver Verlauf von Prozessen der Regelationseisbildung, der auf beachtlichen Flächenanteilen des Gletscherbettes stattfindet, charakteristisch. Das Bodengleiten solcher Gletscher geht einher mit periodischem Schmelzen von Eis und Gefrieren von Schmelzwasser; dies dürfte zu einer kryogenen Zerstörung der anstehenden Gesteine führen. Demzufolge besitzen die Moränen einen erhöhten Gehalt an Teilchen der Grobschlufffraktion (0,05 – 0,01 mm), einem wichtigen Indikator für den Prozeß der Kryohydrationsverwitterung (Koniščev 1981).

Die Gletscher des Kaukasus hingegen gehören zum isothermen Gletschertyp, der eine warme Basis aufweist. Die Regelationseisbildung an der Sohle derartiger Gletscher ist auf weitaus begrenztere Teilabschnitte beschränkt, was sich auch im Körnungsspektrum des Moränenmaterials und in einer geringen Beteiligung der Schluff- und Tonfraktionen ausdrückt.

Demzufolge kann der Anteil der Schluff- und Tonfraktionen in Moränen als integraler glaziologischer Kennwert aufgefaßt werden, der Aussagen zu den thermischen Verhältnissen an der Gletschersohle ermöglicht. Daher kann man ableiten, daß während des Pleistozäns im Bereich der Russischen Ebene und des Baltischen Schildes Gletscher des subpolaren Typs tätig waren, denn ihre Moränenablagerungen besitzen den gleichen Schluff- und Tongehalt wie die der rezenten Gletscher von Tienschan, Pamir und Spitzbergen. Unterschiede in der Gesteinszusammensetzung an der Gletscherbasis spiegeln sich nur über den Anteil der Kiesfraktion im Moränenmaterial wider.

Eine nicht weniger wichtige Aussage läßt sich auch zur Effektivität der Gletschertätigkeit machen. Insbesondere zeigte sich, daß sich der Moränencharakter schon während der ersten Etappen des Gletschertransportes herausbildet. Demzufolge gewinnt die Erforschung der Gletscherablagerungen des Tienschan eine hohe Bedeutung auch für die Dechiffrierung der lithologischen Zusammensetzung von Moränen aus dem Gebiet der pleistozänen Inlandvereisungen.

Literatur

Ballantyne CK (1982) Aggregate clast form characteristics of deposits near the margins of four glaciers in the Jotunheim massif, Norway. Nor Geogr Tidskr 36 (2):103 – 113

Haldorsen S (1981) Grain-size distribution of subglacial till and its relation to glacial crushing and abrasion. Boreas 10(1):91 – 105

Koniščev VN (1981) Formirovanie sostava dispersnych porod v kriolitosfere. Novosibirsk

Lliboutry L (1968) General theory of subglacial caviation and sliding of temperate glaciers. J Glaciol 7:21 – 58

Markov KK (1946) O forme i proischoždenii moren v gorach. Uč Zap Mosk Gos Univ 119(2):59 – 74

Matveev AV (1976) Lednikovaja formacija antropogena Belorussii. Minsk

McGreevy JP (1981) Some perspectives on the frost shattering. Progr Phys Geogr 5(1):56 – 75

Merzbacher G (1904) Forschungsreise in den zentralen Tien-Schan, Gotha

Raukas AV (1978) Plejstocenovye otloženija Ėstonskoj SSR. Tallinn

Ruchina EV (1973) Litologija lednikovych otloženij. Leningrad

Seppälä M (1976) Stone roundness of moraines connected with Taku Glacier, south-eastern Alaska. Bull Geol Soc Finland 48(1/2):87 – 94

Serebrjannyj LR, Orlov AV (1982) Rel'efoobrazujuščaja dejatel'nost' gornych lednikov. In: Geomorfologija 13:22 – 32

Serebrjannyj LR, Orlov AV (1984) Poverchnostnye moreny gornych lednikov: zakonomernosti stroenija i formirovanija. Mater Gljaciol Issledovanij: Chronika obsuždenija 51:74 – 80

Serebrjannyj LR et al. (1984) Kolebanija lednikov i processy morenonakoplenija na Central'nom Kavkaze. Moskva

Serebrjannyj LR et al. (1985) Oblomočnyj material v lednikach. In: Gljaciologija Špicbergena. Moskva, S. 94 – 111

Šumskij PA (1969) Dinamičeskaja gljaciologija. Moskva

Tricart J, Cailleux A (1972) Introduction to climatic geomorphology. London

Weertman J (1957) On the sliding of glaciers. J Glaciol 3:33 – 38

2 Beiträge zur Pleistozänstratigraphie im nördlichen Mitteleuropa

2.1 Zur Quartärstratigraphie und Säugetierpaläontologie im südlichen Randbereich der skandinavischen Inlandvergletscherungen

WOLF-DIETER HEINRICH

Große Teile des nördlichen Mitteleuropa waren im Verlauf des Eiszeitalters wiederholt von skandinavischen Gletschern bedeckt. Sie haben verschiedene glazigene Ablagerungen und Oberflächenformen hinterlassen. Anhand der pleistozänen Ablagerungsfolgen können mehrere glaziäre Zyklen und zwischengeschaltete Interglaziale unterschieden werden. Der Wechsel von kalt- und warmzeitlichen Ablagerungen bildete die Grundlage für die klassische Gliederung des Pleistozäns im nördlichen Mitteleuropa (Penck 1879; Keilhack 1896). Ein zentrales Problem der Quartärstratigraphie in diesem Gebiet ist seit jeher die Zahl der nachweisbaren glazialklimatischen Zyklen. Während Penck (1879) und Keilhack (1896) von einer dreimaligen Vereisung des nördlichen Mitteleuropa ausgingen, wird heute vielfach mit einer wesentlich höheren Anzahl von Kaltzeiten gerechnet. Maßgeblich Anteil an der Entwicklung dieser Vorstellungen haben neuere Ergebnisse der Quartärforschung. Diese Erkenntnisse wurden teils außerhalb Mitteleuropas (z.B. an Tiefseesedimenten) und teils auch in diesem Raum gewonnen. Dies gilt besonders für die Analyse des Geschiebebestandes (z.B. Cepek 1967, 1968, 1975; Cepek u. Erd 1982; Ehlers 1983) und für pollenanalytische Untersuchungen (z.B. Frenzel 1968; Menke 1975; Erd 1978, 1987), aber auch für die Lößstratigraphie (z.B. Haase et al. 1970; Kukla 1975, 1977; Fuhrmann 1976; Fink und Kukla 1977), die Radiometrie (z.B. Brunnacker et al. 1983; Hennig et al. 1983) und die Magnetostratigraphie (z.B. Bucha et al. 1969; Wiegank 1979, 1982). Dabei zeigt es sich, daß die erzielten Ergebnisse nicht in allen Punkten mit der traditionellen Auffassung vom Ablauf des Eiszeitalters übereinstimmen.

Für den sächsisch-thüringischen Raum und den sich nördlich daran anschließenden Tieflandgürtel sind verschiedene regionale Untergliederungen des Pleistozäns vorgelegt worden. Sie beruhen im wesentlichen auf einer pollenanalytisch untermauerten Litho- und Pedostratigraphie sowie auf geomorphologischen Untersuchungen, unterscheiden sich aber jeweils durch die Zahl der angenommenen Warm- und Kaltzeiten. Daraus ergeben sich erhebliche Probleme für die regionale Korrelation. Besonders deutlich wird dies, wenn man bedenkt, daß manche Autoren (z. B. Unger 1974, 1976; Eissmann 1986; Eissmann u. Müller 1979) für den Zeitraum nach dem Cromer-Komplex nur zwei Interglaziale akzeptieren (Holstein, Eem), während andere (z. B. Cepek 1968, 1975; Cepek u. Erd 1982; Erd 1978, 1987; Fuhrmann 1976) für die gleiche Zeitspanne inzwischen bis zu fünf verschiedene pleistozäne Warmzeiten in Betracht ziehen: Holstein, Dömnitz, Uecker, Rügen und Eem.

Dieses widersprüchliche Bild hat verschiedene Ursachen. Ein Teil der Unsicherheiten geht wohl darauf zurück, daß die erarbeiteten quartärstratigraphischen Gliederungen bisher nur unzureichend mit paläontologischen Daten verknüpft werden konnten. Eine wesentliche Ausnahme stellt allerdings die Pollenanalyse dar. Hierbei handelt es sich um ein quantitativ arbeitendes paläobotanisches Verfahren, das zunächst relativ sichere paläoökologische Aussagen gestattet, so beispielsweise bei der Feststellung und Kennzeichnung von Interglazialen und Interstadialen. Darüber hinaus sind aber auch Unterschiede in der vegetationsgeschichtlichen Grundsukzession zwischen verschiedenen Warmzeiten ablesbar, die für biostratigraphische Aussagen genutzt werden können. Dabei ist aber zu beachten, daß diese Schlußfolgerungen letztlich auf Verhältnisverschiebungen innerhalb eines seit dem Pliozän weitgehend gleichbleibenden Bestandes an Gattungen und Arten beruhen. Ausgenommen sind einige Superstiten, wie z. B. Pterocarya und Celtis. Ihre Anzahl nahm aber während des Pleistozäns im nördlichen Mitteleuropa immer mehr ab, bis sie schließlich völlig ausfielen (Erd 1978; Frenzel 1987). Morphologisch faßbare Veränderungen am Blütenstaub der nachgewiesenen Gattungen fanden im Pleistozän offenbar nicht oder nur untergeordnet statt, der evolutive Wandel scheint sich bei den beteiligten Taxa im wesentlichen auf der zytologischen und physiologischen Ebene abgespielt zu haben (Frenzel 1967), die dem Paläontologen weitgehend verschlossen bleibt.

Damit entfällt aber die Möglichkeit, z. B. die Aufeinanderfolge von Warmzeiten anhand der Evolutionshöhe einzelner Taxa zu erkennen und zu kontrollieren. Die Frage, ob das erarbeitete Pollendiagramm tatsächlich unterschiedliche erdgeschichtliche Positionen oder nur Faziesunterschiede innerhalb eines einzigen Zeitabschnitts mit vergleichbarem Florenbestand reflektiert, ist daher oft schwer zu beantworten. Dies gilt vor allem dann, wenn nur Teile von Warm- und Kaltzeiten erfaßt werden konnten.

Dennoch ist die Pollenanalyse noch immer das bevorzugte biostratigraphische Verfahren, um die gegenseitigen Altersbeziehungen der Schichten des Quartärs im nördlichen Mitteleuropa zu ermitteln. In diesem Sachverhalt spiegelt sich eine regionale Besonderheit dieses Raumes wider, die wesentlich vom Vereisungsgeschehen bestimmt wurde: Pollen sind z. B. in limnischen Ablagerungen glazialer Serien relativ häufig vertreten, Reste von Säugetieren und Mollusken dagegen vergleichsweise selten. Dies trifft auch für interglaziale Sedimente zu. In den nicht vergletscherten Gebieten Europas bestimmen aber gerade diese Fossilgruppen die biostratigraphische Regionalgliederung und Korrelation im Quartär. Für biostratigraphische Fernkorrelationen im kontinentalen Quartär sind überdies fossile Säugetiere am besten geeignet (vgl. dazu Fejfar u. Heinrich 1981, 1983, 1987). Vor diesem Hintergrund ist es zweckmäßig, die regionale Stratigraphie im Tieflandpleistozän mit seinen lithostratigraphischen und geomorphologischen Kriterien für die Glazialzeiten sowie den pollenanalytischen Argumenten für die Warm- und Kaltzeiten an ein biostratigraphisches System anzuknüpfen, das säugetierpaläontologisch konzipiert ist. Schlüsselregion für diese Verknüpfung ist der Verzahnungsbereich zwischen glaziären Serien und Ablagerungsfolgen des nicht vergletscherten Gebietes. Wesentliche Daten hierzu bietet besonders das Pleistozän Thüringens und Sachsens.

Im Vergleich zur Pollenanalyse sind säugetierpaläontologische Kriterien für quartärstratigraphische Fragestellungen im nördlichen Mitteleuropa seltener herangezogen worden. Dessen ungeachtet bietet die Analyse von fossilen Säugetierfaunen im Eiszeitalter den Vorteil, daß sowohl Verhältnisverschiebungen im Artenbestand, d. h. der Wandel von Assoziationen, als auch evolutive Veränderungen in Stammeslinien zur zeitlichen Gliederung herangezogen werden können. Letztere führen zu zuverlässigen stratigraphischen Schlußfolgerungen, da sie auf irreversiblen Evolutionsprozessen beruhen.

Wie für die pollenanalytische Methode der Paläobotanik ergeben sich aber auch für die Säugetierpaläontologie gewisse Grenzen. Diese liegen jedoch weniger in der Aussagekraft der Säugetierfossilien als vielmehr in den Anwendungsmöglichkeiten des Verfahrens begründet. So sind größere Konzentrationen von fossilen Säugetierresten meist an räumlich eng begrenzte Fossillagerstätten gebunden (Tobien 1968), die sich durch ein unterschiedliches stratigraphisches Aussagevermögen auszeichnen. Schwierigkeiten können sich bei Funden auf sekundärer Lagerstätte ergeben, da hier der Lebenszeitraum der belegten Arten und der Ablagerungszeitraum der fossilführenden Sedimente nicht übereinstimmen müssen. Dabei kommt es nicht selten zu Mischfaunen, in denen Faunenelemente aus verschiedenen Zeitebenen gewissermaßen auf ein Fundniveau projiziert sein können. Solche heterochronen Mischfaunen treten besonders in fluviatilen und glazifluviatilen Ablagerungen auf. Dort ergeben sich dann zuweilen Probleme bei der zeitlichen Aufschlüsselung des säugetierpaläontologischen Fundbestandes. Beispiele dafür sind im Jungpleistozän die Schmelzwassersande des Rixdorfer Horizontes im Berliner Raum (Dietrich 1932, Heinrich 1986) und im Altpleistozän die Terrassenschotter von Süßenborn bei Weimar in Thüringen (z. B. Soergel 1912, 1914, 1924, 1939; Kahlke 1960, 1961, 1969 a, b, 1975; Steinmüller 1969, 1972, 1978). Außerdem kann bei vielen klassischen Wirbeltierfundstätten oft nur auf ältere, nicht immer eindeutig stratifizierte Aufsammlungen zurückgegriffen werden, deren biostratigraphischer Aussagewert eingeschränkt ist. Sie werden allerdings zunehmend von modern bearbeiteten fossilen Säugetierfaunen ergänzt, die – wenn auch bisher noch in begrenztem Umfang – auf horizontierte Aufsammlungen zurückgehen.

Ungeachtet der erwähnten Schwierigkeiten liegen auch in Mitteleuropa seit Jahrzehnten Erfahrungen vor, welche die Eignung der Säugetiere für die regionale Biostratigraphie des Pleistozäns überzeugend belegen. Ein vielzitiertes Beispiel dafür sind die Elefanten (vgl. dazu u. a. Soergel 1912; Toepfer 1957, 1963; Dietrich 1958; Adam 1961; Guenther 1975, 1977, 1978, 1983). Der mit dieser Fossilgruppe erzielte biostratigraphische Erkenntnisfortschritt ist von Gromov et al. (1978) zusammenfassend dargestellt worden.

Danach sind für das Elster I/II die Frühformen, für das Holstein die Typusformen und für die Eem-Warmzeit die Spätformen von *Elephas antiquus* kennzeichnend. Die biostratigraphisch kennzeichnende Großsäugerart für die Elster-Zeit ist *Mammuthus trogontherii*, seine Frühformen gelten für das Elster I, seine Spätformen für das Elster II als typisch. Die Zeit der Saale-Vergletscherungen läßt sich durch Frühformen, die Weichsel-Kaltzeit durch Spätformen von *Mammuthus primigenius* charakterisieren (vgl. dazu Gromov et al. 1978, S. 157, Abb. 1).

Bereits aus dieser hier nur auszugsweise wiedergegebenen Zusammenstellung wird deutlich, daß die Großsäugerstratigraphie offensichtlich mehr von einem traditionellen stratigraphischen Konzept des Eiszeitalters ausgeht, wie dies u. a. von Adam (1961, 1964, 1986), Kahlke (1975) und Rutte (1977) vertreten wird. Dies bedeutet aber auch, daß sich für etwaige „zusätzliche" Warmzeiten aus der Sicht der Großsäugerstratigraphie vorerst keine Anhaltspunkte ergeben.

Diese Tatsache bietet Anlaß, die gleiche Fragestellung bei pleistozänen Kleinsäugetieren zu verfolgen. Das ist naheliegend, weil sich Kleinsäugetiere, insbesondere Nager, durch ein höheres stratigraphisches „Auflösungsvermögen" auszeichnen. Begründet wird dies durch raschere Generationsfolgen und höhere Evolutionsraten, die es gestatten, erdgeschichtliche Zeiträume im Känozoikum feiner zu untergliedern als mit Großsäugern. Entsprechende Aussagemöglichkeiten sind allerdings in Mitteleuropa bisher nur an sehr wenigen, dafür aber sehr aussagekräftigen Beispielen erschlossen worden. Hierzu zählen vor allem die Nagetiergattungen Arvicola (von Koenigswald 1973; Heinrich 1978, 1982, 1987) und Castor (Kretzoi 1969, 1975, 1977; Heinrich 1989).

Besonders intensiv verfolgt wurden diese Aussagemöglichkeiten im letzten Jahrzehnt bei der Wühlmausgattung Arvicola. Grundlage der biostratigraphischen Aussagen sind in diesem Fall rasch ablaufende, irreversible Veränderungen im Zahnbau, insbesondere an den Schneidekanten der Molaren. Von Vorteil ist es, daß dieser Wandel biometrisch erfaßt und durch Schmelzquotienten dokumentiert werden kann (zur Methodik vgl. Heinrich 1982). Generell gilt die Regel: Je höher der Schmelzquotient, desto höher das erdgeschichtliche Alter der Fundschicht. Damit steht gewissermaßen eine „paläobiologische Uhr" für das europäische Mittel- und Jungpleistozän zur Verfügung. Darüber hinaus ist von Bedeutung, daß ein Teil der biometrischen Daten von Fundstätten stammt, für die radiometrische Altersbestimmungen vorliegen, wie z. B. Bilzingsleben, Weimar-Ehringsdorf, Taubach und Burgtonna (vgl. dazu zusammenfassend Brunnacker et al. 1983). Dies gestattet einen Vergleich der biometrischen Daten von Arvicola mit radiometrischen Altersangaben und schließt die Möglichkeit einer Eichung der Schmelzquotienten ein. Daraus ergeben sich wertvolle Zeitmarken für die Geochronologie (Heinrich 1987).

Vergleichbare Schlußfolgerungen scheinen sich auch bei der Bibergattung Castor abzuzeichnen. Entsprechende Daten liegen für das Pleistozän des Thüringer Beckens vor (Kretzoi 1969, 1975, 1977; Heinrich 1989), jedoch muß noch geprüft werden, inwieweit diese Angaben auch auf andere Gebiete übertragen werden dürfen.

Gerade in Thüringen erweist es sich als Vorteil, daß die biostratigraphisch bedeutsame Nagetiergattung Arvicola in mehreren Fundstätten vorkommt, in denen auch Großsäuger auftreten. Damit besteht die Möglichkeit, die anhand dieser Fossilgruppe durchgeführten biostratigraphischen Einstufungen zu überprüfen. Hierbei zeigen sich Übereinstimmungen und Widersprüche. Diskrepanzen ergeben sich beispielsweise bei der Einstufung der Wirbeltierfundstätten im Unteren Travertin von Weimar-Ehringsdorf und von Taubach, für die Spätformen von *Elephas antiquus* nachgewiesen sind (Guenther 1975, 1977). Beide Fundstätten werden traditionell in die Eem-Warmzeit gestellt (vgl. dazu zusammenfassend Heinrich 1981). Dagegen zeigen Befunde an Arvicola (Heinrich 1982, 1987) und Castor (Kretzoi 1975, 1977; Heinrich 1989) übereinstimmend, daß beide Faunen nicht ohne Widersprüche in den bisher von der Großsäugerstratigraphie vorgegebenen Rahmen (Eem-Warmzeit) einzupassen sind. Beide Fundstätten mit Nachweisen von Spätformen des *Elephas antiquus* repräsentieren offenbar nicht die gleiche Warmzeit, wie bisher allgemein angenommen wird, sondern zwei aufeinanderfolgende Warmzeiten. Der Untere Travertin von Weimar-Ehringsdorf ist danach erdgeschichtlich älter als der Travertin von Taubach.

Zugleich ergeben sich dadurch Hinweise auf eine höhere Anzahl von Interglazialen als traditionell anerkannt wird; jedoch bedeutet dies nicht, daß alle bisher diskutierten Warmzeiten bestätigt werden können. Aus der Sicht der Säugetierpaläontologie liegt zwischen den chronologischen Niveaus der Fundstätten Bilzingsleben und Taubach ein Interglazial. Dies besagt aber, sofern die gegenwärtig vertretenen Einstufungen von Taubach in die Eem-Warmzeit (z. B. Kahlke 1961, 1975; Fejfar und Heinrich 1983; Guenther 1977) und von Bilzingsleben in den Holstein-Komplex (Dömnitz-Warmzeit; Mania 1983a, b) zutreffen, daß der Untere Travertin von Weimar-Ehringsdorf in ein Interglazial des Saale-Komplexes einzuordnen ist (vgl. dazu Heinrich 1981, 1982, 1987). Damit sind aufgrund von säugetierpaläontologischen Feststellungen mindestens drei pleistozäne Warmzeiten nach der Elster-Vereisung anzunehmen. Für weitere Warmzeiten des Saale-Komplexes sowie für die Unterscheidung von Holstein- und Dömnitz-Warmzeit gibt es zur Zeit keine gesicherten Kriterien auf der Basis der Säugetierpaläontologie.

Schwieriger ist es, biostratigraphische Aussagen anhand von Säugetierfaunen für den Zeitabschnitt des Pleistozäns zu gewinnen, der der Elster-Vergletscherung vorausging. Ein Schlüsselprofil hierfür bietet die klassische Wirbeltierfundstätte Süßenborn bei Weimar, für die sowohl eine detailierte geologische (Steinmüller 1969) als auch eine eingehende paläontologische Bearbeitung (Kahlke 1969c) vorliegt. Für die Interpretation der Fundstätte Süßenborn sind drei Tatsachen von herausragender Bedeutung (Steinmüller 1969, 1972):

- Auf den fossilführenden Ablagerungen der Ilm lagert ein elsterzeitlicher Geschiebemergel.
- Die vorwiegend von Schottern, Kiesen und Sanden aufgebaute Schichtenfolge wird durch eine warmzeitliche Verwitterungszone untergliedert.
- Die Hauptfauna von Süßenborn stammt im wesentlichen aus der Älteren Abfolge von Sedimenten, die unterhalb dieser warmzeitlichen Verwitterungszone lagert.

Die fossile Säugetierfauna von Süßenborn hat in der Vergangenheit unterschiedliche Interpretationen erfahren (vgl. z. B. Wüst 1900; Soergel 1912, 1914, 1924, 1939; Kahlke 1960, 1961, 1969a, b, 1975; vgl. auch zusammenfassend Nolte et al. 1969; Steinmüller 1972). Bedeutsam für die biostratigraphische Beurteilung sind die in der Älteren Abfolge gefundenen Elefantenmolaren. Es entspricht der kaltzeitlichen Entstehung (Steinmüller 1969, 1972, 1982) und dem erdgeschichtlichen Alter dieser Ablagerungen, daß unter den Elefanten *Mammuthus trogontherii* absolut vorherrscht (Wüst 1900; Soergel 1912; Guenther 1969). Wesentlich ist in diesem Zusammenhang aber auch die Tatsache, daß in der fossilen Säugetierfauna von Süßenborn wahrscheinlich eine warmzeitliche Komponente nachgewiesen werden kann (vgl. dazu Kahlke 1961, 1969a, b; Woldstedt u. Duphorn 1974). Dafür sprechen folgende Argumente:

1) Für die Hauptfauna aus der Älteren Abfolge von Süßenborn ist der Siebenschläfer *Glis glis suessenbornensis* belegt (Soergel 1920). Die Fossilreste dieser Art wurden von Fejfar (1969, S. 768) wegen ihres abweichenden Erhaltungszustandes „nur mit Vorbehalt in der Liste der Süßenborner Fauna belassen“. Für den Bildungszeitraum der Älteren Abfolge sind kaltzeitliche Bedingungen zu fordern (Steinmüller 1969, 1972, 1982), als Lebensraum der synchronen Süßenborner Hauptfauna ist eine Offenlandschaft anzunehmen (vgl. Soergel 1939, 1942; Kahlke 1969b; Steinmüller 1972). Bei *Glis glis* dagegen handelt es sich um einen Bewohner zeitlicher Waldlandschaften (Jánossy 1961). Es ist daher davon auszugehen, daß die Reste des Siebenschläfers von Süßenborn aus älteren warmzeitlichen Sedimenten umgelagert wurden. Wahrscheinlich trifft dies auch für *Trogontherium cuvieri* (Schreuder 1949; Kretzoi 1969) zu, das im mitteleuropäischen Pleistozän vorrangig in Warmzeiten zusagende Lebensbedingungen fand.

2) Vermutlich sind nicht nur *Glis glis suessenbornensis* und *Trogontherium cuvieri*, sondern auch noch weitere Elemente der Süßenborner Hauptfauna auf eine Warmzeit zu beziehen. Ihr Auftreten in den Schottern von Süßenborn könnte ebenfalls durch fluviatile Aufarbeitung warmzeitlicher Ablagerungen erklärt werden. Möglicherweise gilt dies auch für den Biber (*Castor fiber*), der Gewässer in Auwaldlandschaften als Lebensraum bevorzugt. Die Bibermolaren von Süßenborn weisen einen unterschiedlichen Erhaltungszustand auf. Die Färbung des Zahnschmelzes und der Abrollungsgrad weichen teilweise so weit voneinander ab, daß das Nebeneinander dieser Molaren in der Älteren Abfolge kaum anders als durch die Annahme einer heterochronen Taphocoenose (Grabgemeinschaft) erklärt werden kann.

3) Wahrscheinlich trifft dies auch für verschiedene Funde von *Dicerorhinus etruscus* zu. Diese Art wird ökologisch teils als Waldform (vgl. Dietrich 1953; Thenius 1962), teils als Buschsteppenbewohner (vgl. Zeuner 1935; Adam 1961, 1986) beurteilt, der sich sowohl von Laub als auch von Gras ernährte. Unabhängig davon sind die bisherigen Nachweise für *Dicerorhinus etruscus* mit eindeutigen Fundumständen im thüringischen Pliozän und Pleistozän an Warmzeiten gebunden, z. B. Rippersroda (Dietrich 1953), Untermaßfeld (Kahlke 1982) und Voigtstedt (Kahlke 1965c). Durch Spuren intensiver Abrollung (Kahlke 1969a, S. 668) kann zumindest für einen Teil des Materials von *Dicerorhinus etruscus* aus der Älteren Abfolge von Süßenborn eine Umlagerung angenommen werden.

Bedeutsam für diesen Problemkreis sind auch die Elefantenmolaren. Unter den mehr als tausend geborgenen Backenzähnen befindet sich mindestens einer, der in Verdacht geraten ist, zu *Elephas antiquus* zu gehören (Dietrich 1958; Guenther 1969; Kahlke 1960, 1961, 1969b; vgl. auch Maglio 1973). Dieser Unterkiefermolar aus eindeutiger stratigraphischer Position (Kahlke 1969b; mündliche Mitteilung 1987) hat seitens der Säugetierpaläontologen keine einheitliche Beurteilung erfahren. Die Zuordnung des Molaren zu *Elephas antiquus* durch Dietrich (1958) stieß auf Einwände vor allem durch Adam (1961, S. 25), wonach „die angeblich antiquoiden Merkmale aus der tiefen Abkauung der Krone bzw. dem hohen Alter des Tieres resultieren“. Vielmehr sieht Adam (1961, S. 24) in der Gestaltung der hinteren Lamellen dieses Backenzahnes einen „Hinweis auf akrale Pfeilerbildung der Schmelzbüchsen, wie sie bei frühen Angehörigen der Steppenelefanten-Gruppe verbreitet ist". Seine Folgerung lautet: „Eine Zuweisung des Molaren zu Mammonteus trogontherii erscheint demnach gerechtfertigt" (Adam 1961, S. 24–25).

Diese Auffassung blieb nicht unwidersprochen. Einwände machte Guenther (1969, S. 729) geltend: „Nur ein 3. Unterkiefermolar liegt in der Mehrzahl der Merkmale außerhalb des Feldes von Parelephas trogontherii; nicht nur in der rhombischen Ausbildung der Schmelzfiguren, wie Adam (1961) meint, sondern genauso in der Form des Zahnes und der Anzahl und Ausbildung der Lamellen und des Schmelzes. Die von Dietrich (1958) gegebene Bestimmung des Zahnes als Palaeoloxodon antiquus Falc. besteht daher zu Recht".

Die Beurteilung des umstrittenen Molaren als zugehörig zu *Elephas antiquus* kann unter der Voraussetzung zutreffen, daß ein Teil der Säugetierreste aus der Älteren Abfolge auf aufgearbeitete warmzeitliche Ablagerungen zurückgeht, denn ein Auftreten des Waldelefanten in Thüringen ist für Warmzeiten eher anzunehmen als für Kaltzeiten. Wesentlich für den hier diskutierten warmzeitlichen Anteil an der Süßenborner Hauptfauna ist jedoch, daß dieser auch ohne den taxonomisch nicht einheitlich beurteilten Elefantenmolarenfund begründet werden kann. Damit ergibt sich eine Reihe von Indizien, die letztlich in ihrer Gesamtheit dafür sprechen, daß sich in den Terrassenablagerungen von Süßenborn mindestens zwei Warmzeiten nachweisen lassen. Zeitlich sind beide der in diesem Profil durch eine Grundmoräne dokumentierten Elster-Vergletscherung vorangegangen. Von diesen beiden Warmzeiten ist eine durch einen pedostratigraphischen Befund (warmzeitliche Verwitterungszone; Steinmüller 1969, 1972), die andere durch säugetierpaläontologische Argumente belegt, d.h. durch Funde von warmzeitlichen Säugetieren auf sekundärer Lagerstätte, die der Älteren Abfolge angehören. Erwähnt sei in diesem Zusammenhang, daß diese Überlegungen Auffassungen von Soergel (1914) nahekommen, der ebenfalls mit erdgeschichtlich unterschiedlich alten Komponenten in der Säugerfauna von Süßenborn rechnete.

Mit der Feststellung einer heterochronen Mischfauna stellt sich die Frage nach der biostratigraphischen Fixierung der Säugetierreste aus der Älteren Abfolge von Süßenborn. Hierfür stehen folgende Kriterien zur Verfügung:

1) In Süßenborn ist die biostratigraphisch bedeutsame Arvicolidenart *Mimomys savini* vertreten, wenn auch nur mit einer sehr geringen Anzahl von Belegen (Fejfar 1969). Es liegen schwach bewurzelte und wurzellose Molaren vor. Zunächst waren in Süßenborn offenbar sogar nur wurzellose Molaren bekannt, was zur Angabe der erdgeschichtlich jüngeren Gattung Arvicola führte (Kahlke 1960, S. 83; Kretzoi 1965, S. 643), die für das Toringium (Arvicola-Microtus-Stufe: Fejfar u. Heinrich 1981) kennzeichnend ist. Diese Beobachtung läßt für die *Mimomys-savini*-Population von Süßenborn ein progressiveres Evolutionsniveau wahrscheinlich werden als für diejenige von Voigtstedt, was jedoch durch weitere Funde abzusichern ist.

2) In Übereinstimmung mit den derzeitigen Beobachtungen zur Evolutionshöhe von *Mimomys savini* aus beiden Fundstätten befinden sich die bisherigen Kenntnisse über *Dicerorhinus etruscus* (vgl. Kahlke 1965a, 1969a). Die Population von *Dicerorhinus etruscus* aus Süßenborn weist gegenüber derjenigen von Voigtstedt größere Dimensionen auf, und sie repräsentiert damit ein evolutiv fortgeschritteneres Stadium (Kahlke 1965a, S. 513).

3) Unabhängig von der kontroversen Beurteilung des umstrittenen Elefantenmolaren besteht in einem wesentlichen Punkt Übereinstimmung zwischen den Auffassungen von Adam (1961) einerseits sowie von Dietrich (1958), Kahlke (1960, 1969b) und Guenther (1969) andererseits. Keiner dieser Autoren zieht für den strittigen Molaren eine Zuweisung zu *Mammuthus meridionalis* in Betracht. Die in der Säugetierfauna von Süßenborn dokumentierte Warmzeit kann daher nicht mit derjenigen von Voigtstedt identisch sein, da die Elefanten dort ausschließlich durch *Mammuthus meridionalis voigtstedtensis* vertreten sind (vgl. dazu Dietrich 1958, 1965). In der warmzeitlichen Säugetierfauna von Voigtstedt ist weder *Elephas antiquus* noch *Mammuthus trogontherii* nachgewiesen. Bei einer fluviatilen Aufarbeitung voigtstedt-warmzeitlicher Ablagerungen müßten aber in Süßenborn gerade Molaren von *Mammuthus meridionalis voigtstedtensis* erwartet werden, was jedoch offensichtlich nicht der Fall ist (vgl. Guenther 1969).

Präzisere biostratigraphische Schlußfolgerungen zur Altersstellung der Süßenborner Hauptfauna stoßen derzeit auf Schwierigkeiten. Immerhin erbringen aber Nagetiere, Nashörner und Elefanten aus Voigtstedt und Süßenborn übereinstimmende Aussagen zur Altersfolge beider Fundstätten, die Angaben von früheren Autoren bestätigen (Kretzoi 1965, Kahlke 1975): Die in Süßenborn dokumentierten Säugetierfaunen sind erdgeschichtlich jünger als die Wirbeltierfauna aus der Hauptfundschicht von Voigtstedt. In Frage gestellt sind damit aber auch Vorstellungen von Steinmüller (1972), wonach die Säugetierfauna der Älteren Abfolge von Süßenborn erdgeschichtlich

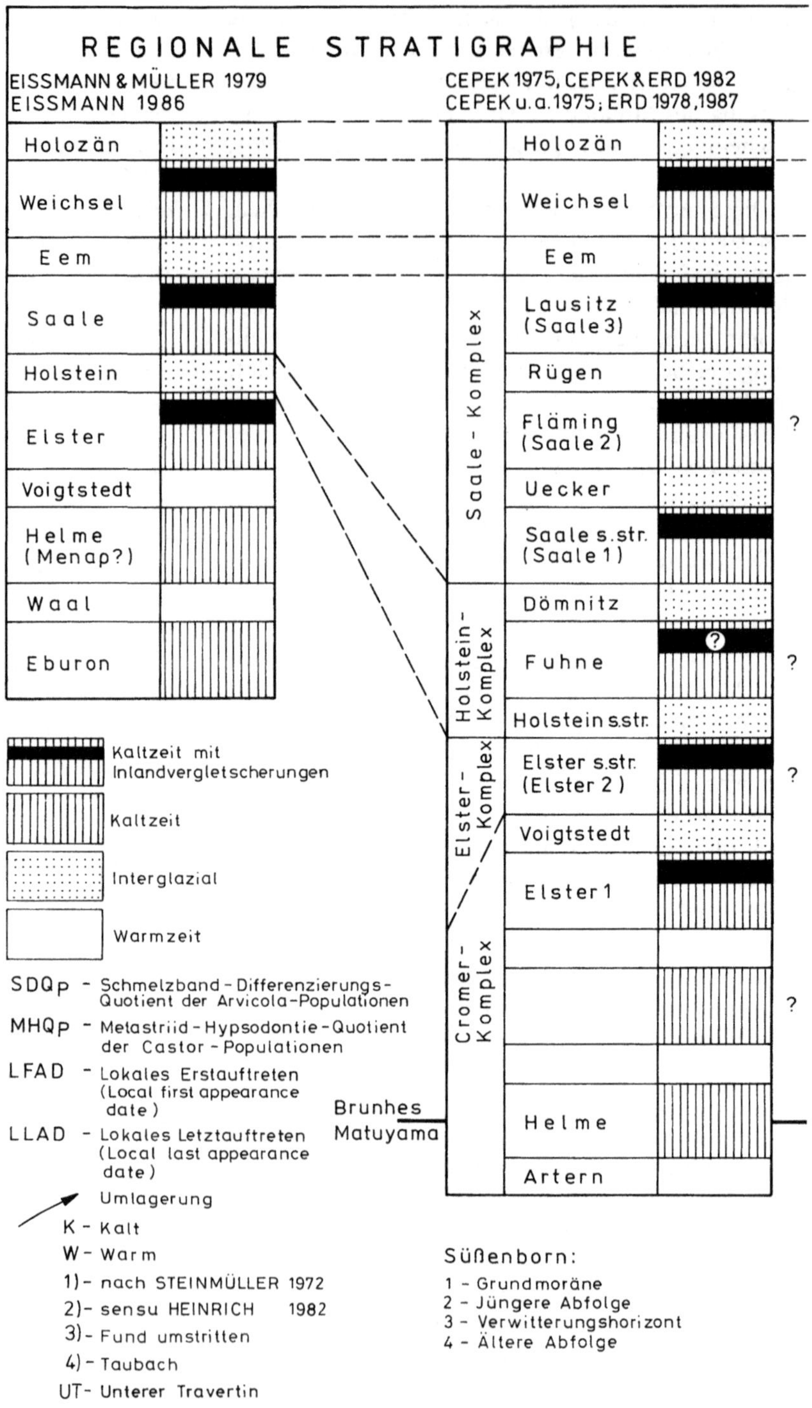

Abb. 1. Regionale Stratigraphie des Pleistozäns und Biostratigraphie der Säugetiere im südlichen Randbereich der skandinavischen Inlandvergletscherungen. Die Darstellung berücksichtigt unterschiedliche Auffassungen zur Untergliederung des Pleistozäns im Untersuchungsgebiet. Zu beachten ist, daß Korrelationen zur Zeit noch mit erheblichen Unsicherheiten belastet sind. Die Artnachweise für die Fundstätten wurden nach Angaben verschiedener Autoren und eigenen Untersuchungen zusammengestellt; Indizes für Arvicola und Castor nach Heinrich (1987, 1989)

älter sei als diejenige von Voigtstedt. Steinmüller (1972) nimmt an, daß der im Profil von Süßenborn dokumentierte Zeitraum tiefgründiger chemischer Verwitterung und Lessivierung mit dem Ablagerungszeitraum der Hauptfundschicht von Voigtstedt parallelisiert werden darf. In Anbetracht der vorliegenden biostratigraphischen Feststellungen entfällt jedoch die warmzeitliche Verwitterungszone von Süßenborn als regionalstratigraphisches Äquivalent zur Unteren Lehmzone mit der Hauptfundschicht von Voigtstedt.

Für die Fundstätte Voigtstedt liegen magnetostratigraphische Angaben vor (Wiegank 1975, 1979, 1982). Danach gehört die Untere Lehmzone mit der Wirbeltierfauna von Voigtstedt bereits der Brunhes-Epoche an. Die Brunhes/Matuyama-Grenze liegt in den Unteren Kiesen (Wiegank 1975), die der Helme-Kaltzeit zugewiesen werden (Cepek 1967).

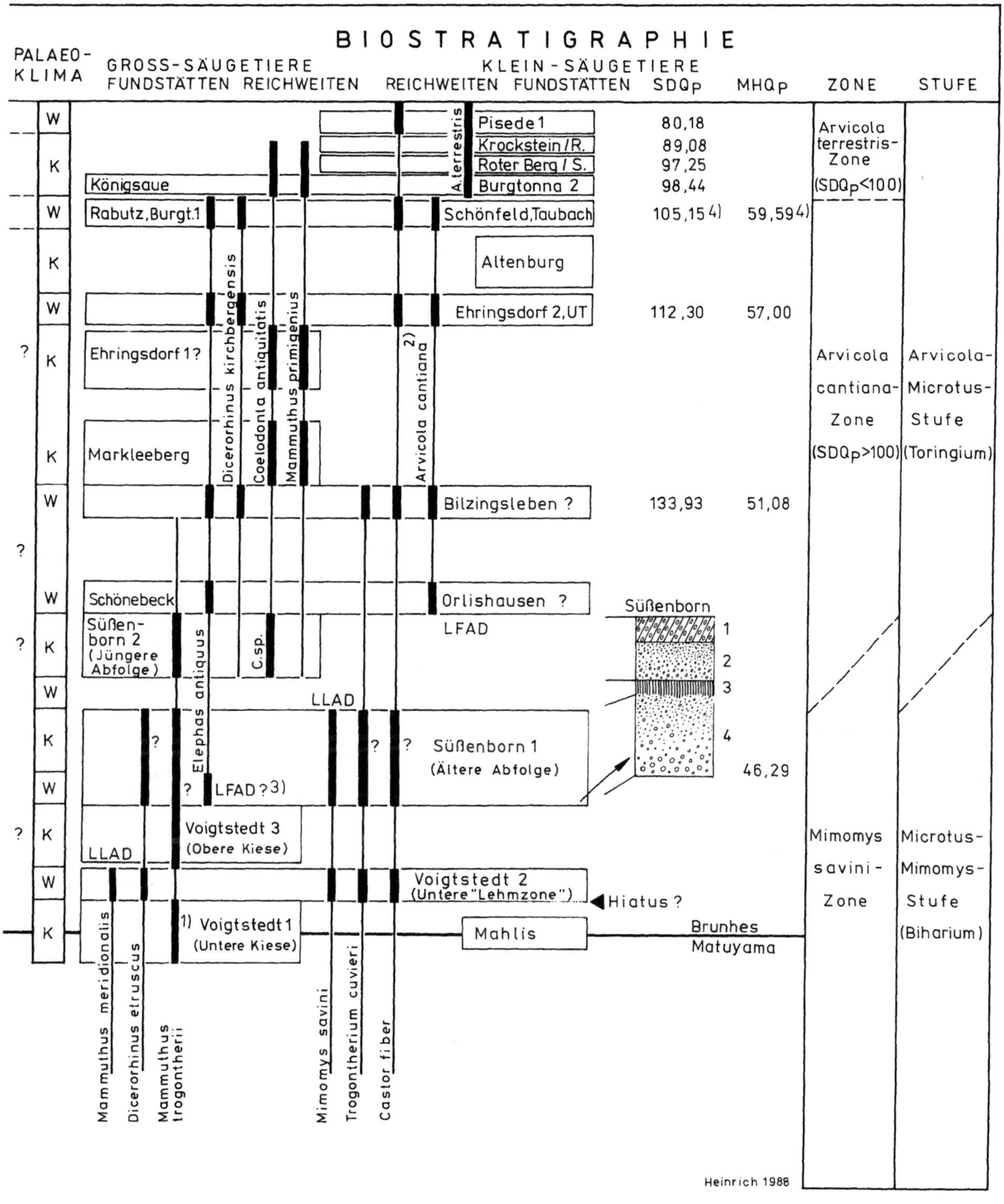

Insgesamt gesehen ergeben sich somit aufgrund von säugetierpaläontologischen, geologischen, pedologischen und magnetostratigraphischen Erkenntnissen im sächsisch-thüringischen Raum Hinweise auf mindestens sechs verschiedene pleistozäne Warmzeiten, die der Brunhes-Epoche angehören. Zeitlich liegen davon zumindest jeweils drei vor und drei nach dem Ablagerungszeitraum der Grundmoräne, die in Süßenborn die Inlandvergletscherung der Elster-Kaltzeit belegt. Eine höhere Anzahl von Warmzeiten innerhalb der Brunhes-Epoche ist nicht auszuschließen, jedoch fehlen im thüringisch-sächsischen Raum dafür bisher sichere säugetierpaläontologische Belege.

Abbildung 1 zeigt eine erste vorläufige Zusammenstellung der in diesem Beitrag erörterten Sachverhalte und veranschaulicht zugleich Schwierigkeiten und Probleme, die sich aus dem Versuch ergeben, biostratigraphisch relevante Daten der Säugetierpaläontologie mit der regionalen Pleistozänstratigraphie zu verknüpfen. Ein Beispiel dafür ist die Fundstätte Voigtstedt, der nach säugetierpaläontologischen Kriterien eine andere erdgeschichtliche Position zukommt, als ihr derzeit in der regionalen Stratigraphie für das thüringische Pleistozän zugestanden wird.

Literatur

Adam KD (1952) Die altpleistozänen Säugetierfaunen Südwestdeutschlands. Neues Jahrb Geol Paläontol Mh 229–236

Adam KD (1953) Die Bedeutung der altpleistozänen Säugetier-Faunen Südwestdeutschlands für die Gliederung des Eiszeitalters. Geol Bavarica 19:357–363

Adam KD (1961) Die Bedeutung der pleistozänen Säugetier-Faunen Mitteleuropas für die Geschichte des Eiszeitalters. Stuttg Beitr Naturk 78:1–34

Adam KD (1963) Zur Großgliederung des Mitteleuropäischen Pleistozäns. Z Dtsch Geol Ges 115:751–757

Adam KD (1964) Die Großgliederung des Pleistozäns in Mitteleuropa. Stuttg Beitr Naturkd 132:1–12

Adam KD (1986) Die Höhlenruine von Hunas in der Fränkischen Alb – Reflexionen zum Forschungsstand. Stuttg Beitr Naturkd, Ser B, 121:1–24

Brunnacker K et al. (1983) Radiometrische Untersuchungen zur Datierung mitteleuropäischer Travertinvorkommen. Ethnogr-Archäol Z 24:217–266

Bucha V et al. (1969) Paläomagnetische Messungen in Lössen. In: Periglazialzone, Löss und Paläolithikum der Tschechoslowakei. Brno, S. 123–131

Cepek AG (1967) Stand und Probleme der Quartärstratigraphie im Nordteil der DDR. Ber Dtsch Ges Geol Wiss, Reihe A, 12(3/4):375–404

Cepek AG (1968) Quartär. In: Grundriß der Geologie der DDR, Bd 1. Berlin, S. 385–420

Cepek AG (1975) Informationen über den Stand der stratigraphischen Gliederung des Quartärs in der Deutschen Demokratischen Republik. In: Quaternary Glaciations in the Northern Hemisphere. IUGS-UNESCO, Intl Geol Corr Progr, Project 73/1/24, Prague 2:66–77

Cepek AG, Erd K (1982) Classification and stratigraphy of the Holsteinian and Saalian Complex in the Quaternary of the German Democratic Republic. In: Quaternary Glaciations in the Northern Hemisphere. IUGS-UNESCO, Intl Geol Corr Progr, Project 73/1/24, Prague 7:50–56

Cepek AG et al. (1975) Zum Stand der Gliederung des Saale-Komplexes im mittleren Teil der DDR. Z Geol Wiss 3 (7):1049–1075

Dietrich WO (1932) Über den Rixdorfer Horizont im Berliner Diluvium. Z Dtsch Geol Ges 84:193–221

Dietrich WO (1953) Neue Funde des etruskischen Nashorns in Deutschland und die Frage der Villafranchium-Faunen. Geologie 2:417–430

Dietrich WO (1958) Übergangsformen des Südelefanten (Elephas meridionalis NESTI) im Altpleistozän Thüringens. Geologie 7:797–807

Dietrich WO (1965) Fossile Elefantenzähne von Voigtstedt in Thüringen. Paläontol Abh, Abt A, 2 (2/3):521–536

Ehlers J (1983) Different till types in North Germany and their origin. In: Evenson EB, Schlüchter C, Rabassa J (Hrsg) Tills and related deposits – genesis/petrology/application/stratigraphy. Rotterdam S. 61–80

Eissmann L (1975) Das Quartär der Leipziger Tieflandbucht und angrenzender Gebiete um Saale und Elbe – Modell einer Landschaftsentwicklung am Rande der europäischen Kontinentalvereisung. Schriftenr Geol Wiss 2:1–263

Eissmann L (1986) Zur Gliederung des mittleren und jüngeren Pleistozäns im Norddeutschen Tiefland. In: Kurzreferate und Exkursionsführer „25 Jahre AK ‚Quartärgeologie' der GGW". Berlin, S. 4–5

Eissmann L, Müller G (1979) Leitlinien der Quartärentwicklung im Norddeutschen Tiefland. Z Geol Wiss 7 (4):451–462

Erd K (1978) Pollenstratigraphie im Gebiet der skandinavischen Vereisungen. Schriftenr Geol Wiss 9:99–119

Erd K (1987) Die Uecker-Warmzeit von Röpersdorf bei Prenzlau als neuer Interglazialtyp im Saale-Komplex der DDR. Z Geol Wiss 15 (3):297–213

Fejfar O (1969) Die Nager aus den Kiesen von Süßenborn bei Weimar. Paläont Abh, Abt A, 3 (3/4):761–770

Fejfar O, Heinrich W-D (1981) Zur biostratigraphischen Untergliederung des kontinentalen Quartärs in Europa anhand von Arvicoliden (Rodentia, Mammalia). Eclogae Geol Helv 74 (3):997–1006

Fejfar O, Heinrich W-D (1983) Arvicoliden-Sukzession und Biostratigraphie des Oberpliozäns und Quartärs in Europa. Schriftenr Geol Wiss 19/20:61–109

Fejfar O, Heinrich W-D (1987) Zur biostratigraphischen Gliederung des jüngeren Känozoikums in Europa an Hand von Muriden und Cricetiden (Rodentia, Mammalia). Čas Mineral Geol 32 (1):1–16

Fink J, Kukla G (1977) Pleistocene Climates in Central Europe: At least 17 Interglacials after the Olduvai Event. Quat Res 7:363–371

Frenzel B (1967) Die Klimaschwankungen des Eiszeitalters. Braunschweig

Frenzel B (1968) Grundprobleme der pleistozänen Vegetationsgeschichte Nord-Eurasiens. Wiesbaden

Frenzel B (1987) Grundprobleme der Vegetationsgeschichte Mitteleuropas während des Eiszeitalters. Mitt Naturforsch Ges Luzern 29:99–122

Fuhrmann R (1976) Die stratigraphische Stellung der Löße in Mittel- und Westsachsen. Z Geol Wiss 4 (9):1241–1270

Fuhrmann R et al. (1977) Untersuchungen am präelsterkaltzeitlichen Löß von Mahlis (Bezirk Leipzig). Z Geol Wiss 5 (6):717–743

Gromov VI, Nikiforova KV, Kahlke H-D (1978) Großsäugerstratigraphie im Gebiet der skandinavischen Vereisungen. Schriftenr Geol Wiss 9:145–160

Guenther EW (1969) Die Elefantenmolaren aus den Kiesen von Süßenborn bei Weimar. Paläontol Abh, Abt A, 3 (3/4):711–734

Guenther EW (1975) Die Backenzähne der Elefanten von Ehringsdorf bei Weimar. Abh Zentral Geol Inst 23:399–452

Guenther EW (1977) Die Backenzähne der Elefanten von Taubach bei Weimar. Quartärpaläontologie 2:265–304

Guenther EW (1978) Die Elefantenmolaren aus den Travertinen von Burgtonna in Thüringen. Quartärpaläontologie 3:139–150

Guenther EW (1983) Die interglaziale Fundstätte Bilzingsleben in Thüringen und ihre Elefanten (Palaeoloxodon antiquus) und Biber (Trogontherium cuvieri und Castor fiber). Schr Naturwiss Ver Schleswig-Holstein 53:133–153

Haase G, Lieberoth L, Ruske G (1970) Sedimente und Paläoböden im Lößgebiet. In: Richter H et al. (Hrsg) Periglazial-Löß-Paläolithikum im Jungpleistozän der Deutschen Demokratischen Republik. Ergänzungsh Petermanns Geogr Mitt 274:99–112

Heinrich W-D (1978) Zur biometrischen Erfassung eines Evolutionstrends bei Arvicola (Rodentia, Mammalia) aus dem Pleistozän Thüringens. Säugetierkd Inf 2:3–21

Heinrich W-D (1980a) Kleinsäugerfunde aus dem Travertinkomplex von Bilzingsleben. Vorläufige Mitteilung. Ethnogr-Archäol Z 21:36–41

Heinrich W-D (1980b) Biostratigraphische Aspekte einer neuen Kleinsäugerfauna aus dem Unteren Travertin von Weimar-Ehringsdorf. Z geol Wiss 8 (7):923–927

Heinrich W-D (1981) Zur stratigraphischen Stellung der Wirbeltierfaunen aus den Travertinfundstätten von Weimar-Ehringsdorf und Taubach in Thüringen. Z geol Wiss 9 (9):1031–1055

Heinrich W-D (1982) Zur Evolution und Biostratigraphie von Arvicola (Rodentia, Mammalia) im Pleistozän Europas. Z Geol Wiss 10 (6):683–735

Heinrich W-D (1986) Fossile Säugetierreste aus dem Rixdorfer Horizont. In: Kurzreferate und Exkursionsführer „25 Jahre AK ‚Quartärgeologie' der GGW". Berlin, S. 21–24

Heinrich W-D (1987) Neue Ergebnisse zur Evolution und Biostratigraphie von Arvicola (Rodentia, Mammalia) im Quartär Europas. Z Geol Wiss 15 (3):389–406

Heinrich W-D (1989) Biometrische Untersuchungen an Fossilresten des Bibers (Castor fiber L.) aus thüringischen Travertinen. Ein Beitrag zur Altersstellung der Fundstätte Bilzingsleben. Ethnogr-Archäol Z 30 (3):379–393

Heinrich W-D, Jánossy D (1977) Insectivoren und Rodentier aus dem Travertin von Taubach bei Weimar. Quartärpaläontologie 2:401–411

Heinrich W-D, Jánossy D (1978a) Insectivoren und Rodentier aus dem Travertin von Burgtonna in Thüringen. Quartärpaläontologie 3:167–170

Heinrich W-D, Jánossy D (1978b) Fossile Säugetierreste aus einer jungpleistozänen Deckschichtenfolge über dem interglazialen Travertin von Burgtonna in Thüringen. Quartärontologie 3:231–254

Hennig G et al. (1983) Th-230-/U-234- sowie ESR-Altersbestimmungen einiger Travertine in Ungarn. Eiszeitalter Ggw 33:9–19

Jánossy D (1961) Die Entwicklung der Kleinsäugerfauna Europas im Pleistozän (Insectivora, Rodentia, Lagomorpha). Z Säugetierkd 26:40–50

Kahlke H-D (1960) The Early Middle Pleistocene mammalian fauna of Süssenborn. In: Mammalia Pleistocaenica I. Anthrópos Brno (Suppl) S. 77–99

Kahlke H-D (1961) Revision der Säugetierfaunen der klassischen deutschen Pleistozän-Fundstellen von Süßenborn, Mosbach und Taubach. Geologie 10 (4/5):493–532

Kahlke H-D (1965a) Die Rhinocerotiden-Reste aus den Tonen von Voigtstedt in Thüringen. Paläontol Abh, Abt A, 1 (2/3):451–519

Kahlke H-D (1965b) Die stratigraphische Stellung der Faunen von Voigtstedt. Zur Grenze des Kontinentalen Unterpleistozäns/Mittelpleistozäns im zentraleuropäischen Raume. Paläontol Abhh, Abt A, 2 (2/3):691–692

Kahlke H-D (Hrsg) (1965c) Das Pleistozän von Voigtstedt. Paläontol Abh, Abt A, 2 (2/3):221–692

Kahlke H-D (1969a) Die Rhinocerotiden-Reste aus den Kiesen von Süßenborn bei Weimar. Paläontol Abh, Abt A, 3 (3/4):667–709

Kahlke H-D (1969b) Die stratigraphische Stellung der Kiese von Süssenborn bei Weimar. Paläontol Abh, Abt A, 3 (3/4):787–788

Kahlke H-D (Hrsg) (1969c) Das Pleistozän von Süßenborn. Paläontol Abh, Abt A, 3 (3/4):367–788

Kahlke H-D (1975) The Macro-Faunas of continental Europa during the Middle Pleistocene: stratigraphic sequence and problems of intercorrelation. In: Butzer KW, Isaac C (Hrsg) After the Australopithecines: stratigraphy, ecology, and culture change in the Middle Pleistocene. The Hague, S. 309–374

Kahlke H-D (1982) Hippopotamus antiquus DESMAREST, 1822 aus dem Pleistozän von Meiningen in Südthüringen (Bezirk Suhl). Z Geol Wiss 10 (7):943–949

Keilhack K (1896) Die Geikiesche Gliederung der nordeuropäischen Glazialablagerungen. In: Jahrb Kgl preuss Geol Landesanst 16:111–124

Koenigswald von W (1973) Veränderungen in der Kleinsäugerfauna von Mitteleuropa zwischen Cromer und Eem (Pleistozän). Eiszeitalter Ggw 23/24:159–167

Kretzoi M (1965) Die Nager und Lagomorphen von Voigtstedt in Thüringen und ihre chronologische Aussage. Paläontol Abh, Abt A, 2 (2/3):585–679

Kretzoi M (1969) Die Castor- und Trogontherium-Reste aus den Kiesen von Süßenborn bei Weimar. Paläontol Abh, Abt A, 3 (3/4):771–783

Kretzoi M (1975) Die Castor-Funde aus dem Travertinkomplex von Weimar-Ehringsdorf. Abh Zentral Geol Inst 23:513–532

Kretzoi M (1977) Die Castor-Reste aus den Travertinen von Taubach bei Weimar. Quartärpaläontologie 2:389–400

Kukla GJ (1975) Loess stratigraphy of Central Europe. In: Butzer KW, Isaac C (Hrsg) After the Australopithecines: stratigraphy, ecology, and culture change in the Middle Pleistocene. The Hague, S. 99–188

Kukla GJ (1977) Pleistocene land-sea correlations, I. Europe. Earth Sci Rev 13:307–374

Maglio VJ (1973) Origin and evolution of the Elephantidae. Transactions Am Phil Soc, New Ser 63 (3):1–149

Mania D (1983a) Homo erectus aus dem mittelpleistozänen Travertin von Bilzingsleben (DDR). Schriftenr Geol Wiss 19/20:281–302

Mania D (1983b) Bedeutung und Voraussetzungen der Untersuchungen zur Ökologie des Homo erectus von Bilzingsleben. In: Mai DH et al. (Hrsg) Bilzingsleben II. Homo erectus – seine Kultur und seine Umwelt. Veröffentl Landesmuseums Vorgesch 36:9–22

Menke B (1975) Vegetationsgeschichte und Florenstratigraphie Nordwestdeutschlands im Pliozän und Frühquartär. Mit einem Beitrag zur Biostratigraphie des Weichselfrühglazials. Geol Jahrb Hannover A, 26:3–151

Nolte H, Wolfram H-J, Wöllner H (1969) Überblick über die Forschungsgeschichte der Pleistozän-Fundstelle Süßenborn bei Weimar. Paläontol Abh, Abt A, 3 (3/4):373–383

Penck A (1879) Die Geschiebeformation Norddeutschlands. Z Geol Ges 31:117–203

Rutte E (1977) Bemerkungen zur Formation Quartär. Ber Naturforsch Ges Freib i Brsg 67:287–296

Schreuder A (1949) Trogontherium cuvieri in den Kiesen von Süßenborn. Neues Jahrb Mineral Geol Paläontol, Abt B, Stuttgart, S. 352–353

Soergel W (1912) Elephas trogontherii (Pohl.) und Elephas antiquus (Falc.), ihre Stammesgeschichte und ihre Bedeutung für die Gliederung des deutschen Diluviums. Palaeontographica 60:1–114

Soergel W (1914) Die diluvialen Säugetiere Badens. Ein Beitrag zur Paläontologie und Geologie des Diluviums, 1. Teil: Älteres und mittleres Diluvium. Mitt Großherzoglich Badischen Geol Landesanst 9 (1):1–254

Soergel W (1920) Der Siebenschläfer aus den Kiesen von Süßenborn bei Weimar. Z Dtsch Geol Ges 71:59–79

Soergel W (1924) Die diluvialen Terrassen der Ilm und ihre Bedeutung für die Gliederung des Eiszeitalters. Jena

Soergel W (1939) Unter welchen klimatischen Verhältnissen lebten zur Bildungszeit der altdiluvialen Kiese von Süßenborn Rangifer, Ovibos und Elephas trogontherii in Mittel- und Norddeutschland? Z Dtsch Geol Ges 91:828–835

Soergel W (1942) Die Verbreitung des diluvialen Moschusochsen in Mitteleuropa. Beitr Geol Thüringen 7:75–95

Steinmüller A (1969) Das Kieslager von Süßenborn bei Weimar (Geologischer Teil). Paläontol Abh, Abt A, 3 (3/4):391–414

Steinmüller A (1972) Die Schichtenfolgen von Süßenborn und Voigtstedt und die Gliederung des Mittelpleistozäns. Geologie 21 (2):149–165

Steinmüller A (1978) Genese und Sedimentologie der kaltzeitlichen fluviatilen Ablagerungen im südlichen Gebiet der skandinavischen Inlandeisbedeckung. Schriftenr Geol Wiss 9:219–230

Steinmüller A (1982) Die Flußterrassen und die Klimastratigraphie des Pleistozäns. Petermanns Geogr Mitt 126 (2):113–118

Thenius E (1962) Die Großsäugetiere des Pleistozäns von Mitteleuropa. Z Säugetierkd 27 (2):65–83

Tobien H (1968) Typen und Genese tertiärer Säugerlagerstätten. Eclogae Geol Helv 61 (2):549–575

Toepfer V (1957) Die Mammutfunde von Pfännerhall im Geiseltal. Veröffentl Landesmuseums Vorgesch 16

Toepfer V (1963) Tierwelt des Eiszeitalters. Leipzig

Toepfer V (1970) Stratigraphie und Ökologie des Paläolithikums. In: Richter H et al. (Hrsg) Periglazial – Löß – Paläolithikum im Jungpleistozän der Deutschen Demokratischen Republik. Ergänzungsh Petermanns Geogr Mitt 274:329–422

Unger KP (1974) Quartär. In: Hoppe W, Seidel G (Hrsg) Geologie von Thüringen. Gotha/Leipzig, S. 742–781

Unger KP (1976) Gliederungstabelle der quartären Flußablagerungen im südlichsten Randbereich des skandinavischen Vereisungsgebietes. Z Geol Wiss 4 (6):797–799

Wiegank F (1975) Paläomagnetische Untersuchungen zur Quartärstratigraphie in der DDR (Mittelpleistozän von Voigtstedt). Gerlands Beitr Geophys 84:215–222

Wiegank F (1979) Palaeomagnetic dating and correlation of Quaternary deposits in the GDR. In: Quaternary Glaciations in the Northern Hemisphere. IUGS-UNESCO Intl Geol Corr Progr, Project 73/1/24, Prague 5:254–262

Wiegank F (1982) Ergebnisse magnetostratigraphischer Untersuchungen im höheren Känozoikum der DDR. Z Geol Wiss 10 (6):737–744

Wiegank F (1987) Untersuchungen zur Chronostratigraphie des Mittel- und Jungquartärs der DDR. Z Geol Wiss 15 (2):263–279

Woldstedt P, Duphorn K (1974) Norddeutschland und angrenzende Gebiete im Eiszeitalter. Stuttgart

Wüst E (1900) Untersuchungen über das Pliozän und das älteste Pleistozän Thüringens nördlich vom Thüringer Walde und westlich der Saale. Abh Naturforsch Ges Halle 23:1–352

Zeuner F (1935) Die Beziehungen zwischen Schädelform und Lebensweise bei den rezenten und fossilen Nashörnern. Ber Naturforsch Ges Freib i Brsg 34:21–80

2.2 Holstein-Interglazial und Saale-I-Geschiebemergel im Kliff von Kühlungsborn-Ost

ALEXANDER G. CEPEK und KLAUS ERD

Problemstellung

Die Kliffprofile an der Ostsee und den Boddenküsten der ehemaligen DDR sind nicht reich an interglazialen Ablagerungen. Das sollte ein Grund mehr dafür sein, diese zumeist biostratigraphisch korrelierbaren Leithorizonte als Ausgangspunkte zu nutzen, um weitere stratigraphische Ableitungen im Pleistozän möglichst sicher vorzunehmen.

Für die marinen Cardiumtone im Kliffprofil zwischen Kühlungsborn und der Mündung des Fulgenbaches (Abb. 1) war viele Jahre ein letztinterglaziales Alter (= Eem) angenommen worden (Sander 1958; Gehl 1961; Ludwig u. Pipping 1963; Heerdt 1965, 1966). Schon Ludwig (1964, S. 114, 116) wies aber darauf hin, daß die Faunenfunde zu unzureichend sind, um ein bestimmtes interglaziales Alter der Cardiumtone festzulegen. Die Neubearbeitung der Foraminiferenfaunen der marinen Interglazialfundpunkte (Wiegank 1972) konnte auch keine für ein bestimmtes Interglazial charakteristische Leitart in den Cardiumtonen von Kühlungsborn nachweisen.

Schon vorher hatte Heerdt (1965, S. 599) wegen des Fehlens von Leitarten in der Fauna die Cardiumtone von Kühlungsborn als eemzeitlich interpretiert, weil sie von einem „stark sandigen" und gestauchten Geschiebemergel überlagert werden, den er mit dem „m 3"-Geschiebemergel der Profile Stoltera und Kühlung (Abb. 1) korrelierte (Brandenburger und Frankfurter Stadial; Heerdt 1965, S. 596/597).

Im Zuge ihrer Arbeiten für ein stratigraphisches Korrelationsschema des Quartärs der DDR (TGL 25234/07) hatten Cepek und Erd bereits 1963 das Kliffprofil Kühlungsborn-Ost untersucht, um hier ein leicht zugängliches Richtprofil, insbesondere für die Grundmoränenstratigraphie, zu schaffen. Durch die palynologischen Ergebnisse von Erd (1966) konnte das holsteinzeitliche Alter der Cardiumtone von Kühlungsborn bewiesen werden, nach den begleitenden Grundmoränen und der Position bezüglich des Meeresspiegels ist die Schollennatur dieser Ablagerungen sehr wahrscheinlich (Cepek 1966, 1967, 1968). Das Material für die Neueinstufung der Cardiumtone wird hier erstmalig vorgelegt.

Schichtenfolge und Lagerungsverhältnisse

Der untersuchte Kliffaufschluß liegt ca. 300 m östlich der Seebrücke von Kühlungsborn. Eine erste publizierte Darstellung dieses Kliffs gab Ludwig (1964, Abb. 44). Die hier diskutierte und in Abbildung 2

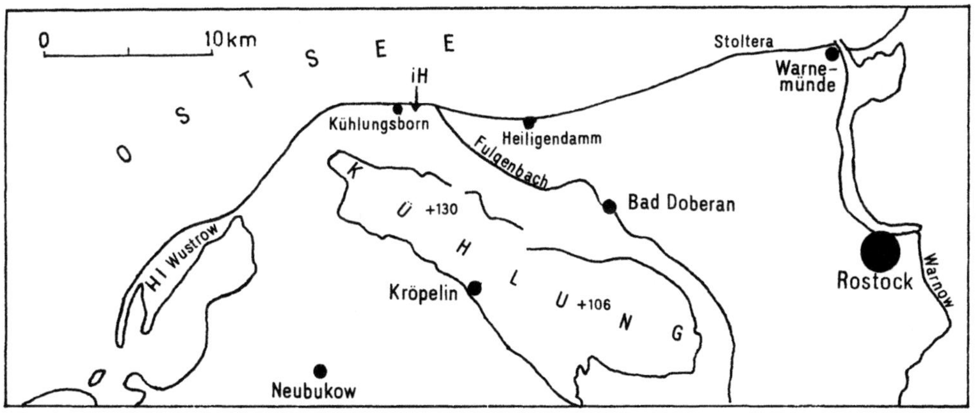

Abb. 1. Übersichtskarte. iH = Holstein-Interglazial-Scholle von Kühlungsborn-Ost

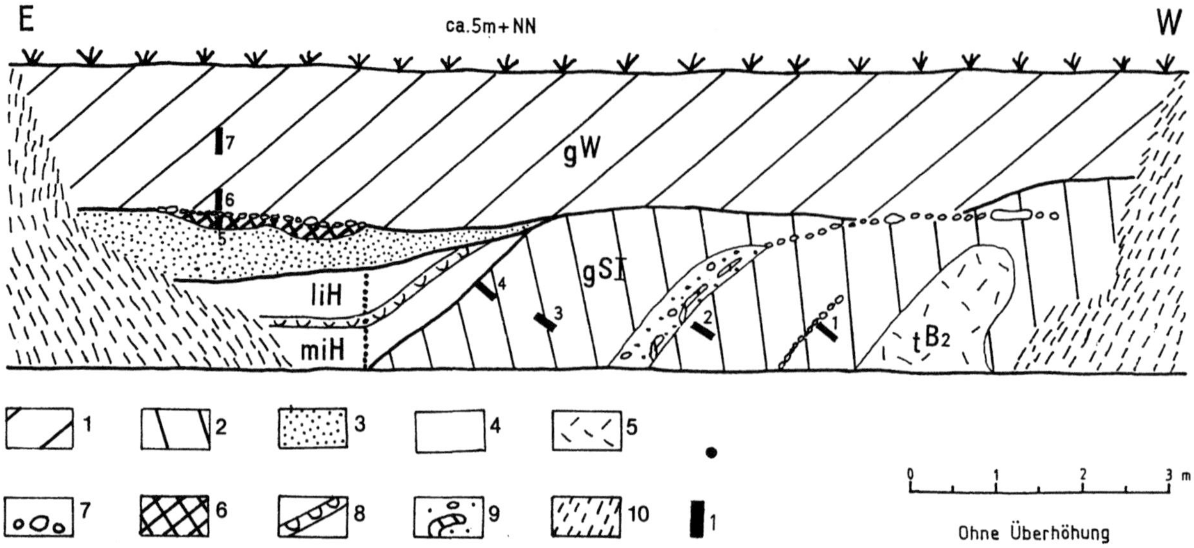

Abb. 2. Lagerung der Schichtenfolge östlich von Kühlungsborn-Ost am Fundpunkt *D* des Interglazialtons. (Aufnahme von Cepek 1963). *1* oberer Geschiebemergel bzw. -lehm, Weichsel-Glazial (gW), Rosenthaler Staffel; *2* unterer Geschiebemergel, Saale-I-Glazial (gSI); *3* Feinsande (limnisch-fluviatil?); *4* Tonschluffe, Holstein-Interglazial (iH), l = limnisch, m = marin; *5* Untereozänton (t^{B_2}); *6* mittlerer Geschiebemergel (problematisch, Elster-Glazial(?)); *7* Geschiebelage („Steinsohle"); *8* Cardiumlage; *9* pleistozäne Sandschicht mit Geschiebemergelfetzen; *10* Abrutschmassen; ● Position der Pollenproben; ■ 1 Position und Nummer der Geschiebemergelproben

skizzierte Probenentnahmestelle entspricht Ludwigs Probeentnahmestellen D (Interglazialton) sowie 1 und 3 (Geschiebemergel). Die Autoren stellten folgende Schichten fest:

Eine obere Grundmoräne von rund 2–2,5 m Mächtigkeit überdeckt mit leicht welliger Unterkante eine gestörte Schichtenfolge. Die obere Grundmoräne ist bis etwa 1,8 m Tiefe entkalkt (Geschiebelehm), der intakte, hell- bis olivbraune Geschiebemergel ist recht sandig, aber kompakt und stellt eine normale Basalmoräne (ungeschichtet) mit söhligen Texturflächen dar.

Unter der Diskordanz an der Basis der oberen Grundmoräne folgen im östlichen Teil des Aufschlusses geringmächtige (bis 0,3 m), zum Teil völlig auskeilende Reste eines graubraunen Geschiebemergels, der durch eine Steinsohle (den Erosionsrest der ehemaligen oberen Partien) deutlich von der oberen Grundmoräne getrennt ist. Auch bei diesem „mittleren" Geschiebemergel handelt es sich um eine echte Basalmoräne. Unter ihr lagern graugelbe Feinsande (bis 1,3 m mächtig, schwach schluffig und mittelsandig), die kalkfrei sind. Diese Feinsande gleichen kaltzeitlich limnischen bis fluviatilen Sedimenten, wie wir sie aus dem Weichselfrühglazial, aber auch aus der Fuhne-Kaltzeit kennen. Die Grenzen zwischen ihnen und den Interglazialtonen ist – nach der Winkeldiskordanz zur Cardiumlage – erosiver Natur. Es folgen die interglazialen Tone mit der „Cardiumlage" (vom Liegenden zum Hängenden):

(a) 0,6 m mächtige Tonschluffe, dunkelgrau, schwach feinsandig, schwach kalkhaltig, vereinzelte Cardien (= miH);

(b) 0,2 m mächtiger Tonschluff, dunkelgrau und weiß durch zahlreiche Muschelschalen, zumeist Schalenbruch, aber auch vollständige Einzelschalen und zweiklappige Exemplare von *Cardium sp.*; schwach feinsandig, kalkhaltig = Cardiumlage;

(c) 0,5 m mächtige Tonschluffe, dunkelgrau, schwach feinsandig, kalkfrei, ohne Cardien (!), vereinzelt rostfleckig (= liH);

(d) 0,1 m mächtiger Schluff, oliv, stark feinsandig, millimeterdünn hellgrau feinsandgebändert, kalkfrei (= Übergang zu den Feinsanden?);

Die interglazialen Tonschluffe fallen mit 30–40° nach Osten ein (gemessen an der Cardiumlage), parallel zu ihrer auf dem unteren Geschiebemergel lagernden Basisfläche und den im Saale-I-Geschiebemergel zu beobachtenden Texturen (Abb. 2). Die Cardiumlage zeichnet noch den Stauchmuldenkern (innerhalb der Holstein-Scholle) nach, es folgen in östliche Richtung auf etwa 5 m Abrutschmassen. Geht man dann noch ca. 5 m weiter nach Osten, so findet man aufsteigende Interglazialtone zwischen den Feinsanden und dem unteren Geschiebemergel (= Probeentnahmestelle E bei Ludwig 1964; hier nicht dargestellt). Dort wurde die Grenzfläche Interglazialton/unterer Geschiebemergel von den Autoren zu 155°/40±5° Westsüdwest eingemessen; sie stellt, wie die Ergebnisse in den folgenden Abschnit-

Tabelle 1. Ergebnisse der Geschiebeanalysen (Fraktion 4 – 10 mm). Von jeder Probe wurden 5,0 kg trockenes Ausgangsmaterial untersucht. Die Probe 7 ist mit den übrigen Probenergebnissen nur teilweise vergleichbar wegen der in dieser Probe festgestellten Karbonatverwitterung (Weichselspätglazial bis rezent). Der G/kg-Wert ist zweimal berechnet: mit bzw. ohne eozäne Lokalgeschiebe.

Probe		Anteil in %								
	G	NK	PK	D	PS	F	S	Q+SO	MK	Eoz
1	267	28,8	34,5	0,4	3,0	1,1	11,2	3,0	4,1	13,9
2	380	21,8	20,5	0	2,4	3,2	8,4	3,9	7,3	32,6
3	367	31,1	24,5	0,8	2,2	3,8	11,2	3,8	4,6	18,2
4	347	27,4	23,6	0,6	2,9	6,6	10,9	3,7	6,9	17,3
5	339	31,6	18,9	0	2,9	12,4	11,2	6,8	16,2	0
6	236	22,9	26,3	0	8,5	5,1	13,1	7,2	16,9	0
7	183	36,6	8,7	0	18,6	8,2	14,8	9,9	3,3	0

Probe	Bemerkungen	G/kg +Eoz	G/kg −Eoz	Ffr+PS+PK (=100%)			NK/PS	NK/D	PK+D/S	NK/PK	Ffr/PK	PKgr/PKr+sz
1		53	46	3	8	89	9,6	77,0	3,1	0,8	0,03	91,1
2		76	51	12	9	79	9,2	∞	2,4	1,1	0,15	8,8
3	+0,3% XY	73	60	12	7	81	14,2	38,0	2,3	1,3	0,16	21,5
4		69	57	18	9	73	9,5	47,5	2,2	1,2	0,24	∞
5	(4,7% Q)	–	68	35	9	56	10,7	∞	1,7	1,7	0,62	5,4
6		–	47	12	21	67	2,7	∞	2,0	0,9	0,18	7,9
7	(SO = z. T. NB)	–	37	18	56	26	2,0	∞	0,6	4,2	0,69	7,0

G = Zahl der Geschiebe (4 – 10 mm)
NK = Nordisches Kristallin
PK = Paläozoische Kalksteine (gr = graue, r = rote, sz = Stinkkalke)
D = Dolomitsteine
PS = Paläozoische Schiefertone
F = Feuersteine (fr = „frische"; unverwittert und nicht abgerollt)
S = Sandsteine und Quarzite
Q + SO = Quarz und sonstige
MK = Mesozoische Karbonatsteine (hier vorherrschend Oberkreide)
Eoz. = Eozäne „Scherbelsteine" (in zwei Varianten – s. S. 89)
XY = Xylite
NB = Neubildungen

ten zeigen, eine glazigene Schollengrenze dar. Im Interglazialton sind auf glazigene Beanspruchung hinweisende Harnische zu beobachten.

Der untere Geschiebemergel ist eine dunkelgraue bis graubraune, kompakte Basalmoräne, schwach tonig und besitzt eine erhöhte, auf die eozänen „Scherbelsteine" zurückgehende Geschiebeführung (vgl. auch G/kg-Werte in Tabelle 1). Infolge einer engstehenden Druckklüftung fällt er kleinstückig an; er zeigt keine Entkalkungserscheinungen. Auffällige Einlagerungen sind eine Untereozänscholle (grauoliver Tonschluff, kalkfrei, mit feinkristallinem Gips; zerschert), eine Pleistozänsandschliere, die in eine Geschiebelage (= Steinsohle) übergeht und eine weitere Steinsohle (Abb. 2).

Die pleistozäne Sandschliere besteht aus hellgrauen Mittelsanden (feinsandig, schwach grobsandig, vereinzelte skandinavische Kiese, schwach kalkhaltig) sowie zahlreichen zentimeter- bis dezimeterdünnen Schlieren und Fetzen aus Geschiebemergel mit Verbindungen zu dem im Liegenden folgenden Geschiebemergel. Nach oben geht die Sandeinlagerung in eine Steinsohle über, die nach der Einregelung plattiger Geschiebe nach Westen in eine horizontale Lagerung übergeht. Die Sandschicht mit Geschiebemergelfetzen wie die Steinsohle werden als Scherschicht mit syngenetischen Schmelzwassereinwirkungen gedeutet, die später im Zuge glazigener Stauchung verbogen wurde. Auch die nach oben aussetzende zweite Steinsohle im unteren Geschiebemergel wird als eine derartige Scherschicht interpretiert, da sich die Geschiebeanalysen der begrenzenden Proben nicht wesentlich unterscheiden (Tabelle 1).

Gegenüber der Darstellung bei Ludwig (1964, Abb. 44), die auf Kliffaufnahmen des Jahres 1958 basiert, fehlten bereits 1963 die pleistozäne Beckentonscholle und die westlich folgende Untereozän-Tonscholle, die offensichtlich dem Kliffabbruch zum Opfer gefallen waren; dafür sind neue Schichten zum Vorschein gekommen (Sandschliere und Steinsohlen; Abb. 2). Die hier dargestellte Abtrennung des „mittleren" Geschiebemergels steht in Übereinstimmung mit den Beobachtungen von Sander (1958) und Heerdt (1965). Damit kann der Auffassung von Ludwig (1964), der den mittleren und unteren Geschiebemergel zusammenfaßte, insbesondere wegen der unterschiedlichen Geschiebeführung, nicht gefolgt werden (Tabelle 1).

Vegetationsentwicklung

Die Proben 1, 3, 9 und 14 enthielten nach der Aufbereitung sehr viel Schmutz, viele bis wenige korrodierte, nicht identifizierbare organische Reste und nur vereinzelte bis keine, meist stark angegriffene Pollenkörner. Aus diesen Proben konnten keine pollenanalytischen Aussagen gewonnen werden. In den Präparaten aus den Proben 2, 4, 5, 12 und 13 war die Pollendichte gering und die Pollenerhaltung im allgemeinen nicht besonders gut. Bei gleichbleibend schlechter Pollenerhaltung wiesen die Proben 6, 7, 8, 10 und 11 meist eine relativ hohe Pollendichte auf. In den beiden letztgenannten Probengruppen war eine Auszählung prinzipiell möglich. Daß sie in den Proben 5 und 12 trotzdem nicht vorgenommen wurde, liegt daran, daß keine neuen Ergebnisse für die Vegetationsentwicklung zu erwarten waren. Eine Auszählung über 250 Landpflanzenpollenkörner hinaus schien wegen der schlechten Pollenerhaltung und der meist geringen Pollendichte wenig sinnvoll. Bis auf eine Ausnahme konnten jedoch keine Anzeichen für eine selektive Korrosion festgestellt werden. Dies betrifft Probe 2, in der die Luftsackpollenkörner eindeutig überrepräsentiert sind (Pinus, Abies, Picea). Selbst die im allgemeinen recht widerstandsfähigen Alnus-Pollenkörner sind oft völlig ausgebleicht und kaum kenntlich. Dieses Pollenspektrum ist deshalb bei der Interpretation der Vegetationsentwicklung umzubewerten. Die Ergebnisse aller quantitativen Auswertungen sind vollständig im Pollendiagramm (Abb. 3) enthalten.

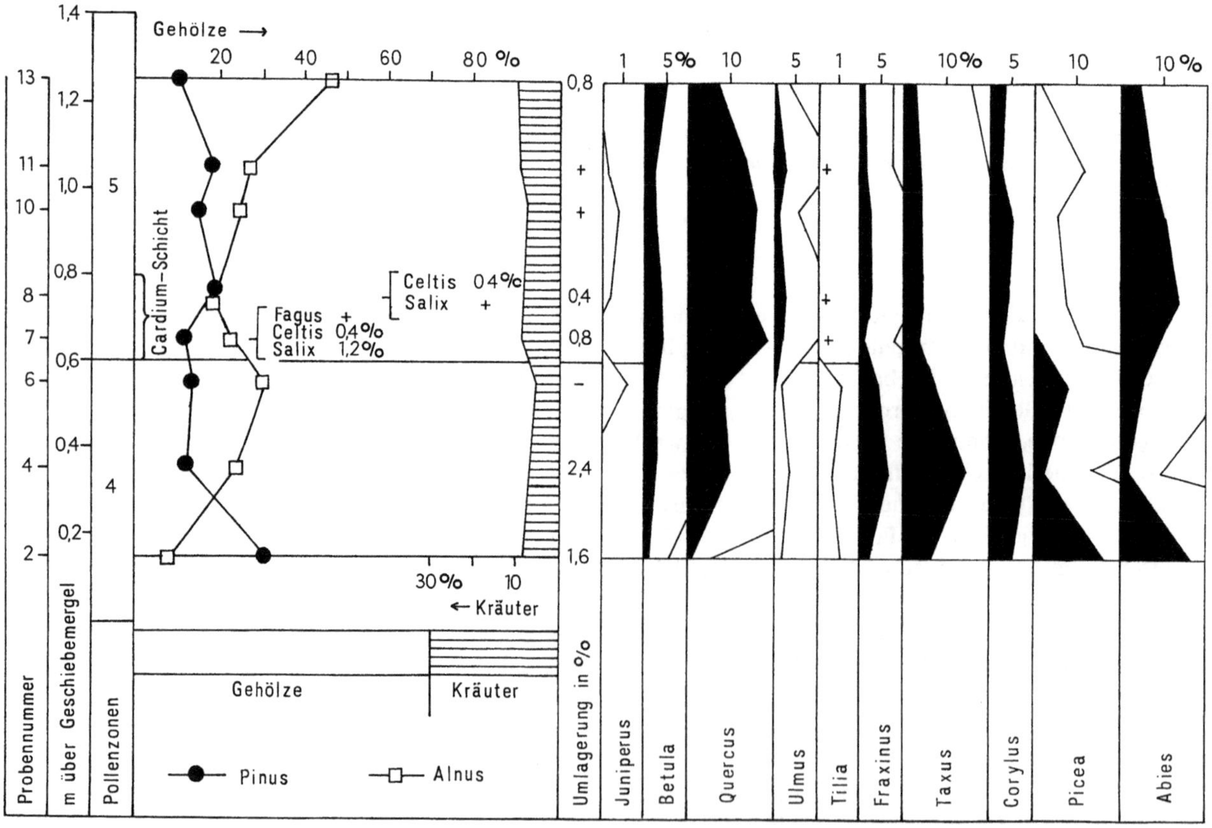

Abb. 3. Pollendiagramm der holstein-interglazialen Tonscholle von Kühlungsborn-Ost (1963). Die Grundsumme (250 Pollenkörner) bilden die Landpflanzen (Gehölze und Kräuter), Fundorte außerhalb des ausgezählten Bereichs sind mit + gekennzeichnet. Die im Vollton dargestellten Kurven wurden zur Verdeutlichung von niedrigen Werten zusätzlich durch eine 5fach überhöhte Silhouette ergänzt

Pollenzone 4

Die unterste Probe ist in ihrer ursprünglichen Zusammensetzung wahrscheinlich ähnlich einzuschätzen, wie die darüber folgende Probe 4. Demzufolge sind die Werte der widerstandsfähigen Formen Pinus, Picea und Abies zu reduzieren, während die übrigen, darunter vor allem Alnus, Quercus, Taxus, Corylus, Fraxinus und Carpinus, erhöht werden müssen. Bei der Beurteilung dieser Zone wird deshalb im wesentlichen von den beiden oberen Proben 4 und 6 ausgegangen.

Unter den Gehölzen, die in dieser Zone stets über 90% aller Landpflanzenpollenkörner stellen, dominiert eindeutig Alnus. Daneben sind Pinus, Quercus, Taxus, Corylus, Picea, Fraxinus und Carpinus sehr häufig vorhanden. Von den übrigen, schwächer vertretenen Gehölzen treten Abies und Betula häufiger auf als Tilia, Ulmus und Ilex. Juniperus, Buxus und Acer sind nur in Probe 6 in geringer Anzahl nachgewiesen worden.

Der geringe Kräuteranteil wird von Calluna, Pteridium und von Gramineen beherrscht. Ericaceae p.p., Chenopodiaceae, Carex-Typ und Artemisia kommen ebenfalls relativ regelmäßig vor. Aufgrund der höheren Pollendichte konnten in Probe 6 noch Vitis, Hedera, Osmunda, *Ramischia secunda, Lycopodium anotinum* und Umbelliferae vereinzelt beobachtet werden.

An Sumpfpflanzen kommen Sphagnum und Polypodiaceae mit Werten von 1–2% vor. Die Röhrichtpflanzen vom Pollentyp Typha/Sparganium und *Typha latifolia* sind nur in je einer Probe in geringer Anzahl vorhanden. Unter den Planktonorganismen fällt die große Anzahl der fein behaarten, zarten „Hystrichosphaerideen" (vgl. Erd 1969, 1972, 1973b; Cepek und Erd 1975) auf, die brackische oder marine Verhältnisse im Sedimentationsraum anzeigen. Ebenfalls recht häufig sind die kleinen, runden, starren Plankter (Cyanophyceae?). Die eingeschwemmten Süßwasserformen *Pediastrum boryanum* und *P. kawraiskyi* sind relativ selten.

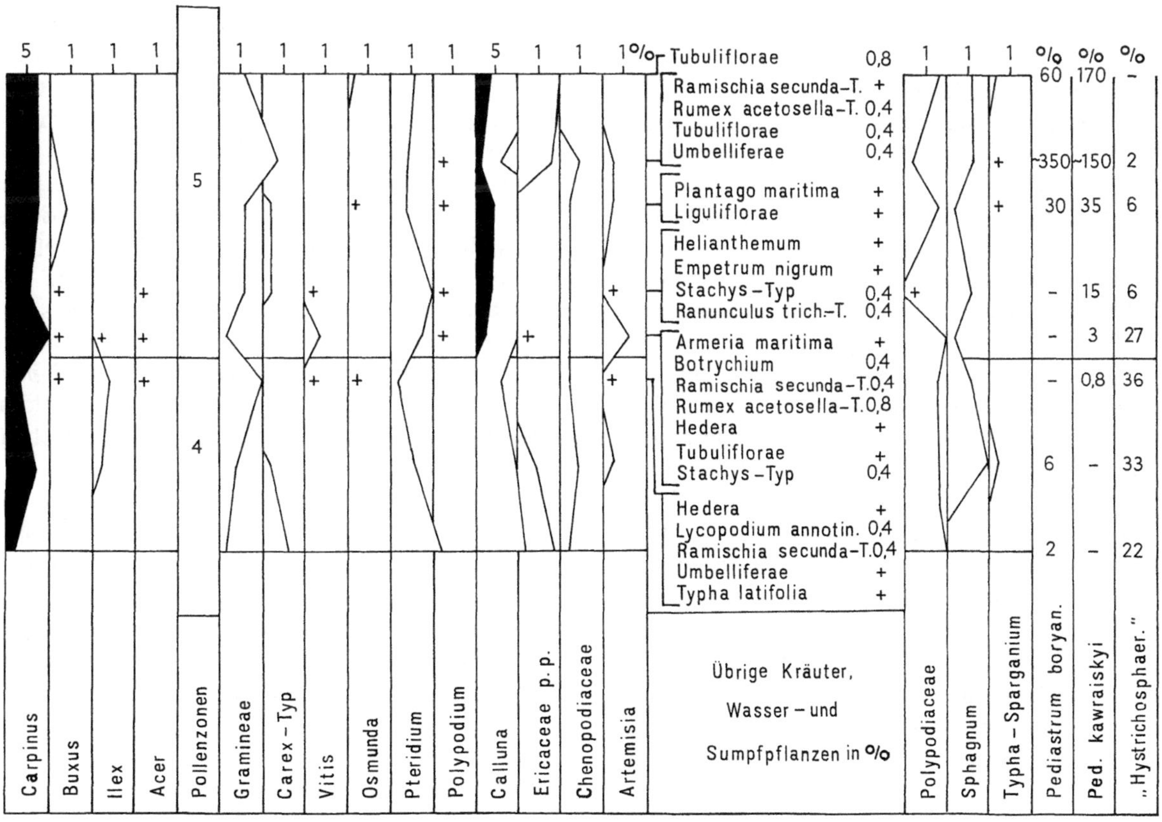

Abb. 3. (Fortsetzung)

Der Anteil an umgelagerten Sporomorphen ist hier und in der folgenden Zone so gering, daß er sich nicht störend auf die Interpretation der Pollenspektren auswirken kann.

Pollenzone 5

Nachdem die Alnus-Werte unten etwas zurückweichen und in der Probe 8 Pinus ebenso häufig auftritt wie Alnus, steigt die Kurve von Alnus danach wieder rasch an und erreicht in der obersten Probe über 50% des Gehölzpollenanteils. Demzufolge sinken die Werte der übrigen wichtigen Gehölze bis auf die von Carpinus und Betula nach oben hin deutlich ab. Nach Alnus sind Pinus, Quercus, Abies und Carpinus die wichtigsten Waldbildner, wobei die drei letzteren hier erheblich stärker vertreten sind als in Zone 4. Die besonders oben etwas häufigere Betula, die gegenüber der vorangehenden Zone verminderten Gattungen Taxus, Corylus, Fraxinus und Picea sowie das in Zone 5 im Gegensatz zu Zone 4 deutlich häufigere Auftreten von Ulmus sind, wenn auch in geringerem Maße, ebenfalls wichtige Bestandteile des interglazialen Waldes. Tilia, die in Zone 4 regelmäßig vorkam, tritt in Zone 5 nur noch vereinzelt auf. Bemerkenswert ist das Vorkommen von Celtis in den beiden untersten Proben und das im Gegensatz zu Zone 4 regelmäßige Auftreten von Buxus. Juniperus ist nur unbedeutend vertreten. Acer und Salix wurden in je zwei Proben festgestellt, während Fagus und Ilex nur je einmal in der Cardiumschicht nachzuweisen waren.

Die weiterhin geringe, aber gegenüber Zone 4 leicht erhöhte Kräutermenge wird im wesentlichen von Calluna und Pteridium gestellt, die zusammen mit den im allgemeinen seltenen Formen Ericaceae p.p., *Ramischia secunda*, Polypodium, Osmunda, *Rumex-acetosella*-Typ, *Empetrum nigrum* und Botrychium saure Waldbodenstandorte anzeigen. Weitere, relativ häufige Komponenten sind die hauptsächlich als Strandheliophyten anzusehenden Gramineae, Chenopodiaceae und Artemisia. Zu dieser Gruppe gehören auch die vereinzelt vorkommenden Pflanzen Helianthemum, *Armeria maritima* und *Plantago maritima*. Von den restlichen Kräutern gibt es Carex-Typ, Vitis, Tubuliflorae und Stachys-Typ meist nur in 2 Proben der Zone 5, während Hedera, Liguliflorae und Umbelliferae nur in einer Probe vorkommen. Vitis ist eine charakteristische Liane des gemäßigten Auenwaldes im interglazialen Optimum.

Die Sumpfbewohner Sphagnum und Polypodiaceae treten regelmäßig auf. Die Röhrichtpflanzen vom Pollentyp Typha-Sparganium kommen nur in den drei obersten Proben vor. Der *Ranunculus-trichophyllus*-Typ aus der Schwimmblattzone wurde nur in einer Probe beobachtet. Von den Planktern sind die auf Salzwasser angewiesenen „Hystrichosphaerideen" nur noch in der untersten Probe sehr häufig. Danach gehen ihre Werte sehr rasch zurück. Im Verlauf dieser Aussüßung steigt die Anzahl der Süßwasserplankter (*Pediastrum boryanum* und *P. kawraiskyi*) in Probe 8 an und erreicht in Probe 10, besonders jedoch in den Proben 11 und 13 hohe Werte. In diesen Abschnitt ist wahrscheinlich der Fund von *Azolla filiculoides* zu stellen, den Schulz (1961) erwähnt. *Pediastrum duplex* ist nur in der obersten Probe vertreten. Die Werte der kleinen runden Plankter (Cyanophyceae?) schwanken stark, lassen jedoch keinen gesetzmäßigen Zusammenhang mit der Regression des interglazialen Meeres erkennen.

Diatomeenflora

Schwarzenholz (1966) untersuchte eine von A. Ludwig entnommene Tonprobe, deren Lage im pollenanalytisch untersuchten Profil nur insofern eingegrenzt werden kann, als daß sie zum marinen, von 0–0,8 m reichenden Abschnitt gehören muß. Schwarzenholz kam zu folgendem Ergebnis: „Bei der Untersuchung wurde eine marine Diatomeenflora festgestellt. Der überwiegende Teil der Diatomeen liegt in Bruchstücken vor. 32 Arten, die zu 22 Gattungen gehören, konnten bestimmt werden (Tabelle 2). Als Hauptform wurde *Melosira* (*Paralia*) *sulcata* angetroffen. Diese Form ist durch ihre geringe Größe und den kräftigen Schalenbau sehr widerstandsfähig. *Coscinodiscus*-Arten wurden oft gefunden. Es waren jedoch nur wenige Exemplare bestimmbar, da sämtliche Formen zerbrochen sind. Auch Bruchstücke der Gattung *Diploneis* waren reichlich anzutreffen, die vorwiegend zu *Diploneis didyma* zu stellen sind.... . Die Diatomeenflora weist auf ein Gewässer mit mehr als 15‰ Salzgehalt hin" (vgl. Tabelle 2).

Das Vorkommen von *Terpsinoë americana* muß hervorgehoben werden, da Terpsinoë nach Schwarzenholz (1965) als lusitanische Form in den Wärmeoptima des Quartärs bis zur Litorina-Zeit des Holozäns auftritt, aber in Sedimenten des Holstein-Meeres am häufigsten nachgewiesen wurde und somit dieser Diatomeenart ein gewisser Leitwert zukommt.

Pollenstratigraphische Auswertung

Durch lithostratigraphische Untersuchungen der hangenden und liegenden Geschiebemergel durch A.G. Cepek (1966) wurden Zweifel an der bisher

Tabelle 2. Diatomeenflora – Liste der Arten und Zugehörigkeit zu Halotypen

Actinocyclus ehrenbergii Ralfs	M[a]
Actinoptychus undulatus Ehr.	M
Amphora libyca Ehr.	B-S
Aulacodiscus argus (Ehr.) A. Schmidt	M
Auliscus caelatus Bail.	M
Campylodiscus echeneis Ehr.	B
Chaetoceros-Sporen	M
Coscinodiscus sp.	M
C. apiculatus Ehr.	M
C. excentricus (Ehr.) Cl.	M
C. oculus-iridis Ehr.	M
C. radiatus Ehr.	M
Cyclotella iris Brun.	B
C. kützingiana Thwaites	S
Dimerogramma fulvum (Greg.) Ralfs	M
D. minor (Greg.) Bail.	M-B
Diploneis sp.	
D. bombus (Ehr.) Cl.	M
D. didyma (Ehr.) Cl.	M-B
Fragilaria leptostauron (Ehr.) Hust.	S
F. pinnata Ehr.	B-S
F. virescens Ralfs	S
Grammatophora angulosa Ehr.	M
G. oceanica (Ehr.) Grun.	M
Hyalodiscus scoticus (Kütz.) Grun.	M-B
H. subtilis Bail.	M
Melosira (Paralia) sulcata (Ehr.) Cl.	M
Navicula forcipata Grev.	M
Nitzschia punctata (W. Sm.) Grun.	B
Opephora marina (Greg.) Petit	B
Plagiogramma staurophorum (Greg.) Hust.	M
Stauroneis sp.	
Stephanopxys turris (Grev. u. Arn.) Ralfs	M
Terpsinoë americana (Bail.) Ralfs	M-B

[a] Bestimmung durch Hustedt nach Ludwig (1964, S. 113)
Halotyp M: Salzwasser
Halotyp B: Brackwasser
Halotyp S: Süßwasser

vorgenommenen Einstufung des marinen Tons von Kühlungsborn in das Eem-Interglazial geweckt. Eine vorläufige, qualitative pollenanalytische Untersuchung durch Erd (1966) ließ relativ sicher vermuten, daß die Tone in das Holstein-Interglazial gehören. Die seit 1971 vorliegende Auszählung des Gesamtprofils beweist die Richtigkeit dieser Vermutung.

Das Pollendiagramm (Abb. 3) zeigt einen Ausschnitt aus dem Optimum der Holstein-Warmzeit mit der Übergangsphase zwischen der Fichten- und der Tannen-Hainbuchen-Zeit (Zone 4) und der beginnenden Tannen-Hainbuchen-Zeit (Zone 5). Zum Vergleich sei beispielsweise auf die meist recht vollständigen Pollendiagramme der Holstein-Warmzeit aus den Profilen Pritzwalk, Granzin und Neuruppin hingewiesen (Erd 1969, 1972, 1973a, 1978; Cepek u. Erd 1975). Wie bei diesen Vorkommen wird in Kühlungsborn Zone 4 durch die noch recht hohen Picea-Werte, durch die noch etwas höheren Taxus-, Corylus- und Fraxinus-Werte, durch das kleine Tilia-Maximum, durch die ansteigenden Carpinus- und Abies-Werte und durch das nur sehr seltene Vorkommen von Buxus charakterisiert. In Übereinstimmung mit Pritzwalk liegen die Quercus-Werte in Zone 5 höher als in Zone 4. In Zone 5 sind die Picea-Werte wesentlich erniedrigt, Taxus, Corylus und Fraxinus sind schwächer vertreten, Tilia fehlt fast völlig, Carpinus und Abies treten wesentlich häufiger auf (zu der durch selektive Korrosion hervorgerufenen Überrepräsentation von Abies in der untersten Probe der Zone 4 s. S. 84), Buxus stellt hier einen deutlichen Bestandteil der Waldvegetation dar, Celtis ist als prä-eemzeitliches Tertiärrelikt ein charakteristisches Element der Zone 5 und Vitis erreicht im unteren Teil der Zone 5 die weiteste Verbreitung. Auch Calluna tritt erst von der Zone 5 an häufiger auf.

Eine weitere Übereinstimmung besteht in dem gleichen Verlauf der marinen Transgression. Wie in Pritzwalk und Granzin umfaßt die Transgression des Holstein-Meeres in Kühlungsborn die gesamte Zone 4 und den Beginn der Zone 5. Darauf weisen außer den „Hystrichosphaerideen" auch die nur in diesem Bereich (0–0,8 m über Geschiebemergel) beobachteten Cardiumschalen hin. Die von Schwarzenholz analysierte Diatomeenflora bestätigt den marinen Charakter der Sedimente, wobei der Nachweis von *Terspinoë americana* typisch für Ablagerungen des Holstein-Meeres ist (Schwarzenholz 1965).

Die nach Cepek aufgrund lithostratigraphischer Untersuchungen eventuell mögliche Inversion der Tonschicht kann durch die Pollenanalyse nicht bestätigt werden. Selbst wenn man annimmt, daß die nicht allzu deutlichen Unterschiede der Verbreitung von Carpinus und Abies in den Zonen 4 und 5 die Zusammenfassung zu einer Zone zulassen und dadurch eine Unterscheidung von oben und unten nicht sicher zu beweisen wäre, so bleiben immer noch der Verlauf des Vorstoßes der Holstein-See sowie die anderen genannten, sehr zahlreichen und deutlichen Unterschiede zwischen den Zonen 4 und 5, die es unmöglich machen, die Vegetationsentwicklung anders als in der hier vorgenommenen Reihenfolge zu interpretieren.

Da die Tone früher in die Eem-Warmzeit gestellt wurden, sei ergänzend auf die wichtigsten Unterscheidungsmerkmale zwischen dem Kühlungsborner Profil und Eem-Diagrammen eingegangen. Wenn man die mit dem Kühlungsborner Diagrammabschnitt vergleichbare Zone 8 der Eem-Warmzeit analysiert, dann dürfte z. B. in Kühlungsborn bei Altersgleichheit Picea nicht vor Abies, Carpinus und den anderen thermophilen Gehölzen zurückweichen.

Celtis und *Azolla filiculoides* sind im Eem-Interglazial bisher nie nachgewiesen worden. Wenn man mit dem ebenfalls in Frage kommenden Übergangsbereich der Zonen 6 und 7 der Eem-Warmzeit vergleicht, dann müßte im Kühlungsborner Pollendiagramm beispielsweise Picea unten nur sehr selten vorhanden sein und Abies nur in Spuren vorkommen, Corylus und Taxus müßten unten, Carpinus müßte hingegen oben erheblich stärker vertreten sein, und die Quercus-Werte müßten oben abnehmen.

Auch bei der Annahme einer inversen Lagerung ist keine Parallelisierung mit der Eem-Warmzeit möglich. In diesem Fall müßte man das umgekehrte Kühlungsborner Pollendiagramm ebenfalls mit dem Ende des Klimaoptimums der Eem-Warmzeit, nämlich mit der Zone 8, vergleichen. Bei einer derartigen Korrelation wäre es nicht möglich, daß Taxus, Corylus, Fraxinus und Tilia oben zunehmen, würde es sich um die Eem-Warmzeit handeln. Außerdem kann die Transgression des Eem-Meeres nicht erst am Ende der Warmzeit stattgefunden haben.

Bemerkungen zur Fauna

Wiegank bestimmte aus den Cardiumführenden Tonen von Kühlungsborn-Ost (und auch von Heiligendamm) artenarme Foraminiferenfaunen, die keine stratigraphische Zuordnung erlauben: *Ammonia batavus*, *Elphidium clavatum*, *E. umbilicatulum* sowie *Protelphidium depressulum*. Diese Faunen weisen nach Wiegank (1972) auf gemäßigte, meso- bis brachyhaline Bildungsbedingungen.

Sowohl Gehl (1961; Bestimmung durch Krille) wie Ludwig (1964, S. 113) erwähnen von den Probeentnahmestellen E bzw. D von Kühlungsborn-Ost die Ostracode *Cyprideis torosa*, die mit Foraminiferen vergesellschaftet ist, und aus den marinen Ablagerungen des Holstein-Interglazials stammt. Diese Form kommt sowohl in süßem wie in marinem Wasser vor (vgl. Diebel u. Pietrzeniuk 1975).

Aus dem marinen Interglazialton von Kühlungsborn nennen Gehl (1961) wie Ludwig (1964) von den Mollusken nur *Cardium* sp., deren Schalen „... ausnahmslos zerdrückt sind" (Ludwig 1964, S. 113). Bei systematischen Aufsammlungen an der Probeentnahmestelle E durch Cepek wurde festgestellt, daß neben dem vorherrschenden Schill in der *„Cardium*-Lage" auch zweiklappige Exemplare dieser Form vorkommen. Außerdem wurden nicht wenige dünnschalige Muschelschalenreste bemerkt, die an *Macoma baltica* erinnern. Von den 46 einklappigen Exemplaren der Cardien lagen 37 (80%) mit der Wölbung nach unten und nur 9 (20%) mit der Wölbung nach oben.

Da *Cardium edule* rezent überwiegend mit der konvexen Seite nach oben in Spülsäumen auftritt, wurde in Zusammenhang mit der Deutungsmöglichkeit des mittleren Geschiebemergels als Elster II-Grundmoräne eine überkippte Lagerung der Holstein-Schichten sowie des unteren und des mittleren Geschiebemergels vermutet; das konnte jedoch durch die Pollenanalyse ausgeschlossen werden.

Nicht näher bestimmte Fischreste aus den Interglazialtonen von Kühlungsborn-Ost erwähnt Ludwig (1964).

Ergebnisse der Geschiebeanalysen und der Grundmoränenstratigraphie

Aus den drei im Kliff aufgeschlossenen Geschiebemergeln wurden 7 Proben nach der von Cepek (1973; Cepek et al. 1975) beschriebenen und im Fachbereichsstandard (TGL 25232) fixierten Methode aufbereitet, untersucht und interpretiert. Die Untersuchungsergebnisse aus der Fraktion 4–10 mm sind in Tabelle 1 zusammengestellt. Die Entnahmestellen der Schlitzproben über jeweils ca. 0,4 m sind der Aufschlußskizze (Abb. 2) zu entnehmen.

Die 4 Proben aus dem unteren Geschiebemergel stimmen in ihrer Zusammensetzung überein und sprechen damit für die Einheitlichkeit der durch sie repräsentierten Grundmoräne. Von den Ferngeschieben sind folgende Werte charakteristisch: hohe Gehalte an paläozoischen Kalksteinen (PK = 71–89% im Ffr-PS-PK-Wert), mäßige Gehalte an paläozoischen Schiefertonen (PS) und wechselnde Feuersteingehalte (letztere zum Interglazial hin zunehmend). Die entsprechend niedrigen Ffr/PK- und NK/PK-Quotienten sowie die höheren NK/PS-Quotienten kennzeichnen diesen Geschiebemergel als Grundmoräne aus dem Saale-Komplex (Cepek 1964). Die geringen Dolomitsteingehalte in Verbindung mit den höheren S-Werten (insbesondere altpaläozoische und präkambrische Sandsteine und Quarzite), die entsprechend hohe NK/D- und niedrige PK+D/S-Quotienten ergeben, sprechen nicht für das Vorliegen einer Saale II-Grundmoräne wie zum Beispiel im Kliff der Stoltera bei Warnemünde (Cepek 1973), sondern in Verbindung mit den stark wechselnden Quotienten PKgr/PKr+sz für eine Einstufung als Grundmoräne Saale I.

Unter den Lokalgeschieben unterstreicht der in allen 4 Proben vorhandene hohe Gehalt an „Scherbelsteinen" (aus dem Untereozän, wie auch Tonschollen in diesem Geschiebemergel) in Verbindung mit einem mäßigen Anteil an Kreidegeschieben die Einheitlichkeit dieser Grundmoräne und den krassen Gegensatz zum mittleren und zum oberen Geschiebemergel, die 2–3mal so viele Kreidegeschiebe führen, jedoch überhaupt keine „Scherbelsteine" (Abb. 2).

Die untereozänen „Scherbelsteine" treten in zwei Varianten auf, die getrennt ausgezählt wurden. Es handelt sich zum einen um Feinsandsteine (olivgrau, schluffig, schwach kalkhaltig bis kalkfrei, glaukonitführend, mürbe) und zum anderen um Schluffsteine (hellgrüngrau bis hellgrau, schwach feinsandig, schwach kalkhaltig bis kalkfrei, feinglimmerig, mürbe).

Der obere Geschiebemergel gibt sich mit seinen hohen PS-Gehalten (21% im Ffr-PS-PK-Wert) und entsprechend niedrigen NK/PS-Quotienten (auch noch im teilweise karbonatreduzierten Verwitterungsbereich = Probe 7) eindeutig als Weichsel-Grundmoräne zu erkennen (Cepek 1972, 1973). In Übereinstimmung damit befinden sich die niedrigen PKgr/PKr + sz- und Ffr/PK-Quotienten sowie der fehlende Dolomitsteinanteil. Der niedrige NK/PK-Quotient (< 1) unterstützt die schon von Heerdt (1965) gegebene Interpretation als Grundmoräne des Rosenthaler Stadiums („m 5"-Geschiebemergel).

Problematisch ist die Interpretation des nur in Erosionsresten vorhandenen mittleren Geschiebemergels, des „stark sandigen" Geschiebemergels von Sander (1958) und Heerdt (1965), den letzterer als Grundmoräne „m 3" (Brandenburger und Frankfurter Stadial) deutete. Der mäßige PS-Gehalt (vgl. auch den höheren NK/PS-Quotienten) spricht gegen eine Einstufung als Weichsel-Grundmoräne. Zu den durch von Bülow et al. (1977) sowie durch Krienke u. Harff (1979) vorgebrachten Zweifeln an der Bedeutung des PS-Gehaltes für die Abgrenzung von Weichsel-Geschiebemergeln wird an anderer Stelle Stellung genommen. Neben dem hohen Gehalt an Kreidegeschieben (insbesondere Schreibkreide, aber auch verkieselte Kreide, Einzelfossilien, Kalksandsteine) fällt der relativ hohe Gehalt an „frischen" (= unverwitterten, nicht abgerollten) Feuersteinen auf; dieser könnte von der lokalen Aufarbeitung der Schreibkreide hergeleitet werden. Dabei ist aber zu beachten, daß im oberen Geschiebemergel mit gleich hohen Kreideanteilen nur ein Drittel des Ffr-Gehaltes des mittleren Geschiebemergels vorliegt (vgl. Tabelle 1). Es ist also auch ein primär höherer, auf Ferntransport zurückzuführender Feuersteinanteil denkbar, was für das Vorliegen eines aufgeschuppten oder als Scholle mit dem Holstein-Interglazialton transportierten Elster-Geschiebemergels sprechen könnte (in dieser Deutungsvariante wegen der PS-Werte Elster II-Geschiebemergel). Gegen eine zeitweise von Cepek vermutete inverse Lagerung einer Abfolge gEII/iH/gS I (Elster II-Glazial/Holstein-Interglazial/Saale I-Glazial) sprechen aber die Ergebnisse der Pollenanalyse.

Feuerstein- und kreidereich, allerdings nicht mit so hohen Ffr-Werten, ist auch des öfteren die Saale III-Grundmoräne, wie z. B. der „m 2"-Geschiebemergel der Stoltera (Cepek 1973). Da vom mittleren Geschiebemergel nur ein geringmächtiger Erosionsrest untersucht ist, kann über seine Einstufung noch nicht entschieden werden. Der zwingenden Interpretation als Weichsel-Geschiebemergel (Heerdt 1965) ist aber durch die Neueinstufung des unterlagernden Interglazials in das Holstein im engeren Sinne die Grundlage entzogen.

Nach Heerdt (1965, S. 601) soll sich dieser „m 3"-Geschiebemergel durch hohen Sandgehalt und Geschiebearmut „von allen anderen Geschiebemergeln" unterscheiden; das trifft auf den „m 3" der Stoltera mit einem G/kg-Wert um 25 zu (Cepek 1973), nicht aber auf den mittleren Geschiebemergel von Kühlungsborn-Ost, der einen G/kg-Wert von 68 aufweist (vgl. Tabelle 1).

Von genereller Bedeutung ist, wie sprunghaft an durch Erosion entstandenen Steinsohlen die Geschiebezusammensetzung wechselt (vgl. Tabelle 1, Probe 5 zu 6).

Abgesehen von den Einstufungsproblemen um den mittleren Geschiebemergel ist die Unterscheidbarkeit und Interpretation des oberen und des unteren Geschiebemergels von Kühlungsborn-Ost widerspruchsfrei. Die Auffassung von Ludwig (1964, S. 93), daß die Geschiebeanalysen von „Heiligendamm ... wie in den angrenzenden Kliffbereichen ... keine stratigraphisch verwertbaren Unterschiede ergeben (Tab. 13)", beruht auf nicht genügend differenzierten Geschiebegruppen und -quotientenberechnungen sowie auf einer die Quantität nicht voll berücksichtigenden Bewertung des Feuerstein- und Kreideanteils.

Schlußfolgerungen

Im Gegensatz zu den Versuchen mit Hilfe der Fauna ist durch die Pollenanalyse die Einstufung der marinen und limnischen Interglazialablagerungen von Kühlungsborn-Ost gelungen, sie gehören in das Holstein-Interglazial im engeren Sinne. Nach Erd (1972, 1973 a) ist übereinstimmend mit dem großregionalen Befund der Beginn der Pollenzone 5 gleichzusetzen mit einer glazialeustatisch bedingten Meeresregression. Das Profil Kühlungsborn-Ost ist ein Beispiel mehr für die auch in der Quartärstratigraphie zu beachtende Rangfolge bei der Interpretation einer Schichtenserie: Zuerst sind fossilführende Ablagerungen unter Anwendung möglichst aller aussagefähigen Methoden biostratigraphisch einzustufen, danach erfolgen die Interpretation der Geschiebemergel nach Geschiebeanalysen (oder andere lithologische und/oder pedologische Methoden entsprechend der Art der vorhandenen Schichtglieder), die Ableitung der Stratigraphie nur indirekt einstufbarer Schichten sowie eine entsprechende Interpretation der Lagerungsverhältnisse.

Der Transport der Holstein-Interglazial-Scholle im Saale I-Geschiebemergel erfolgte im gefrorenen Zustand, wie die glazigen nicht vermischten Pollenzonen, die deutliche Regressionsgrenze und die Cardienlage in dieser Tonscholle erkennen lassen. Ob der im Kliff nachgewiesene Saale I-Geschiebemergel ebenfalls nur eine Scholle darstellt oder aus dem Untergrund glazigen aufgestaucht oder aufgeschuppt ist, läßt sich noch nicht entscheiden. Die Autoren folgen der Auffassung von Heerdt (1965, 1966), der unter dem diskordanten Rosenthaler Geschiebemergel („m 5") in diesem glazigen gestörten Teil der Kliffprofile die nordöstlichen Ausläufer der Stauchendmoräne der Kühlung sah und der die wesentlichste Entwicklungsetappe dieser Stauchendmoräne in das Pommersche Stadium der Weichsel-Kaltzeit legte.

Die nächsten autochthonen Vorkommen mariner Holstein-Ablagerungen sind aus dem Raum Rerik-Neubukow-Kröpelin (u.a. Bohrung Jörnstorf 4/57; Wiegank 1972) sowie aus einem ca. 50 km südöstlich von Kühlungsborn gelegenen Gebiet bekannt (Bohrung Thürkow 1/63 bei Belitz; Cepek 1966, 1968; Wiegank 1972). Für die Grundmoränenstratigraphie dienen sie als Richtprofile zur Eichung elster- sowie saalezeitlicher Geschiebemergel. Die Basis des Holstein-Interglazials liegt dort bei 44 m unter NN (Bohrung Thürkow) bzw. bei 66 m unter NN (Bohrung Jörnstorf) und tiefer. Unmittelbar über den foraminiferenführenden Holstein-Tonen folgt in diesen Profilen der Saale I-Geschiebemergel. Aufgrund dieses Tiefenniveaus und unter Berücksichtigung der generellen Fließrichtung des Saale I-Inlandeises von Nordosten nach Südwesten (Cepek 1964) sind die Holstein-Interglazialschollen von Kühlungsborn-Ost aus dem Gebiet der Mecklenburger Bucht nordöstlich von Kühlungsborn, vielleicht nur wenige Kilometer von ihrer jetzigen Lage entfernt, herzuleiten. Gleiches trifft mit hoher Wahrscheinlichkeit auf die Interglazialton-Schollen aus dem Geschiebemergelkliff westlich von Heiligendamm zu, aus dem Ludwig (1964) *Azolla filiculoides* erwähnte, aber für allochthon hielt. Auf eine wesentlich weiter nach Osten reichende Verbreitung des holsteinzeitlichen Meeres hatten schon Cepek (1968) und Wiegank (1972) auf der Grundlage des in Bohrungen nachgewiesenen Meeresteils von Dargibell-Medow (bei Anklam) aufmerksam gemacht.

Literatur

Bülow W von, Harff J, Müller U (1977) Gedanken zur Auswertung von Geschiebeanalysen an Hand numerisch klassifizierter Zählergebnisse der Stoltera (Kreis Rostock). Z Geol Wiss 5 (1):39–49

Cepek AG (1964) Erste Ergebnisse zur Grundmoränenstratigraphie in Brandenburg. In: Report of VI. Intl Congr INQUA, Warschau 1961, II:35–42

Cepek AG (1966) Stratigraphische Ergebnisse geschiebestatistischer Untersuchungen an Pleistozänprofilen in Mecklenburg. In: Kurzreferat und Exkursionsführer zum 6. Treffen der Sektion Quartärgeologie in Güstrow. Berlin S. 23–24

Cepek AG (1967) Stand und Probleme der Quartärstratigraphie im Nordteil der DDR. Ber Dtsch Ges Geol Wiss, Reihe A, 12 (3/4):375–404

Cepek AG (1968) Quartär. In: Grundriß der Geologie der DDR, Bd 1. Berlin, S. 385–420

Cepek AG (1972) Zum Stand der Stratigraphie der Weichsel-Kaltzeit in der DDR. Wiss Z Ernst-Moritz-Arndt-Univ Greifswald, Math-Nat Reihe 21, (1):11–21

Cepek AG (1973) Zur stratigraphischen Interpretation des Quartärs der Stoltera bei Warnemünde nach neuen Geschiebeanalysen. Z Geol Wiss 1 (9):1155–1171

Cepek AG (1975) Zur Stratigraphie des Quartärs in den Kliffprofilen nördlich Saßnitz/Rügen. Wiss Z Ernst-Moritz-Arndt-Univ Greifswald, Math-Nat Reihe 24 (3/4): 171–174

Cepek AG, Erd K (1975) Das Holstein-Interglazial im Raum Neuruppin – ein neues pollenstratigraphisches Richtprofil und seine quartärgeologische Bedeutung. Z Geol Wiss 3 (9):1151–1178

Cepek AG et al. (1975) Zum Stand der Gliederung des Saale-Komplexes im mittleren Teil der DDR. Z Geol Wiss 3 (8):1049–1075

Diebel K, Pietrzeniuk E (1975) Mittel- und jungpleistozäne Ostrakodenfaunen des Raumes Potsdam-Brandenburg-Rathenow in stratigraphischer und ökologischer Sicht. Z Geol Wiss 3 (9) 1197–1233

Erd K (1966) Pollenanalytische Untersuchungen an Pleistozänprofilen im Norden der DDR. In: Kurzreferat und Exkursionsführer zum 6. Treffen der Sektion Quartärgeologie in Güstrow. Berlin, S. 24–26

Erd K (1969) Das Holstein-Interglazial von Granzin bei Hagenow (Südwestmecklenburg). Geologie 18 (5):590–599

Erd K (1972) Holstein- und Dömnitz-Warmzeit im Richtprofil von Pritzwalk/Prignitz. Ein Beitrag zur pollenanalytischen Gliederung des Mittelpleistozäns. Diss Humboldt-Univ Berlin

Erd K (1973a) Pollenanalytische Gliederung des Pleistozäns der Deutschen Demokratischen Republik. Z Geol Wiss 1 (9):1087–1103

Erd K (1973b) Pediastrum, „Hystrichosphaerideae" und Bryophytensporen im Pleistozän der DDR. Abh Zentral Geol Inst 18:49–57

Erd K (1978) Pollenstratigraphie im Gebiet der skandinavischen Vereisungen. Schriftenr Geol Wiss 9:99–119

Gehl O (1961) Neue Ergebnisse über das marine Eem und zur Gliederung des Jungpleistozäns in NW-Mecklenburg. Geologie 10 (4/5):396–408

Heerdt S (1965) Zur Stratigraphie des Jungpleistozäns im mittleren N-Mecklenburg. Geologie 14 (5/6):589–609

Heerdt S (1966) Struktur und Entstehung der Stauchmoräne

Kühlung. (Ein Beispiel für „Blockbewegung“ des pleistozänen Inlandeises im mittleren Norddeutschland). Geologie 15 (10):1169–1213

Krienke H-D, Harff J (1979) Zur Anwendung eines numerischen Klassifizierungsverfahrens bei der Auswertung von Geschiebezählungen. Z Angew Geol 25 (10):466–474

Ludwig AO (1964) Stratigraphische Untersuchungen des Pleistozäns der Ostseeküste von der Lübecker Bucht bis Rügen. Geologie 13, Beiheft 42

Ludwig AO, Pipping H-P (1963) Der Ablauf des I_1-Interglazials von Kap Arkona (Rügen) nach Aussage der Foraminiferenfauna und ein Vergleich mit benachbarten Interglazialen. Ber Geol Ges DDR 8 (5/6):527–535

Sander H (1958) Die Geologie der Steilküste zwischen Stoltera (Geinitzort) und Kühlungsborn. Dipl.-Arbeit, Wilhelm-Pieck-Univ, Rostock

Schulz H (1961) Probleme der Interglaziale und Interstadiale im Gebiet der DDR. In: Quaternary of Central and Eastern Europe, 1. Prace Inst Geol 34:201–206

Schwarzenholz W (1965) Terpsinoë americana (Bail.) Ralfs eine charakteristische Diatomee für die Holstein-Warmzeit in Nordwestdeutschland. Abh Zentral Geol Inst 1:29–35

Schwarzenholz W (1966) Bericht über die Untersuchung einer Tonprobe von Kühlungsborn auf Diatomeen. (Unveröffentlichte Arbeit des Zentral Geol Inst, Berlin)

TGL (1980) 25 232/01 – 05 + 06 Fachbereichsstandard Geologie: Analyse des Geschiebestandes quartärer Grundmoränen. (2. Fassung Bl. 1–5, Berlin)

TGL (1981) 25 234/07 Fachbereichsstandard Geologie: Stratigraphie. Stratigraphische Skala der DDR – Quartär. Berlin

Wiegank F (1972) Ökologische Analyse quartärer Foraminiferen. Beitrag zur Quartärstratigraphie in der nördlichen Deutschen Demokratischen Republik. Geologie 21, Beiheft 77

2.3 Zum Problem intrasaalezeitlicher Interglaziale

THOMAS LITT

Problemstellung und Problementwicklung

Die Existenz intrasaalezeitlicher Interglaziale ist nach wie vor problematisch und umstritten. Nach Ansicht von Cepek und Erd gab es im Saale-Komplex zwischen den drei Glazialen mit Vergletscherungen zwei Interglaziale (Cepek 1968; Cepek u. Erd 1982; Erd 1978, 1987). Ihnen zufolge kam es nach der Saale-Kaltzeit im engeren Sinne (S_1-Grundmoräne) zu einer Klimaverbesserung mit Bildung interglazialer Sedimente, die Erd (1987) als Uecker-Warmzeit bezeichnet. Nach einer erneuten Vergletscherung, der sogenannten Fläming-Kaltzeit (S_2-Grundmoräne), soll ein Temperaturanstieg wiederum interglaziales Niveau erreicht haben. Dieses Thermomer wurde als Rügen-Warmzeit ausgewiesen (Erd 1973 a). Erst nach einer dritten Kaltzeit, der sogenannten Lausitz-Kaltzeit mit Vergletscherung und Bildung der S_3-Grundmoräne, würde nach Cepek und Erd geochronologisch und stratigraphisch die Eem-Warmzeit anzusetzen sein.

Nun ist allerdings die stratigraphische Einordnung der zweifellos interglazialen Abfolge von Röpersdorf als bislang einziges „Typusprofil" für die Uecker-Warmzeit in das Saale I/II-Thermomer (Treene) alles andere als sicher, denn im gegebenen Fall liegen die warmzeitlichen Sedimente nicht zwischen zwei saalezeitlichen Grundmoränen, sondern im Liegenden befinden sich Elster II-Ablagerungen und im Hangenden Weichselsedimente. Die Abgrenzung der interglazialen Abfolge von Röpersdorf von anderen Interglazialvorkommen und die Herausarbeitung ihrer Sonderstellung als „Uecker-Warmzeit" erfolgte auf der Grundlage pollenanalytischer Untersuchungen. So kommt Erd (1987, S. 311) zu dem Schluß, daß Röpersdorf bei insgesamt eemähnlicher Vegetationsentwicklung einige Abweichungen aufweist, die wohl ein Eem-Alter ausschließen (Auftreten von *Azolla filiculoides*, Tilia vor dem Corylus-Gipfel u. a.). Ein früheres Alter als Eem ist durchaus in Erwägung zu ziehen, nur muß einschränkend betont werden, daß in Röpersdorf lediglich der Beginn der interglazialen Vegetationsentwicklung pollenanalytisch erfaßt wurde. Korrelationen mit bisher bekannten Interglazialvorkommen der ehemaligen DDR sind zur Zeit nicht möglich, allerdings ist aus geobotanischer Sicht eine Fernkorrelation mit der sogenannten Snaigopėlė-Warmzeit in Litauen, wie sie von Erd vorgenommen wurde, äußerst problematisch.

Das Typusprofil der „Rügen-Warmzeit" am Kap Arkona blieb ebenfalls nicht unwidersprochen. Die Pollenanalyse erfaßt (wie in Röpersdorf) nur den unteren Abschnitt des Interglazials (Erd 1973 b, S. 35, Abb. 3) und ist demzufolge für sichere biostratigraphische Korrelationen innerhalb des mitteleuropäischen Quartärs wenig geeignet. Überdies äußerten sich Woldstedt und Duphorn (1974, S. 132) kritisch zu der von Cepek (1969) vorgenommenen Deutung der Steinsohle über den Cyprinentonen von Kap Arkona als Erosionsrest der S_3-Grundmoräne. Nach Auffassung der Autoren wurde den Geschiebezählungen zuviel stratigraphische Aussagekraft beigemessen. Sie halten die geschiebekundliche Grundlage der „Rügen-Warmzeit" (Anteil paläozoischer Tonschiefer als Unterscheidung zwischen S_3-Grundmoräne von den Weichsel-Grundmoränen) für revisionsbedürftig. Kritische Anmerkungen zur geschiebekundlichen Unterscheidung von S_3- und Weichsel-Grundmoränen finden sich ebenfalls bei von Bülow et al. (1977).

Schon die angedeuteten Probleme lassen deutlich die Unsicherheiten bei der Gliederung der Saale-Kaltzeit erkennen. Anlaß, die Problematik intrasaalezeitlicher Interglaziale erneut aufzugreifen, bieten neue stratigraphische und pollenanalytische Befunde, die anhand von Großraumaufschlüssen im Tagebaugebiet nördlich von Halle und Leipzig gewonnen wurden.

Diskussion und Interpretation der Befunde

Im Jahre 1986 wurden im Tagebau Delitzsch-Südwest interglaziale limnische Sedimente angeschnitten, wobei Faunenreste und vereinzelte mittelpaläo-

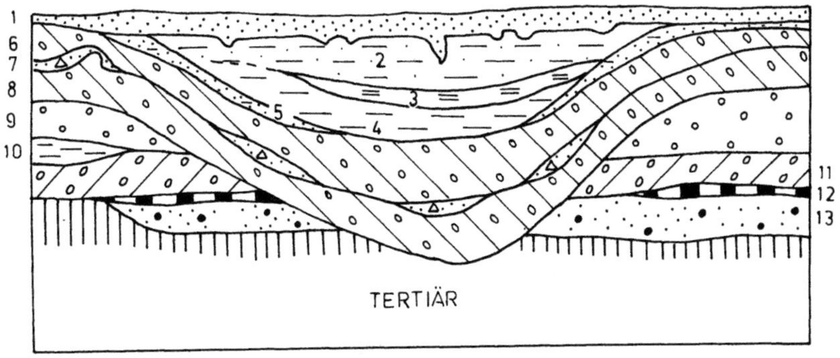

Abb. 1. Vereinfachter Schnitt durch das Becken von Grabschütz. (Nach Eissmann et al. 1988). *1* Weichselglaziale Sande und Fließerden; *2* frühweichselglaziale Schluffe; *3* Verlandungstorf (Eem); *4* kalkhaltige Mudden (Eem); *5* Litoralsande; *6* Grundmoräne der Leipziger Phase; *7* glazifluviatile Schmelzwassersande und -kiese; *8* Grundmoräne der Zeitzer Phase; *9* frühsaalezeitliche Hauptterrassenschotter; *10* holsteinzeitliche Mudden; *11* elsterzeitliche Grundmoräne; *12* Dehlitz-Leipziger-Bänderton; *13* frühelsterzeitliche Terrassenschotter

lithische Artefakte zum Vorschein kamen. Die daraufhin durchgeführte Kartierung des Beckens, das inzwischen überbaggert ist, ließ eine stratigraphische Abfolge deutlich werden, die der Idealabfolge des mittleren Quartärs der Leipziger Bucht nahekommt (Eissmann et al. 1988). Abbildung 1 zeigt einen schematischen Schnitt, in dem über tertiären Ablagerungen die Frühelster-Schotterterrasse der Saale, der Dehlitz-Leipziger-Bänderton sowie die Untere Elster-Grundmoräne erkennbar sind. Zwischen Elster-Grundmoräne und hangender frühsaalezeitlicher Hauptterrasse der Mulde wurden inzwischen auch holsteinzeitliche limnische Sedimente entdeckt. Über den Schottern der Hauptterrasse lagern in geringer Mächtigkeit der Böhlener Bänderton sowie zwei Saale-Grundmoränen. Im Becken tauchen diese muldenförmig bis 15 m ab. Die erste Saale-Grundmoräne liegt diskordant auf der älteren Quartärabfolge und berührt im Beckentiefsten sogar das Bitterfelder Hauptflöz. Es handelt sich hierbei offensichtlich um eine Exarationswanne. Während der Zeitzer Phase wurde der Untergrund durch Gletscher ausgehobelt und die Mulde mit Moräne und Eis gefüllt. Noch vor Auftauen des Toteises kam es zu einem erneuten Eisvorstoß, wobei die Struktur überfahren wurde (Leipziger Phase). Nach Deglaziation und Wiedererwärmung bildete sich die Hohlform, und limnische Sedimente konnten sich in dieser Sedimentfalle akkumulieren. Das Alter der limnischen Ablagerungen konnte mit Hilfe der Pollenanalyse ermittelt werden, wobei der Gang der Vegetationsentwicklung in Grabschütz trotz naturgemäßer lokaler sowie regionaler Besonderheiten die für das mitteleuropäische Eem so charakteristische Grundsukzession erkennen läßt.

Die Pollenproben wurden nach der üblichen Methode vorbereitet (mit KOH, HCl, HF und Azetolyse). Das Pollendiagramm (Abb. 2) wurde vorläufig nach der Pollenzonierung von Menke (1984) gegliedert, da sie einen überregionalen Vergleich mit anderen Eem-Interglazialprofilen Mitteleuropas erlaubt. Eine Pollenzonierung, die den regionalen Besonderheiten der Vegetationsentwicklung des Mittelelbe-Saale-Gebietes zur Eem-Warmzeit gerecht wird, kann erst nach Abschluß der Untersuchungen in Gröbern vorgenommen werden, da dort (im Gegensatz zu Grabschütz) die Vegetationsentwicklung des Eem-Interglazials palynologisch vollständig erfaßbar ist.

Der Beginn der limnischen Sedimentation im Becken von Grabschütz ließ sich mittels Pollenanalyse mit dem Ende der Pollenzone III korrelieren.

Zone III: Endphase der Kiefern-Eichenmischwald-Zeit

Diese Zone, korrelierbar mit Pollenzone 3 nach Erd (1973 a), zeichnet sich durch Pinus-Dominanz sowie durch Abnahme der Betula-Anteile aus. Größere Bedeutung besitzen die Quercus-Werte, während Corylus-Pollen noch geringe Prozentanteile aufweisen.

Zone IV a: Eichenmischwald-Hasel-Zeit und Zone IV b: Hasel-Eiben-Linden-Zeit

Zone IV a ist vor allem durch den Anstieg der Corylus-Kurve gekennzeichnet. Die Anteile von Pinus nehmen stark ab. Die Taxus-Kurve erreicht Werte über 1%. Die prozentualen Anteile der Quercus-Pollen werden durch die hohen Corylus-Werte erniedrigt.

Eine Abgrenzung zwischen Pollenzone IV a (entspricht Zone 5 nach Erd) und Pollenzone IV b (entspricht Zone 6 nach Erd 1973 a) erweist sich in Grabschütz als problematisch. Sowohl in Nordwestdeutschland als auch in der Niederlausitz fällt die

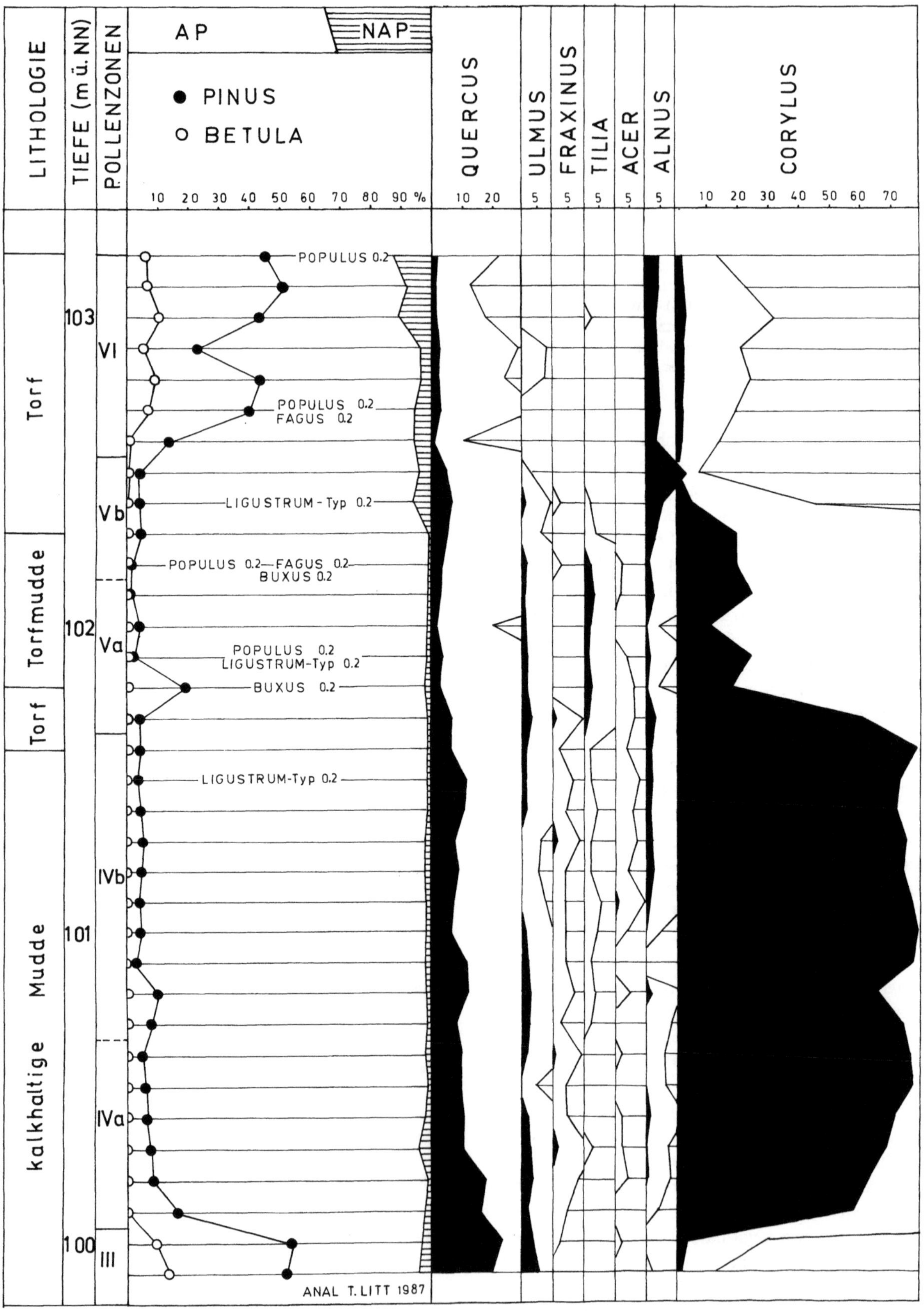

Abb. 2. Vereinfachtes Pollendiagramm der eemzeitlichen Ablagerungen von Grabschütz. (Pollenzonen nach Menke 1985)

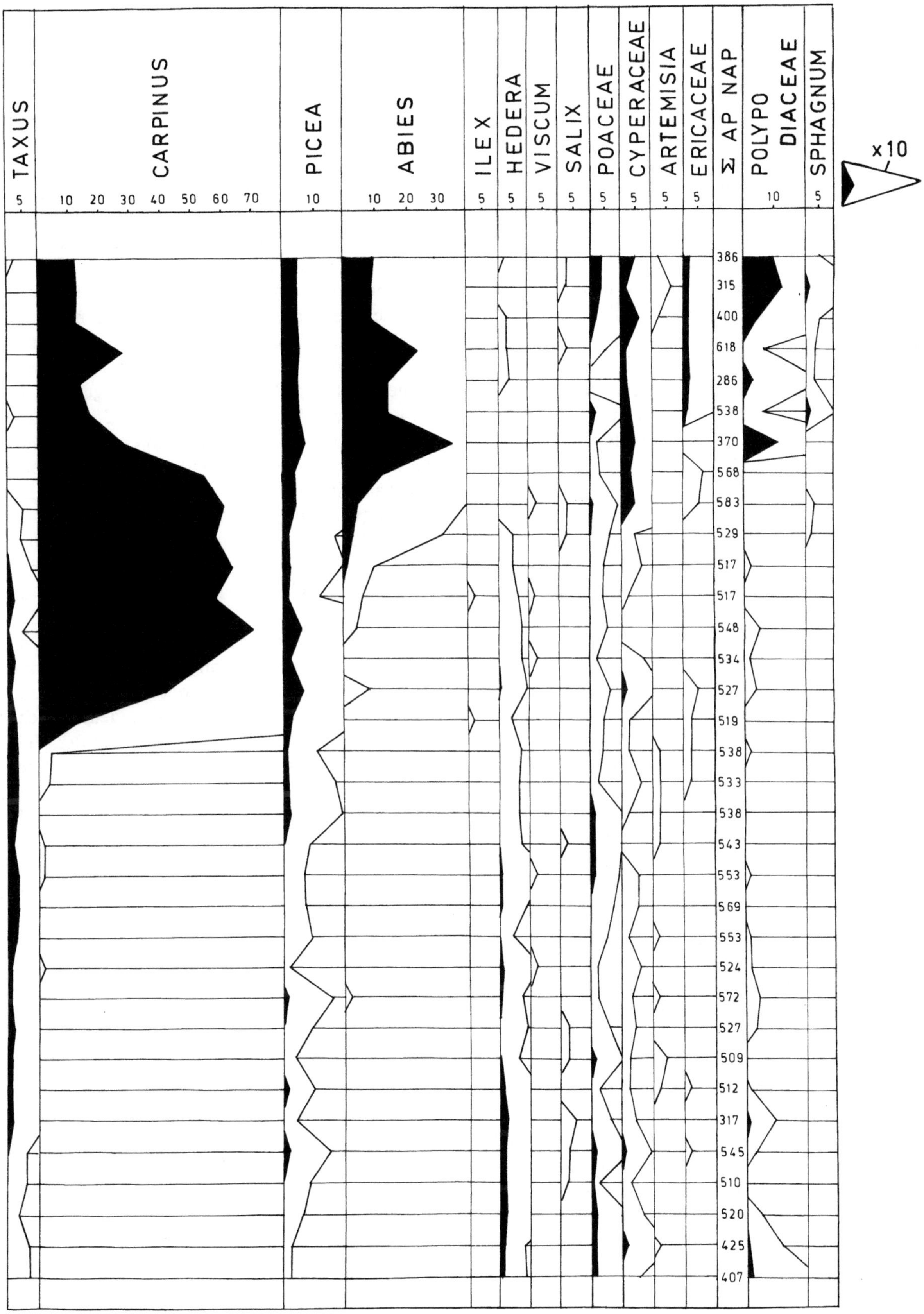

Abb. 2. (Fortsetzung)

Corylus-Kurve aufgrund der ansteigenden Taxus-Werte, die in IVb ihr Maximum erreichen. Der Abfall der Hasel-Kurve wird dort als Grenzziehung genutzt. Da Taxus in Grabschütz offensichtlich keine größere Bedeutung besaß (Werte nicht über 5%), macht sich kein markanter Corylus-Abfall bemerkbar. Die geringe Rolle von Taxus läßt sich möglicherweise mit einer zunehmenden Kontinentalität innerhalb des Mittelelbe-Saale-Gebietes erklären. Es sei darauf hingewiesen, daß in dem heute subkontinentalen Gebiet von Großpolen in der Eem-Folge von Władysławów (Gebiet um Konin) Taxus ebenfalls praktisch keine Rolle spielte (Tobolski 1986).

Als Grenzziehung zwischen IVa und IVb könnte in Grabschütz unter Vorbehalt die untere empirische Tilia-Grenze herangezogen werden. In Nordwestdeutschland kulminiert die Tilia-Kurve bereits in IVb. Sowohl in der Niederlausitz als auch in Gröbern wird ein relatives Maximum der Tilia-Werte erst später erreicht.

Zone V: Hainbuchen-Fichten-(Tannen-) Zeit

Im älteren Teil ist diese Zone vor allem durch den markanten Anstieg und die Vorherrschaft der Carpinus-Anteile gekennzeichnet. Die Corylus-Werte nehmen stark ab. Der Anteil von Picea erreicht Werte über 5%. Eine Korrelation mit Pollenzone 6 nach Erd ist möglich. Die sehr spärlichen Nachweise von Ilex deuten, wie bereits die geringen Taxus-Werte in IVb, auf kontinentalere Verhältnisse im Vergleich zu Nordwestdeutschland oder zur Niederlausitz hin.

Der jüngere Abschnitt (Vb), der der Pollenzone 7 nach Erd entspricht, zeigt eine ansteigende Abies-Kurve mit Werten über 1%. Picea spielte im Gebiet um Gröbern offenbar eine untergeordnete Rolle.

Zone VI: Kiefern-Fichten-Tannen-Zeit

Die thermophilen Gehölze nehmen stärker ab, während Pinus zunehmende Prozentwerte aufweist. Ein Anstieg der Abies-Kurve ist ebenfalls zu beobachten. Der erste markante Gipfel könnte lokale Ursachen haben. Es muß allerdings betont werden, daß für diesen Raum offenbar ein relativ höherer Anteil von Abies gegenüber Picea typisch war. Dies läßt sich ebenfalls im Pollenprofil der paläolithischen Fundstelle bei Gröbern, dem Schlachtplatz eines Waldelefanten, feststellen (Litt u. Weber 1988). In Zone VI, die mit dem Abschnitt 8 nach Erd korrespondiert, macht sich eine zunehmende Versauerung des Bodens bemerkbar (ansteigende Ericaceenwerte). Die organogene Sedimentation im Becken von Gröbern wird mit der Bildung des Verlandungstorfes in Pollenzone VI beendet.

Trotz der, im Vergleich zu anderen Eem-Profilen Mitteleuropas, im Detail erkennbaren Unterschiede in den Pollenanteilen einzelner Sippen (Taxus, Tilia, Picea, Abies), die naturgemäß zu erwarten sind und die fazielle Differenziertheit der Vegetation verschiedener Landschaftsräume widerspiegeln, läßt die generelle Abfolge der Vegetationsentwicklung in Gröbern keinen Zweifel aufkommen, daß es sich im gegebenen Fall um ein Eem-Interglazialvorkommen handelt. Die herausragende Bedeutung besteht darin, daß sich dieses Becken weit südlich der Warthe-Linie befindet. Die Exarationswanne wurde während der Zeitzer Phase angelegt sowie mit Toteis plombiert, und nach erneutem Überfahren mit Inlandeis während der Leipziger Phase bildete sich die offene Hohlform. Nach den Vorstellungen von Cepek und Erd 1982, wonach zwischen S_1, S_2 und S_3 jeweils ein Interglazial existiert habe, müßte in Grabschütz eigentlich die Bildung von Sedimenten einer intrasaalezeitlichen Warmzeit zu erwarten sein. Dies ist aber (wie übrigens auch in Gröbern) nicht der Fall. Es kam zur Bildung eemzeitlicher Seeablagerungen, und dies bedeutet, daß zwischen der Zeitzer und Leipziger Phase (entspricht Drenthe 1- und Drenthe 2-Vereisung) einerseits sowie der Eem-Warmzeit andererseits kein weiteres Interglazial existiert hat, da Toteis so lange überdauern konnte. Diese Interpretation korrespondiert mit Untersuchungen in Nordwestdeutschland, so deuten Menke und Tynni (1984, S. 87f) die Entstehung der Hohlform von Rederstall auf gleiche Weise. Das saalezeitliche Toteis muß auch hier bis in das frühe Eem überdauert haben. Es stammte mit hoher Wahrscheinlichkeit aus dem Niendorf-Vorstoß (entspricht der Zeitzer Phase). Demzufolge halten die Autoren die Existenz eines weiteren Interglazials zwischen dem Niendorf-Vorstoß und dem Eem für ausgeschlossen. Zur Frage stratigraphisch verschiedener Interglaziale vom Eem-Typ äußerten Menke und Tynni, daß die Ablagerungen des Eem-Interglazials stets auf den örtlich jüngsten glazialen Saaleablagerungen liegen und an keiner Stelle außerhalb des weichselglazialen Vereisungsgebietes mit Moräne bedeckt sind. Danach weisen die in Nordwestdeutschland floristisch als „Eem" charakterisierten Interglazialvorkommen mit hoher Wahrscheinlichkeit auch stratigraphisch keine Unterschiede auf. Darüber hinaus untersuchte Menke die stratigraphische Stellung der „Treene-Warmzeit" an ihrer Typuslokalität in Husum, wobei er nach palynologischen Untersuchungen zu folgendem Schluß kommt: „Somit ist die Treene-Warmzeit an ihrer Typuslokalität höchstwahrscheinlich ein Pseudonym der Eem-Warmzeit" (Menke 1985, S. 73).

Behre und Lade (1986, S. 18) kommen aufgrund

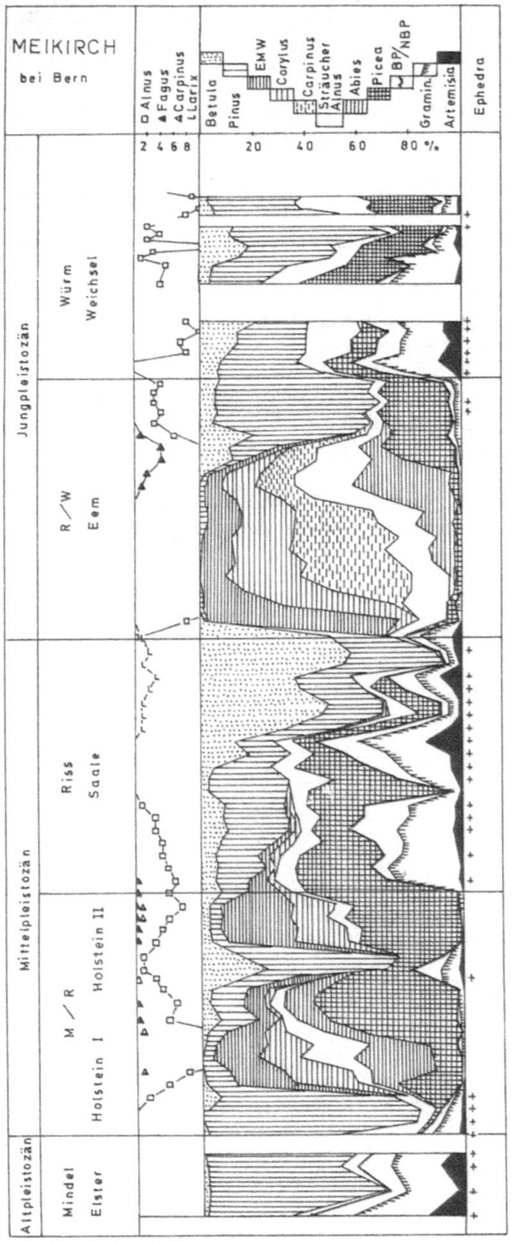

Abb. 3. Pollendiagramm Überblicksdiagramm Meikirch II bei Bern (Nach Welten 1982)

geologischer und palynologischer Untersuchungen einer Hohlform mit eem- und frühweichselzeitlichen Ablagerungen bei Oerel in Niedersachsen zu ähnlichen Ergebnissen: „Ablagerungen eines zwischen Drenthe-2-Vereisung und Warthe-Stadium postulierten Interglazials, der Treene-Warmzeit (Picard 1959), die die Hohlform bereits damals hätte entstehen lassen und organogene Schichten hätte hinterlassen müssen, wurden an keiner Stelle beobachtet".

Schließlich sei noch auf Untersuchungen von Welten (1982) in Meikirch bei Bern hingewiesen. Dieses palynologisch bearbeitete Profil ist bis heute das einzige, welches so vollständig das gesamte Mittel- und Jungpleistozän im nördlichen Alpenvorland umfaßt. Es dürfte somit vorläufig als Standardprofil für Mitteleuropa gelten. Die zwischen 40 und 70 m in einer großen und tiefen Mulde vorkommenden limnischen Ablagerungen scheinen den Zeitabschnitt zwischen Mindel (Elster) und Würm (Weichsel) zuverlässig widerzuspiegeln (Abb. 3). Auffällig ist die Teilung des Holstein-Komplexes in zwei Warmzeiten, die durch eine boreale bis subarktische Kälteschwankung getrennt werden. Diese Situation ließe sich mit der Abfolge Holstein-Fuhne-Dömnitz im Untersuchungsraum vergleichen. In Meikirch gibt es jedoch kein Anzeichen eines voll ausgeprägten Interglazials im Saale-Komplex. Die Wärmephasen erreichen lediglich interstadiale Verhältnisse. Bleibt also festzustellen, daß bislang in Mitteleuropa keine als sicher geltenden interglazialen Ablagerungen zwischen eindeutig saalezeitlichen Grundmoränen nachgewiesen werden konnten. Demgegenüber häufen sich in verschiedenen Gebieten Mitteleuropas geologisch und palynologisch begründete Befunde, die die Existenz von Interglazialen zwischen der Maximalausdehnung der Saale-Vereisung (Zeitzer Phase bzw. Drenthe 1-Vorstoß) und der Eem-Warmzeit mit großer Wahrscheinlichkeit ausschließen. Die stratigraphische Stellung von interglazialen Ablagerungen, wie Röpersdorf und Kap Arkona, müßte unter Beachtung der derzeitigen Befundsituation erneut kritisch durchdacht werden.

Literatur

Behre K-E, Lade U (1986) Eine Folge von Eem und 4 Weichsel-Interstadialen in Oerel/Niedersachsen und ihr Vegetationsablauf. Eiszeitalter Ggw 36:11–36

Cepek AG (1968) Quartär. In: Grundriß der Geologie der DDR, Bd 1. Berlin, S. 385–420

Cepek AG (1969) Zur Bestimmung und stratigraphischen Bedeutung der Dolomitgeschiebe in den Grundmoränen im Norden der DDR. Geologie 18 (6):657–673

Cepek AG, Erd K (1982) Classification and stratigraphy of the Holsteinian and Saalian Complex in the Quaternary of the

German Democratic Republic. In: Easterbrook DJ et al. (Hrsg) IGCP 73/1/24, Prag 7:50–56

Eissmann L et al. (1988) Bemerkenswerte Eemvorkommen in glaziären Becken der Saaleeiszeit südlich der „Warthe-Linie" im Raum Halle-Leipzig. Z Geol Wiss 16:543–555

Erd K (1973a) Pollenanalytische Gliederung des Pleistozäns der Deutschen Demokratischen Republik. Z Geol Wiss 1 (9):1087–1103

Erd K (1973b) Vegetationsentwicklung und Biostratigraphie der Dömnitz-Warmzeit (Fuhne/Saale 1) im Profil von Pritzwalk/Prignitz. Abh Zentral Geol Inst 18:9–48

Erd K (1978) Pollenstratigraphie im Gebiet der skandinavischen Vereisungen. Schriftenr Geol Wiss 9:99–119

Erd K (1987) Die Uecker-Warmzeit von Röpersdorf bei Prenzlau als neuer Interglazialtyp im Saale-Komplex der DDR. Z Geol Wiss 15 (3):297–313

Litt T, Weber T (1988) Ein eemwarmzeitlicher Waldelefanten-Schlachtplatz von Gröbern, Kr. Gräfenhainichen. Ausgrabungen Funde 33:179–181

Menke B (1985) Eem-Interglazial und „Treene-Warmzeit" in Husum/Nordfriesland. Geol Jahrb, A 86:63–99

Menke B, Tynni R (1984) Das Eeminterglazial und das Weichselfrühglazial von Rederstall/Dithmarschen und ihre Bedeutung für die mitteleuropäische Jungpleistozän-Gliederung. Geol Jahrb A 76

Picard K (1959) Gliederung pleistozäner Ablagerungen mit fossilen Böden bei Husum/Nordsee. Neues Jahrb Geol Paläontol 259–272

Tobolski K (1986) Paleobotanical Studies of the Eemian Interglacial and Early Vistulian, Władisławów in the Vicinity of Turek (Preliminary Report). Quat Stud Poland 7:91–101

von Bülow W, Harff J, Müller U (1977) Gedanken zur Auswertung von Geschiebeanalysen an Hand numerisch klassifizierter Zählergebnisse der Stoltera (Kreis Rostock). Z Geol Wiss 5 (1):39–49

Welten M (1982) Pollenanalytische Untersuchungen im Jüngeren Quartär des nördlichen Alpenvorlandes der Schweiz. Text- und Tafelband. Beitr Geol Karte Schweiz, Neue Folge 156

Woldstedt P, Duphorn K (1974) Norddeutschland und angrenzende Gebiete im Eiszeitalter. Stuttgart

2.4 Belege und Argumente zur stratigraphischen Gliederung und zeitlichen Stellung des Cromer-Komplexes in Mitteleuropa

FRIEDRICH WIEGANK

Die Abfolge der klimastratigraphischen Einheiten des Cromer-Komplexes und ihre zeitliche Einordnung ist aufgrund lückenhafter Überlieferungen in den kontinentalen Serien und wegen des Mangels hinreichender stratigraphischer Kennzeichen noch immer unsicher und strittig (Erd 1978; Cepek 1981; Brunnacker et al. 1982; Stuart 1981; Zagwijn 1985). Durch Einbeziehung magnetostratigraphischer und isotopengeochronologischer Informationen in die stratigraphische Interpretation des paläontologischen und paläoklimatischen Befundmaterials können die klimastratigraphischen Einheiten des Cromer-Komplexes mit der ^{18}O-Skala korreliert und dadurch in ihrer chronostratigraphischen Stellung präzisiert werden. Die Verwendbarkeit der marinen ^{18}O-Skala (Shackleton u. Opdyke 1973) als klimastratigraphisches Korrelationsschema für die stratigraphische und chronologische Einstufung kontinentaler Bildungen gründet sich insbesondere auf die folgenden Voraussetzungen:

1. Die radiometrisch datierte paläomagnetische Matuyama/Brunhes-Polaritätsgrenze (730000 Jahre) liegt sowohl in Tiefseesedimenten (Oberkante der ^{18}O-Stufe 20) als auch in annähernd lückenlos sedimentierten Lößbodenfolgen Mitteleuropas sowie Mittel- und Ostasiens im stratigraphischen Niveau der Basis der 8. Warmzeit vor dem Holozän; die Anzahl der Kalt- und Warmzeitschwankungen 1. Ordnung stimmt in beiden Sequenzen überein.

2. Der anhand von Pollenflorensukzessionen und glazigenen Ablagerungen ermittelte Verlauf der Klimavariationen des Jungpleistozäns und Holozäns auf dem Festland in der Folge Eem-Interglazial, Frühweichsel-Stadiale und Interstadiale, Mittelweichsel-Stadiale und -Interstadiale sowie Weichselhochglazial und Holozän wird durch die Reihe der ^{18}O-Stufen $5-1$ kongruent abgebildet: Die marine ^{18}O-Variationskurve reflektiert also auch die Klimaschwankungen 2. Ordnung (Stadiale, Interstadiale) auf den Kontinenten.

3. Die radiometrischen Datierungen weisen für die Holstein-Warmzeit zumeist ein Alter zwischen 420000 und 326000 Jahren (Stremme et al. 1986; Henning et al. 1983) sowie für die Elster-Kaltzeit ein Alter um etwa 450000 Jahre aus (Lippolt et al. 1986). Die Elster-Holstein-Folge entspricht damit den ^{18}O-Stufen 12 und 11. Mit dieser wichtigen chronostratigraphischen Stützstelle des Mittelpleistozäns ist zugleich die mögliche Obergrenze des Cromer-Komplexes fixiert.

4. Die Korrelation des Klimazyklus Elster-Kaltzeit/Holstein-Warmzeit mit den ^{18}O-Stufen 12 und 11 korrespondiert mit einer beachtenswerten Übereinstimmung der Intensitäten der Klimaschwankungen mariner und kontinentaler Fazies in den Sequenzen zwischen der Elster-Kaltzeit und dem Eem-Interglazial: Die ^{18}O-Stufen 12, 8 und 6 mit hohen Amplituden der Isotopenvariation korrelieren mit den intensiven Vereisungen der Elster-, Saale- und Lausitz-Kaltzeit. Die Stufe 10 mit einer nur geringen Amplitude entspricht danach der Fuhne-Kaltzeit, für die im zentraleuropäischen Raum bisher keine Vereisung nachgewiesen werden konnte. Entsprechendes gilt für die nur wenig ausgeprägte Schwankung der Stufe 14. Bei einer Zuordnung der Holstein-Warmzeit zur ^{18}O-Stufe 13 oder 9 würde sich in den Folgen der Kaltzeit-Intensitäten beider Serien eine Phasenverschiebung um einen Klimazyklus ergeben, deren Interpretation Schwierigkeiten bereiten dürfte.

Bei begründeter Zuordnung der Holstein-Warmzeit zur ^{18}O-Stufe 11 besteht nicht nur eine generelle Übereinstimmung in der Folge, sondern auch in den Ausprägungen der Klimaschwankungen im marinen und kontinentalen Milieu, was dazu berechtigt, auch die Amplituden der Klimavariationen als Korrelationskriterium zu verwenden (Wiegank 1987). Diese Möglichkeit wird im folgenden für die Präzisierung der stratigraphischen Charakterisierung des Cromer-Komplexes herangezogen.

Als Stratotyp des Cromer-Komplexes im engeren Sinne gilt nach der Revision der „Cromer Forest Bed Series“ von Norfolk und Suffolk durch West u. Wilson (1966) nunmehr die Schichtenfolge von West

Tabelle 1. Gliederung der Schichtenfolge von West Runton (Nach West u. Wilson 1966)

Stufe	Pollenzone	Sedimente
Anglian	e Ang	Geschiebemergel
		limnische Sande; Eiskeile, Kryoturbationen
Cromerian	Cr IV	marine Sande, Schluffe
	Cr III	marine Sande, Schluffe, Schotter, selten Vertebratenreste
	Cr II	limnische Schalendetritus-Mudden („*Upper Freshwater Beds*"); Vertebraten-Hauptfundhorizont
	Cr I	limnische Mergel
Beestonian	1 Be	limnische Mergel
		Tone, Schluffe, Sande, Schotter, Tonkonglomerate, Eiskeile, Kryoturbationen
Pastonian		ästuarine und marine Schluffe und Sande mit *Mimomys pliocaenicus, M. newtoni, Euctenoceros tetraceros*
Präpastonian		ästuarine und marine Sande und Schluffe

Runton (Tabelle 1). Die liegende Warmzeit-Kaltzeit-Folge des Pastonian und Präpastonian ist nach Stuart (1981) wahrscheinlich durch eine mehrere klimastratigraphische Glieder umfassende Lücke von der oberen Sequenz getrennt.

Nach komplexen lithostratigraphischen, palynologischen und magnetostratigraphischen Untersuchungen von Zagwijn et al. (1971) konnte zwischen der Matuyama/Brunhes-Polaritätsgrenze und den Sedimenten der Elster-Kaltzeit eine Folge von drei weiteren Warmzeitablagerungen unterschieden werden (Cromer-Komplex mit den Interglazialen I–III, davon Interglazial I unterhalb der Matuyama/Brunhes-Grenze). Von diesen ließ sich jedoch keines anhand der Pollenflora mit dem Typusprofil des Cromer-Komplexes von West Runton vergleichen, das danach eine weitere frühmittelpleistozäne Warmzeit zwischen dem Interglazial III des Cromer-Komplexes der Niederlande und dem Elster-Glazial repräsentieren müßte.

Diese stratigraphische Position schien durch das Interglazial von Noordbergum (Niederlande) bestätigt, das zunächst zur Holstein-Warmzeit gestellt, später dann als Cromer IV eingestuft wurde (Zagwijn 1985). Diese Einstufung kann nun palynologisch mit der von West (in West u. Wilson 1966) definierten Pollensukzession des Cromer-Typusprofils von West Runton korreliert werden. Aufgrund der Ähnlichkeit der Pollenflora (Erd 1978) und der Wirbeltierfauna (Stuart 1981) des Cromer-Profils von West Runton mit der Flora und Fauna der Hauptfundschicht der Unteren Lehmzone von Voigtstedt sollte eine annähernde Übereinstimmung im Alter beider Fundstätten anzunehmen sein. Doch weist Stuart (1981) auf ein höheres Evolutionsniveau von *Mimomys savini* Hinton aus dem Voigtstedt-Interglazial hin, das damit etwas jünger als das Cromer von West Runton sein müßte.

Der chronostratigraphische Rahmen des Cromer-Profils von Voigtstedt wird durch die Position der Matuyama/Brunhes-Polaritätsgrenze im oberen Teil der Unteren Kiese (Wiegank 1975) und durch eine die Folge abdeckende Moräne der Elster-Kaltzeit bestimmt. Nach der Folge der niederländischen Interglaziale des Cromer-Komplexes müßten das Interglazial I mit der ^{18}O-Stufe 21, die Interglaziale II–IV (Noordbergum) mit den Stufen 19, 17 und 15 korrelieren und wegen der Beziehungen zwischen Noordbergum, West Runton und Voigtstedt wären die Unteren Lehmschichten von Voigtstedt als Äquivalent der ^{18}O-Stufe 15 aufzufassen.

Die zwischen dieser und der Elster-Kaltzeit (Stufe 12) noch offene Warmzeitstufe 13 müßte dann erwartungsgemäß mit dem Schotterkomplex von Süßenborn zeitlich übereinstimmen, der jünger ist als die Untere Lehmzone von Voigtstedt und Indikationen wenigstens einer Warmzeit enthält: Der die Schotterkörper der Älteren und Jüngeren Abfolge von Süßenborn trennende mächtige lessivierte Fossilboden belegt die Wirkung einer humiden intensiven Warmzeit (Steinmüller 1972). Darüber hinaus repräsentieren Faunenelemente gemäßigter warmzeitlicher Klimate innerhalb der vorwiegend kaltzeitlichen Fauna der Älteren Abfolge (u. a. mit *Glis glis suessenbornensis, Trogontherium cuvieri, Castor fiber, Dicerorhinus etruscus*) eine weitere Warmzeit, die, nach der Evolutionshöhe von *Mimomys savini* und *Dicerorhinus etruscus* zu urteilen, jünger ist als die Voigtstedt-Warmzeit (vgl. Beitrag Heinrich).

Führt man die unterschiedlichen Entwicklungshöhen von *Mimomys savini* in den Profilen von West Runton, Voigtstedt und Süßenborn auf Differenzen in den Evolutionszeiten von der Dauer jeweils eines Klimazyklus zurück, so würde bei Einbeziehung des durch die Bodenbildung repräsentierten jüngsten Interglazials von Süßenborn der Cromer-Komplex zwischen der Matuyama/Brunhes-Polaritätsgrenze und der Moräne der Elstervereisung insgesamt 6 Warmzeiten umfassen, denen nur 4 Korrelationsäquivalente der ^{18}O-Skala in Form der Stufen 19, 17 und 15 und 13 gegenüberstehen. Damit ist aber die Korrelierbarkeit der in mariner Fazies abgebildeten Klimaschwankungen mit den klimastratigraphischen Abfolgen auf den Kontinenten zumindest für den Zeitraum des unteren Mittelpleistozäns in Frage gestellt.

Dieses Problem kann jedoch unter Einbeziehung von Klimavariationen 2. Ordnung in die Korrelation gelöst werden. Ein Blick auf die Kurve der ^{18}O-Variation zeigt, daß ihr Verlauf im Bereich der Stufen 19 und 17 jeweils nur ein deutliches Maximum aufweist. Der Kurvenverlauf der Stufen 15 und 13 ist dagegen wie bei den Stufen 7 und 5 deutlich mehrgipflig. Diese Charakteristik der Sauerstoffisotopenvariation ist in den Kurven der Tiefseekerne V28–238, V28–239 und von Site 552A übereinstimmend ausgeprägt. Aufgrund der eindeutigen Korrelierbarkeit der Stufen 5e–5a mit dem kontinentalen Eem-Interglazial und den Frühweichsel-Stadialen und -Interstadialen sowie der zweigipfligen Stufe 7 mit dem Rittmitzer (7c) und dem Altenburger Boden (7a) des vorletzten Interglazials ist zu erwarten, daß auch ausgeprägte Klimavariationen 2. Ordnung älterer ^{18}O-Stufen in den kontinentalen Abfolgen unter optimalen Erhaltungsbedingungen festgehalten und überliefert worden sind und zwar besonders in solchen klimatisch sensiblen Regionen, in denen diese Schwankungen die Einstellung eines zumindest über einige tausend Jahre stabilen, vom vorangegangenen Regime abweichenden Klimas bewirken konnten. Andere Gebiete außerhalb dieser sensitiven Regionen, insbesondere in den Subtropen, Tropen und der polaren Klimazone, können von solchen Schwankungen durchaus unbeeinflußt geblieben sein.

Eine Analyse geeigneter Lößböden des Cromer-Komplexes von Europa sowie von Mittel- und Ostasien zeigt, daß solche Klimaschwankungen 2. Ordnung nicht nur in der Folge, sondern auch in der Intensität der Bodenbildungen und in der Lößsedimentationsrate (als Zeichen der Ausprägung der Kaltzeiten) eine weitgehende Übereinstimmung mit den Variationen der ^{18}O-Kurve aufweisen (Wiegank 1987). Unter Einbeziehung der Klimavariationen 2. Ordnung in die klimastratigraphische Gliederung des Cromer-Komplexes ergeben sich die in Tabelle 2 dargestellten Zuordnungen der genannten interglazialen Bildungen zur ^{18}O-Skala.

Literatur

Brunnacker K et al. (1982) Correlation of the Quaternary terrace sequence in the Lower Rhine valley and northern Alpine foothills of Central Europe. Quat Res 18:152–173

Cepek AG (1981) Fachbereichstandard Geologie. Stratigraphie – Stratigraphische Skala der DDR, Quartär. TGL 25 234/07, Berlin, S. 1–15

Erd K (1978) Pollenstratigraphie im Gebiet der skandinavischen Vereisungen. Schriftenr Geol Wiss 9:99–119

Henning GJ et al. (1983) Th-230/U-234- sowie ERS-Altersbestimmungen einiger Travertine in Ungarn. Eiszeitalter Ggw 33:9–19

Kukla GJ (1977) Pleistocene land-sea correlations I. Europe. Earth Sci Rev 13:307–374

Lippolt HJ, Fuhrmann U, Hradetzky H (1986) ^{40}Ar/^{39}Ar age

Tabelle 2. Zuordnung ausgewählter interglazialer Bildungen zur ^{18}O-Skala

SIS[a]	Löß[b] 1	Löß[b] 2	Süßenborn	Voigtstedt	West Runton	Niederlande
12			Moräne E[c] II	Moräne E II	Moräne Anglian	
			Schotter			
13a	F2a	$S5_3$	*Boden*			
13b			Kaltzeitfauna			
13c	F1a	$S5_2$	*Warmzeitfauna*			
14			Schotter	Obere Kiese?		
15a	G2a	$S5_1$		*Untere Lehmzone Hauptfundschicht*		
15b						
15c	G1a	S6			*Upper Freshwater Beds*	*IG[d] IV*
16				Mittlere Kiese	Beestonian	
17	H1a	(L7)		*Schluffe?*		*IG III*
18						
19	I1a	S7				*IG II*
20				Untere Kiese		
21	J1a	S8		*Muschelton*		*IG I*

[a] Sauerstoffisotopenstufen (^{18}O-Skala)
[b] Korrelierte Bodenbildungen der Profile Červený kopec (ČSFR) und Heimugou (VR China)
[c] Elster-Kaltzeit
[d] Interglazial
[1] Červený kopec
[2] Heimugou

determinations on sanidines of the Eifel volcanic field (Federal Republic of Germany): constraints on age and duration of a Middle Pleistocene cold period. Chem Geol 59:187–204

Liu Tungsheng et al. (1985) The loess-paleosol sequence in China and climatic history. Episodes 8:21–28

Shackleton NJ, Opdyke ND (1973) Oxygene isotope and paleomagnetic stratigraphy of equatorial Pacific core V 28–238: oxygen isotope temperature and ice volume on a 10000 year scale. Quat Res 3:39–55

Steinmüller A (1972) Die Schichtenfolge von Süßenborn und Voigtstedt und die Gliederung des Mittelpleistozäns. Geologie 21:149–165

Stremme HE, Sarnthein M, Mangini A (1986) Holstein paleosols: stratigraphic age and correlation with ^{18}O-stratigraphy. In Smp INQUA, Subcomm Europ Quat Stratigr Hamburg (Abstr), S. 27

Stuart AJ (1981) A comparison of the Middle Pleistocene mammal faunas of Voigtstedt (Thuringia, GDR) and West Runton (Norfolk, England). Quartärpaläontologie 4:155–163

West RG, Wilson DG (1966) Cromer forest bed series. Nature (London) 98 (209):497–498

Wiegank F (1975) Erste Ergebnisse paläomagnetischer Untersuchungen quartärer Lockersedimente in der DDR. Z Geol Wiss 3 (9):1103–1109

Wiegank F (1987) Untersuchungen zur Chronostratigraphie des Mittel- und Jungquartärs der DDR. Z Geol Wiss 15 (2):263–279

Zagwijn WH (1985) An outline of the Quaternary stratigraphy of the Netherlands. Geol Mijnbouw 64:17–24

Zagwijn WH, van Montfrans HM, Zandstra JG (1971) Subdivision of the "Cromerian" in the Netherlands; pollen analysis, palaeomagnetism and sedimentary petrology. Geol Mijnbouw 50:41–58

3 Beiträge zur Periglazialforschung und Talformung im Pleistozän Mitteleuropas

3.1 Wind-Blasted Erratics in Southern Sweden

Harald Svensson

During the deglaciation (Weichsel), southern Sweden was influenced by a periglacial climate, which was strengthened in the Older and Younger Dryas. Permafrost existed in vast areas as proved by fossil polygon patterns (Svensson 1964, 1973) and ice-wedge casts (Johnsson 1956, 1959, 1962), features that indicate a high arctic temperature.

The wind climate in southern Sweden at that time has been discussed principally on the basis of observations of wind abrasion on outcropping rocks (Mattsson 1957, 1962) and on glaciofluvial or beach pavements which are preserved under a cover of eolian sand (Svensson 1972, 1981, 1983).

Erratics with wind polish have been observed occasionally, but it is uncertain whether they are in their original position, especially when they are situated on the ground surface. Therefore, the determination of the wind direction may be unreliable.

The two first types (outcrops and pavements) do not exist in many areas of southernmost Sweden. However, since erratics are very frequent, the author has concentrated on these. Only big boulders (m^3 dimension), well anchored in relatively flat-lying ground surfaces (cf. Fig. 1) have been examined in order to have some assurance that the boulders have maintained an undisturbed position after wind-blasting.

Fig. 1. Gneiss Boulders, 2.5 m high, with patches of wind polish. The position of Fig. 3 is marked

Area of Investigation

As study area a 50–60 km wide transsection of southern Sweden was chosen, from the Hallandsås (horst) ridge and the Bay of Laholm (Kattegat) in the west to the Islands of Öland (Baltic) in the east (Fig. 2). In this chapter observations only from the western part will be discussed, i.e. from the highest (Late Glacial) shoreline in the west (55–60 m a.s.l.) and some 80 km eastwards into the South Småland Peneplain (Lidmar-Bergström 1986), 100–125 m a.s.l. Except for a small area of Cretaceous rocks in the southern part of the Bay of Laholm, the area consists of Precambrian bed rock covered by till, glaciofluvial and organogenic deposits. The bed rock belongs to the southwestern Swedish gneiss formation. Residual hills of more resistant bed rock rise 25–50 m above the plain. In the easternmost part of the section the peneplain disappears below Cambro-Silurian cover rocks.

For the examination of erratics, the hills of the peneplain have been chosen, as it may be postulated that the wind activity was most intense and the wind direction most consistent in that topographic position. For a long time, the hills have been forested, and thus it may be proposed that the boulders have avoided disturbances by man. Some erratics from another area, which the author found accidentally, have also been studied, but only a few erratics from cultivated areas are included in the study. Up to now, 32 localities have been studied.

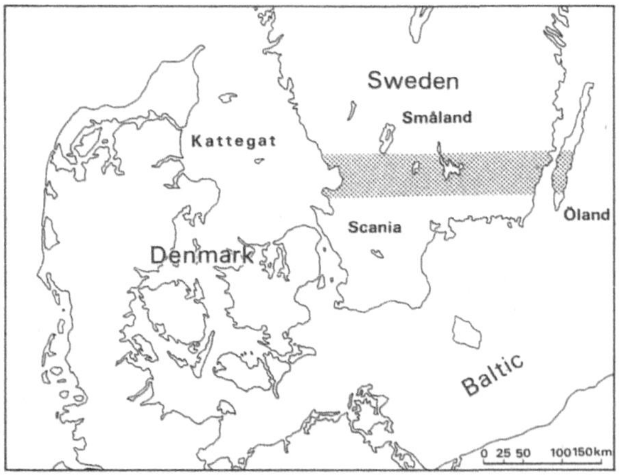

Fig. 2. The zone for investigation of wind-blasted boulders in southern Sweden

The Rock Material

As mentioned above mostly large erratics have been studied. Usually, they are of a local origin and composed of gneiss or amphibolite. Due to ice movement, which was from the north-northeast, also boulders from the granite formation of eastern Småland were transported into the western part of the study area.

The boulders belong to the till deposits which cover most of the area; they are often slightly rounded due to abrasion during the transport (glaciofluvial) by ice or water. Other erratics were split up in angular fragments after their deposition. This is especially true for the gneiss boulders.

To judge from their very rough surfaces, it is evident that the boulders have been subject to intense weathering. In this connection texture conditions and differences in resistance among the minerals of the gneiss blocks have contributed to the roughness of the block surfaces. The amount of weathering is sometimes visualized by aggregates of more resistant minerals, especially quartz veins, which protrude 5–10 mm.

The intensity of weathering is also manifested on the sparse outcrops of the area. They are glacially abraded and sculptured into roches moutonnées, or rock drumlins, but have in most cases lost their glacial surface and striation.

The weathered surfaces provide a foothold for lichens and mosses which in turn activate the chemical weathering of the rock. From observation of the lichen cover of boulders it has been found that lichens are missing, mainly where the surface is so smooth that lichens and mosses cannot gain a foothold. Often such bare patches appear to be wind-polished surfaces of massive mineral aggregates.

The Wind Polish

As boulders are part of the till deposits, it may be assumed that the polish is of a glacial origin. A close study of the rock surfaces, however, shows details such as wind gruben and small facets typical for wind abrasion. The polish sometimes also exists behind weak parts of the boulders or in structurally controlled cavities, i.e. in positions where the sheltering rock flake could hardly have survived a glacial strain. There can thus be no doubt that the polish is a result of wind-blasting.

Often it can be observed how the weathering has advanced on a polished surface and how smaller surfaces (cm^2-sized) of polish appear as isolated fragments on the intensely weathered surface. Such small surfaces usually coincide with feldspar- or quartz-rich aggregates (cf. Fig. 3). Obviously, the wind polish covered previously large surfaces of the boulders.

Fig. 3. Preserved wind polish in the intensely weathered rock surface of the boulder in Fig. 2

It is typical for the wind polish that it never occurs on flat, horizontal, block surfaces, whereas fragments are frequent on vertical or steep surfaces of the same block. This state may depend on the fact that the strongest intensity of wind-blasting occurs in a near-ground zone (0.1 – 0.4 m: Anderson 1986; 0.2 m above the ground: Sharp 1964) and that the abrasion has not, or only weakly, affected the top surface of large boulders. However, the same divergence is found also on low boulders having their flat, top surface within the vertical zone of possible wind-blasting. Therefore, the divergence is interpreted as a result of weathering intensity due to the fact that a horizontal or gently sloping surface retains moisture (rain-, meltwater, and dew) which is important for both mechanical and chemical weathering, whilst the vertical or subvertical surfaces are effectively drained. In the course of time the wind polish has consequently a better chance to avoid weathering in that drier position.

Depending on boulder form, wind direction and wind velocity, the flow pattern around a block may be complicated and cause divergent and irregular abrasion features in the rock. For example, microforms on steep surfaces are observed which indicate nearly vertical movements of the eroding particles due to local turbulence of the wind.

The Abrading Particles

Drifting sand is commonly considered the active medium in the wind erosion of rocks. Some sites, where wind-blasted erratics were observed, are situated in areas with glaciofluvial deposits, and consequently, wind-driven sand was first suspected to be the abrading agent. For many of the localities, however, there are no sand deposits in the vicinity, neither as a potential for blasting nor as a result of eolian deposition. The till certainly contains sand and finer fractions, however, in this gneiss area it is mostly of a coarse, gravelly type and cannot have acted as a source for large amounts of wind-blown particles.

Another important fact for judging the possible blasting medium is the very high frequency of patches (fragments) with wind polish situated in the upper part of steep boulder surfaces at heights unapproachable for saltating sand particles. Thus, it is hard to imagine an intense sand blast in that position (1 – 1.5 m above the ground) without bringing the concept of suspended particles into the discussion. As mentioned above, no source exists for amounts of fines in the area. Moreover, it is quite obvious that the finer fractions are a prerequisite for a suspension at the height in question. Therefore, another abrading medium may be considered: snow.

It is known that at very low temperatures (–50 °C) ice crystals reach a hardness equal to quartz and feldspar. It is also documented that drifting snow abrades rock material in arctic areas (Åkerman 1980) and is capable of blasting iron constructions (Fristrup 1953).

In this context, snow drift is a suspension and as such able to abrade in a quite broader zone than sand grains. From field experiments in Spitsbergen, Åkerman (1980) has thus recorded a maximum amount of abrasion by drifting snow at a level between 0.5 and 1.0 m above the ground and has also observed significant abrasion at higher levels. In his field experiments in western Greenland, Frich (1988) has documented intense abrasion by snow at a level of 1 m.

For the area under discussion, the present climate does not meet the requisite temperature conditions for blasting by ice crystals. It may therefore be concluded that the wind polish is fossil. Its fragmentary status on intensely weathered surfaces points in the same direction.

The Direction of Active Wind

When large erratics appeared to have a wind polish, the question of the active wind direction promptly came up. The author has worked earlier on this problem concerning ventifacts in wind-blown pavements in the coastal area (Svensson 1972, 1980, 1981, 1983), where populations of ventifacts were studied and the main directions of the abrading wind were derived.

Especially two facts (partly connected) make an analysis of large boulders more complicated:

1. Because of their dimensions, the boulders may have caused individual deviations of the wind flow.
2. As the wind polish mostly occurs on steep surfaces, it is impossible to establish with accuracy the wind direction in a horizontal projection.

Therefore, a more general view of the abrading wind is necessary, and an attempt is made to determine whether there is a significant predominance of wind polish on rock walls facing a certain direction.

From the analysis of more than 100 big boulders (at 32 localities) it is evident that wind polish is most frequent on east-facing rock surfaces, but it is also found on boulders with walls facing northeast and southeast. Wind-blasted surfaces with a westerly aspect occur, but are rare.

It would of course be desirable to establish more precisely the main direction of abrasion. In order to make such a deduction, however, it is necessary to find stable boulders in free positions with moderately sloping sides, turned against the wind and rich in abrasion forms and details (facets, wind furrows and wind gruben) which have resisted weathering. These various conditions restrict the number of suitable boulders. It is true that some observations are made, but they are few, and up till now it can only be said that the active wind directions are to be found within the NE-SE sector.

Paleoclimatic Evidence

As concluded earlier, wind polish belongs to past times. In this connection easterly winds have been recorded on outcrops and ventifacts on the Swedish west coast as mentioned previously. The most westerly erratics of this study have positions close to (1) the outcrop locality (Tjärby), where a fossil wind direction from approximately the east is reported (Mattsson 1962), and (2) the ventifact localities (Våxtorp and Veinge) with main wind directions from ESE and ENE, respectively (Svensson 1972, 1980, 1981). Proceeding eastwards in the zone of the present study, it will now be possible by means of wind-blasted erratics to examine the direction (or changes of direction) of the main abrading wind.

The easterly winds in the coastal area have been suspected of having a catabatic origin connected to the down-wasting ice sheet in the interior (Hillefors 1969; Svensson 1972). As the easterly wind is now also recorded on erratics far inland, it seems more correct to conceive the wind pattern as a zonal flow, the more so as easterly winds are also recorded on outcrops in Scania further southwards (Mattsson 1952, 1957, 1962).

The ventifact localities are situated in the coastal plain and in connection with vast surfaces of fossil ice-wedge polygons below the marine limit of late glacial time (Svensson 1973). The ventifacts are perceived as a result of an arctic wind climate in Older and Younger Dryas. As the zone of studied erratics constitutes a direct inland continuation, it seems adequate to assign the wind-blasting of the erratics to the same periglacial environment. The deduction of drifting snow as the probable blasting agent supports that idea.

Conclusions

In parts of southern Sweden, traces of eolian activity are observed on large erratics in the Weichselian till cover.

The erratics (Pre-cambrian gneiss and granite) have been exposed to intense weathering after their deposition.

Resistant mineral aggregates, or homogeneous rock parts in vertical or steeply sloping surfaces, have managed best to retain wind polish and its microforms.

The wind polish is fossil and shows up as fragments, surrounded by intensely weathered surfaces.

The polish often occurs on the upper rock sides above the zone of possible wind-blasting by sand grains. Therefore, the abrasion is suspected to have occurred by particles in suspension.

The abrading agent was probably drifting snow active in a periglacial environment.

The working wind had an easterly (NE-SE) direction belonging to a zonal wind pattern outside the southern boundary of the down-wasting ice sheet.

Acknowledgements. This project is financed by the Swedish Natural Science Research Council. The author is also indebted to Mrs. Kirsten Winther for improving the English text, and to Susan Busk for making the photographic reproductions, both at the Institute of Geography, University of Copenhagen.

References

Anderson RS (1986) Erosion profiles due to particles entrained by wind: application of an eolian sediment-transport model. Bull Geol Soc Am 97:1270–1278

Frich P (1988) En analyse af klimatiske og geomorfologiske betingelser for vindslibning med ispartikler i Vestgrønland (Eine Analyse der klimatischen und geomorphologischen Bedingungen für Windschliff durch Eispartikel in Westgrönland). Master thesis, Geogr Inst, Univ Copenhagen (unpublished)

Fristrup B (1953) Wind erosion within the Arctic Desert. Geogr Tidskr 52:51–65

Hillefors Å (1969) Västsveriges glaciala historia och morfologi (Westschwedische Glazialgeschichte und -morphologie). Medd Lunds Univ Geogr Inst Avh 60

Johnsson G (1956) Glacialmorfologiska studier i södra Sverige (Glazialmorphologische Studien in Südschweden). Medd Lunds Univ Geogr Avh 31

Johnsson G (1959) True and false ice-wedges in southern Sweden. Geogr Annal Ser A 41:39–46

Johnsson G (1962) Periglacial phenomena in southern Sweden. Geogr Annal, Ser A 44:378–404

Johnsson G (1983) Periglacial klimat- och vädermiljö i Skåne (Periglaziale Klima- und Wetterverhältnisse in Schonen). In: Svensk Geogr Arsbok 59:153–170

Lidmar-Bergström K (1986) Flint and Pre-Quaternary geomorphology in south Sweden and south-west England. In: Proc 4th Intl Flint Symp Brighton 1983

Mattsson Å (1952) Vindslipade hällar och block i Skåne (Windgeschliffene Felsen und Blöcke in Schonen). Svensk Geogr Arsbok 28:131–133

Mattsson Å (1957) Windgeschliffenes Gestein im südlichsten Schweden und auf Bornholm. Svensk Geogr Arsbok 33:49–68

Mattsson Å (1962) Morphologische Studien in Südschweden und auf Bornholm über die nichtglaziale Formenwelt der Felsenskulptur. Medd Lunds Univ Geogr Inst Avh 39

Sharp RP (1964) Wind-driven sand in Coachella Valley, California. Bull Geol Soc Am 75:785–804

Svensson H (1964) Fossil tundramark på Laholmsslätten (Fossile Tundraböden in Laholmsslätten). Sver Geol Unders, Ser C 598

Svensson H (1972) Vindaktivitet på Laholmsslätten (Die Tätigkeit des Windes in Laholmsslätten). Svensk Geogr Arsbok 48:65–85

Svensson H (1973) Distribution and chronology of relict polygon patterns on the Laholm plain, the Swedish west coast. Geogr Annal, Ser A 55:159–175

Svensson H (1980) En fossil deflationsyta på den sydhalländska slätten (Eine fossile Deflationsfläche in der südhallandischen Ebene). Svensk Geogr Arsbok 56:5–12

Svensson H (1981) Vinderosion i bergblock (Winderosion auf Felsgestein). Svensk Geogr Arsbok 57:200–208

Svensson H (1983) Ventifacts as paleowind indicators in a former periglacial area of southern Scandinavia. In: Proc 4th Intl Conf Permafrost in Fairbanks, Alaska, S. 1217–1220

Åkerman J (1980) Studies on the periglacial geomorphology in West Spitsbergen. Medd Lunds Univ Geogr Inst Avh 89

3.2 Reliefentwicklung und periglaziäre Schuttdecken im oberen Erzgebirge

JOACHIM LEHMANN und FRIEDHELM PRÄGER †

Chorische Einheiten zwischen Elbtal und Kamm des Osterzgebirges

Das Osterzgebirge umfaßt die Flußeinzugsgebiete der Müglitz, der Roten Weißeritz mit dem Pöbelbach und der Wilden Weißeritz (Abb. 1). Vom Elbtal bis zum Kamm des Osterzgebirges können mehrere chorische Einheiten abgegrenzt werden (Neef 1960; Bernhardt et al. 1986):

– Elbtalweitung und Randgebiet des Elbtales (190–220 m NN), Ebenheit mit glazifluviatilen Bildungen und Elbschottern, z. T. elsterglaziale Kamesbildungen; fast durchgehend lößbedeckt auf kreidezeitlichen Plänern bzw. rotliegenden Schiefertonen und Konglomeraten;

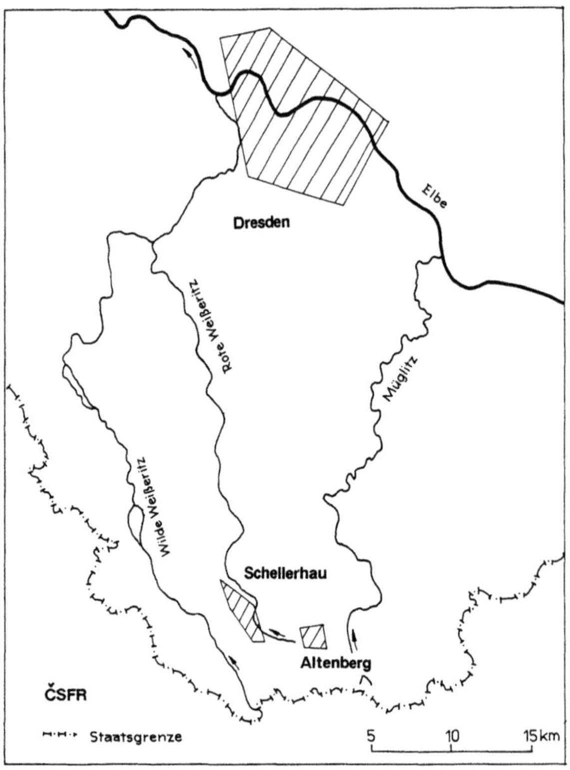

Abb. 1. Lage des Untersuchungsgebietes

– Dresdner Erzgebirgsvorland (240–300 m NN), Ebenheit mit Resten elsterglazialer Schmelzwasserablagerungen über Rotliegendem sowie Schiefergebirge und Grundgebirge mit kretazischen Sandsteininseln, über allem dünner unterbrochener Lößschleier;

– Erzgebirgsvorland – Elbtalschiefergebirge (250–380 m NN), Schiefergebirge mit flachen Hochflächen, Lößeinwehung in die Bodenbildung, sonst Lößinseln;

– unteres und oberes Erzgebirge (380–750 m NN), Gneisgebiet mit sanften Anstiegen zum Granitporphyr- und Quarzporphyrverbreitungsgebiet, überragt von Vulkanruinen (Strukturinselberge), Lößderivate bis in die Toplagen;

– Kammlagen um den Kahleberg (900 m NN), Teplitzer Quarzporphyr, auf Kammlagen tiefgründig verwittert, Klippenbildung am Kahleberg.

Barsch et al. (1961) sowie Gellert (1967) gehen von der Vorstellung einer Rumpftreppe aus, die von den Kammlagen des Erzgebirges bis zum Elbtal reicht, wobei fünf Flächen (F 1 – F 5) tertiärer Anlage seien. Die Ebenheiten im elbnahen Erosionsbereich rechnen sie zu einer plio-/pleistozänen Übergangsfläche (F 6). Die Grenze gegen das Hügelland ist unscharf und wird etwa bei 370 m NN gezogen (Bernhardt et al. 1986). Das Erzgebirge bricht nach Süden an einer tektonischen Linie mit steiler Stufe ab. Die weitständige fluviale Aufschneidung ergab Kerbsohlentäler mit kammwärts zunehmender Taltiefe von 100 bis 150 m. Die intensive Tiefenerosion führte vor allem in widerständigen Gesteinen zu steilen Talhängen, an denen festere Gänge, Bänke und Linsen als Felssporne bzw. Klippen mit Schutthalden hervortraten. Die von den Haupttälern ausgehende Zerschneidung der Flächen beschränkte sich wegen der breiten Nordabdachung des Osterzgebirges zum Elbtal und der damit abgeschwächten Erosionsimpulse auf einen schmalen Saum beiderseits der Täler. Die schwach geneigten, nahezu ebenen, nur sanft ansteigenden Hochflächen haben deshalb am Gesamtareal des Osterzgebirges großen Anteil.

Reliefentwicklung des Osterzgebirges

Im Osterzgebirge sind die Reste älterer Reliefgenerationen nur noch selten eindeutig nachzuweisen. Trotzdem lassen sich gewisse Analogien zur Entwicklung des Thüringer Schiefergebirges erkennen (Steinmüller 1974).

Präcenomanes Relief

An der Basis kretazischer Gesteine – vorwiegend der untercenomanen Niederschönaer Schichten – sowie auf den angrenzenden, durch Erosion wieder freigelegten Flächen treten im Osterzgebirge präcenomane Verwitterungsböden mit auffallend rotbrauner bis rotvioletter Farbe (Roterden) auf (Wünsche u. Nebe 1965). Es handelt sich dabei um siallitische Verwitterungsformen. Kaolinit herrscht vor.

Präbasaltisches Relief

Die Basalte des Osterzgebirges (Geising 822 m NN; Luchberg 576 m NN) haben untermiozänes Alter (ca. 24 Mio. Jahre). Geringmächtige kaolinische Zersatzprodukte sind nur noch sporadisch auf den ebenen bis schwach geneigten Basisflächen vor dem Hangfuß dieser Vulkanruinen erhalten. Nur im Bereich von Klüften und Störungszonen sind tonige Verwitterungsbildungen bis in größere Teufen anzutreffen. Zusammenhänge mit postvulkanischen Lösungen können zumindest für die Störungszonen nicht ausgeschlossen werden. Tertiäre Reliktflächen mit tiefgründiger kaolinischer Verwitterung finden sich auf den breiten Hochflächen der Kammlagen bzw. im Bereich mulden- und wannenförmiger Talschlüsse nahe den Wasserscheiden größerer Bäche:

- Gimmlitz südlich Neurehefeld;
- Wilde Weißeritz südlich Rehefeld;
- Pöbelbachtal und Rote Weißeritz am Kahleberg und in der Ortslage Schellerhau;
- Biela bei Altenberg im Galgenteichgebiet;
- Müglitz bei Fürstenau.

Auf den ebenen Flächen vor den ost- und südostexponierten Hängen des Kahleberges von Altenberg über Georgenfeld bis Zinnwald reicht im Teplitzer Quarzporphyr die kaolinische Verwitterung mehr als 6 m tief. Der Übergang zum angewitterten und frischen Gestein erfolgt kontinuierlich. Auch zwischen Kahleberg, dem Galgenteichgebiet und der Ortslage Schellerhau sind Teplitzer Quarzporphyr und der Schellerhauer Granit großflächig mehr als 5 m tief kaolinisch-grusig verwittert. Bei Hermsdorf am Ortsausgang nach Frauenstein ist der Granitporphyr mehr als 15 m tief in situ zu einem mürben Grus mit wollsackartigen festeren Partien zerfallen (Abb. 3, 4; Profil 1). In der Ortslage Schellerhau, besonders in der flachen Senke auf der Wasserscheide zwischen Roter Weißeritz und Salzleckengrund, weisen die verschiedenen Varietäten des Schellerhauer Granits eine tiefgründige Verwitterung auf. Während der fein- bis mittelkörnige Granit relativ grobe Bankung und große Kluftabstände besitzt (Abb. 2; Profil 2 und 3), ist die porphyrische Varietät enger geklüftet und zerfällt zu kleinstückigen polyedrischen Kluftkörpern (Profil 4). Außerdem ist die Verwitterung des porphyrischen Granits nach der Teufe weniger weit fortgeschritten. Die feinkörnigeren Varietäten sind in der Senke tiefgründig kaolinisch zersetzt. Im Liegenden geht die kaolinische Verwitterung in grusigen Gesteinszersatz über (Profile 4, 5, 6). Die maximalen Mächtigkeiten des Kaolins liegen bei 13 m, die des grusig verwitterten Granits bei mehr als 20 m. Die Mächtigkeit der Gesteinsverwitterung nimmt von den Talhängen in Richtung auf die Talsenke zu: Im Steinbruch (Abb. 2; Profile 2, 3) ist der Granit grusig verwittert, die Feldspäte sind kaolinisiert. An der Kläranlage, in der Achse der Senke, ist das Gestein in situ vollständig tonig zersetzt.

Diese tertiäre Landoberfläche, eine Rumpffläche mit Inselbergen, war Ausgangspunkt der präpleistozänen Abtragung. Die breiten Talmulden sind die Reste der tertiären Talanlagen. Einzelne jüngere Kerbtäler haben sich noch nicht bis in die obersten Quellmulden zurückgearbeitet. Da die tertiären Verwitterungsrelikte insgesamt nur noch in Resten vorkommen, muß auch auf den Hochflächen mit großer flächenhafter Abtragung seit dem Tertiär gerechnet werden.

Mit dem Erzgebirgsabbruch zwischen Unter- und Mittelmiozän erfolgte im ganzen eine verstärkte Heraushebung des Osterzgebirges und des Elbsandsteingebirges. Seit dieser Zeit fließt die Elbe, aus dem Elbsandsteingebirge kommend, über Dresden nach Norden (Präger 1976, 1987 a) und steuert auch die Einschneidung der Nebenflüsse. Schon in der unterpliozänen A 1-Terrasse der Elbe treten Schlottwitzer Ganggesteine auf. Das bedeutet, daß zumindest seit dieser Zeit die Hochflächen des Erzgebirges Abtragungsgebiet waren und die anfallenden Schuttmengen von den Flüssen weggeführt worden sind. Dadurch, daß sich die Elbe und ihre Nebenflüsse tiefer einschnitten, erfolgte eine Umstellung zu linearer Tiefenerosion der Flüsse. Die obermiozäne bis jungpliozäne A 1-Terrasse der Elbe ist schon in die Ebenheiten des Elbsandsteingebirges eingesenkt und hat nur noch eine relative Höhe von 140–160 m über der heutigen Elbe.

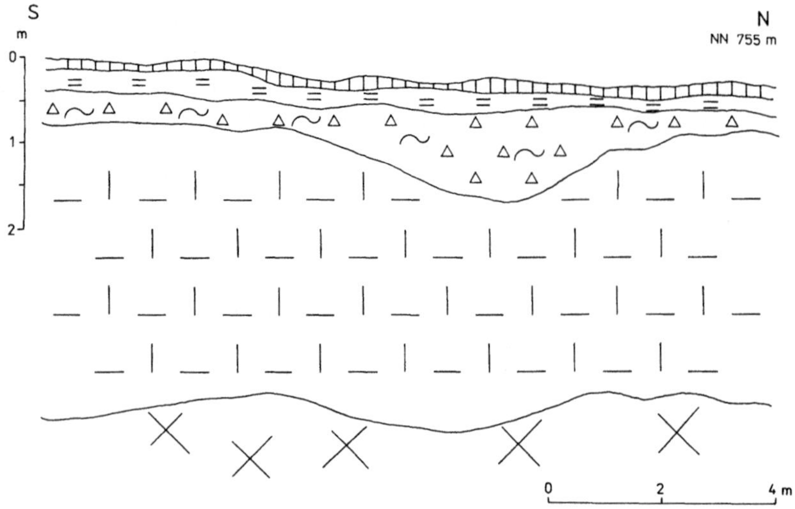

Abb. 2. Steinbruch Schellerhau (Profil 3)

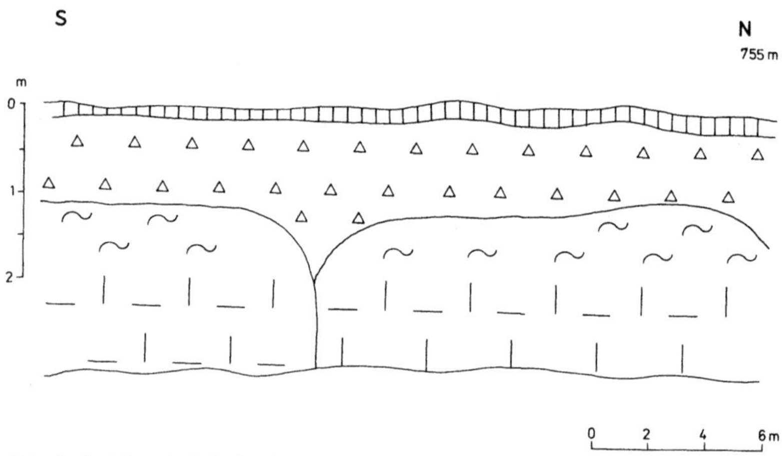

Abb. 3. Steinbruch Pöbelbachtal (Profil 14)

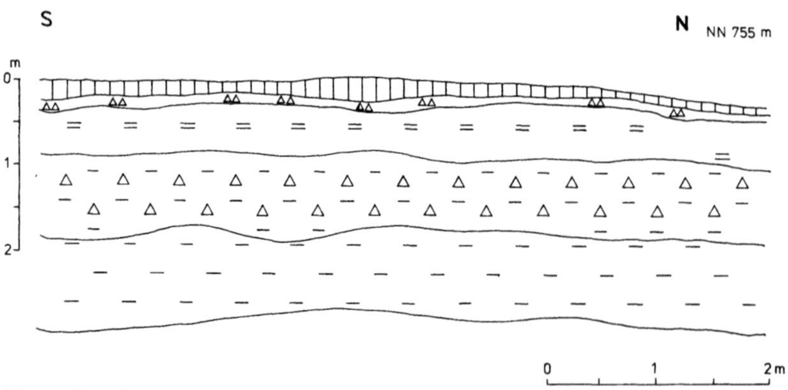

Abb. 4. Schellerhau, Baugrube Kläranlage (Profil 6)

Legenden zu Abb. 2–4

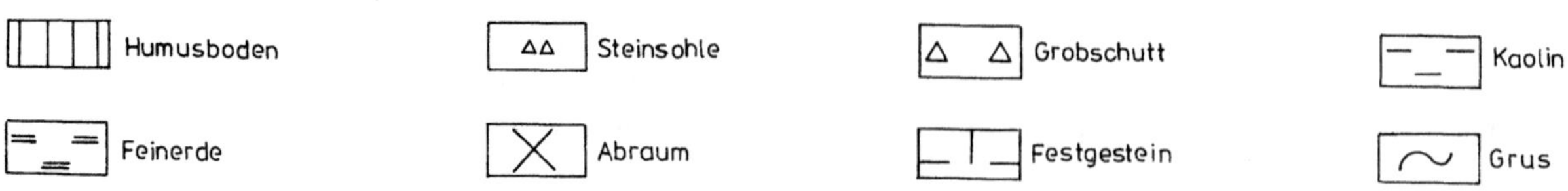

Präglaziales Relief (Frühglazial)

Die früh- bis altpleistozänen Schotterkörper der Nebenflüsse der Elbe lassen sich im Osterzgebirge nur in Ausnahmefällen nachweisen. Einzelne Verebnungsflächen an Talmäandern deuten noch auf alte Talniveaus mit relativen Höhen von 50 m (Mühlbach) bzw. 70 m (Schlottwitz) hin. Bis zum Beginn des Elsterglazials hatten sich die Flüsse schon mehr als 50 m in die Hochflächen eingeschnitten. Die menapkaltzeitliche bis frühelsterglaziale Terrasse der Müglitz weist bei Burkhardswalde eine relative Höhe von 45 m über der heutigen Aue auf, bei der gleichaltrigen Seidewitz bei Nentmannsdorf sind es 50 m (Präger u. Präger 1983). Es handelt sich um grobe, bunte Schotter aus unverwitterten feldspathaltigen Gesteinen des Osterzgebirges. Die oberen 20–30 cm der Seidewitzschotter bilden durch Verkieselung des Porenraumes eine feste Bank. Das könnte auf menapkaltzeitliches Alter hindeuten, obwohl die Terrasse direkt von Bändertonen und mächtiger Grundmoräne überlagert wird.

Glaziales Relief (Alt- bis Mittelpleistozän)

Das elsterglaziale Inlandeis reichte im Osterzgebirge und im Tharandter Wald bis in Höhen von etwa 300 m NN hinauf. Schmelzwasserabflüsse, die zwischen dem Eisrand und dem ansteigenden Grundgebirgsrelief erfolgten (Kamesterrassen), gab es im Bereich des Dresdner Erzgebirgsvorlandes am Rande des Tharandter Waldes bis hinein ins Hügelland zwischen Wilsdruff und Nossen. Es entstanden die Ebenheiten beiderseits des Elbtales als Aufschüttungsformen (Präger 1984, 1985). Durch das weitere Zurücktauen des Inlandeises und das Austauen der Toteisplombe im Elbtal erfolgte der Abfluß der elsterglazialen Schmelzwässer und der Abfluß der periglaziären Wässer des Elbeeinzugsgebietes wieder im Elbtal. Dadurch gibt es keine größeren Reliefverschüttungen und -veränderungen im Bereich der aus dem Erzgebirge kommenden Nebenflüsse der Elbe. Nach Ausräumung des Lockermaterials in den Unterläufen setzte sich die lineare Erosion im Erzgebirge durch das Tieferlegen der Erosionsbasis der Elbe in den jüngeren Kaltzeiten bis zum Weichselglazial fort. Auswirkung des saaleglazialen Eisstausees im Elbtal sind in den Nebentälern im Osterzgebirge nicht nachzuweisen. Frühelsterglaziale bis elsterglaziale Terrassenreste der Müglitz finden sich bei Oberschlottwitz in einer Höhe von 285 m NN, also 35–40 m über der Talaue. Eine saaleglaziale Terrasse der Müglitz liegt dort 10 m über der Aue bei 260 m NN.

Weichselglaziale und holozäne Reliefgestaltung

Zwischen den weichselglazialen und holozänen Talböden von Müglitz und Weißeritz gibt es in etwa 150–160 m NN eine Terrassenkreuzung. Sie liegt damit etwa 50 m über den beiden Mündungen dieser Flüsse in die Elbe. Bis zu dieser Höhe reichen auch die weichselglazialen Terrassenschotter, die den Talboden im Bereich des Unterlaufes der in die Elbe mündenden Nebenflüsse bedecken. Holozäne Schotter sind in diejenigen des Weichselglaziales eingeschachtelt (Präger 1976, 1987a). An der Roten und Wilden Weißeritz liegt diese Terrassenkreuzung bei Hainsberg, an der Müglitz bei Mühlbach. Weiter oberhalb bis in die Quellbereiche findet sich die holozäne Terrasse auf den Talböden, wobei sie flußaufwärts immer jünger wird. Weichselglaziale Terrassenschotter sind teilweise als Relikt am Hangfuß erhalten. Mitunter handelt es sich nur noch um Reste von älteren Schwemmkegeln aus kleinen Nebentälchen, die sich mit periglaziären Hangschuttbildungen verzahnen bzw. durch jüngere Erosion unterschnitten wurden (Präger 1976; Brose u. Präger 1983).

Durch Abspülung von Feinmaterial aus den Verwitterungsbildungen und Lockergesteinsdecken, vermutlich zu Zeiten der Waldrodung, sind die holozänen Schotter durch Ton und Schluff intensiv verbacken. Sie liegen in der Regel auf frischen, wenig verwitterten Festgesteinen, die nur auf Klüften durch Kolmation schluffig-tonige Beläge aufweisen. Vor allem die oberen Bereiche der Schotter sind sehr jung (Ziegel und Glasreste). Ein Teil ist nur wenige Jahrzehnte alt und wird bei größeren hydrologischen Ereignissen auch weiterhin ständig abgelagert. Dabei kommen sowohl Schotterbänke als auch großflächig Auelehm zur Sedimentation. Die holozäne Schotterakkumulation erfolgt in den unteren Talbereichen vom Spätglazial an, in den Tälern der oberen Gebirgslagen erst vom Mittelalter an, bis in die Gegenwart (Brose u. Präger 1983). Wie jüngste Erosions- und Akkumulationsvorgänge zeigen, wird durch Bodenbearbeitung und den Zustand des Waldes in heutiger Zeit anthropogen verstärkt eine Materialverlagerung (Abspülung, Erosion von Feinmaterial, Durchmischung der Lockergesteinsdecken) besonders in den Hangfuß- und Talbereichen verursacht.

Seit Beginn des Holozäns bildeten sich vor allem im Bereich der Quellmulden bzw. auf den schluffig-tonig ausgebildeten Schuttdecken der ebenen Flächen in den Kammlagen Hang- bzw. Regenmoore (Georgenfeld, Fürstenwalde, Schellerhau). Die Moorbildung setzte erst mit dem Boreal verstärkt ein. Heute sind die Moore generell aus dem Wasser herausgewachsen. Die Torfbildung, auch der Niedermoorstandorte, ist gegenwärtig meist eingeschränkt. Es handelt sich um ombrogene Moore, die teilweise verheidet sind und melioriert wurden. Nur wenige Abschnitte sind unter Waldbestand erhalten geblieben.

Lockergesteinsdecken im Osterzgebirge

Über allen Festgesteinen und ihren Verwitterungsbildungen sowie auf den glazigenen Bildungen des Elbtales und des Dresdner Erzgebirgsvorlandes liegt bis in die Kammlagen des Osterzgebirges ein Komplex periglaziärer Lockergesteinsdecken in relativ einheitlicher und gesetzmäßiger Ausbildung. Sie entsprechen etwa denen aus anderen Mittelgebirgen (Schilling u. Wiefel 1962; Kliewe 1975). Differenzierungen ergeben sich durch die Reliefposition zwischen Hochflächen und Unterhang. Es läßt sich generell ein grober skelettreicher Basisschutt (Grobschutt) von einem meist feinerdereichen Mittelschutt (Mittelfließerde) unterscheiden (Altermann u. Ruske 1970; Altermann et al. 1977). Deckschutte treten selten auf. Auf Gesteinen, die tiefgründig grusig verwittert sind (z. B. Granitporphyr), ist mitunter der Deckenkomplex nur durch Fließstrukturen des Gesteinsgruses noch zu erkennen und vom nicht verlagerten Untergrund abzugrenzen. Lößeinwehungen können bis in die Gipfellagen nachgewiesen werden. In der Nähe des Elbtales kommen über der Basisschuttdecke noch Lößinseln mit Lößderivaten, dem sogenannten Solifluktionslöß, vor (Altermann et al. 1977). In den höheren Lagen ist dieser Lößanteil vollständig in die Mittelfließerde (Mittelschutt) integriert (Lentschig u. Fiedler 1967, 1969).

Schuttdecken in der Elbtalweitung und dem Randgebiet des Elbtales

Die weichselglazialen Terrassen der Elbe tragen auf verschiedenen Erosionsniveaus ungestört geschichteten Tallehm. Sie wurden periglaziär nicht mehr beeinflußt. Die Sedimentation erfolgte bis ins Spätglazial (Brose u. Präger 1983). Periglaziäre Einflüsse lassen sich auf der frühelsterglazialen Terrasse bei Mockethal (Pirna) nachweisen. Von der Oberfläche bis in eine Teufe von 2 m sind die meist groben Schotter vollständig entschichtet. Linsenförmig und fahnenartig erfolgte die kryogene Einarbeitung des Materials. Im Bereich der bis zu 1,5 m tiefen und 1 – 2 m breiten Brodeltöpfe wurden Fein- und Grobkorn entmischt und an den Topfrändern das grobe Material angereichert. Im gesamten Profil verteilt treten Windkanter auf, die eine mehrphasige Beanspruchung des Komplexes belegen. Eine Steinsohle im Hangenden, ebenfalls mit Windkantern, ist über weite Strecken ausgebildet.

Auf Elster II-glazialen Schmelzwasserbildungen von Bonnewitz läßt sich eine etwa 1,5 m mächtige periglaziäre Decke an der Entschichtung der Geschiebesande bei gleichzeitiger Lößeinarbeitung (höherer Schluffanteil) erkennen. Brodeltaschen (0,5 m tief) und kleine Eiskeile sind häufig. Am elsterglazialen Elbtalhang oberhalb des Gasthofes „Weiße Taube“ lagern diese Geschiebesande auf unterschiedlich hoch aufragenden mittelturonem Sandstein. An der Durchmischung der Kiessande mit Sandsteinbrocken läßt sich der hangwärts gerichtete Materialtransport deutlich erkennen.

Schuttdecken im Bereich des Dresdner Erzgebirgsvorlandes

Bei Nentmannsdorf lagern über Schiefergesteinen und teilweise entkalkter Grundmoräne 2 – 4 m mächtige Lockergesteinsdecken (Präger u. Präger 1983). Auf elsterglazialer Grundmoräne liegt eine 1 m mächtige Grobschuttdecke mit einem Skelettanteil von 70%. Die darüber folgende Mittelfließerde besteht überwiegend aus Derasionslöß. In kleinen Dellen wird vor allem der Basisschutt mächtiger. Ähnliche Verhältnisse sind im gesamten Elbtalschiefergebirge anzutreffen.

Schuttdecken im Bereich des Erzgebirges und des Elbtalschiefergebirges

Hangabwärts gerichteter Materialtransport ist sehr gut an der Verbreitungsgrenze der oberkretazischen Sandsteine gegen die tiefgründig verwitterten Gneise zu erkennen (Malter bei Dippoldiswalde). Der rötlichviolette Gneis mit deutlichem Hakenwerfen der Schieferflächen wird mit scharfer Grenze durch Sandsteingrobschutt (Basisschutt) und lößartige Mittelfließerde überlagert. Auf dem Gelände des Margon-Brunnen-Betriebes in Burkhardswalde liegt eine bis zu 3 m mächtige Schuttdecke direkt über Terrassenschotter (45-m-Terrasse) der Müglitz. Die Mächtigkeit der Terrassenschotter nimmt zum Talhang deutlich zu, wobei dies gleichermaßen für den Basisschutt wie für die darüber liegende Feinerde gilt. Die Grenze der Terrassenfläche wird dadurch am Hang stark verwischt. Der Mittelschutt besteht überwiegend aus umgelagertem Löß mit Schieferbruchstücken aus der Umgebung. Der Basisschutt setzt sich zu 80% aus hangparallel eingeregelten Schieferbruchstücken zusammen.

Die Grenze zu den Terrassenschottern ist scharf, die zu den anstehenden Schiefern am höher gelegenen Hang dagegen undeutlich. Hakenwerfen der steil stehenden Schieferung und Verzug sind gut ausgebildet. Am linken Talhang der Müglitz nahe dem Bahnhof Oberschlottwitz liegen Schuttdecken ähnlicher Ausbildung sowohl auf der frühelsterglazialen 35- bis 40-m-Terrasse als auch auf der saaleglazialen 10-m-Terrasse der Müglitz. Völlig analog ist auch die Ausbildung der Schuttdecken an dem rechten Talhang auf einer schmalen schotterfreien Felsterrasse (70-m-Terrasse), die der E-Terrasse entsprechen könnte.

Immer ist in den Basisschutt Material aus dem Oberhang eingearbeitet und das unmittelbar darunter anstehende Gestein hangabwärts verzogen. An Steilhängen liegt nur ein 0,5 – 0,7 m mächtiger Grobschutt ohne weitere Gliederung vor. Widerständiges Material (Quarz) wurde als Klippen herausmodelliert.

Schuttdecken im unteren Erzgebirge

An den flacheren Talhängen sind mächtige Hangschuttdecken ausgebildet (Abb. 5; Profil 7). Im Basisschutt wurde deutlich verwittertes Material aus den darunter folgenden verwitterten Gesteinen eingearbeitet und fahnenartig hangabwärts verzogen. Die Grenze zur Feinerdedecke (Mittelschutt) ist deutlich gezeichnet. Auch hier ist der Lößanteil nicht zu übersehen. Auf der Hochfläche (575 m NN) östlich von Schmiedeberg bei Oberfrauendorf ist die Gliederung der Schuttdecken modellartig ausgebildet (Profil 8). Unmittelbar benachbart davon reicht, gesteinsabhängig, die Verwitterung auf Granitporphyr deutlich tiefer (Abb. 6; Profil 9). Auf dem flachen Relief haben Kryoturbationen größere Auswirkungen. An steileren Hängen kommt praktisch keine Feinerdedecke vor. Nur undeutlich ist im oberen Teil des Basisschuttes der Feinerdeanteil im Grobschutt erhöht. Die Verzugszone reicht tief in den Felsverband (Profil 10). Im oberen Teil der steileren Hänge hat die einheitliche Grobschuttdecke eine Mächtigkeit von nur 0,5 m. Am Hangfuß steigt die Mächtigkeit des Grobschuttes teilweise bis auf 3 m. Allerdings nimmt dabei der Feinerdeanteil auf 40 – 60% zu. Der Skelettanteil ist nicht eingeregelt.

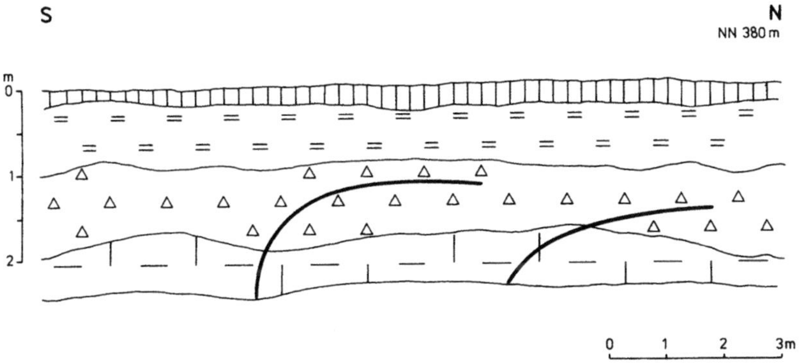

Abb. 5. Reichstädt, Abwassergraben (Profil 7)

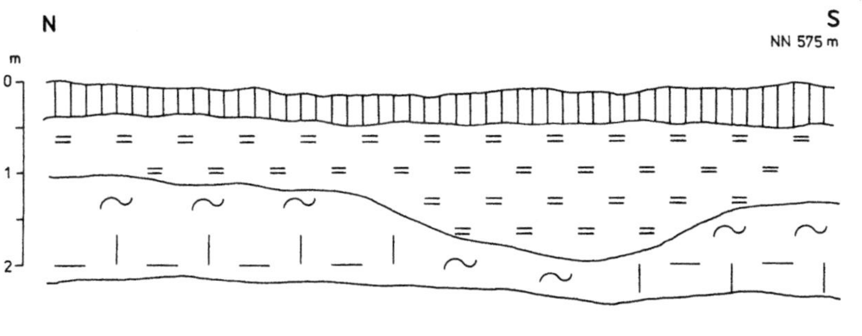

Abb. 6. Oberfrauendorf, Gesteinsgrusgrube (Profil 9)

Legenden zu Abb. 5 u. 6

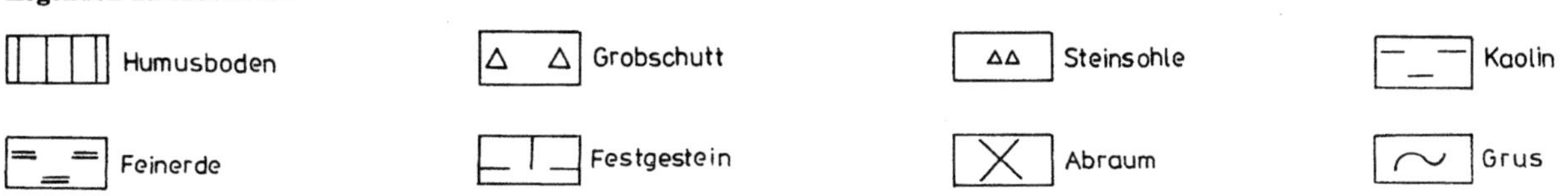

Schuttdecken im oberen Osterzgebirge

Auf den Hochflächen des oberen Osterzgebirges zeigen die Lockergesteinsdecken ähnliche Ausbildung wie im unteren Erzgebirge. Die Mittelfließerde ist deutlich geringmächtiger, bei niedrigerem Löß- und höherem Skelettanteil (Abb. 2; Profile 2, 3, 11). Über dem Mittelschutt liegt an den mittleren Hanglagen geringmächtiger Deckfließerdeschutt bzw. ein Steinhorizont. Oft bilden am Hang oberhalb anstehende Klippen den Ausgangspunkt der Steinstreuung (Profile 2, 11, 12; Abb. 7).

In den Basisschutt sind die stark verwitterten Gesteine des Untergrundes eingearbeitet. Bei völliger Verwitterung des anstehenden Gesteins besteht dann der Basisschutt aus Gesteinsgrus mit deutlicher Fließstruktur (Profile 1, 13; Abb. 8). Auf kleinen Erhebungen bzw. den Hangschultern wurde durch Abspülung das Feinmaterial völlig ausgewaschen. Dadurch treten feinerdearme Steinstreifen auf, die auch unter den heutigen Klimabedingungen die Hänge drainieren (Profil 12). Der Basisschutt dominiert insgesamt und geht ohne scharfe Grenze in die Verzugszone der Gesteine über (Abb. 3; Profile 12, 13).

In breiten, wannenförmigen Quellmulden (z. B. Ortslage Schellerhau) nimmt die Tiefe der Verwitterung der Festgesteine ebenso wie die Mächtigkeit der Lockergesteinsdecken in Richtung auf die Senken zu. Die Lockergesteinsdecken an den Talhängen lassen sich deutlich in Basis- und Mittelschutt gliedern (Abb. 2; Profile 2, 3). An steileren Hangabschnitten fehlt die Mittelfließerde (Abb. 6, 9; Profile 14, 15).

In den Senken liegt auf dem tiefgründig verwitterten Festgestein mächtiger Grobschutt, in dem offensichtlich Untergrundmaterial, Basisschutt und Mittelschutt aufgearbeitet vorliegen. Dieses Materialgemisch stellt eine einheitliche Solifluktionsdecke dar (Fließstrukturen). Das wird auch an der scharfen Grenze zum kaolinisierten Untergrund deutlich (Profile 4, 5, 6; Abb. 10).

Schuttdecken in den Kammlagen des Osterzgebirges um den Kahleberg

Auf den schwach geneigten Flächen besitzen auch die Lockergesteinsdecken eine große Mächtigkeit. Der Basisschutt wird teilweise über 3 m, maximal bis zu 5 m mächtig. Der Skelettanteil schwankt je nach

Abb. 7. Schellerhau, Steinbruch am nördlichen Ortsausgang; Fließerde und Grobschutt über grusig zersetztem Schellerhauer Granit

Abb. 8. Schellerhau, Baugrube am südlichen Ortsausgang; Fließerde über verwittertem Schellerhauer Granit; Maßstab 1.10

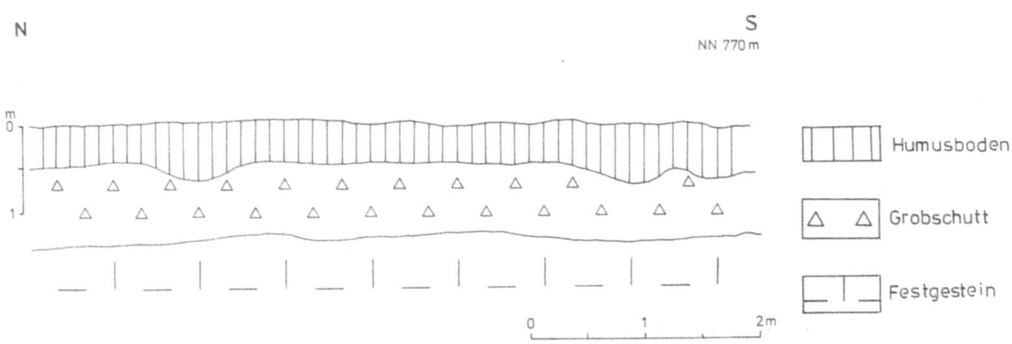

Abb. 9. Aufschluß am Teichweg südlich Wüstteich bei Altenberg (Profil 15)

Materialangebot aus dem Untergrund zwischen 50 und 70%. Der Übergang zum anstehenden Festgestein ist meist, vor allem an hängigen Positionen, diffus (Auflockerungs- und Verzugszonen) (Abb. 9; Profil 15). Im Basisschutt wurde im hängigen Gelände (Wüstteichgebiet, Zinnwald-Georgenfeld) streifenförmig das Feinmaterial ausgespült. Über dem Basisschutt liegt nur in flacheren Geländeteilen ausgebildeter Mittelschutt mit 10–20% Skelettanteil. Am Hangfuß der nach Norden bzw. Nordwesten orientierten Hänge des Kahleberges wird der Mittelschutt örtlich von einem geringmächtigen Deckfließerdeschutt, der oft nur als Steinhorizont erkennbar ist (Abb. 9; Profil 15), überdeckt. An den nordexponierten Hängen des Kahleberges sind oberhalb ebener Fußfluren Felshänge mit Schutthalden vorhanden. Diese Formen werden als kaltklimatische Reliktstrukturen im Sinne von Golezterrassen (Richter et al. 1963; Präger 1987b) angesehen.

Abb. 10. Schellerhau, Aufschluß Kläranlage; Grobschutt über grusig-kaolinisch verwittertem Schellerhauer Granit; Maßstab 1 : 18

Phasenanalytische Untersuchung des Feinerdeanteils der unteren Grobschuttdecke und des Gesteinszersatzes

Im vorherrschend warm-humiden Klima des Tertiärs entstanden im mitteleuropäischen Raum ausgedehnte und tiefgründige siallitische Verwitterungskrusten. Ihr Mineralbestand wird in starkem Maße durch die Petrographie des Muttergesteins bestimmt. Gemeinsames Merkmal der Profilausbildung aller tertiären Verwitterungskrusten ist jedoch ihre einheitliche Entwicklung in Richtung Kaolinit als stabilem Endprodukt im Umwandlungsprozeß. Entsprechend nennt man den hangenden reifsten Profilteil Zweischichtsilikatzone. Diese wird von einem als Dreischichtsilikatzone bezeichneten Übergangsbereich mit spezifischen Tonmineralneubildungen, wie Muskovit-Illit, Montmorillonit oder Mixed-Layer-Mineral (Störr 1978) unterlagert. Seit v. Freyberg (1923) gilt insbesondere der Nachweis typischer Mineralneubildungen der Zweischichtsilikatzone als ein wichtiges Indiz fossiler Verwitterungskrusten. Der gegenwärtige Stand der Analysetechnik ermöglicht die sichere Identifizierung der vorherrschenden Tonmineralphasen und eröffnet damit eine noch breitere Anwendung dieser Verfahrensweise auch auf geomorphologische Fragestellungen.

Probenauswahl und Methodik

Zur Untersuchung gelangten Gesteinsproben der unteren Grobschuttdecke und des autochthonen Gesteinszersatzes auf Schellerhauer Granit und Teplitzer Quarzporphyr. Die Probennahme erfolgte an temporären Aufschlüssen und in Steinbrüchen. Angaben zu den Proben sind Tabelle 1 zu entnehmen.

Die Untersuchungen wurden im Bereich Lagerstättenlehre der ehemaligen Sektion Geologische Wissenschaften der Ernst-Moritz-Arndt-Universität Greifswald durchgeführt. Folgende Analyseverfahren kamen dabei zum Einsatz:

- Röntgendiffraktometrie (Pulveraufnahmen mit HZG 4);
- Thermoanalyse (DTA, TG, DTG mit MOM 1500);
- Elektronenmikroskopie (TEM mit Tesla BS 500, SEM mit Tesla BS 300).

Tabelle 1. Probenverzeichnis

Probenbezeichnung	Beschreibung	Profilskizze
A Kläranlage Schellerhau	Grobschutt, grau	Abb. 4
B Kläranlage Schellerhau	Granitkaolin, hellrot	Abb. 4
C Kläranlage Schellerhau	Granitkaolin, grau	Abb. 4
I Steinbruch Schellerhau Nordwand	grusiger Granitkaolin, rötlichgrau	Abb. 2
II Steinbruch Pöbelbachtal	toniger Granitgrus, grau	Abb. 3
III Grube südlich Ferienheim Schellerhau	grusiger verwitterter Granit, graugelb	Abb. –
IV Oberbärenburg Bobbahn	grusig verwitterter Quarzporphyr, graubraun	Abb. –

Die quantitative Mineralanalyse erfolgte nach Landgraf et al. (1977) mit der Methode des inneren Standards. Die Interpretation der elektronenmikroskopischen Aufnahmen entspricht den Angaben von Henning und Störr (1986). Die Kornfraktionierung erfolgte nach Atterberg.

Untersuchungsergebnisse

Die kombinierte Anwendung röntgenographischer und thermoanalytischer Verfahren führte zum Nachweis der in Tabelle 2 aufgeführten Mineralphasen. Als Tonmineralneubildungen wurden Illit, Smektit, Kaolinit und Halloysit identifiziert. Der Kaolinitgehalt liegt nur in der Probe II unter der Nachweisgrenze. Ein Vergleich mit dem jeweiligen Reliktmineralbestand macht deutlich, daß die Resistenz der Mineralkomponenten der Muttergesteine gegenüber der siallitischen Verwitterung in der Reihenfolge Quarz-Orthoklas-trioktaedrische Glimmer-Albit abnimmt. In den Proben A und B ist die Kaolinisierung der Feldspäte vollkommen. Mit den Proben wurde die Zweischichtsilikatzone eines tiefgründigen siallitischen Verwitterungsprofiles bzw. sein Umlagerungsprodukt erfaßt.

Tabelle 3. Ergebnis der quantitativen Mineralanalyse der Proben A, B und C (Profil Ferienheim Schellerhau); Angaben in Masse-%

Probe	Mineralgehalt			
	Quarz	Feldspat	Glimmer Illit	Kaolinit Halloysit
A	42	–	17	41
B	51	–	36	15
C	54	5	27	12

Das Ergebnis der quantitativen Mineralanalyse des Profiles der Proben A, B und C (Tabelle 3) zeigt die für tertiäre Verwitterungsprofile typische, teufenabhängige Mineralzonierung und vermittelt einen Eindruck vom mengenmäßigen Ausmaß der Kaolinisierung. Bemerkenswert ist das Auftreten von Halloysit. In seiner Indikatorfunktion entspricht dieses Mineral dem Kaolinit. Schneider (1976) beschreibt Halloysit aus Gabbrokaolinen. Sein begrenztes Auftreten im Feinerdeanteil der Grobschuttdecke (Probe A) macht die Herkunft aus benachbarten Verwitterungsprofilen basischer Edukte wahrscheinlich.

Für das Material der Probe A wurde der Mineralbestand der Fraktionen bestimmt (Tabelle 4). Die Kaolinit- und Halloysitgehalte sind vorwiegend in den Fraktionen $<11{,}2\ \mu m$ konzentriert. Insgesamt lassen die hohen Schluff- und Tongehalte sowie die festgestellte Mineralverteilung auf die Einarbeitung reifer Kaolinprofile in die Grobschuttdecke schließen.

Tabelle 2. Mineralbestand

Reliktminerale				Mineralneubildungen				Akzessorien			Probe
Quarz	Orthoklas	Albit	triokt. Glimmer	Kaolinit	Halloysit	Muskovit-Illit	Smektit	Goethit	Hämatit	Apatit	
+			+	+	+	+	–			–	A Schellerhau grau
+			–	+		+	–	–			B Schellerhau rot
+	+		–	+		+	+			–	C Schellerhau weiß
+	+	–	–	+		+	+		–		I Steinbruch
+	+	+	+			+	–		–		II Pöbelbachtal
+	+	+	+	+		+	+	–		–	III Baugrube
+	–			+		+	–	–	–		IV Bobbahn

+ Hauptkomponente, – Nebenkomponente, meist in Konzentrationen ≤ 5 Masse-%

Tabelle 4. Quantitativer Mineralbestand der Fraktionen Probe A (Grobschuttdecke Aufschluß Ferienheim Schellerhau)

Kornfraktion [µm]	Kornanteil [%]	Mineralgehalte [Masse-%]		
		Quarz	Kaolinit/ Halloysit	Glimmer/ Illit
2	22,2	–	85	15
2–3,15	6,3	5	80	15
3,15–6,3	11,4	13	74	13
6,3–11,2	6,1	18	62	20
11,2–20	2,3	25	55	20
20–63	1,8	25	41	34
63	49,8	76	4	20

Die elektronenmikroskopischen Aufnahmen bestätigen die genannten Ergebnisse. Neben der z. T. idealen pseudohexagonalen Ausbildung der Kaolinitblättchen im Schellerhauer Kaolin (Abb. 11) sei besonders auf die röhrenförmigen Halloysite (Abb. 12 und 13) verwiesen. Rasterelektronenmikroskopische Aufnahmen der Proben I–III dokumentieren unterschiedliche Kaolinisierungsstadien der Feldspäte (Abb. 14).

Abb. 12. Elektronenmikroskopische Aufnahme (TEM) mit Halloysit (schmale schwarze Röllchen), Kaolinit und Glimmer (wolkige Aggregate)

Abb. 13. Elektronenmikroskopische Aufnahme (TEM) mit Halloysit (schmale schwarze Röllchen), Kaolinit und Glimmer (wolkige, unregelmäßig begrenzte Aggregate)

Zusammenfassend kann festgestellt werden, daß die erhaltenen Angaben zum Mineralbestand der Proben, insbesondere der Nachweis von Kaolinit und Halloysit sowie die typische Mineralzonierung, den Schluß zulassen, daß es sich bei den betrachteten Zersatzbildungen um Relikte tiefgründiger siallitischer Verwitterungskrusten handelt. Vielfach wurden ihre hangenden reiferen Profilabschnitte durch erosive Prozesse entfernt oder in jüngere Schuttdecken eingearbeitet. Der nachgewiesene Mineralbestand ordnet sich gut in das Bild der jungmesozoisch-tertiären Formation der Verwitterungskruste ein.

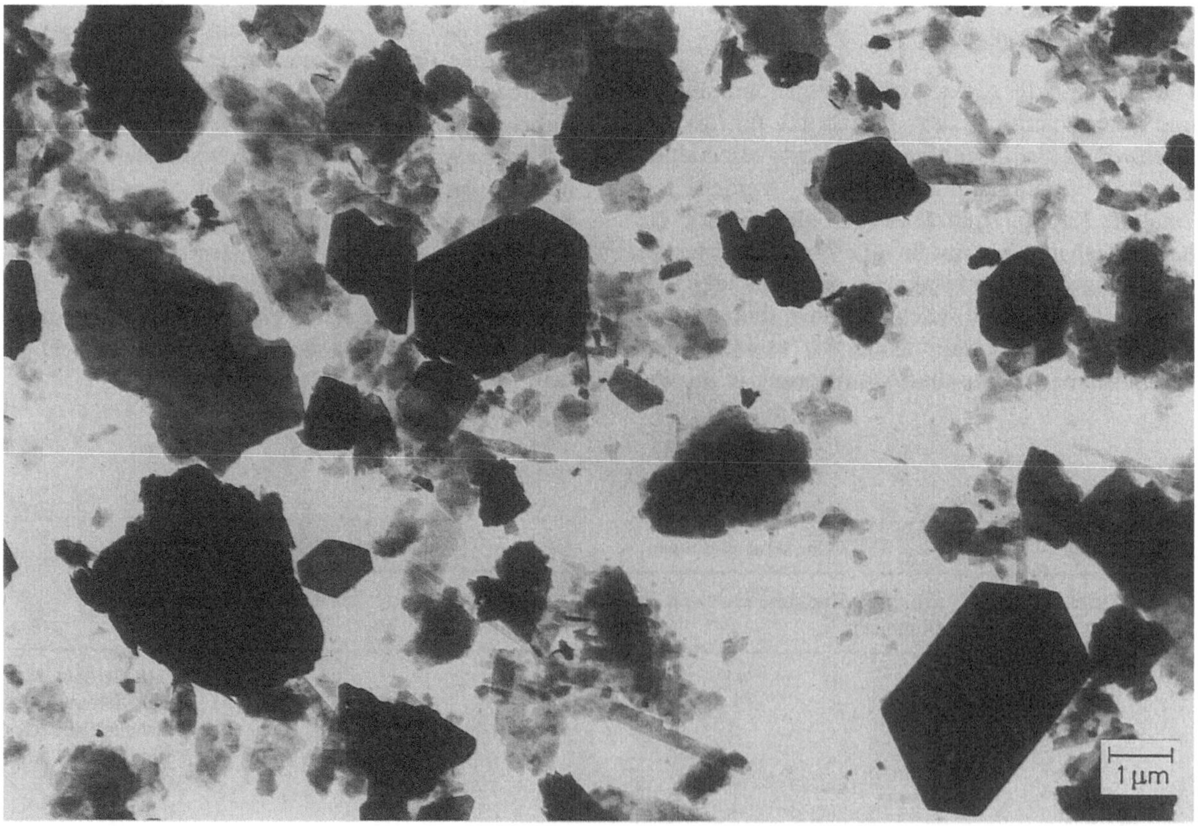

Abb. 11. Elektronenmikroskopische Aufnahme (TEM) mit pseudohexagonalen Kaoliniten (opake, taflige, idiomorphe Blättchen), Glimmern und Feldspäten

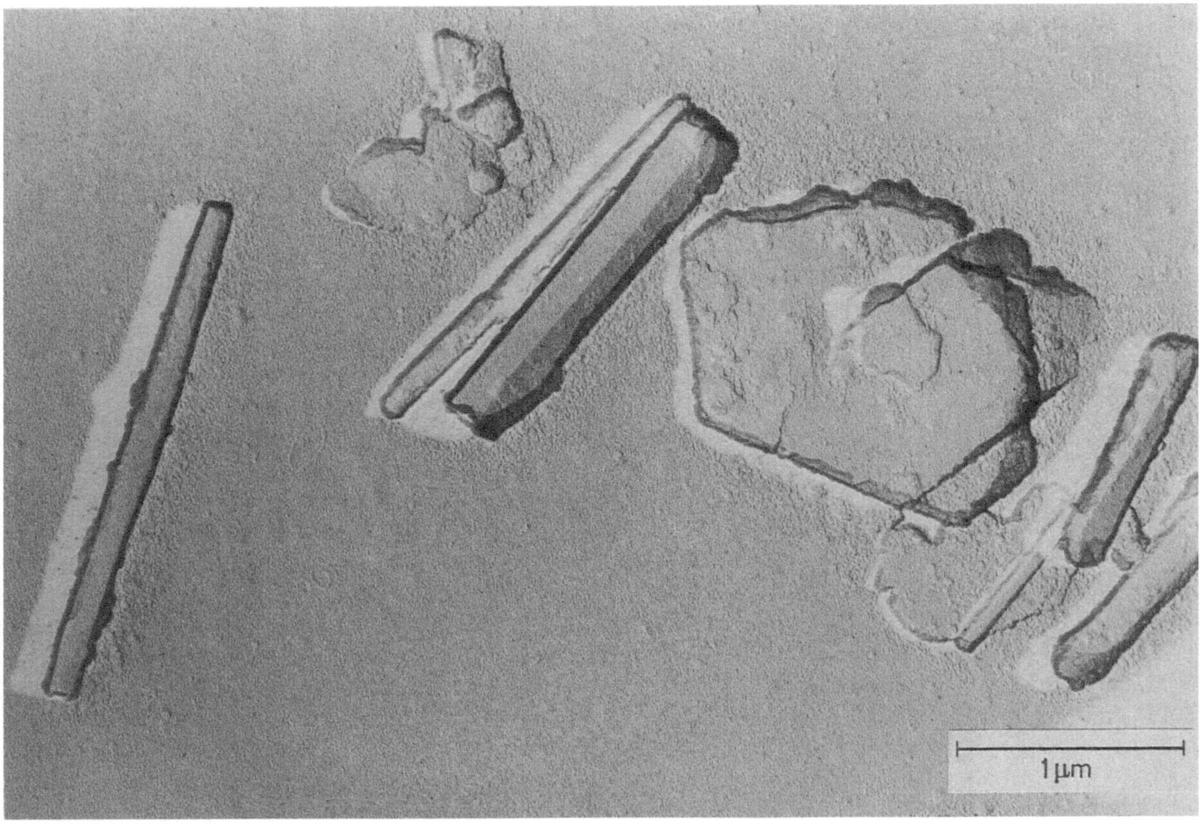

Abb. 12

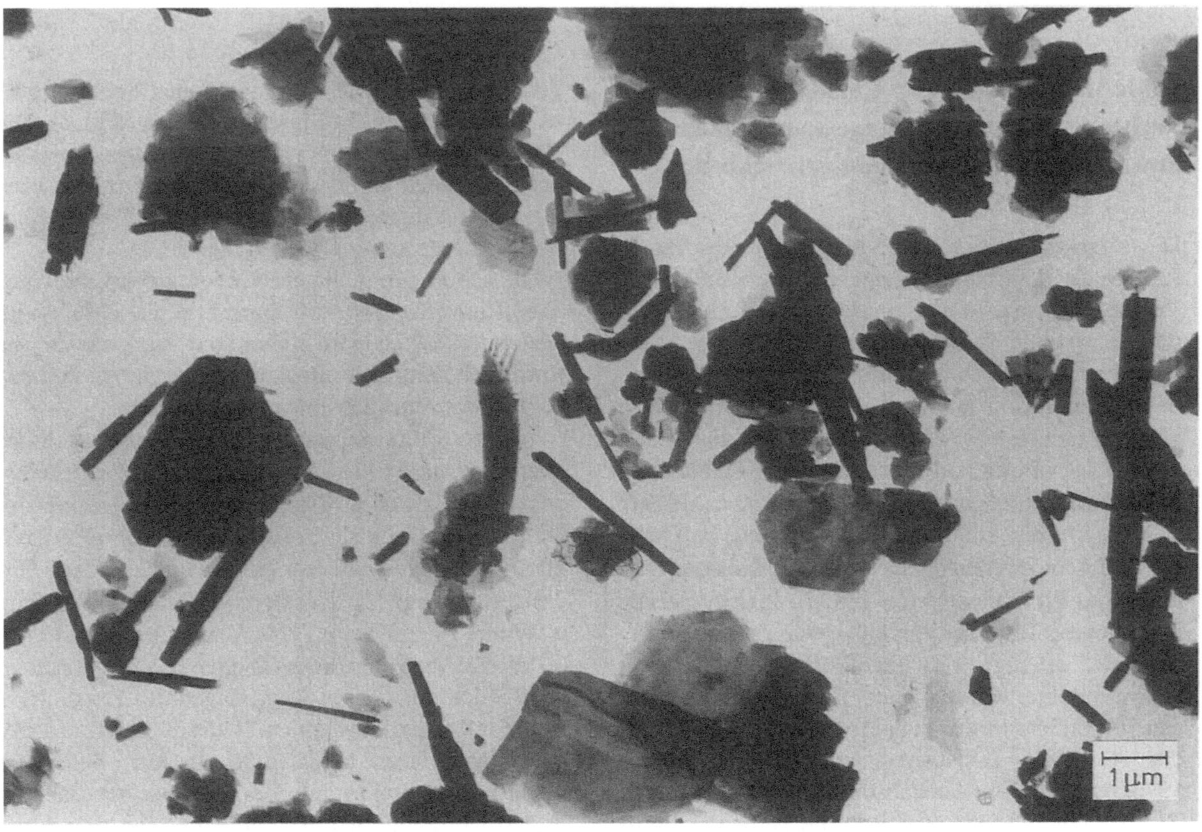

Abb. 13

Abb. 14. Rasterelektronenmikroskopische Aufnahme (REM) kaolinisierter Feldspäte

Schlußfolgerungen zur Entstehung und Verbreiterung der Lockergesteinsdecken und der pleistozänen Reliefentwicklung

Die tiefgründige Verwitterung im Bereich der Hochflächen der Kammlagen belegt eine ältere siallitische Verwitterungskruste aus einem warmhumiden Klima. Die breiten Talwannen sind Relikte einer älteren, schon der Nordabdachung des Landes folgenden Talgeneration aus dem jüngeren Tertiär. Diese Flüsse waren bereits Nebenflüsse der seit dem Obermiozän über Pirna, Dresden, Ottendorf-Okrilla und Königsbrück fließenden Elbe (A1-Terrasse; Präger 1987a). Mit der klimatischen Umstellung im Quartär und dem raschen Tieferlegen der Erosionsbasis durch das Einschneiden der Elbe (frühelsterglaziale und jüngere Terrassen) erfolgte eine rasche Eintiefung der osterzgebirgischen Flüsse. Die Verwitterungsprodukte wurden auch flächenhaft abgetragen. Besonders in den jüngeren Elbschottern steigt der Anteil an erzgebirgischem Material (Präger 1976). Die relativen Auenabstände aller pleistozänen Terrassen der Nebenflüsse der Elbe werden flußaufwärts geringer. Besonders die frühweichselglaziale Tiefenerosion führte trotz des hohen Schuttanfalls zu einem intensiven Einschneiden der Flüsse. Die Terrassenkreuzungen zwischen weichselglazialen und holozänen Terrassen beweisen, daß in den oberen Gebirgslagen die Abtragung vom Weichselglazial bis heute ständig weiterging.

Die schon primär nach Norden abgedachte „tertiäre Rumpftreppe" von Barsch et al. (1961) und Gellert (1967) ist eine einheitliche Kippscholle. Sie wurde seit dem Obermiozän herausgehoben und mit Beginn des Quartärs linear zerschnitten.

Von der Elbtalweitung bis in die Kammlagen des oberen Osterzgebirges bedecken Lockergesteinsdecken periglaziärer Entstehung alle Gesteine des Untergrundes. Sie sind relativ einheitlich gesetzmäßig gestaltet und lassen sich gut mit analogen Bildungen anderer Mittelgebirge vergleichen (Schilling u. Wiefel 1962; Kliewe 1975; Altermann et al. 1977).

Tertiäre Verwitterungsbildungen wurden vor allem im Bereich der oberen Kammlagen des Erzgebirges und der breiten Talwannen in die Basisschuttdecke einbezogen. Der Basisschutt ist hier besonders mächtig. Die horizontale Komponente der flächenhaften Abtragung wird durch den hohen Anteil von Fremdmaterial von den Oberhängen, durch Fließstrukturen im Schutt sowie durch fahnenartig hangabwärts verzogene Gesteinskomplexe des Untergrundes belegt (Profile 2, 3, 7, 10, 11, 13, 14). In den oberen Gebirgs- und Hanglagen geht der verwitterte Untergrund (Auflockerungs- und Verzugszone) meist kontinuierlich in den Basisschutt über.

Über dem Basisschutt folgt weit verbreitet eine Fließerde (Mittelschutt) mit nur geringem Skelettanteil. Einwehung von Löß aus dem Vorland ist bis in Höhen über 800 m NN nachzuweisen (Lentschig u. Fiedler 1967, 1969).

Eine obere schuttreiche Fließerde, teilweise nur als Steinhorizont ausgebildet, gibt es nur in Höhen oberhalb 650 m NN mit Beziehungen zu den Felsklippen an den Talhängen.

In den Talwannen und Hangfußbereichen, vor allem auf sehr flach geneigtem Untergrund, ist die Grenze zwischen verwittertem Untergrund und Grobschutt scharf, d. h. eine Erosionsdiskordanz wird deutlich. Die Durchmischung von Untergrundmaterial, Basisschutt und Mittelschutt führte zu einer einheitlichen Solifluktionsdecke. Die Grobschutte sind demzufolge positionsabhängig stratigraphisch nicht einheitlich. Vor allem im Hangfußbereich wurden die Lockergesteinsbildungen deutlich umgelagert und mit verschlämmtem Material vermischt.

Zur Alterseinstufung der Lockergesteinsdecken im Osterzgebirge gibt es einige Anhaltspunkte. Sie überlagern in gleicher Abfolge tertiäre Verwitterungsbildungen sowie frühglaziale, elsterglaziale und saaleglaziale Schotter. Sie verzahnen sich im oberen Erzgebirge mit der weichselglazialen 2-m-Terrasse bzw. mit älteren Schwemmkegeln, die mehrphasig bis heute unterschnitten werden. Die Basisschutte sind frühweichselglazialen Alters. In den oberen Kammlagen und Quellmulden wurde in ihnen älteres Material mehrfach aufgearbeitet. Die Mittelfließerden sind wegen des hohen Lößanteils hochweichselglazial. Sowohl diese als auch die Basisschutte wurden an flacheren, wasserbeeinflußten Talhängen solifluidal umgelagert. Am Hangfuß muß bei den Schuttdecken mit mehrfacher Umlagerung vom Beginn des Spätglazials bis zum Holozän gerechnet werden.

Profilbeschreibungen

Profil 1 (Abb. 1)

Hermsdorf, Geländeoberkante 685 m NN

Teufe (m)	Schichtenbeschreibung
−0,1	Humusboden
−0,45	Feinerdeschutt, gelbbraun, schluffig, feinsandig (Lößanteil), Skelettanteil 25% (Steinsohle)
−0,9	Feinerdeschutt, Skelettanteil 40%, Steine, sandig (umgelagerter Grus), rotbraun
−1,6	Quarzporphyrgrus, streifig, rotbraun, umgelagert
folgt	Quarzporphyr vergrust, in situ, Klüfte z. T. noch zu erkennen, festere Partien rotbraun.

Profil 2

Schellerhau, Steinbruch am nördlichen Ortsausgang, Ost-West-Profil, Geländeoberkante 755 m NN

Teufe (m)	Schichtenbeschreibung
−0,1	Humusboden, grau, kleine Steine (Quarzporphyr), sandig
−0,5	Fließerde, gelbbraun bis graugelb, feinsandig-schluffig, viel Granitgrus, skelettarm (5−10%)
−1,1	Grobschutt aus Granitgrus, grauweiß bis rotviolett gestreift, Skelettanteil 50−75% bis 0,3 m Durchmesser (Quarzporphyr vom Oberhang), Steine hangparallel eingeregelt, deutliche Grenze zum Liegenden
−3,4	Schellerhauer Granit, grauweiß, gelblich, rostrote Flecken, stark grusig zersetzt – talwärts zunehmend, Klüftung noch deutlich hervortretend, schalenartige Absandung und Zerfall
folgt	Granitschutt.

Profil 3 (Abb. 2)

Schellerhau, Steinbruch am nördlichen Ortsausgang, Nord-Süd-Profil, Geländeoberkante 755 m NN

−0,3	Humusboden, grau, sandig, mit kleinen Steinen, kantenbestoßen bis eckig, Durchmesser bis 0,1 m (Quarzporphyr vom Oberhang)
−0,6	Fließerde, gelbbraun bis graugelb, feinsandig-schluffig, viel Granitgrus, Skelettanteil 5% (Quarzporphyr)
−1,1	Grobschutt aus Granitgrus, graugelb bis rotviolett gestreift, Skelettanteil 60−70%, Durchmesser bis 0,2 m, aus Quarzporphyr vom Oberhang, in Taschen bis 1 m mächtig, bei Ausdünnen Steinsohle mit hangparallel eingeregelten Steinen
folgt	Schellerhauer Granit, gelblichgrauweiß, auf Klüften rostbraun bis violett, grusig zerfallend, nach unten fester werdend, Kluftabstand steigt.

Profil 4

Schellerhau, Baugrube der Kläranlage, zwischen Kontrollschacht 3 und 4, Geländeoberkante 757 m NN

Teufe (m)	Schichtenbeschreibung
−0,25	Moorboden, schwarz, schluffig
−0,75	Grobschutt, grauweiß bis rotbraun, Skelettanteil 75% (Granit, Quarzporphyr), rotbraun bis graugelb, scharfe Grenze zum Liegenden
−1,4	Schellerhauer Granit, grauweiß, rotbraun, grusig verwittert und teilweise noch fest, Klüftung.

Profil 5

Schellerhau, Baugrube der Kläranlage zwischen Kontrollschacht 3 und 4, Geländeoberkante 757 m NN

Teufe (m)	Schichtenbeschreibung
−0,1	Humusboden, grau
−1,0	Grobschutt, grauweiß bis rotbraun, Skelettanteil 75% (Granit, Quarzporphyr), scharfe Grenze zum Liegenden
folgt	Schellerhauer Granit, graugelb, feinkörnig, grusig verwittert, rötlichbraun gefleckt, besonders im Liegenden des Aufschlusses.

Profil 6 (Abb. 4)

Schellerhau, Baugelände der Kläranlage, 15 m nördlich Kontrollschacht 4, hangparallel, Geländeoberkante 755 m NN

Teufe (m)	Schichtenbeschreibung
−0,2	Moorboden, grauschwarz
−0,95	Feinerde, Skelettanteil 5−15%, grau, tonig-schluffig, darunter Feinerde, gelbgrau
−1,95	Grobschutt, grauweiß, tonig-schluffig, Skelettanteil >50% (Granit, Quarzporphyr), Geröllldurchmesser bis 0,3 m darunter Grobschutt, rötlichbraun, z. T. Steinsohle, hangparallel eingeregelt
folgt	Kaolin, grau bis grauweiß, im Liegenden rotbraun (Schellerhauer Granit).

Profil 7 (Abb. 5)

Reichstädt, Abzweig der Straße nach Ruppendorf, Abwassergraben quer zum Hang (N−S), Geländeoberkante 380 m NN

Teufe (m)	Schichtenbeschreibung
−0,2	Humusboden, braun, skelettarm
−1,0	Feinerde, braun, gelbbraun, feinsandig, schluffig, Skelettanteil 20% (Gebirgslöß)
−2,0	Schutt, braun, graubraun, Gänge aus dem anstehenden Gneis als rostrote bis schwarze Fahnen, Skelettanteil 50−70%, Steine hangparallel eingeregelt
folgt	Gneis, gelbbraun, stark verwittert, klüftig mit Gang.

Profil 8

Oberfrauendorf, Straßenkreuzung Schmiedeberg/Luckau (Poststraße) Geländeoberkante 575 m NN

Teufe (m)	Schichtenbeschreibung
−0,15	Humusboden, grau, schluffig, geringer Skelettanteil
−0,65	Feinerde, gelbgraubraun, unten Skelettanteil 5%, in Brodeltaschen deutliche Mächtigkeitszunahme (Gebirgslöß)
−1,30	Grobschutt, gelbgrau, Skelettanteil >50%, nach der Basis Skelettanteil deutlich höher, scharfe Grenze zum Liegenden
folgt	Quarzporphyr, klüftig, kleinstückig, kaolinisch angewittert, Kantenlänge 5−10 cm, polyedrisch, Klüfte tonig fest verbacken, Bruch teilweise frisch.

Profil 9 (Abb. 6)

Oberfrauendorf, Gesteinsgrusgrube, südwestlich der Straße Schmiedeberg – Oberfrauendorf, Geländeoberkante 575 m NN

Teufe (m)	Schichtenbeschreibung
−0,4	Humusboden, braun, graubraun, sandig, lehmig
−1,2	Feinerde, gelblichbraun, unterer Teil rostrot gestreift, Fließstrukturen, lößartiger Feinerdeanteil, Hauptmenge Granitporphyrgrus, taschenartige Einsenkungen mit wollsackartig angewitterten Steinen
−1,9	Granitporphyrgrus, rötlichbraun, unscharfer Übergang zum Liegenden
folgt	Granitporphyr, stark grusig verwittert, rötlichbraun, mit festeren Partien, wollsackartig aufgelöst.

Profil 10

Bärenstein, rechter Talhang der Kleinen Biela, Schurf im Bereich von Erzgängen, Geländeoberkante 525 m NN

Teufe (m)	Schichtenbeschreibung
−0,6	Waldhumusboden, dunkelbraun, viel Rohhumus, Skelettanteil 30−50%
−1,8	Grobschutt, dunkelbraun, rostbraune Fahnen aus dem Liegenden (Verzugs-

	zone), Feinerde 50%, schluffig, lößartig, Granitporphyr, Gangbreckzie
folgt	Granitporphyr, Quarz-Gangbreckzie, klüftig, nach der Teufe unterschiedlich rasch fest und unverwittert.

Profil 11

Falkenhain, südlich des Gasthofes, Geländeoberkante 645 m NN

Teufe (m)	Schichtenbeschreibung
−0,2	Humusboden, grau, geringer Skelettanteil
−0,6	Feinerdeschutt, braun, gelbbraun, Skelettanteil 10−15%, deutlicher Lößanteil
−1,1	Schutt, braun, roströtlich, Skelettanteil 50−75%, Steine aus Teplitzer Quarzporphyr, hangparallel eingeregelt
folgt	Grus, Feinerde, oben noch streifig, nach unten fester und klüftiger Granitporphyr.

Profil 12

Oberbärenburg, Steinbruch am Bauweg (Bobbahn), Geländeroberkante 780 m NN

Teufe (m)	Schichtenbeschreibung
−0,1	Waldboden, grau, schwarz, skelettreich, Rohhumus
−0,9	Brodeltopf, braungrau, fleckig, Bleichungsflecken und -adern hellgrau, skelettarm, Steine im Topf eingeregelt
−2,4	Grobschutt, grau, braunfleckig, Skelettanteil 60−70%, Grenze zum Liegenden undeutlich
folgt	Quarzporphyr, rotbraun, grau, besonders auf Klüften gebleicht, auch auf Störungszonen tiefreichend verwittert, tonige Kluftbeläge.

Profil 13

Schellerhau, Eigenheim, südliche Ortslage, Geländeoberkante 760 m NN

Teufe (m)	Schichtenbeschreibung
−0,4	Wiesenboden, Skelettanteil 10−15%, sandig-schluffig
−1,4	Fließerde, grau, Skelettanteil 10−20%, sandig-schluffig, bestehend aus Granitgrus mit deutlichen Fließstrecken
folgt	Schellerhauer Granit, stark vergrust, mit Hacke lösbar und Klüftung erkennbar.

Profil 14 (Abb. 3)

Steinbruch Pöbelbachtal, Abzweig nach Schellerhau, linkes Talufer, unterer Talhang, Geländeoberkante 755 m NN

Teufe (m)	Schichtenbeschreibung
−0,15	Humusboden
−1,3	Grobschutt, Skelettanteil 30−50%, grau, Fließstrukturen im Gesteinsgrus aus granitischem Ausgangsgestein, Feldspäte angewittert, Skelettmaterial aus dichterem, frischerem Gangmaterial, steht im Bruch nicht an
folgt	Schellerhauer Granit, grau, graugelb bis rotviolett, mürbe, wollsackartig zerfallend, Verwitterung auf Klüften tiefer reichend.

Profil 15 (Abb. 7)

Altenberg, Teichweg, südlich Wüstteich, Geländeoberkante 770 m NN

Teufe (m)	Schichtenbeschreibung
−0,1	Torfboden, grau bis dunkelgrau, Bleichungserscheinungen unter der Rohhumusunterlage, Skelettanteil 10−15%, schluffig-tonig
−0,5	Torfboden, braunschwarz, humusreich, schluffig, Skelettanteil 10−15%
−1,6	Grobschutt, grau, Manganausscheidungen in Nestern, tonig-schluffig, Skelettanteil 50−70%, regellos, eckig, in schmalen Zonen fast ohne Feinerde (Steinstreifen)
folgt	Teplitzer Quarzporphyr, grau, gelblichbraun, angewittert, tonig-schluffige Kluftbeläge, eng polyedrisch geklüftet.

Literatur

Altermann M, Ruske R (1970) Beitrag zur Lithologie, Gliederung und Verbreitung des Gebirgsschutts. Geologie 19:895−908

Altermann M, Rabitzsch K (1977) Zur Gliederung und Dokumentation der wichtigsten Lockersedimente der Mittelgebirge. Z Angew Geol 23 (3):130−135

Altermann M, Manetschke J, Erbe Ch, Pretzschel M (1977) Zur Kennzeichnung der quartären Deckschichten im Unterharz. Petermanns Geogr Mitt 2:95−110

Barsch H, Bernhardt A, Haubold K, Rank M, Sachse R (1961) Die sächsisch-thüringische Rumpftreppe zwischen Elbe und Saale. PH Dresden (unveröffentlicht)

Bernhardt A, Haase G, Mannsfeld K, Richter H, Schmidt R (1986) Naturräume der Sächsischen Bezirke. Sächs Heimatbl 32 (4):5

Brose F, Präger F (1983) Regionale Zusammenhänge und Differenzierungen der holozänen Flußgenese im nordmitteleuropäischen Vergletscherungsgebiet. Petermanns Geogr Mitt, Ergänzungsh 282:164–175

Freyberg B von (1923) Die tertiären Landoberflächen in Thüringen. Fortschr Geol Paläont 6:1–77

Gellert JF (1967) Zur Problematik der verschütteten Bergländer (Inselbergländer) im sächsischen und schlesischen Gebirgsvorland und der „fossilen Inselberge" in den Mittelgebirgen Mitteleuropas. Wiss Z PH Potsdam, Math-Nat Reihe 11 (3):281–286

Henning K-H, Störr M (1986) Electron micrographs of clay and clay minerals. Schriftenr Geol Wiss 25:350

Kliewe H (1975) Zu Genese und Alter jungquartärer Deckschichten in thüringisch-sächsischen Mittelgebirgen. Biul Geol 19:119–126

Landgraf K-F, Schomburg J, Störr M, Zwahr H (1977) Erfahrungen bei der quantitativen mineralogischen Phasenanalyse tonmineralhaltiger Gesteinsproben. Wiss Z Ernst-Moritz-Arndt-Univ Greifswald, Math-Nat Reihe 26 (1/2):67–78

Lentschig S, Fiedler HJ (1967) Korngrößenverteilung und Mineralbestand in Braunerden und Podsolen des Mittelgebirgsbereiches. Arch Forstwiss 16 (12):1247–1269

Lentschig S, Fiedler HJ (1969) Beitrag zur Kenntnis der Böden des Tharandt-Grillenberger Waldes. IV. Chemische und mineralogische Untersuchungen an Phyllitböden. Abh Staatl Mus Mineral Geol 13:117–138

Neef E (1960) Die naturräumliche Gliederung Sachsens. Sonderdruck Sächs Heimatbl

Präger F (1976) Quartäre Bildungen in Ostsachsen. Abh Staatl Mus Mineral Geol 25:125–217

Präger F (1984) Zur Stratigraphie der Elbeterrassen und glazigener Bildungen der Elstereiszeit bei Dresden. Z Geol Wiss 12 (6):727–733

Präger F (1985) Die frühelsterglaziale Elbeterrasse und glazigene Bildungen der Elstereiszeit im Raum Pirna. Z Geol Wiss 13 (2):185–190

Präger F (1987a) Pleistozäne Geschichte des Elbtales und rezente Tektonik. Exkursionsführer Tagung 20.5.1987 in Schöna, Berlin

Präger F (1987b) Zum Alter der Gipfelklippen und Blockmeere im Lausitzer Bergland. Petermanns Geogr Mitt 131 (2):133–135

Präger F, Präger O (1983) Ein neuer Aufschluß präglazialer Schotter der Seidewitz und elsterglazialer Grundmoräne bei Nentmannsdorf, Kreis Pirna, und Schlußfolgerungen zur Stratigraphie des Altpleistozäns im Elbtalgebiet. Sächs Heimatbl 2:58–64

Richter H, Haase G, Barthel H (1963) Die Golezterrassen. Petermanns Geogr Mitt 3

Schneider H (1976) Ein Vorkommen von Halloysit im Gabbrokaolin von Obercallenberg, Sächsisches Granulitgebirge. Schriftenr Geol Wiss 5:193–199

Schilling W, Wiefel H (1962) Jungpleistozäne Periglazialbildungen und ihre regionalen Differenzierungen in einigen Teilen Thüringens und des Harzes. Geologie 11 (4): 428–460

Steinmüller A (1974) Die präpleistozäne Morphogenese des östlichen Thüringer Schiefergebirges und südöstlich angrenzender Gebiete. Z Geol Wiss 2 (1):37–59

Störr M (1978) Alter und Genese der Verwitterungskruste in der Böhmischen Masse. Schriftenr Geol Wiss 11:265–282

Wünsche M, Nebe W (1965) Zur Kenntnis präcenomaner Böden auf osterzgebirgischen Graugneisen. Geologie 14 (7): 851–864

3.3 Zur Frage der Reliefgenerationen im Bereich der Mittelgebirgsschwelle – dargestellt am Beispiel des Flußgebietes der Saale

ARNO STEINMÜLLER

Erörterung des Problems und Aufgabenstellung

Die Entwicklung des Großreliefs mitteleuropäischer Bergländer ist unterschiedlich gedeutet worden. Im allgemeinen stimmte man aber wohl darin überein, in der Zertalung der im Tertiär angelegten Hochflächen einen im wesentlichen quartären Vorgang zu sehen (Semmel 1972). So postulierte Büdel (1977, S. 37f), daß sich die heutigen Täler unserer Mittelgebirge während des Pleistozäns „fast zur Gänze" in die tertiären Altflächen eingeschnitten haben, wonach sich für die stärker gehobenen Schollen, wie das höhere Erzgebirge, pleistozäne Eintiefungsbeträge von teilweise mehr als 300 m ergeben. Nach Kugler und Neumeister (1971, S. 196) wurde auch die Scholle des Thüringer Waldes erst nach einer jungpliozänen Hebung tief und dicht zertalt, wobei das tertiäre Flachrelief völlig aufgelöst worden sei und Täler von 150–300 m Tiefe entstanden, die hiernach ebenfalls im wesentlichen quartären Alters wären. Richter (1978, S. 311) äußerte dagegen, für die Täler der Mittelgebirge sei zwar ein erheblicher Betrag für die pleistozäne Tiefenerosion nachgewiesen worden, bis in die Nähe des Gebirgkammes würden jedoch nur 1/5–1/3 der Gesamttaltiefe auf die Verjüngung im Pleistozän entfallen.

Die Reliefgenerationen der Bergländer dürften somit nach wie vor ein Kernproblem geomorphologischer Forschung sein. Dabei hatte bereits Behrmann (1930) klären wollen, ob das „Steilrelief der Tallandschaften" dem Quartär oder der präquartären Zeit seine Entstehung verdankt. Dieser Autor erkannte, daß sich das Problem nur im Zusammenhang mit den Ergebnissen der Terrassenstratigraphie lösen läßt, gelangte bei seinen Analysen allerdings zu erheblichen Fehleinschätzungen – auch bei den Tälern des Saalesystems – was bei dem damaligen Stand der Terrassenforschung nicht verwundert. Reliefgenerationen tertiären und quartären Alters lassen sich nur dann eindeutig trennen, wenn ein stratigraphisch sicher einzustufendes Bezugsniveau vorhanden ist. Als solches kommt im hier zu erörternden Flußgebiet, wie in anderen Teilen der Mittelgebirgsschwelle, lediglich der Talboden des ältesten unter kaltzeitlichen Bedingungen gebildeten und deshalb der ersten Kaltzeit des Pleistozäns zuzuordnenden Schotterzuges in Betracht, dessen Auflagerungsfläche jeweils etwa dem Niveau der Eintiefung an der Wende Plio-/Pleistozän entspricht (s.u.). Flußablagerungen des jüngsten Tertiärs eignen sich dagegen im Flußgebiet der Saale nur wenig für Aussagen zum Alter der Talbildung; denn die aus dem Ilm- und Geragebiet bekanntgewordenen, paläontologisch belegten Sedimente jungpliozänen Alters lagern wie im südlichen Vorland des Thüringer Waldes jeweils in subrosionsbedingten lokalen Senkungsbereichen (Steinmüller 1974b) und können deshalb keinem durchgehenden Talboden zugeordnet werden.

Das Problem wird hier am Beispiel der Täler von Saale, Weißer Elster und Ilm erörtert, deren Quellgebiete in höheren Bergländern liegen, die vom Elstergebirge im Osten über das Fichtelgebirge und den Frankenwald bis zur Hochscholle des Thüringer Waldes im Westen ein fast geschlossenes Hochgebiet bilden. Hier verlief bereits im älteren Tertiär eine zusammenhängende Schwelle, von der Vorläufer der heutigen Flüsse in nördlicher Richtung quasi radial zu einem Senkungsgebiet im Bereich der Leipziger Tieflandsbucht flossen, was Ergebnisse von Schwermineralanalysen und geomorphologische Befunde zeigen (Steinmüller u. Ortmann 1970; Steinmüller 1974a). Es liegt nahe, die genannten Flußtäler nach den Laufabschnitten ihrer Flüsse zu analysieren. Von Interesse sind hierbei lediglich die Talabschnitte innerhalb der Mittelgebirgsschwelle, der im Norden die Leipziger Tieflandbucht vorgelagert ist. Weiße Elster und Saale haben im Bereich der genannten Schwelle im triassischen Tafeldeckgebirge ihre Mittelläufe und im südlich anschließenden, gefalteten paläozoischen Grundgebirge ihre Oberläufe entwickelt. Mittel- und Unterlauf der heute bei Großheringen in die Saale mündenden Ilm sind ebenfalls an das Triasgebiet des Thüringer Beckens gebunden. Ihren Oberlauf hat die Ilm wie die zur Unstrut gerichtete Gera im Tafeldeckgebirge des Rotliegenden der Hochscholle des Thüringer Waldes ausgebildet.

Ergebnisse

Mittlere Laufabschnitte im triassischen Tafeldeckgebirge

Im mittleren Elstertal, das im wesentlichen in den Buntsandstein eingeschnitten ist, treten älteste pleistozäne Schotterkörper lediglich im Stadtgebiet von Gera auf. Sie lagern über einem breiten, kastenartigen Taleinschnitt und lassen sich mit zahlreichen Vorkommen von Flußablagerungen des wenig südlich von Gera beginnenden oberen Elstertals zwanglos zu einem durchgehenden Schotterzug (Hauptterrasse im Sinne von Rosenkranz 1965) verbinden, der wegen seiner sedimentologischen Eigenschaften unter zumindest vorherrschend periglaziären Bedingungen gebildet und der ersten Kaltzeit des Pleistozäns zuzuordnen sein dürfte (Steinmüller 1974b). Bei Gera wird der ca. 100 m über der Aue und im Niveau des tertiären Flachreliefs der Hochfläche gelegene Talboden dieses Schotterzuges von einigen Kuppen lediglich um 20–30 m überragt.

In dem unmittelbar an die Leipziger Tieflandsbucht angrenzenden Übergangsbereich der Mittelgebirgsschwelle sind auch die ältesten pleistozänen Schotterkörper der Saale nur unmerklich in die von Sedimenten des älteren Tertiärs und von Buntsandstein gebildete Hochfläche eingesenkt. Dagegen ist im südlichen mittleren Saaletal zwischen Dornburg und dem Schiefergebirgsrand bei Saalfeld die älteste pleistozäne Terrasse deutlich in ein Flachrelief tertiärer Anlage eingeschnitten.

Im Muschelkalkgebiet wird dieses Flachrelief besonders durch das fast ebene Plateau des Jenaer Forstes westlich der Saale repräsentiert, an das einzelne Vorkommen von Quarzkiesen und -sanden mit Schwermineralgesellschaften eindeutig tertiären Alters (Steinmüller u. Ortmann 1970) gebunden sind. Die im Muschelkalk bei Jena in 360–370 m NN und 220–230 m über der rezenten Aue gelegene fluviatile Einebnungsfläche setzte sich nach Süden auch im Buntsandsteingebiet in einer weitgespannten Fläche fort, deren Existenz im Talabschnitt Rudolstadt-Orlamünde beiderseits der Saale in 390–410 m NN und 210–230 m über der Saaleaue angeordnete Flachformen bezeugen. In dieses Niveau, das im Westen vom Muschelkalk der Ilm-Saale-Platte mit deutlicher Schichtstufe überragt wird, ist wie im Muschelkalk bei Jena der älteste pleistozäne Talboden der Saale maximal ca. 80 m eingesenkt. Als typische Breitterrasse im Sinne von Büdel (1977, 1978) entwickelt, trennt dieser Formenhorizont eine höhe-

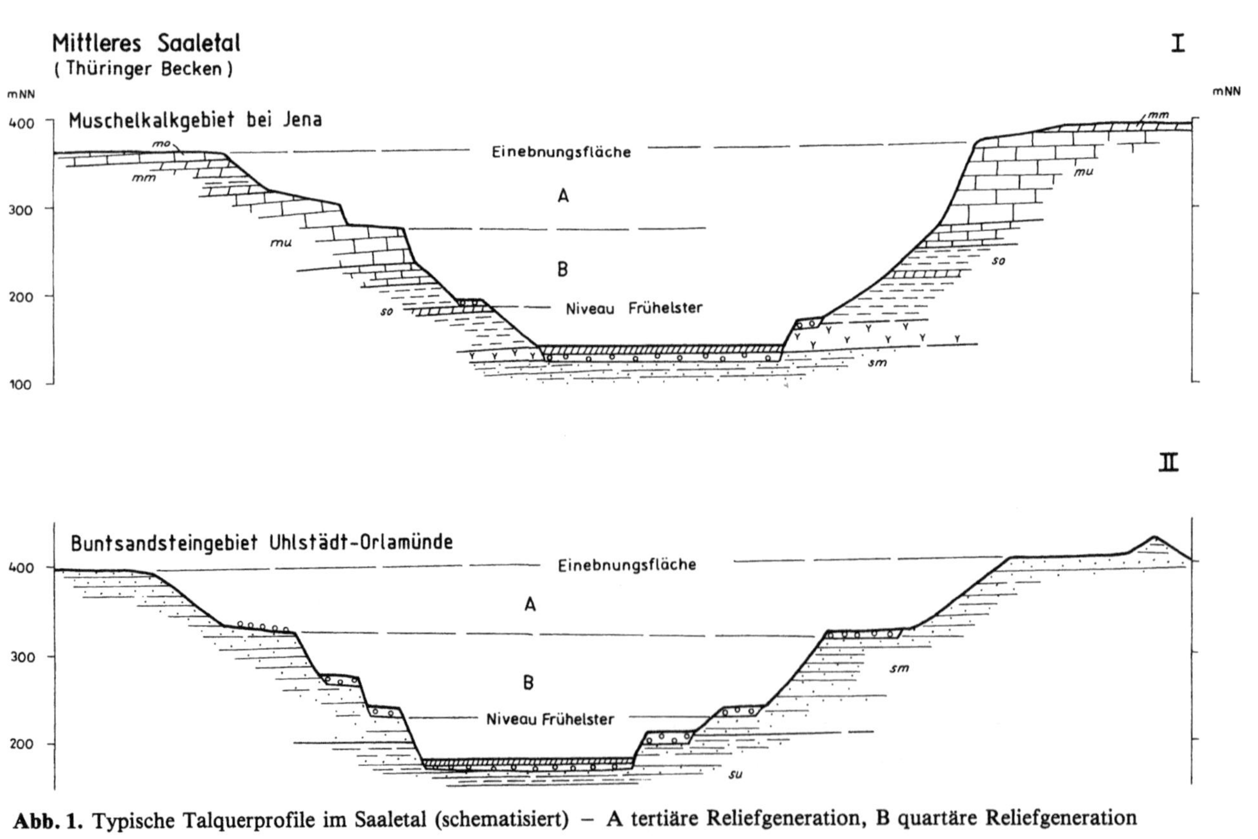

Abb. 1. Typische Talquerprofile im Saaletal (schematisiert) – A tertiäre Reliefgeneration, B quartäre Reliefgeneration

re, breite tertiäre Talung von einem 135–150 m tiefen, schmaleren und steiler flankierten pleistozänen Taleinschnitt. Im Buntsandsteingebiet kennzeichnen diesen teilweise modellartige Terrassentreppen. Im Muschelkalkgebiet zwischen Jena und Dornburg bestimmen dagegen im wesentlichen strukturbedingte Formen, besonders der Wellenkalkstufe, den pleistozänen Taleinschnitt (Abb. 1 a, I und II).

Im mittleren Ilmtal treten Sedimente des ältesten pleistozänen Schotterzuges lediglich im Talabschnitt südlich von Bad Berka auf. Im Buntsandsteingebiet des Tannrodaer Sattels lagern solche in der Fazies des Zersatzgrobschotters im Sinne von Unger (1974) mit syngenetischen Kryoturbationen (Werner 1959, zitiert bei Unger 1974) in relativen Höhen von 60–70 m. Weiter südlich, im Muschelkalkgebiet bei Stadtilm, bilden äquivalente Ablagerungen der Ilm und Gera, die hier im ältesten Pleistozän in die Ilm mündete (Ziegenhardt 1968), eine breite, nur 30–40 m über der Ilmaue gelegene Terrasse. Die Höhendifferenz zwischen Ilmaue und der Muschelkalkhochfläche beiderseits der Ilm beträgt dagegen 80–120 m. Im südlich anschließenden Buntsandsteingebiet weisen die Ilmablagerungen des ältesten pleistozänen Schotterzuges noch geringere basale Auenabstände von ca. 25–30 m auf, während sich Reste eines im Tertiär angelegten Flachreliefs in einem Niveau von 80–110 m über der Ilmaue anordnen. Wie im südlichen mittleren Saaletal trennt auch im südlichen mittleren Ilmtal die älteste pleistozäne

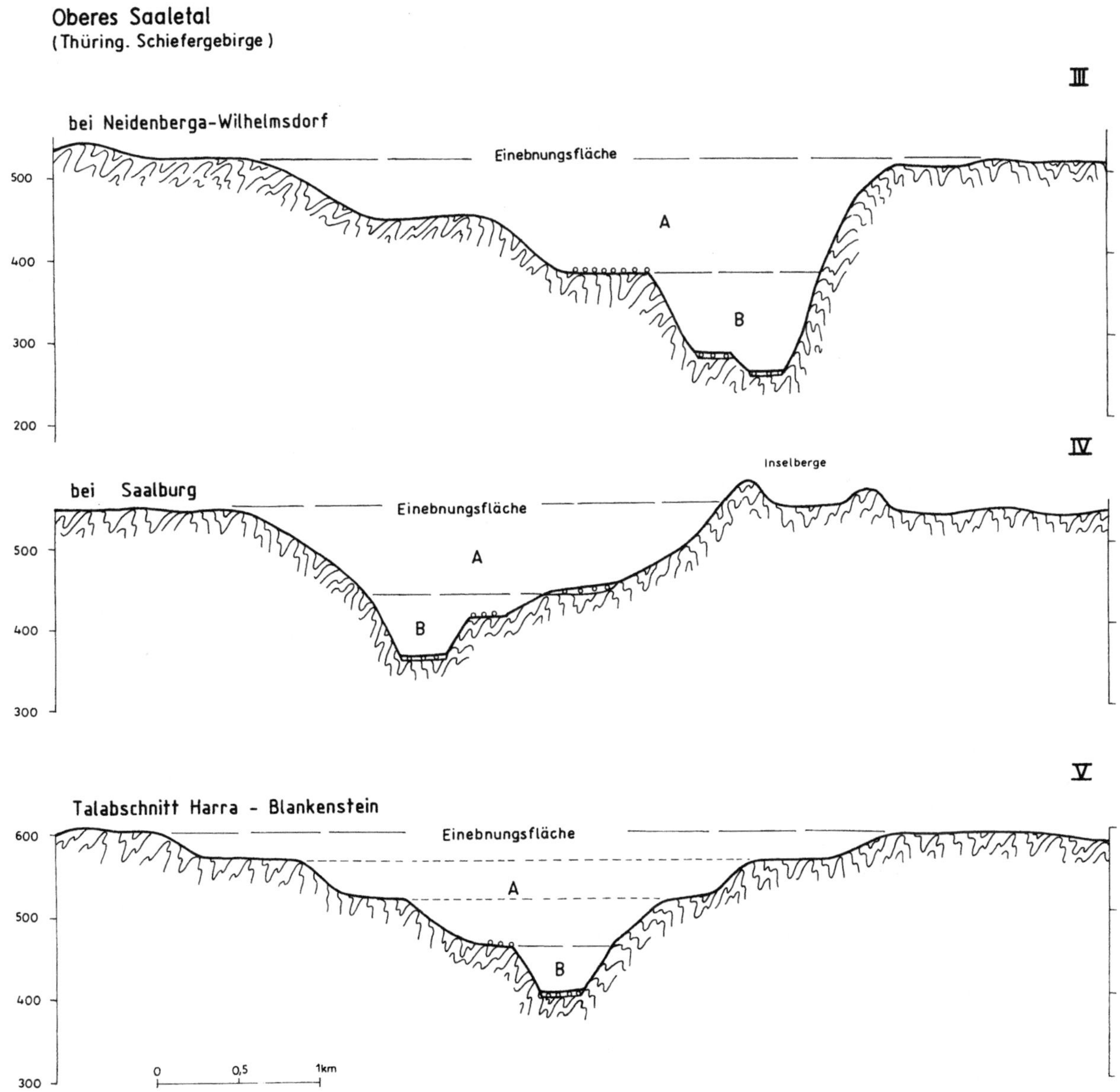

Abb. 1. (Fortsetzung)

Terrasse eine breite Talung zweifellos jungtertiären Alters von einem engeren, hier mehr kastenartigen Taleinschnitt. Im Vergleich zum genannten Abschnitt des mittleren Saaletals ist dieser allerdings von wesentlich geringerer Tiefe, die sich zudem flußaufwärts verringert, denn die Längsprofile des ältesten pleistozänen Talbodens und der rezenten Ilmaue konvergieren in gleicher Richtung. Im südlichen mittleren Saaletal verlaufen die genannten Längsprofile dagegen parallel zueinander.

Obere Laufabschnitte

Oberes Saale- und Elstertal

Der Formenhorizont des ältesten pleistozänen Talbodens läßt sich auch im oberen Saaletal sicher verfolgen, denn er ist hier ebenfalls als markante Breitterrasse entwickelt, in die während des Pleistozäns ein Mäandertal mit Prall- und Gleithängen eingeschnitten wurde, auf denen teilweise Schotterlager erhalten blieben (Abb. 1 b, III–V). Im oberen Saaletal liefern zudem paläopedologische Befunde ein überzeugendes stratigraphisches Kriterium für eine Trennung eines tertiären und eines pleistozänen Taleinschnittes: Schotterkörper der Saale in der Fazies der Zersatzgrobschotters (s.o.) lagern auf buntgefärbtem Gesteinszersatz oder im Niveau eines Braun- oder Gelblehms, eines hochplastischen, zur Gruppe der Plastosole im Sinne von Kubiena (1948) gehörenden fossilen Bodens, der auch in Quellmulden und Tälern des bayrischen Frankenwaldes (Strebel 1961) und als Relikt in Hochflächenbereichen des östlichen Thüringischen Schiefergebirges (Wiefel 1965) auftritt. Diese Boden- und Zersatzbildungen sind zweifellos jungtertiären Alters, weswegen der jüngste tertiäre Talboden im oberen Saaletal lediglich im Niveau der basalen Teile des ältesten pleistozänen Talbodens, allenfalls wenige Meter höher als diese, gelegen haben kann.

Der Höhenabstand des ältesten pleistozänen Talbodens zur rezenten Saaleaue, der im mittleren Saaletal zwischen Jena und Saalfeld durchgehend mindestens 135 m beträgt, verringert sich im oberen Saaletal nahezu kontinuierlich (Tabelle 1) und beträgt im Stadtgebiet von Hof nur noch ca. 20 m. Am Fuße des Waldsteingebirges schließlich lagern älteste pleistozäne Schotterkörper der Lamitz, einem Zufluß der Saale, lediglich wenige Meter über der heutigen Talaue. An der Wende Plio-/Pleistozän dagegen hatte hier die Reliefenergie noch mehr als 120 m betragen. Im Lamitztal, teilweise auch im Thüringischen Frankenwald und in anderen höheren Gebieten des östlichen Thüringischen Schiefergebirges, hat sich die pleistozäne Eintiefung nicht bis in den obersten Abschnitt eines jeweils breiten fossilen Tales zurückgearbeitet, wie die Verjüngungsenden kerbartiger Erosionseinschnitte zeigen. Geologisch-pedologische Ergebnisse bestätigen hier ebenfalls, daß maximal bis ca. 100 m in ältere Flachformen eingesenkte Hochtäler in ihrer Großform bereits vor dem Pleistozän bestanden hatten. Bohrungen auf deren Sohlen durchteuften nämlich mächtigere ältere Fließerden im Sinne von Schilling und Wiefel (1962) und von solchen überlagerte Zersatzbildungen. Als Äquivalente der im oberen Saaletal angetroffenen Bildungen markieren diese die ungefähre Höhenlage von Talböden an der Wende Plio-/Pleistozän. Die entsprechenden Hochtäler wurden demzufolge während des Pleistozäns nicht tiefer geschaltet, ihre Talböden haben sich in dieser Zeit durch periglaziäre Ablagerungen sogar mehr oder weniger erhöht (Steinmüller 1974a).

Tabelle 1. Beträge der pleistozänen Eintiefung und der Reliefenergie (maximale Werte) an der Wende vom Pliozän zum Pleistozän

Flußgebiet und Talabschnitte	pleistozäne Eintiefung [m]	Maximale Reliefenergie [m]
Oberes Saaletal		
Breternitz-Eichicht	ca. 125	ca. 200
Neidenberga	ca. 115	ca. 150
Gössitz-Ziegenrück	ca. 105	ca. 130
Saaldorf-Harra	ca. 55	ca. 140
Sparnberg-Hirschberg	ca. 35	ca. 140
Oberes Elstertal		
Berga-Greiz	ca. 80	ca. 100
Stadtgebiet Plauen	ca. 50	ca. 120
Kaschau	ca. 35	ca. 120

Im oberen Elstertal verringert sich der basale Auenabstand des ältesten pleistozänen Talbodens flußaufwärts ebenfalls fast kontinuierlich von ca. 100 m am Mittellauf, im Stadtgebiet von Gera, auf ca. 30 m bei Ölsnitz. Dies zeigt auch ein Längsprofil von Rosenkranz (1965), der auf das gestrecktere Längsprofil der älteren Terrassen im Vergleich zum konkaven Längsprofil der rezenten Elsteraue verweist. Die Längsprofile des ältesten und jüngsten quartären Talbodens der Elster konvergieren demnach wie die äquivalenten Formenhorizonte im oberen Saaletal flußaufwärts und nähern sich auch oberhalb von Ölsnitz zum Quellgebiet hin noch mehr an. Damit verringern sich auch an der oberen Elster flußaufwärts die Beträge pleistozäner Eintiefung, während die maximalen Werte der Reliefenergie an der Wende Plio-/Pleistozän annähernd konstant bleiben (Tabelle 1).

Südöstlicher und zentraler Thüringer Wald

In den tief eingeschnittenen Kerbsohlentälern des Thüringer Waldes sind, von der weichselkaltzeitlichen Niederterrasse abgesehen, keine pleistozänen Flußablagerungen und somit auch keine Reste des genannten Zersatzgrobschotters erhalten geblieben, der am Gebirgsrand jeweils fächerartig geschüttet worden war und im Geragebiet auf Muschelkalk als „Plateauschotter" noch ausgedehnte Flächen einnimmt (Schramm 1965). Lediglich im Tal der Zahmen Gera bei Geraberg lagert ein solcher Plateauschotter – in gleicher Höhenlage wie im Muschelkalk – auch unmittelbar jenseits der Gebirgsrandverwerfung auf einem von rotliegenden Gesteinen gebildeten Talsporn. Dieser Befund zeigt, daß nach der Bildung der ältesten pleistozänen Schotterterrasse die Hochscholle des Thüringer Waldes nicht nochmals an ihrer Randstörung gegenüber dem triassischen Vorland herausgehoben wurde und deshalb auch keine tektonisch bedingte fluviatile Sonderentwicklung während des Quartärs erfahren hat. Den basalen Auenabständen der genannten Plateauschotter am Gebirgsrand bei Geraberg entsprechend kann daher die pleistozäne Eintiefung der Geraflüsse auch innerhalb des Thüringer Waldes maximal lediglich ca. 60 m betragen haben, wobei sich auch hier der Eintiefungsbetrag wie an oberer Saale und Elster zweifellos ebenfalls gebirgseinwärts verringert.

Unmittelbar am Gebirgsrand sind auch größere Teile der ältesten pleistozänen Ilmterrasse erhalten geblieben. Im Stadtgebiet von Ilmenau treten sie morphologisch deutlich hervor und sie entsprechen mit ihrer relativen Höhe von 25–35 m den ältesten pleistozänen Ilmablagerungen, die man mehrere Kilometer talabwärts im Buntsandsteingebiet bei Gräfinau-Angstedt antrifft (Abb. 2, II). Im oberen Ilmtal verlaufen sie in entsprechend geringerer Höhe über der Talaue, besonders in den Ortslagen Manebach und Stützerbach, Flachhangbereiche, die durch Talkanten von steil zur Aue abfallenden Böschungen getrennt werden. Als Elemente von Formengruppen der Erosion im Sinne von Behrmann (1950) bilden diese Reliefelemente einen äquivalenten Formen- und Bezugshorizont, der den Taleinschnitt mit quartären gegen denjenigen mit tertiärem Alter begrenzt (Abb. 2, III und IV). Die quartäre pleistozäne Eintiefung erreicht demnach im oberen Ilmtal noch geringere Werte als an den Oberläufen von Wilder und Zahmer Gera.

Am Ende des Tertiärs war das Kerbsohlental der oberen Ilm in seinem unteren Abschnitt bei Manebach bereits ca. 150–160 m und in seinem oberen Abschnitt bei Stützerbach ca. 80–90 m in ein bei rund 700–720 m NN gelegenes Verebnungsniveau eingesenkt, das die erste Anlage eines sehr breiten Ilmtals bezeugen dürfte. Bezogen auf ein wahrscheinlich äquivalentes tertiäres Verebnungsniveau betrug auch im gebirgsrandnahen Bereich der oberen Zahmen Gera die Reliefenergie an der Wende Plio-/Pleistozän bereits 160–180 m. Die Höhendifferenz zwischen dem ältesten pleistozänen Talboden und den höchsten Porphyrkuppen erreichte wie im oberen Ilmtal bei Manebach sogar Werte von mehr als 250 m.

Folgerungen

Wie gezeigt wurde, sind in den Tälern des Saalesystems Reliefgenerationen quartären und tertiären Alters mit unterschiedlichen Anteilen vertreten, wobei sich die niedrigsten und höchsten Teile der Mittelgebirgsschwelle extrem unterscheiden: Erfolgte die Talbildung in deren randlichen Bereichen nahe der Leipziger Tieflandsbucht ausschließlich während des Quartärs, so fand die Eintiefung der Flüsse in den höchsten Lagen der Mittelgebirgsschwelle im wesentlichen während des Tertiärs statt. Der Anteil quartärer, also letztlich pleistozäner Talbildung verringert sich im großen und ganzen flußaufwärts. Überwiegt dieser im südlichen mittleren Saaletal noch mit mindestens 2/3, so verringert er sich im oberen Saaletal von ca. 2/3 auf 1/2 in dessen unterem Abschnitt und auf ca. 1/3 im Bereich des Bergaer Sattels sowie auf noch geringere Anteile im Talabschnitt oberhalb von Blankenstein. Im Quellgebiet der Saale wie auch in den Nebentälern des oberen Saaletals in quellnahen Bereichen strebt der Anteil gegen Null. Im Bereich der Nordabdachung des südöstlichen und zentralen Thüringer Waldes erfolgte die Eintiefung in den gebirgsrandnahen Abschnitten der Täler von Wilder und Zahmer Gera zu 1/4, maximal zu 1/3 während des Quartärs, im unteren Abschnitt des oberen Ilmtals sogar nur zu 1/6 bis höchstens zu 1/5. Dabei spricht nichts dagegen, die Bildung von Wänden und Klippen in diesen Tälern des Gebirges besonders auf die Wirkungen der kaltzeitlichen Klimate des Eiszeitalters zurückzuführen, denn die kräftige periglaziäre Abtragung konnte trotz relativ geringer pleistozäner Eintiefung der Flüsse jeweils mit fluviatiler seitlicher Unterschneidung und Ausräumung einhergehen.

Stärkere quartäre Eintiefungen dürften sich ebensowenig für andere höhere Teile der Mittelgebirgsschwelle wie das höhere Erzgebirge beweisen lassen. Vielmehr muß auch hier am Ende des Tertiärs bereits ein stärkeres Talrelief existiert haben, denn nach Richter (1955) erfolgte im Basaltgebiet des mittleren Erzgebirges zwischen Miozän und Pliozän eine kräftige Taleintiefung von ca. 100 m (vgl. auch Kugler u. Neumeister 1971). Wenn Büdel (1977) für das höhere Erzgebirge quartäre Eintiefungsbeträge von maximal 300 m annahm, übersah er vor allem, daß die Längsprofile des ältesten pleistozänen und des rezenten Talbodens zumindest an den Oberläufen der größeren Flüsse talaufwärts konvergieren, womit sich die Beträge quartärer Eintiefung in gleicher Richtung mehr und mehr verringern. Diese Erscheinung kennzeichnet ebenso das Rheinische Schiefergebirge; denn überall, wo die Terrassen in ganzer Länge der Täler untersucht worden sind, kamen die Bearbeiter zu dem Ergebnis, daß alle Terrassen, einschließlich der Haupt- und Höhenterrassen, von der Mündung zum Talursprung konvergieren (Quitzow 1978, S. 45).

Bei der Konvergenz des ältesten und jüngsten quartären Talbodens in den Flußtälern des Saalesystems handelt es sich somit um eine für die Mittelgebirgsschwelle regelhafte Erscheinung, die auf bestimmte, hier nicht zu erörternde tektonische Verhältnisse und Vorgänge hinweist.

Geomorphologisch sind die Ergebnisse über die Anteile tertiärer und quartärer Reliefgenerationen in den Tälern des Saalesystems auch insofern relevant, als sie die Genese von Altformen der höheren Bergländer überzeugender als bisher zu interpretieren erlauben. Im Untersuchungsgebiet sind diese vor allem jeweils im Sinne der Deduktionen von Freybergs (1923) oder Pencks (1924) gedeutet worden. Von Freyberg hatte nicht nur in der Hochfläche Nordostthüringens, sondern auch in den Höhengebieten des Frankenwaldes wie des Thüringer Waldes eine einheitliche altpliozäne Rumpffläche gesehen, die im Oberpliozän durch die Heraushebung der Scholle des Thüringer Waldes tektonisch zerlegt wurde, so daß letzlich erst am Ende des Tertiärs auch in den genannten höheren Bergländern die Bildung der Flußtäler einsetzen konnte (vgl. auch Kugler u. Neumeister 1971). In Anlehnung an diese Vorstellungen haben auch Thauer (1954), Büdel (1957) und Wurm (1961) die „Hochfläche" des Frankenwaldes als altpliozäne Rumpffläche angesehen. Penck (1924) begründete dagegen für das obere Saalegebiet einen sogenannten Piedmont- oder Rumpftreppenbau, für den u. a. quer zu den Flüssen verlaufende Rumpfstufen typisch seien, in die die tiefere Rumpffläche lediglich in Form kurzer Täler eingreife. Eine von Büdel (1938) für das westliche Erzgebirge und dessen nördliches Vorland konzipierte Rumpftreppe haben verschiedene Autoren für das Sächsisch-Thüringische Mittelgebirge zwischen Elbe und Saale bestätigt, wobei die Rumpfflächen (namentlich F 5 und F 4) „Verzahnungen in Form tief in die jeweils höheren Teile der Rumpftreppe eingreifender Talpedimente" aufweisen (Gellert 1962, S. 213).

Wie die erörterten Ergebnisse und insbesondere die systematische geomorphologische Kartierung in Teilen des Flußgebietes der oberen Saale (Steinmüller 1974 a) erkennen lassen, war die Reliefentwicklung der höheren Bergländer des Untersuchungsgebietes bereits in präpleistozäner Zeit, zumindest im jüngeren Tertiär, an Systeme von Tälern gebunden, deren Ursprünge jeweils in den heutigen Quellwannen oder -mulden der höchsten Gebirgsteile lagen. Auf ein noch höheres als jungtertiäres Alter stärkerer fluviatiler Erosion und damit einhergehender Talbildung in den höheren Bergländern weisen geologische Befunde aus den tertiären Sedimentationsräumen Nordostthüringens und Nordwestsachsens hin. Mächtige Kiese und Sande der Liegend- und Begleitschichten eozäner Braunkohlenflöze lassen sich hier nur auf Einzugsgebiete beziehen, die auch die höchsten Teile der Mittelgebirgsschwelle einschlossen, wie die Ergebnisse von Schwermineralanalysen zeigen. So können die für Sande von Becken- und Hochflächenbildungen Nordostthüringens typischen hohen Anteile von Andalusit nur aus dem Kontakthof des Fichtelgebirgsgranits und die in den Schwermineralspektren von Sanden am Südrand des Weißelsterbeckens dominierenden Topase nur aus dem Kontakthof des Eibenstocker Granits im höheren Erzgebirge hergeleitet werden (Steinmüller u. Ortmann 1970). Die genannten Täler waren bei Beginn des Eiszeitalters sowohl im Frankenwald wie im Fichtelgebirge oder im Thüringer Wald tief in Flachformen der Hochgebiete eingesenkt, die sich somit als Reste von Verebnungsflächen höheren tertiären Alters erweisen. Im oberen Saaletal kennzeichnen den bis einige Kilometer breiten tertiären Taleinschnitt von der Struktur unabhängige, als Reste mehr oder weniger überprägter Talböden zu deutende Flachformen. Solche blieben besonders im Bereich der relativ einförmigen Quarzit- und Schieferabfolgen des Bergaer Sattels (Abb. 1 b, V) erhalten. Die jüngeren Talböden hatten eine geringere Breite als ein ältester, die Anlage eines Saaletals anzeigender Talboden, waren aber wiederum breiter als die älteste pleistozäne Terrasse. Wie diese besaßen die in nördlicher Richtung gleichsinnig geneigten tertiären Talböden ein weitaus geringeres Gefälle als die rezente Aue des oberen Saaletals. Sie können deshalb nicht als Pedimente im Sinne von Gellert (1962) gedeutet werden, da nur Gebirgsfußflächen mit wesentlich steilerer Neigung so bezeichnet werden. Außerdem treten Pedimente in größeren Ausmaßen lediglich an Gebirgsrändern winterkalter Trockengebiete auf (Hövermann 1972; Büdel 1977). In das genannte terrassierte breite Hochtal des oberen Saaletals war bis zur Wende Plio-/Pleistozän eine mehr muldenförmige Talung eingesenkt worden, in der der älteste pleistozäne Schotterzug akkumuliert

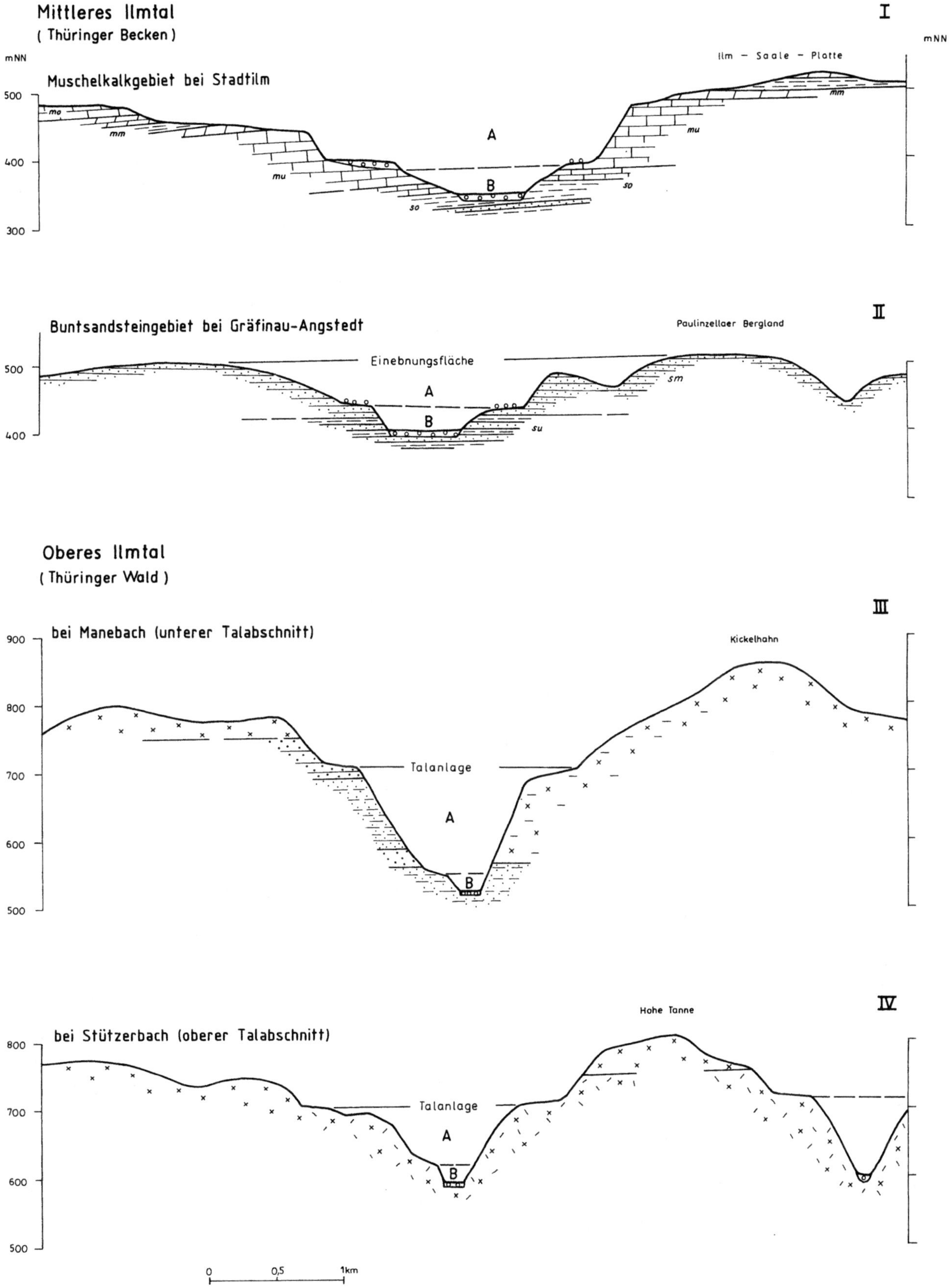

Abb. 2. Typische Talquerprofile im Ilmtal (schematisiert) – A tertiäre Reliefgeneration, B quartäre Reliefgeneration

wurde. Wie im Thüringer Becken und im Elstertal hatte dieser zumindest in unteren Abschnitten des oberen Saaletals eine besonders große Mächtigkeit (nach geomorphologischen Befunden wahrscheinlich wesentlich mehr als 20 m) und konnte sich deshalb in der vorhandenen Talung breit entwickeln, zumal mit seiner Bildung auch eine stärkere Seitenerosion einherging, denn die intensive tertiäre chemische Verwitterung und Bodenbildung hatte zweifellos bis zum Ende des Tertiärs angedauert (s. S. 128 und 130). Alle jüngeren, tiefergelegenen pleistozänen Flußterrassen wurden dagegen in festes Gestein eingeschnitten und sind somit horizontal weniger ausgedehnt als die älteste pleistozäne Breitterrasse. Der entscheidende Umschwung zwischen tertiärer und pleistozäner Talbildung vollzog sich demnach erst mit der Zerschneidung der ältesten pleistozänen Schotterterrasse im ältesten Pleistozän. Diesen grundlegenden klimageomorphologischen Wandel erkannte für das Elstertal bereits Rosenkranz (1965), der die Hauptterrasse der Elster aufgrund geomorphologischer Erwägungen – wegen ihrer Zugehörigkeit zum breiten Hochtal – allerdings dem Jungtertiär zuordnete. Mit einem engeren Talabschnitt wurde sowohl im Schiefergebirge und im Thüringer Wald als auch im Thüringer Becken die pleistozäne Reliefgeneration gebildet (B in Abb. 1 und 2), die Rosenkranz (1965) an der Elster dem Kerbtaltypus des fluvialen Abtragungsreliefs im Sinne von Louis (1957) zuordnete. Die älteste pleistozäne Terrasse gehört dagegen zu einer Reliefgeneration, deren Bildung wahrscheinlich im Oberpliozän mit einem flachmuldenförmigen Taleinschnitt begann.

Büdel (1977, S. 208 f) scheidet eine durch Breitterrassen charakterisierte Reliefgeneration aus, die einem Abschnitt oberstes Pliozän/ältestes Pleistozän entspräche. In diesem sieht er einen Übergangszeitraum vom Oberpliozän bis zum Beginn des „eigentlichen Kaltzeiten-Pleistozäns" und damit die entscheidende Umbruchphase, die zwischen der Zeit „noch uneingeschränkter traditionaler Weiterbildung der Alt-Rumpfflächen und der Zeit der exzessiven Talbildung" liege, die mit dem Eintritt der Günz-Eiszeit vor etwa 800000 Jahren beginne. Ein „Kaltzeiten-Pleistozän" erst mit der Günz-Eiszeit beginnen zu lassen, erscheint insofern unbegründet, als bereits während der Bildung der ältesten pleistozänen Schotterzüge – und nicht erst während der Günz-Eiszeit im Sinne von Büdel – periglaziäre Bedingungen herrschten (Steinmüller 1982). Im Untersuchungsgebiet gibt es zudem keine überzeugenden Kriterien dafür, die hier ausgeschiedene quartäre oder pleistozäne Reliefgeneration (B in Abb. 1 und 2) in eine ältere und jüngere zu unterteilen. Wie die erörterten Ergebnisse zeigen, kann ebensowenig Büdels Hypothese zugestimmt werden, wonach die Rumpfflächen auf den Höhen der Mittelgebirge, die ohne Rücksicht auf die Gesteinsverhältnisse über die Wasserscheiden der jungen Flußsysteme hinwegziehen – mindestens traditional – noch bis ins mittlere Pliozän, auf den „mäßig hohen Schollen" Mitteleuropas gar bis ins Oberpliozän weitergebildet wurden, so daß erst im Oberpliozän eine allmähliche Sonderung heutiger Flußgebiete erfolgte (Büdel 1977, S. 201, 210, Abb. 61; 1978, S. 54). Eine Bildung weitgespannter Ebenheiten infolge Denudation ging auch nach Brunnacker (1975, S. 101) noch im jüngsten Tertiär, beispielsweise im Sandsteinkeuper Mittelfrankens, vor sich, und Schulz (1978, S. 172) postuliert ebenfalls erst für das jüngste Tertiär/Altquartär eine mit einer Hebung einhergehende synergetische Zerschneidung der durch Flächenspülung entstandenen Rumpfflächen des Harzes, die mit Flachmuldentälern begonnen habe. Büdel (1977, S. 200) sah in den tertiären Rumpfflächensystemen seine erste, mit der oberen Kreide beginnende Reliefgeneration Mitteleuropas, wobei sich die Altflächen zumeist mehrgliedrigen Rumpftreppen zuordnen lassen. Nur wenn solche Altflächen im Laufe des Tertiärs einmal rascher gehoben wurden, hätten zeitweilig Täler von dem aus dem tropischen Gebirgsrelief bekannten Typ diese flächengekrönten Klötze randlich zerschneiden können. Diese rein klimageomorphologisch begründete Deduktion, wonach die Talbildung in Mitteleuropa erst mit dem gravierenden Klimawandel am Ende des Tertiärs einsetzte, erklärt letztlich Büdels Vorstellungen von sehr hohen pleistozänen Eintiefungsbeträgen in den höheren Bergländern, in denen ja die pleistozäne Talbildung im Gegenteil sehr zurücktritt.

Versteht man unter Tälern nicht nur solche vom Typ der pleistozänen Reliefgeneration, so begann die Talbildung gerade in den höchsten Teilen der Mittelgebirgsschwelle wesentlich früher als Büdel (1977, S. 37 f) annahm, wahrscheinlich schon im älteren Tertiär (Büdel 1977, S. 240), wobei die Verringerung der Talbreite zum jüngsten Tertiär hin mit dem allgemeinen Klimawandel in Mitteleuropa von fast randtropischen zu warmgemäßigten Klimaverhältnissen am Ende des Tertiärs einhergegangen sein dürfte. Die tertiären Erosionen und Eintiefungen der Flüsse wiederum lassen auf phasenhafte tektonische Hebungen schließen. Ohne solche Hebungen, die mit Phasen tektonischer Ruhe wechselten, läßt sich letztlich kein Stockwerkbau von Altformen erklären, wie er im Flußgebiet der Saale besonders für die Hochlagen des zentralen und südöstlichen Thüringer Waldes (Krähahn 1964), aber ebenso für die des westlichen und östlichen Thüringischen Schiefergebirges (Unger 1958/59; Steinmüller 1974 a) charakteristisch ist. Mit einer differenzierenden Betrachtung, die die tektonischen Vorgänge, aber auch die von Büdel (1977, 1978) weitgehend negierte Petrovarianz einbezieht, kann die tertiäre Morphogenese im Bereich der Mittelgebirgsschwelle überzeugend erklärt werden. Eine klimageomorphologische Deutung im Sinne von Büdel oder Louis allein führt hingegen ebensowenig zu einer gültigen Erkenntnis wie frühere, rein tektonisch begründete Deduktionen, die die Abhängigkeit exogener Vorgänge vom Klima außer acht ließen.

Literatur

Behrmann W (1930) Die diluvialen Bewegungen des mitteldeutschen Bodens. Petermanns Geogr Mitt, Ergänzungsh 209:110–135

Behrmann W (1950) Morphologische Formengruppen in ihrer Bedeutung für die jüngere Erdgeschichte. Die Erde 1:238–266

Brunnacker K (1975) Der stratigraphische Hintergrund von Klimaentwicklung und Morphogenese ab dem höheren Pliozän im westlichen Mitteleuropa. Z Geomorphol (Suppl) 23:82–106

Büdel J (1938) Das Verhältnis von Rumpftreppen und Schichtstufen in ihrer Entwicklung seit dem Alttertiär. Petermanns Geogr Mitt 84 (7/8):229–238

Büdel J (1957) Grundzüge der klimamorphologischen Entwicklung Frankens. Festschrift zum 31. deutschen Geographentag. Würzburger Geogr Arbeiten 4/5

Büdel J (1977) Klima-Geomorphologie. Berlin

Büdel J (1978) Geomorphologische Fragen des Früh-Pleistozäns. In: Beiträge zur Quartär- und Landschaftsforschung. Festschrift zum 60. Geburtstag von Julius Fink. Wien, S. 53–63

Gellert JF (1962) Morphogenetische Untersuchungen in den sächsisch-thüringischen Mittelgebirgen. Geogr Ber 7 (2): 209–214

Hövermann J (1972) Die periglaziale Region des Tibesti und ihr Verhältnis zu angrenzenden Formungsregionen. Göttinger Geogr Abh 60:261–283

Krähahn R (1964) Die Großformen des Thüringer Waldes. Geogr Ber 9 (2):107–112

Kubiena W (1948) Entwicklungslehre des Bodens. Wien

Kugler H, Neumeister H (1971) Zur Charakteristik und Reliefentwicklung einiger Mittelgebirge in der DDR. Petermanns Geogr Mitt 115 (2):161–171

Louis H (1957) Rumpfflächenproblem, Erosionszyklus und Klimageomorphologie. In: Geomorphologische Studien. Ergänzungsh Petermanns Geogr Mitt 262:9–26

Penck W (1924) Die morphologische Analyse. Geogr Abh 2:2

Quitzow H (1978) Der Abfall der Eifel zur Niederrheinischen Bucht im Gebiet der unteren Ahr. Fortschr Geol Rheinland Westfalen 28:9–50

Richter H (1955/56) Beiträge zur morphologischen Untersuchung des Erzgebirges. Wiss Z Karl-Marx-Univ Leipzig, Math-Nat Reihe 5 (5):543–559

Richter H (1978) Die Bedeutung der Kaltzeiten für die Gestaltung des Reliefs der Mittelgebirge im unvergletscherten Gebiet. In: 100 (Hundert) Jahre Glazialtheorie im Gebiet der skandinavischen Vereisungen. Schriftenr Geol Wiss 9:309–317

Rosenkranz E (1965) Die Hauptterrasse im Tal der Weißen Elster und ihre Altersstellung. Wiss Z Friedrich-Schiller-Univ Greifwald, Math-Nat Reihe 14 (4):11–24

Rosenkranz E (1978) Die Reliefgliederung am Ostrande des Thüringer Beckens. Ein Beitrag zur Theorie des Schichtstufenlandes. Petermanns Geogr Mitt 122 (1):29–36

Schilling W, Wiefel H (1962) Jungpleistozäne Periglazialbildungen und ihre regionale Differenzierung in einigen Teilen Thüringens und des Harzes. Geologie 11 (4):428–460

Schramm H (1965) Untersuchungsergebnisse zur altpleistozänen Flußgeschichte im nördlichen Vorland des Thüringer Waldes. Wiss Z Friedrich-Schiller-Univ Jena, Math-Nat Reihe 14 (4):25–35

Schulz H (1978) Zu einigen philosophischen Aspekten der physischen Geographie – Gedanken zur Landschaftskomponente Relief in ihrer Beziehung zum geologischen Bau. Petermanns Geogr Mitt 122 (3):163–173

Semmel A (1972) Geomorphologie der Bundesrepublik Deutschland. Erdkundliches Wissen 21:30

Steinmüller A (1974a) Die präpleistozäne Morphogenese des östlichen Thüringer Schiefergebirges und südöstlich angrenzender Gebiete. Z Geol Wiss 2 (1):37–59

Steinmüller A (1974b) Tertiär. In: Geologie von Thüringen. Gotha, S. 717–742

Steinmüller A (1982) Die Flußterrassen und die Klimastratigraphie des Pleistozäns. Petermanns Geogr Mitt 126 (2):113–118

Steinmüller A, Ortmann R (1970) Sedimentologische und stratigraphische Untersuchungen im Tertiär Ostthüringens. Geologie 19 (2):178–205

Strebel O (1961) Tertiäre Bodenbildungen und Verwitterungsreste im Frankenwald. Geol Jahrb 78:609–620

Thauer W (1954) Morphologische Studien im Frankenwald und Frankenwaldvorland. Mitt Fränk Geogr Ges 1:3–232

Unger KP (1958/59) Tertiäre Formenrelikte im westlichen Teil des Thüringer Schiefergebirges. Wiss Z Ernst-Moritz-Arndt-Univ Greifswald, Math-Nat Reihe 8 (1/2):123–126

Unger KP (1974) Quartär. In: Geologie von Thüringen. Gotha, S. 742–781

von Freyberg B (1923) Die tertiären Landoberflächen in Thüringen. Fortschr Geol Paläontol 3

Wiefel H (1965) Jungtertiäre Bodenrelikte und Zersatzbildung im ostthüringisch-voigtländischen Schiefergebirge. Ber Geol Ges DDR 10:611–628

Wurm A (1961) Geologie von Bayern, Bd 2. Leipzig

Ziegenhardt W (1968) Art und Ausmaß altpleistozäner Bewegungsvorgänge im nördlichen Vorland des Thüringer Waldes zwischen Ohra und Ilm. Geologie 17 (10):1154–1177

3.4 Die Abfolge der quartären Terrassen und Süßwasserkalke im Transdanubischen Mittelgebirge

MÁRTON PÉCSI

Die erdgeschichtliche Entstehung der Flußtäler läßt sich prinzipiell anhand der terrassenmorphologischen Verhältnisse rekonstruieren. Die Terrassen bewahren die einzelnen Stadien der Talentwicklung, deshalb kann aufgrund der geomorphologischen Situation der Terrassen eine zuverlässige relative chronologische Gliederung durchgeführt werden.

Ein sehr wichtiger geologischer und geomorphologischer Faktor besteht darin, daß die Terrassen der Flüsse im Transdanubischen Mittelgebirge in mehreren Fällen von Travertindecken überlagert sind (Abb. 1 und 2).

Die Travertinschichten lagern – in einzelnen Profilen sogar regelmäßig – unmittelbar auf dem Material der Flußterrassen. Aus diesem Zusammenhang heraus erscheint es als natürlich, daß eine enge genetische Beziehung zwischen den Terrassen der Umgebung des Gerecse sowie des Budaer Gebirges und den auflagernden Travertinschichten geherrscht hat. Die Travertine müssen sich unmittelbar nach der Terrassenformung gebildet haben (Pécsi 1959, 1973; Pécsi et al. 1985). Zur detaillierteren Klärung und Interpretation dieses Zusammenhangs sind in den vergangenen Jahren sämtliche Terrassen und Süßwasserkalkvorkommen des Budaer Gebirges und des Gerecse kartiert und katasterartig festgehalten worden (Scheuer u. Schweitzer 1973, 1981; Pésci et al. 1984). Bei den Detailuntersuchungen hat sich her-

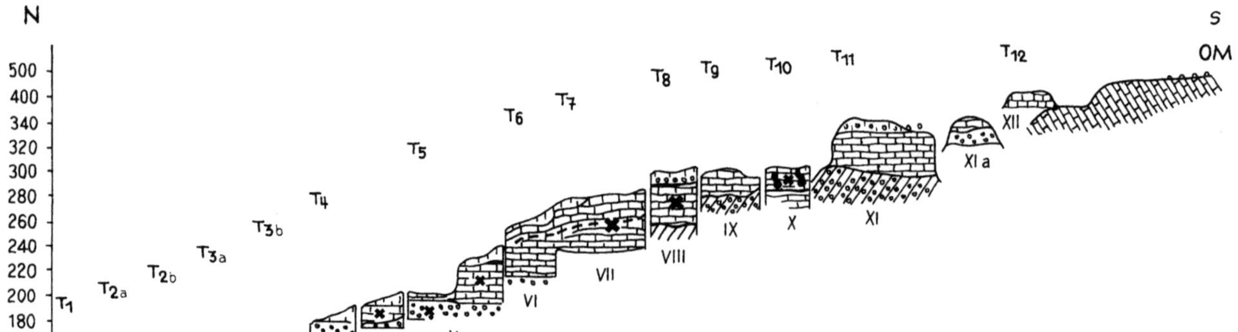

I Holozänes Auegebiet der Donau
IIa - VI Pleistozäne Terrasse und Schwemmfächer der Donau und des Tataer Flusses
VII Oberpliozäne Terrasse der Donau
VIII - IX Pliozäne Fußfläche
X - XII Obermiozäne Abrasionsfläche und Deltaschotter
OM Oligo - miozäne terrestrische Schotterreste auf der kretazischen Rumpffläche, welche während des Tertiärs zweimal bedeckt und wieder exhumiert wurde
T_{2a} - T_7 Quartäre Süßwasserkalke (vgl. Tabelle 1)
T_8 - T_9 Pliozäne Süßwasserkalke, T_8 mit Csarnotienfauna der Vertebraten
T_{10} Obermiozäner Süßwasserkalk mit häufigem Vorkommen von Unio wetzleri
T_{11} - T_{12} Obermiozäne Süßwasserkalke an Abrasionsfläche oder Deltaschotterfläche der Daunonischen Meeresküste

Abb. 1. Spätkänozoische Oberflächenformen. (Nach Pécsi et al. 1985)

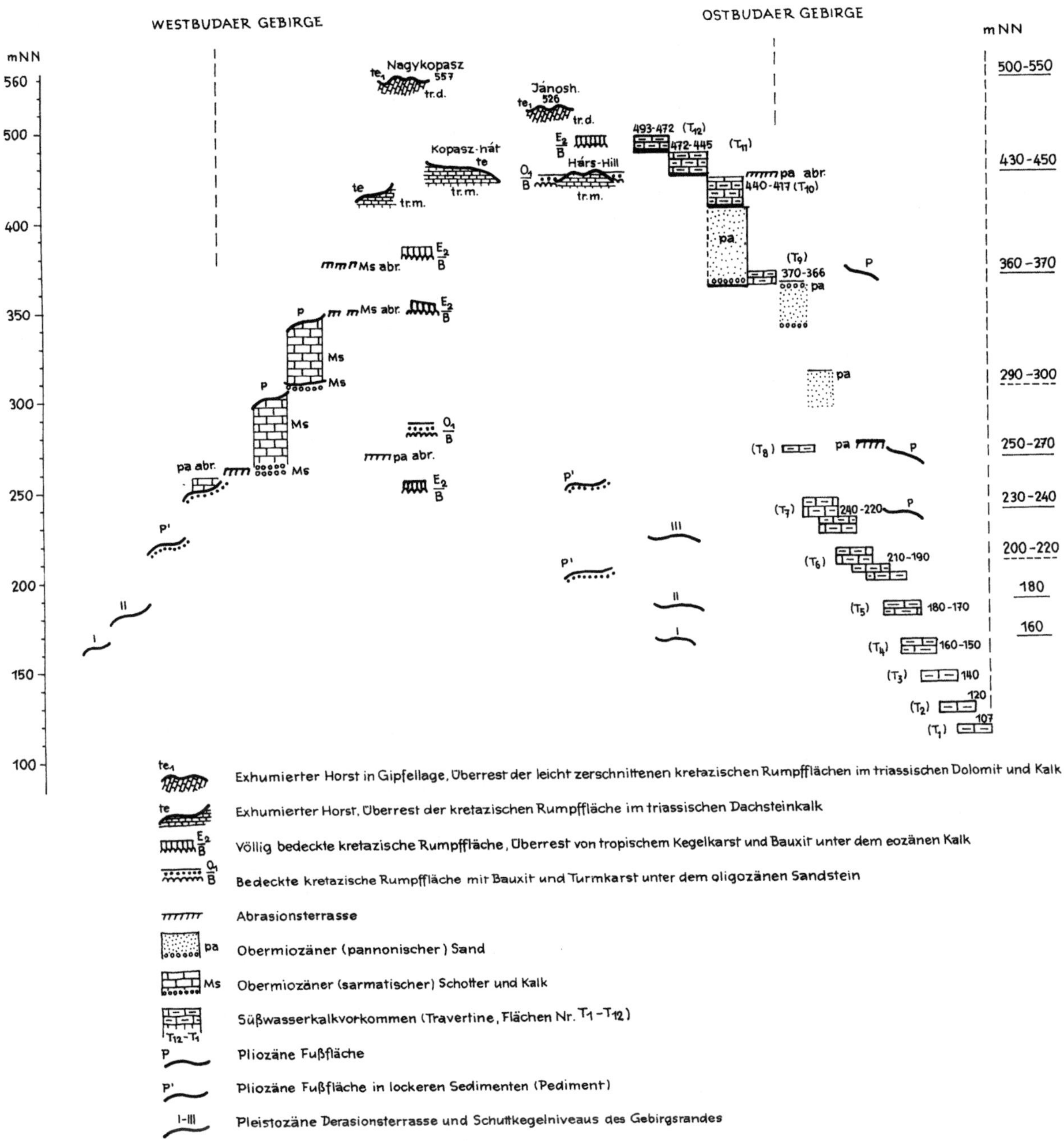

Abb. 2. Zusammenfassendes Profil der geomorphologischen Flächen des Budaer Gebirges. (Nach Pécsi et al. 1985)

ausgestellt, daß fast jedes Vorkommen aus Süßwasserkalken bzw. jede Serie daraus auf Oberflächen lagert, die mit bestimmten Donauterrassen in Einklang gebracht werden können. Auch in den Nebentälern finden sich die Travertine nur auf bestimmten geomorphologischen Niveaus.

Die vermutete Korrelierbarkeit zwischen den einzelnen Terrassen und der Bildung der aufgelagerten Travertinbänke kann daher bei der Rekonstruktion der Talbildung von Nutzen sein.

Die Beziehung zwischen Terrassen- und Travertinbildung

An den durch sehr markante tektonische Bruchstaffeln begrenzten Rändern des Gerecse und des Budaer Gebirges, wo durch die Erosionsleistung der Donau bzw. des Tataer Flüßchens die die Bruchzonen zementierenden Sedimente entfernt worden sind, entspringt eine größere Anzahl von lauwarmen und warmen Quellen, welche karbonathartes Wasser führen. Die Quellen entspringen gewöhnlich im Auenniveau, zumeist an den Auenrändern, wo unmittelbar die Horste aus Kalkstein und Dolomit angrenzen. Ihr Wassernachschub stammt aus den Karbonatgesteinen. Mitunter entspringen die Quellen auch in den Alluvialdecken über begrabenen Karsthorsten (Scheuer u. Schweitzer 1980, 1981). Einen solchen Typ lauwarmer Karstquellen verkörpern zum Beispiel diejenigen des Römerbades im Norden von Budapest.

Das Wasser der lauwarmen und warmen Quellen an den Rändern des Gerecse und vor allem des Budaer Gebirges entstammt nicht nur dem offenen Karst, sondern ist oft auch mit Thermalwässern aus dem Tiefenkarst oder mit den Wässern der angrenzenden klastischen Sedimente, die an den Bruchstaffeln zum Aufstieg kommen, vermischt. Der Funktionsmechanismus dieser thermalen Mischwasserquellen wird ebenso wie bei den Quellen des offenen Karstes von mehreren Umweltfaktoren gesteuert. Vorkommen und Ergiebigkeit der letzteren hängen in grundlegender Weise von den Niveauänderungen des Karstwasserspiegels und dessen Anhebung über die Geländeoberfläche ab. Bei den thermalen Mischwasserquellen spielt die tektonische Vorprägung eine sehr bedeutende Rolle. Diese beeinflußt auch die Lage der Haupterosionsbasen. Da die hydrostatischen Druckniveaus des thermalen Tiefenkarstwassers eine bestimmte Geländehöhe nicht überschreiten, sind auch die Orte der thermalen Mischwasserquellen eng mit den wichtigsten Erosionsbasen verknüpft. Alles in allem wird die Aktivität dieser Quellen in weitaus geringerem Maße durch die klimatischen und ökologischen Faktoren beeinflußt, als das bei Quellen rein phreatischer Karstwässer der Fall ist.

In einigen den Flußterrassen auflagernden Travertinserien wurden zwischengelagerte Sedimente und fossile Bodenbildungen gefunden, die darauf schließen lassen, daß die Quelltätigkeit mitunter ausgesetzt bzw. aufgehört hat. Daher scheint es so, daß zum Beispiel auf den einzelnen Terrassenniveaus der Donau (Abb. 1, VI–VII) bei der Travertinbildung das Thermalwasser nur mit geringen Mischungsanteilen mitgewirkt hat.

Die Rolle der Tektonik bei der Bildung der Süßwasserkalkserien

Der Rand des aus triassischen Kalksteinen und Dolomiten bestehenden Berglandes wird gegen die Täler der Donau und der Nebenflüßchen hin überall von starken und geradlinigen tektonischen Brüchen bestimmt. Entlang dieser sind im Tertiär Blöcke in den Beckengrund hinabgesunken, die in ihrer Größe den gegenwärtigen Horsten ähnelten. Die Blöcke sind von mehrere hundert Meter mächtigen, hauptsächlich lockeren Sedimenten bedeckt worden. Diese Brüche wurden im Verlauf des Quartärs mehrmals reaktiviert, so daß bedeutende Dislokationen entstanden sind. Die Bildung der Travertine und Terrassen um das Gerecse-Budaer-Bergland wird mit einer Folge von tektonischen Bewegungsphasen in Verbindung gebracht, die sich vom Ende des Pliozäns über das Pleistozän hinweg 8mal wiederholt haben (Pécsi 1958, 1959; Scheuer u. Schweitzer 1981). Es gilt als wahrscheinlich, daß die wiederholte Reaktivierung der Bruchlinien über das Quartär hinweg die ständige Tätigkeit der Quellen gesichert hat; man muß dabei aber in Betracht ziehen, daß der Karstwassernachschub während der trockenkalten Eiszeiten stark zurückging.

In den quartären Phasen der tektonischen Bewegungen glaubt der Autor aufgrund der eigenartigen stratigraphischen Gliederung einzelner Travertinserien positiv und negativ gerichtete, also oszillierende, kleinere Dislokationen zu erkennen. So sind zum Beispiel in die 20–25 m mächtigen, horizontal gelagerten Schichten der Travertinsteinbrüche von Dunaalmás mehrere lößig-sandige, terrestrische Bildungen und ein fossiler Boden von beträchtlicher Mächtigkeit eingelagert (Abb. 1).

Neuerdings wurde dieser Vorgang auch gut am Beispiel der Tetaratadamm-Süßwasserkalkbildung interpretiert. Nach Scheuer und Schweitzer (1981) besteht jedoch auch die Möglichkeit, daß infolge der tektonischen Bewegungsphasen neue Quellen entstanden; während die auf den höheren Terrassenniveaus entsprungenen Quellen versiegt sind, hat auf niedrigeren Niveaus die Tätigkeit neuer, kräftigerer Quellen begonnen.

Die Rolle des Klimas bei der Bildung der Süßwasserkalke und der Terrassen

Bei der Interpretation der Terrassenbildung muß stets in Betracht gezogen werden, daß auch die Entstehung von Terrassen an bestimmte Bedingungen gebunden ist. In kontinuierlich sich senkenden Becken akkumulieren die Flüsse ihre Sedimente in den feuchtwarmen Interglazialzeiten und in den trockenkalten Perioden der Eiszeiten über- oder nebeneinander (Pécsi 1964). In den sich langsam hebenden Gebirgsabschnitten verlangsamt sich der Abtransport des Materials unter trockenkaltem Glazialklima. Da die Wassermenge in solchen Perioden stark zurückgeht, kann es im Flußbett sogar zur Akkumulation kommen, und am Rand der Talsohlen setzt sich auf den Flußsedimenten eine Serie von Hanglöß aus solifluktiv-äolischem Material ab. Am Anfang und am Ende der glazialen Klimaphase und im Interglazial nahmen die Abflußmengen der Flüsse zu, und die Flußbetten haben sich dermaßen stark in das akkumulierte Material eingeschnitten, daß die verbreiterte eiszeitliche Talsohle zu einer hochwasserfreien Terrasse werden konnte. Dieses sog. „Modell der klimatischen Terrassenbildung" ist natürlich – von Sonderfällen abgesehen – in Wirklichkeit komplizierter. Im Ungarischen Mittelgebirge sind die älteren Terrassenstufen in der Höhe viel weiter (30–50 m) gegeneinander versetzt als die Alluvialschotter der Terrassen mächtig sind (15 m). Eine Erosionsleistung solchen Ausmaßes mit der Bildung einer 30–50 m tieferen Talsohle läßt sich nicht einmal im Fall der Donau ohne die Annahme einer beträchtlichen tektonischen Dislokation interpretieren. In Talabschnitten, wo die Hebung große Ausmaße angenommen hatte und klimatische Faktoren die Zertalung begünstigten, war die Eintiefung besonders stark und führte zu Terrassen, deren Mächtigkeit die der Alluvialschotter überschreitet.

Die Auswirkungen des tektonischen Faktors und die Gesamtresultate der unterschiedlichen Erosionstätigkeit in den Glazial- und Interglazialphasen bezüglich der Terrassenbildung können nur in generalisierter Weise dargestellt werden. Demnach hat während der Glazialzeiten in der Mehrzahl der Fälle die Aufschotterung in den Terrassenbereichen und während der Interglazialzeiten die Talbildung vorgeherrscht. Diese Regel ist jedoch nicht frei von Ausnahmen. So gibt es Schollen, die auch während der Glazialzeit in Hebung begriffen waren. Bei ihnen kam aus tektonischen Gründen der Klimaeinfluß nicht deutlich zur Wirkung, da hier die Erosion fortgedauert hat. Weiterhin wird zum Beispiel angenommen, daß die Aufschotterung der Donauterrasse Nr. II/b im Karpatenbecken zum Großteil während des letzten Interglazials erfolgte (Pécsi 1959, 1971).

Die Bildung der Süßwasserkalkserien auf den alluvialen Flußgeröllen erfolgte zum Großteil in feuchtwärmeren Klimaperioden (Pliozän, Präglazial-, Interglazial-, Interstadial- und Postglazialzeiten), wie sich anhand von Datierungen nachweisen läßt. Diese allgemeine Beobachtung schließt jedoch nicht aus, daß die Bildung der Süßwasserkalke zu Beginn der Glazialzeiten mitunter auch auf die feuchtkühleren, aber noch nicht trockenkalten Perioden der sogenannten Anaglazialzeiten übergegriffen hat. Dies kann auch so formuliert werden, daß trotz allgemeingültiger Gesetzmäßigkeiten in der Regel auch Ausnahmen vorkamen. Vielfach wird die Meinung vertreten, daß unter den trockenkalten periglazialen Klimabedingungen – während der Höhepunkte der Glazialzeiten im Pleistozän waren diese auch für das Gebiet Ungarns charakteristisch – ein Permafrostboden entstand, wodurch die Quellentätigkeit sehr zurückging bzw. ganz aussetzte. Die Jahressummen der Niederschläge lagen nicht höher als 200–300 mm, und bei Schneeschmelze floß das Wasser auf der Oberfläche des Permafrostbodens ab, wodurch selbst in Karstgebieten nur geringe Wassermengen versickern konnten. Die Travertinbildung setzte jedoch nicht nur in den trockenkalten Perioden, sondern in einzelnen Fällen auch in einem Teil der trockenwarmen Klimaphasen des Pleistozäns aus. Prinzipiell kann festgestellt werden, daß die in den Süßwasserkalkschichten zwischengelagerten Löß- und Flugsandformationen die trockenkalten Perioden andeuten, während die rotfarbigen fossilen Böden an die trockenwarmen Perioden erinnern, in denen die Quellen ebenfalls versiegt sind.

Scheuer und Schweitzer (1981) fanden, daß sich Süßwasserkalkserien unterschiedlichen lithologischen Aufbaus, die den Terrassen auflagern, dazu eignen, die während ihrer Entstehung vonstatten gegangenen Klimaveränderungen zu rekonstruieren. Die Unterbrechung bzw. das Aussetzen der Quellentätigkeit wird durch äolische, solifluidale und kolluviale Sedimente und außerdem durch periglaziale Frostverwitterung und durch glaziale Überformungen angedeutet.

Als präglaziale bzw. interglaziale Ablagerungen wurden die petrographisch homogenen Schichtenbereiche größerer Mächtigkeit gedeutet. Innerhalb der Glazialzeiten erfolgte feuchtmildere Klimaoszillationen werden durch Schichtenserien, die durch dünnbankige und lößige Einlagerungen mit Kalkschlamm und von schwammiger Konsistenz gekennzeichnet sind, angedeutet. Auch Lagerstätten von Süßwasserkalken eines Übergangstyps, in denen 0,5 m mächtige, kompakte Kalkschichten und Kalkschlämme mehrmals einander abwechseln, sind häufig. Deren Schichtung deutet an, daß sich die günstigen Klimabedingungen (hohe Quellschüttungen) in kürzeren Perioden wiederholt haben (Scheuer u. Schweitzer 1980).

Die Rolle der Reliefs während der Travertinbildung

Die in den Süßwasserkalkserien zwischengelagerten, nennenswerteren Lößformationen, die solifluidal-kolluvialen Schuttmassen und die fossilen Böden kennzeichnen normalerweise das Aussetzen der Quellentätigkeit und deuten damit auf bestimmte Klimaveränderungen hin. Auch der Einfluß des einstigen Reliefs ist an dieser Stelle zu nennen. Da die

Quellen in der Mehrzahl der Fälle am Rand der Talsohle austraten, konnte von dem dahinter gelegenen Terrassenhang durch Hangabspülung oder kleinere Bäche Schutt zwischen die Schichten des sich ablagernden Süßwasserkalkes gelangen. In die Travertinschichten der von den Hängen weiter entfernt liegenden, in den Auen austretenden Quellen, welche sumpfig-limnische Züge tragen, konnten durch die Hochwässer des Vorfluters sandige und schlammige Sedimente verfrachtet werden. Da diese nicht auf ein längeres Aussetzen der Quellen hindeuten, werden sie syngenetische Sedimente im engeren Sinne genannt. Sie lassen sich nur schwer von den durch Klimaveränderungen entstandenen Sedimenten unterscheiden, unbedingt erforderlich sind hierbei das genaue Studium und die Auswertung der konkreten geomorphologischen Situation.

Wo die fluviale Einschneidung den marginalen Teil des sedimentbedeckten Karsthorstes infolge der Taleintiefung stellenweise aufgeschlossen hatte, konnten neue Karstquellen entstehen. So sind zum einen solche terrassierten Talprofile zu finden, bei denen die älteren (pliozänen und unterpleistozänen) Terrassen mit Süßwasserkalken bedeckt sind, oder es gibt zum anderen solche Talquerschnitte, bei denen sich die Süßwasserkalkformation nur auf den pleistozänen Terrassen entwickelt hat.

Das Alter der Flächen

Eine Eigenart des Mittelgebirges von Transdanubien besteht darin, daß die quartären und neogenen Terrassenniveaus durch die Süßwasserkalkformation konserviert wurden. Besonders charakteristisch ist diese Erscheinung für die Berglandschaft des sogenannten Donauknies, für die Gebirge Gerecse und Pilis und für das Budaer Gebirge, wo die Süßwasserkalkformationen auf mindestens 12 unterschiedlichen Niveaus – davon 6–7 Terrassen, 1–2 Flußauen und 2–3 Meeresterrassen – vorkommen. Diese Terrassen und terrassenartigen Flächen zeugen von einer seltenen entwicklungsgeschichtlichen Ereignisreihe. Die geochronologische Position dieser Terrassen und der Süßwasserkalksteinserien wurde mit radiometrischen und paläomagnetischen Methoden ermittelt. Die Teilergebnisse der Untersuchung wurden kontinuierlich publiziert (Pécsi 1973; Pécsi u. Osmond 1973; Scheuer u. Schweitzer 1973; Hennig et al. 1983; Pécsi et al. 1984, 1985).

Folgende quartäre Fluß- und Schwemmfächerterrassen sowie Süßwasserkalkniveaus lassen sich unterscheiden und zeitlich zuordnen (mit $^+$ gekennzeichnete Angaben auf Basis der Th/U-Datierung):

(1) Terrassen und Süßwasserkalkniveaus zu Beginn des Pleistozäns
- Süßwasserkalke (T_7) (Kislángien, 1,8–1,6 Mill. Jahre);
- Terrasse Nr. VI (1,7–1,5 Mill. Jahre) und Süßwasserkalkdecke (T_6) Kislángien, 1,6–1,4 Mill. Jahre).

(2) Unterpleistozäne Terrassensedimente und Süßwasserkalke
- Terrasse Nr. V und Süßwasserkalk (T_5), umgekehrt magnetisiert (Cromerien, 0,96–0,73 Mill. Jahre).

(3) Mittelpleistozäne Terrassensedimente und Süßwasserkalke
- Schwemmfächer Nr. IV–V (Tarkö-Vértesszölös) und Süßwasserkalk am Hangenden (T_4) (Vertesszölös-Etappe); die Schichten beider Niveaus sind normal magnetisiert (Mosbachien, >0,35 Mill. Jahre)$^+$.

(4) Oberpleistozäne Terrassen und Süßwasserkalkniveaus
- Terrasse Nr. IIIb und Süßwasserkalk (T_{3b}) (Obuda-Kiscell; Anfang Riß, 0,19 Mill. Jahre)$^+$;
- Terrasse Nr. IIIa und Süßwasserkalk (T_{3a}) (Ende Riß, 0,135 Mill. Jahre)$^+$;
- Terrasse Nr. IIb – an ihrem Hangenden Süßwasserkalk (T_{2b}) (Tatatóváros; Riß/Würm, 0,127–0,1 Mill. Jahre)$^+$;
- Terrasse Nr. IIa (Ende Würm, 0,014 Mill. Jahre).

(5) Alluviale Terrassen und Süßwasserkalke
- Süßwasserkalk (T_{2a}) (Rómaifürdö - Römerbad in Budapest; Altholozän);
- Auengebiet Nr. I und Quellenkalk (T_1) (Fényesforrás; Jungholozän).

Die Untersuchungsergebnisse der vorliegenden Studie sind in Tabelle 1 und Abbildung 1 und 2 zusammengefaßt. Darin wird versucht, das Entstehungsalter der Terrassen und der Süßwasserkalke des Transdanubischen Mittelgebirges mit der Zeitskala des Quartärs und Neogens zu korrelieren. Die charakteristischen Aufschlüsse wurden als Typuslokalitäten für lithostratigraphische Einheiten empfohlen.

Die Terrassenstufen sind mit den Symbolen Nr. I–VII gekennzeichnet, während die den Flußterrassen auflagernden Süßwasserkalkformationen mit den Symbolen T_1–T_7 bezeichnet werden. Die auf höheren Niveaus (Fußfläche und Meeresterrasse) abgelagerten Süßwasserkalke erhielten die Symbole T_8–T_{12}. Die höheren Zahlen verkörpern immer die älteren Flächenniveaus innerhalb eines bestimmten geomorphologischen Profils. Einen als absolut geltenden geochronologischen Bezug haben diese Bezeichnungen nur im Falle der untersuchten lithostratigraphischen Einheiten.

Tabelle 1. Zusammenfassendes Profil der geomorphologischen Flächen des Gebirges Gerecse

Polarität	Stratigraphie		Travertin	Terrassen	Pediment, Vorgebirgsoberfläche	Löß, Paläoböden, fluviatile und limnische Sedimente	Fundplätze und Bemerkungen
Brunhes	Holozän		Nº 1	Nº I		Auensedimente	Paläoboden: Mende F 29 000 B.P. (1)
	Oberes	PLEISTOZÄN	Nº 2	Nº II a Nº II b		Jüngerer Löß mit 5 Paläoböden	Nº 2 Tata: 101 000 B.P. (2) Paläoboden: Mende B~120 000 B.P. (3)
	Mittleres		Nº 3	Nº III		Oberer älterer Löß von Paks: 2-3 Paläoböden	Nº 3 Buda, Kiscell 190 000 B.P. (4) Sandige Alluvionen im älteren Löß von Paks ~240 000 B.P. (3)
			Nº 4 ⊕	Nº IV ⊕	↑	Unterer Teil des älteren Lößes von Paks, 2 Paläoböden	Nº 4 Vertesszőlős >350 000 B.P. (2) Paläoboden: Paks PD_1, PD_2-beide ⊕ ⊞
0,7 Mio. Jahre Matuyama	Unteres		Nº 5 ⊟⊞⊟	Nº V	Glacisbildung im Gebirgsvorland	Unterster Teil des älteren Lößes von Paks Rotfarbiger Sand	Ältester Löß und Paläoboden (PDK) von Paks ⊖⊟⊖, von Dunaföldvár ⊕⊟
			Nº 6 ⊟⊖	Nº VI	Tiefliegende Vorgebirgsoberflächenbildung NºB	Rote Paläoböden in Nº6 Älterer Alluvialkegel von Kisláng	Nº 6 Dunaalmás Kisláng △(−)
			Nº 7 ⊟⊞		↑	Gefleckter Ton, Sand und Rotton, Bildung des Paläobodens von Dunaföldvár (Df_1–Df_6) ↑	Nº 7 Dunaalmás ⊟⊞ Oberer Dunaföldvár-Komplex (Df_1–Df_4) ⊖⊕⊕
2,4 Mio. Jahre Gauss	Oberes	PLIOZÄN	Nº 8 ⊟	Nº VII			NºVII Kemeneshát, Nº 8 Dunaalmás ⊟
				Nº VIII		↑ Korrelative Sedimente der Pedimentbildung des Mátra-Vorgebirges	NºVIII Kies von Kemeneshát
3,3 Mio. Jahre Gilbert	Unteres		Nº 9 ⊕		Klimax der Pedimentbildung im Vorgebirge von Mátra, Villányer Bergland und anderen Gebirgen N A		Nº 9 Hügel von Köpité ⊕ Pediment des Mátra-Gebirges Älteste Rottone: Dunaföldvár ⊕⊖, Kulcs ⊕, Bag, Hatvan, Gyöngyösvisonta ⊞
			Nº 10 a ⊟⊞⊟	Älteste alluviale Schüttung der Donau	↑	Optimum der Bildung von Rotton, Benthonit und Sand ↓	Nº10a Újhegy ⊟⊞⊟ Sandbildung von Gödöllő ⊖
5,4 Mio. Jahre 5	Oberes	MIOZÄN	Nº 10 △(+)	Im Vorland der Gebirge Beginn der Herausbildung von Flußsystemen	Beginn der Pedimentbildung	Fluvio-lakustrischer Sand, Delta- und Dünensandbildung	Nº10 Gerecse-Kőhegy, Várpalota Sand von Bérbaltvár ⊕ △(+)
6			Nº 11 △(−)				Nº 11 Széchenyi-Hügel △(−)
7 ?				Marine Terrasse nº1			nº1 Széchenyi-Hügel
			Nº 12 △(+)			Delta- Kies	Nº 12 Szabadság-Hügel △(+) Travertin von Kapolcs
				Marine Terrasse nº2		Delta- Kies	nº2 Vértes-Hügel von Csákvár Szabadság-Hügel (Budaer Gebirge)
				Marine Terrasse nº3		Delta-Kiese und-Sande	nº3 Balaton-Bergland (Balatonfüred) Budaer Gebirge: Diósd, Kálla, Billege

Paläomagnetische Analyse ausgeführt von
○ Pevzner, M.A.
□ Márton, P.
△ Opdyke, N.D.

$^{234}U/^{230}Th$-und ESR-Analysen ausgeführt von
(1) = Labors Hannover, Moskau
(2) = Labor Köln (Hennig u.a.)
(3) = Labor Debrecen (Borsy, Z.u.a.)
(4) = Labor Tallahassee/Florida (Osmond, J.K.)

B.P. (before present): Jahresangaben vor heute (^{14}C)
Mio: Million

Literatur

Hennig GJ et al. (1983) Th-230/U-234 – sowie ESR-Altersbestimmungen einiger Travertine in Ungarn. Eiszeitalter Ggw 33:9–19

Kretzoi M, Pécsi M (1980) Zur Gliederung des Pliozäns und Quartärs im Pannonischen Becken. In: Quaternary glaciations in the Northern Hemisphere. Project 73-1-24 on the session in Kiel, Geol Survey, Prague 7:127–149

Pésci M (1958) Das Ausmaß der quartären tektonischen Bewegungen im ungarischen Abschnitt des Donautales. Petermanns Geogr Mitt 102 (4):274–280

Pécsi M (1959) A maygarországi Duna-völgy kialakulása és felszínalaktana (Entwicklung und Morphologie des Donautales in Ungarn). Földrajzi Monogr 3

Pécsi M (1964) Ten years of physicogeographic research in Hungary. Stud Geogr Hungary 1

Pécsi M (1971) The development of the Hungarian section of the Danube Valley. Geoforum 6:21–32

Pécsi M (1973) Geomorphological position and absolute age of the lower paleolithic site at Vértesszöllös, Hungary. Földrajzi Közlemények 21 (97) (2):109–115

Pécsi M, Osmond JK (1973) Geomorphological position and absolute age of the settlement at Vértesszöllös of the lower paleolithic prehistoric man in Hungary. In: IX Congr Intl Union Quat Res (Abstr), Christchurch, NZ, S. 283–284

Pécsi M, Scheuer Gy, Schweitzer F (1984) Plio-Pleistocene tectonic movements and the travertine horizons in the Hungarian Mountains. Stud Geomorphol Carpatho-Balcanica 17:19–27

Pécsi M et al. (1985) Neogene-Quaternary geomorphological surfaces in the Hungarian Mountains. In: Kretzoi M, Pécsi M (Hrsg) Problems of the Neogene and Quaternary in the Carpathian Basin. Akademiai Kiado, Budapest, Stud Geogr Hungary 19:51–63

Scheuer G, Schweitzer F (1973) The development of the Hungarian travertine sequence in the Quaternary. Földrajzi Közlemények 21 (97):133–141

Scheuer G, Schweitzer F (1980) A budai hévízforrások fejlödeéstörténete a felsöpannontól napjainkig (Entwicklungsgeschichte der Budaer Thermalquellen vom oberen Pannon bis in unsere Tage). Hidrol Közl 60:492–501

Scheuer G, Schweitzer F (1981) A Gerecse-hegység paleokarszt-hidrológiai viszonyainak rekonstrukciója a felsöpannontól napjainkig (Rekonstruktion der paläokarsthydrologischen Verhältnisse des Gerecse-Gebirges vom oberen Pannon bis in unsere Tage). Hidrol Közl 61:333–380

3.5 Kryoplanationsterrassen in den vulkanischen Gebirgen Ungarns

ZOLTÁN PINCZÉS

Höhenstufen und Krypoplanation

In den letzten Jahrzehnten wurden vor allem von Z. Pinczés und A. Székely Arbeiten veröffentlicht, die sich mit der Frage der pleistozänen periglaziären Oberflächenentwicklung der ungarischen Mittelgebirge sowie mit den herausgebildeten Formen und Sedimenten befassen. Diese Forschungsergebnisse bestätigen jene Ansichten, die über die periglaziären Kryoplanationsprozesse in Mitteleuropa und über ihre Auswirkungen von mehreren Autoren vertreten worden sind (Czudek u. Demek 1961; Demek 1964; Dylik 1963).

Im Pleistozän erfolgte in den ungarischen Gebirgen eine bedeutende Oberflächenveränderung bzw. -überformung. Deren Ausmaß ist jedoch in den verschiedenen Höhenstufen ziemlich unterschiedlich. In den Hangfußlagen kam es in Höhen zwischen 100 und 300 m NN zur Herausbildung mit Sediment bedeckter Steilhänge von 20–40 ° Neigung (*frost riven scarp* – Demek 1964), die zuweilen in mehrere Kilometer lange Kryopedimente bzw. Kryoglacis von geringer Hangneigung (1–5 °) übergehen. Sie stellen heute die bestimmenden morphologischen Bildungen der Hangfußlagen dar.

Von allen ungarischen Gebirgen bildeten sich in dem Tokajer Gebirge (Zempléni hegység) die größten und ausgeprägtesten Kryopedimente, die Kryoglacis, heraus. Sie entstanden sowohl auf der östlichen Seite, die dem Fluß Bodrog zugewandt ist, als auch auf der westlichen, die vom Fluß Hernád begleitet wird. Weiterhin sind sie in den Becken und Tälern des Gebirges anzutreffen. Ihr gemeinsames Merkmal ist, daß sie sich in den Gebieten herausbildeten, die vor allem aus Rhyolithtuff aufgebaut sind. Der Tuff kommt im Tokajer Gebirge im Vergleich zu den anderen vulkanischen Gebirgen bedeutend häufiger vor, und daher zeigen die Kryoplanationsoberflächen im Bereich des Bergfußes dieses Gebirges nicht zufällig die weiteste Verbreitung. Dies weist auch darauf hin, daß das Ausmaß und die Intensität der Kryoplanationsprozesse durch das Gestein bestimmt werden. In den Tuff sickert das Wasser ein, er kann größere Mengen Wasser speichern, so erfolgt bei Frost die Bildung von Eiskristallen, Eisnadeln und Eislinsen, und das führt zum Gesteinszerfall. Der Frost zertrümmert die Oberfläche des Gesteins rasch, und der Gesteinsschutt wird auf dem gefrorenen Unterboden durch die Gelisolifluktion, Gelifluviation und die Abspülaktivität des Schneeschmelzwassers areal weiterbefördert. Diese Prozesse bewirken gemeinsam die Herausbildung der Kryoplanationsoberfläche.

Die periglaziäre Überformung ist in den ungarischen Gebirgen auch in einer Meereshöhe von mehr als 500 m deutlich ausgeprägt. Im Gegensatz zu den bisher behandelten Höhen herrschen hier die harten Gesteine (in den vulkanischen Gebirgen vor allem Andesitarten) vor. Wegen der größeren Höhe ist die Temperatur niedriger und infolgedessen können der Frostwirkung sogar die härteren Gesteine nicht widerstehen; sie werden zerstört und zerkleinert. Auf den Gipfeln und Hängen entstanden steile Kryoplanationswände, -treppen (*frost riven cliff*) und -türme mit riesigen Schutthalden an ihrem Fuß. Die herausragenden Gipfel sind mit Blockmeeren, die Hänge überall mit durch Ausfrieren entstandenem Felsschutt bedeckt. Während des Pleistozäns wurde diese Höhenstufe am stärksten überformt.

Zwischen den erwähnten zwei Höhenstufen gibt es eine eigenartige Zone, in welcher der Formenschatz beider vermischt vorkommt. Im Prinzip müßte hier der vielfältigste periglaziäre Formenschatz anzutreffen sein, in Wirklichkeit ist aber genau das Gegenteil der Fall. Die Bergfußkryopedimente bzw. Kryoglacis entwickelten sich in dieser Höhenstufe nur in den hochliegenden Becken auf Rhyolithtuff. Die für die obere Stufe charakteristischen Formen, Kryoplanationstürme, -wände und -terrassen, bildeten sich hier nur sehr selten heraus. Das ist damit zu erklären, daß die für diese Stufe charakteristische Temperatur im Vergleich zu der der oberen Stufe nicht mehr so niedrige mittlere Werte aufwies, um die hier vorherrschenden Lavagesteine angreifen und zertrümmern zu können. Deshalb entstanden die erwähnten Formen auf Andesitlava lediglich an wenigen Stellen und nur in Geländeteilen mit entsprechendem Mikroklima. Hingegen konnten sich Kryoplanationswände und -türme auf der härteren Variante des Perlits herausbilden, denn dieses Gestein ist relativ frostbeständig. Aus klimatischen Gründen und wegen der flächigen Verbreitung der härteren Lavagesteine ist diese Zone an periglaziären Formen arm, die vorkommenden Formen zeigen eine Mischung von Merkmalen der unteren und oberen Höhenstufe. Aus der darüber liegenden Zone gelangte aber infolge der Schwerkraft durch Gelisolifluktion mit Gesteinsschutt gemischtes Feinmaterial (Deluvium) hierher. So entstand ein eigenartig gemischtes Sediment. In ihm kommen infolge der Frostverwitterung Gesteinsschutt, Sand, Gesteinsmehl von unterschiedlicher Korngröße, äolisch sedimentierter Staub und ferner, als Verwitterungsprodukt, Semipedolith aus einer früheren Wärmeperiode vor. Dieses Sediment fremden Ursprungs vermischte sich mit dem an Ort und Stelle gebildeten Lockergestein. Der längere Transport und die weitere Zertrümmerung bewirkten, daß dieses Sediment schon bedeutend feiner ist als das der oberen Stufe.

Formenschatz der oberen Höhenstufe

Aus dem vorangehenden Abschnitt geht hervor, daß in den ungarischen Mittelgebirgen während des Pleistozäns die stärkste Oberflächenüberformung in Geländeteilen von über 600 m NN erfolgte. Hier konnten sogar die härtesten Lavagesteine der Frostwirkung nicht mehr widerstehen. Wegen ihrer Härte bewahrten gerade sie die periglaziäre Überformung. Die herausragenden, einsamen Kuppen und Rücken werden heute von den scharfkantigen Gesteinsblöcken des zertrümmerten Grundgesteins, die sogar eine Mächtigkeit von mehreren Metern haben können, bedeckt. Einige Gipfel sind mit Felstürmen versehen, die das letzte Stadium der Kryoplanationsabtragung bezeugen. Auf den horizontalen oder annähernd horizontalen Flächen finden sich Polygone, an den Hängen Steinstreifen. Die häufigsten und auffallendsten periglaziären Formen kommen an den Hängen vor. Die Kryoplanationsterrassen stellen die typische Form dar, sie sind in den ungarischen Mittelgebirgen allgemein verbreitet, worüber mehrere ungarische Forscher berichten. Auf dieser Grundlage kann festgestellt werden, daß die ausgeprägtesten Kryoplanationsterrassen in den vulkanischen Gebirgen entstanden, ihre Entstehung war vor allem mit Vorkommen von Andesit verbunden. Ihre Lage am Hang kann unterschiedlich sein, beim Vorhandensein von hervorragenden Kuppen bildeten sie sich übereinander und in mehreren Reihen heraus. Am Hang sind sie – wenn auch häufig mit Unterbrechungen – allseitig zu verfolgen, in anderen Fällen erscheinen sie eher an einer Hangseite oder an dem zwischen zwei Tälern liegenden Hang, wo diese spitzwinklig in Terrassen aufeinander treffen (Sporn). Auch hier liegen die Terrassen übereinander in mehreren Stufen. Am häufigsten kommen sie an den die Täler begleitenden Hängen vor. Die unterste erscheint schon einige Meter über der Talsohle, und bis zum Gipfel (der Höhenunterschied beträgt etwa 200 m) sind mindestens 3–4 Terrassen anzutreffen. Ihre Höhe ist unterschiedlich und hängt vor allem von der Gesteinsbeschaffenheit ab. Auf weichen Tuffen sind sie einige, auf hartem Lavagestein sogar 8–20 m hoch. Bei bis zum Gipfel homogenem Gestein nimmt die Höhe der Kryoplanationsterrassen hangaufwärts zu. Die höchsten Terrassen findet man im mittleren Hangabschnitt oder wenig darunter, während die Höhe der Terrassen nach oben hin wieder allmählich abnimmt.

Im oberen Teil deutet der kaum erkennbare Hangneigungswechsel die Oberflächen der Terrassen an. In Gipfelnähe kommt es zur allmählichen Anpassung an die allgemeine Neigung (Abb. 1). Die Situation ist selbstverständlich anders, wenn der Hang

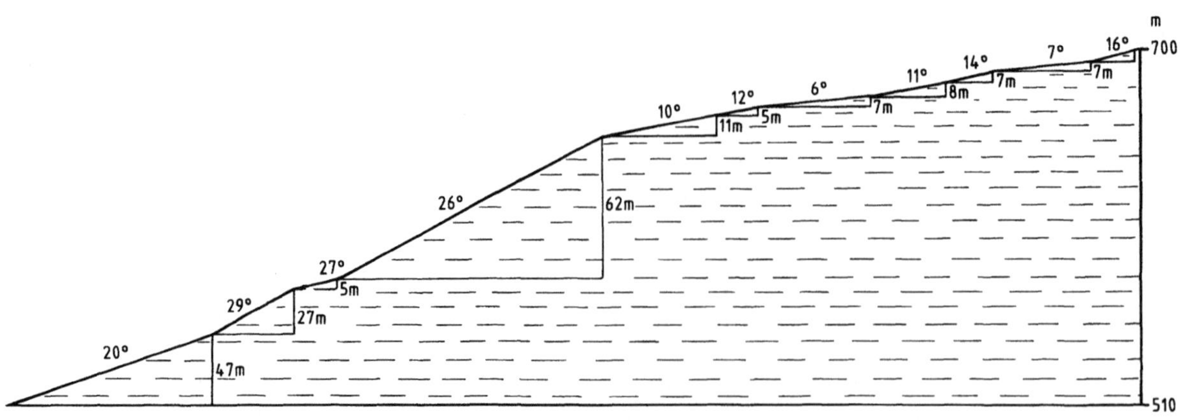

Abb. 1. Skizze der Kryoplanationsterrassen des den oberen Abschnitt des Vajdatales begleitenden Hanges

aus verschiedenen Gesteinen aufgebaut ist. Dann hört die oben angeführte Regelmäßigkeit auf, und die höchste Terrasse kommt dort vor, wo das härtere Gestein ansteht.

Die Rolle der Exposition bei der Kryoplanation

Die Herausbildung und Entwicklung der Kryoplanationsterrassen ist aus der reichen internationalen und ungarischen Literatur gut bekannt, die Verbindung zwischen der Form und der Hangexposition wird oft behandelt. In Ungarn machte M. Pécsi (1963) auf die Kryoplanationsterrassen an den südlich exponierten Hängen aufmerksam. Tatsächlich läßt sich das Problem aber doch nicht ganz so einfach erklären: Aufgrund der Erfahrungen des Verfassers kann geschlossen werden, daß die Herausbildung der Form weniger von der Exposition bestimmt wird, vielmehr kann anderen Faktoren – wie morphologische Lage und Struktur – eine wesentlich größere Rolle zugeschrieben werden. Die Herausbildung der Kryopedimente und Kryoglacis am Gebirgsrand wurde durch die Gebirgsvorlandabsenkungen, die entlang der Randbrüche erfolgten, gefördert. Diese Randbrüche gelten als Erosionsbasen (im Tokajer Gebirge z. B. die Flüsse Bodrog und Hernád). Gerade deshalb sind die hier entstandenen Kryoglacis vor allem östlich und westlich exponiert. Es kann zweifelsohne behauptet werden, daß die Kryoplanationsoberflächen entsprechend der jeweiligen Erosionsbasis eingeebnet wurden, unabhängig von der Exposition. Die Kryoplanationsterrassen der oberen hohen Stufe kommen nicht nur an den südlich exponierten Hängen vor. Ihre Herausbildung wurde von 2 Faktoren bestimmt: Auch hier spielt die lokale Erosionsbasis eine wichtige Rolle, sie kann eine Becken- oder Talsohle sein. Die Kryoplanationsterrassen bildeten sich an dem sie überragenden Hang heraus. Während ihrer Entwicklung verlagerten sie sich, einander folgend, immer mehr hangaufwärts, wobei sie die Oberfläche allmählich abtrugen und verflachten. Dieser regelmäßige Entwicklungsgang kann sich aber nur im Fall eines homogenen Gesteins (vor allem Tuff) vollziehen. Anders verhält es sich auf hartem Lavagestein, hier wird die Herausbildung der Form von der Gesteinsstruktur bestimmt. Eine Bewegung entlang einer tektonischen Linie bzw. einer Strukturtreppe ist ein guter Ausgangspunkt für Kryoplanation. In den vulkanischen Gebirgen Ungarns war der Rand der ehemaligen Lavaströme für das Einsetzen der Kryoplanation geeignet. Durch den geschichteten Aufbau des Tokajer Gebirges wurde die Herausbildung der Kryoplanationstreppen gewissermaßen gefördert. Das Material des letzten großen Andesitlavaergusses strömte auf eine ebene Tuffoberfläche aus und bedeckte große Flächen. Die Stelle der Herausbildung der Kryoplanationsterrassen wurde auch von der Lavastruktur bestimmt. Die Kryoplanationsterrassen sind ohne Ausnahme an die Schichtköpfe gebunden, an denen sie entstanden. An der anderen Bergseite, wo die Hangoberfläche von den Schichtflächen (Lavabänke) gebildet wird, kommt eine Kryoplanationsterrasse nie vor, sie konnte sich hier nicht herausbilden.

Den oben erwähnten Kriterien entspricht der Nordwestteil des Tokajer Gebirges am besten. Hier bedeckt das Material des letzten Andesitausbruches eine etwa 100 km^2 große Fläche. Die nordöstliche, auf das Gebirge gerichtete Seite dieser Lavadecke war für die Herausbildung von Kryoplanationsterrassen besonders geeignet. Der Angriffspunkt der kryogenen Prozesse wird einerseits durch die Struktur der Lavadecke und das häufige Vorkommen der Schichtköpfe auf der Oberfläche, andererseits durch die vielen Einschnitte am Rand der Lavadecke bestimmt. Aufgrund dessen ist es kein Zufall, daß die am deutlichsten ausgeprägten Kryoplanationsterrassen und -wände an diesen Rand der Lavadecke gebunden und folglich nach Nordosten, Osten und Südosten gerichtet sind. Nach Westen exponierte Kryoplanationswände kommen kaum, nach Süden oder Norden gerichtete noch seltener vor. Mit dem Voranschreiten der Zerschneidung des Lavarandes ging auch einher, daß durch die Rückverlegung der Kryoplanationswand die mehr oder weniger großen Lavadeckenteile von deren Rand abgetrennt wurden, sie blieben inselartig als Zeugenberge vor der Kryoplanationswand zurück. Die steile, zerfallene Kryoplanationswand der aus der Tuffumgebung herausragenden einzelnen Zeugenberge und die riesigen Felsblöcke unter der Wand erinnern an eine zerstörte Felsenburg. Das schönste Beispiel dafür ist das 600 m hoch gelegene Szarvas-kő (Abb. 2).

Formenschatz eines Hanges der oberen Höhenstufe

Im weiteren werden die Kryoplanationshangentwicklung, die Typen der entstandenen Kryoplanationstreppen und die übrigen kryogenen Formen in einem konkreten Gebiet untersucht. Das ausgewählte Gebiet umfaßt einen im Tokajer Gebirge liegenden Berg, den Nagy-Péter-mennykő und seinen auf das Tal des Vajda-völgy gerichteten Hang (Abb. 2). Das Gebiet ist aus verschiedenen miozänen Rhyolithen (Lava, Tuff und Perlit) sarmatischen Alters auf-

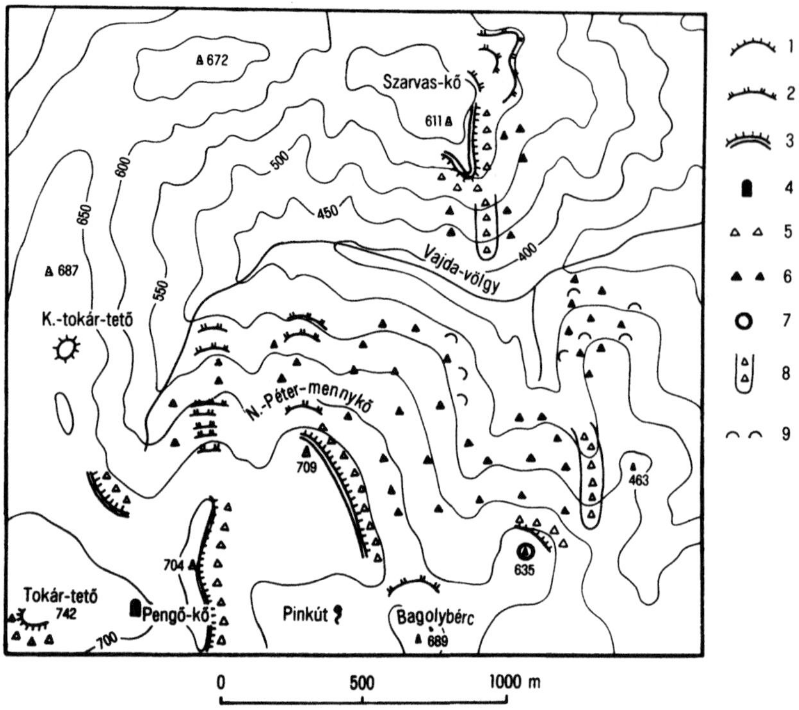

Abb. 2. Morphologische Kartenskizze vom Nagy-Péter-mennykö und seiner Umgebung. *1* Kryoplanationstreppe auf Andesit; *2* Kryoplanationstreppe auf Tuff; *3* Strukturkryoplanationstreppe an der Grenze Lava/Tuff; *4* Kryoplanationsturm; *5* Schutthalde; *6* Rutschende der Andesitblöcke; *7* Blockmeer; *8* Steinbach; *9* Rutschungen

gebaut. Diese Gesteine gelangen an den das Tal begleitenden Hängen an die Oberfläche. Die Rhyolithe sind mit einer Lavadecke aus sarmatischem saurem Pyroxenandesit, der heute nur noch an den Gipfeln ansteht, bedeckt. Die dünnflüssige Lava verbreitete sich auf einer aus Rhyolithbildungen bestehenden abgetragenen Erosionsoberfläche und erreichte eine Mächtigkeit von mehreren Dekametern. Die Lava weist eine blättrige Struktur auf, die Blätter sind 1 – 15 cm mächtig. Die Lavabänke bzw. Lavablätter fallen auf dem südlich vom Tal des Vajda-völgy gelegenen Berg (Nagy-Péter-mennykő) nach Süden, auf dem nördlich gelegenen Berg (Szarvas-kő) nach Norden bis Nordosten ein. Dies bedeutet, daß die Gesteine der das Tal begleitenden und aus Andesitlava bestehenden Berge ein gegensätzliches Einfallen aufweisen, so daß das Tal von Schichtköpfen des Gesteins umgeben wird. Beide Besonderheiten des sauren Pyroxenandesits, seine Blättrigkeit und die Lage der Schichtköpfe, fördern also die Herausbildung und den Gang der Kryoplanation, und sie bestimmen die jeweilige Lage der Kryoplanationsterrasse.

Im folgenden wird der Verlauf der Kryoplanationsoberflächenentwicklung im Untersuchungsgebiet dargestellt. Das Tal bildete sich an einer durch die Lage der Schichtköpfe strukturell bestimmten Stelle heraus. In die Lavadecke eingeschnitten erreichte der Bach die unter ihr liegenden Rhyolithgesteine (Abb. 3 A). Die günstigste Stelle für den Frostangriff lag entlang dem Gefälleknick, der sich dort herausbildete, wo sich die steile, aus Andesit bestehende Felswand und der unter ihr liegende Tuff berühren. Hier konnte sich der Schnee anhäufen und längere Zeit erhalten bleiben. Infolge der Schneewirkung entstand an der Grenze der beiden Gesteine eine Vertiefung, in der die Frostverwitterung wegen der größeren Feuchtigkeit rascher erfolgte. Die initiale Vertiefung ging allmählich in eine Nische über. Auf dem Grund der Nische erfuhr der Rhyolithtuff eine rasche Abtragung, das ausgefrorene, zertrümmerte Material wurde durch die Gelisolifluktion bis zum Hangfuß transportiert. Die Nische wurde auf diese Weise relativ rasch größer. Das über ihr liegende Andesitgestein wurde von unten nach oben zum Teil durch den Frost zertrümmert, so daß ein blättriges Sediment entstand. Der ohne Stütze gebliebene Andesit fiel von der Wand auch in großen Blöcken herunter. Die durch das Ausfrieren zerfallenen oder infolge der Gravitation heruntergestürzten Gesteine rutschten und wanderten teils durch die Gelisolifluktion, teils infolge der Schwerkraft hangabwärts. Als Folge der Frostverwitterung wurde die steile Andesitfelswand allmählich zurückverlegt (Abb. 3).

Heute liegt die Andesitfelswand schon weit entfernt von der Talsohle. Der Andesit blieb nur im Bereich der Gipfel erhalten. Von der Felswand führt ein

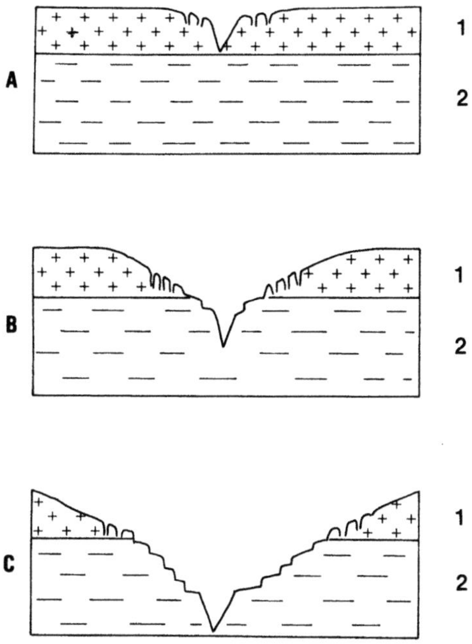

Abb. 3. Verlauf der Entwicklung einer Kryoplanationsoberfläche und Stadien (*A*, *B*, *C*) der Herausbildung der Kryoplanationsterrassen. *1* Andesitlavagestein; *2* Rhyolithtuff und Perlit

langer, auf Rhyolithtuff und Perlit entstandener Hang zu der Talsohle, wobei die Höhe von 700 m NN auf 500 m NN abnimmt. Dieser Hang hat kein gleichmäßiges Gefälle, es wechseln Abschnitte von geringer (8–12°) und größerer Hangneigung (20–25°) miteinander ab. Die Hangabschnitte mit stärkerem Gefälle zeigen die zurückverlegte Kryoplanationswand an, während diejenigen mit geringer Neigung die Oberflächen der Kryoplanationsterrassen bilden. Diese sind in dem unteren Hangabschnitt 10–20 m, in dem mittleren 40–60 m und in dem oberen nur 4–7 m hoch, sie treten aber im oberen Hangabschnitt häufig in großer Zahl auf (Abb. 1). Die Hangoberfläche ist von einer schuttreichen Deckschicht überzogen, die auf der Oberfläche der Kryoplanationsterrassen sogar 1–3 m Mächtigkeit aufweist. Ihr Material stammt von dem über den Terrassen liegenden steilen, in Abtragung befindlichen Hang, der infolge der Frostabtragung ständig zurückverlegt wird. Die Deckschicht besteht vor allem aus Rhyolithgestein. Einige Schuttbrocken erreichen sogar Durchmesser von 20–40 cm. Die Zusammensetzung des feineren Schuttes (< 10 mm Durchmesser) wurde im Laboratorium untersucht. Das Sediment besteht vorwiegend (zu 60–70%) aus Sand und Kies. Auffallend gering ist der Anteil der Staubfraktion in den Proben mit 10–15%, hoch dagegen der Schluffgehalt mit 20–25%, was aber für den Rhyolithtuff typisch ist. Auf den periglaziären Charakter des Sediments weist hin, daß der Tongehalt der Proben unter 10%, oft aber auch unter 5% bleibt. In die Schuttdecke eingebettet sind größere Andesitblöcke. Ihre Anzahl nimmt auf solchen Kryoplanationsterrassen zu, die höher und der Kryoplanationswand näher liegen. Die Blöcke befinden sich teils auf der Oberfläche, teils sind sie in die Schuttdecke etwas eingesunken, und infolge der Schwerkraft rutschen sie auf der Oberfläche der Schuttdecke mit selbständiger Bewegung hangabwärts, sie sind aber auch zusammen mit der Schuttdecke an deren langsamer Gelisolifluktionsbewegung beteiligt (Abb. 2).

Im oberen Hangabschnitt des Nagy-Péter-mennykő (709 m) bildet der Rand der noch verbliebenen Andesitlavadecke eine steile Wand (Abb. 4). Die im Andesit entstandene Kryoplanationstreppe wurde im Pleistozän während der Hangentwicklung bis zu

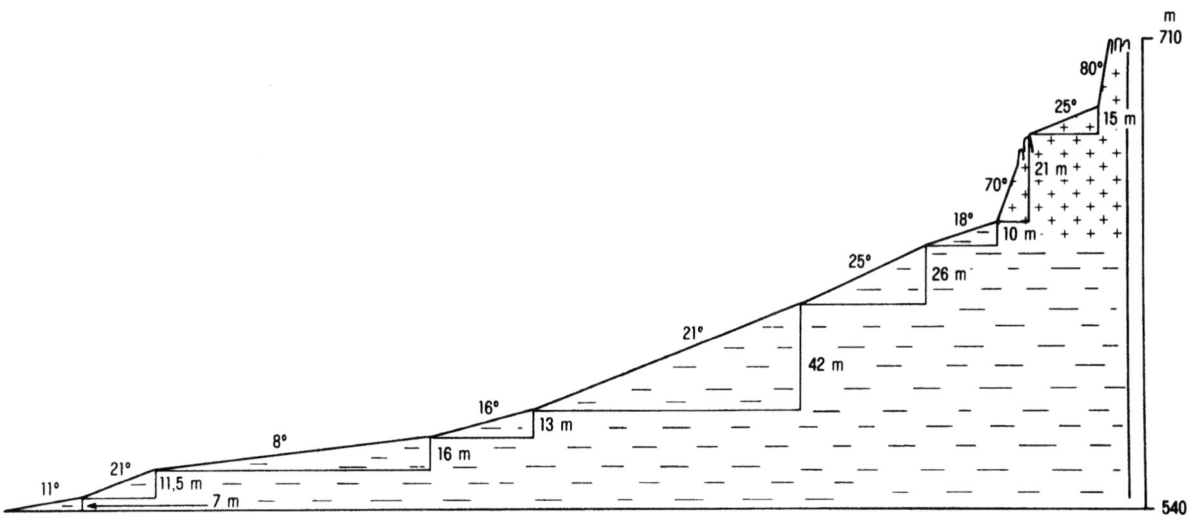

Abb. 4. Die Lage der Kryoplanationsterrassen am Hang des Nagy-Péter-mennykő

dieser Höhe abgetragen bzw. zurückverlegt. Im Untersuchungsgebiet wie in dem ganzen Gebirge stellt sie die imposanteste Treppe dar, ihre Länge beträgt auf dem Nagy-Péter-mennykö 500–600 m. Die Wand wird von vielen Spalten sowie in Einschneidungen entstandenen Blockströmen unterbrochen, wobei sich Felsgruppen, alleinstehende Felsbasteien und Felstürme herausheben. Felswände oder Felstürme sind häufig höher als 20 m. Die höchste Felswand mit 28,5 m gilt als die höchste Kryoplanationswand aus hartem Gestein in Ungarn. Unter der Kryoplanationswand breitet sich eine mächtige Schutthalde aus. Darin ist ein Schutt mit einem sehr differenzierten Größenspektrum anzutreffen, das Material stammt von Kryoplanationstürmen und -basteien, manchmal liegt es in Form von Gesteinsblöcken vor. Der von der Wand heruntergefallene Schutt wird am Fuß der Steilwand durch die Gravitation geordnet. Während der weiteren an Ort und Stelle erfolgenden Frostverwitterung bildet sich scharfkantiger, mächtiger Felsschutt heraus. Die auf diese Weise entstandene Schutthalde schließt sich mit einer steilen Neigung von 20–30 ° an die Kryoplanationswand an.

Diese Kryoplanationsterrasse unterscheidet sich also wesentlich von den aus Rhyolithtuff entstandenen Terrassen. Ihre steile, oft senkrechte Form und ihre große Längserstreckung sind darauf zurückzuführen, daß die Kryoplanationsterrasse an der Grenze des Tuffs zur Lava entstand. Während im ersten Fall bei der Herausbildung der Treppen im homogenen Gestein (Tuff) nur das Klima eine Rolle spielt, ist in dem letztgenannten Fall neben den klimatischen Faktoren das harte Lavagestein mitbestimmend. Gerade deshalb kann diese Form als Strukturkryoplanationsterrasse gedeutet werden.

Auf dem Berg befindet sich hinter einer breiten, flachen dellenartigen Vertiefung eine weitere Kryoplanationswand. Diese Treppe bildete sich aus Pyroxenandesit-Lavagestein heraus. Ihre Länge beträgt 300 m und die Wandhöhe im Durchschnitt nur 6–7 m. Unter der Treppe liegt auch hier eine mächtige Schutthalde. Diese Treppe entstand in einem vollkommen homogenen Gestein (Andesit) durch Frostverwitterung. Etwa 100 m weit entfernt hinter der Kryoplanationstreppe steht der einsame Felsturm von Pengö-kő (706 m). Der 15 m herausragende Felsturm bezeugt als Rest einer früheren Oberfläche die letzte Periode der Oberflächenabtragung. Am Fuß des Pengö-kő liegen die infolge der Frostverwitterung von der Turmwand heruntergefallenen Gesteinsblöcke.

Von der Talsohle des Vajda-völgy bis zum Pengö-kő wird die aus Tuff und Andesit bestehende Oberfläche durch mehrere Kryoplanationsterrassen gegliedert. Ihr gemeinsames Merkmal besteht darin, daß ihre Herausbildung auf den pleistozänen Frostwechsel zurückzuführen ist. Die Treppen bewirkten hangaufwärts eine kontinuierliche, areale Oberflächenabtragung. Die mit Schnee gefüllte Eintiefung, die Kryoplanationswand und der Kryoplanationsturm vertreten den Formenschatz des Anfangs-, des entwickelten und des Endstadiums dieses Prozesses.

Literatur

Czudek T, Demek J (1961) Pleistocene cryopedimentation in Czechoslovakia. Acta Geogr Lodz 24:101–108

Demek J (1964) Altiplanation terraces in Czechoslovakia and their origin. J Czech Geogr Soc (Suppl), S. 55–65

Dylik J (1963) Magyarország periglaciális problémái (Die periglazialen Probleme in Ungarn). Földrajzi Értesítö 12:453–464

Pécsi M (1963) Die periglazialen Erscheinungen in Ungarn. Petermanns Geogr Mitt 107 (3):161–182

Pinczés Z (1974) The cryoplanation steps in the Tokaj Mountains. Stud Geomorphol Carpatho-Balcanica 8:27–47

Pinczés Z (1977) Periglacial planation surfaces and sediments in the Hungarian mountains. Földrajzi Közlemények 25:29–45

Richter H (1963) Die Golezterrassen. Petermanns Geogr Mitt 107 (3):183–192

Székely A (1973) Periglacial landforms and sediments in the central part of the Hungarian Mountains. Sud Geomorphol Carpatho-Balcanica 7:66–73

4 Beiträge zur Küstenforschung

4.1 Problems of Pleistocene and Holocene Sea Level Shifts in Western Brittany, with References to Other Sites in the Armorican Massif and the Southwestern British Isles

ANDRÉ GUILCHER

The Tertiary Sea Levels

Recent research has shown that the sea has invaded the western part of Brittany more than one time during the Tertiary. In the Aber Ildut valley near Brest (Hallégouët et al. 1976; Guilcher and Hallégouët 1987) Oligocene marine deposits are recorded, showing that, already at that time, valleys 60 m deep had been cut by fluviatile erosion into the flat plateau, thus levelling the country, and subsequently converting into marine rias. Possibly during the Pliocene, the sea built up a pebble and sand beach at the present altitude of 125 – 130 m at Menez Lus in the Crozon Peninsula (Guilcher and Saint-Requier 1969), and probably rose even higher in Western Brittany (Fig. 1). A better dated deposit lies at 15 m altitude in the Elorn valley at Lanrinou near Landerneau (Hallégouët 1982; Morzadec-Kerfourn 1982), belonging to the Reuverian-Pretiglian (Upper Pliocene), and was followed, after a regression, by two other marine sequences at 22 and 26 m during the Lower Pleistocene (Tiglian) and Middle Pleistocene. These three transgressions had changed into a ria, the Elorn valley, previously cut into the plateau as the Aber Ildut during the Oligocene. These events are recorded as an introduction to the Pleistocene sea level shifts.

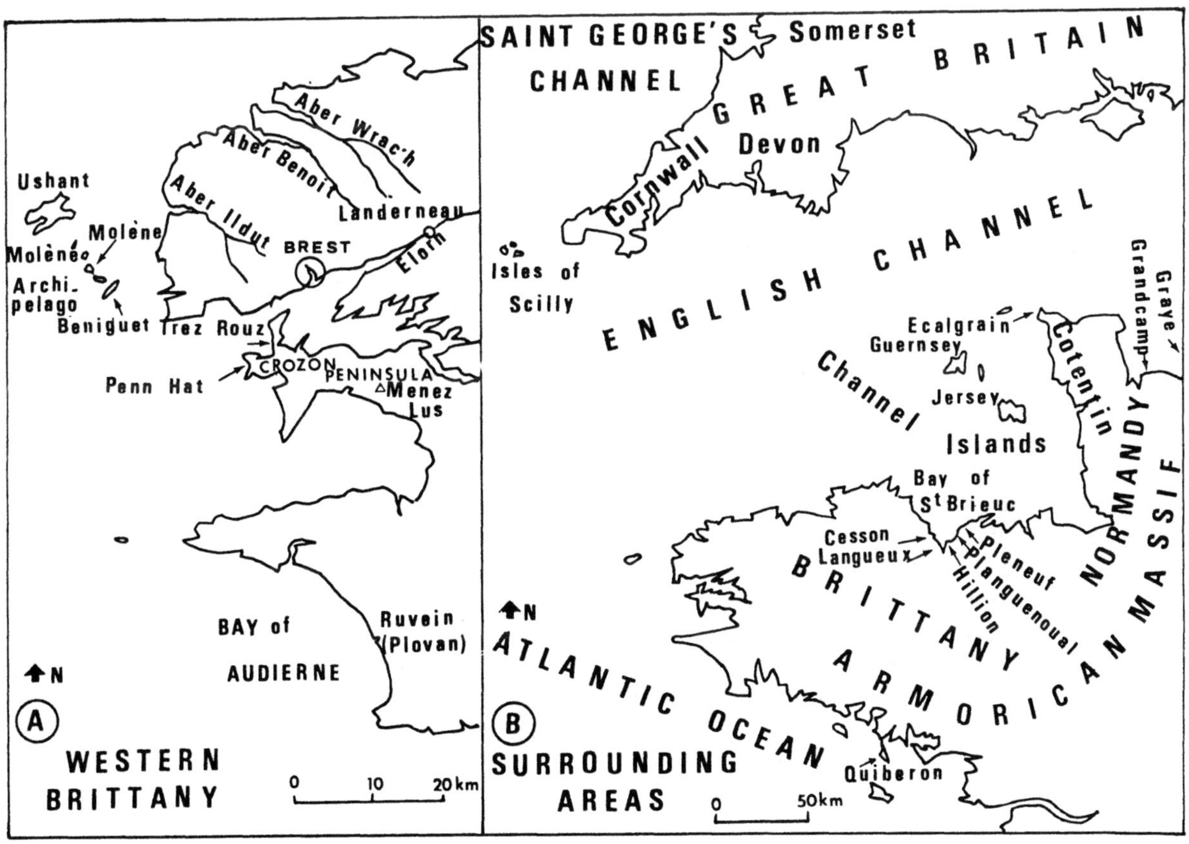

Fig. 1. Location of places mentioned in the text

Ages of Pleistocene Beaches: Successive Interpretations

The northwestern, western and southwestern coasts of Brittany are girdled by thousands of old beaches, traditionally called raised beaches, and occurring generally at 0–3 m above the present high sea level. A few rise to 12–15 m or slightly higher. They are capped by continental deposits known as head or rubble drift, and considered of periglacial character. Recensions of these beaches are found in Guilcher (1948), Guilcher and Giot (1969), Ters and Pinot (1969), Hallégouët (1971). Similar beaches exist, also in great numbers, in North Brittany (Monnier 1973), in the Cotentin Peninsula and the Channel Islands (Elhai 1963; Keen 1982), in Cornwall and Devon (Prestwich 1892), and in southern Ireland (Wright and Muff 1904).

A current interpretation is that they belong to the last interglacial, called Eemian in northwestern Europe and Ipswichian in the British Isles. However, the beaches are generally decalcified (including those in the British Isles), so that radiodating was impossible, except at La Belle Hougue, Jersey Island, where a Th/U measurement gave an age of 121000 BP ±14000, i.e. an Eemian age (Keen et al. 1981); the temperature was 3 °C higher than now (Keen et al. 1981; Lautridou et al. 1986).

Recently, however, discussions ensued regarding the age, and some authors believe that a Pre-Eemian age was possible or probable in several sections. At Trez Rouz, Crozon Peninsula, Morzadec-Kerfourn (1974) described sediments of former coastal marshes, at the present high water mark, which settled during the Holsteinian and the Eemian (evidence from pollen analyses). In the Bay of Saint Brieuc, North Brittany, Monnier (1973) accepted an Eemian age for beaches at Grève des Courses (Langueux), Port Morvan (Planguenoual), Pissot and Haut Ville (Pleneuf), but suggested an Inter-Saalian age at Nantois (Pleneuf) and L'Hotellerie (Hillion), and a Holsteinian age at La Cage (Langueux) and Valais (Cesson), according to the heads, loesses and fossil soils occurring above and sometimes below the marine strata. The altitude of the beaches never exceeds 3 m above the present high water mark.

Similarly, in Normandy, if the old beach at Graye sur Mer is Eemian (Pellerin and Dupeuble 1979); at Grandcamp, Eemian and Pre-Eemian are both represented (Coutard et al. 1979), and, at Ecalgrain, Cotentin Peninsula, a low-level beach capped by 18 m of head, clay, loam, etc. has been considered as Pre-Saalian by Caen sedimentologists (Lautridou et al. 1986). In the southwestern British Isles, Stephens and Synge (1966), Mitchell (1972) and others have correlated these low-level beaches to the Holsteinian (called Hoxnian there) rather than to the Eemian (called Ipswichian). In the Isles of Scilly, Mitchell and Orme (1967) recognized two different beaches, almost exactly at the same low level, belonging to Hoxnian and Ipswichian and separated by a glacial invasion from across the Saint George's Channel.

A tentative general correlation for Brittany as a whole by Hallégouët et al. (1980; see also Morzadec-Kerfourn and Monnier 1982), including all Pleistocene beaches and coastal marshes up to 15 m but generally lower, suggested a distribution into the Eemian, the Holsteinian (250000 BP) and the Cromerian (400000–700000 BP). A different table is found in Guilcher (1980).

Most Recent Interpretations

Without ruling out the possibility (or reality) of Pleistocene marine high sea levels older than the Eemian, a frequent method since 1981 is to relate, in Brittany and nearby countries, the Pleistocene beaches to the Eemian rather than to the Holsteinian or the Cromerian. In Normandy, Keen (1982; see also Lautridou et al. 1986) and Coope et al. (1987) do not agree on a Pre-Saalian age at Ecalgrain and three nearby Cotentin beaches, since the flora and fauna found in the deposits, up to 35 m thick, which overlie them, point to an entirely Weichselian age. Keen (in Lautridou et al. 1986) concluded that all beaches below 10 m in the Channel Islands are Eemian, except at Belcroute Bay, Jersey, where an Eemian and a pre-Eemian beach are superposed, with an older head in between. In Cornwall, Coque-Delhuille (1987) concluded that Hoxnian beaches are infrequent, whereas those from Ipswichian are widespread; Kidson (1971) and John (1968, 1970) had similar opinions regarding Cornwall, Devon, Somerset and South Wales. Stephens, although a supporter of the Holsteinian interpretation, has expressed (1970; see also Stephens et al. 1975) some doubt, and Mitchell (1977) has reviewed the conflicting opinions.

More details will be given on Western Brittany. A new survey of the Pleistocene beach exposed at Ruvein, Bay of Audierne, which has been known since the nineteenth century, has led to more precise conclusions (Guilcher and Hallégouët 1981). The beach (Fig. 2A) consists of a large and high pebble ridge rising as high as 14 m above the mean sea level (11.20 m above the present highest spring tides), i.e. higher than the common Armorican Pleistocene beaches. It forms a single unit from its top to the base of the pebbles exposed at the intertidal level, without any intermediate gap: there is not a high and a low old beach, but only one beach with an altitude range of 14 or 15 m. The pebbles, although cryoturbated, are quite fresh, not weathered: so that, contrary to the Cromerian age suggested by Morzadec-Kerfourn (e. g. in Hallégouët et al. 1980), Guilcher and Hallégouët (1981) have concluded that this pebble ridge might have been built up during successive stages of the Eemian interglacial, which lasted for some 50000 years and is now known to have included several oscillations (in the following pages see further data in this respect for Brittany). The higher part of the ridge would belong to an old stage of the Eemian, and its lower part would have been built up during the retreat(s) of the sea.

Other western Breton Pleistocene beaches rising to more than 10 m above the present high water mark have been investigated by Hallégouët (1984) in the Molène archipelago. At Molène Island, there is no continuity between this high Pleistocene beach and the lower one, which was already known; but at Beniguet Island, the same archipelago, the continuity exists as at Ruvein, and also as at Guernsey, Channel Islands, and at Quiberon, South Brittany

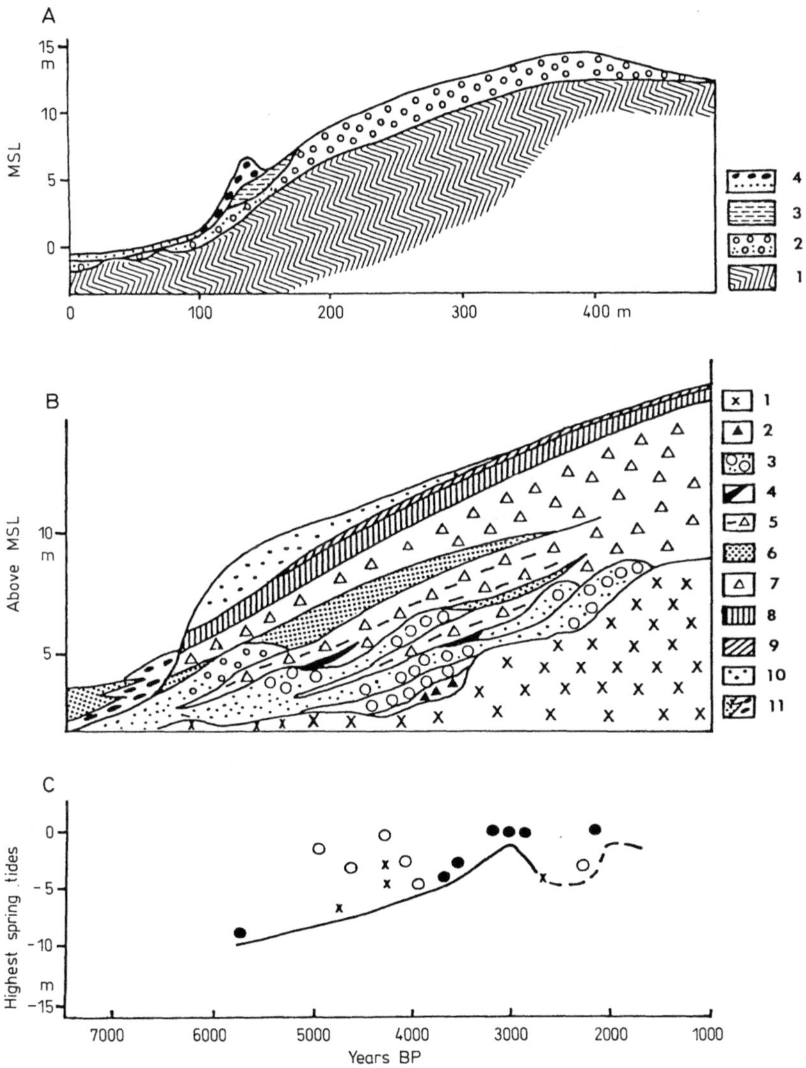

Fig. 2. A Section at Ruvein, Bay of Audierne (slightly modified from Guilcher and Hallégouët 1981); **B** synthetic lithostratigraphy of sections in Aber Benoit, Aber Wrac'h and Penn Hat areas (after Hallégouët and Van Vliet-Lanoe 1986); **C** Holocene sea level curve in northwestern Brittany (after Morzadec-Kerfourn 1974). Explanations **A**: *1*, Basement (gneiss and schists); *2*, cryoturbated Pleistocene pebble ridge; lower part more sandy; *3*, Holocene soil; *4*, present-time pebble ridge, passing into a sand beach in its lower part. Explanations **B**: *1*, granitic basement; *2*, oldhead; *3*, marine pebbles and sand; *4*, lacustrine deposits; *5*, sandy head; *6*, dune sand (related to interstadial sea level rise ?); *7*, main head; *8*, loam (loess) with frost wedges; *9*, humiferous horizon; *10*, Holocene dune; *11*, present-time beach (pebbles and sand). Explanations **C**: ×, prehistoric monuments; ○, fresh water peat; ●, brackish water peat

(Guilcher and Hallégouët 1981). One should keep in mind, during further investigations, the problem of continuity or discontinuity between beaches lying at different levels. Thus far, it appears rash to consider a priori that all Breton beaches lying higher than 5 or 6 m above the present high water mark are older than the Eemian.

Problems of Intra-Weichselian and Late Eemian Sea Levels

It would also be of interest to determine whether sea levels higher than the present one can be attested in Western Brittany during the Weichselian. This is the local aspect of a general, worldwide problem, and arguments for and against a Weichselian interstadial sea level higher than now at ca. 35000 BP are found in abundant literature, and are summarized and discussed by Thom (1973). According to Thom: "the assumption is made that there are valid dates which support the concept of a high interstadial sea level (during the Weichselian), and that relative to the present position sea level rose to −10 metres between 60000 and 35000 years ago" (Thom 1973, p. 215). However, for interstadial transgressions above the present level, the data are generally questionable. Insofar as the Armorican Massif is concerned, such data have been proposed by Larsonneur (1971) for Normandy, and by Pinot (1966) for Northern Brittany; but they have been doubted by Morzadec-Kerfourn (1974) and the present writer agrees with her opinion. In 1987, there was no certain evidence pointing to a sea level exceeding the present one in Brittany during the course of the Weichselian. It remains possible or even likely, however, that an interstadial transgression, having reached some −20 or −10 m, determined the formation of dunes, which developed to a higher level than the present sea level. This has occurred rather frequently on the Mediterranean shores, e.g. at Malta (Guilcher and Paskoff 1975) and in Tunisia (Tlêt aeolian formation, with a probable age of 27000 BP: Paskoff and Sanlaville 1983). Such an event could explain the aeolian sands described by Monnier (1973) in sections of the Bay of Saint Brieuc at Haute Ville, Vauclair, Pissot and Nantois (all in Pleneuf), which have been tentatively related by this author to the Brörup interstage, and other aeolian sands in sections of Western Brittany (Fig. 2B, No. 6).

However, between the peak of the Eemian at about 120000 BP, and the beginning of the Weichselian proper at 75000–80000 BP, it appears that other sea level oscillations occurred in Western Brittany. They are recorded in several sections (Fig. 2B) near the Aber Benoit and Wrac'h estuaries and at Penn Hat in the Crozon Peninsula by Hallégouët and Van Vliet-Lanoe (1986). During that period, which can be called Late Eemian, evidence has been found there for two high sea levels. Both were up to 6.50 and 5.50 m above the present mean sea level (2.30 and 1.30 m above the highest spring tides), and occurred at ±105000 and 85000 BP, with climates warmer than now. They can be correlated with the Grande Pile section, Vosges (Woillard 1978), where the corresponding levels are Saint Germain I A (Amersfoort) and Saint Germain II. The regression between these two Late Eemian sea levels seems to correspond to Melisey II at the Grande Pile. In Western Brittany this resulted in a deeper frost penetration in the soil than between Main Eemian and first Late Eemian sea levels, with ice segregation down to 0.80 m, and a mean annual temperature around 0 °C. After the second Late Eemian high sea level, the sections showed periglacial heads, which passed finally into aeolian loams or loesses similar to those exposed in thicker sections on the northern coast of Brittany. These loesses point to colder and drier climatic conditions during the Upper Weichselian, when the flow of frost-shattered blocks of head on slopes was reduced, whereas the strong northwesterly winds (Lautridou 1985), occurring over the almost completely dried English Channel (sea level at about −125 m), carried large amounts of fine particles over northwestern and northern Brittany.

Sea Level Shifts During the Late Holocene

During the Holocene, the main problem is to determine the course of the rise of sea level on the western Breton coast. According to current general opinion, sea level curves cannot be extrapolated on a worldwide scale, and have only a regional validity (summary of discussions and conclusions in Giresse 1987). In Western Brittany, as in other areas, it seems that the transgression has been oscillating, not continuous. Ters (1973) and Morzadec-Kerfourn (1974) have proposed such oscillating curves. The curve of Ters pertains to the whole French Atlantic coast, that of Morzadec concerns more particularly Western Brittany and is thus followed here (Fig. 2C). It is based on coastal peat bog dating and on Pre- and Protohistoric findings on the foreshore. At 5700 BP, the sea level at highest tides was still 8.80 m below the present one; the rise was moderate until 4000 BP. A standing stone near Aber Wrac'h, dated at between 5000 and 4500 BP, is now submerged under 6.40 m of water at the highest spring tides. After

4000–3600, the transgression went on more quickly, and reached, at the beginning of the Subatlantic (3600–3000 BP), the present sea level and perhaps slightly higher. Then, before the end of the Bronze age, after 3000 BP, there was certainly a slight (3–4 m) regression: Bronze and Protohistoric remnants have been discovered in the intertidal zone. This low level persisted until the Galian-Roman period, and was followed, after ±300 AD, by a new rise leading to the present level.

The small regression of the Bronze and Celtic (La Tène) period is considered by all Breton geologists and geographers as an extremely important event for the history of the Breton coastal dunes: since, except for a very few, the dunes were built up during this low sea level, which exposed wide sandy areas and provided material to the wind to create the dune landscape which persists until now. In those areas where dunes have now been destroyed by human disturbance (cars, etc.), the sea wind never recreates them from the beaches, except in quite exceptional cases, not yet fully understood, e.g. to the south of the Bay of Audierne. This is a crucial fact to be considered in coastal management: the preservation of coastal dunes is now the main concern in the policy of the National Coastal Conservancy on the Breton shoreline. It is an example of the importance of geological investigations for the management of natural landscapes.

References

Coope GR et al. (1987) The flora and faune of Late Pleistocene deposits on the Cotentin Peninsula, Normandy. Phil Trans R Soc London, Ser B 315:231–265

Coque-Delhuille B (1987) Le massif du Sud-Ouest anglais et sa bordure sédimentaire, étude géomorphologique. Thesis, Univ Paris I Panthéon-Sorbonne, Paris

Coutard JP et al. (1979) Les bas niveaux marine eemien et préeemien de Grandcamp-les-Bains (Calvados). Bull Soc Linn Normandie 107:11–20

Elhai H (1963) La Normandie occidentale entre la Seine et le Golfe Normand-Breton, étude morphologique. Thesis, Paris Bordeaux

Giresse P (1987) Les changements du niveau des océans vers la fin du Quaternaire. Causes et conditions, essai de synthèse. Bull Inst Géol Bassin Aquitaine 41:7–18

Guilcher A (1948) Le relief de la Bretagne méridionale de la Baie de Douarnenez à la Vilaine. Thesis, Paris La Roche sur Yon

Guilcher A (1980) Bretagne. Formations marines pléistocènes actuellement émergées ou intertidales. In: Chaline. Problèmes de stratigraphie quaternaire en France et dans les pays limitrophes. Bull Assoc Française Etude Quat, Dijon (Suppl) S. 227–230

Guilcher A (1982) Remarques sur l'âge des cordons de galets anciens de la Baie d'Audierne. Bull Assoc Française Etude Quat 19:205–206

Guilcher A, Giot PR (1969) Livret-Guide de l'excursion C16, Bretagne-Anjou. Inqua Congr, Paris

Guilcher A, Hallégouët B (1981) Le haut cordon de galets pléistocène de Ruvein en Plovan (Finistère) et ses enseignements généraux. Bull Assoc Française Etude Quat 18:75–82

Guilcher A, Hallégouët B (1987) Histoire d'une vallée des environs de Brest. Festschrift für Yves le Gallo. Brest, S. 135–144

Guilcher A, Paskoff R (1975) Remarques sur la géomorphologie littorale de l'archipel maltais. Bull Assoc Geogr Français 427:225–231

Guilcher A, Saint-Requier A (1969) Les galets et les sables du Menez Lus (Finistère) et leur signification morphologique. Norois 16:245–251

Hallégouët B (1971) Le Bas Léon (Finistère), étude géomorphologique. Thesis, Brest

Hallégouët B (1982) Les formations de remblaiement de la vallée de l'elorn à Landerneau (Finistère). Bull Assoc Française Etude Quat 19:167–178

Hallégouët B (1984) Contribution à l'étude morphologique de l'archipel de Molène (Finistère). In: Actes 107e Congr Soc Savantes, Sect Géogr, Com Travaux Hist Sci, Paris, S. 61–77

Hallégouët B, van Vliet-Lanoe B (1986) Les oscillations climatiques entre 125000 ans et le maximum glaciaire, d'après l'étude des formations marines, dunaires et périglaciaires de la côte des Abers (Finistère). Bull Assoc Française Etude Quat 23:127–138

Hallégouët B, Monnier JL, Morzadec-Kerfourn MT (1980) Stratigraphie des dépôts marins pléistocènes de Bretagne. In: Chaline. Problèmes de stratigraphie quaternaire en France et dans les pays limitrophes. Bull Assoc Française Etude Quat, Dijon (Suppl), S. 219–225

Hallégouët B, Olivier-Pierre MF, Estéoule-Choux J (1976) Découverte d'un dépôt oligocène inférieur dans la haute vallée de l'Aber Ildut au Nord-Ouest de Brest (Finistère). CR Acad Sci 283 D:1711–1714

John BS (1968) Age of raised deposits of southwestern Britain. Nature (London) 218:665–667

John BS (1970) The Pleistocene drift succession at Porth Clais, Pembrokeshire. Geol Mag 107:439–457

Keen DH (1982) Depositional sequence, age and palaeoenvironment of raised beaches and head in the Channel Islands and the Central Channel. Bull Assoc Française Etude Quat 19:3–11

Keen DH, Harmon RS, Andrews JT (1981) U series and amina-acid dates from Jersey. Nature (London) 289:162–164

Kidson C (1971) The Quaternary history of the coasts of southwest England, with special reference to the Bristol Channel coast. In: Exeter essays in geography in honour of Arthur Davies, Exeter, S. 1–22

Larsonneur C (1971) Manche Centrale et Baie de Seine: géologie du substratum et des dépôts meubles. Thesis, Caen

Lautridou JP (1985) Le cycle périglaciaire pléistocène en Europe du Nord-Ouest et plus particulièrement en Normandie. Thesis, Caen

Lautridou JP, Keen D, Monnier JL (1986) Symposium de la Commission INQUA des loess et de la Commission UGI de la signification des phénomènes Périglaciaires. Normandie-Jersey-Bretagne. Caen

Mitchell GF (1972) The Pleistocene history of the Irish Sea: second approximation. Sci Proc R Dublin Soc, Ser A 4(13):181–199

Mitchell GF (1977) Raised beaches and sea levels. In: Shotton FW (Hrsg) British Quaternary studies, recent advances. Oxford S. 169–186

Mitchell GF, Orme AR (1967) The Pleistocene deposits of the Isles of Scilly. Quart J Geol Soc 123:59–92

Monnier JL (1973) Contribution à l'étude des dépôts quaternaires de la région de Saint Brieuc. Travaux Laboratoire Anthropologie, Rennes

Morzadec-Kerfourn MT (1974) Variations de la ligne de rivage armoricaine au Quaternaire. Mém Soc Géol Minéral Bretagne 17:1–208

Morzadec-Kerfourn MT (1982) Datation pollinique et conditions de sédimentations de l'argile plio-pléistocène de Lanrinou en Landerneau (Finistère, France). Bull Assoc Française Etude Quat 19:179–184

Morzadec-Kerfourn MT, Monnier JL (1982) Chronologie relative des cordons pléistocènes de Bretagne. Bull Assoc Française Etude Quat 19:194–203

Paskoff R, Sanlaville P (1983) Les côtes de la Tunisie. Variations du niveau marin depuis le Tyrrhénien. Maison Orient Méditerranéen, Ser Geogr Préhist 14(2):1–192

Pellerin J, Dupeuble PA (1979) Le bas niveau marin eemien de Graye sur Mer (Calvados). Bull Soc Linn Normandie 107:21–26

Pinot JP (1966) Quelques hauts niveaux marins de la côte du Trégor central. Bull Assoc Française Etude Quat 3:139–151

Prestwich J (1892) The raised beaches and "heads" or rubble drift of the south of England. Quart J Geol Soc 48: 263–343

Stephens N (1966) Some Pleistocene deposits in North Devon. Biul Periglacjalny 15:103–114

Stephens N (1970) The coastline of Ireland. Geogr Stud in honour of E. E. Evans, Belfast, S. 125–145

Stephens N, Synge FM (1966) Pleistocene shorelines. In: Essays in geomorphology. London, pp. 1–51

Stephens N, Creighton JP, Hannon MA (1975) The Late Pleistocene period in northeastern Ireland: an assessment 1975. Irish Geogr 8:1–23

Ters M (1973) Les variations du niveau marin depuis 10000 ans le long du littoral atlantique français. In: Le Quaternaire, Géodynamique, stratigraphie, environnement: travaux français récents. 9e Congr INQUA, Christchurch, Bull Assoc Française Etude Quat (Suppl) 36:114–135

Ters M, Pinot JP (1969) Livret-Guide de l'excursion A10. INQUA Congr, Paris, S. 1–110

Thom BG (1973) The dilemma of high interstadial sea levels during the last glaciation. Progr Geogr 5:167–246

Woillard G (1978) Grande Pile peat bog: a continuous pollen record for the last 140000 years. Quat Res 9:1–21

Wright WB, Muff HB (1904) The pre-glacial raised beach of the south coast of Ireland. Sci Proc R Dublin Soc, New Ser 10:250–324

4.2 Zur stratigraphischen Verknüpfung holozäner Meeresspiegelbewegungen im Küstenraum der Nordsee mit Klimaschwankungen im mitteleuropäischen Binnenland

Bob Pieter Hageman und Klaus-Dieter Jäger

Vor mehr als 2 1/2 Jahrzehnten formulierte Heinz Kliewe eine der wesentlichen Forschungsaufgaben moderner Quartärforschung mit der Frage, „inwieweit während des Holozäns die Flußgeschichte des Binnenlandes und die Küstenentwicklung mit ihren bekannten Meeresspiegelschwankungen einander bedingt haben oder als voneinander mehr oder weniger unabhängige Auswirkungen der Klimageschichte zu werten sind“ (H. Kliewe 1965, S. 5).

Zur Bearbeitung des damit angeschnittenen Problemkreises hat Heinz Kliewe zahlreiche wichtige Beiträge sowohl selbst erbracht als auch im Kreise seiner Schüler und Mitarbeiter angeregt und betreut. Dabei ist ihm der wiederholte Wechsel des Hochschul- und Tätigkeitsortes in hohem Maße zustatten gekommen. So profitierte sein engagiertes Bemühen um eine verbesserte Kenntnis des mitteleuropäischen Binnenholozäns in Jena von den aus Greifswald mitgebrachten Erfahrungen zum Küstenholozän und umgekehrt. Die so gewonnene Befähigung zu wohl fundierter vergleichender Auswertung und Würdigung von Feldbefunden trug nicht wenig zu der bemerkenswerten Urteilssicherheit bei, mit der Heinz Kliewe nicht zuletzt der internationalen Quartärforschung sowie ihren mit dem Küsten- und Binnenholozän befaßten Gremien Anregungen, Orientierungen und Problemlösungen vermittelt hat. Dies gilt nicht nur für die vielfältige Zusammenarbeit mit Quartär-Spezialisten im benachbarten Polen, sondern auch und in besonderem Maße für die regional zuständigen Subkommissionen innerhalb von Kommissionen der Internationalen Union für Quartärforschung (INQUA). Es ist nach alledem gewiß kein Zufall, wenn – vor nunmehr bereits 2 1/2 Jahrzehnten – die ersten Exkursionstagungen, die in Europa Küsten- und Binnenholozän einander benachbarter Räume vergleichend vorstellten, 1967 maßgeblich unter der Obhut von Heinz Kliewe standen.

Inzwischen hat der von Kliewe bereits 1965 vorausschauend bearbeitete Zusammenhang international an Bedeutung gewonnen, handelt es sich hierbei doch um einen wesentlichen Aspekt der „Global Changes“, die in Anbetracht ihrer existentiellen Bedeutung für die Zukunft der menschlichen Gesellschaft überhaupt zu Recht von allen maßgeblichen und weltweit tätigen Fachverbänden der Wissenschaft in den Vordergrund ihrer Tätigkeit gerückt worden sind. So gesehen, sind die seither in der Forschung Mittel- und Nordwesteuropas vorgelegten Beiträge zur Bearbeitung jenes zentralen Anliegens von Heinz Kliewe zugleich Bausteine zu einem interdisziplinär abgesicherten und für prognostische Überlegungen brauchbaren Bild von jener Umweltdynamik, die mehr und mehr unsere Zukunft bestimmt. Diesem Anliegen, der Korrelation und überregional-komplexen Interpretation stratigraphischer Befunde im mitteleuropäischen Küsten- und Binnenholozän, ist die vorliegende Untersuchung gewidmet.

Problemstellung und Problementwicklung

Vor etwa vier Jahrzehnten, im Jahre 1953, wurde der Küstenraum der Niederlande von einer verheerenden Sturmflut heimgesucht. Maßnahmen für einen verbesserten Schutz des Landes hinter den Deichen wurden dadurch ausgelöst und fanden seither in erheblichem Umfang, besonders im Delta-Projekt für das Mündungsgebiet des Rheins, ihre Verwirklichung. Damit verbunden waren beträchtliche Anforderungen an die geowissenschaftliche Grundlagenforschung. Sie betrafen besonders die Frage nach Veränderungen von Meeresspiegelständen und Verschiebungen von Küstenlinien in den letzten Jahrtausenden. Bereits etwa ein Jahrzehnt nach der Sturmflutkatastrophe war ein Eingang an Beobachtungen und Daten zu verzeichnen, der die Niederlande zu einer Modellregion für die Erforschung der eustatischen Meeresspiegelbewegungen während der holozänen Warmzeit an den Küsten Mitteleuropas werden ließ. Dabei konnte ein mehrfaches Pendeln der Küstenlage nicht nur festgestellt, sondern mit Hilfe von ^{14}C-Datierungen sowie anhand archäologischer Funde aus küstennahen Ablagerungsfolgen auch zeitlich erfaßt und in eine differenzierte Chronologie eingeordnet werden (Pons et al. 1963).

Die gewonnenen Erkenntnisse wurden 1968 anläßlich einer Exkursionstagung der damaligen INQUA-Subkommission für das Studium des Holozäns international zur Diskussion gestellt (Hageman u. Jäger 1969) und während einer späteren Konferenz im gleichen Gremium in einen Vergleich mit ähnlichen Befunden an den Nordseeküsten der Nachbarländer einbezogen (Hageman et al. 1975).

Die bisher erfaßten Schichtenfolgen und Datierungen an Flachküsten im südlichen Umland der Nordsee lassen eine ebenso weiträumige wie weitgehende Übereinstimmung in den Tendenzen und der Chronologie der Meeresspiegelbewegungen und Küstenlinienverschiebungen erkennen. Das legt die Annahme regional, wenn nicht sogar global wirksamer Ursachen nahe. Nicht zuletzt sprach für eine derart weitgehende Interpretation der stratigraphischen Befunde der Umstand, daß auch in anderen Gebieten der Erde, beispielsweise an der nordamerikanischen Atlantikküste, vergleichbare Übereinstimmungen im Verlauf eustatischer Meeresspiegelbewegungen seit der letzten Kaltzeit festzustellen sind (Fairbridge u. Newman 1965). Das niederländische Datenmaterial erwies sich damit nicht nur im europäischen, sondern auch im transkontinentalen Rahmen als geeignet für eine regionale Fallstudie.

Regional oder sogar transkontinental belegbare Meeresküstenverschiebungen sind ohne Wechselbeziehungen zur klimatischen Situation in den betroffenen Meeresteilen wie auch in den angrenzenden Bereichen der Kontinente schwer vorstellbar. Untersuchungen zu Stabilität oder Wandel klimatischer Bedingungen im Binnenland versprechen deshalb, zu einem besseren Verständnis der Küstenlinienverschiebungen beizutragen und umgekehrt.

Befunde

Küstenraum des südlichen Nordseebeckens

Die hohen Anforderungen der fünfziger Jahre, ausgelöst durch die Sturmflutkatastrophe von 1953, trafen die niederländische geologische Forschung nicht unvorbereitet. Vielmehr konnte sie den neuen Aufgaben mit angemessenen Regionalkenntnissen und neuartigen methodischen Hilfsmitteln gerecht werden. Hiervon profitierte sowohl die lithogenetische und lithostratigraphische Kennzeichnung und Zuordnung von Meeresablagerungen aus Zeiten der Transgression (Edelman 1950; van Straaten 1954) wie auch die Datierung von Regressionsphasen mit Hilfe von Pollenanalyse (Zagwijn 1965) und ^{14}C-Methode (im Labor der Universität Groningen durchgeführt, zunächst unter der Leitung von H. de Vries).

Diese Hilfsmittel standen bereits zur Verfügung, als der Niederländische geologische Dienst im Rahmen der Maßnahmen zum Schutze des Landes vor künftigen Sturmflutkatastrophen mit einer umfassenden geologischen Kartierung des gesamten Territoriums beauftragt wurde. Vorgesehen waren in diesem Zusammenhang ein Programm von Routinebohrungen mit jeweils 3 m Tiefe in den Bereichen holozäner Sedimentation sowie die Durchführung von Bohrungen durch die gesamte holozäne Ablagerungsfolge mit Mächtigkeiten von mehr als 20 m Tiefe an zahlreichen Orten.

Gleichzeitig kam eine landesweite Bodenkartierung in Gang, durchgeführt vom „Stichting voor Bodemkarteering“ (STIBOKA) in Wageningen und maßgeblich inspiriert durch die Anregungen von Edelman (1950), jedoch inhaltlich vorrangig auf die Belange agrarischer Landnutzung orientiert. Demgegenüber standen bei der Auswertung der geologischen Landeskartierung folgende Aspekte im Vordergrund:

- Meeresspiegelbewegungen (Jelgersma 1961);
- Sedimentationsprozesse und -rhythmen mit ihren räumlichen Verteilungsmustern (de Jong et al. 1960).

In diesem Rahmen sind zahlreiche Datierungen im niederländischen Küstenholozän verfügbar geworden, die auf stratigraphische Rhythmen bezogen und gegebenenfalls mit klimatischen Veränderungen in Zusammenhang gebracht werden können (Hageman u. Jäger 1969).

Dabei war zunächst eine untere Serie von Meeresablagerungen festzustellen, die aus Sandlagen mit Mächtigkeiten zwischen 2 und 6 m bestand und in vielen Bohrungen durch dünne Lagen von Torf oder humosem Ton gegliedert wurde. Während diese Lagen offenbar Meeresregressionen repräsentieren, konnten die Sande als Zeugnisse von Transgressionsvorgängen verstanden werden. Zum Hangenden hin gehen sie in Ton über. Die gesamte Folge wurde als Calais-Serie bezeichnet.

Auffällig war, daß die Mächtigkeit der Transgressionsablagerungen innerhalb der Calais-Serie in Richtung auf ihr Hangendes abnimmt, während die Ablagerungen aus Phasen der Regression in gleicher Richtung eine zunehmende Tendenz zeigen.

Die gesamte Calais-Serie wird von einer Torflage überdeckt, die gelegentlich mehrere Meter Mächtigkeit erreicht und nur im Verlauf von Erosionsrinnen Unterbrechungen aufweist. Sie wurde als Holland-Torf bezeichnet.

In ausgedehnten Gebieten der westlichen Niederlande wurde diese Torflage wiederum durch Meeresablagerungen überdeckt, die gleichfalls eine gegliederte Schichtenfolge bilden. Diese Dünkirchen-Serie zeigt aber im Vergleich zur Calais-Serie wesentliche Unterschiede: Vor allem ist die Mächtigkeit der beteiligten Schichten relativ gering. Sie bleibt oft unter 1 m und überschreitet 2 m nur ausnahmsweise. Höhere Mächtigkeiten werden allein in Erosionsrinnen erreicht, die ausgedehnten und komplizierten Anordnungsmustern folgen. Die Regressionsphasen sind weniger häufig durch Torfe belegt, vielfach aber durch Zeugnisse subaerischer Bodenbildung, z. B. Entkalkung. Außerhalb von Erosionsrinnen tritt vielerorts Ton auf, der vom Liegenden zum Hangenden nur sehr geringe Körnungsdifferenzen erkennen läßt.

Die durchaus unterschiedlichen Merkmale in den Serien der Calais- und Dünkirchen-Ablagerungen bieten Anlaß zur Annahme eines rhythmischen Verlaufes der Sedimentation im Küstenraum während des holozänen Meeresspiegelanstiegs. Dabei führte die rasche Anhebung des Meeresspiegels im älteren Holozän zu den relativ mächtigen Meeresablagerungen der Calais-Serie, während in den geringeren Schichtmächtigkeiten innerhalb der Dünkirchen-Serie eine Verlangsamung des Meeresspiegelanstiegs zum Ausdruck kommt. Diese Beobachtung legt die Annahme nahe, daß dem Wechsel von Transgressions- und Regressionsbildungen in der Stratigraphie des Küstenholozäns zwar ähnlich lange Zeitintervalle zugrundeliegen, jedoch Unterschiede im zeitlichen Ablauf eustatischer Meeresspiegelbewegungen sichtbar werden.

Die eingeschlossenen Torflagen gestatten Datierungen für die Abfolge der Sedimentationsrhythmen, jedoch können hierbei Setzungen und folglich sekundäre Niveauveränderungen nicht ausgeschlossen werden. Für die Rekonstruktion der Meeresspiegelstände zu bestimmten Zeiten sind deshalb datierbare Lagen auf niveaubeständigem Untergrund erforderlich. Sie sind verfügbar in Bereichen von

– pleistozänen Geländeoberflächen;
– Strandwallsystemen;
– Flußdünen im Hinterland der Küste.

Dort vorliegende Datierungen ermöglichen nicht nur die Aufstellung einer für Nordwesteuropa brauchbaren Kurve der Meeresspiegelbewegungen im Holozän (Abb. 1), sondern auch Einblicke in die fazielle Differenzierung der stratigraphischen Beob-

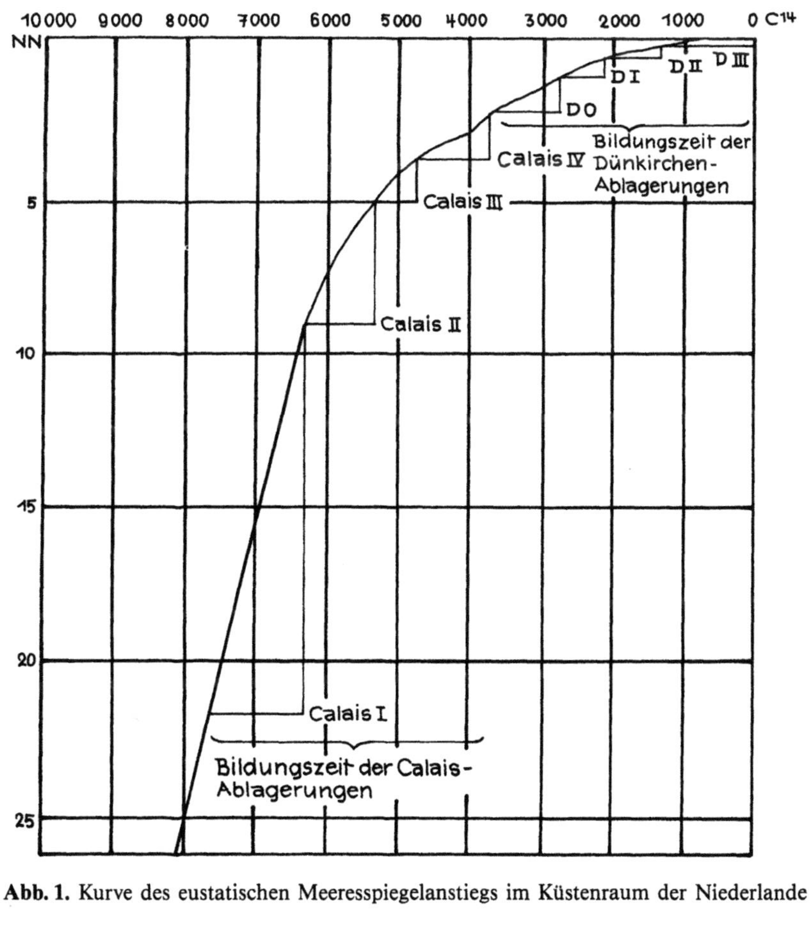

Abb. 1. Kurve des eustatischen Meeresspiegelanstiegs im Küstenraum der Niederlande

achtungen, die am Beispiel der in den westlichen Niederlanden weit verbreiteten Strandwallsysteme (Abb. 2) verdeutlicht wird. So zeigt ein schematisches Profil durch das Küstenholozän, das etwa bei Haarlem in das Landesinnere führt (Abb. 3), eine Aufeinanderfolge von Strandwällen, deren Basisfläche mit abnehmendem Alter auf ein immer höheres Niveau zu liegen kommt. Die Datierung wird jeweils in den Torfbildungen in den zwischenliegenden Riegen vorgenommen. Deren Höhenlage resultiert aus dem Niveau der Grundwassertiefe unter Gelände, die vom jeweils erreichten Meeresspiegelstand bei Mittelwasser abhängt, nicht jedoch vom Wasserstand bei Hochwasser. Allerdings ergeben sich aus diesen Beobachtungen nur Daten für die Zeitspanne zwischen 5000 und 2500 BP im Sinne einer konventionellen ^{14}C-Chronologie. Zum Liegenden hin bedürfen sie der Ergänzung durch Daten zweiten Ranges anhand von Torflagen auf der Pleistozän-Oberfläche und – im tiefer liegenden Teil – der holozänen Ablagerungsfolge (Calais-Serie).

Die relativ größte Sicherheit für die Konstruktion einer Kurve zur Verschiebung der Meeresspiegelstände im Holozän bieten die Dünensysteme an den Flußläufen im Rheindelta. Sie werden im niederländischen Schrifttum als Donken bezeichnet und charakterisieren die stratigraphische Situation im perimarinen Bereich, in dem der Ablauf der Sedimentation durch Veränderungen der Meeresspiegelstände gesteuert wird, während eigentliche Meeresablagerungen fehlen. Die Höhenlage datierbarer Lockersedimente wird dort durch den Zusammenhang zwischen dem Niveau der Grundwassertafel und den Mittelwasserständen der offenen See bestimmt. Außerdem können, wo mächtige Torfdecken fehlen, auch Niveauverfälschungen durch Torfsetzung prak-

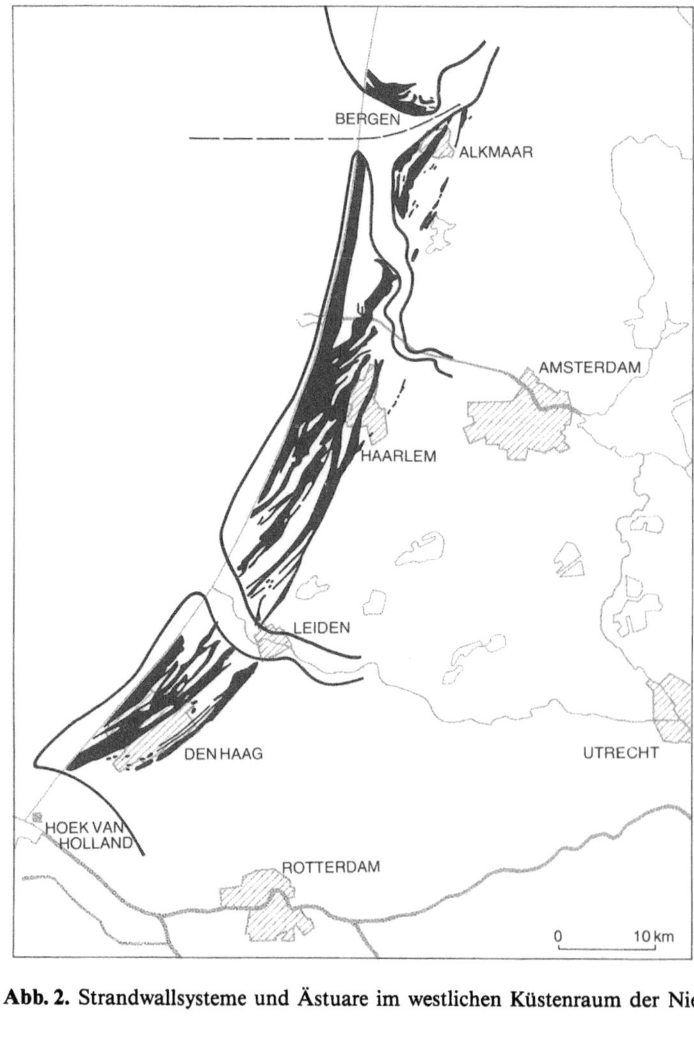

Abb. 2. Strandwallsysteme und Ästuare im westlichen Küstenraum der Niederlande

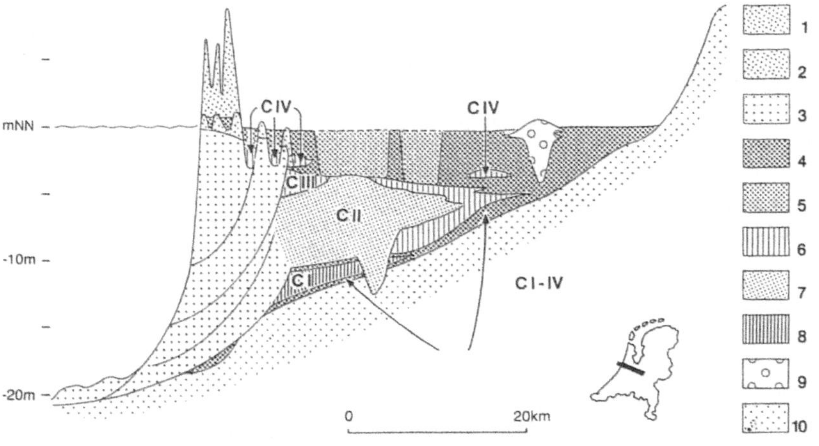

Abb. 3. Strandwallsysteme und Meerestransgressionen (Calais I–IV) im Profilschnitt durch die westlichen Niederlande. *1* Jüngere Dünensande, *2* ältere Dünensande, *3* Ufer- und Schelfsande, *4* Holland-Torf, *5* Torf (erodiert), *6* Ton (brackisch), *7* Sand, *8* Ton (der Lagunen), *9* Flußablagerungen, *10* Pleiszozäner Untergrund, *CI–CIV* Ablagerungen der Calais-Transgressionen

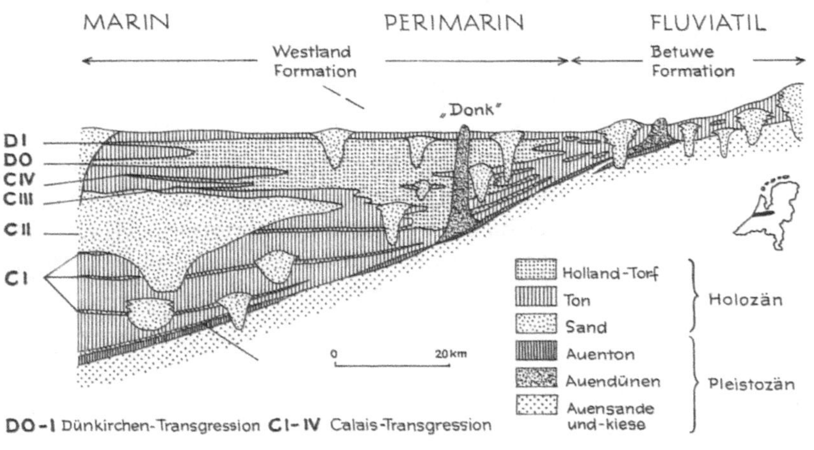

Abb. 4. Stratigraphische Verknüpfungen von Meerestransgressionen, Flußablagerungen und Dünen (sog. Donks) im Westen der Niederlande

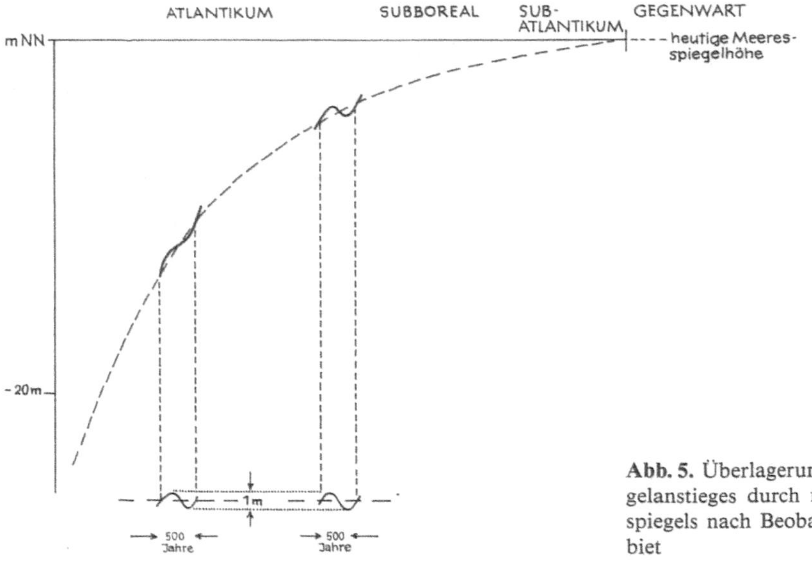

Abb. 5. Überlagerung der Kurve des eustatischen Meeresspiegelanstieges durch nachgeordnete Oszillationen des Meeresspiegels nach Beobachtungen im niederländischen Küstengebiet

tisch ausgeschlossen werden. Andererseits bestehen stratigraphische Verzahnungen mit benachbarten marinen Schichtenfolgen (Abb. 4). In diesem Bereich können deshalb die wichtigsten Informationen über die Zusammenhänge zwischen Zeit und Meeresspiegelniveau gewonnen und in einer Kurve holozäner Meeresspiegelstände im südlichen Nordseeraum (Abb. 5) ausgewertet werden (Jelgersma 1961; van de Plassche 1980, 1985).

Weitere Ableitungen ergeben sich aus der Aussage der seit 1955 durchgeführten Kartierungen für die Reichweite der Küstenlinienverschiebungen (Abb. 5). Der entscheidende Befund ist dabei die Korrelationsfähigkeit der stratigraphischen Zeugnisse für Transgressionen und Regressionen über weitere Entfernungen und in Ablagerungsfolgen unterschiedlicher fazieller Zuordnung.

Dabei sind relativ dünne Torflagen (häufig in einer Größenordnung von nur 10–20 cm Mächtigkeit) teilweise über Hunderte von Quadratkilometern zu verfolgen (Abb. 6, 7, 8). Dies bedeutet jedoch, daß auch die zeitliche Rhythmik des Sedimentationsgeschehens weiträumig gültig war (Tabelle 1). Sie fand ihre Dokumentation im Schrifttum bereits mehrfach in schematischen Darstellungen, die zunächst im Profil die Zusammenhänge zwischen den Tiefenlagen datierter Torfe unter Gelände wiedergeben, dann aber unter Nutzung der zahlreichen Torfdatierungen mit der ^{14}C-Methode (nach konventionellem Vorgehen mit unkalibrierten Daten) die Tiefenwerte in eine chronologische Skala umsetzen. Damit ergibt sich eine gemeinsame Bezugsbasis für den chronologischen Vergleich der Regressionsphasen und damit der gesamten stratigraphischen Differenzierung mit den Ablagerungsfolgen der holozänen Binnenwasserkalke im mitteleuropäischen Binnenland (Abb. 9). Sie stützt sich für das Küstenholozän auf die Angaben von de Jong et al. (1960) und für das Binnenland auf die Ergebnisse von Jäger (1965, 1982) und gibt für diesen Bereich auch die archäologischen Bezüge an.

Tabelle 1. Enddaten mariner Transgressionsvorgänge im niederländischen Nordseeküstengebiet. Die Transgression Dünkirchen IIIa setzte vor >1100 Jahren (d. h. um 800) ein, der Übergang zur Phase Dünkirchen IIIb bleibt aufgrund des gleichzeitig verstärkt aufkommenden technogenen Eingriffs in die Entwicklung der Küstendynamik unklar, besonders infolge des Deichbaues.

Transgression	Ungefähres Ende der Transregression [Jahre BP]
Calais I	ca. 6400
Calais II	ca. 5500
Calais III	ca. 4700
Calais IVa	ca. 4150
Calais IVb	ca. 3800
Dünkirchen 0	ca. 2900
Dünkirchen I	ca. 1900
Dünkirchen II	ca. 1300

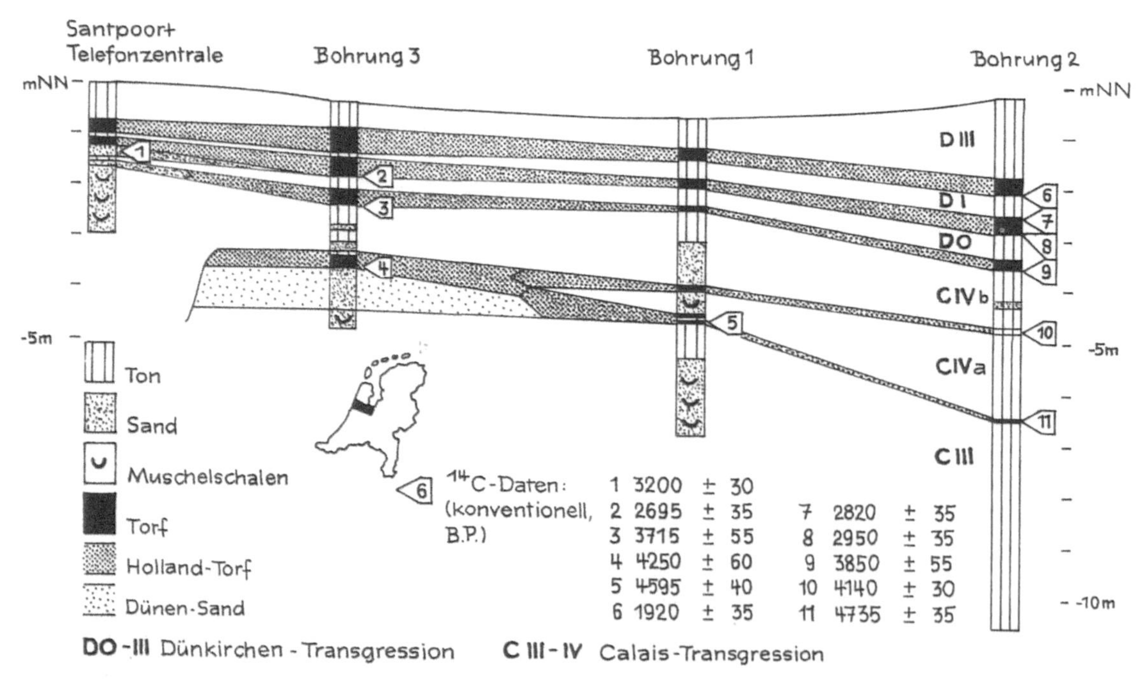

Abb. 6. Datierungen zur Abfolge von Meerestransgressionen im nördlichen Abschnitt des niederländischen Küstengebietes

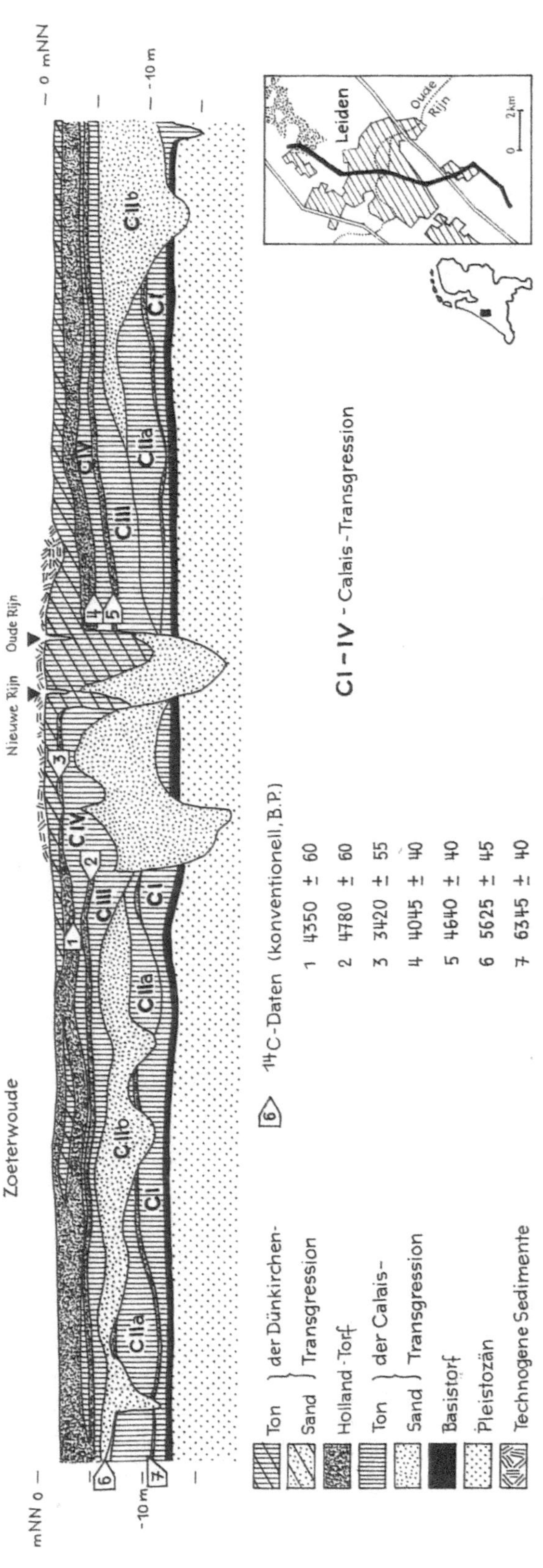

Abb. 7. Datierungen zur Abfolge von Meerestransgressionen im mittleren Abschnitt des niederländischen Küstengebietes

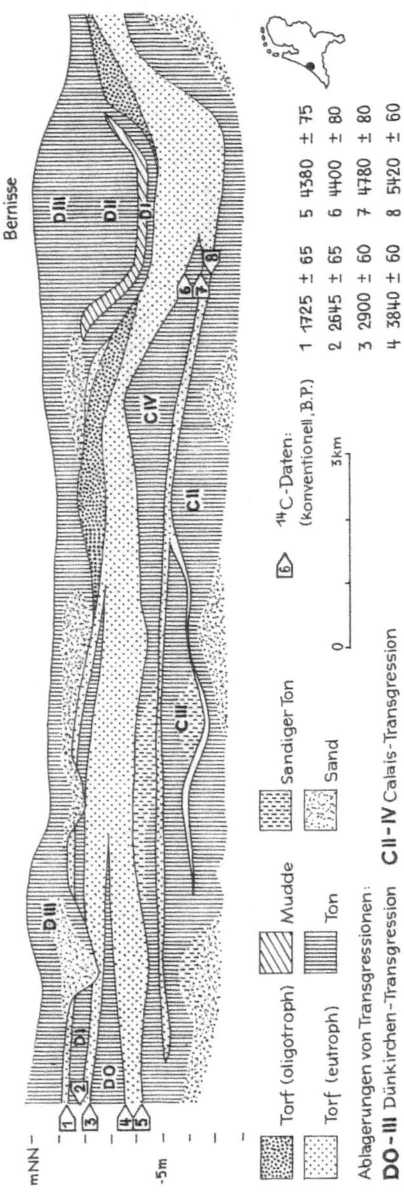

Abb. 8. Datierungen zur Abfolge von Meerestransgressionen im südlichen Abschnitt des niederländischen Küstengebietes

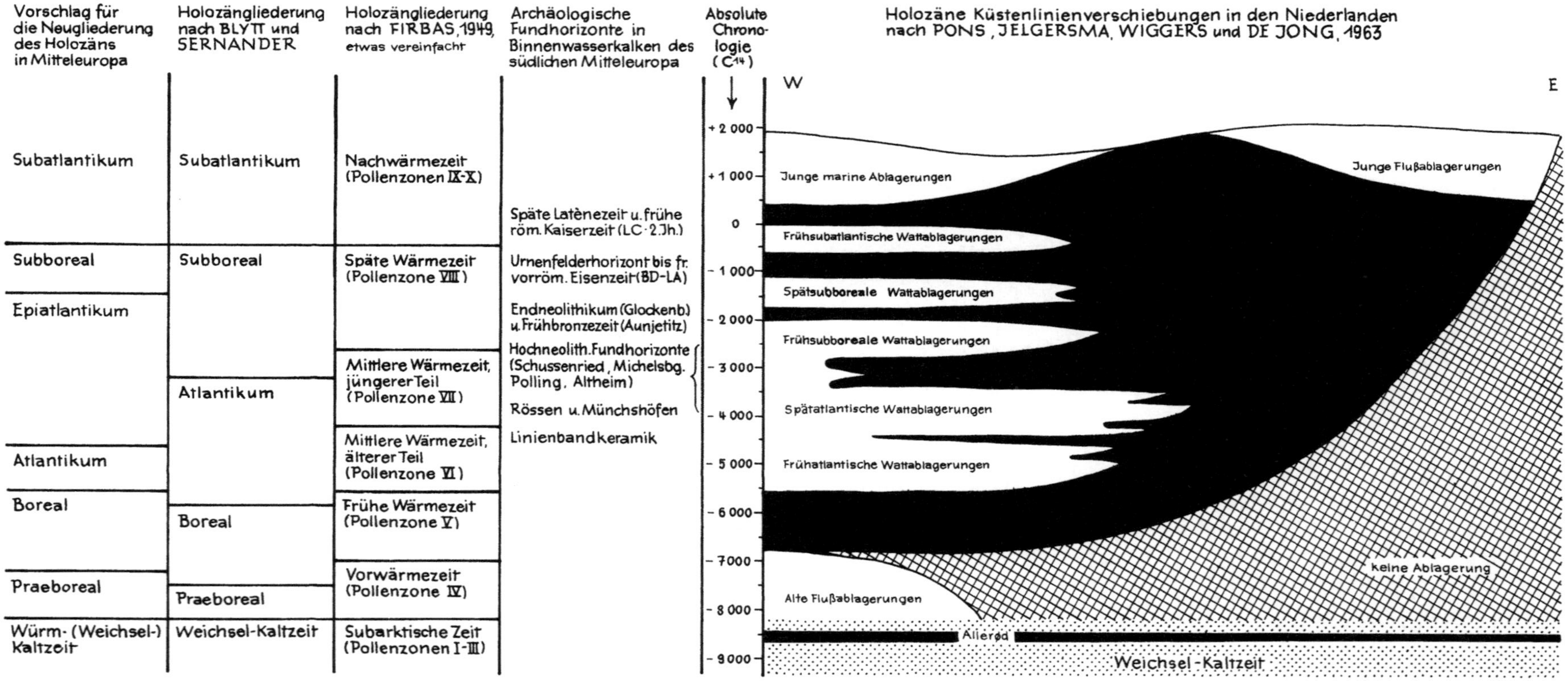

Abb. 9. Stratigraphische Korrelation von Meerestransgressionen und -regressionen im Küstenraum der Niederlande mit dem Wechsel von Feucht- und Trockenphasen nach Datierungen anhand von Schichtenfolgen holozäner Binnenwasserkalke im mitteleuropäischen Binnenland

Binnenland

Für Aussagen zum Klimawandel seit der letzten Kaltzeit im mitteleuropäischen Binnenland stehen sehr vielfältige und unterschiedliche Befunde aus verschiedenen faziellen Zusammenhängen zur Verfügung. Mit hohem Anteil sind hieran Ablagerungsfolgen organischer Sedimente (Mudden, Torfe) aus Seen und Mooren beteiligt. Dieser Sachverhalt geht besonders auf die in solchen Ablagerungen häufige Erhaltung und damit mögliche stratigraphiebezogene Untersuchung von Pollen und von pflanzlichen Großresten zurück, die vielfach den Wandel von Pflanzendecke und Landschaftsbild in einem bestimmten Gebiet detailliert widerspiegeln (Firbas 1949, 1952).

In den letzten Jahrzehnten hat die stratigraphische Forschung im mitteleuropäischen Binnenland weitere Aussagemöglichkeiten zur Klima- und Landschaftsentwicklung erschlossen. Von vorrangigem Interesse sind hierunter die Schichtenfolgen holozäner Binnenwasserkalke (Jäger 1965, 1982). Ähnlich den organischen Lockersedimenten, den Torfen und Mudden, bauen auch Binnenwasserkalke oft Schichtenfolgen von mehreren Metern Mächtigkeit auf, zuweilen werden 10 m überschritten (Jäger 1967a). Faziell sind an ihrer Entstehung fließende und stehende Gewässer sowie Quellaustritte beteiligt. Voraussetzung ist, daß kalkharte Wässer zur Verfügung stehen, wobei sowohl die Karbonathärte wie auch die Sulfathärte in den Ablagerungsfolgen zum Ausdruck kommen kann. Folglich sind Binnenwasserkarbonate und Binnenwassersulfate zu unterscheiden (Jäger 1975; Schulze 1980). In Binnenwasserkarbonaten ist die Erhaltung von Mollusken- und Ostracodenschalen besonders begünstigt, und hinzu kommen häufig Knochen und Zähne von Wirbeltieren. Damit bestehen günstige Möglichkeiten für paläomalakologische Untersuchungen sowie für die paläoökologische Interpretation ihrer Befunde (Ložek 1964), aber auch für Aussagen anhand von Wirbeltierfaunen, besonders mit Hilfe von Kleinsäugern (Kordos 1982). Blattabdrücke, vielerorts in sehr großer Anzahl, gewähren Einblicke in den Vegetationswandel während der Entstehungszeit der Ablagerungen. Dies gilt nicht nur für subaquatische Sedimentationsräume, sondern auch für deren unmittelbares Umland (Jäger 1967a, b). Zur chronologischen Zuordnung der Befunde verdient die Anwendbarkeit von Uranium-Thorium-Datierungen auf Karbonatgestein Interesse (Brunnacker et al. 1983). An methodischen Entwicklungen zur Direktdatierung des Karbonatgesteins mit Hilfe der ^{14}C-Methode wird derzeit gearbeitet (Pazdur u. Pazdur 1982).

Ein besonders hohes Aussagevermögen für die Untersuchung von klimatischen Verhältnissen und Veränderungen im Bildungszeitraum der Ablagerungen kommt jedoch begrabenen Böden zu (Abb. 10). Sie dokumentieren Zeiträume, in denen die Sedimentation zeitweilig unterbrochen oder endgültig abgeschlossen war und fixieren für diese Zeiträume zugleich die Lage der Geländeoberfläche. Im Regelfall repräsentieren sie terrestrische Böden vom Typ der Rendzina (Kubiena 1953), und in Übereinstimmung damit bezeugen vielfach archäologische Funde aus diesen Böden, genauer aus ihren Humushorizonten, die Begehbarkeit der Geländeoberflächen in ihrer Entstehungszeit. Letztere erfahren dadurch zugleich eine Datierung, so daß methodische Möglichkeiten archäologischer Zeitbestimmung für die begrabenen Humushorizonte neben die radiometrischen Datierungen für die sedimentierten Karbonate treten. Begrabene Böden bezeugen also nicht nur für den gleichen Geländeteil einen Wechsel zwischen subaquatischer (karbonatischer oder sulfatischer) Sedimentation und terrestrischer (anhydromorpher) Bodenbildung (Abb. 11). Vielmehr bieten sie zugleich auch Zeitmarken für die erdgeschichtliche Einordnung dieses Wechsels an. Auch hier erbringt der regionale Befundvergleich weiterführende Erkenntnisse: Der Wechsel zwischen (subaquatischer) Sedimentation und (anhydromorpher) Bodenbildung erfolgt in vielen Aufschlüssen in unterschiedlichen Teilräumen Mitteleuropas und bei unterschiedlicher fazieller Zuordnung der betroffenen Karbonatgesteine weitgehend synchron (Jäger 1982). Folglich stehen hier auch in bemerkenswertem Umfang und mit hoher Datierungspräzision klimageschichtlich aussagefähige holozänstratigraphische Befunde aus dem mitteleuropäischen Binnenland zur Verfügung, die sich für einen Vergleich mit den stratigraphischen Beobachtungen im Küstenholozän von Nord- und Ostsee anbieten.

Das klimageschichtliche Aussagevermögen von Binnenwasserkalken ist mit der Auswertung von Ablagerungsfolgen unter Berücksichtigung von begrabenen Böden, archäologischen Funden, fossilen Molluskenfaunen sowie ebensolchen Blätterfloren nicht erschöpft. So ist das Vorkommen von Binnenwassersulfaten an sehr konkrete und rekonstruierbare ökologische Bedingungen gebunden (Schulze 1980), und auch die Bildung von Binnenwasserkarbonaten läßt unter Beachtung aktualistischer Sachverhalte noch präzisere klimageschichtliche Interpretationen zu (Müller 1962). Hinzu kommen überdies paläoökologische Feststellungen mit Hilfe der selteneren Fossilreste von Wirbeltieren aus Binnenwasserkalken, wofür Nachweise der europäischen Sumpfschildkröte (Jäger 1965) mit ihrer Bedeutung für die Ermittlung sommerlicher Temperaturen im

Abb. 10. Begrabene Rendzina als Zeugnis zeitweiliger subaerischer Bodenbildung während einer Trockenperiode infolge der Unterbrechung subaquatischer Sedimentation von Binnenwasserkalken (Rudolstadt-Schaala, Kreis Rudolstadt)

Abb. 11. Stratigraphische Gliederung einer Abfolge holozäner Binnenwasserkalke durch Zwischenschaltung begrabener Rendzinen (Jena-Wöllnitz, Kreis Jena). Die Pfeile in Abb. 10 und 11 verweisen auf die Profillage der begrabenen Humushorizonte

Entstehungszeitraum der entsprechenden Ablagerungen (Degerbøl u. Krog 1951) als Beispiel dienen.

Inzwischen stehen weitere Befundgruppen zur Verfügung, die in eine Analyse des Klimawandels im mitteleuropäischen Binnenland seit der letzten Kaltzeit einzubeziehen sind. Beispielhaft gilt dies für die Erfassung von Wasserstandsschwankungen an Binnenseen in den Jungmoränengebieten des nördlichen und südlichen Mitteleuropa mit Hilfe geomorphologischer, stratigraphischer und archäologischer Untersuchungen, die in den Uferbereichen der Seen durchgeführt werden (Jäger 1988). Ein völlig anderes Feld erschließt die Holozänstratigraphie von Höhlen im mitteleuropäischen Binnenland (Walter 1985). Auch in diesen Fällen sind archäologische Datierungen bedeutsam. Wichtige Befunde liefern Datierungen, die aus der Analyse der wechselnden Höhenlage von Besiedlungsgrenzen in den mitteleuropäischen Gebirgen im Verlauf der letzten Jahrtausende gezogen werden können (Christl 1985).

Schließlich bietet sich auch die wechselnde Dichte und Intensität der Besiedlung Mitteleuropas durch ur- und frühgeschichtliche Bevölkerungsgruppen für eine Einbeziehung in Untersuchungen zum Klimawandel seit der letzten Kaltzeit an (Jäger u. Ložek 1978; Bouzek 1982). Dabei erweist es sich als methodischer Vorteil, daß diese Datierungen im Ansatz mit jenen vergleichbar und – sofern überhaupt fehlerhaft – mit gleichem Fehler behaftet sind, die anhand archäologischer Funde in der Holozänstratigraphie von Flachküsten und Küstenniederungen, in Ablagerungsfolgen von Binnenwasserkalken sowie in Höhlen, in Uferbereichen von Binnenseen und für die Höhenbesiedlung mitteleuropäischer Gebirge gewonnen wurden.

Andererseits wird durch die Heranziehung archäologischer Datierungen in der Holozänstratigraphie des Binnenlandes wie der Küstenräume auch eine Befundverknüpfung mit dem Ablauf der Besiedlung durch die Bevölkerung seit urgeschichtlicher Zeit erreicht. Dadurch wird es möglich, solche Befunde als für klimageschichtliche Aussagen irrelevant auszugliedern, die offenbar auf Eingriffe der Gesellschaft durch die Landnutzung in das naturräumliche Wirkungsgefüge zurückgehen (Bernhardt u. Jäger 1985; Jäger u. Bernhardt 1987) und folglich Nebenwirkungen gesellschaftlicher Aktivitäten im Naturraum (Neef et al. 1979) dokumentieren.

Damit sind gegenwärtig sowohl methodische Voraussetzungen erfüllt als auch in großem Umfang Befunde unterschiedlicher Disziplinen verfügbar, die die Diskussion möglicher Zusammenhänge zwischen Meeresspiegelbewegungen an den europäischen Küsten und Klimaschwankungen im mitteleuropäischen Binnenland begünstigen.

Ergebnisse der Untersuchung

Es erscheint zunächst einleuchtend, dem zyklischen oder rhythmischen Ablauf der Sedimentation während des Meeresspiegelanstiegs im Holozän zumindest eine regionale Bedeutung zuzuerkennen, zumal sich untereinander vergleichbare Befunde offenbar entlang der gesamten Nordseeküste Frankreichs, Belgiens, der Niederlande, Niedersachsens und Schleswig-Holsteins verfolgen lassen. Dessen ungeachtet sind die Ursachen dieser rhythmischen Sedimentation noch weit von einer Klärung entfernt. Aus der Reihe möglicher Ursachen sind vor allem die folgenden in Betracht zu ziehen:

(a) Unterschiedliche Meeresspiegelbewegungen infolge von Temperaturschwankungen in der Arktis;

(b) variable meteorologische Bedingungen vor allem über dem nördlichen Atlantik mit der Konsequenz wechselnder zyklonaler Aktivitäten sowie Sturmhäufigkeiten und -intensitäten;

(c) zyklische Veränderungen im Verteilungsmuster von Meeresströmungen sowie der Reichweiten von Gezeiten im Nordseebecken;

(d) Perioden erhöhter Niederschläge im mitteleuropäischen Binnenland als Ursache zunehmenden Süßwasserabflusses mit der Konsequenz seewärtiger Abdrängung des perimarinen Bereiches in Deltas und Bodden sowie vermehrten Torfwachstums im Küstenraum;

(e) rhythmischer Verlauf der isostatischen Landhebung im nördlichen Europa nach dem Abschmelzen des skandinavischen Eisschildes.

Der hier zuerst genannten Variante (a), die allein von Änderungen der thermischen Verhältnisse in der Arktis ausgeht, steht der Befund über den Bohrkern von Camp Century im Grönlandeis (Dansgaard et al. 1971) entgegen, der in dieser Richtung keinerlei Hinweise erbringt.

Eine negative Beurteilung ergibt sich auch für die hier zuletzt angeführte Alternative (e), da in diesem Fall ein deutlicher Zusammenhang zwischen den stratigraphischen Befunden im mitteleuropäischen Küstenholozän und deren räumlichem Abstand zur Zone der isostatischen Ruhelage zu erwarten wäre, jedoch bisher gleichfalls nicht belegt werden kann.

Eine weitere Überlegung (d) wird durch die augenfällige chronologische Korrelation zwischen Trokkenperioden im mitteleuropäischen Binnenland und den Zeiträumen mit Meeresregression im Küstenraum ausgeschlossen, denn für die Erklärung vermehrten Torfwachstums in Küstenmooren müßte nach dieser Variante ein vermehrter Wasserabfluß aus dem Hinterland und folglich nicht eine Trockenperiode, sondern im Gegensatz dazu eine Feuchtphase in der binnenländischen Klimaentwicklung gefordert werden.

Dessen ungeachtet wird durch die chronologische Verknüpfung von binnenländischen Trockenperioden mit der regressiven Tendenz von Küstenlinienverschiebungen benachbarter Meeresgebiete eine klimatische Steuerung als entscheidender Wirkungsmechanismus in hohem Maße wahrscheinlich gemacht. Da sich indessen im Hinblick auf die Ergebnisse von Dansgaard et al. (1971) Temperaturschwankungen allein nicht als geeignete Ursache anbieten, darf eine brauchbare Hypothese in zyklischen Veränderungen des zyklonalen Geschehens im Nordatlantik vermutet werden.

Stratigraphische Befunde werden damit zur geologischen Dokumentation wechselnder meteorologischer Bedingungen im Verlauf der letzten Jahrtausende. Sie bezeugen den Wechsel von Phasen der Meerestransgression mit solchen der Meeresregression in den Küstengebieten ebenso wie denjenigen zwischen feuchteren und trockeneren Perioden im mitteleuropäischen Binnenland. Sie führen zur Annahme einer Periodizität, die etwa Intervalle von 900 Jahren für die größeren und von annähernd 450 Jahren für die kleineren Zyklen erkennen läßt.

Literatur

Bernhardt A, Jäger K-D (1985) Zur gesellschaftlichen Einflußnahme auf den Landschaftswandel in Mitteleuropa in Vergangenheit und Gegenwart. In: Beiträge zum Problemkreis des Landschaftswandels. Sitzungsber Sächsischen Akad Wiss Leipzig, Math-Nat Kl 117 (4):5–56

Bouzek J (1982) Climatic changes and Central European prehistory. In: Harding AF (Hrsg) Climatic change in later prehistory. Edinburgh, S. 179–191

Brunnacker K et al. (1983) Radiometrische Untersuchungen zur Datierung mitteleuropäischer Travertinvorkommen. Ethnogr-Archäol Z 24 (3):217–266

Christl A (1985) Höhengrenzen der urgeschichtlichen Besiedlung des Erzgebirges, dargestellt an einem Transsekt. Dipl.-Arbeit, Humboldt-Univ Berlin

Dansgaard W et al. (1971) Climatic record revealed by the Camp Century Ice Core. In: Late Cenozoic Ice Age. New Haven, S. 37–56

Degerbøl M, Krog H (1951) Den europæiske Sumpskildpadde (Emys orbicularis L.) i Danmark (The European Pond Tortoise (Emys orbicularis L.) in Denmark). Dan Geol Und, R 2 (78):1–130

De Jong JD, Hageman BP, van Rummelen FFF (1960) De holocene afzettingen in het Deltagebied (Die holozänen Ablagerungen im heutigen Deltagebiet). Geol Mijnbouw 39:654–660

Edelman HC (1950) Soils of the Netherlands. Amsterdam

Fairbridge RW, Newman WS (1965) Sea level and the Holocene boundary in the eastern United States. In: Rep VIth Int Congr Quat, vol. 1. Łódź, S. 397–418

Firbas F (1949/52) Spät- und nacheiszeitliche Waldgeschichte Mitteleuropas nördlich der Alpen. Jena

Hageman BP, Jäger K-D (1969) Activities, progresses, and future lines of action of the Subcommission for the Study of the Holocene of INQUA regarding the Holocene stratigraphy against the background of the excursions during the period 1965–1969. In: Bull Subcomm Stud Holocene INQUA 3, Haarlem, S. 50–53

Hageman BP et al. (1975) INQUA-Commission for the study of the Holocene, Haarlem (unveröffentlichte Tagungsunterlagen)

Jäger K-D (1965) Holozäne Binnenwasserkalke und ihre Aussage für die nacheiszeitliche Klima- und Landschaftsentwicklung im südlichen Mitteleuropa. Diss, Friedrich-Schiller-Univ, Jena

Jäger K-D (1967a) Holozäne Binnenwasserkalke im Ostteil der Thüringer Triasmulde. In: Probleme und Befunde der Holozänstratigraphie in Thüringen, Sachsen und Böhmen. Berlin, S. 6–31

Jäger K-D (1967b) Eine pliozäne Vegetationsgemeinschaft und ihre Fortentwicklung bis zur Gegenwart. In: Klimaänderungen im Tertiär aus paläobotanischer Sicht. Abh Zentral Geol Inst 10:99–112

Jäger K-D (1975) Über Alter und Entstehung holozäner Flußablagerungen in mitteleuropäischen Talauen. Biul Geol 19:195–196

Jäger K-D (1982) Stratigraphische Belege für Klimawandlungen im mitteleuropäischen Holozän. Z Geol Wiss 10 (6):799–810

Jäger K-D (1988) Zum gegenwärtigen Kenntnisstand über nacheiszeitliche Wasserstandsschwankungen an Binnenseen im Jungmoränengebiet des nördlichen Mitteleuropa. Wiss Z Ernst-Moritz-Arndt-Univ Greifswald, Math-Nat Reihe 27:44–48

Jäger K-D, Bernhardt A (1987) Etappen und Tendenzen in der Entwicklung der Wechselbeziehungen zwischen Gesellschaft und Umwelt vom Neolithikum bis zur Gegenwart. Z Geol Wiss 15 (2):213–224

Jäger K-D, Ložek V (1978) Umweltbedingungen und Landesausbau während der Urnenfelderbronzezeit in Mitteleuropa. In: Coblenz W, Horst F (Hrsg) Mitteleuropäische Bronzezeit – Beiträge zur Archäologie und Geschichte. Berlin, S. 211–229

Jelgersma S (1961) Holocene sea level changes in the Netherlands. Med Geol Stich, Ser C 6 (7):1–101

Kliewe H (1965) Probleme physisch-geographischer Forschung in Thüringen und Vergleichsgebieten – Eine Einführung. Wiss Z Friedrich-Schiller-Univ, Math-Nat, Reihe 14 (4): 3–6

Kordos L (1982) Evolution of the Holocene vertebrate fauna in the Carpathian Basin. Z Geol Wiss 10 (7):963–970

Kubiena W (1953) Bestimmungsbuch und Systematik der Böden Europas. Stuttgart

Ložek V (1964) Quartärmollusken der Tschechoslowakei. (Rozpravy Ústředního ústavu geol 31). Praha

Müller H (1962) Pollenanalytische Untersuchung eines Quartärprofils durch die spät- und nacheiszeitlichen Ablagerungen des Schleinsees (Südwestdeutschland). Geol Jahrb 79:423–426

Neef E et al. (1979) Analyse und Prognose von Nebenwirkungen gesellschaftlicher Aktivitäten im Naturraum. Abh Sächs Akad Wiss Leipzig, Math-Nat Kl 54 (1):1–70

Pazdur A, Pazdur MF (1982) Skład izotopowy węgla we współczesnych stalagmitach i stalaktytach (Die Isotopenzusammensetzung des Kohlenstoffs in zeitgleichen Stalagmiten und Stalaktiten). Kwartalnik Geol 26 (3/4):675–684

Pons LJ et al. (1963) Evolution of the Netherlands coastal area during the Holocene. Verhandelingen der Koninklijke Nederlandse Geol. Mijnbouwkundig Genootschap, Geol Ser 21 (2):197–208

Reinecke P (1924) Zur chronologischen Gliederung der süddeutschen Bronzezeit. Germania 8 (1):43–44

Schulze J (1980) Das Standortmosaik von ausgewählten Talauen und Niederungen im Einzugsgebiet der oberen und mittleren Unstrut unter besonderer Berücksichtigung der Sedimenttypenverteilung. Diss, Ernst-Moritz-Arndt-Univ, Greifswald

van de Plassche O (1980) Holocene water level changes in the Rhine-Meuse delta as a function of changes in relative sea level, local tidal range and river gradient. Geol Mijnbouw 59:343–351

van de Plassche O (1985) Time-limit assessment of some Holocene transgressive and regressive periods in the northern Netherlands. Eiszeitalter Ggw 35:43–48

van Straaten LMJU (1954) Composition and structure of recent marine sediments in the Netherlands. Leidese geologische mededelingen 19, Leiden, S. 1–110

Walter D (1985) Thüringer Höhlen und ihre holozänen Bodenaltertümer. Weimarer Monogr Ur- und Frühgesch 14

Zagwijn WH (1965) Pollen-analytic correlations in the coastal barrier deposits near The Hague (The Netherlands). Med Geol Stich, Nieuwe Ser 17:83–88

4.3 Die Berücksichtigung von Häufigkeit und Richtung des Seegangs bei der Einschätzung des küstennahen Sandtransportes

Reinhard Lampe

Die prinzipielle Gestaltung der Dynamik auf der Schorre wird, wie schon längere Zeit bekannt, durch die Richtung und Stärke des Tiefwasserseegangs festgelegt. Die Grundform der Gleichung, mit der man versucht, die materialversetzende Kraft M aus dem Tiefwasserseegang abzuleiten, lautet:

$$M = E_0 \sin \alpha \cos \alpha \; ; \qquad (1)$$

E_0 ist dabei die Energie der Tiefwasserwelle und α der Winkel zwischen Wellenorthogonale und Küstennormale oder Uferlinie und Wellenkamm. Um die Refraktion zu berücksichtigen, benutzen einige Autoren den Winkel zwischen Uferlinie und Brecherkamm, den man nach Anwendung des Snellius-Gesetzes erhält. Als Beispiele für die Anwendung dieser Formel seien die Arbeiten von Vollbrecht (1953) und aus jüngerer Zeit von Bryant (1982) sowie Nummedal et al. (1984) genannt.

Die doch recht pauschalen Aussagen, die diese Methode zuläßt, können präzisiert werden, wenn die Berechnung der Tiefwasserwelle durch die Bestimmung der Parameter der Flachwasserwelle fortgesetzt wird (Weiss et al. 1979). Bei hinreichend großen Maßstäben wird ein deutlicher Erkenntnisgewinn erzielt, jedoch ist die Berechnung langwierig und schwierig und auf detaillierte Isobathenpläne angewiesen. Sind diese nicht vorhanden, ist die Ermittlung von Konvergenz- und Divergenzbereichen der Wellenorthogonalen praktisch nicht möglich. Weiss et al. (1979) beenden darüber hinaus den Berechnungsalgorithmus mit Erreichen der Brecherlinie, da die Kenntnisse über den Seegang in der Brandungszone für die bei ingenieurtechnischen Entscheidungen geforderte Genauigkeit derzeit nicht ausreichen.

Alle diese Berechnungen basieren auf der linearen Wellentheorie, die einen Massentransport nicht berücksichtigt und daher auch primär keine Sedimentbewegungen erklären kann. Auf die Sedimentdynamik wird lediglich aus der räumlichen Verteilung der Wellenenergie und der Anlaufrichtung der Orthogonalen geschlossen (z. B. Gurwell 1981). Strenggenommen müßte eine Berücksichtigung des primär wellengebundenen Sedimenttransportes durch die Asymmetrie der Geschwindigkeitsverteilung bei der Orbitalbewegung der Wasserteilchen in der Welle ebenso erfolgen, wie eine Sedimentverlagerung durch Brandungs-, Trift- und Gefälleströmungen. Für die Berechnung der Brandungsströmung existiert zwar eine Vielzahl theoretischer Ansätze, von denen die älteren von Wiemer (1971) zusammenfassend diskutiert wurden. Eine kritische Wertung der neueren Ansätze unternahm Basco (1983). Als Fazit beider Analysen muß man konstatieren, daß verläßliche Werte für Ostseeverhältnisse aus theoretischen Überlegungen kaum abzuleiten sind, so daß die Einschätzung der Sedimentdynamik auf die oben geschilderte Verfahrensweise vorerst beschränkt bleibt.

Eine Verbesserung ließe sich mit Einschränkung jedoch erreichen, wenn dabei nicht die Wellenenergie, die sich aus der Amplitude der Änderung der freien Oberfläche errechnet, sondern die am Boden auf das Sediment wirkende Wasserbewegung zugrundegelegt wird. Die maximale Geschwindigkeit der Orbitalbewegung läßt sich beschreiben durch:

$$u_{max} = \frac{\pi H \cosh(2\pi(d+z)/L)}{T \sinh(2\pi d/L)} \; . \qquad (2)$$

Für die Verhältnisse am Boden (hier gilt $d = -z$) vereinfacht sich die Gleichung:

$$u_{max} = \frac{\pi H}{T \sinh(2\pi d/L)} \; . \qquad (3)$$

Eine entsprechende Beschreibung der bodennahen Wasserbewegung wird also möglich, wenn die Verteilung der Wellenparameter bis in die Nähe der Wasserlinie bekannt ist.

Nach Wolman u. Miller (1960) kann weiter angenommen werden, daß das Maximum an geomorphologischer Arbeit dann geleistet wird, wenn das Produkt aus Sedimenttransportrate und Häufigkeit des Auftretens dieser Rate ein Maximum erreicht. Sehr geringe Raten bringen also trotz häufigen Auftretens ebensowenig eine merkliche Leistung hervor, wie sehr hohe Raten mit seltenem Auftreten.

McCave (1971) hat daraufhin angenommen, daß die Sedimenttransportrate M proportional der fluiden Kraft w ist und hat diese approximiert durch:

$$M \sim w$$

$$w = \tau_0 U \quad \text{wobei}$$

$$\tau_0 = C \varrho U^2$$

τ_0 = Schubspannung, ϱ = Dichte der Flüssigkeit, U = bodennahe Geschwindigkeit, C = Reibungskoeffizient.

Setzt man nun $U = u_{max}$, dann ist $w = C \varrho u_{max}^3$ oder $M \sim u_{max}^3$. Drückt man weiter die Zeit, in der u_{max} erreicht wird, als Eintrittshäufigkeit P aus, dann ist $u_{max}^3 P$ proportional der Arbeit A der Wellen pro Flächeneinheit des Meeresbodens. Für die Häufigkeit P wird hier die Häufigkeit des den betrachteten Seegang auslösenden Windes eingesetzt.

Damit gestaltet sich der Berechnungsgang insgesamt wie folgt:

(a) Die Tiefwasserwelle wird nach dem von Weiss (1981) beschriebenen Algorithmus, auf den hier nur verwiesen zu werden braucht, berechnet.

(b) Da detaillierte Isobathenpläne im allgemeinen nicht existieren, muß sich die anschließende Berechnung des Flachwasserseegangs auf die Annahme küstenparalleler Isobathen stützen. Die Flachwasserwellenhöhe H_i ergibt sich dann wie bei Weiss (1981) angegeben. Nach der Bestimmung von H_i ist jeweils zu prüfen, ob nicht der Brechpunkt bereits überschritten wurde, da die Entstehung der Sekundärwelle anderen Gesetzmäßigkeiten unterliegt. Zahlreiche Berechnungen haben aber gezeigt, daß bei nicht zu großen Gewässern, wie etwa den Bodden, der Algorithmus ohne Schwierigkeiten bis zu 1 m Wassertiefe angewandt werden kann.

(c) Wie oben angegeben, läßt sich nach der Ermittlung von H_i für jeden Punkt auf der Orthogonalen mit der Wassertiefe d_i die maximale Orbitalgeschwindigkeit am Boden mittels Gleichung (3) berechnen. Kritisch ist jedoch die Annahme einer Grenzgeschwindigkeit, bei der die massenhafte Bewegung von Sedimentpartikeln überhaupt erst erfolgt. Volkov (zitiert in Zenkovich 1967) ermittelte durch Versuche im Wellentank, daß bei Körnern der Fraktion 0,1 – 0,25 mm Geschwindigkeiten von 13 – 17 cm/s ausreichen, um eine massenhafte Bewegung hervorzubringen.

Knoll (1981) beschreibt nach Beobachtungen an der Nordküste des Greifswalder Boddens, daß bei Seegang, der bei Windstärke 3 auftritt, in 1 m Tiefe eine massenhafte Partikelbewegung zu beobachten ist. Aus den Tabellen und Abbildungen bei Knoll ist zu entnehmen, daß bei 3 Beaufort die mittlere Wellenhöhe H_m 0,15 m beträgt, woraus sich $u_{max} = 0{,}15$ m/s ergibt, was sehr gut mit den Angaben von Volkov übereinstimmt. Geschwindigkeiten unter 0,15 m/s werden daher bei den weiteren Berechnungen nicht berücksichtigt.

(d) Die geomorphologische Arbeit A ergibt sich dann für jeden Seegang aus dem Produkt der dritten Potenz von u_{max} und der Häufigkeit P des Windes, der diesen Seegang hervorruft. Die jährliche Gesamtbelastung pro Flächeneinheit auf der Tiefenstufe i ist dementsprechend gleich der Summe der u_{max}^3 P über alle Windstärken j und zur Küste gerichteten n Windrichtungen k (ausgedrückt in kWh/m²a):

$$A_i = 87{,}66 \sum_{j=1}^{12} \sum_{k=1}^{n} u_{max}^3 \alpha_{ijk} P_{jk} \, . \tag{4}$$

Die Richtung und Wirksamkeit des Sedimenttransportes M auf der Tiefenstufe i kann unter Heranziehung von Gleichung (1) ermittelt werden:

$$M_i = \sum A_i \sin 2\alpha_{ijk} \, . \tag{5}$$

Hierbei ist α_{ijk} der Winkel zwischen Wellenkamm und Tiefenlinie unter Berücksichtigung der Änderung der Anlaufrichtung infolge der Refraktion.

Während die Prognose der mittleren Richtung des Sedimenttransportes nur durch Sedimentkartierungen bestätigt werden kann, ergibt sich eine Überprüfbarkeit der ermittelten Flächenbelastungswerte aus der Schlickverbreitung vor den untersuchten Küstenabschnitten. Wenn man voraussetzt, daß Schlicksedimente sich nur in den hydrodynamisch ruhigen, vom Seegang nur selten erreichten Tiefen absetzen, dann muß die Tiefenlage des Schlicks in etwa mit der Tiefe übereinstimmen, in der die Flächenbelastung Null wird. Für ausgewählte Punkte an den Küsten der inneren Seegewässer sind Berechnungsergebnisse und Beobachtungswerte in Tabelle 1 aufgeführt.

Die Ergebnisse der Rechnungen müssen auch weiterhin sorgfältig mit Geländebeobachtungen verglichen werden, und der Ursache von gegenteiligen Befunden muß nachgegangen werden. Insgesamt aber deutet sich an, daß ein Weg gefunden wurde, die Interpretation der Sedimentverteilung vor Küsten zu erleichtern.

Tabelle 1. Wellenenergetische Belastung von Boddenküstenabschnitten

Küstenabschnitt	Gesamtenergieeintrag [kWh/ma]	Flächenbelastung des Sedimentes [kWh/m²a] in verschiedenen Tiefen [m]						Schlickgrenze in der Tiefe [m]
		1	2	3	4	5	6	
Groß Zicker	1010	186	39	12	4	0,5	0	6
Lubmin	730	115	25	8	3	0	–	5
Westufer Gnitz	210	26	2	0	–	–	–	3
Westufer Loddiner Höft	280	24	2	0	–	–	–	2,5
Damser Ort (Saaler Bodden)	295	14	1	0	–	–	–	3
Westufer Grabow	90	8	0,5	0	–	–	–	2

Literatur

Basco DR (1983) Surfzone currents. Coastal Eng 7 (4):331–355

Bryant E (1982) Behavior of grain size characteristics on reflective and dissipative foreshore, Broken Bay, Australia. J Sediment Petrol 52 (2):431–449

Gurwell BR (1981) Submarine Morphologie und ihre Entwicklung im Bereich Kühlungsborn. Z Geol Wiss 9 (1):111–120

Knoll B (1981) Sedimentationsbedingungen und -prozesse auf der Schorre vor Neu-Reddevitz (Rügen) im Bereich des Greifswalder Boddens. Diss. Ernst-Moritz-Arndt-Univ, Greifswald

McCave IN (1971) Wave effectiveness at the sea bed and its relationship to the bed forms and deposition of mud. J Sediment Petrol 41 (1):89–96

Nummedal D, Sonnenfeld DL, Taylor K (1984) Sediment transport and morphology at the surf zone of Presque Isle, Lake Erie, Pennsylvania. Mar Geol 60(1/4):99–122

Vollbrecht K (1953) Zur Küstendynamik gezeitenfreier Meere. Wasserwirtsch Wassertech 3 (1):25–31

Weiss D et al. (1979) Beeinflussung der Seegangs- und Sedimentdynamik vor den Steilufern der DDR-Küste. Rostock Warnemünde (unveröffentlichter Bericht der WWD Küste)

Weiss D (1981) Probleme der Belastung und bautechnischen Sicherung der Küstenabschnitte Kühlungsborn und Dranske. Z Geol Wiss 9 (1):73–83

Wiemer R (1971) Strömungen im küstennahen Bereich. Erfassung von Meßwerten an aufgespülten Küstenabschnitten. Stralsund (unveröffentlichte Studie der WWD Küste)

Wolman MC, Miller JP (1960) Magnitude and frequency of forces in geomorphic processes. J Geol 68 (1):54–74

Zenkovich VP (1967) Processes of coastal development. Edinburgh/London

4.4 Sedimentgefüge in Klastika – Ihre Bedeutung für die physisch-geographische Prozeßforschung im Küstengebiet der südlichen Ostsee

RALF-OTTO NIEDERMEYER und KURT RUCHHOLZ

Sedimentgefüge (engl. *sedimentary structures*) entstehen unmittelbar in enger Beziehung zu Transportvorgängen sedimentären Materials, wobei Erosions- oder Ablagerungsprozesse für das jeweilige Gefügebild (Schichtung) verantwortlich sind. Der relativ kurze Zeitraum zwischen Ablagerung und nachfolgender Verfestigung (Lithifikation) der Sedimente durch diagenetische Prozesse wie Kompaktion und Zementation ist für das Entstehen von Gefügen in klastischen Sedimenten (Tone, Sande, Kiese) gleichfalls sehr bedeutend, insbesondere in bezug auf synsedimentäre Deformationsgefüge. Außer den Schicht- und synsedimentären Deformationsgefügen zählen auch die vorwiegend auf Schichtoberflächen bzw. im Sediment selbst vorkommenden Marken und Spuren physikalischen oder biologischen Ursprungs zu den Sedimentgefügen.

Das Erkennen der physikalischen Natur der sedimentären Schichtung, einschließlich erster experimenteller Versuche, geht bis in die zweite Hälfte des vergangenen Jahrhunderts zurück, insbesondere auf den Engländer Henry Clifton Sorby [1826–1908], einen Eisenhüttenbesitzer aus Sheffield. Von nicht geringerer Bedeutung waren später im mitteleuropäischen Raum die Arbeiten von Johannes Walther [1860–1937], der aus einer Vielzahl sedimentologischer Beobachtungsergebnisse und durch aktualistische Vergleiche wesentliche Beiträge zur Rekonstruktion von Ablagerungsbedingungen und Sedimentationsräumen lieferte.

Anliegen dieser Arbeit ist es, sowohl Informationen und Erfahrungen zur relativ unkompliziert und ohne großen materiellen Aufwand praktizierbaren Bearbeitungsmethodik der Sedimentgefüge (insbesondere Schichtung) darzustellen, als auch im Sinne von Gellert (1985) aus geologisch-sedimentologischer Sicht zur Kenntnis des für die physisch-geographische Prozeßforschung im Küstenraum der südlichen Ostsee potentiell auswertbaren sedimentären Formenschatzes beizutragen. Daß hierbei die Geologie bzw. die Sedimentologie als deren Teilgebiet und die Geomorphologie in interdisziplinärer Einheit die komplexe Naturraumanalyse bereichern, zeigte wiederholt Kliewe (vgl. u.a. Kliewe 1960; Niedermeyer et al. 1987). Dementsprechend sollen auch die Inseln Usedom und Rügen (speziell Südostrügen), die langjährigen Arbeitsgebiete Kliewes, als Beispiele dienen.

Analyse der Sedimentgefüge – Grundprinzipien und Methodik

Mit den richtungsweisenden Arbeiten Sorbys mag im Zusammenhang stehen, daß bedeutende Kenntnisfortschritte und zusammenfassende Darstellungen zu Sedimentgefügen – vor allem im Hinblick auf deren beständig zunehmenden Anwendungsaspekt für sedimentologische Erkundungsprojekte – insbesondere dem englischsprachigen Raum entstammen bzw. diesem zuzuordnen sind (vgl. u. a. Allen 1968, 1977, 1982; Reineck u. Singh 1980; Collinson u. Thompson 1982).

Nachfolgend wird die Schichtungsterminologie, wozu in der bisherigen Fachliteratur zahlreiche Autoren, die hier im einzelnen ungenannt bleiben sollen. Hinweise gaben, kurz erläutert. Die kleinste im Profil sichtbare und stofflich homogene Sedimentationseinheit (< 1 cm) wird als Lamine (Feinschicht) bezeichnet. Aus Laminen zusammengesetzt ist die Strate (> 1 cm) und aus beiden Gefüge-(Textur-)elementen können sich Schichtserien (engl. *sets*) aufbauen, welche in der Regel durch Diskontinuitätsflächen (z. B. Erosionskontakte, Omissionshorizonte) von den liegenden und/oder hangenden Sedimentationseinheiten abgrenzbar sind. Haben sich Schichtserien zu einem mächtigeren und individuell abgrenzbaren Sedimentpaket formiert, so nennt man dieses eine Seriengruppe (engl. *coset*). Die Seriengruppe kann – abhängig vom lithologischen Charakter – entweder einfach (z. B. nur Sand) oder zusammengesetzt (z. B. Sand/Ton) sein. Nach der internen Geometrie der Schichtkörper wird zwischen Horizontal- und Schrägschichtung unterschieden, wobei nach der Mächtigkeit und Ausdehnung der

Einzelschicht (z. B. Lamine) differenziert wird. Abbildung 1 gibt einen Überblick zur allgemeinen Terminologie und Phänomenologie der sedimentären Schichtung.

Bei geologischen Forschungsarbeiten im Bereich der südlichen Ostseeküste, die insbesondere auch an rezenten Strandsedimenten und zum Zwecke aktualistischer Vergleiche seit vielen Jahren durchgeführt werden (vgl. u.a. Niedermeyer 1979, 1980a, b; Gusen 1983; Gurwell 1981; Schumacher 1985), haben sich Sedimentstechkerne als Vorzugsvariante bei der Beprobung erwiesen. Die für die spätere Gefügeanalyse notwendige Erhaltung der Sedimentschichtung ist dabei ebenso gewährleistet wie eine generell einfache Technik des Verfahrens unter Geländebedingungen. Da eine gesicherte Kenntnis der Sedimentschichtung erst durch einen dreidimensionalen (räumlichen) Schnitt gewährleistet wird, sollten insbesondere im feuchten und dadurch formstabilen Sedimentkörper des Strandes (u.a. Strandwälle, Sandbarren) Schürfe angelegt werden (Hilfsmittel: Feldspaten, Spitzkelle), um die interne Geometrie zu erkennen und zu skizzieren.

Die Abb. 2 und 3 zeigen eine Auswahl von Sedimentkernen, deren internes Gefüge durch Herauspräparieren des Schichtungsreliefs plastisch sichtbar gemacht wurde. Außer primär horizontal- und schräggeschichteten Textureinheiten (Abb. 2, Kerne 37, 38) lassen sich auf diese Weise auch sekundäre Schichtdeformationen z. B. als Folge von Durchwühlungen seitens der im Sediment lebenden Fauna (Bioturbationen) identifizieren (Abb. 3, Kerne 42, 43, 44).

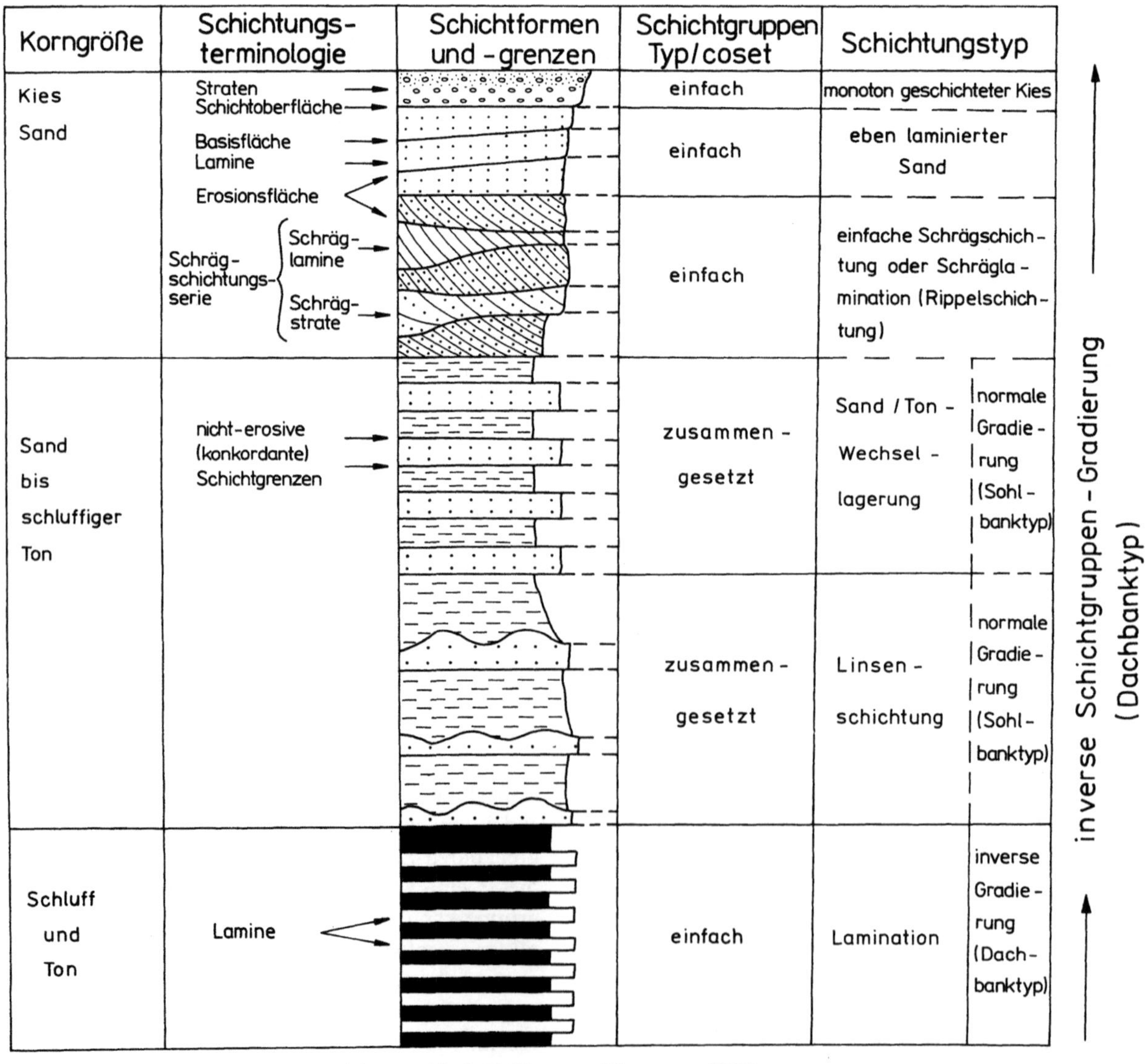

Abb. 1. Terminologie der Sedimentschichtung. (Nach Collinson u. Thompson 1982)

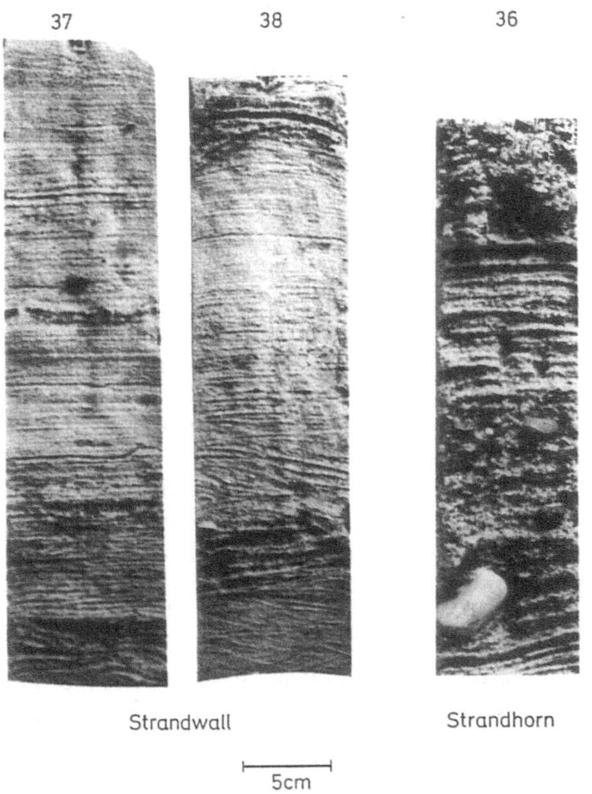

Abb. 2. Schichtungsrelief in Sedimentkernen rezenter Strandablagerungen I

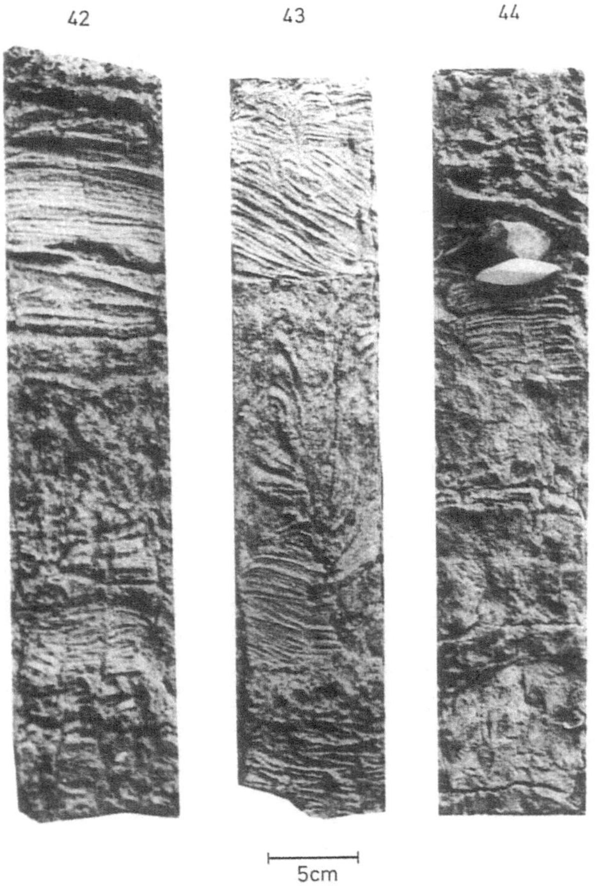

Abb. 3. Schichtungsrelief in Sedimentkernen rezenter Strandablagerungen II

Quartäre siliciklastische Sedimente des südlichen Ostseeraumes und ihr milieuindikativer Formenschatz

Allgemeines

In bezug auf das Gefügeinventar sind von den während des Quartärs im Ostseeraum abgelagerten klastischen Sedimenten insbesondere die Psammite (Küstensande; Korndurchmesser 0,063 – 2,0 mm) von Bedeutung. Außerdem weisen sowohl Pelite (Ton, Schlick; Korndurchmesser < 0,063 mm) als auch Psephite (Kies, Gerölle; Korndurchmesser > 2,0 mm) nicht selten bestimmte Schichtungsformen auf. Die nachfolgend zu behandelnden Sedimentgefüge stellen das Ergebnis von glazialen, glazifluviatilen und marinen Ablagerungsprozessen dar. Daraus resultiert auch der vektorielle (gerichtete) Charakter als ein für paläogeographische Fragen besonders bedeutungsvolles Merkmal der sedimentären Schichtung. Hinsichtlich ihres inneren Gefüges nehmen die Geschiebemergel als weit verbreitete Moränenablagerungen eine Sonderstellung ein, da sie ungeschichtet sind, aber dennoch spezielle Texturen enthalten können.

Glaziale und interglaziale Ablagerungen (Pleistozän)

Geschiebemergel

Genetische Klassifikationen glazialer Ablagerungen des Pleistozäns sind so alt wie die Quartärgeologie. Die Untersuchung und genetische Interpretation unterschiedlicher Geschiebemergel fällt dagegen weitgehend in den Zeitraum der vergangenen zwanzig Jahre. Zahlreiche Autoren (wie Boulton 1975, 1976; Dreimanis 1976; Lavrushin 1978; Golthwait 1971; Rössler 1983) und mehrere Symposien befaßten sich seitdem mit diesem Untersuchungsgegenstand. Eine Zuordnung der Geschiebemergel zum jeweiligen genetischen Typ gestaltet sich besonders in deformierten Moränen schwierig. So sind Fließgeschiebemergel (*ablation till, flow till*) oder Geschiebemergel im aquatischen Bereich (*waterlain till*) nur schwer von plastisch deformierten Geschiebemergeln in Deformmoränen zu unterscheiden.

Wo der Geschiebemergel abradiert auf der Schorre, am Strand oder Kliff angetroffen wird, tritt sein internes Gefüge in Form einer Schlierentextur deutlich hervor. Das trifft besonders für kalkreiche und deformierte Geschiebemergel zu. Die Art und Anordnung der Schlieren zeigt alle Merkmale einer plastischen Deformation des Sedimentkörpers, bei der insbesondere größere Gerölle umflossen werden (vgl. Abb. 4). Verantwortlich für die Deformationen können sowohl glazigene als auch kryogene Prozesse sein.

Der obere Geschiebemergel ist an den Kliffstrecken der Außenküste auf Usedom oft durch Bodenfließen innerhalb einer Solifluktionsschuttdecke deformiert. Diese lateral gravitativen Verlagerungen innerhalb des Auftaubodens sind selbst bei Oberflächenformen mit geringerer Reliefenergie auch in weiten Teilen des jüngsten Vergletscherungsgebietes im Norden verbreitet (Kautzleben u. Bankwitz 1979). Wie die Profile des Koserower-, Ückeritzer- und Bansiner Steilufers belegen, wurden dabei die obersten 2 oder 3 m in die hangabwärtige Bewegung einbezogen. Bei stärkerem Relief kann es zur Anhäufung noch mächtigerer Solifluktionsschuttdecken kommen, die reliefmildernd wirkten. In ähnlicher Weise wurde die Deformation des allerödzeitlichen Torfes bei Bansin (Hallik u. Ludwig 1959; Ruchholz 1979a) durch Kliewe (1968) periglaziären Prozessen zugeschrieben.

Die Art des lateralen Transports innerhalb der Fließerde ist in jedem Fall abhängig vom vorhandenen Relief oder dem sich gegebenenfalls auch synchron versteilenden Relief. So können gerichtet fließende Sedimente alle Größenordnungen von Verfaltungen bis zu Einrollungen oder die Auflösung des Sedimentkörpers in Phakoide oder Xenolithe erfahren. Für diese texturelle Transformation von Sedimentkörpern innerhalb des Mollisol bei unterschiedlichen oder sich verändernden Bedingungen gibt es auf Usedom und auf Rügen (Schott 1980; Kahlke 1983) vielfältige Beispiele. Außer dem oberen Geschiebemergel sind von diesen Deformationen auch ältere Geschiebemergel und die glazifluviatilen Sande betroffen.

Schmelzwasserbildungen

Der glazifluviatile Sandkörper zwischen unterem und oberem Geschiebemergel erreicht am Außenkliff der Küste auf Usedom zwischen Koserow und Bansin bis zu 40 m Mächtigkeit. Es sind überwie-

Abb. 4. Schlierentextur mit umflossenem Geröll in abradierter Geschiebemergelauftragung am Strand von Ückeritz (Usedom)

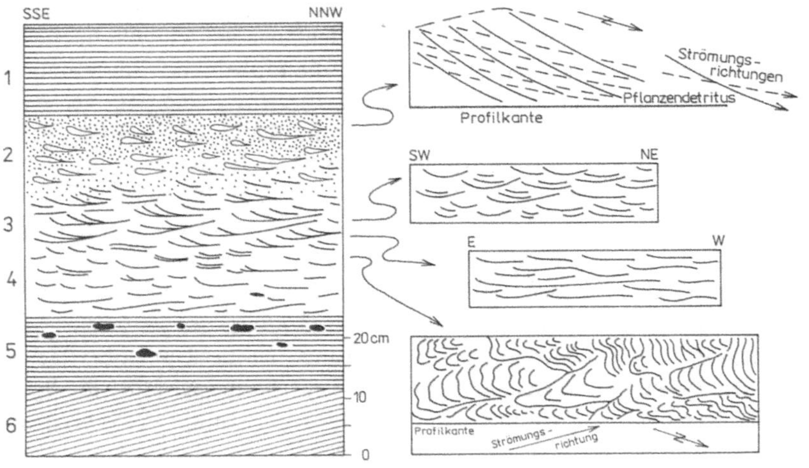

Abb. 5. Schluffige Sande und Tone in Beckensanden am Ückeritzer Kliff. Zwischen horizontal geschichteten Sanden mit Braunkohlengeröllen (*2, 5*) lagert eine 35 cm mächtige Folge schluffig-toniger Sande und Tone (*3, 4*). Die Strömung des abfließenden Wassers ist durch eine nördliche bis nordwestliche Richtung gekennzeichnet. Aus (Ruchholz 1979)

gend horizontal- oder schräggeschichtete Feinsande mit schräggeschichteten tonig-schluffigen Bänken oder Rinnenfüllungen. Die schräggeschichteten oder gebänderten Partien mit höherem Anteil an Schluff und Ton gliedern den Sandkörper oft deutlich in zwei etwa gleichmächtige Folgen. Örtlich ist der lithologisch interessante Horizont mit Sedimentgefügen verbunden, die ihre Entstehung Vorgängen im Auftauboden verdanken. Bei Koserow lassen sich derartige Kryoturbationen besonders eindrucksvoll lateral über mehrere 100 m verfolgen und in mindestens drei Horizonten übereinander feststellen (Ruchholz 1979a). In Langzeitbeobachtungen wurden im Kliffabschnitt nordwestlich und südöstlich des Streckelsberges alle temporären Teilaufschlüsse aufgenommen. Zahlreiche Erscheinungen im Mollisol wie Marmorierung, Taschen- und Tropfenbildung sowie Diapire mit gerichtetem Ausfließen des im Zuge der Dichte-Inversion zum Aufstieg veranlaßten schluffig-tonigen Materials sind hier nachgewiesen.

Die Schmelzwassersandfolge zwischen den Geschiebemergelaufragungen am Ückeritzer Außenkliff wurde zumindest örtlich synsedimentär deformiert. Damit stellt sich die Frage, ob ein ursprünglich einheitlicher glazifluviatiler Sandkörper erst nachträglich durch den eindringenden unteren Geschiebemergel ejektiv in Breitmulden aufgegliedert wurde (Ruchholz 1977, 1979b).

Die am Ückeritzer Kliff südöstlich des Strandabganges am Erholungsheim aufgenommene Folge (Abb. 5) ist repräsentativ für diese Lithofazies und belegt hier wie an anderen Orten eine nordwestliche bis nördliche Strömung des abfließenden Wassers. Die dargestellten Schnitte (Gefügeanschnitte der Sedimentkörper ac, bc und ab) geben einen Einblick in den Rippelaufbau (*climbing ripples*) und die Rekonstruktion der Strömungsrichtung. In dem vorgestellten Profilausschnitt wie auch in anderen Teilen des glazifluviatilen Sandkörpers kommen eingeschwemmte Braunkohlengerölle und Pflanzendetritus häufig vor.

Der glazifluviatile Sandkörper verzahnt sich örtlich in einer vielfachen Wechsellagerung mit dem oberen Geschiebemergel. Die derzeitigen Aufschlußverhältnisse unmittelbar östlich des Koserower Strandabganges zeigen diese Verhältnisse besonders deutlich.

Postglaziale Ablagerungen (Holozän)

Ton und Schlick

Collinson und Thompson (1982) definieren *clay* (Ton) und *mud* als unverfestigte Sedimente, wobei der Begriff *mud* dem im deutschsprachigen Raum gebräuchlichen Terminus „Schlick" entspricht und übergreifenden Charakter trägt. *Mud* bzw. Schlick enthält sowohl dominante Anteile der Ton- als auch der Schluff-Fraktion sowie auch in unbedeutendem Maße Feinsand. Schlick ist ein für die Ostsee und deren Boddengewässer typisches Sediment, während reine Tone (z. B. auch Bändertone) das Initialstadium der Ostsee-Entwicklung (Baltischer Eissee) am Ausgang des Spätglazials kennzeichnen (vgl. Tabelle 3 in Niedermeyer et al. 1987).

In rezenten und subrezenten Peliten (z. B. Stechrohrkerne) ist makroskopisch oft kein Schichtgefüge erkennbar, da die granulometrische Differenziertheit (z. B. sehr kleiner Korndurchmesser, Materialhomogenität; kaum Unterschiede in der Sedimentfarbe) dessen Diagnose stark erschwert. Deshalb wurde auch die Röntgenographie als Labormethode zur Analyse der Schichtung von Peliten verbreitet eingesetzt. Lassen sich beispielsweise am frischen Kern charakteristische Farbwechsel (hell – dunkel) erkennen, so ist eine Grobansprache möglich. Im Regelfall zeigen hellere Farbtöne im Gegensatz zu dunkleren die gröbere Korngröße an. Als kennzeichnende Schichtungsform läßt sich dadurch die Lamination (Feinst- bis Feinschichtung) identifizieren. Typisch für diese Gefügeart ist eine sehr engabständige und parallele Anordnung der Laminen. Ton- und Glimmerminerale, ursprünglich suspendiert und transportiert im Wasser, werden infolge nachlassender Turbulenzen (teilweise Stillwasserbedingungen) abgelagert und rufen diese Schichtung hervor. Da die Absinkgeschwindigkeit sehr kleiner Teilchen (z. B. Tonminerale) im Meerwasser durch dessen Dichte beeinflußt wird, sind insbesondere auch Unterschiede im Salzgehalt des Wassers für den Sedimentationsprozeß wesentlich. Im Übergangsbereich von Meer- und Flußwasser (Ästuare) können Salinitätsgradienten außerdem die Bildung von Tonmineralflocken begünstigen, welche dann aufgrund ihrer Größe schneller absinken. Das Ausmaß der Flockenbildung hängt von der Konzentration und dem Chemismus der Teilchen (Partikel) sowie von den Turbulenzen im Ablagerungsmedium ab. Eine Lamination zeigt in der Regel bezüglich der Milieudiagnose wenigstens zwei energetisch unterschiedliche Sedimentationsphasen an, da Korngröße und Transportenergie in signifikanter Beziehung zueinander stehen. Dementsprechend können ungeschichtete Pelite entweder quasistationäre und rasch erfolgende Sedimentations- oder auch Umlagerungsprozesse anzeigen.

Meeressand

Hinsichtlich der Vielfalt auftretender Sedimentgefüge dominieren die Sande bei weitem. Abhängig von den meteorologischen Verhältnissen vollziehen sich im stündlichen bis jahreszeitlichen Wechsel mehr oder weniger markante Veränderungen im Uferbereich von Ostsee und Bodden (z. B. Strandwälle), wobei insbesondere die aero- und/oder hydrodynamisch induzierte Sandbewegung eine variable Strandmorphologie prägt.

Bei der Schaffung charakteristischer Reliefformen z. B. in Vorstrandbereichen sind die dynamischen Milieufaktoren, die aus den hydrographischen, meteorologischen und biologischen Bedingungen resultieren, einem im Vergleich zu anderen Sedimentationsbereichen der Küste noch ausgeprägten Grad der Variabilität unterworfen. Den sichtbaren Ausdruck dessen bilden dort vor allem in Zeit, Lage und Ausdehnung wechselnde Rippelfelder, deren Hauptformen wie Wellen- und Strömungsrippeln die Schrägschichtung als weit verbreiteten Gefügetyp hervorrufen. Häufig wird auch von „Rippelschichtung" (u.a. Reineck u. Singh 1980) gesprochen, die durch Wanderung kleiner Strömungsrippeln entsteht. Die Wellenlänge der Rippeln liegt gewöhnlich unter 50 cm, die Rippelhöhe (Kammhöhe) übersteigt selten 3 cm. Erreichen Undulationen der submarinen Sedimentoberfläche eine größere Dimension, so bezeichnet man sie als aquatische Dünen oder Sandwellen. Sowohl Rippeln als auch Sandwellen (bzw. aquatische Dünen) entstehen unter Bedingungen gleichförmigen Fließens (*uniform flow conditions*) und besitzen ein asymmetrisches Profil parallel zur Fließrichtung. Im Luv, dem fließenden Wasser zugewandt, ist die Rippeloberfläche zwischen 1° und 8° geneigt, im Lee fällt sie allgemein mit etwa 30° vom Rippelkamm ab (vgl. Allen 1968, 1977). Untersuchungen an rezenten Vorstrandsanden im Gebiet der Außenküste von Südostrügen, Halbinsel Mönchgut (Niedermeyer 1980a) ergaben bei etwa 70% des betrachteten Probenmaterials (Stechkerne) eines strandparallelen Profils Laminenneigungen von durchschnittlich bis zu 4° (maximal 5°–8°). Bei Anlagerungsgefügen von Rippeln (*Foreset*-Schichten im Lee) wurden Laminenneigungen von 20°–30° festgestellt. Abbildung 6 zeigt für einen Teil Südostrügens das im Sedimentkörper des Strandes anzutreffende Inventar an Schichtgefügen. Für Schorresedimente im Gebiet vor Neu Reddevitz (Nordteil des Greifswalder Boddens/Südostrügen) erwähnen Gurwell (1981) und Gusen (1983) analoge Schichtgefüge, wobei sich die im Vergleich zu den Außenküstenabschnitten generell geringere hydrodynamische Exponiertheit der Binnenküsten auch im Sedimentgefüge durch ausgeprägtere floristische und faunistische Einflüsse (Phyto- und Zooturbationen) ausweist. Des weiteren sei unter den Sedimentgefügen der rezenten bis subrezenten Ablagerungen der südlichen Ostseeküste generell auf Sedimentmarken und -spuren verwiesen, die insbesondere auch als Indikatoren für kurzzeitige, die Sedimentoberfläche des Strandes kennzeichnende dynamische Prozesse von Wert sind (vgl. Niedermeyer 1980b).

Analog zu Rippeln und aquatischen Dünen entstehen Küstendünen als wichtigste äolische Sedimentkörper unter aerodynamischen Gleichgewichtsbedingungen. Das bisher allgemein wenig untersuchte Schichtgefüge der Dünen zeigt verbreitet Schrägschichtungselemente und *Foreset*-Lamination. Charakteristisch ist ein hoher Sortierungsgrad des Materials.

Kies und Geröll

Aufgrund ihrer größeren Korn- (bzw. Geröll-)durchmesser treten in psephitischen Lockersedimenten die von Sanden bekannten vielfältigen Sedimentgefüge nur in stark eingeschränktem Maße auf. Gegenwär-

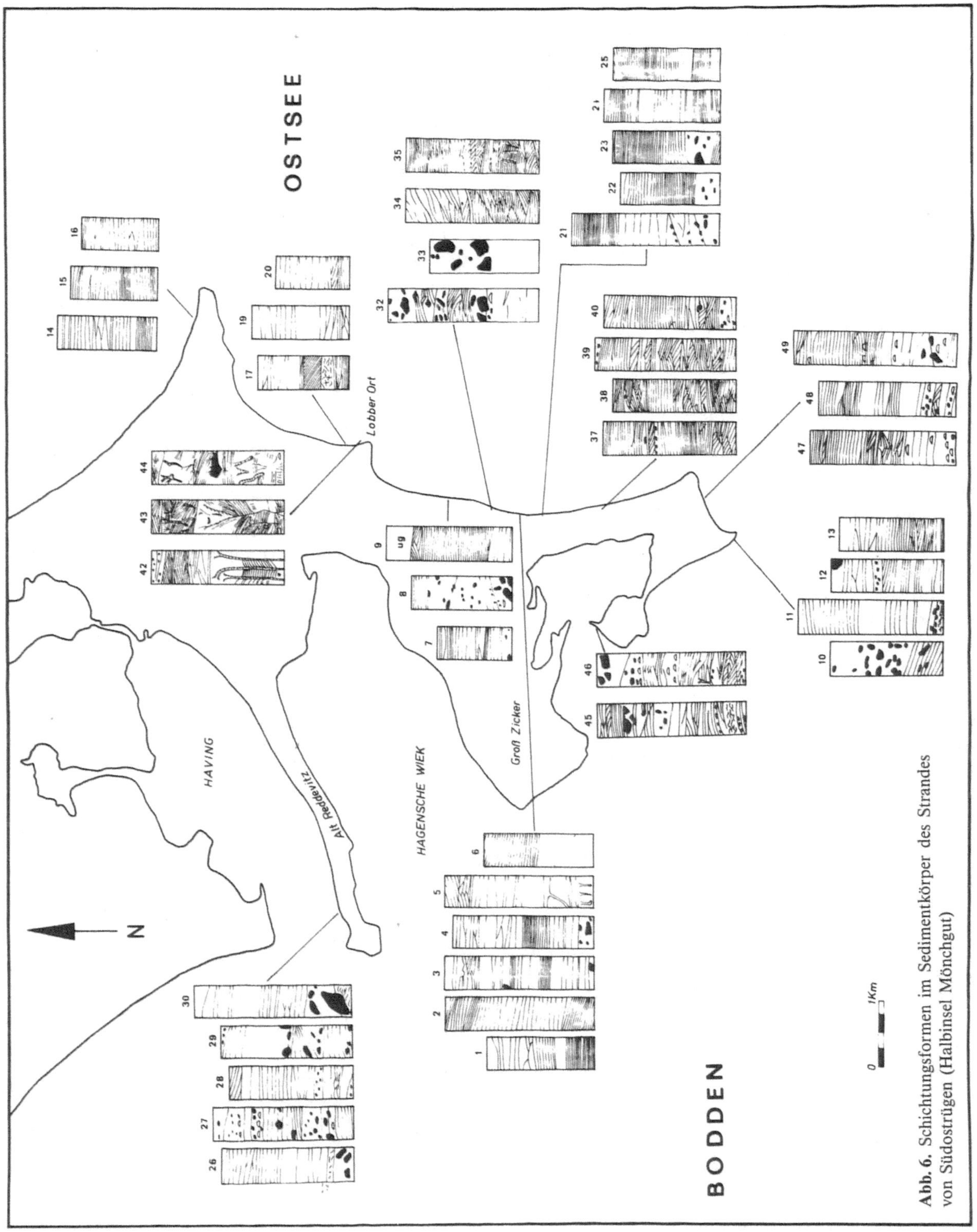

Abb. 6. Schichtungsformen im Sedimentkörper des Strandes von Südostrügen (Halbinsel Mönchgut)

tig besteht noch keine generelle Klarheit darüber, welche Klassifizierungsprinzipien hinsichtlich des in Psephiten anzutreffenden Interngefüges am zweckmäßigsten sind. Beispielsweise empfehlen Collinson und Thompson (1982) die folgenden phänomenologischen Kriterien (Masseneigenschaften) zur sedimentologischen Analyse der Psephite:

- allgemeine petrographische Zusammensetzung;
- granulometrische (z. B. Sortierung) und morphometrische (Form/Gestalt, Rundung, Oberflächenbeschaffenheit) Merkmale;
- Packungsdichte und Anordnung (Lagerung);
- Erfassung von Schichtungsformen (z. B. Schrägschichtung) und Gradierungen (Gradierungstyp).

Obwohl die genannten Merkmale in der Gesamtheit am besten bei großen und mehrdimensionalen Aufschluß- und Anschnittsverhältnissen erfaßt werden können, lassen sich granulometrische und morphometrische Kriterien auch bei Zweidimensionalität des Sedimentationsgebietes analysieren. Das ist an der südlichen Ostseeküste bei den verbreitet in Strand- und Schorrebereichen auftretenden und mehr oder weniger ausgedehnten postglazialen Psephitakkumulationen der Fall (z. B. Kühlungsborn, Heiligendamm, Jasmund). Größtenteils als Reliktmaterial aus glazialen Sedimenten stammend, sind diese Geröllfelder von z. T. terrassen- oder wallartiger Ausbildung als Hinweise auf energetisch stärker beanspruchte Küstenabschnitte zu werten. Das Psephitmaterial (Kiese, Gerölle) dieser durch ausgeprägte Exponiertheit in bezug auf Brandungsprozesse und daraus resultierende Sedimenttransportvorgänge gekennzeichneten Areale besitzt häufig einen hohen Sortierungs- und Rundungsgrad. Im Bereich von Boddenküsten auftretende Geröllakkumulationen zeigen in dieser Hinsicht allgemein einen geringeren Reifegrad.

Literatur

Allen JRL (1968) Current ripples. Their relation to patterns of water and sediment motion. Amsterdam

Allen JRL (1977) Physical processes of sedimentation. London

Allen JRL (1982) Sedimentary structures. Their character and physical basis, vol. 1, 2. Dev Sedimentol 30:A, B

Boulton GS (1975) Processes and patterns of subglacial sedimentation: a theoretical approach. In: Wright AE, Moseley F (Hrsg) Ice ages. Ancient and Modern. Geol J Spec Issue 6

Boulton GS (1976) A genetic classification of tills and criteria for distinguishing tills of different origin. In: Till – its genesis and diagenesis. UAM, Ser Geogr 12:65–80

Collinson JD, Thompson DB (1982) Sedimentary structures. London

Dreimanis A (1976) Tills, their origin and properties. In: Legget RF (Hrsg) Glacial till. Proc R Soc Can Spec Publ 12:14–49

Gellert JF (1985) Strukturen und Prozesse am Meeresstrand als geomorphologischem und landschaftlichem Grenzsaum zwischen Land und Meer – geologisch-geographische Analyse und Synthese. Petermanns Geogr Mitt 129 (4): 239–252

Golthwait RP (1971) Introduction to till, today. In: Golthwait RP (Hrsg) Till – a symposium. Columbus, S. 3–26

Grumbt E (1974) Sedimentgefüge im Buntsandstein Südwest- und Südthüringens. Schriftenr Geol Wiss 1

Gurwell BR (1981) Kornparameter und Gefüge in Schorresedimenten Südostrügens. Petermanns Geogr Mitt 125 (2): 97–102

Gusen R (1983) Der lithologische Bau der Schorre von Neu Reddevitz (Greifswalder Bodden). Z Geol Wiss 11 (2): 193–208

Hallik R, Ludwig AO (1959) Ein spätglaziales Torfprofil auf der Insel Usedom. Arch Freunde Naturgesch Mecklenburg 5:20–35

Kahlke R-D (1983) Zu Aufbau und Genese der I_2-Sedimente im Naturschutzgebiet Jasmund (Rügen). Naturschutzarb in Mecklenburg 26 (3):86–92

Kautzleben H, Bankwitz P (1979) Zu einigen Fragen der Interpretation aerokosmischer Aufnahmen. Z Geol Wiss 7 (1):55

Kliewe H (1960) Die Insel Usedom in ihrer spät- und nacheiszeitlichen Formenentwicklung. Neuere Arbeiten zur mecklenburgischen Küstenforsch 5

Kliewe H (1968) Periglazialphänomene im Spätglazialgebiet der Weichselvereisung. Przegl Geogr 40 (2):351–361

Lavrushin YA (1978) Texturen, Fazies und stoffliche Zusammensetzung der Grundmoränen. In: 100 Jahre Glazialtheorie im Gebiet der skandinavischen Vereisungen. Schriftenr Geol Wiss 9:161–177

Lützner H et al. (1974) Tabellarische Dokumentation klastischer Sedimente. Veröffentl Zentralinst Phys Erde AdW DDR 20

Niedermeyer R-O (1979) Vorschlag zur Bearbeitung der primären Sedimentgefüge von Stechproben rezenter Strandablagerungen – ein Beitrag zur Aktuogeologie. Z Geol Wiss 7 (2):261–267

Niedermeyer R-O (1980a) Untersuchungen zur Struktur und Textur rezenter Strandsedimente im Gebiet Südostrügen (Halbinsel Mönchgut). Z Geol Wiss 8 (6):669–696

Niedermeyer R-O (1980b) Sedimentmarken an Flachuferküsten der südlichen Ostsee. Hercynia NF 17 (3): 322–332

Niedermeyer R-O, Kliewe H, Janke W (1987) Die Ostseeküste zwischen Boltenhagen und Ahlbeck. Ein geologischer und geomorphologischer Überblick mit Exkursionshinweisen. Geogr Bausteine NF 30

Pfeiffer L, Kurze M, Mathe G (1985) Einführung in die Petrologie. Berlin

Reineck H-E, Singh IB (1980) Depositional sedimentary environments. With reference to terrigeneous clastics. Springer, Berlin Heidelberg New York Tokyo

Rössler H (1983) Die Lithofaziestypen von Geschiebemergel. Z Geol Wiss 11 (1):113–122

Ruchholz K (1977) Zur Genese gravitativer Schicht- und Sedimentkörper-Deformationen in Vereisungsgebieten. Wiss Z Ernst-Moritz-Arndt-Univ Greifswald, Math-Nat Reihe 26 (1/2):49–57

Ruchholz K (1979a) Zur geologischen Entwicklung der Insel

Usedom im Quartär. Exkursionsführer „Geologie u. Küstenschutz“, Berlin, S. 44–67
Ruchholz K (1979b) Lithologie und Sedimentgefüge – ihre Bedeutung für die Methodologie sedimentgenetisch-tektonischer Untersuchungen in Vereisungsgebieten. Z Geol Wiss 7 (2):225–234
Schott H (1980) Die Genese der I_2-Ablagerungen nördlich der Klüsser Kreidescholle. Dipl-Arbeit, Sekt Geol Wiss Ernst-Moritz-Arndt-Univ, Greifswald
Schumacher W (1985) Strukturelle Sedimentmerkmale als Seespiegelindikatoren. Wiss Z Ernst-Moritz-Arndt-Univ Greifswald, Math-Nat Reihe 34 (4):30–32

4.5 On the Relationship Between the Mineralogical Constitution of the Old Coastal Dunes in Lithuania and the Seashore Dynamics in the Past

VYTAUTAS GUDELIS

On the Kuršių Nerija (Kurische Nehrung) barrier spit, the old parabolic dunes occur only in the environs of the settlement Juodkrantė and, to a limited extent, in the outskirts of Nida (Fig. 1). In other places the old parabolic dunes were extensively destructed by deflation and were covered in the nineteenth and twentieth centuries by a thick layer of sand of recent moving dunes.

Some 15–20 years ago to the north of the Pervalka settlement, on the luvside of the modern high dune ridge, there existed relatively large remnants of the old parabolic dunes, 6–8 m in height. Only a short time ago these dune remnants disappeared from the ground surface as a result of progressing blow-out processes and the direct impact of tourists.

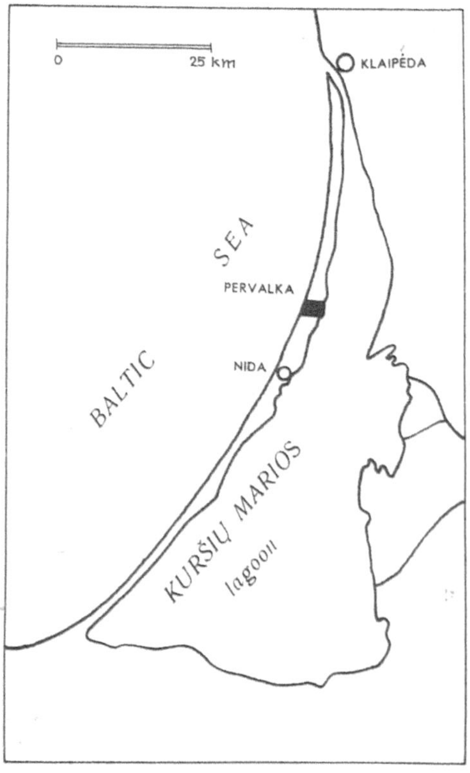

Fig. 1. Map of the Kuršių Nerija barrier spit region; shaded sector indicates the studied area

Pyramidal remnants of the old parabolic dunes can be seen in the background of the recent white sand of the dune ridge as dark-green spots (Fig. 2). In fact, these deflation remnants were represented by the stratification of white and slight green layers and laminae of dune sand.

A group of dune remnants situated to the north of the Pervalka settlement was examined some years ago (Gudelis 1971). A series of typical dune sections underwent a complex lithological investigation (grain size analysis, mineralogy, structural and textural patterns, etc.).

Mineralogical analysis has shown that the dark-green (in the wet state) layers and laminae of the dune sand are composed of up to 90% (in weight) glauconite and the light layers, of up to 98% quartz grains. Thus, the glauconite-bearing sand might be treated as a typical greensand. The amount of heavy minerals varied between 2–4% (in weight units). The thickness of the greensand layers and laminae varied from some 1–2 mm up to some tenths of

Fig. 2. A remnant of the old parabolic dune ("brown" dune) in the environs of the Pervalka settlement; Kuršių Nerija barrier spit

centimetres. There are no more or less distinct differences in the granulometry of both the glauconite and quartzose sands to be noted. They consist of bimodal (0.1 – 0.25 mm: 0.25 – 0.5 mm), mostly round, fine and medium sand grains. In the greensand layers the presence of a certain quantity (1 – 8%) of microclastic material (<0.1 mm) was noted that originated mostly during the aeolian transport of glauconite grains as a result of attrition.

The variation in grain size (0.1 – 0.25 mm) from the bottom to the top of the examined sections of both glauconite and quartzose sands is relatively widely ranged. For example, the fine sand fraction oscillated between 24 – 87%, whereas the medium sand (0.25 – 0.5 mm) between 6 – 66%.

Mineralogical analysis of the greensand fraction (0.25 – 0.5 mm) revealed the following components: glauconite, 88.6%; amphiboles-pyroxenes, 1.7%; epidote, 2.1%; granates, 3%; magnetite-ilmenite, 3.4%; leucoxene, 1.3% (totaling 100%). The glauconite in the old dune sands is represented by spherical grains and grain clusters of dark-green colour. The weathered grains are commonly yellowish-brown. The final result of the glauconite chemical weathering is the formation of hydromicas which are colourless. The amount of glauconite in the recent sea beach sands on the Kuršių Nerija coast varies from 15 to 35% of the total weight of the heavy minerals. In the beach sand, 1 – 5% heavy minerals are found.

Nevertheless, it was impossible to determine well-expressed rhythms among the interbedding quartzose and glauconite sands, although so-called rhythmograms were constructed by the author. Therefore, it was not possible to unite the different layers and laminae of glauconite and quartzose sand into certain lithocomplexes or lithocycles. Thus, the stratigraphical connection of sections of separate dune remnants could not be realized.

All this becomes obvious, when we recall that the thickness and the number of glauconite sand layers and laminae differs in one and the same dune due to the irregularity and the varying intensity of sand accumulation in various parts of the dune body.

The changing thickness of the glauconite sand layers, as seen in the profiles of dune sections, reflects a varying amount of glauconite sand, supplied to the dunes by wind in the past. Thus, the supply of beach sand to the old dunes has been discontinuous, and the sand quantity irregular.

On the Lithuanian coast glauconite was in the past and is nowadays a mineral of allochotic origin. This mineral is widespread in the Upper Cretaceous and especially Paleogene deposits in the coastal area (nearshore bottom, bluffs) of the Sambian Peninsula. There, the glauconite was washed away by waves and currents and transported by a longshore sediment flow.

Thus, the varying quantities of glauconite sand on the beach and in the dunes as well stand in a direct relation to the quantity of this mineral transported to the coastal sector mentioned.

The conveyer of glauconite sand transport from the coast of the Sambian Peninsula acted with great force only after the Kuršių Nerija had become a monolithic coastal form – a barrier spit – having a smoothed and gently concave coastline. During the previous period, a number of barrier islands, separated by inlets, existed in this area. The barrier islands joined later, and in this way provided the spit with the possibility to prolong growth in a northern direction. Thus, the glauconite-bearing layers in different parts of the recent barrier spit can vary within wide limits and may be of different age.

In my opinion, the increase in glauconite sand supply to the old parabolic dunes from the sea beach in general was directly related to an increase in the longshore sediment flow productivity, which in turn reflected the increased activity of stormy weather.

Investigations of the old buried (fossil) forest soils in the Kuršių Nerija dunes as well as the archaeological findings and the radiocarbon data have shown that the examined remnants of parabolic dunes belong to the initial stage of dune development, i.e. to the very beginning of the Subboreal period, ca. 5000 – 4500 years BP (Gudelis 1979). During the Early Subboreal the regression of the Littorina Sea on the Lithuanian coast took place. Widening of the sea beach zone at the expense of the previous nearshore area and the mobilization of large amounts of bottom sediments created favourable conditions for wind action. The straightening of the coastline was an additional impulse that guaranteed a continuous supply of fresh amounts of glauconite-bearing sediment from the longshore flow coming from the cliffed coast of the Sambian Peninsula (Gudelis 1986). At that time the westerly and southwesterly winds were, undoubtedly, the predominating ones. The increase in sand drift from the sea beach was associated with periods of stronger winds, "drier" years and a relatively scarce vegetation cover during the initial stage of parabolic dune formation.

Thick (20 – 30 cm and more) and homogeneous greensand layers probably represent new portions of fresh glauconite sand carried by the wind from the sea beach or from the beach plain to the dune area. In most cases they coincided with periods of increased storminess and wave activity. Thin greensand laminae (buried ripplemarks in most cases)

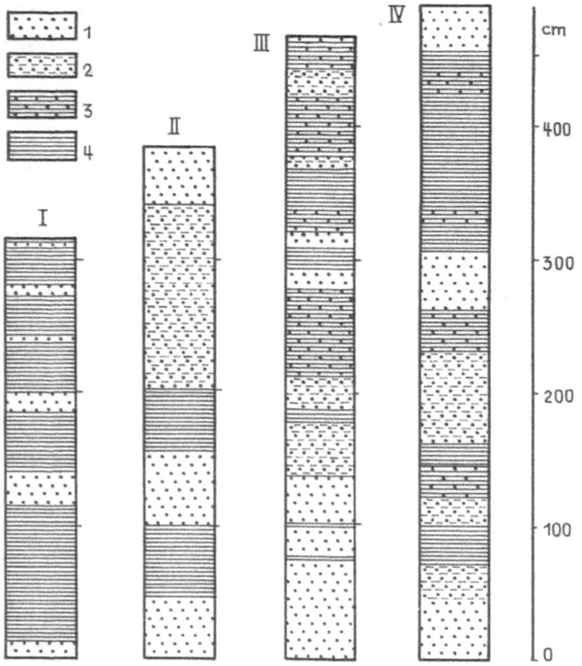

Fig. 3. Four (*I–IV*) section profiles of the old parabolic dunes in the area of Pervalka-Vingkopė; *1* Quartzose sand, *2* Quartzose sand with glauconite laminae, *3* Glauconite sand with quartzose laminae, *4* Glauconite sand-greensand

originated from the local glauconite sources of the parabolic dunes. Therefore, quartzose layers, including a series of glauconite laminae and vice versa, are represented in Fig. 3 by the so-called quartzose sand with glauconite laminae and greensand with quartzose laminae.

The stratified complex of glauconite-quartzose sand originated before the formation of the oldest forest soil. Undoubtedly, this oldest soil horizones can be correlated with the so-called brown dunes (Braundünen) formation of the lowlands of northern Germany (Niedermeyer et al. 1987). In the sands of the younger dune generations (yellow, gray, and white dunes), developed during Subboreal and Subatlantic times, the content of glauconite is very small, and stratified glauconite-quartzose complexes do not occur. The thin dark-green laminae found by Hess von Wichdorff (1919) in some dune soil profiles also differ in age and origin.

It is noteworthy that the sediments of the Littorina Sea on the Kuršių Nerija barrier spit in some places are so rich in glauconite that they could serve as index layers of the local litho- and chronostratigraphy. The glauconite-bearing marine sediments are also spread farther to the north. This fact allows the assumption that the so-called East Baltic longshore sediment flow has been in action at least 5000 years.

References

Gudelis V (1971) Rhythmical sand stratification in the old coastal dunes of the Kuršių Nerija barrier spit. In: Thesis of reports delivered to the 10th Session of the All-Union Coastal Commission, Vilnius-Nida 1971, S. 42–44 (in Russian)

Gudelis V (1979) The Quaternary history of the Baltic. Lithuania. In: The Quaternary history of the Baltic. Acta Univ Upsalensis, Uppsala S. 1–279

Gudelis V (1986) Coastal dune of the Kuršių Nerija barrier spit Mūsų Gamta, Vilnius 10:12–15; 11:8–10 (in Lithuanian)

Niedermeyer RO, Kliewe H, Janke W (1987) Die Ostseeküste zwischen Boltenhagen und Ahlbeck. Haack, Gotha

Wichdorff, Hess von H (1919) Geologie der kurischen Nehrung. Abh Preuss Geol Landesanst, NF 77:1–196

4.6 Marine Geomorphodynamik und Wirkungen gesellschaftlicher Aktivitäten am Beispiel der Außenjade

HANS-DIETRICH BIRR

Problemstellung

Seitdem der Mensch zunehmend mehr in seine natürliche Umwelt eingreift, entsteht gleichermaßen die Frage nach den Auswirkungen solcher Aktivitäten. Das heißt hier, wie ist die Wechselwirkung zwischen den Komponenten der anthropogen-technogen umgestalteten Landschaftsräume und deren Rückwirkung auf gesellschaftliche Erscheinungen? Ebenso von Relevanz ist die methodische Vorgehensweise zur Erfassung der Veränderungen bzw. zur Charakterisierung des jeweiligen Zustandes der Komponenten oder des Naturkomplexes. Nach Haase (1984) erfolgt die Beurteilung der Intensität, des Umfangs und der räumlichen Wirkungsfelder der Veränderungen in der Natur durch den Vergleich des zu bestimmten Zeitpunkten ermittelten Zustandes der Natursysteme mit einem Basiszustand, der als „Normgröße" angesehen wird. Bezogen auf den Untersuchungsgegenstand resultieren daraus die Fragen:

a) Wie läßt sich die marine Geomorphodynamik abbilden bzw. für den obengenannten Vergleich aufbereiten?

b) Welcher Zustand kann als Normgröße angesetzt werden?

c) Aus Punkt a) ergibt sich: Welche Kriterien oder Parameter gewährleisten einen repräsentativen Vergleich?

Der ausgewählte Raum gehört mit der Nordsee zu den verkehrsreichsten Seegebieten der Erde. Seine intensive wirtschaftliche Nutzung brachte technogene Eingriffe in den Naturhaushalt mit sich, die beachtliche Auswirkungen auf das submarine Relief und seine Dynamik haben. Sowohl Ausmaß und Intensität der Reliefumgestaltungen als auch deren Dokumentation sowie angemessene Forschungsaktivitäten boten sich für eine versuchsweise Ausscheidung technogener Wirkungen auf die marine Morphodynamik der Außenjade an.

Charakteristik und Entwicklung des Beispielgebietes

Die Außenjade liegt eingebettet in die innere Deutsche Bucht, nur in Relation dazu ist ihre Geomorphodynamik verständlich. Die Deutsche Bucht schließt Küstengewässer ein, die sehr kompliziert und auf weite Strecken einmalig in der Welt sind. Charakteristisch ist die dem Festland vorgelagerte Reihe von Düneninseln, dazwischen breiten sich die Watten aus und weiter seewärts lagern gefährliche Sandbänke, die Außensände. Die zwischen ihnen verlaufenden Gezeitenstromrinnen besitzen eine hohe Geomorphodynamik. Eine exponierte Lage nehmen die Mündungstrichter (Ästuare) der großen Tideflüsse Elbe, Weser, Jade und Ems ein, die ein ausgeprägtes und vielgestaltiges Sandbank- und Rinnensystem auszeichnet. Die 6-m- und die 10-m-Tiefenlinie verläuft nur vor den West- und Ostfriesischen Inseln angenähert küstenkonform. Im Bereich der Stromrinnen und Flußmündungen sind diese sehr zerrissen und relativ einheitlich orientiert. Das verdeutlicht ebenso die 20-m-Isobathe. Insbesondere zwischen Ems und Elbe zeigt diese typische lappenförmige Ausläufer, die von Westnordwest nach Ostnordost streichen und damit weitgehend die Richtung des Flutstromes widerspiegeln. Der Verlauf der Küste ist durch ihre annähernd rechtwinklige Öffnung zwischen Nord und West gekennzeichnet. Durch starke Winde aus dem Nordwest-Quadranten und die einlaufende Gezeitenwelle sind demnach beträchtliche Staueffekte möglich. In geomorphogenetischer Hinsicht als Wattenküste anzusprechen, tritt nach Gellert (1958) dieser Küstentyp in charakteristischer Ausprägung nur dort auf, wo die Gezeiten infolge der Küstenkonfiguration große Tidenhübe erreichen und die Gezeitenströme genügend Raum haben, über flachem Grund ein voneinander divergierendes System der Flut- und Ebbeströme auszubilden.

Die Küstengewässer der Deutschen Bucht gelten als Durchfrachtungsraum und Sammelbecken für durch Strömungen nach Osten und vor der jütischen Küste nach Süden transportierten Sand. Demzufolge sind gravierende Veränderungen des submarinen Georeliefs, regional differenziert, in relativ kurzer Zeit zu erwarten. Diese Differenzierung äußert sich in unterschiedlichen Sediment- bzw. Transportkörpern. Vor den Ostfriesischen Inseln entstehen auf diese Weise Sandriffe. Im Bereich der Ästuare handelt es sich um die bereits erwähnten Sandbänke oder Platen, die mehr oder weniger isoliert die Mündungstrichter queren. Die dazwischenliegenden Rinnen zeigen an der Sohle als typische Transportkörper die Tidestrombänke oder Riesenrippeln (Ulrich 1973). Besonderes geomorphologisches Interesse gilt vor allem den Lage- und Formveränderungen der Platen und Rinnen in den genannten Mündungsgebieten. Sie prägen das Erscheinungsbild der Morphodynamik und stellen das eigentliche Charakteristikum des Submarin dar.

Ursächlich für die große Variabilität der Reliefformen sind die bereits aufgeführten Bedingungen und ihr Zusammentreffen mit kräftig entwickelten Prozeßgrößen. Etwa 60% der Winde und 85% aller die Deutsche Bucht querenden Sturmtiefs kommen aus dem Nordwest-Quadranten. Dazu besitzen diese Windrichtungen noch die höchsten Geschwindigkeiten und enorme Streichlängen (aus NNW über 1400 sm). Der Gezeitenstrom als primäre dynamische Komponente erreicht Maximalgeschwindigkeiten bis 5 kn (257 cm/s) an der Oberfläche und 2,5 kn in Bodennähe (Mittelstaedt et al. 1983). Vergleichbare Geschwindigkeiten treten in der küstennahen Triftströmung auf. Für den Gesamtstrom am Boden sind in der Jade bisher 225 cm/s bekannt.

Die vor der Küste gemessenen maximalen Wellenhöhen bewegen sich zwischen 4 und 6 m (Barthel 1980). Der Beginn der Brandungszone dürfte demnach bei 8 – 12 m Wassertiefe liegen. So wurden für die küstenparallele Brandungsströmung Geschwindigkeiten gemessen, deren Mittelwert maximal 150 cm/s betrug, deren Einzelwerte jedoch bis 300 cm/s streuten (Führböter et al. 1979). Mit der Summe aller Strömungsarten liegen jederzeit günstige Bedingungen für den Materialumsatz vor; in exzeptionellen Situationen sind gravierende Reliefüberformungen die Regel. Was schließlich noch die Wasserstandsschwankungen angeht, so beansprucht der mittlere Springtidenhub eine Amplitude von 2,5 – 4 m. Wetter- und windbedingte Stauerscheinungen können insbesondere bei Sturmfluten zusätzliche Wasserstandserhöhungen um reichlich 4 m bringen. Extreme Niedrigwasser treten bis ca. 4 m unter NN auf. Weitere Informationen über die Deutsche Bucht bieten Gellert (1958) und das Nordseehandbuch.

Die Jademündung ist ein tief in das Festland einschneidender Meeresarm. Als Außenjade gilt ihr nördlicher Teil, den der Breitenparallel von Schillighörn begrenzt. Von See führt ein tiefes und breites, 29 sm langes Fahrwasser nach Wilhelmshaven, dem bedeutendsten Ölhafen der Bundesrepublik (ca. 30 Mio. t Jahresumschlag). Das Wangerooger Fahrwasser stellt das Hauptfahrwasser dar. In den Jahren 1958 – 1976 gab es ein großes Ausbauprogramm zur Vertiefung des Fahrwassers für die Großschiffahrt. Nach der letzten Ausbaustufe, die eine Baggerung auf 18,5 m bzw. 20 m (unter Kartennull) und die Installation entsprechender nautischer Einrichtungen umfaßt, können Tanker bis 250000 tdw Tragfähigkeit die Tankerlöschbrücken erreichen.

Die Außenjade besitzt ein in gewisser Hinsicht eigenständiges Platen- und Rinnensystem (Abb. 1). Wie die Seekarten der verschiedenen Jahrgänge zeigen, existieren 2 oder 3 entwickelte Rinnen, die mit Tonnen markiert waren. Seit etwa 50 Jahren besteht dieses System aus Wangerooger Fahrwasser, Wangerooger Plate, Mittelrinne und Minsener Sand. Jadeplate mit Mittel- und Old-Oogplate haben sich zwischenzeitlich mit dem Minsener Sand vereinigt und sind zu einem geschlossenen System, einem Ausläufer der Mellumplate geworden. So offenbart sich eine intensive und komplizierte Morphodynamik in der Außenjade, deren Wesen nicht nur in der Wanderung von Sandbänken und der Integration durch „langsamere" oder quasistationäre, östlicher gelegene Sandbänke besteht, sondern auch in ihrer autochthonen Genese. Die Versandung und stetige Wanderung der schiffbaren Rinnen zwang immer wieder zu deren Vermessung und zur Anpassung der Seezeichen (Abb. 2 demonstriert die „Streuungsbreite" der Fahrwasserverlegung). Relativ früh war man deshalb bemüht, den negativen Einfluß des Materialtransports zumindest einzuschränken. Das begann im Jahr 1874 durch die Errichtung von Buhnen und Dünenschutzwerken auf der Insel Wangerooge. Ende des Jahrhunderts setzten die Baggerungen ein; belegt sind als Anfangsperiode die Jahre 1906 – 1917, in denen 15,1 Mio. t Material ausgebaggert wurden. In die gleiche Zeit fällt die erste ausführliche Untersuchung der Morphodynamik der Deutschen Bucht, die klassisch gewordene Arbeit von Poppen (1912) über die Sandbänke. Nach Analyse der Seekarten der Jahre 1845 – 1908 gelangt er zu dem Ergebnis, daß die Bänke vor Jade und Weser von West nach Nordost durch deren Mündungen hindurch verfrachtet werden, „und zwar die äußere Kette in etwa 60 Jahren, die Innensände in etwa 30jährigen Zeiträumen, wobei auch die Rinnen die-

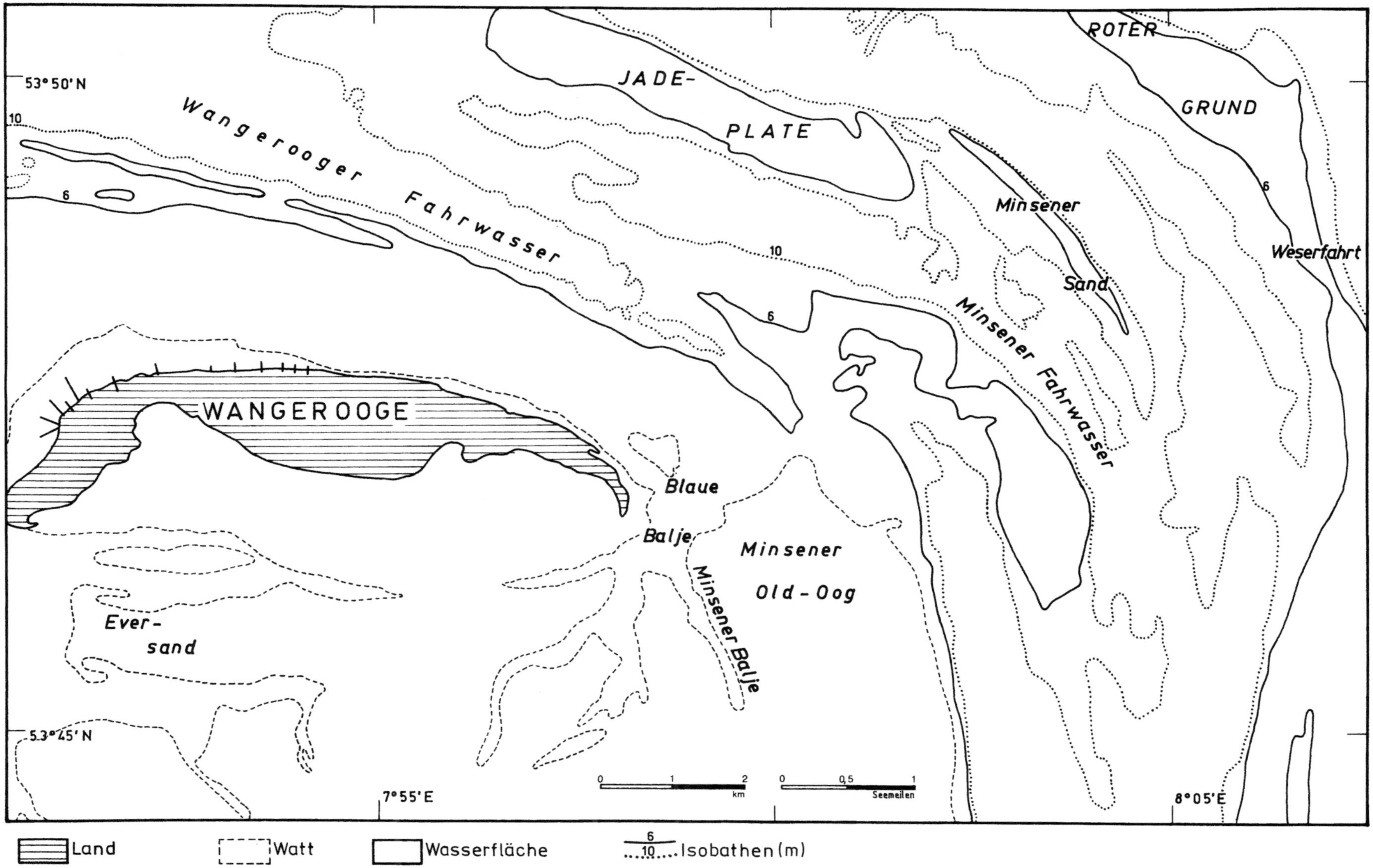

Abb. 1. Zustand der Außenjade im Jahre 1905 (nach Seekarte Nr. 56). Sehr anschaulich ist der große Haken an der Nordostecke vom Minsener-Old-Oog, der sich später zur Old-Oog- bzw. Ostplate entwickelt

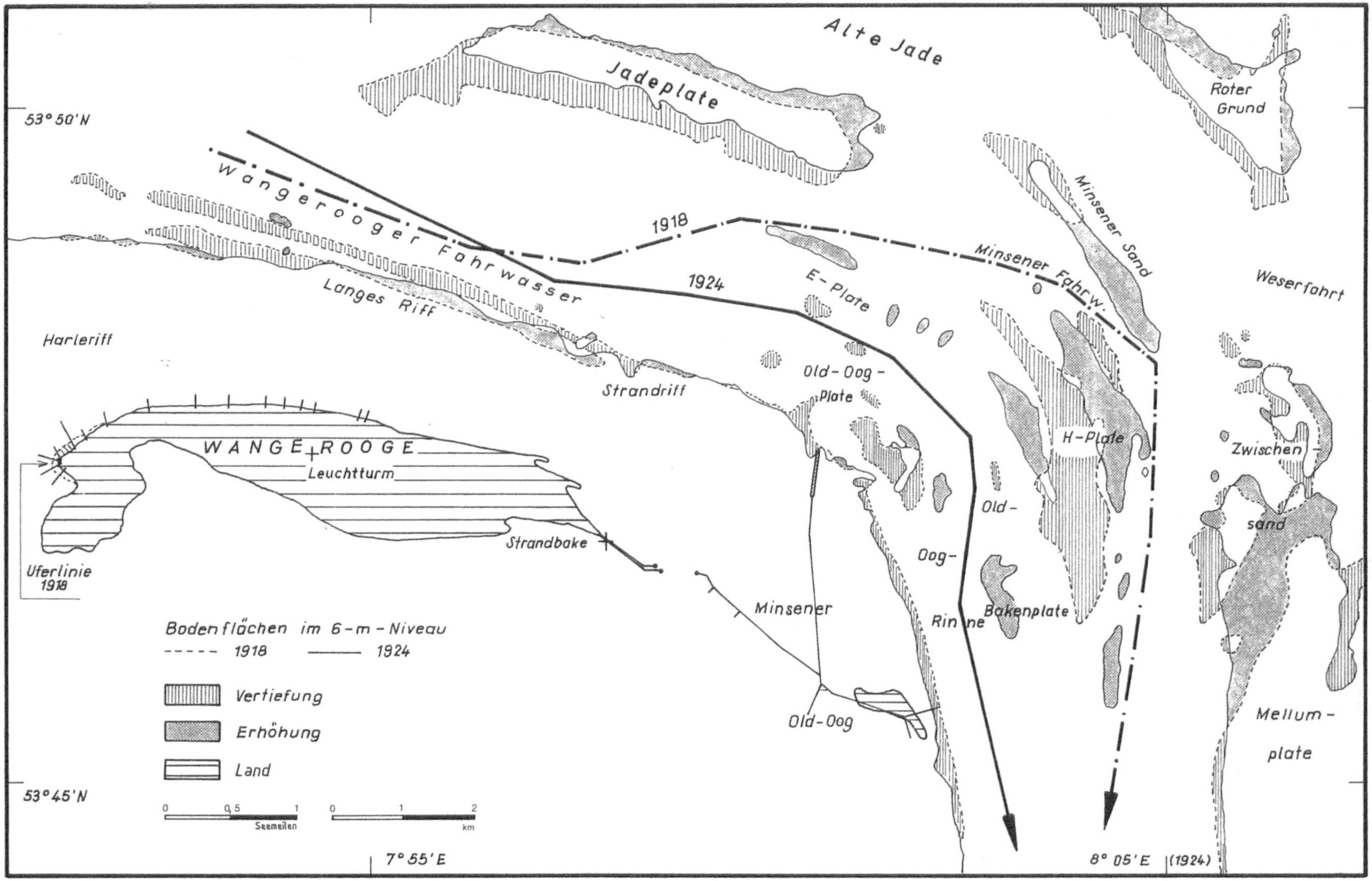

Abb. 2. Vergleich der 6-m-Tiefenstufen und Fahrwassermitten für die Außenjade nach den Seekarten Nr. 56 von 1918 und 1924 (Tiefenänderungskarte)

selbe Wanderung mitzumachen gezwungen sind" (Poppen 1912, S. 357). Nach Krüger (1911) legt sich etwa alle 7 Jahre ein Riff an den Nordwestrand von Wangerooge, das sich dann in aufgelöster Form am Strand entlang nach Osten verlagert. Hier bilden sich wieder einzelne Platen, die die Blaue Balje durchwandern und sich schließlich an der Nordostecke vom Minsener Oog zu einer Plate zusammenschließen, die sich immer wieder in die Jade vorschiebt (Abb. 1). Im Zeitabstand von etwa 20 Jahren wird sie als neue Plate vom Minsener Oog abgelöst, die in ca. 100 Jahren die Lage des Roten Grundes und in weiteren 70 Jahren die des Roten Sandes erreicht. Damit war der kritische Abschnitt des Jadefahrwassers erkannt. 1909–1913 und in den 30er Jahren erfolgte die Befestigung des Minsener Oog, die ein ganzes System von Buhnen und Leitdämmen umfaßt und auch die Erhöhung des Watts zur rezenten Sandinsel bewirkte.

Von besonderer Relevanz ist nunmehr die Feststellung durch Krüger (1921), daß es während des Ersten Weltkrieges leicht gelang, das Fahrwasser unter Anpassung an die Wanderung der Platen durch Baggerung auf 10,5 m unter Niedrigwasser zu halten. Dies habe relativ lange vorgehalten, denn, obwohl seit dem Sommer 1917 nicht mehr gebaggert worden sei, betrug 1922 die Tiefe der Rinne noch 10 m. Mit den genannten Baumaßnahmen auf Wangerooge und Minsener Oog sollte nicht nur die Sandzufuhr aufgehalten, sondern gleichfalls eine selbständige Verbindung der natürlichen Rinnen von Wangerooger Fahrwasser und Old-Oog-Rinne erreicht werden. Man rechnete ferner damit, daß die Räumkraft des Gezeitenstromes genügen würde, um die Hauptrinne ausreichend tief zu halten. Die gewünschte Annäherung der Rinnen machte zwar Fortschritte, aber die Ausbildung von Untiefen am Minsener Oog verhinderte den endgültigen Zusammenschluß.

1926 konnten die Baggerungen wieder aufgenommen werden, die dann bis 1942 währten und zum Ziel hatten, die Fahrwassertiefe von 10 m zu stabilisieren und möglichst 12 m zu erreichen. Das Jahr 1928 brachte eine gravierende Umstellung im System der Platen und Rinnen; 1932 vollzog sich die Vereinigung des Wangerooger Fahrwassers und der Old-Oog-Rinne. Damit hatte sich die „Ur-Anlage" des rezenten Sandbank-Rinnen-Systems herausgebildet. Da das Rinnensystem seit dieser Zeit erhalten blieb, auch während der Kriegs- und Nachkriegszeit, in der nicht gebaggert wurde, darf geschlossen werden, daß sich das Rinnensystem und die geomorphodynamischen Prozeßgrößen weitestgehend im Gleichgewicht befanden.

Der größte Eingriff in die Geomorphodynamik setzte 1957 ein. Wie Tabelle 1 angibt, steht den 38,7 Mio. t Baggergut der ersten Baggerperioden die enorme Menge von 246,9 Mio. t bis zum Jahre 1980 gegenüber. Die Hauptfahrwassertiefe, die sich teilweise bis auf etwa 7 m verringert hatte, wurde stufenweise vergrößert: an der Ölpier 1963 bis auf 12 m, 1969 auf 15 m und seit 1976 minimal auf 18,5 m. Danach begannen die Unterhaltungsbaggerungen, die andauern. Nur dadurch ist es möglich, die rezente Fahrrinne in der Einheit zwischen Tiefenverhältnissen, Morphodynamik und technogenen Eingriffen lage- und tiefenstabil zu halten.

Tabelle 1. Baggerleistungen auf der Jade. (Zusammengestellt nach Krüger 1921; Wigand 1972; Wigand u. Wetzel 1981)

Jahre	Menge [Mio. m^3]	Bemerkung
1894–1905	–	unsicher
1906–1917	15,1	nach anderen Angaben bis 1918
1926–1942	23,6	(ca. 1,4 Mio. m^3/Jahr)
1957	0,7	Probebaggerung
1958–1963	19,5	–
1964–1967	28,8	–
1968–1969	42,0	–
1970–1971	32,3	–
1972–1976	90,8	–
1977–1980	32,8	Unterhaltungsbaggerung (ca. 8,2 Mio. m^3/Jahr)
1957–1980	246,9	–
1906–1980	285,6	–

Theoretisch-methodische Ausgangspositionen

Der aktuelle Formenschatz am Meeresboden ist das Ergebnis geomorphologischer Prozesse. Bekanntlich geht die Reliefgestaltung von der bestehenden Form des Georeliefs aus und führt zu einer neuen, veränderten Form, die den reliefbildenden Prozessen entspricht. Auch die Ausprägung und Veränderung des submarinen Reliefs geschieht durch Zufuhr (Sedimentation) und bzw. oder Abfuhr (Erosion und Abrasion) von Lockermaterial. Abrasion, Erosion, Transport und Sedimentation sind die marinen geomorphodynamischen Prozesse. Bewegung und Transportkraft des Meerwassers äußern sich durch Strömung und Seegang. So herrschen korrelative Beziehungen zwischen Relief und Sediment einerseits und zwischen diesen und der Summe der morphodynamischen Kräfte andererseits. Ab einer bestimmten Stärke von Strömung und Seegang wird Lockermaterial bewegt und das Relief umgestaltet, und dieses wiederum hat Rückwirkungen auf die geomorphologischen Prozesse. Bei Kenntnis von Richtung und Stärke der Materialbewegung wäre prinzipiell die künftige Reliefentwicklung überschaubar. Nach über 10jährigen, umfangreichen Untersuchungen im Rahmen der Deutschen Forschungsgemeinschaft im sogenannten Schwerpunktprogramm „Sandbewegung im Küstenraum" gelangt man jedoch im Abschlußbericht zu folgender Einschätzung (1979): „Eine praktisch verwertbare kausalanalytisch fundierte Lösung des Problems der quantitativen Sandbewegung an den deutschen Küsten ist mit den hier dargestellten Forschungsanstrengungen noch nicht gefunden worden". Trotz aller Fortschritte in der quantitativen Fassung einzelner Strömungsarten ist eine geeignete Abbildung der Morphodynamik an sich nicht möglich. Auf der Basis der Widerspiegelung morphodynamischer Prozeßergebnisse im Relief läßt sich das jedoch auf indirekte Art und Weise durch eine zuverlässige bathymetrische Aufnahme erreichen. Grundlage der Untersuchungen waren großmaßstäbige Seekarten, die zweckbedingt durch Tiefenzahlen und Isobathen ein detailliertes Abbild des Meeresbodenreliefs liefern. Für die Außenjade erscheinen diese im Maßstab 1:100000 seit 1858 und seit 1879 im Maßstab 1:50000. Da Seekarten in relativ kurzen Zeitabständen neu aufgelegt werden, ergibt sich aus den aktuellen Tiefenverhältnissen eine Dokumentation der eingetretenen Reliefentwicklung.

Welche Reliefformen können als die entscheidenden Repräsentanten angesehen werden? Als geomorphologisches Charakteristikum waren die Sandbänke und Stromrinnen herausgestellt worden. Ihre Gestaltung und Lageveränderung sind typischer Ausdruck des morphodynamischen Prozeßgefüges. Beide zeichnen sich durch ähnliche und vergleichbare morphographische Parameter aus. Aufgrund ihrer Höhen- bzw. Tiefenlage sind sie außerdem von nautischer Relevanz. Als morphometrische Kriterien wurden die 6-m- und die 10-m-Tiefenlinie angesehen. Die Tiefe von 6 m umreißt jene Areale, in denen ein intensiver Materialumsatz stattfindet. Gut entwickelte und vor allem markante Sandbänke liegen weniger als 6 m tief unter Wasser. Der Sandtransport erfolgt fast ausschließlich bis in Wassertiefen von etwa 10 m. Geomorphologische Untersuchungen, die bis in dieses Tiefenniveau reichen, vermögen den Gestaltwandel der Reliefformen zu erfassen.

Die Frage nach der bathymetrischen „Normgröße" läßt sich über die Analyse der historischen Entwicklung der Außenjade beantworten. Durch die Intensität der anthropogenen Einwirkungen erfährt diese eine deutliche Unterteilung. Die 1. Etappe, die noch durch sehr geringe Eingriffe des Menschen charakterisiert ist, währt von 1855–1873. Vorher war das Jadegebiet dünn besiedeltes Ödland; eine aktive Einflußnahme des Menschen ist aus dieser Zeit nicht bekannt. 1855 beginnt der Bau des Kriegshafens und die Vermessung der Jade. Mit der Errichtung von Buhnen (1873) setzt die 2. Etappe ein. Sie ist durch die zunehmenden technogenen Aktivitäten gekennzeichnet, die auf die Ausbildung eines einheitlichen Rinnensystems vom Wangerooger Fahrwasser zur Old-Oog-Rinne und deren Stabilisierung zielt. Ab 1932 kann von einer 3. Etappe gesprochen werden, die bis 1957 andauert. An ihrem Anfang steht die Ur-Anlage des rezenten Platen- und Rinnen-Systems, gefolgt von wechselnden technogenen Einflüssen, einschließlich seiner kriegsbedingten Versandung. Mit dem Ausbau zum Großschiffahrtsweg läßt sich eine 4. Etappe ausgliedern (1958–1976). 1977 beginnt die 5. Etappe, die durch Unterhaltungsbaggerungen zur Aufrechterhaltung der Ausbautiefe gekennzeichnet ist. Der geomorphodynamische Basiszustand wurde durch die erste Karte von 1858 fixiert und – mit vertretbaren Unsicherheiten – auch durch die von 1879. Die nachfolgenden Seekarten repräsentieren jeweils Vergleichszustände.

Das Platen- und Rinnensystem mit seiner stetigen Umgestaltung und Wanderung wurde als morphodynamisches Charakteristikum herausgestellt. Eingriffe in dieses System müssen sich dann auch in analogen Parametern äußern und deren Veränderung widerspiegeln. Als geeignet erwiesen sich einerseits die Wassertiefen und andererseits die Verlagerungsgeschwindigkeiten der Reliefformen sowie deren Anzahl. Zu ihrer Bezeichnung sollen folgende genetisch determinierte Adjektive eingeführt werden:

- natürlich = ohne anthropogene Einwirkung;
- technogen = primär durch technogene Maßnahmen bestimmt;
- quasinatürlich = Zustand, der sich selbständig nach Einstellung technogener Aktivitäten bzw. nach Abschluß von Baumaßnahmen herausbildet.

Als geeignete Untersuchungsmethoden erwiesen sich der kartographische Vergleich (Kartengegenüberstellung) und die Zeit-Weg-Analyse. Nach dem Hochzeichnen der 6-m- und der 10-m-Isobathen ist durch den Kartenvergleich eine Aussage über zwischenzeitliche Verflachungen (Flächengewinn) und Vertiefungen (Flächenverlust) möglich, ferner lassen sich Gestalt- und Lageveränderungen der relevanten Reliefformen veranschaulichen sowie deren Verlagerung ermitteln (Abb. 2).

Weder Poppen (1912) noch andere Autoren vor Göhren (1965) geben an, wie sie zu ihren Erkenntnissen über die Verlagerung der Sandbänke gekommen sind bzw. beschränken sich auf qualitative Aussagen durch einfache Kartengegenüberstellung.

Nach Göhren lassen sich durch die Zeit-Weg-Analyse die Lageveränderungen der Formen und einzelnen Tiefenlinien quantifizieren. Theoretischer Ansatz ist die Annahme, daß der Materialtransport generell quer zur Längsachse des Sedimentkörpers erfolgt. Als Verlagerungsrichtung gilt die Normale auf der Streichrichtung der Sandbankkämme. Nächster Schritt ist die Einmessung der einzelnen Reliefeinheiten nach deren Lage in einem rechtwinkligen Koordinatensystem. Die Auswertung aller Messungen erfolgt in einem Diagramm, dessen Abszissenachse die fortlaufenden Jahre zeigt (Abb. 3). Die Ordinatenachse entspricht als Bezugslinie der Verlagerungsrichtung; als Ordinate gilt die jeweilige Entfernung von einem Bezugspunkt als Koordinatenursprung. Die Verbindung der gefundenen Punkte macht die Verlagerung der zugehörigen Reliefform deutlich, ihre Steigung ist ein Maß für die Verlagerungsgeschwindigkeit. Außerdem läßt sich die Periodizität einer Reliefform ablesen, die die Wiederkehr einer etwa gleichartigen Form in annähernd gleicher Situation angibt. Nach Ablauf einer Periode wird eine Sandbank die geographische Lage der benachbarten und abgewanderten Bank einnehmen.

Untersuchungsergebnisse

Grundlage waren die Neuausgaben der amtlichen Seekarten im Maßstab 1:50000 für die Jahre 1879 bis 1981 (32 Einzelkarten). Erwartungsgemäß zeigte der kartographische Vergleich, daß für die gesamte Außenjade keine homogenen Stoff- und Energieumsätze vorliegen. Damit war die Verwendung nur einer Hauptwanderrichtung als Bezugslinie nicht vertretbar. Für die nördliche Außenjade wurde aus Vergleichsgründen die Bezugsrichtung von Göhren (1965) mit rechtweisend 28,5° beibehalten. Die Einbeziehung der Ausdehnung des Minsener Oog im 6-m-Tiefenniveau ließ seine Bedeutung für die Platengenese und die Fahrrinne erkennen. Der Südteil der Außenjade (Ostseite Minsener Oog bis Mellumplate) wird durch eine Bezugslinie von rechtweisend 70° repräsentiert. Hier erwies es sich außerdem als notwendig, die Ausdehnung des Mellumsystems zu verfolgen (Abb. 3). Als wesentliche Ergebnisse können herausgestellt werden:

(1) Die Gestaltung der Sandbänke ist ein vielschichtiger und komplexer Prozeß. Grundsätzlich muß zwischen konstanten und wandernden Bänken unterschieden werden, bei letzteren lassen sich die Untertypen „schnell“ und „langsam“ klassifizieren. Die langsam wandernden wurden bisher noch nicht beschrieben. Die Jadeplate ist nicht lagestabil, sie gehört nach Tabelle 2 zu den langsam wandernden. Morphodynamisch ist sie bereits der Wesermündung zuzuordnen. Als stationär erwies sich die Mellumplate mit ihrem Nordausläufer (Mellumsystem). Sie integriert alle Platen des Ostteils der Außenjade und wurde zunehmend breiter. Weitere Aussagen sollen hier unterbleiben.

(2) Die Bildung und Wanderung von Sandbänken im Krümmungsbereich stark durchströmter Rinnen an Wattvorsprüngen erwiesen sich als geomorphodynamische Gesetzmäßigkeit der Gezeitenküste. Mit entsprechendem technischem Aufwand kann die Morphogenese neuer wandernder und „störender“ Platen (z.B. in Abb. 3 ab dem Jahre 1925) verhindert werden. Zwischen der seewärtigen Ausdehnung des Minsener Oog und der Lage des Hauptfahrwassers besteht ein ursächlicher Zusammenhang. Solange dessen „Halde“ ein bestimmtes Ausmaß nicht überschreitet, tritt keine negative Beeinflussung der Fahrrinne auf. Der residuale Sandtransport erfolgt in Formen, die unterhalb der 10-m-Tiefenstufe kartographisch nicht erfaßt werden konnten.

(3) Die marine Geomorphodynamik der Außenjade vollzieht sich gegenwärtig anders als bis zum Anfang des 20. Jahrhunderts. Küstenschutzanlagen, Strombauwerke und Baggerungen haben einen technogen überprägten Naturraum geschaffen, dessen rezente Morphodynamik sich zunächst in einer Vereinfachung und Verarmung der Reliefformen sowie im Längen- und Breitenwachstum des Mellumsystems widerspiegelt. In der nördlichen Außenjade existieren nur noch die Rinne des Wangerooger Fahrwassers und die Mittelrinne sowie die Wangerooger Plate und die Jadeplate. Die südliche Außenjade ist frei von Sandbänken. Die veränderte Mor-

Tabelle 2. Mittlere Verlagerungsgeschwindigkeiten der Sandbänke und Stromrinnen in der Außenjade für den Zeitraum 1879–1981

Reliefform	Verlagerungsgeschwindigkeit [m/Jahr]	
	quasinatürlich	technogen
Wangerooger Fahrwasser	35	0
Wangerooger Plate	–	30
Mittelrinne	–	38
E-Plate/Mittelplate	79	–
Jadeplate	19	19
Minsener Sand	66	0
Old-Oog-Rinne	62	0
Old-Oog-Plate	51	37
Minsener Rinne	72	61
Minsener Fahrwasser/Alte Jade	81	–
Zwischensand	60	–
Mittelwerte	58	23
Nördliche Außenjade	50	17
Südliche Außenjade	66	33

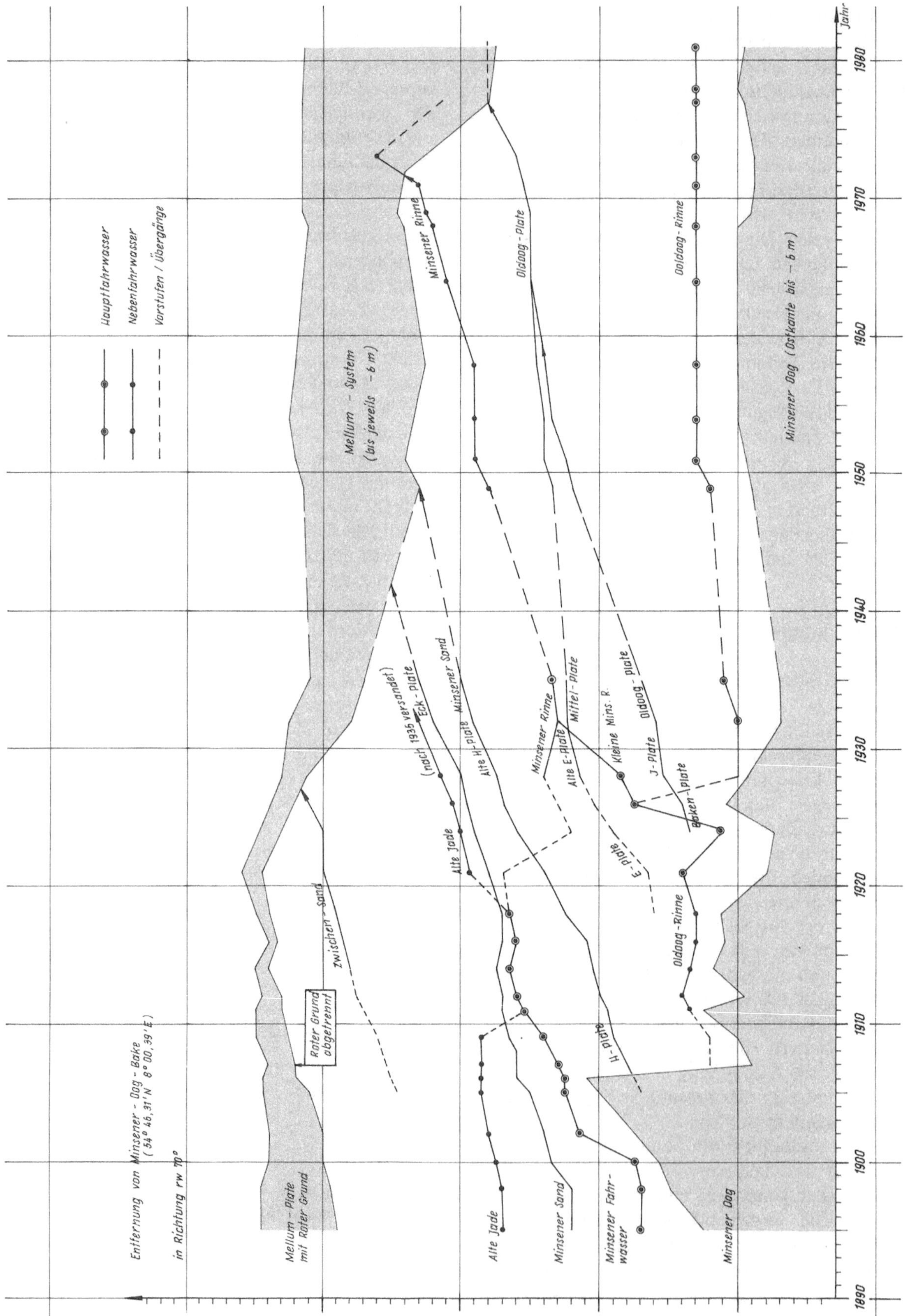

Abb. 3. Zeit-Weg-Diagramm: Wanderung der Sandbänke und Stromrinnen in der südlichen Außenjade

phodynamik äußert sich außerdem in einer Verlangsamung der Wandergeschwindigkeiten der Platen und Rinnen bzw. auch der daraus ableitbaren Vergrößerung der Periodendauer. Wie Tabelle 2 zeigt, haben sich die Geschwindigkeiten generell um 60% verringert, jedoch im nördlichen Teil mehr als im südlichen. Als quasinatürliche Perioden konnten für die Jadeplate 90–100 Jahre, für die übrigen Reliefformen der Außenjade ca. 40–60 Jahre ermittelt werden.

(4) Wegen der gegenseitigen Beeinflussung von Georelief und reliefgestaltenden Prozessen sowie der ungenügenden Kenntnisse über die konkreten morphodynamischen Kräfte ist nach wie vor eine Korrelation von Geomorphodynamik und Reliefgestalt nicht möglich. Für das Eindringen in die morphodynamischen Gesetzmäßigkeiten bleibt nur der Weg, das jeweilige Gebiet geomorphologisch nach eindeutigen Kriterien zu analysieren und quantitativ verwertbare Aussagen auf der Basis der faßbaren Reliefverhältnisse zu gewinnen. Dabei ist raum-zeitlich differenziert und unter eindeutiger Ausscheidung technogener Aktivitäten vorzugehen. Eine dichte zeitliche Abfolge von Karten größtmöglicher Maßstäbe bildet die grundlegende Voraussetzung. Daß der Einsatz moderner Reproduktions-, Kartierungs- und Rechentechnik sowie die Verwendung hochauflösender Ortungs-, Lotungs- und Geofernerkundungssysteme auch zur Qualifizierung morphodynamischer Arbeiten beitragen kann, braucht hier nicht erklärt zu werden. Analoges gilt für die Erfassung und Modellierung der Strömungs- und Seegangverhältnisse.

(5) Seegebiete mit hoher Geomorphodynamik und markanten Reliefformen sowie angemessener Quellenlage bieten sich für eine methodisch orientierte Untersuchung zur Kennzeichnung der Wirkung gesellschaftlicher Aktivitäten an. Die zunehmende Nutzung des Meeres wird sicher auch die Frage nach geographischen Methoden zur Bewertung von Wechselwirkungen Gesellschaft-Natur in marinen Landschaftsräumen aufwerfen. In den unter Haase (1984) erwähnten „Methodischen Ansätzen ..." haben derartige Räume noch keine ausreichende Berücksichtigung gefunden.

Literatur

Barthel V (1980) Seegang in einem Ästuar am Beispiel der Außenweser. Die Küste 35:57–146

Führböter A (1979) Energieumwandlungen in Brandungszonen; Sandbewegung im Küstenraum. Boppard

Gellert JF (1958) Grundzüge der Physischen Geographie von Deutschland. Berlin

Göhren H (1965) Beitrag zur Morphologie der Jade- und Wesermündung. Die Küste 13:140–146

Haase G et al. (1984) Methodische Ansätze für die ökonomische und außerökonomische Bewertung der Einwirkung der Gesellschaft auf die natürliche Umwelt. Wiss Mitt Inst Geogr Geoökol Akad Wiss DDR 13

Krüger W (1911) Meer und Küste bei Wangeroog und die Kräfte, die auf ihre Gestaltung wirken. Z Bauwesen 61:451–463; 583–610

Krüger W (1921) Die Jade, das Fahrwasser Wilhelmshavens. In: Jahrbuch der Hafenbautechnischen Gesellschaft, Hamburg

Mittelstaedt E et al (1983) Die Strömungen in der Deutschen Bucht. Hamburg 1983

Nordseehandbuch – östlicher Teil. Hamburg 1949–1981. Atlas der Gezeitenströme. Gezeitentafeln

Poppen H (1912) Die Sandbänke an der Küste der Deutschen Bucht der Nordsee. Annal Hydrogr Mar Meteorol 40:273–302; 352–364; 406–420

Sandbewegung im Küstenraum. Boppard 1979 (Forschungsbericht der Deutschen Forschungsgemeinschaft)

Seehandbuch Nordsee, I. Teil. Rostock o.J. (Seekarten, Karten der Gezeitenströme u. Gezeitentafeln des Seehydrographischen Dienstes der DDR)

Ulrich J (1973) Die Verbreitung submariner Riesen- und Großrippeln in der Deutschen Bucht. Ergänzungsh Dtsch Hydrogr Z, Reihe B 14

Wigand V (1972) Jade-Fahrwasser und Hafen Wilhelmshaven. Stand und Entwicklung. Hansa 109:165–174

Wigand V, Wetzel V (1981) Die Jade als Großschiffahrtsweg nach Wilhelmshaven. Hansa 118:1411–1417; 1611–1615

Verzeichnis der Seekarten

Deutsches Hydrographisches Institut, Hamburg: Seekarte Nr. 2 der Ausgabejahre 1949, 1951, 1954, 1958, 1964, 1968, 1969, 1971, 1973, 1977, 1981

Hydrographisches Bureau, Berlin: Deutsche Bucht, 1858

Reichsmarine-Amt, Berlin: Seekarte Nr. 56 der Ausgabejahre 1879, 1895, 1898, 1900, 1902, 1905, 1906, 1907, 1909, 1911, 1912, 1914, 1916, 1918, 1921, 1924, 1926, 1928, 1932

Reichsmarine-Amt, Berlin: Seekarte Nr. 2 der Ausgabejahre 1932, 1935

Reichsmarine-Amt, Berlin: Seekarte Nr. 50 des Ausgabejahres 1939

[Frühere Jahrgänge sind bei Poppen zitiert]

4.7 Das Binnenufer (Boddenufer) der Schaabe-Nehrung (Nordrügen)

JOHANNES F. GELLERT

Die Schaabe (Nordrügen) ist eine Nehrung von rund 9 km Länge zwischen der Siedlung Breege-Juliusruh am Südostfuß des aus pleistozänen und kretazischen Ablagerungen bestehenden Hügellandes des Inselkerns von Wittow und der Gemeinde Glowe am Westabfall des Inselkerns von Jasmund. Seeseits erstreckt sich der Tromper Wiek und binnenseits das System des Großen Jasmunder Boddens. Die Schaabe wird in ihrer vollen Länge aus einer enggestaffelten Folge von Braun-, Grau- und Weißdünen gebildet, die einem bis zu 1,5 km breiten Sockel, der aus einer Vielzahl von Strandwällen aus Meeressanden und Strandgeröllen besteht, auflagern. Dieser Sockel wird im Kegelinberg (10,4 m NN) bei der Försterei Groß-Gelm und in einem Hügel (6 m NN) bei Wall südlich Glowe von pleistozänen Geschiebemergeln durchragt (Schütze 1931; Gellert 1965, 1987). Diese Nehrung säumt seeseits ein 10,8 km langer, in der Mitte der Nehrung über 50 m breiter Seestrand aus Fein- und Mittelsanden, der nach beiden Flügeln der Nehrung in schmaler werdende Strände aus Mittel- und Grobsanden bzw. in der Glowebucht in einen Geröllstrand übergeht, der in neuester Zeit technogen mit Meersanden überspült wurde (Gellert 1965, 1986; Gellert et al. 1985). Im Südosten schließt sich – südlich von Glowe zwischen der Hüttebucht und der Wallmühle – an den nach Glowe hin nur noch schmalen Dünenzug auf rund 3 km Länge eine bis nahezu 2 km breite Seesandfläche mit einer Höhe von knapp 0,4 m NN an (Schütze 1931; Gellert 1965).

Das gegen die Becken des Großen Jasmunder Boddens sowie des Lebbiner und des Breeger Boddens gerichtete Binnenufer (Boddenufer) der Schaabe-Nehrung weist, anders als der in einem großen Bogen von Glowe im Südosten bis Reidervitz im Nordwesten geschwungene Seestrand der Schaabe, mehrere Buchten auf, wie z. B. Hüttebucht und Schaabebucht (Abb. 1). Das Binnenufer hat in seinem mehrfach gebogenen Verlauf zwischen der Wallmühle an der Bäke südlich von Glowe im Südosten und der Gemeinde Breege im Nordwesten eine Länge von rund 13 km. Ihm ist eine bemerkenswert flache Schorre aus Sanden und Kiesen von weniger als 2 m Wassertiefe vorgelagert, die im Großen Jasmunder Bodden bis zu 1 km breit ist und mit einer steilen Böschung sprunghaft zum tieferen schlickigen Boddenboden in 6–8 m Wassertiefe abfällt (Seekarte 3010; Gessner 1957). Nach Süden hin bilden im Bereich des Großen Jasmunder Boddens auf einer Erstreckung von etwa 9 km weite, besonders südlichen und südwestlichen Winden exponierte Wasserflächen das Vorfeld der Boddenküste der Schaabe-Nehrung. Über den Breetzer Bodden und den Rassower Strom sowie den Vitter und den Schaproder Bodden stehen der Breeger, der Lebbiner und der Große Jasmunder Bodden als Vorwässer der Boddenküste der Schaabe-Nehrung mit dem Libben und dem Gellenstrom beiderseits der Insel Hiddensee in Verbindung, die den Zugang zur freien Ostsee herstellen. Die durch größere Unterschiede im Luftdruck zwischen West und Ost und dementsprechend anhaltende stärkere Winde aus westlicher oder östlicher Richtung ausgelösten seiches-artigen Wasserspiegelschwankungen der Ostsee (Hupfer 1978), die auch als lokale Seiches in den Bodden bemerkbar sind (Heyer 1958) – besonders im Großen Jasmunder Bodden (Gellert 1987) – beeinflussen die Wasserstandsschwankungen von mehreren Dezimetern Amplitude am Binnenufer der Schaabe (Gellert 1987). Diese Schwankungen werden auch anderwärts an den Bodden der Ostseeküste beobachtet (Hupfer 1978; Heyer 1958). Sie lassen am mittleren und östlichen Teil des Boddenufers der Schaabe-Nehrung zwischen Gelmer Ort und Wallmühle (vgl. Abb. 1) weite Teile der oft nur knietief überfluteten Schorre trockenfallen oder führen hier zur Überspülung des meist schmalen Strandes und zum Aufwurf eines knapp meterhohen Sturmflutstrandwalles aus Grobsand oder Strandgeröllen (Kies) sowie zur Bildung eines aktiven Mikrokliffs am Dünenfuß. Vielfach differieren die genannten Wasserspiegelschwankungen und Wasserstände von See und Bodden um einige Dezimeter (Gellert 1987), was auf unterschiedliches Ein- und Ausströmen von See- bzw. Boddenwasser je nach Wasserstand der Ostsee im

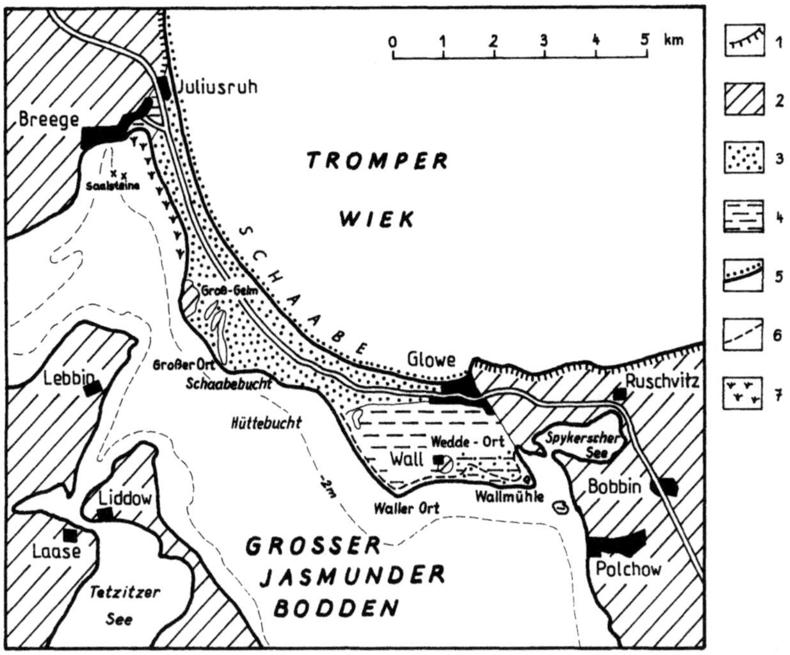

Abb. 1. Die Schaabe (Nordrügen) *1* Steilufer, *2* pleistozänes Hügelland, *3* Dünen und Strandwälle, *4* Seesandfläche, *5* Seestrand, *6* Binnendeich, *7* Schilfröhricht

Vorfeld Rügens sowie auf seiches-artige Eigenschwingungen der Boddengewässer bei entsprechenden Windverhältnissen zurückzuführen ist (Heyer 1958; Hupfer 1978; Gellert 1987). Bei bestimmten Windverhältnissen, vor allem Südwest- und Westwinden, bei denen der Wind über größere Wasserflächen besonders des Großen Jasmunder Boddens streicht, kommt es hier zur Entstehung eines starken Wellenganges mit kurzer Wellenhöhe und Wellenlänge und meist auch kurzer Periode sowie ausgeprägter Brecherbildung, durch den die Schorre abradiert, eingeebnet und gestampft wird. Sie besteht, besonders vor dem mittleren und auch östlichen Abschnitt des Boddenufers der Schaabe-Nehrung, aus einer festen steinpflasterartigen Packung von Geschieben bzw. Geröllen mittlerer Größe (Strandkies) in schluffig-lehmigen Dünen- und Meeressanden (vgl. Abb. 2). Während kalter Winter bildet sich im flachen Wasser des Uferbereiches oft eine bodenfeste Eisdecke (Festeis) und, weiter ab vom Ufer, eine schwimmende Eisdecke, die bei starkem Wind und Wellengang auf dem Bodden aufgebrochen und uferwärts verdriftet wird. Die hierbei entstandenen und durch gegenseitige Reibung meist gerundeten, pfannenkuchenähnlichen flachen Eisschollen werden unter gegebenen Windverhältnissen, besonders bei südwestlichen und südlichen Winden und steigendem Wasserstand, über die Schorre geschoben, wobei sie diese zu einer Steinpflasterebene abradieren und am Boddenstrand zu schmalen und niederen Packeishügeln aufgetürmt werden. Durch solch eine Packeisbildung wurde zum Beispiel im Winter 1961/62 eine ufernah stehende Bake am Waller Ort verschoben. In ähnlicher Weise werfen stürmische Südwest- und Südwinde und entsprechend auf den Boddenstrand auflaufende Wellen in den eisfreien Monaten Seegras- und Schilfblätter zu organischen Strandwällen (Thanotope) auf, die – wie an der Außenküste der Schaabe-Nehrung – durch kleine Aufpressungssporne und Auswaschungskolke ähnlich einem Kleinkliff (Mikrokliff) zerrissen werden (Gellert 1985).

Seiner Beschaffenheit (Form und Dynamik) nach gliedert sich das Boddenufer der Schaabe-Nehrung in mehrere, sich voneinander unterscheidende Abschnitte. Im nördlichen Teil zwischen Breege und Gelmer Ort (vgl. Abb. 3), im wind- und seeganggeschützten Winkel des Breeger Boddens gelegen, verschwinden die durch spitzwinklig zum Nord-Süd-Streichen des Ufers verlaufende Reffs und Riegen des Strandwall-Dünen-Systems der Schaabe-Nehrung bedingten flachen Vorsprünge und Einbuchtungen der Boddenküste der Schaabe (Schütze 1931) unter einer boddenwärts stark ausgefransten Schilfzone (Schilfröhricht meist geringer Höhe), die in enger Wechselbeziehung zu den ausstreichenden Torfbänken der Riegen und den grobsandig-kiesigen Strandwällen der Dünenriffe der Schaabe steht. Bei Breege verschließt ein kleiner, flacher Boddenstrand und Strandwall die in ihrem südlichen Teil vernäßte

Abb. 2. Steinpflaster auf dem Vorstrand des Boddenufers der Schaabe-Nehrung bei Niedrigwasser

Abb. 3. Boddenstrand der Schaabe-Nehrung zwischen Gelmer Ort und Breege mit Schilfröhricht im Zuge ertränkter, vermoorter Riegen des Strandwall-Dünen-Komplexes der Schaabe

Abb. 4. Boddenstrand der Schaabe-Nehrung südlich von Groß-Gelm: kleiner aktiver Strandwall, Spülsaum, grobsandiger Strand, bewachsener höherer inaktiver Strandwall vor dem Kleinkliff der Dünen

und vertorfte Seesandebene, die im Winkel zwischen dem pleistozänen Hügelland bei Breege und den Dünenzügen bei Juliusruh liegt. Dieser dynamisch schwache nördliche Abschnitt des Boddenufers der Schaabe-Nehrung erklärt sich aus seiner gegen stärkeren Wellengang und dementsprechend gegen starke Brandung geschützten Lage im Winkel des Breeger Boddens zwischen der Schaabe im Osten, dem südlichen Wittow im Westen sowie dem Lebbiner Haken im Süden.

Im Gegensatz hierzu weist das in südöstliche Richtung verlaufende Boddenufer der Schaabe-Nehrung zwischen Groß-Gelm und Waller Ort (vgl. Abb. 4) – etwas weniger auch das sich in West-Ost-Richtung erstreckende Boddenufer am Rand der Glower Seesandebene zwischen Waller Ort und Wallmühle (vgl. Abb. 1) – eine rege Dynamik und dementsprechende Gestaltung auf. Das von Schütze (1931) als frisch bezeichnete Kliff des von der Brandung angeschnittenen, aus Geschiebemergel bestehenden Kegelinberges bei der Försterei Groß-Gelm liegt heute tot und ist bis zu seinem Fuß mit Gras bewachsen. Im weiteren Verlauf bis zur Hüttebucht schneidet die Linie des Boddenufers der Schaabe-Nehrung die Reffe und Riegen des Strandwall-Dünen-Systems der Schaabe-Nehrung winkelig. Während die Reffe vielfach durch kleine, niedrige, heute ebenfalls inaktive Kliffe angeschnitten sind und die freigelegten Gerölle der meist unter den Dünen verborgenen alten Strandwälle der Schaabe das Material für den weithin kiesigen Boddenstrand und das Steinpflaster für den Vorstrand geliefert haben, streicht die Torfschicht der vermoorten Riegen (Langes Moor u. a.; vgl. Karte in Schütze 1931) unter das Wasserspiegelniveau ein. In der Uferzone wird die Torfschicht durchgängig von einem Sand- und Kiesstrand überdeckt, dessen Ablagerungen vorwiegend das Ergebnis einer südost- bzw. ostwärts gerichteten Uferströmung und Strandversetzung sind. Das Auftreten entsprechender Strandgerölle, meist Feuersteine, kann über den Bereich des alten Strandwall-Dünen-Komplexes des mittleren Teils der Schaabe-Nehrung hinaus längs des ganzen Ufersaumes der Boddenküste der Schaabe bis zum Waller Ort und weiter ostwärts verfolgt werden. Der Strand selbst gliedert sich hier im mittleren Abschnitt des Boddenufers der Schaabe-Nehrung in einen höheren, meist mit Gräsern und Sträuchern bewachsenen Strandwall (aus Grobsand, Fein- und Mittelkies sowie Muschelschill), eine schmale, vielfach kaum 1 m breite Grobsandzone unmittelbar vor dem Strandwall und einen Kiesstreifen der täglichen Brandungszone. Weithin ist er landseitig von einem schmalen und – vielfach dem Auflaufrhythmus der Brandungswellen entsprechend – geschlängelten Saum organischen Materials (Seegräser, Tang, Schilfblätter und Muschelschill) umrahmt. Bei hohem Wasserstand und stürmischer See wird dieser schmale Boddenstrand von den Fluten bis an den Fuß der Dünenkliffs und den die Riegen zwischen den Dünenreffs versperrenden inneren Strandwall überspült. Unter gegebenen Verhältnissen wird der Boddenstrand teilweise, mitunter aber auch bis zum Dünenfuß, von organischen Schwemmblattmassen bedeckt, so daß er praktisch unbegehbar wird. Diese Gegebenheiten stehen seiner Nutzung als Badestrand entgegen. Schon Gellert und Heyer (1969) wiesen darauf hin, daß die Nutzung als Badestrand die Aufspülung eines künstlichen Strandes voraussetze, für die marine Grobsande empfohlen werden. Wie entsprechende Beobachtungen anderenorts zeigen, werden feinere Sande wie etwa solche aus den Bodden in nur kurzer Zeit, unter Umständen in Jahresfrist, abgespült.

Als Folge der genannten, am Boddenufer der Schaabe-Nehrung nach Südosten entlangsetzenden Uferströmung und Strandversetzung ähnelt das Boddenufer der Schaabe-Nehrung in seinem dritten, östlichen Abschnitt auf der Südseite der Seesandfläche von Glowe weitgehend jenem des mittleren Abschnitts im Bereich des Reff-Riegen- bzw. Strandwall-Dünen-Komplexes des mittleren Teiles der Schaabe-Nehrung. Der Strand wird hier aus dem von Westen her angespülten Material (Sand, Gerölle) des dortigen Strandes und von Material der Seesandebene selbst (marine Sande mit sehr wenigen Strandgeröllen) genährt. Das Besondere dieses Uferstreifens stellt sein Hinterland dar, die nur wenig über Mittelwasser liegende, aus einem teilweise vernäßten und vermoorten, feinen, fast geröllfreien Sand (Seesand) – der bis zur Tiefe von 11 m von Torf, Schlick, blauen Seesanden und muschelführendem Kies in vielfach wechselnder Schichtfolge unterlagert wird – gebildete Seesandebene von Glowe (Schütze 1931; Gellert 1987; Kramm 1968). Bemerkenswert ist hierbei, daß das große Strandwall-Dünen-System der Schaabe-Nehrung hier aussetzt und nur ein schmaler Weißdünenzug von etwa 150 m Breite und 2,5 m Höhe, auf dem der längs des Strandes und der Chaussee nach Juliusruh liegende Teil des Ortes Glowe Platz gefunden hat, diese gegen die See abschließt. Es handelt sich hier um ein altes Fluttor zwischen einer von Nordwesten her in Richtung auf den hoch aufragenden Inselkern von Jasmund im Osten gewachsenen Nehrung und dem Inselkern selbst. Dieses Fluttor begann sich im 12. Jahrhundert zu schließen. Endgültig wurde es jedoch erst nach wiederholten Überflutungen der schmalen Sandschwelle zwischen See und Bodden 1882/83 im Rahmen der Befestigung der Chaussee nach Juliusruh geschlossen. Die Seesandfläche um Wall südlich von Glowe besteht aus feinen, meist weißgelben Sanden, aus der – wie Schütze (1931) berichtet – flache Strandwälle, die oftmals nur an der mehr Trockenheit liebenden Vegetation zu erkennen sind, aufragen und in die nässere Mulden, wie zum Beispiel die Rote Bäk, und größere Mulden, wie der Rote See, eingesenkt sind. Ältere Karten, wie die schwedische Matrikelkarte von 1694/95 und das preußische Urmeßtischblatt von 1826 sowie die Hagenowsche Karte von 1829, lassen eine Reihe von tiefen und auch breiten, als Bäk bezeichneten und zum Bodden hin verlaufenden Rinnen sowie eine Vielzahl von Wasserrissen und Wassergräben erkennen, die sich auch heute noch, nach der Meliorierung, durch eine frischere Vegetation von der Umgebung abheben. In ihrer ganzen Ausdehnung von der Hüttebucht bis nach Glowe stellt die Niederung um Wall mit den genannten flachen Strandwällen, Rinnen und Wasserrissen ein großes, von der Dünenenge bei Glowe ausgehendes, zeitweise verlandetes Sturmflutdelta in den Großen Jasmunder Bodden dar. Dem Abfallen unter den Wasserspiegel des Boddens entsprechend wies ihr Ufer gegen den Großen Jasmunder Bodden unter dem Einfluß von Hochwässern und Wellengang eine große Labilität auf. Mehrfach wurden die Seesandwiesen von Süden her bis nach Glowe überflutet. 1863/64 wurde daher ein durchlaufender niedriger Boddendeich mit Schleusen (Siele) zum Auslaß des braunen Moorwassers aus den vermoorten Rinnen und Mulden der Seesandfläche in den Bodden und zur Verhinderung des Einfließens von salzigem Boddenwasser (ca. 6,5‰ Salzgehalt gegenüber 7,3‰ der Tromper Wiek; Gellert 1987) in diese durch sich selbständig schließende Tore errichtet. Anschließend wurde begonnen, das ganze Gelände durch einen Hauptentwässerungskanal, der sich vom Roten See über die Scheide-Bäk im Westen bis zur Schwarzen-Schaabe-Bäk bei der Wallmühle im Osten erstreckt, zu meliorieren. Mangelhafte Pflege des Deiches und fehlende Instandhaltung der Siele führten zu mehrfachen Deichbrüchen und Überflutungen der Seesandwiesen zeitweise bis nach Glowe hin. Abermalige Vernässung und gar Versalzung der Seesandwiesen waren die Folge (Kramm 1968). Der anhaltend mangelhafte Zustand des Boddendeiches und der schadhafte Zustand der aus Holzbohlen errichteten Siele bedeuteten bis in die jüngste Vergangenheit eine stete Gefährdung der Seesandwiesen und damit der an ihrem Innenrand liegenden Ferienlager und Ortsteile von Glowe. Eine Erneuerung des Deiches und seiner Siele und weitere Meliorationen im Bereich der Seesandwiesen erwiesen sich daher als notwendig. Schon Ende der 50er Jahres unseres Jahrhunderts wurden große Flächen zwischen Wall und Wallmühle hoch aufgesandet und die zunächst kahlen, windgefegten Sandflächen mit Pappeln bepflanzt, womit auch der Uferverlauf bis hin zum Mittelsee gesichert wurde. In diesem Zustand ist dieser dritte Abschnitt des Boddenufers der Schaabe-Nehrung heute als naturnah zu bezeichnen, obwohl er in großen Teilen künstlich (technogen) beeinflußt ist. Maßnahmen zur Erhaltung des Ufers und seiner Anlagen zum Schutz der hinter ihm liegenden, abgesehen von der Sandaufschüttung aber wenig über dem Wasserspiegel von Bodden und See (Tromper Wiek) aufragenden Seesandflächen, bleiben daher weiterhin notwendig. Große Veränderungen der natürlichen Gegebenheiten brachten im Südostteil der Niederung von Wall die seit dem Ersten Weltkrieg mehrfach wiederholten Arbeiten zum Ausbau eines strategischen Kanals zwischen der Tromper Wiek und dem Großen Jasmunder Bodden. Ein noch älterer Kanaleinschnitt, der den Fischern von Glowe bis 1956 als Hafen für ihre Fischkutter diente, führt von der Ostseite von Wedde-Ort durch die Seesandwiesen nach Süden zur ehemaligen Wallmühle. Einwehungen von der oben genannten Sandaufschüttung verschlossen diesen Hafen durch eine weit über den Wasserspiegel aufragende Sandbarre und leiteten dessen Verschilfung ein, so daß er zu einem Binnengewässer hinter dem östlichen Ende des Boddenufers der Schaabe-Nehrung wurde.

Literatur

Gellert JF (1965) Glowe und Umgebung (Nordost-Rügen). Physisch-geographischer Exkursionsführer. Potsdam

Gellert JF (1985) Organische Strandwälle und Strandplatten (Thanotope) auf dem Seestrand der Schaabe (Nordrügen) als aktuogeologische Erscheinung. Z Geol Wiss 13 (4):533–536

Gellert JF (1986) Die Korngemische der oberflächennahen Strandsedimente des Seesandes der Schaabe (Nord-Rügen). Z Angew Geol 32 (5):127–131

Gellert JF (1987) Die Dünen und Strandwälle der Schaabe-Nehrung (Nord-Rügen) – Ergebnisse morphologisch-lithologischer und hydrologischer Studien. Wiss Z PH Karl Liebknecht Potsdam, Math-Nat Reihe 34 (3):441–452

Gellert JF, Heyer E (1969) Erholungsgebiet Schaabe. Strandverhältnisse. Potsdam (unveröffentlichtes Gutachten für das Büro für Territorialplanung Rostock).

Gellert JF, Heyer E, Neumeyer G (1985) Ergebnisse morphographischer und morphodynamischer Untersuchungen am Seestrand der Schaabe (Nord-Rügen). Acta Hydrophys 29 (2/3):93–152

Gessner F (1957) Meer und Strand. Berlin

Heyer E (1958) Wetterbeobachtungen durch Studenten auf Exkursionen mit festem Standort (Dranske/Rügen Sommer 1956). Wiss Z PH Potsdam, Math-Nat Reihe 5 (2): 153–164

Hupfer P (1978) Die Ostsee – kleines Meer mit großen Problemen. Leipzig

Kramm HJ (1968) Glowe (Rügen). Eine ökonomisch-geographische Studie. Wiss Z PH Potsdam 12 (4):791–824

Schütze H (1931) Die Haken und Nehrungen der Außenküste von Rügen. Jahrb Pommerschen Geogr Ges 49/50 – 1. Beiheft

Seekarte 3010 (1955) Nördliche Einfahrten nach Stralsund mit angrenzenden Bodden, 1:50000. Rostock

Wanderkarte Insel Rügen, 1:75000. Berlin o. J.

4.8 Grundzüge der Kennzeichnung und landschaftsökologischen Typisierung von Boddenufern mit Verlandungssäumen

SIEGFRIED SLOBODDA

Die südbaltische Boddenausgleichsküste nimmt etwa zwei Drittel der Küstenlänge Mecklenburg-Vorpommerns ein und prägt besonders den mittleren und östlichen Teil der Ostseeküste. Mit ihren, durch spätpleistozäne Halbinsel- und Inselkerne sowie durch verbindende holozäne Meeressandebenen vom offenen Meer weitgehend abgetrennten inneren Seegewässern und den im Festlandsbereich anschließenden Moränenplatten und holozänen Randniederungen stellt sie einen sehr eigenständigen Landschaftstyp dar. Auf diese Weise hat Heinz Kliewe in einem seiner jüngsten Aufsätze (Kliewe 1987a) sinngemäß eine Landschaft charakterisiert, deren Genese und geomorphologischen Erscheinungen er seit vielen Jahren besondere Aufmerksamkeit gewidmet hat. Dieser „selbst in globaler Sicht seltene, wenn nicht gar einmalige Küstentyp" (Kliewe 1987a, S. 73) steht auch nach über 100jähriger Boddenforschung nach wie vor im Mittelpunkt geowissenschaftlicher sowie ökologischer Forschungen der Physischen Geographie in Greifswald. Neben der Genese und der naturräumlichen Ausstattung sind es in steigendem Maße die ökonomisch wie ökologisch gleichermaßen relevanten Probleme, die sich aus der zunehmenden Beanspruchung als Erholungsraum sowie durch die Fischerei, die Schilfrohrgewinnung und nicht zuletzt durch die Landwirtschaft ergeben.

Gegenstand der bisherigen, mehrjährigen kollektiven und interdisziplinären Forschungsarbeit durch die Küstenarbeitsgruppe der Physischen Geographie der Greifswalder Universität bildeten Untersuchungen zur Struktur und Prozeßdynamik der Boddenküsten. Im Rahmen dieses Vorhabens erwuchs auch die Aufgabe, die durch Verlandungsvorgänge geprägten Boddenufer nach ihren allgemeinen Struktur- und Prozeßmerkmalen zu kennzeichnen und Grundlagen für ihre Typisierung zu erarbeiten. In engem Zusammenwirken mit der Erkundung verschiedener Struktur- und Prozeßmerkmale der Boddenküsten (s. Forschungsbericht der Sektion Geographie 1986) wurden im Zeitraum von 1981 bis 1986 die Boddenufer innerhalb der Darß-Zingster-Boddenkette, beginnend im Testgebiet Fahrenkamp, vor allem an Forschungsprofilen erkundet und durch die Befunde von Profilstandorten der Westrügener und Nordrügener Boddenkette sowie der Westusedomer Boddenkette und des Kleinen Haffs ergänzt. Insgesamt stehen die Einzelergebnisse von mehr als 150 Forschungsprofilen zur Verfügung.

Allgemeine Kennzeichnung der durch Verlandungsprozesse geprägten Boddenufer

Seit Beginn der durch die Abschnürung der inneren Seegewässer einsetzenden Entwicklung von Boddenküsten (vgl. Kliewe 1987b) sind ihre Ufer auf weite Strecken durch eine zunehmend geschlossene pflanzliche Besiedlung gekennzeichnet. Gegenwärtig dominiert dort eine überwiegend von brackwasserbeeinflußten Röhrichten geprägte Vegetation. Nach starker Verkleinerung des vorgelagerten Seeraums wurden die brandungsbedingten Küstenausgleichsprozesse an den vom offenen Meer isolierten Boddenufern zunehmend durch Verlandungsprozesse abgelöst. Im Vergleich zur Gewässerverlandung im Binnenland weisen die Verlandungsprozesse an den inneren Seegewässern gewisse Eigenständigkeiten auf, die durch die zwar graduell abgeschwächten, aber noch wirksamen hydrometeorologischen Einflüsse des Küstenraums begründet sind. Deshalb wird im Küstenbereich unter Verlandung der Landzuwachs verstanden, der sowohl durch die Vegetation (Sedimentfixierung und nachfolgende Vermoorung) als auch durch die Anlandung von Sedimenten vor sich geht (Fachbereichsstandard Küste und Küstengewässer 1966). Beide Teilprozesse durchdringen sich meist wechselseitig, wobei sowohl die phytogene Verlandung als auch die Anlandung den jeweils entscheidenden Anteil haben können. Die fortdauernd wirksame Brackwasserüberflutung von unterschiedlicher Zeitdauer und Intensität bleibt die beherrschende hydrologische und ökologische Einflußnahme auf die Vermoorung der Boddenränder, d. h. auf einen Vorgang, der in geologisch sehr jungen Zeiträumen zur Herausbildung von Bodden- bzw. Küstenüberflutungsmooren geführt hat (vgl. Succow 1982; Lange et al. 1986).

Die im bisherigen Entwicklungsverlauf unterschiedlich stark von Verlandung beeinflußten Boddenufer weisen in Abhängigkeit von ihren Lagebeziehungen und der Wirksamkeit hydrometeorologischer Einflüsse allerdings nicht überall stets positive Materialbilanzen auf. Gegenwärtig sind Gleichgewichtszustände zwischen bereits erfolgter phytogener Verlandung durch Brackwasserröhrichte und semiterrestrische Landröhrichte und ihrer boddenseitigen Begrenzung durch die Wellenenergiebeanspruchung häufig anzutreffen, wobei das Verlandungsgeschehen verharren kann bzw. unterbrochen ist (quasistationäre Boddenufer). Teilweise gewinnt an einigen der früheren Zuwachsküsten aufgrund natürlicher sowie anthropogener Ursachen zeitweilig die Abrasion einen mitbestimmenden Einfluß (quasistationäre bis regressive Boddenufer). Uferabschnitte im Bereich von Stillwasserbuchten, meist mit Anschluß an genetisch ältere, vermoorte Küstenniederungen der Boddenrückseiten (vgl. Kliewe 1987a), sind wegen der weiter vorherrschenden phytogenen Verlandung als Bodden- bzw. Küstenverlandungsmoore mit deutlich positiver Materialbilanz ausgewiesen (Lange et al. 1986). Sie stellen aber nur einen Spezialfall der Boddenverlandung dar, die an Stillwasserstandorten unter optimalen Bedingungen verlaufen kann. Unter Berücksichtigung der obengenannten Definition und den an zahlreichen Profilen erbrachten Befunden sind jedoch alle Boddenufer mit geschlossener Röhrichtvegetation und/oder Substrattypenfolgen mit organogenen Sedimenten durch Verlandungsvorgänge entstanden bzw. mitgeprägt. Die Boddenverlandungsprozesse sind fortgesetzt und latent wirksam, auch wenn sie unterschiedlich stark, also u. U. mit herabgeminderter bis retardierter Intensität verlaufen können.

Weil die Brackwasserröhrichte als Pionierzonierungen über den Schwankungsbereich der Mittelwasserlinie hinaus auch die angrenzende Schorre bis zu einer mittleren Wassertiefe von etwa 0,5 m (in Stillwasserbuchten bis >1 m) besiedeln und somit die Grenze zwischen Ufer und Schorre dadurch teilweise aufgelöst wird, kann von Verlandungssaumufern gesprochen werden. Ihre ufernormale Ausdehnung (Profilschnitt senkrecht zur Uferlinie) reicht demnach vom boddenseitigen Beginn der Pionier-Brackwasserröhrichte über die mehr oder weniger vermoorten Uferzonierungen mit Röhricht-, Spülsaum- und Graslandvegetation bis zur landseitigen Ufergrenze, die mit dem Ausklingen des Brackwassereinflusses an Geländekanten, Unterhängen fossiler Kliffs oder Boddendeichen gegeben ist.

Zur räumlichen Kennzeichnung der Boddenuferzonierungen nach ihrer Lage innerhalb des Ufers hat sich die Gliederung der Küste nach du Rietz (1950) in folgender, modifizierter Form bewährt: An den ufernächsten, bereits von Röhrichten besiedelten Schorrebereich, das Epihydrolitoral, schließt sich landseitig das Ufer mit den periodisch überfluteten, überwiegend vermoorten und landfesten Abschnitten des Geolitorals an. Innerhalb des Geolitorals, zwischen den Schwankungsbereichen der Mittel- und Hochwasserlinie, können unteres und oberes Geolitoral unterschieden werden. An der landseitigen Ufergrenze schließt sich das Epigeolitoral an, das bei aufhörendem Brackwassereinfluß durch terrestrische Prozesse (darunter zählen vor allem die wassergebundenen landseitigen Stoffeinträge) geprägt wird.

In einem früheren Beitrag (Slobodda 1985) wurden die Bodden-Verlandungssaumufer bereits als ökologische Grenzbereiche interpretiert, deren Strukturen und Prozesse zwischen den Zustandsformen der flach auslaufenden Boddengewässer (a) und denen des küstennahen Festlandes (b) vermitteln. Die Verlandungssaumufer als Übergänge zwischen diesen Zustandsformen bilden relativ schmale, in sich weiter gegliederte Kontaktgürtel. Sie sind durch ein zeitlich wie räumlich variables ökologisches Pendelmilieu gekennzeichnet, das vom Überflutungsregime beherrscht wird (Zustandsspektrum c). Boddenufer mit Verlandungssäumen lassen sich demnach auch als eigenständige Naturraumtypen ausweisen. Als Grenzsaum-Mosaiktypen mit unterschiedlich stark entwickelter standörtlicher Heterogenität vermitteln sie in ihren Größenordnungen zwischen den topischen und unteren chorischen Einheiten (Slobodda 1986). Aufgrund ihrer eigenständigen, in sich differenzierten naturräumlichen Ausstattung können sie – analog zu den Verhältnissen an Seeufern (Succow u. Kopp 1985) sowie in Mooren (Succow 1982) – bereits als chorische Einheiten interpretiert werden: Kontrastschwache Nanochoren, deren Elementareinheiten eine kommunizierende Verkopplung (vor allem durch das Überflutungsregime) und ein in der Regel streifenförmiges Anordnungsmuster aufweisen (vgl. Slobodda 1986, S. 44–46). Diese lassen sich im Rahmen der landschaftlichen Systematik nach inhaltlichen Merkmalskombinationen typisieren.

Merkmale und Kriterien für die Typisierung von Bodden-Verlandungssaumufern

Für eine Typenbildung kommen sowohl marine (boddenseitige) als auch terrestrische (landseitige) Prozeß- und Strukturmerkmale in Betracht, die naturräumlich determiniert und durch die Nutzung der Uferbereiche sowie des Hinterlandes modifiziert sind (Lippert u. Slobodda 1986). Es muß berücksichtigt werden, daß im Küstenbereich den marinen, überwiegend variablen Merkmalen (Überflutungsregime mit Wellenenergiebeanspruchung, Eisschub, Salinität und Nährstoffeinträge) eine größere, zumindest aber ebenbürtige Bedeutung beizumessen ist wie den relativ stabilen (invarianten) Merkmalskombinationen, die mehr die landseitige Ausprägung der Boddenufer bestimmen (Anbindung der Ufer an geomorphologische Einheiten, Substrattypen u. a.). Nach den vorherrschenden, jeweils struktur- und prozeßbestimmenden Einflüssen marin oder terrestrisch bestimmter Merkmalskombinationen sowie nach Art und Weise ihrer Verknüpfung und Widerspiegelung durch die Verteilungsmuster der Boddenufervegetation wurden 6 Grundtypen im Sinne von Typenserien ausgeschieden. Deren weitere Auflösung bzw. Unterteilung hängt von den lokal geprägten Bedingungen der Boddengewässer und der betreffenden Küstenlandschaften ab, die zur Modifizierung der Grundtypen führen.

Boddenseitig wirksame Merkmalskombinationen und ihre Kriterien

Hydrometeorologischer Energieeintrag

Zur Kennzeichnung der im Uferbereich wirksamen Wellenenergieeinträge wurden die für ausgewählte Boddenküstenbereiche ermittelten hydrometeorologischen Energieparameter nach den Berechnungsverfahren von Knaps und von Krylov ausgewertet (Dokumentation in Baschin 1984; Rauch 1986).

Ihre Größenordnungen werden vor allem durch den vorgelagerten Seeraum (Windwirklänge), die Windhäufigkeit und die Windstärke unter Berücksichtigung der Hauptwindrichtung(en) bestimmt und stehen somit in enger Beziehung zur Exposition des betrachteten Uferabschnitts. Die für Freiwasserbereiche ermittelten Energieparameter werden in Ufernähe mit Bremsung der Wellenbewegung verringert. Die im Vergleich zum freien Wasser abgeschwächte Wellenenergiebeanspruchung des Ufers mit ihrer Einflußnahme auf das Verlandungsgeschehen („effektiver Energieeintrag") ist von der Breite bzw. Neigung der vorgelagerten Schorre abhängig. Als Richtmaß für die Schorrebreite eines untersuchten Profils galt der mit Hilfe einer Seekarte ermittelte Abstand zwischen der 2-m-Isobathe und der Uferlinie.

Zur Kennzeichnung des effektiven Energieeintrages E_{eff} unter Einbeziehung der Energieparameter nach Knaps (E_{Kn}) und Krylov (E_{Kry}) sowie der Schorrebreite S wurde folgende Näherungsformel entwickelt:

$$E_{eff} = \frac{E_{Kn} + (E_{Kry} \cdot 100)}{100 \cdot \lg(2S)} .$$

Die gewonnenen Richtzahlen (in Größenordnungen zwischen 10 und >120) gestatten es – bei Vergleichen mit den aufgenommenen Strukturmerkmalen Uferbreite, Mikrorelief, Substrattypen und Vegetation – eine zweckmäßige Kennzeichnung der effektiven Wellenenergieeinträge für die Boddenufer vorzunehmen. Anhand der Kennzahlen von 113 Profilen der Darß-Zingster-Boddenkette wurden mittels eines Eichdiagramms 5 Abstufungen des Wellenenergieeintrages im Hinblick auf die Beeinflussung der Boddenverlandung ausgeschieden.

Schorreausbildung

Den Boddenufern werden die bislang von Lampe (1986) ausgewiesenen Schorretypen zugeordnet, die als morphogenetische Bauformen gleichzeitig Träger küstendynamischer Prozesse sind und entweder Abrasion (z. T. mit Sedimenttransport) oder Akkumulation aufweisen.

Salinität der Boddengewässer

Unter Berücksichtigung der auf unterschiedlichen hydrometeorologischen Faktoren beruhenden jahreszeitlichen Schwankungen des Salzgehaltes in den Boddengewässern (vgl. Brosin 1965; Lindner 1978) wurde die Salinitätseinteilung der Brackwässer nach dem Venice-System (Segerstale 1959, zit. nach Lindner 1978) übernommen. Im Gebiet treten demnach neben bereits limnisch geprägten Boddenabschnitten die (mixo-) oligohalinen Gewässer (0,5 – 5‰ Salzgehalt) und (mixo-)mesohalinen Gewässer (5 – 10‰ Salzgehalt) auf, die weiter in α- und β-Stufen unterteilt werden.

Boddenseitiger Nährstoffeintrag

Als entscheidende Merkmalskombination für die Ausdehnung der wasserseitigen Röhrichtzonierungen sowie ihrer Produktivität und floristisch-soziologischen Zusammensetzung hat sich – in antagonistischer Wechselwirkung mit der Salinität – der Gehalt des Boddenwassers an pflanzenverfügbaren Nährstoffen erwiesen. Durch die Überflutungen werden die Substrate der wasserseitigen Uferbereiche in unterschiedlich starker Weise mit zusätzlichen Nährstoffen angereichert. Mehrjährige Fallstudien am Westufer des Grabow (Testgebiet Fahrenkamp) haben besonders die Rolle des Nitratstickstoffs als wirksamen Wachstums- und Eutrophierungsfaktor herausgearbeitet (Voigtland 1983, 1984). Ihre Ergebnisse lassen sich verallgemeinern. Die Bodden werden vor allem durch einmündende Fließgewässer (stark belastete kleinere Flüsse und Grabenvorfluter im Einzugsbereich von Siedlungen und landwirtschaftlichen Nutzflächen) mit Nährstoffen angereichert, wobei der Eutrophierungseffekt in abgeschlosseneren, oligohalinen bis limnisch geprägten Boddenabschnitten am größten ist.

Zur Kennzeichnung des boddenseitigen Stickstoffeintrags konnten die bisher vorliegenden Teilergebnisse mehrjähriger Untersuchungen von Substratwasser und Pflanzeninhaltsstoffen (Blatt- und Rhizomproben wasserseitig siedelnder Schilfpflanzen) herangezogen werden, die von gemeinsam bearbeiteten Profilstandorten vorliegen (Voigtland 1983, 1984; Rüpprich u. Emmerich 1986). Eine gezielte Auswertung der noch laufenden Untersuchungen unter produktivitätsökologischem Aspekt steht noch aus. Außerdem wurden die an den Probenstandorten auftretenden Vegetationseinheiten mit ihren ökologischen Zeigerwerten in die Trophiekennzeichnung einbezogen. Unter Berücksichtigung der Pflanzeninhaltsstoffe (Stickstoff in %), der Wasserprobenwerte (vor allem Nitratstickstoff) und der Zeigerwerte der Vegetation (Stickstoffzahlen nach Ellenberg 1979) wurden eine 5fach abgestufte Beurteilung der wasserseitigen Stickstofftrophie vorgenommen.

Landseitig wirksame Merkmalskombinationen und ihre Kriterien

Geomorphologische Kennzeichnung des uferbildenden, küstennahen Hinterlandes

Als ein wesentliches, für die Typenbildung aber nicht durchgängig vorherrschendes Prinzip der landseitigen Kennzeichnung hat sich die Einteilung der Boddenufer nach ihrer Anbindung an geomorphologisch determinierte Landschaftseinheiten erwiesen. Es können Ufer an spätpleistozänen Moränenkernen (mehrere Meter hoch aufragende, stärker reliefierte Platten, Rücken oder Kuppen der Marginalzonen sowie niedrigere, flache Platten der Grundmoränen) – teilweise auch an Niederplatten bzw. Ebenen spätpleistozäner Staubeckenablagerungen – von Ufern an holozänen Meeressandebenen sowie stärker vermoorten Boddenniederungen unterschieden werden. Aufbauend auf den Arbeiten zur spätpleistozänen und holozänen Genese des südlichen Ostseeküstenraumes (Kliewe 1966, 1975, 1987b; Kliewe u. Janke 1978; zusammenfassende Darstellung in Niedermeyer et al. 1987) wurden folgende Konzepte der Landschaftsgliederung im Boddenküstenbereich ausgewertet:

- Darß-Zingster-Boddenkette (Billwitz 1986; Janke 1986);
- Westrügener und Nordrügener Boddenkette (Lange et al. 1986);
- Westusedomer Boddenkette und Kleines Haff (Kliewe 1960; Haack 1960).

Für die gesonderte Berücksichtigung der holozänen Küstenniederungen war der Gliederungsvorschlag von Kliewe (1987a) maßgebend.

Zur Kurzcharakteristik der vorherrschenden Substrat- und Bodenverhältnisse in den betreffenden Einheiten wurde im Hinblick auf die flächenhaft überwiegende landwirtschaftliche Nutzung des Hinterlandes auf die Standorttypen des MMK-Kartenwerkes zurückgegriffen.

Nutzung des Hinterlandes

Die unterschiedlich starke anthropogene Beeinflussung der landseitigen Uferabschnitte variiert, je nachdem, welche Formen der Landnutzung im unmittelbaren Küstenhinterland dominieren und mit welcher Intensität sie betrieben werden. Neben direkten Veränderungen durch den nutzungsbedingten Vegetationswandel, den Bau von Uferschutzanlagen bis hin zu teilweise beträchtlichen Verlagerungen bzw. Verkürzungen von bislang weiträumig überfluteten Niederungsufern durch Eindeichungen sind vor allem die landseitigen Stoffeinträge unterhalb von angeschnittenen Moränen zu nennen. Intensive Ackernutzung und die Anwesenheit von Siedlungen einschließlich intensiv genutzter Erholungsflächen haben beispielsweise beträchtliche Eutrophierungseffekte mit tiefgreifenden ökologischen Auswirkungen in den benachbarten Uferabschnitten zur Folge, sofern keine Abpufferung an den Hangbereichen durch eine nährstoffzehrende Vegetation erfolgt.

Während das Hinterland der Pleistozänkern-Boddenufer vorwiegend ackerbaulich genutzt wird, besiedelt oder vereinzelt auch aufgeforstet ist, kommen für holozäne Meeressandebenen vor allem Forst- und Graslandnutzung in Betracht, teilweise in Verbindung mit den Belangen des Natur- und Landschaftsschutzes. Gleichzeitig grenzen auch Erholungsflächen mit ihren verschiedenen Teilfunktionen an die Boddenufer. Vermoorte Boddenniederungen wurden in den vergangenen Jahrzehnten meist eingedeicht und für die intensive Moorgraslandnutzung umgestaltet. Die Areale des nach herkömmlicher Weise bewirtschafteten Salzgraslandes mit fortdauernder Brackwasserüberflutung sind seither stark eingeengt.

In enger Beziehung zu den erwähnten landseitigen Merkmalskombinationen stehen die landseitigen Ufergrenzen, deren Beschaffenheit wiederum die Nährstoffeinträge ermöglicht oder hemmt. An Pleistozänkernufern bilden die Unterhänge fossiler Kliffs bzw. niedrigere Hangkanten oder Geländeschwellen natürliche Grenzen, die für landseitige Stoffeinträge durchlässig sind. Flache Ufer an holozänen Meeressandebenen und Boddenniederungen, z. T. auch an niedrigeren Pleistozänplatten, sind durch schützende Deichanlagen fixiert; diffuse Stoffeinträge können hier vernachlässigt werden.

Landseitiger Nährstoffeintrag

Darunter wird der zumeist diffus verlaufende, an Druckwasseraustritte und teilweise auch an Hangquellmoore gebundene Nährstoffeintrag verstanden, der vorzugsweise an Hanggefüge der angeschnittenen Moränenplatten geknüpft ist. An flacheren, gehölzentblößten Uferhängen gelangen auch durch niederschlagsabhängige Hang- und Oberflächenwassereinträge zusätzliche Nährstoffe direkt in die Uferbereiche. Analog zu den boddenseitigen Nährstoffeinträgen wurde die Stickstofftrophie anhand der verfügbaren Nitratwerte aus Substratwasserproben, der Stickstoffgehalte aus Schilfproben und mit Hilfe der Stickstoffzahlen der vorkommenden Vegetationseinheiten eingestuft.

Zur Vegetation der Bodden-Verlandungssaumufer

Die Pflanzendecke der Boddenufer erweist sich mit der Standortbindung ihrer einzelnen Bestandsglieder und den aus ihnen formierten Vergesellschaftungen mit ihren arealen Verbreitungsmustern als besonders aussagefähiger Merkmalskomplex für die Kennzeichnung und Typisierung der Vergesellschaftungen. Das Ineinanderwirken von verschiedenartigen und in unterschiedlichem Maße dominierenden bodden- und landseitigen Prozeßmerkmalen und Struktureigenschaften – einschließlich der Nutzung – wird durch die Vegetation integral, d. h. in resultierender Weise widergespiegelt. Deshalb kommt der vegetationsökologischen Kennzeichnung der Boddenufer besondere Bedeutung zu. Die theoretische Grundlage der Vegetationskennzeichnung für den Bereich der Bodden-Verlandungssaumufer bildete das Vegetationsformenkonzept (Schlüter 1981, 1982, 1984). Für das Untersuchungsgebiet wurden auf der Basis von über 750 Vegetationsaufnahmen aus den Jahren 1981–1986 mehr als 30 Vegetationseinheiten erfaßt, tabellarisch bearbeitet und zum überwiegenden Teil als standort- und arealrelevante Vegetationsformen nachgewiesen und gekennzeichnet. Die Benennung und syntaxonomische Zuordnung der Vegetationsformen (VF) als vegetationsgeographische Elementareinheiten lehnt sich z. T. an die pflanzensoziologische Bearbeitung der Boddenufervegetation durch Krisch (1974, 1987) an, orientierte sich aber auch an bereits erarbeiteten VF-Katalogen der Moorvegetation (Succow 1982) sowie der Graslandvegetation (Hundt u. Succow 1984).

Die Vegetationsformen konnten nach folgenden Vegetations- und Standortmerkmalen, auf deren eingehende Kennzeichnung hier allerdings verzichtet werden muß (vgl. Slobodda 1986, S. 134f), charakterisiert werden:

(1) Vegetationsbezogene Merkmale wie
- Struktur und Artenkombination (ökologisch-soziologische Artengruppen);
- durchschnittliche Artenzahl, Kennzahl der floristischen Diversität;
- Schilfbestandstyp (Voigtland 1984);
- Spektrum der ökologischen Strategietypen (Grime 1974, unter Mitarbeit von St. Klotz);
- Natürlichkeit/Synanthropie (Schlüter 1982);
- landschaftsökologische Stabilität (Jurko 1979).

(2) Standortsbezogene Merkmale wie
- Lagebeziehung (Uferzonierungen nach du Rietz 1950);
- Feuchtigkeits-, Salinitäts- und Trophiebindung (N) unter Mitberücksichtigung der ökologischen Zeigerwerte (durchschnittliche Faktorenzahlen der VF nach Ellenberg 1979);
- Substrat- und ggf. Bodentypenspektrum;
- Gefährdungsgrad bzw. Ausbreitungstendenz, Nutzung.

Aus der engeren oder lockeren Bindung der VF an bestimmte Ufertypen ergaben sich regelhafte Abfolgen der Vegetations- und Standortzonierungen (VF-Kombinationen), die im Sinne landschaftsökologischer Catenen die Vegetation eines Boddenufertyps kennzeichnen.

Potentialeigenschaften/Nutzung

Für jeden der Boddenufertypen lassen sich auf der Basis der jeweiligen naturräumlichen Ausstattung, der bereits etablierten Nutzungsformen sowie der Beziehungen zum Hinterland mit direkten und indirekten Nutzungseinflüssen wesentliche Eigenschaften bestimmter partieller Naturraumpotentiale (Haase 1978) ableiten und mögliche Nutzungsformen bzw. -beschränkungen erörtern. Neben dem allgemein hervortretenden biotischen Regulationspotential (natürlicher Küstenschutz, Nährstoffpufferungsvermögen und Habitatfunktion für gefährdete Lebensräume und Organismengruppen) gewinnt sowohl das biotische Ertragspotential (gezielte Abschöpfung der Naturressourcen Salzgrasland sowie Schilfrohr) als auch das natürliche Rekreationspotential (Boddenküsten als landschaftliches Umfeld von Erholungsflächen und -standorten, z. T. bereits direkte Nutzung als Erholungsflächen) für ausgewählte Boddenufertypen zunehmend an Bedeutung.

Kurzcharakteristik der herausgearbeiteten Typenserien A–F

Typenserie A

Quasistationäre Pleistozänkern- und Niederungs-Boddenufer mit Anlandung und teilweise noch fehlender, initialer oder gebremster Vermoorung; Wellenenergiebeanspruchung (E_{eff}) stark bis sehr stark (dominierendes Prozeßmerkmal); junge Vorlandbildungen vor Fossilkliffs/Hangkanten bzw. Boddenwall-Riegen-Systeme mit noch wenig differenzierter Vegetationsfolge (Pionierröhrichte, Spülsaumfluren, salzbeeinflußtes Grasland). Teilweise liegt der Boddenwalltyp der Boddenverlandung im Sinne von Haack (1960) vor.

Beispiel: Saaler Bodden, Uferstrecken südlich und östlich von Damser Ort.

Typenserie B

Quasistationäre (bis progressive) Pleistozänkern-Boddenufer mit Vermoorung (z. T. abgeschwächt bis stagnierend) sowie Anlandung auf Vorlandbildungen vor Fossilkliffs höherer Moränenbildungen; E_{eff} je nach Exposition des Ufers mäßig bis stark bzw. schwach bis mäßig; dominierende Prägung durch Fossilkliffs mit Druckwasseraustritten und Hangquellmooren, örtlich auch Hang- und Oberflächenwassereinträge. Durch engen räumlichen Zusammenhang von landseitigen Stoffeinträgen und gegenläufig wirksamem Überflutungsregime sind differenzierte Standort- und Vegetationszonierungen entwickelt (Brackwasser- und Quellmoorröhrichte bzw. Seggenriede und Staudenröhrichte, teilweise Spülsaumfluren; Moorgehölze oder Grasland am Uferrand). Die Typenmodifizierung richtet sich nach der Höhe der wasser- und landseitigen Trophie in Abhängigkeit von den Nutzungseinflüssen.

Beispiel: Grabow, Fossilkliffufer der Halbinsel Fahrenkamp sowie östlich des Höwtberges und des Hubenberges (Dabitz).

Typenserie C

Quasistationäre (bis progressive) Pleistozänkern- und Meeressandebenen-Ufer mit Vermoorung (z. T. abgeschwächt bis stagnierend) und Anlandung auf Vorlandbildungen niedriger Moränenplatten bzw. Meeressandebenen; E_{eff} mäßig (bis stark) oder schwach bis mäßig; bei verringerter Wellenenergiebeanspruchung aufgefächerte ökologische Typendifferenzierung nach Salinität und Trophie der Boddengewässer sowie der landseitigen Trophie in Abhängigkeit von den Substratverhältnissen, der Uferbegrenzung und der Hinterlandnutzung. Differenzierte Vegetationsfolge mit bestimmenden brackwasserbeeinflußten Röhrichten sowie Spülsaumfluren, Salzgrasland (meist aufgelassen) und Schilfrieden; Phragmites-Typ der Boddenverlandung (Haack 1960).

Beispiele: Lebbiner Bodden, Großer Jasmunder Bodden, Schaabeufer am Großen Jasmunder Bodden und Westufer von Jasmund; z. T. Saaler Bodden, Ostufer des Hohen Fischlandes.

Typenserie D

Meist progressive (bis quasistationäre) Boddenufer an bereits vermoorten holozänen Niederungen mit fortgesetzter bis abgeschwächter Boddenrandvermoorung und partieller Anlandung; E_{eff} meist schwach (nur teilweise mäßig bis stark); ökologische Wirksamkeit hoher boddenseitiger Nährstoffeinträge bei geringer Salinität bis zur landseitigen (Deich-) Grenze; differenzierte, von brackwasserbeeinflußten und häufig durch Eutrophierung belasteten Röhrichten beherrschte Vegetationszonierungen; landseitige Graslandzonierungen meist durch sekundäre Schilfriede/-röhrichte abgelöst; Typendifferenzierung entsprechend der anthrogenen Beeinflussung bzw. Umgestaltung; Phragmites-Typ der Boddenverlandung (Haack 1960).

Beispiele: Grabow, Niederungs-Boddenufer der Grauen Wiese und der Zipker-See-Niederung; Saaler Bodden, Niederungs-Boddenufer der Ribnitzer Stadtwiesen und Saaler-Bach-Niederungsufer.

Typenserie E

Quasistationäre, örtlich regressive Salzgrasland-Boddenufer vermoorter holozäner Meeressandebenen und Rückseitenniederungen; bei unterschiedlichen E_{eff}-Stufen Abrasionserscheinungen (Torfmikrokliffs, Auskolkungsnischen) an ungeschützten, beweideten Kanten stärker exponierter Ufer, die Brackwasserüberflutung mit mäßigen bis starken Nährstoffeinträgen – verbunden mit Salzanreicherung (nach Verdunstung) – sowie regelmäßige Beweidung sind die bestimmenden ökologischen Einflüsse für den Fortbestand dieses Ufertyps (Jeschke 1987). Seine Vegetation wird durch Ausbildungsformen des Salzgraslandes bestimmt, deren Vorkommen meist als gefährdet einzustufen sind. Ihre heutigen Areale stellen nur Relikte der früheren Ausdehnung dar; nach Auflassung und Eindeichung entwickeln sich die Salzgraslandufer zu Röhrichtufern der Typenserien D und C und F.

Beispiel: Koppelstrom/Bodstedter Bodden, Nadelhakenufer.

Typenserie F

Progressive Bodden- und Seeufer an holozänen, bereits vermoorten Niederungen im Bereich von Stillwasserbuchten und Nebengewässern mit fortgesetzter Vermoorung (z. T. mit Schwingkantenregime); E_{eff} schwach bis sehr schwach; bei stark reduzierter Salinität hohe wasserseitige Trophie; landseitige Trophiebedingungen von den geomorphologischen Bedingungen sowie der Hinterlandnutzung abhängig; Vegetationsabfolgen von meist eutraphenten Wasser- und Landröhrichten bzw. Staudenröhrichten, landseitig von teilweise bestandsgefährdeten Seggenrieden und Grasland-VF geprägt; Typha-Typ der Boddenverlandung (Haack 1960), zugleich Küstenausbildung der Verlandungsreichmoore mit Übergang zu den Bedingungen an eutrophen Binnenseen (Succow u. Kopp 1985).

Beispiele: Kleiner Jasmunder Bodden, Westufer westlich der Insel Pulitz; Großer Jasmunder Bodden, Ufer der Ralswieker Niederung; Spykerscher See; Usedomer See; Krumminer Wiek (Uferbereiche).

Literatur

Baschin M (1984) Erfassung und Kennzeichnung von hydrometeorologischen und sedimentologischen Merkmalen im Küstenraum der Darß-Zingster Boddenkette im Hinblick auf eine Naturraumtypisierung der Boddenküsten. Dipl-Arbeit, Ernst-Moritz-Arndt-Univ, Greifswald

Billwitz K (1986) Der Exkursionsverlauf unter besonderer Berücksichtigung der landschaftlichen Großgliederung. In: Exkursionsführer Raum Barth-Darß-Fischland. Greifswalder Phys-Geogr Studienmaterial 3:2–9

Brosin H-J (1965) Hydrographie und Wasserhaushalt der Boddenkette südlich des Darß und des Zingst. Veröffentl Geophys Inst Karl-Marx-Univ Leipzig, Ser 2, Bd 18 (3): 277–381

du Rietz GD (1950) Phytogeographical Excursion to the Maritime Birch Forest Zone and the Maritime Forest Limit in the Outermost Archipelago of Stockholm. In: Proc 7th Intl Bot Congr Stockholm/Waltham

Ellenberg H (1979) Zeigerwerte der Gefäßpflanzen Mitteleuropas. Scr Geobot 9

Fachbereichsstandard Küste und Küstengewässer (1966). TGL 92010, Gruppe 726, Fachbereich FSW Wasserwirtschaft, Berlin

Forschungs-(F/E-)Bericht (G4) der Sektion Geographie der Ernst-Moritz-Arndt-Universität: Untersuchungen zur geoökologischen Ausstattung und Bilanz sowie zu Stoffumlagerungen in und zwischen Geosystemen des Küstenbereiches. Greifswald (1986)

Grime JP (1974) Vegetation classification by reference to strategies. Nature (London) 250 (5):26–31

Haack E (1960) Das Achterwasser. Eine geomorphologische und hydrologische Untersuchung. Neuere Arbeiten zur mecklenburgischen Küstenforschung 4

Haase G (1978) Zur Ableitung und Kennzeichnung von Naturraumpotentialen. Petermanns Geogr Mitt 122 (2):113–125

Hundt R, Succow M (1984) Vegetationsformen des Graslandes der DDR. Wiss Mitt IGGg AdW DDR 14:61–104

Janke W (1986) Genese sowie landschaftsgenetisch-reliefstrukturelle Bau- und Landschaftstypen des Exkursionsgebietes. In: Exkursionsführer Raum Barth-Darß-Fischland. Greifswalder Phys-Geogr Studienmaterial 3:10–24

Jeschke L (1987) Vegetationsdynamik des Salzgraslandes im Bereich der Ostseeküste der DDR unter dem Einfluß des Menschen. Hercynia NF 24 (3):321–328

Jurko A (1979) Beitrag zur Stabilitätsbewertung von Vegetationseinheiten in der Landschaft. In: 5th Med Symp Probl Ekol Vyskumu Krajiny, Poprad, S. 101–110

Kliewe H (1960) Die Insel Usedom in ihrer spät- und nacheiszeitlichen Formenentwicklung. Neuere Arbeiten zur mecklenburgischen Küstenforsch 5

Kliewe H (1966) Quartärmorphologische Prinzipien und Probleme in Küstengebieten pleistozäner Vergletscherung in den Mittelbreiten. Beispiel: Vergleich Südschwedens mit Nordmecklenburg. Wiss Veröffentl Dtsch Inst Länderkd NF 23/24:23–39

Kliewe H (1975) Spätglaziale Marginalzonen auf der Insel Rügen – Untersuchungsergebnisse und Anwendungsbereiche. Petermanns Geogr Mitt 119 (4):261–269

Kliewe H (1987a) Genetische und stratigraphische Merkmale von Küstenniederungen im Bereich der südbaltischen Boddenausgleichsküste. Petermanns Geogr Mitt 131 (2) 73–81

Kliewe H (1987b) Zur Morphogenese der Bodden und ihrer Randniederungen. Wiss Z Ernst-Moritz-Arndt-Univ, Math-Nat Reihe 36: 93–94

Kliewe H, Janke W (1978) Zur Stratigraphie und Entwicklung des nordöstlichen Küstenraumes der DDR. Petermanns Geogr Mitt 122 (2):81–91

Krisch H (1974) Zur Kenntnis der Pflanzengesellschaften der mecklenburgischen Boddenküste. Feddes Repert 85 (1/2):115–158

Krisch H (1987) Die Vegetation der ostmecklenburgischen Boddenküsten. Ausgewählte Probleme unter besonderer Berücksichtigung des Greifswalder Boddens. Diss Ernst-Moritz-Arndt-Univ, Greifswald

Lampe R (1986) Strukturerkundung im Bereich der Schorre. In: Forschungs-(F/E)-Bericht (G4) Greifswald, S. 113–127

Lange E, Jeschke L, Knapp HD (1986) Ralswiek und Rügen. Landschaftsentwicklung und Siedlungsgeschichte der Ostseeinsel. Teil I: Die Landschaftsgeschichte der Insel Rügen seit dem Spätglazial. Schr Ur- und Frühgesch 38

Lindner A (1978) Soziologisch-ökologische Untersuchungen an der submersen Vegetation in der Boddenkette südlich des Darß und des Zingst (südliche Ostsee). In: Limnologica 11 (2):229–305

Lippert K, Slobodda S (1986) Verlandungstypen an Boddenküsten. In: Forschungs-(F/E-)Bericht (G4), Greifswald, S. 136–144

Niedermeyer R-O, Kliewe H, Janke W (1987) Die Ostseeküste zwischen Boltenhagen und Ahlbeck. Geogr Bausteine NR 30

Rauch A (1986) Energieeintrag an ausgewählten Küstenabschnitten der inneren Seegewässer. Dipl-Arbeit, Ernst-Moritz-Arndt-Univ, Greifswald

Rüpprich U, Emmerich B (1986) Nährstoffgehalte in Schilftorf- und Boddenwässern – Beziehungen zu den Inhaltsstoffen von Schilfblättern und -rhizomen in Verlandungsgürteln der Boddenküste. Dipl-Arbeit, Ernst-Moritz-Arndt-Univ Greifswald

Schlüter H (1981) Geobotanisch-vegetationsökologische Grundlagen der Naturraumerkundung und -kartierung. In: Petermanns Geogr Mitt 125 (2):73–82

Schlüter H (1982) Geobotanische Kennzeichnung und vegetationsökologische Bewertung von Naturraumeinheiten. Arch Naturschutz Landschaftsforsch 22 (2):69–77

Schlüter H (1984) Die „Vegetationsform" als Elementareinheit landschaftlicher Vegetationsmosaike. Wiss Mitt IGG AdW DDR 14:7–16

Slobodda S (1985) Zur Struktur und Dynamik von Bodden-Verlandungssäumen an der Ostseeküste der DDR unter Berücksichtigung der aktuellen Nutzungsverhältnisse und erhöhter Umweltbelastung. In: Material VII. Intl Symp Probl Ökol Landschaftsforsch 3, Bratislava/Pezinok

Slobodda S (1986) Die aktuelle Vegetation in ihrer Eignung für die Typenbildung und Kennzeichnung komplexer landschaftlicher Einheiten. In: Forschungs-(F/E-)Bericht (G4), Greifswald, S. 39–46

Slobodda S (1986) Die Vegetation der Boddenverlandungsröhrichte sowie ihrer landseitig anschließenden Uferzonen. In: Forschungs-(F/E-)Bericht (G4) Greifswald, S. 134–136

Succow M (1982) Topische und chorische Naturraumtypen der Moore. In: Kopp D, Jäger K-D, Succow M (Hrsg) Naturräumliche Grundlagen der Landnutzung am Beispiel des Tieflandes der DDR. Berlin

Succow M, Kopp D (1985) Seen als Naturraumtypen. Petermanns Geogr Mitt 129 (3):161–170

Voigtland R (1983) Wasserchemismus und Biomasseproduktion in Schilfröhrichten und deren Beeinflussung durch Grund- und Boddenwässer. Wiss Z Ernst-Moritz-Arndt-Univ, Math-Nat Reihe 32 (1/2):113–119

Voigtland R (1984) Biologische und hydrochemische Stoffhaushaltsuntersuchungen in Schilfverlandungszonen. Diss Math-Nat Fak Ernst-Moritz-Arndt-Univ, Greifswald

Kartenwerke

MMK: Mittelmaßstabige landwirtschaftliche Standortkartierung

4.9 Zur Genese der Küstenüberflutungsmoore im Bereich der vorpommerschen Boddenküste

Lebrecht Jeschke und Elsbeth Lange

Für den nordöstlichen Küstenraum der ehemaligen DDR unterschieden Kliewe und Janke (1978) drei morphogenetische Strukturtypen, denen drei Faziesbereiche oder Niederungstypen entsprechen:
- Meeressandebenen der Haken und Nehrungen der Außenküsten;
- Rückseitenniederungen der Haken und Nehrungen sowie Binnenbodden;
- Mündungsgebiete der Küstenflüsse.

Rückseitenniederungen und Mündungsgebiete der Küstenflüsse zeichnen sich durch ausgedehnte Torflager aus, die zu den Überflutungsmooren gezählt werden (Succow 1981). Die Genese der Niederungen im Mündungsbereich der Küstenflüsse erfuhr durch Janke (1978) eine eingehende Bearbeitung. In entwicklungsgeschichtlicher Hinsicht nehmen die Moorniederungen im Mündungsbereich der Küstenflüsse eine Übergangsstellung zwischen den Auenüberflutungsmooren und den Küstenüberflutungsmooren ein; ihre aktuelle Vegetation wird von süßwasserbeherrschten Röhrichten geprägt.

Im Bereich der Rückseitenniederungen und Boddenufer hingegen spielen neben Brackröhrichten Phytocoenosen der Salzwiesen und Salzweiden eine dominierende Rolle. Dieser Vegetations- und Standortkomplex wurde bisher meist als Ergebnis der phytogenen Verlandung dargestellt (Fukarek 1961; Gomolka u. Janke 1976; Slobodda 1985). Dabei wurde übersehen, daß Verlandungsmoore nur bis zur Höhe des Wasserspiegels des verlandenden Gewässers aufwachsen können, die Torflager an den Boddenküsten jedoch deutlich aus dem Mittelwasserbereich herausgewachsen sind und augenscheinlich auch heute Torf akkumulieren, soweit nicht Eindeichungen das Überflutungsregime stören. Durch Untersuchungen Succows (1981) sind Stratigraphie und stoffliche Charakteristik der Sedimente von Küstenüberflutungsmooren im Raum der Wismarbucht und des Kleinen Oderhaffs bekannt.

Eine erste, recht detaillierte Schilderung der Torflager am Greifswalder Bodden, die zweifellos zu den Küstenüberflutungsmooren gehören, verfaßte Bornhöft (1884, S. 29/30). Dieser beschreibt in seiner Promotionsschrift die Torflager zu beiden Seiten des Peenearmes, „an dessen Mündung sie weit in das Meer vorgeschoben sind, am nördlichen Ende des Ruden treten sie unter Dünensanden hervor, sie verbinden die diluvialen Inselkerne Mönchguts an der Westseite und umsäumen die hinter dem Nordufer des Boddens gelegenen Seen und seine westlichen Buchten“. Weiter schreibt Bornhöft (1884): „Die in der direkten Umgebung des Boddens befindlichen Moore überragen den Wasserspiegel nur um 20 bis 50 cm, ihre Mächtigkeit bei Middelhagen auf Mönchgut beträgt 3 bis 4 m . . .“. Über die Beschaffenheit der Torfe heißt es dann: „Eine deutliche Schichtung ließ sich nur vereinzelt auf dem Freesendorfer Struck und an der Having erkennen, wo dünne Sandstreifen mit feinen Moorlagen abwechseln“. Ferner beobachtete Bornhöft (1884) bereits „. . . eine 8 cm mächtige Schicht, die 25 cm unter der Oberfläche gelegen war . . .“, welche sich „. . . durch dunklere Farbe und größere Consistenz vor der übrigen dunkelbräunlichen Masse . . .“ auszeichnet.

Bezüglich der Entstehung dieser Torflager charakterisiert Bornhöft (1884) die Küstenmoore „als eine zum Teil abgeschlossene Bildung, welche unterstützt durch die bei Überschwemmungen abgelagerten Sinkstoffe wohl noch ein Fortwachsen nach aufwärts zeigen“. Da sie vielfach dem Wellenschlag ungeschützt ausgesetzt seien, verringere sich ihre Flächenausdehnung jedoch überall.

Bei Erkundungen auf der Insel Rügen konnten die Beobachtungen Bornhöfts auch an anderen Boddenküsten bestätigt und erste Aussagen zur zeitlichen Einordnung der Entstehung dieser Küstenüberflutungsmoore gemacht werden (Lange et al. 1986). In der vorliegenden Arbeit werden die auf Rügen zur Genese der vorpommerschen Küstenüberflutungsmoore gewonnenen Ergebnisse anhand von zwei Pollendiagrammen aus dem Bereich des Barther Boddens überprüft und gegebenenfalls erweitert.

Probleme der Pflege und Behandlung der Salzgrasländer auf den Küstenüberflutungsmooren waren Anlaß für eingehendere Untersuchungen ihrer landeskulturellen Bedeutung und der Dynamik ihrer

Ökosysteme (Jeschke 1983, 1985, 1987). Dabei ergab sich sehr bald, daß die Kenntnis der Genese des Salzgraslandstandortes den Schlüssel zum Verständnis der dort gegenwärtig ablaufenden Prozesse liefert.

Das Untersuchungsgebiet

Die Inseln Kirr (380 ha) und Oie (80 ha) im Nordwestteil des Barther Boddens bilden das Naturschutzgebiet gleichen Namens (Abb. 1). Ursprünglich zum Schutz der Brutvogelfauna ausgewiesen, erfüllt das Reservat heute alle Anforderungen eines Naturschutzgebietes komplexen Charakters. Dazu hat nicht zuletzt die Erkenntnis beigetragen, daß hier kaum gestörte Küstenüberflutungsmoore mit einem ungewöhnlichen Reichtum verschiedenartiger Oberflächenstrukturen anzutreffen sind.

Beide Inseln werden durch ein etwa 250 m breites Flachwassergebiet (ca. 0,5 m tief) getrennt. Bereits auf den ältesten Karten erscheinen beide Inseln (Abb. 2, 3) als voneinander abgesonderte Landflächen. Vermutlich bildeten sie in frühen Entwicklungsphasen ein einheitliches Überflutungsmoor, dessen Torfkörper im Fortgang des Transgressionsgeschehens geteilt wurde. Noch heute unterliegen die Ufer beider Inseln einer deutlichen Abrasion.

Die Torflager schließen aus feinklastischen Sedimenten bestehende Mineralbodendurchragungen ein. Es handelt sich offensichtlich um die gleichen spätglazialen Beckensande, die im Gebiet des Darß und Zingst weit verbreitet sind. Die im Bereich der Bodden marin umgelagerten Beckensande verhüllen den älteren pleistozänen Untergrund und bilden ein weitgehend ausgeglichenes Relief mit durch Rinnen oder seltener auch tiefere Kolke gegliederten Sand-

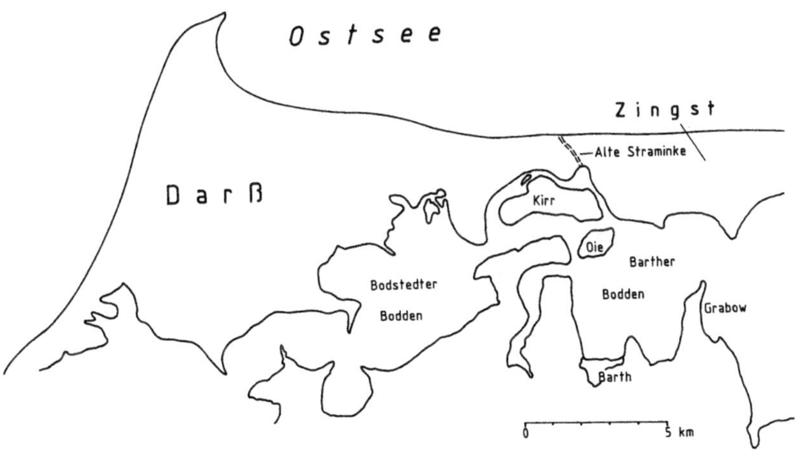

Abb. 1. Untersuchungsgebiet

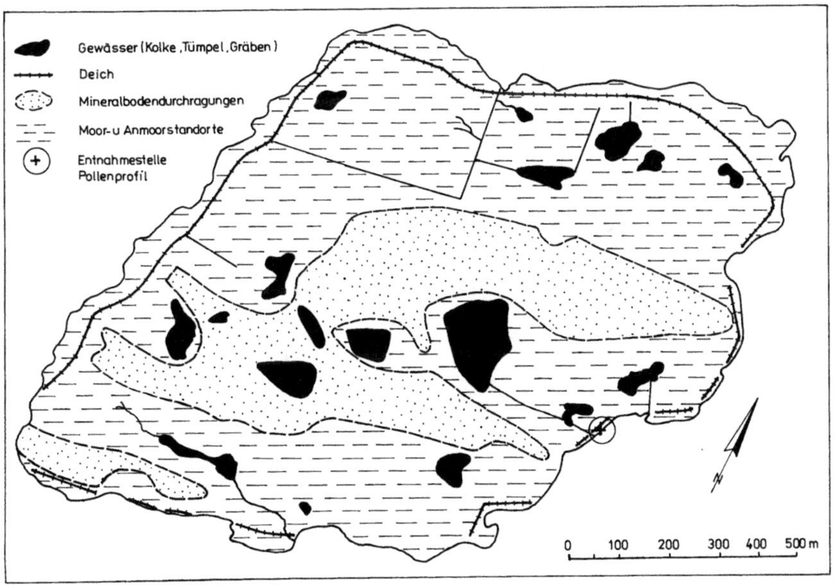

Abb. 2. Die Insel Oie

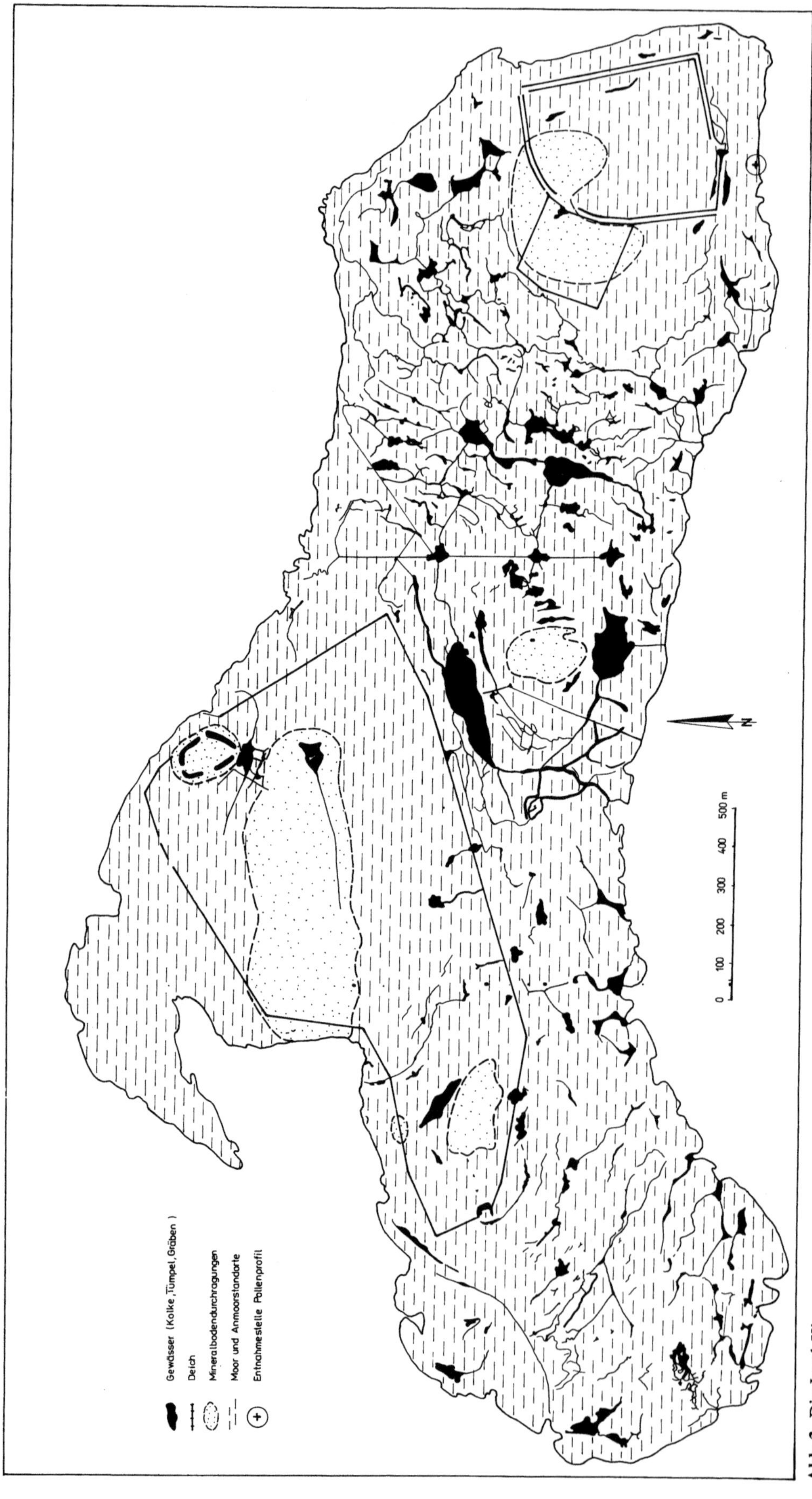

Abb. 3. Die Insel Kirr

platten. Die Reliefformung wird entscheidend von Ausgleichsströmungen zwischen Ostsee und Bodden durch das unmittelbar nördlich der Insel Kirr gelegene Fluttor der Alten Straminke beeinflußt worden sein. Dieses Seegatt wurde letztmalig 1625 aktiviert, seitdem hat es keine Rolle mehr gespielt. Die schwedische Matrikelkarte von 1696 zeigt die Alte Straminke von der Ostsee her bereits verschlossen. In der Beschreibung des Ortes Müggenburg heißt es: „Das Stremminsche Diep bis vor 60 Jahren ein den Zingst durchschneidender Wasserlauf jetzt mit Sand gefüllt" (Curschmann 1948, S. 59). Damit dürfte die Sandplatte des Kirr in morphogenetischer Hinsicht einer Rückstromdelta-Bildung entsprechen, ähnlich wie die Schmidt-Bülten an der Einmündung des Prerowstromes in den Bodstedter Bodden.

Nach der Schließung des letzten großen Fluttores in der Darß-Zingster-Boddenkette (Abriegelung des Prerowstromes Ende des 19. Jahrhunderts) gehört der Barther Bodden mit Salzgehaltswerten von 2–10‰ zum β-mesohalinen Bereich (Lindner 1978).

Das natürliche hydrographische Netz der Priele, Kolke und Tümpel, die in „Salzpfannen" übergehen können, wurde auf größeren Flächen durch zusätzlich angelegte Gräben und Deiche verändert. Weidebedingte Rasenformationen prägen die aktuelle Vegetation der Inseln Kirr und Oie. In Abhängigkeit von der Nährstoffversorgung sind die Mineralbodendurchragungen von Kammgrasweide (Lolio-Cynosuretum), *Agrostis tenuis-*, *Nardus stricta-* oder *Deschampsia flexuosa*-Weiderasen bedeckt. Die 0,5–2 m mächtigen Torflager dagegen tragen ausnahmslos weidebedingte Ausbildungsformen des Salzbinsen-Rasens (Juncetum gerardii). In den zahlreichen Prielen und Tümpeln treten in Trockenzeiten reich entwickelte Salzpionierfluren mit *Salicornia europaea, Spergularia media* und *Spergularia salina* auf. In den tieferen Kolken können sich *Potamogeton pectinatus-*, *Ruppia maritima-* und *Ranunculus baudotii*-Gesellschaften entwickeln.

Befunde

Profil Oie (Abb. 4, Beilage 1)

Das Sedimentpaket von der Barther Oie, das pollenanalytisch untersucht wurde, erreicht eine Mächtigkeit von 1,2 m. Über dem spätglazialen Sand im Liegenden lagern 70 cm mächtige, gering zersetzte Schilftorfe. Im Hangenden gehen sie in ein schwarzes, schlickartiges, etwa 11 cm starkes Sediment ohne mikroskopisch sichtbare Strukturen über. Den Abschluß bildet ein typischer Salzwiesentorf mit deutlich sich abzeichnenden mineralischen Einlagerungen.

Die Vegetationsentwicklung im untersuchten Profil begann gegen Ende des Subboreals mit einem an haline Milieuverhältnisse angepaßten Röhricht. In der Vegetation der terrestrischen Standorte herrschten noch die Elemente des wärmezeitlichen Waldbildes vor, darauf weisen die hohen Corylus-, Tilia- und Ulmus-Werte hin. In unmittelbarer Umgebung des Untersuchungsgebietes müssen, nach den bei 31% liegenden Pollenwerten von Calluna, offene Zwergstrauchheiden mit Myrica existiert haben. Dabei kann es sich nur um Meerheiden etwa im Bereich des Darß und Zingst (Sundische Wiese) gehandelt haben.

Die Schilftorfbildung und damit die Röhrichtentwicklung setzte sich dann während des Älteren Subatlantikums in einem Brackwassermilieu fort. Bemerkenswert sind die hohen Werte der tubifloren Asteraceae, die überwiegend von *Aster tripolium* stammen. Auch die ebenfalls hohen Werte der Poaceae verweisen zusammen mit der durch ihre Pollen geringer vertretenen Gattung Artemisia und den Chenopodiaceae auf Brackwasserröhrichte. Gegen Ende der Pollenzone IX erscheint dann auch *Plantago maritima.* In den Wäldern der Umgebung vollzog sich die Umschichtung des Eichenmischwaldes mit dem Abfall der Ulmus-Kurve und dem Rückgang von Quercus. Die Kurve von Tilia läßt eine leicht steigende Tendenz erkennen, während Carpinus und Fagus nur sporadisch und in geringer Pollenzahl nachgewiesen sind, die Ausbreitung von Corylus war nicht allzu groß.

Die Grenze zur Pollenzone X a wurde an den Beginn des kräftigen Eichenrückgangs gelegt, der vermutlich rodungsbedingt war, obwohl eindeutige Siedlungszeiger kaum auftreten. Zunächst lassen sich zwar keine dramatischen Änderungen der Vegetationsverhältnisse am Untersuchungspunkt erkennen, dann aber fehlen Pollen des Schoenoplectus-Typs (vor allem wohl Schoenoplectus selbst) praktisch völlig. Calluna nimmt leicht zu und die Werte der tubifloren Asteraceae gehen fast auf Null zurück. Damit deutet sich gegen Ende dieser Pollenzone eine einschneidende Milieuänderung an. Als neues Element tritt nur Lythrum hinzu, sicher *Lythrum salicaria*, eine Art austrocknender Röhrichte und Seggenriede. Die Cyperaceenwerte steigen während dieses Abschnittes leicht an. Schließlich hörte die Schilftorfbildung auf, es erfolgte der Übergang zu jenem bereits geschilderten und als Schlick bezeichneten Sediment, das ebenso auch als Torfmudde angesprochen werden kann. Das Erscheinen von Halophyten sowie die stark ansteigende Kurve der Poaceae deuten auf initiale Phasen von Grasland-Phytocoenosen hin, die wohl noch mehr den Charakter einer halophilen Pioniervegetation besaßen. Die Vegetationsentwicklung auf den terrestrischen Standorten war durch eine weitere Auflichtung der Wälder gekennzeichnet. Ulmus fällt gänzlich aus, und Tilia unterliegt einem starken Rückgang. Siedlungszeiger treten nur sehr spärlich auf, so daß offensichtlich in unmittelbarer Umgebung des Untersuchungspunktes keine dichte slawische Besiedlung existierte. Die Carpinus- und Fagus-Werte sind ungewöhnlich niedrig.

Die Grenze zur Pollenzone Xb wurde kurz vor dem Einsetzen der geschlossenen *Plantago lanceolata*- und Cerealia-Kurve gezogen. Wenig später beginnt dann die Salztorfbildung. Über eine Initialphase mit hohen Asteracen (Tubiflorae)- und Poaceenwerten entwickelte sich die typische Salzwiese oder besser Salzweide. Auf die von Gräsern und Gänsefußgewächsen beherrschte Ausbildung folgte die trockenere Salzweide mit Armeria und *Plantago coronopus*. In der Struktur der Salzbinsentorfe zeichnen sich diese Sukzessionen nicht ab. Die eingelagerten Schluff- und Sandbänder markieren bedeutendere Hochwasserereignisse. Solch kurzfristige Einflüsse können sich im Pollendiagramm – bei einem Probenabstand von 5 cm – kaum widerspiegeln. In den Wäldern der Umgebung gewann Pinus zunehmend an Boden, ohne daß der Anteil von Fagus nennenswert zurückging.

Unter den Siedlungszeigern dominieren die für Weideland charakteristischen Pflanzen und die Getreidearten. Das Profil dürfte etwa 100 Jahre vor heute enden.

Profil Kirr (Abb. 5, Beilage 1)

Erwartungsgemäß besteht hinsichtlich der Sedimentfolge und der Vegetationsentwicklung eine große Übereinstimmung zwischen den Profilen Oie und Kirr, jedoch setzt die Schilftorfbildung auf der Insel Kirr erheblich später ein. Möglicherweise ist mit den tiefsten Lagen noch der Ausklang der Pollenzone IX erfaßt. Der Hauptteil der Schilftorfe gehört jedoch zur Pollenzone Xa.

Das Röhricht kann ebenfalls als Brackwasserröhricht mit *Aster tripolium* charakterisiert werden. Bemerkenswert ist hier jedoch das Auftreten von Ruppia und Myriophyllum. Wahrscheinlich existierte in der Nähe der Probenentnahmestelle ein Priel oder Kolk, in dem diese Arten in Massen vorkamen. Zum Ende der Schilftorfbildung verschwinden die Wasserpflanzen, und das verweist auf eine Stagnationsphase. In den Wäldern auf den terrestrischen Standorten sind im Unterschied zum Profil Oie Fagus und Carpinus mit wesentlich höheren Pollenzahlen vertreten. Dafür ist Tilia bereits weitgehend ausgefallen. Auch im Auftreten der Siedlungszeiger bestehen erhebliche Unterschiede; zwar ist Secale nur in drei von fünf Spektren enthalten, die Pollenwerte von *Rumex acetosella* und *Plantago lanceolata* sowie von den *Cerealia sine Secale* belegen jedoch einen nicht unerheblichen slawischen Siedlungseinfluß.

Die Grenze zur Pollenzone Xb liegt im Bereich der als Schlick bezeichneten hochzersetzten Torfmudde. Damit ist ähnlich wie im Profil Oie gleichzeitig ein genereller Vegetationsumschlag verbunden. Das Brackwasserröhricht wird von Salzboden-Pionierfluren eingenommen. Es sei besonders auf *Aster tripolium* und die Chenopodiaceae verwiesen. Darauf folgt ein besonders hoher Poaceengipfel von 448%; daß es sich dabei nicht um Phragmites handeln kann, geht aus dem Fehlen von Schilftorfen hervor. In den folgenden Spektren spiegeln sich im Verlauf der Salzwiesen-Torfbildungen bemerkenswerte Sukzessionen wider. Dem ausgeprägten Gipfel in der Poaceenkurve folgen Maxima in den Kurven von *Plantago maritima*, des Triglochin-Pollentyps und der Chenopodiaceae. Schließlich zeichnet sich in 20 cm Tiefe ein zweiter Poaceengipfel (136%) ab, auf den ein Anstieg der Cyperaceenkurve folgt. In den Wäldern der Umgebung setzte sich Pinus stärker durch, jedoch ist auch Quercus noch mit erstaunlich hohen Pollenzahlen vertreten.

Abschließend seien einige Bemerkungen zur Siedlungsgeschichte angefügt. Die Besiedlung bzw. landwirtschaftliche Nutzung in unmittelbarer Umgebung der Untersuchungspunkte erfolgte allem Anschein nach relativ spät. Die Insel Oie war vermutlich in slawischer Zeit nicht besiedelt. Die schwedische Matrikel berichtet 1696 von einem „Holländer und Viehzüchter" auf der Insel, der auch Ackerbau betreibt (Curschmann 1948, S. 25). Als Weideland dürfte die Insel jedoch bereits seit dem 13./14. Jahrhundert genutzt worden sein, ähnlich wie es für die Insel Kirr belegt ist. Nach Curschmann (1948, S. 60) erwarben Barther Bürger 1336 auf der Insel Kirr Land. Die schwedische Matrikel berichtet von guten Wiesen und Weiden: „Die Amtsdörfer Rubitz, Kentz und Küstrow dürfen ihr Vieh vom ersten Anfang des Frühjahres bis 11. Juni auf dem Kirr weiden. Danach müssen sie für jedes Vieh 1/4 Scheffel Roggen oder entsprechenden anderen Entgelt geben". Seit dieser Zeit sind die Salzwiesen beider Inseln ohne größere Unterbrechungen bis in die Gegenwart als Weideland genutzt worden. Auf der Insel Kirr bestanden 2 Bauernhöfe, während auf der Insel Oie eine Bauernwirtschaft betrieben wurde.

Diskussion

Die Torfakkumulation in den Küstenüberflutungsmooren der vorpommerschen Boddenküsten begann nach den bisher vorliegenden Ergebnissen mit dem Ausklingen der Litorinatransgression. Es handelte sich durchweg um Schilftorfe, die bis in das jüngere Subboreal zurückreichen. Gegen dessen Ende sind die Torfe stärker zersetzt und die Pollen stärker korrodiert, beides ist Folge von Wasserspiegelschwankungen. Zeitlich ist dieses Geschehen der spätlitorinen Regression zuzuordnen (Kliewe u. Janke 1982). Mit dem Fortgang der postlitorinen Transgression im Subatlantikum wurden weniger zersetzte Schilftorfe gebildet. Die Schilftorfakkumulation hielt offensichtlich mit dem Anstieg des Wasserspiegels Schritt, wobei sich die älteren Torfe durch einen deutlich höheren Schluff- und Sandanteil auszeichnen. Damit wird unterstrichen, daß es sich bei diesen Torfen nicht um Verlandungstorfe handelt. Die diese Torfe bildenden Brackwasserröhrichte können – im Unterschied zu den Süßwasserröhrichten – nur in Wassertiefen von 10 bis maximal 20 cm existieren (vgl. Schmeisky 1974; Krisch 1978; Härdtle 1984). Ebenso ist ein Hinauswachsen der Röhrichte aus dem Mittelwasserniveau nur in ganz geringem Umfang möglich, dennoch erscheint ihre Zuordnung zum hydrologisch-genetischen Moortyp „Küstenüberflutungsmoor“ gerechtfertigt.

Der Zusammenbruch der Röhrichte gegen Ende der Pollenzone Xa, im Sediment dokumentiert als Übergang von Schilftorfen zu einer hoch zersetzten organogenen, schlickartigen Torfmudde, läßt sich bisher nur als Folge einer Regression deuten. So weisen die obersten Zentimeter der jüngsten Schilftorfe bereits höhere Zersetzungsgrade auf. Es kann davon ausgegangen werden, daß die Röhrichte kurzzeitig von Hochstauden-Phytocoenosen abgelöst wurden. In den Pollenspektren spiegelt sich diese Vegetation kaum wider. Vielmehr muß sogar mit einer Sedimentlücke gerechnet werden. Die vorliegenden Befunde unterstützen die von Kliewe u. Janke (1982, S. 68) postulierte „Regression in den ersten Jahrhunderten nach der Zeitenwende“. Unsicher ist lediglich der Zeitpunkt des Umschlags von der regressiven Phase zur „Postlitorinen Transgression mit schwachen Oszillationen“. Bei Kliewe u. Janke (1982) beginnt diese letzte Transgressionsphase bereits im 8.–9. Jahrhundert, während die Befunde der Verfasser für einen späteren Beginn sprechen (vgl. auch Kolp 1979).

Mit dieser letzten Transgressionsphase beginnt die Entwicklung der Salzwiesen. Auf die Schlicksedimentation folgt die Bildung von Salzwiesentorfen. In beiden untersuchten Profilen fällt die Salzwiesentorfbildung in auffälliger Weise mit dem Ansteigen der Kurven der Weidezeiger zusammen. Der Fazieswechsel Schlick/Salzwiesentorf erfolgt nahezu übergangslos. Es kann kein Zweifel darüber bestehen, daß der Weidegang von Rindern als ein entscheidender Faktor der Salzwiesentorfbildung angesehen werden muß.

Bereits Kolumbe (1932) untersuchte die Genese der Schönberger Salzwiesen in Ostholstein, ohne jedoch die eigentlichen Salzwiesentorfe näher zu analysieren. Er bezeichnet die dortigen Küstenüberflutungsmoore als „Strandmoore“ und legt dar, daß die Moorbildung zwar weitgehend mit der Transgression Schritt gehalten haben muß, jedoch wenigstens ein Meereseinbruch nachweisbar sei. Das Liegende der Moorbildungen besteht aus pleistozänen Ablagerungen, die im Zuge der Transgression vernäßten und vermoorten. Der dort stockende Eichenmischwald wurde in den Torfbildungsprozeß einbezogen. Auf einen Schilftorfhorizont folgen Seggentorfe, die dann von einem 0,5 m starken „Wiesentorf“ abgelöst werden (Kolumbe 1932). Aus einem Pollendiagramm, aus drei Baumpollenspektren bestehend, kann gefolgert werden, daß die Bildung des „Seggentorfes“ mit dem steilen Anstieg der Fagus-Kurve im Jüngeren Subatlantikum einsetzte. Zusammenhänge mit der Siedlungsgeschichte werden nicht gesehen.

Tapfer (1940) legte weitere pollenanalytische Untersuchungen der Küstenüberflutungsmoore aus dem Raum der Lübecker und Kieler Bucht vor. Im Mittelpunkt des Interesses standen dort die sogenannten Strandfeldmoore, bei denen es sich um submarine Torflager handelt. Die eigentlichen Küstenüberflutungsmoore werden als Nehrungsmoore bezeichnet und als aus der Verlandung ehemaliger Meeresbuchten hervorgegangen betrachtet (Tapfer 1940, S. 115). Tapfer bezeichnet die allgemein auf die Schilftorfe folgenden Sedimente als stark zersetzten, tonigen Schilftorf oder einfach als stark zersetzten Torf. Das von ihm untersuchte Torflager „Öhe E“ liegt mit seiner Oberkante 0,6 m über NN. Auch dieser Torf wird als Schilftorf bezeichnet, obwohl das beigegebene Photo deutlich die oberen Torflagen als Salzwiesentorf erkennen läßt. Am Übergang vom Salzwiesentorf zum Schilftorf im Liegenden ist auch dort ein dunkler, offensichtlich stark zersetzter Muddehorizont zu erkennen. Nach den Pinus- bzw. Fagus-Werten des dazugehörigen Pollendiagramms erfolgte die Salzwiesentorfbildung auch dort in der Pollenzone Xb (Tapfer 1940, S. 206). Aus dem Dargelegten folgt, daß den hier behandelten Küstenüberflutungsmooren entsprechende Bildungen auch im Bereich der westlichen Ostsee auftreten. Auch hinsichtlich der aktuellen Vegetation besteht große Übereinstimmung wie die Arbeiten von Schmeisky (1974) und Härdtle (1984) belegen.

Die Salzwiesentorfstandorte an der polnischen Ostseeküste werden von Piotrowska (1974) als niedrige Torfmoore (*low peat bogs*) bezeichnet. Es besteht kein Zweifel, daß auch diese Bildungen unseren Küstenüberflutungsmooren entsprechen.

Die Salzwiesentorfbildung, also das Herauswachsen des Torflagers aus dem Mittelwasserbereich, beruht sowohl auf dem Eintrag von mehr oder weniger mineralreichem Material als auch auf der Akkumulation von am Standort gebildeter organischer Substanz. Dieser Akkumulationsprozeß wird entscheidend durch den Tritt der Rinder und die damit verbundene Bodenverdichtung beeinflußt. Irmler u. Heydemann (1986) wiesen darauf hin, daß es auf beweidetem Salzgrasland in den obersten Bodenschichten zu anaeroben Zonen mit H_2S-Bildung kommt. Damit wird der Abbau organischer Substanz im Boden, in erster Linie also der Wurzelmasse der Salzvegetation, stark gehemmt. Der Eintrag vorwiegend minerogenen Materials im Zuge der Überflutung wirkt zusätzlich konservierend auf die organische Substanz in den obersten Bodenschichten. Mit dem Durchwachsen der dünnen Sedimentdecken wird gleichzeitig eine Verjüngung des Salzbinsenrasens bewirkt. Die Torfakkumulationsraten unterliegen, vor allem auch in Abhängigkeit von der Höhe des Eintrags minerogenen Materials, größeren Schwankungen. An den untersuchten Profilen ergaben sich Werte von 0,4–0,6 mm/Jahr. Ähnliche Akkumulationsraten wurden auch auf der Insel Rügen nachgewiesen (vgl. Lange et al. 1986).

In nicht mehr beweideten Küstenüberflutungsmooren degeneriert die Salzvegetation relativ schnell. Bei einer Abflußhemmung für das Überflutungs- und Niederschlagswasser kommt es in 20–30 Jahren zu einem oxidativen Abbau von bis zu 20 cm starken Salzwiesentorfschichten (Jeschke 1985), aber auch ohne Störung der Hydrographie des Standortes stagniert die Akkumulation organischer Substanz auf diesen beträchtlich aus dem Mittelwasserbereich herausgewachsenen Torflagern. Nach Voigtland (1983) können Fäulnisprozesse einen Abbau der organischen Substanz bewirken. Verbesserte Durchlüftung der oberen Bodenschichten allein läßt mit einem erhöhten oxidativen Substanzverlust rechnen. Eine nicht unbeträchtliche Rolle können dabei wühlende Kleinsäuger spielen.

Literatur

Bornhöft E (1884) Die geologischen Verhältnisse des Greifswalder Boddens. Diss Philos Fak Univ, Greifswald

Curschmann F (1948) Matrikelkarte von Vorpommern 1692–1698, 1. Teil. Rostock

Fukarek F (1961) Die Vegetation des Darß und ihre Geschichte. Pflanzensoziologie 12

Gomolka A, Janke W (1976) Zur Ausstattung, Struktur und Nutzung ausgewählter Räume im südlichen Küstengebiet der Ostsee – dargestellt an küstennahen Talungen und an Boddenküsten. Petermanns Geogr Mitt 120 (2):161–165

Härdtle W (1984) Vegetationskundliche Untersuchungen in Salzwiesen der ostholsteinischen Ostseeküste. Mitt Arbeitsgemeinsch Geobot Schleswig-Holstein Hamburg 34:1–142

Irmler U, Heydemann B (1986) Die ökologische Problematik der Beweidung von Salzwiesen an der Niedersächsischen Küste – am Beispiel der Leybucht. Naturschutz und Landschaftspflege in Niedersachsen 15

Janke W (1978) Schema der spät- und postglazialen Entwicklung der Talungen der spätglazialen Haffstauseeabflüsse. Wiss Z Ernst-Moritz-Arndt-Univ, Math-Nat Reihe 27:39–41

Jeschke L (1983) Landeskulturelle Probleme des Salzgraslandes an der Küste. Naturschutzarbeit in Mecklenburg 26:5–12

Jeschke L (1985) Vegetationsveränderungen in den Küstenlandschaften durch Massentourismus und Nutzungsintensivierung. Arch Naturschutz und Landschaftsforsch 25:223–236

Jeschke L (1987) Vegetationsdynamik des Salzgraslandes unter dem Einfluß des Menschen. Hercynia NF 24:321–328

Kliewe H, Janke W (1978) Zur Stratigraphie und Entwicklung des nordöstlichen Küstenraumes der DDR. Petermanns Geogr Mitt 122 (2):81–91

Kliewe H, Janke W (1982) Der holozäne Wasserspiegelanstieg der Ostsee im nordöstlichen Küstengebiet der DDR. Petermanns Geogr Mitt 126 (2):65–74

Kolp O (1979) Eustatische und isostatische Veränderungen des südlichen Ostseeraumes im Holozän. Petermanns Geogr Mitt 123 (3):177–187

Kolumbe E (1932) Pollenanalytische Untersuchungen der Schönberger Strandmoore in Holstein. In: Jahrb Preuss Geol Landesanst 33:408–420

Krisch H (1978) Die Abhängigkeit des Phragmites-Röhrichts am Greifswalder Bodden von edaphischen Faktoren und von der Exponiertheit des Standorts. Arch Naturschutz und Landschaftsforsch 3:121–140

Lange E, Jeschke L, Knapp HD (1986) Die Landschaftsgeschichte der Insel Rügen seit dem Spätglazial. Schr Ur- und Frühgeschich 38

Lindner A (1978) Soziologisch-ökologische Untersuchungen an der submersen Vegetation in der Boddenkette südlich des Darß und des Zingst (südliche Ostsee). Limnologica 11:229–305

Piotrowska H (1974) Nadmorskie zespoły solniskowe w Polsce i problemy ich ochrony (Der über dem Meeresspiegel gelegene Komplex von Salzböden in Polen und die Probleme ihres Schutzes). Ochr Przyr 39:7–63

Schmeisky H (1974) Vegetationskundliche und ökologische Untersuchungen in Strandrasen des Graswarders vor Heiligenhafen/Ostsee. Diss Univ, Göttingen

Slobodda S (1985) Zur Struktur und Dynamik von Boddenverlandungssäumen an der Ostseeküste der DDR unter Berücksichtigung der aktuellen Nutzungsverhältnisse und erhöhter Umweltbelastung. In: Tagungsmaterial VII. Intl Symp Probl Ökol Landschaftsforsch 3, Bratislava/Pezinok

Succow M (1981) Die landschaftsökologische Kennzeichnung und Typisierung der Moore der DDR. Diss Akad Landwirtsch DDR, Berlin

Tapfer E (1940) Meeresgeschichte der Kieler und Lübecker Bucht im Postglazial. Geol Meere Binnengewässer 4:113–244

Voigtland R (1983) Wasserchemismus und Biomasseproduktion in Schilfröhrichten und deren Beeinflussung durch Grund- und Bodenwasser. Wiss Z Ernst-Moritz-Arndt-Univ, Math-Nat, Reihe 32:113–119

4.10 Sedimentzusammensetzung und Ablagerungsbedingungen auf Sandhaken der Schwarzmeer-Limane

Jurij Dmitrivič Šujskij, Galina Vladimirovna Vychovanec und Reinhard Voigtland

An den Küsten des Schwarzen Meeres sind verschiedene Typen von Akkumulationsformen verbreitet. Besonders viele dieser Formen kommen im Bereich zwischen dem Donaudelta im Westen und dem Kap Chersones (Krim) im Osten vor. Auf einer Küstenlänge von über 1000 km werden 500 km von ausgedehnten Stränden, Terrassen, Haken und Riffen gebildet (Abb. 1).

Zur Einschätzung des Gebietes als Erholungsraum sind Informationen über die Strandsedimente, besonders deren granulometrische Zusammensetzung erforderlich. Diese hängt hauptsächlich vom Charakter des Sedimenteintrags ab. Im Raum zwischen dem Donaudelta und dem Kap Chersones erweist sich die Abrasion an Kliffs (A) und an Bänken (d) auf der Schorre als wichtigste Quelle für die Sedimentation. Alle anderen Ursachen wie Schwebstofffracht der Flüsse (Q_r), Eintrag biogenen (O_t) und äolischen (E_a) Materials in das Meer haben untergeordnete Bedeutung.

Zur Klärung des unterschiedlichen Ursprungs des Sedimenteintrags wurden während eines Zeitraums von 10 Jahren an 120 Küstenpunkten quantitative Daten ermittelt. Danach verhalten sich nach Šujskij (1981):

$(A + d) : Q_r : E_a : O_t = 55 : 21 : 8 : 16.$

Die Kliffs und Abrasionsplatten bestehen aus sehr unterschiedlichen Materialien, wobei neogene und holozäne Tone vorherrschen. An den Küsten in der Umgebung Odessas und im Westteil der Krim sind Kalkgesteine, Konglomerate und Sandsteine in Wechsellagerung mit Tongesteinen aufgeschlossen. Bei der Zerstörung dieser Gesteine entsteht ein Sediment, das verschiedene Korngrößen aufweist.

Die Zerstörung der Kalksteine, Konglomerate und Sandsteine liefert grobkörniges Material, daher ist der Anteil kiesiger Fraktionen auf einem Teil des Suchoj-Limans bis hin zum Kap Adshiask mit bis zu 20% beträchtlich. Auch auf dem Küstenabschnitt der Kalamitabucht und dem Kap Chersones herrscht der Grobsand-Kiesanteil vor, während der Sandanteil meist bei 25–30% liegt.

Ein Großteil der Flüsse mündet nicht direkt ins Schwarze Meer, sondern in die küstennahen Limane, in denen auch der Hauptanteil der Sedimentfracht abgelagert wird. Lediglich geringere Mengen sandigen, terrigenen Materials der Fraktion 0,05–0,25 mm gelangen in die Küstenzone. Ihr Anteil an der Sedimentfracht der Flüsse beträgt allerdings nur ca. 10%. Das biogene Material setzt sich aus Muschelschalen von Mytilus, Mya, Cardium, Dreissena, Ceritium und Pecten zusammen. In Sturmperioden werden sie in Mengen von ca. 0,2–0,3 t pro Jahr und Küstenmeter auf den Strand gespült. Der Anteil von Muschelschill am Strandsediment kann 15–20% erreichen, liegt im Mittel aber bei 5–8%. In der Kalamitabucht gibt es sogar einzelne, vollständig von Muschelschalen bedeckte Strandabschnitte.

Aus einigen ausgedehnten Akkumulationsformen werden die Feinsandbestandteile ausgeweht. Auf diese Weise gelangen jährlich pro Küstenmeter etwa 4–5 kg Material in das Meer, das mit der küstenparallelen Strömung versetzt wird und neue Formen aufbaut (Šujskij 1976).

Der größte Teil der Sedimente wird aber durch die Abrasion des Tongesteins an Kliffs und Bänken bereitgestellt. Der Anteil feinen Materials (<0,1 mm) beträgt gewöhnlich bis zu 90%. Nach der Zerstörung der Gesteine und durch ihren Transport mit den Wellen erfolgt die Differenzierung des aufgearbeiteten Materials. Auf dem Strand verbleiben die gröberen Fraktionen mit >0,1 mm Korngröße, während die feineren Bestandteile (<0,1 mm) mit der Strömung ins offene Meer gelangen. Untersuchungen, bei denen die Fraktion <0,1 mm in den Strandsedimenten äußerst selten war und nie über 1–2% lag, belegen dies.

Der Differenzierungsprozeß vollzieht sich ebenfalls bei den terrigenen Sanden und Kiesen sowie beim Muschelschill. Unter Einfluß der Wellen stoßen die Sedimentpartikel aneinander, sie zerbrechen und werden schließlich zerrieben. Durch den Abrieb verringert sich der Bestand an Strandsedimenten durchschnittlich um 7–10% pro Jahr.

Durch die Wellenumlagerung entstehen in der Kü-

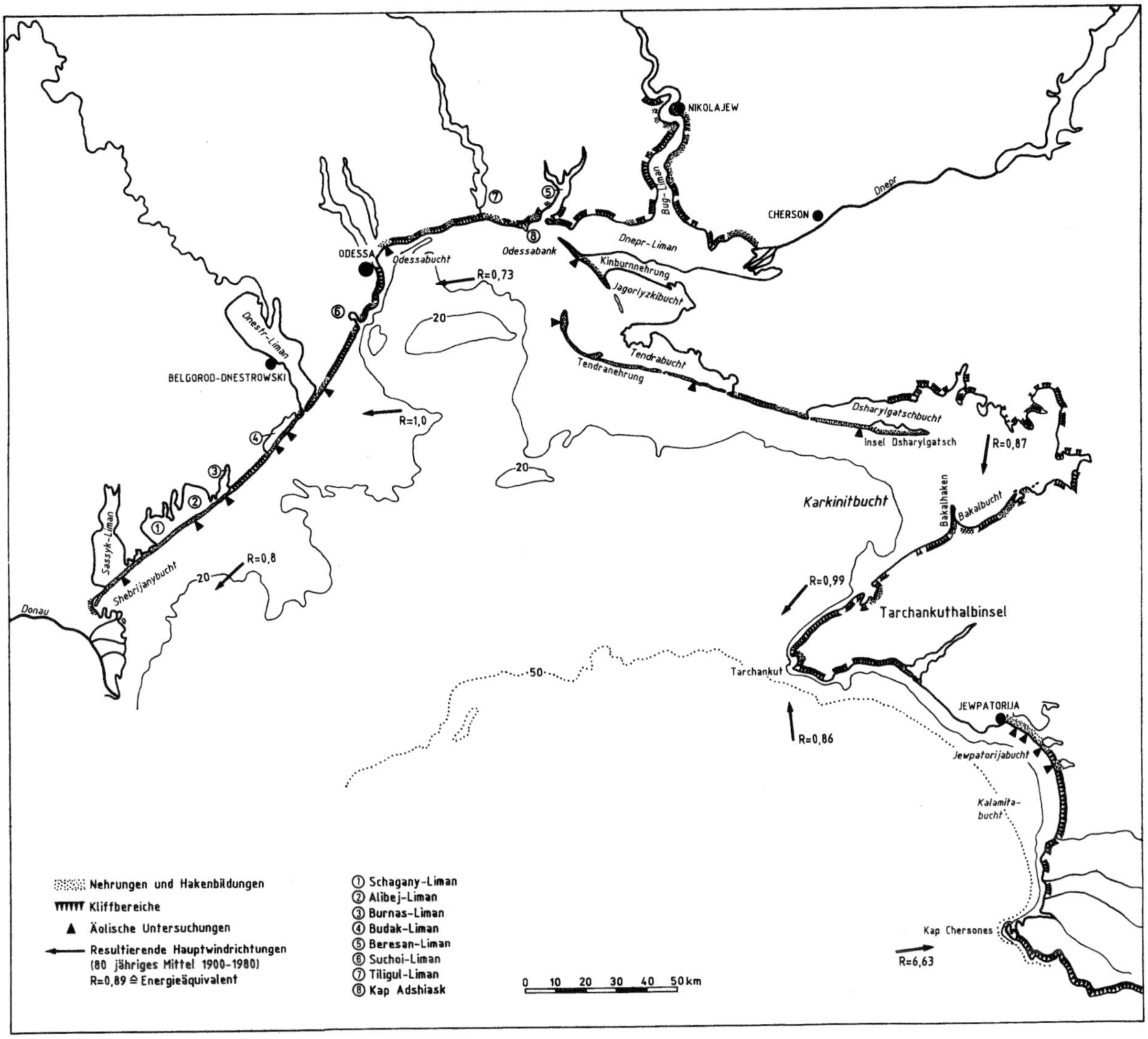

Abb. 1. Lage der Akkumulationsformen an der Küste des Schwarzen Meeres vom Donaudelta bis zum Kap Chersones

stenzone Abtragungs-, Durchfrachtungs- und Akkumulationsgebiete der Sandsedimente unabhängig von ihrem eigentlichen Ursprung. Die Sande sind folglich recht ungleichmäßig entlang der Küste verteilt. Akkumulationsformen, die vollständig aus Sandfraktionen aufgebaut sind, befinden sich in den Gebieten vom Donaudelta bis zum Suchoj-Liman, vom Tiligul-Haken bis zum Dnepr-Bug-Liman und auf der Kinburn-, Tendra-, Dsharyl-gatsch- und Bakal-Nehrung. Hier treten auch äolische Prozesse besonders stark in Erscheinung.

Bei der Mehrheit der Haken und Nehrungen handelt es sich um sehr schmale Gebilde mit einer Breite von 200–400 m. Daher sind die äolischen Prozesse auch sehr eng mit der Wellenumlagerung verbunden.

Als entscheidende Faktoren für äolische Prozesse gelten Windrichtung, Windgeschwindigkeit und Wirkdauer der Winde. Abbildung 2 zeigt die Windgeschwindigkeitsverteilung während eines Jahres für die 4 im Untersuchungsgebiet wirksamen Windrichtungen. Die höchsten Windgeschwindigkeiten wurden bei Winden aus Nordost-, Ost- und Südrichtungen in der Herbst- und Winterperiode registriert, im Sommer sind sie deutlich niedriger. Die Geschwindigkeiten reichen für eine intensive Sandumlagerung auf den Akkumulationsformen aus. Aus der Literatur (Zenkovič 1962; Šujskij 1976; Šujskij u. Vychovanec 1984) ist bekannt, daß Sandfraktionen von 0,1–0,25 mm in trockenem Zustand bei Windgeschwindigkeiten von 4–5 m/s anfangen, sich zu bewegen. An der Oberfläche der Limanhaken beträgt der Anteil dieser Fraktionen 40–60%.

Bei höheren Windgeschwindigkeiten werden aber auch wesentlich gröbere Sande mit 2–3 mm Durchmesser bewegt. Untersuchungen polnischer Wissen-

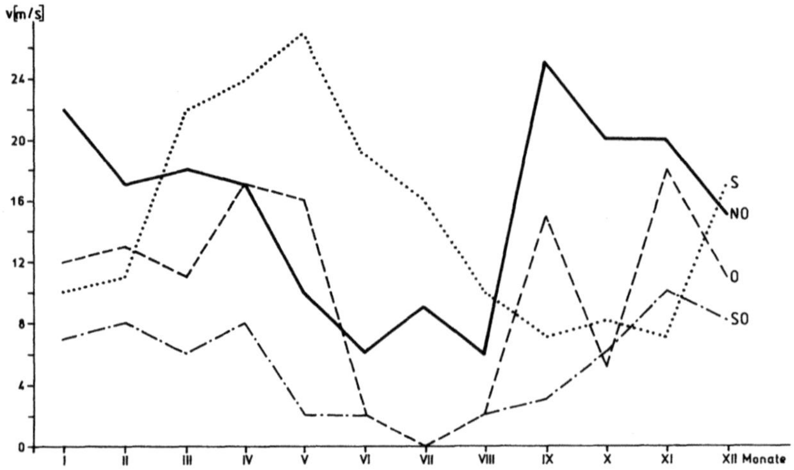

Abb. 2. Mittlere Windgeschwindigkeitsverteilung verschiedener Windrichtungen nach Monaten. Die Ermittlung der Werte erfolgte auf der Basis einer mehrjährigen Meßreihe für die Nordwestregion des Schwarzen Meeres

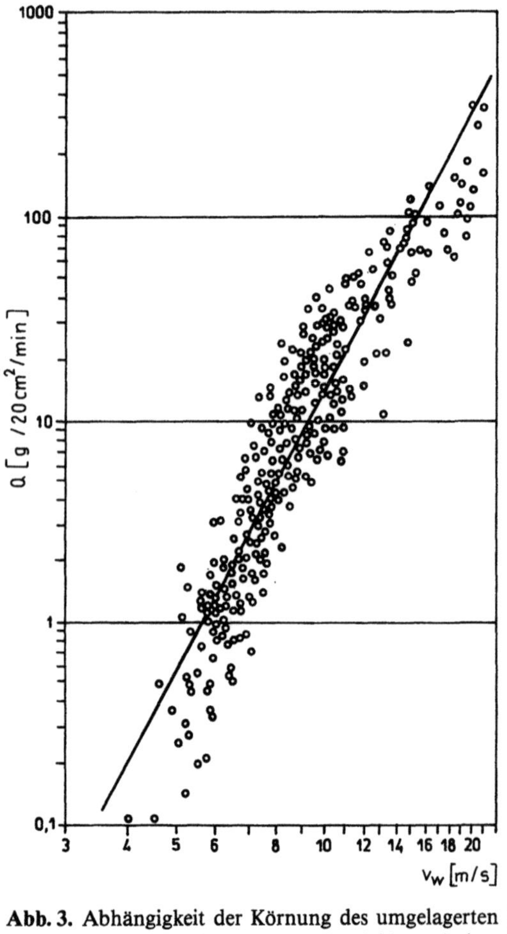

Abb. 3. Abhängigkeit der Körnung des umgelagerten Sandes von der Windgeschwindigkeit auf Sandakkumulationsformen an Meeresküsten. (Nach Borowka 1980)

schaftler (Borowka 1980) weisen Zusammenhänge zwischen Windgeschwindigkeit und äolischer Umlagerung nach (Abb. 3). Diese allgemeingültigen Zusammenhänge gelten natürlich auch für die Sandhaken des Schwarzen Meeres. Abbildung 3 zeigt, welche Sandmengen bei den gemessenen Windgeschwindigkeiten bewegt werden können.

Zur Demonstration der Sedimentzusammensetzung auf Haken und Nehrungen werden im folgenden zwei charakteristische Bereiche vorgestellt:

(a) Abbildung 4 zeigt ein Querprofil vom Haken des Budak-Limans. Dieses Profil vermittelt eine Vorstellung über die Höhe und das Relief des Hakens. Die Grafiken belegen die entscheidende Bedeutung des Medianwertes (Md), der auf der Meeresseite mit 2,40 – 2,45 mm relativ einheitlich ist, was sich im wesentlichen auf die Beimischung ganzer und zerkleinerter Muschelschalen zurückführen läßt. In den übrigen Bereichen beträgt der Medianwert 0,20 – 0,22 mm.

Der Sortierungswert S_0 (TRASK) verändert sich in großen Stufen. Am wenigsten sortiert sind die Sande auf dem Meeresstrand. Hier nimmt S_0 Werte von 3,0 – 3,5 an. Dagegen geht der Koeffizient auf 1,4 – 1,5 im Bereich des Limanstrandwalls zurück. Durch die intensive Einwirkung der Wellen ist insgesamt jedoch ein verhältnismäßig hoher Sortierungsgrad auf den Haken zu verzeichnen.

Schließlich soll noch auf die Hauptfraktion C eingegangen werden. Unter C wird der prozentuale Anteil des Korngrößenbereichs von >0,1 – <0,25 mm zusammengefaßt, der den Hauptanteil der Strandsedimente bildet. Auf der Meeres- und Limanseite ist sein Anteil allerdings am geringsten. Unter den Bedingungen direkter Welleneinwirkung wird die Hauptfraktion C durch Brandungsströmungen hinaus ins Meer getragen und in Tiefen von 1,5 – 4,0 m abgelagert. Im zentralen Bereich des Hakens läßt sich ein besonders intensives Einwirken der Brandungsströmung nachweisen. Weiterhin verringert

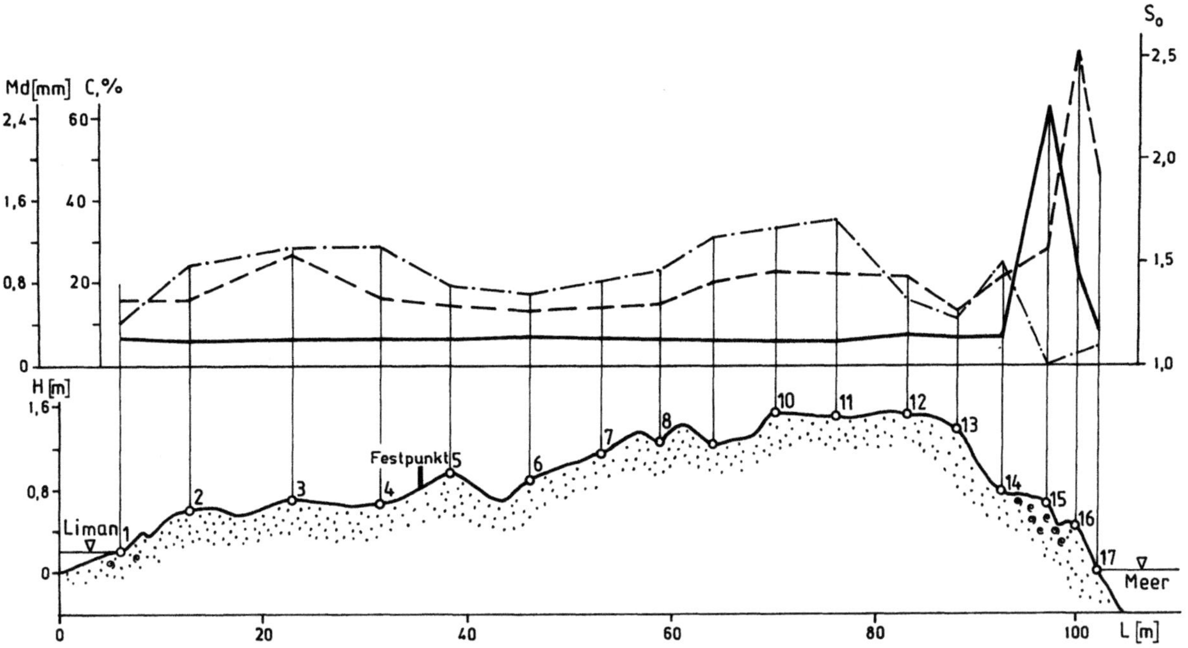

Abb. 4. Grundlegende granulometrische Charakteristik entlang eines Querprofiles über den Haken des Budak-Limans. ○ Punkte typischen Sedimentbestandes; ——— Medianwert Md in mm; – – – Sortierungskoeffizient (TRASK) S_0; – · – · – Gehalt der Hauptfraktion C (0,1 – 0,25 mm) am Sedimentbestand in %

sich der Anteil der Hauptfraktion C auf dem Meeresstrand durch Deflation. Die Fraktion 0,1 – 0,25 mm wird vom Wind ins Innere des Hakens verlagert und bildet dort den Hauptbestandteil der ersten Primärdünen mit Höhen von 0,5 – 1,5 m (Abb. 4).

(b) Das zweite Beispielsgebiet wird mit dem Haken des Burnas-Limans (Abb. 5) vorgestellt. Die allgemeinen Gesetzmäßigkeiten der Sedimentverteilung stimmen mit dem vorhergehenden Beispiel überein und erweisen sich auch bei den anderen Akkumulationsformen, wie der Tendra- und Dsharylgatsch-Nehrung sowie dem Sassyk-, Alibej- und Dnestr-Haken, als gültig.

Aus Abbildung 5 wird ersichtlich, daß die am meisten kontrastierende Sedimentverteilung auf dem Meeresstrand vorliegt. Hier schwankt der Medianwert Md zwischen 3,0 und 3,2 mm sowie der Sortierungswert S_0 zwischen 2,0 und 2,5. Gleichzeitig verändert sich der Anteil der Hauptfraktion C sehr stark. Ihr größter Anteil (>60%) wurde auf den höchsten Teilen des Meeresstrandes nachgewiesen, auf dem Reff der ersten Primärdüne beträgt er nur noch 15 – 20%. Von hier aus bläst der Wind den Feinsand in die Riegen und Bereiche mit dichter Vegetationsdecke. Der Anteil der Hauptfraktion liegt hier bei 20 – 25%.

Die Analyse der gesamten Meßwerte läßt die Schlußfolgerung zu, daß die Sedimentverteilung an der Hakenoberfläche vom Zusammenwirken der Faktoren Windgeschwindigkeit und Windrichtung mit dem Relief der Haken abhängt. Die bestimmenden Elemente der Oberfläche sind nach Šujskij und Vychovanec (1984) der Grad der Reliefgliederung und die Dichte der Pflanzendecke: Je stärker die Reliefgliederung und je dichter die Pflanzendecke, desto geringer die Windgeschwindigkeit und desto günstiger die Akkumulationsbedingungen für die äolischen Sedimente. Dagegen sind Windgeschwindigkeiten und Deflation bei ebenem Relief ohne Pflanzenbewuchs am größten.

Zur Bestätigung dieses Zusammenhanges sei ein Beispielsprofil vom Haken des Alibej-Limans (Abb. 6) zur Diskussion gestellt. Aus Abbildung 6 wird ersichtlich, daß die Windgeschwindigkeit in Bodennähe mit zunehmender Pflanzendichte sinkt. Die Windgeschwindigkeit in 1 m Höhe ist 1,5 – 3,5mal, in 2 m Höhe sogar 2 – 6mal größer als in einer Höhe von 0,1 m über der Erdoberfläche. Diese Differenz muß bei der Bewertung äolischer Prozesse nach Beobachtungsdaten hydrometeorologischer Stationen berücksichtigt werden, da die Anemometer dort nur in Höhen von 2, 7, 9 und 13 m exponiert sind.

Bei völlig gleichförmigen Oberflächen ist die Abnahme der Windgeschwindigkeit bis in 0,1 m Höhe recht gering. Erst das Relief und die Vegetation wirken modifizierend. Abbildung 7 zeigt die Verteilung der Windgeschwindigkeiten in 0,1 m Höhe für verschiedene Windrichtungen entlang eines Querprofils

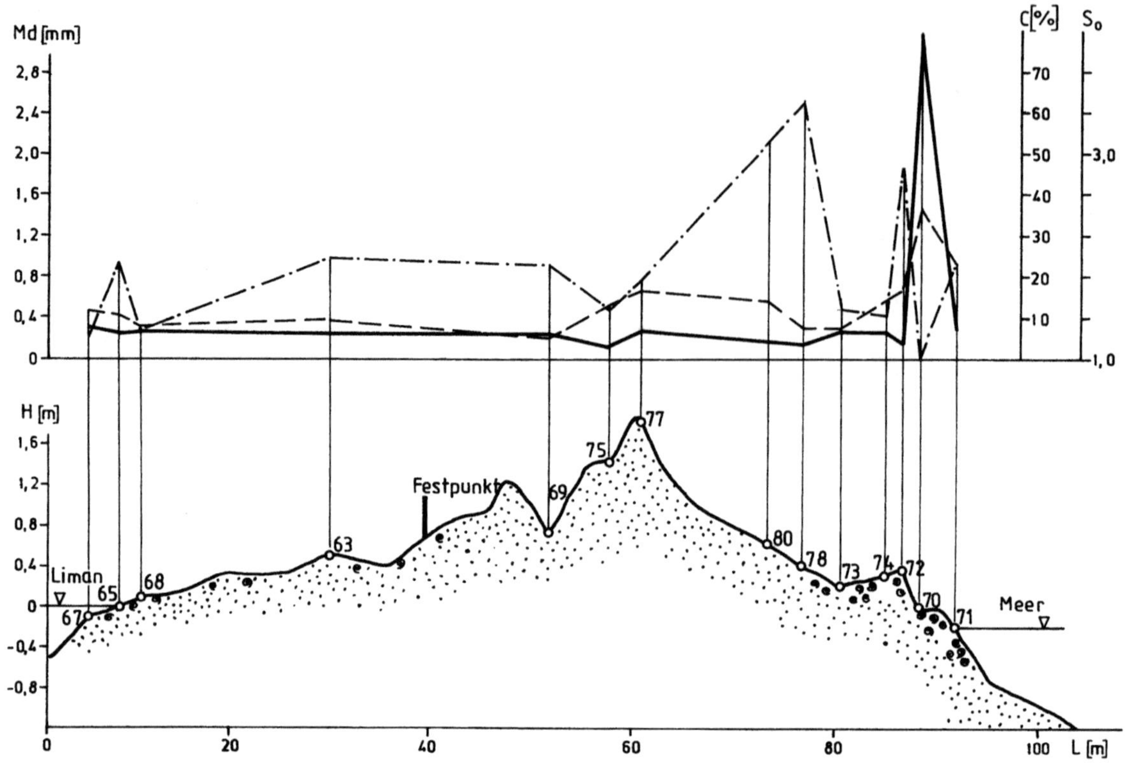

Abb. 5. Grundlegende granulometrische Charakteristik entlang eines Querprofiles über den Haken des Burnas-Limans. ○ Punkte typischen Sedimentbestandes; ——— Medianwert Md in mm; – – – Sortierungskoeffizient (TRASK) S_0; –·–·– Gehalt der Hauptfraktion C (0,1 – 0,25 mm) am Sedimentbestand in %

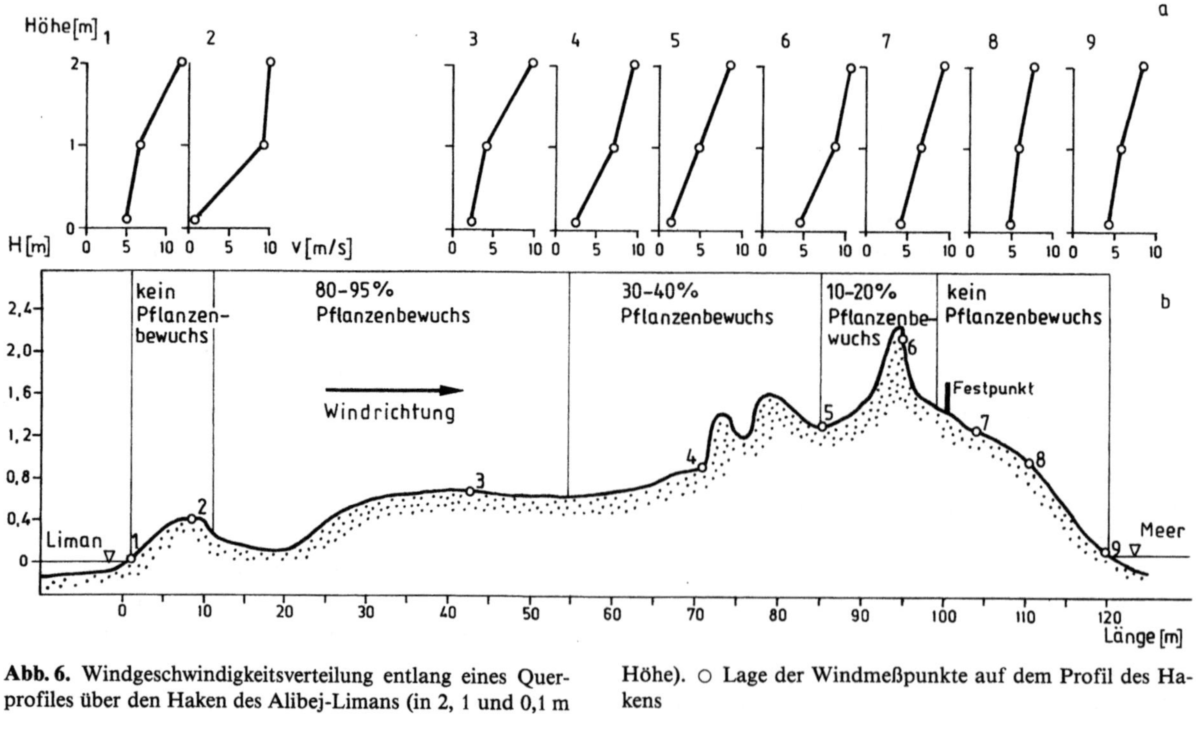

Abb. 6. Windgeschwindigkeitsverteilung entlang eines Querprofiles über den Haken des Alibej-Limans (in 2, 1 und 0,1 m Höhe). ○ Lage der Windmeßpunkte auf dem Profil des Hakens

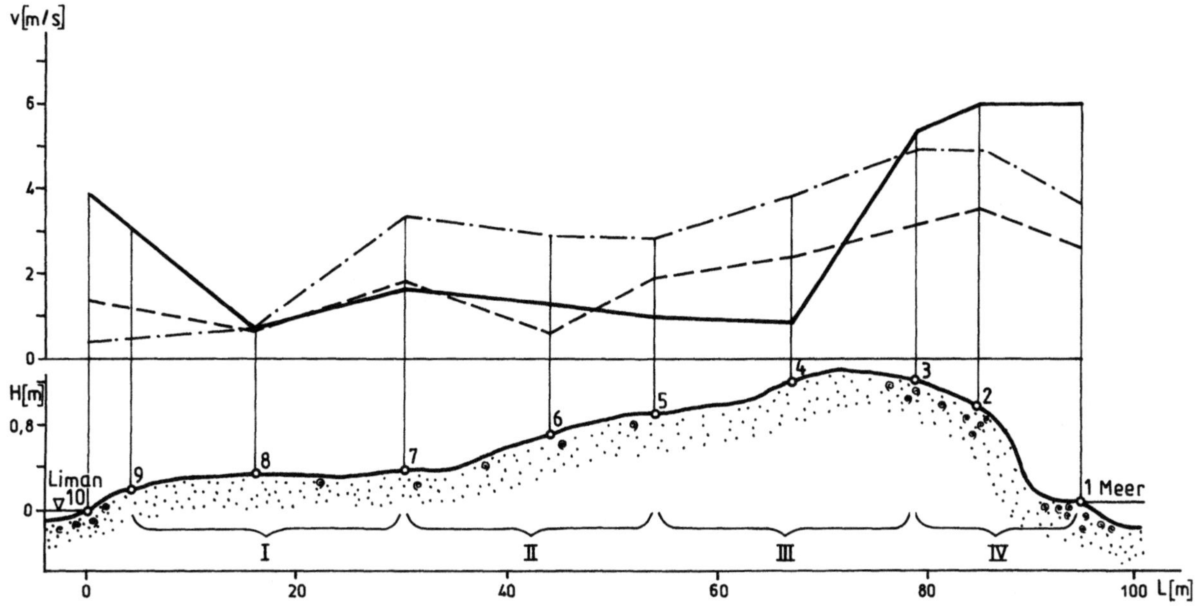

Abb. 7. Windgeschwindigkeitsverteilung entlang eines Querprofiles über den Haken des Burnas-Limans; die Windgeschwindigkeit beträgt in 2 m Höhe 9–12 m/s. ○ Meßpunkte der Windgeschwindigkeit; ——— Windrichtung vom Meer; – – – Windrichtung vom Liman; –·–·– Windrichtung parallel zum Haken

über den Haken des Burnas-Limans. Im Verlauf der Untersuchungen wurden in 2 m Höhe Windgeschwindigkeiten von 9–11 m/s registriert. Mit größerer Pflanzendichte und Kompliziertheit des Reliefs nehmen die Windgeschwindigkeiten besonders an jenen Stellen der Hakenoberfläche ab, wo eine intensive Wechselwirkung von Windströmung und Sandoberfläche stattfindet.

Die Sedimentverteilung läßt sich aus der Wechselwirkung zwischen den Geschwindigkeiten von Winden aus verschiedenen Richtungen erklären. Bläst der Wind von der Meeresseite auf das Ufer, sind die Windgeschwindigkeiten dort am höchsten, während sie auf der Limanseite deutlich abnehmen (Abb. 7). Deshalb entstehen zwischen den Profilpunkten 3 und 4 günstige Akkumulationsbedingungen. Hier werden die aus dem Strandbereich ausgewehten Sande abgelagert. Als Ergebnisse dieser Ablagerungsprozesse entstehen in diesem Bereich die ersten Primärdünen. Sie weisen den höchsten Feinsandanteil (0,1–0,25 mm) im gesamten Profil auf. Die Deflation dieser Fraktion aus dem Strandbereich hat zur Folge, daß der Feinsandanteil dort abnimmt, der Medianwert und die Sortierung steigen dagegen an. Gleiche Gesetzmäßigkeiten vollziehen sich auch häufig auf dem Limanstrand.

Bedeutend geringere Windgeschwindigkeiten treten bei ablandigen Winden, d.h. vom Liman in Richtung Meer auf. Bei einer Windgeschwindigkeit von 10 m/s nimmt sie bis in 0,1 m Höhe bereits so stark ab, daß sie für die Sandumlagerung nicht mehr ausreicht ($v \lesseqgtr 4-5$ m/s).

Generell läßt sich feststellen, daß die Geschwindigkeiten, unabhängig von der jeweiligen Richtung, an den Punkten 2–5, die die höchsten Erhebungen auf dem Haken bilden, am größten sind. Unter Einfluß dieser Windverteilung bleibt das feinkörnige Material in den Zonen I und II (Punkte 5–8 in Abb. 7) zurück. Zwischen den Punkten 9 und 10 nehmen der Medianwert Md und die Sortierung S_0 zu, der Anteil der Hauptfraktion C fällt dagegen wie auf dem Meeresstrand ab.

Relativ hohe Geschwindigkeiten weisen auch die Winde auf, die entlang der Haken und Nehrungen wehen. Dessen ungeachtet entsteht eine ungleichmäßige Sedimentzusammensetzung entlang der Küste: In Bereichen, wo die Pflanzendecke zerstört wurde oder wo der Meeresspiegel stärkeren Schwankungen unterworfen ist, dominieren Grobsedimente, während die Hauptfraktion C nur einen geringen Anteil aufweist.

Eine Vielzahl von Synchronmessungen mittels Anemometer an verschiedenen Punkten ermöglicht es, Wechselbeziehungen zwischen der Windgeschwindigkeit v_2 in einer Höhe von 2 m und der Windgeschwindigkeit v_0 unmittelbar an der Oberfläche in einer Höhe von 0,1 m aufzudecken (Abb. 8). Die Diagramme zeigen deutlich, daß sich die Umlagerung von Sand (ab 4–5 m/s in 0,1 m Höhe) bei folgenden, in 2 m Höhe gemessenen

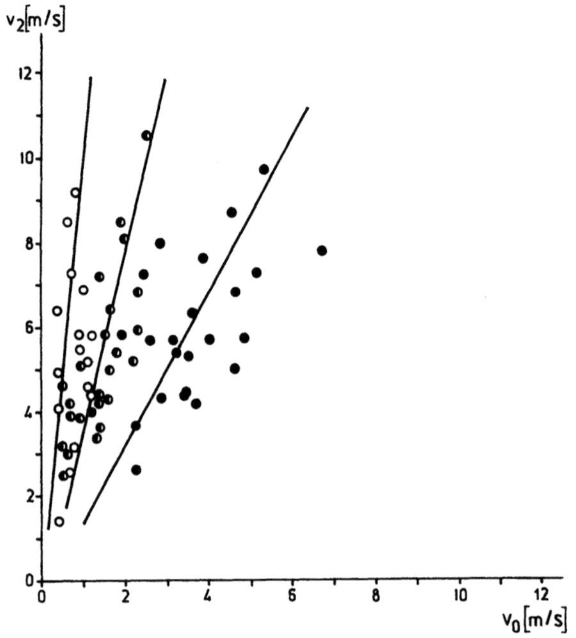

Abb. 8. Beziehungen zwischen den Windgeschwindigkeiten in der Höhe von 0,1 m (v_0) und 2,0 m (v_2) über dem Boden, beides gemessen auf dem Haken des Budak-Limans und der Tendran-Nehrung. ● Meereszone; ◐ Äolische Zone; ○ Limanzone

Windgeschwindigkeiten vollziehen kann: In der Meereszone liegen diese bei 8–10 m/s, in der äolischen Zone sind es dagegen schon 12–15 m/s, die eine Sandumlagerung am Boden gestatten. In der Limanzone ist aufgrund der dichten Vegetationsdecke Deflation praktisch ausgeschlossen. Diese Zusammenhänge konnten an allen Akkumulationsformen experimentell nachgewiesen werden (Šujskij u. Karasev 1983; Šujskij u. Vychovanec 1984).

Die vorgestellten Untersuchungsergebnisse verdeutlichen den Einfluß des Windfeldes auf die Akkumulationsformen an den Küsten des Schwarzen Meeres. Höchste Windgeschwindigkeiten und folglich auch die größte vom Wind umgelagerte Sedimentmenge (Abb. 3) können in der Meereszone nachgewiesen werden. Das Minimum wird in einigen Bereichen der äolischen Zone und in der gesamten Limanzone erreicht. Die äolische Zone ist der Hakenbereich, auf welchem sich die ersten Primärdünen ausbilden.

Es wurde die Größe des umgelagerten Sediments in den drei Zonen der Haken und Nehrungen mit Hilfe eines Sandfanggerätes, das in den nachfolgend genannten Arbeiten beschrieben ist, bestimmt (Šujskij 1976; Šujskij u. Karasev 1983; Šujskij u. Vychovanec 1984). Die gemessenen Daten zeigen, daß die Menge des bewegten Sandes (E_a) in einer Stunde zwischen 5 und 20 g pro 1 m Küstenlänge in Abhängigkeit von Windgeschwindigkeit und Pflanzendichte betragen kann. Wenn die gesamte Menge des durch Wind umgelagerten Sediments auf einem bestimmten Profil $E_a = 100\%$ beträgt, so hat der aus der Meereszone ausgeblasene Sand den weitaus größten, der aus der Limanzone den geringsten Anteil (Abb. 9). Diese Daten bestätigen die Resultate der gemessenen Windgeschwindigkeiten auf den verschiedenen Akkumulationsformen.

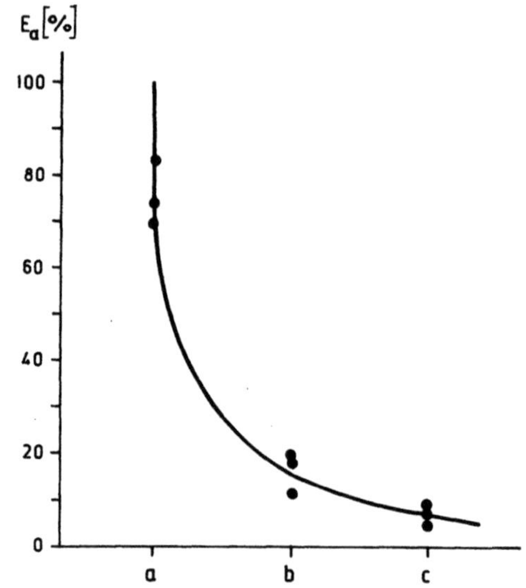

Abb. 9. Anteil der 3 Zonen der Nehrungen an der Gesamtmenge des umgelagerten Sedimentes. *a* Meereszone, *b* äolische Zone, *c* Limanzone

Das in diesem Beitrag vorgestellte Untersuchungsmaterial findet bei der Erschließung der Meeresküsten als Erholungsräume und bei der Bestimmung der Größe des küstenparallelen Sedimenttransports Berücksichtigung. Ferner werden methodische Anregungen für äolische Feldmessungen gegeben.

Literatur

Borowka KR (1980) Współczesne procesy transportu sedimentacji piaskow eolicznych oraz ich uwarunkowania i skutki na obszarze wydm nadmorskich (Zeitgleiche Transportprozesse der Sedimentation äolischer Sande sowie ihrer Bedingungen und Folgen im Bereich von Küstendünen). Warszawa/Poznań

Šujskij JD (1976) Sovremennye eolovye processy na pesčanych peresypjach limanov Černogo morja. Dokl Akad Nauk SSSR 226 (1):190–193

Šujskij JD (1981) O vynose nekotorych terrigennych komponentov iz klifov severozapadnoj časti Černogo morja. Okeanologija 21 (2):329–336

Šujskij JD, Karasev LM (1983) Eolovye processy na beregovych akkumuljativnych formach Zapadnogo Kryma. Izv Vsesoj Geogr Obščestva 115 (6):503–508

Šujskij JD, Vychovanec GV (1984) O vlijanii podstilajuščej poverchnosti na eolovye processy na pesčanych beregach Černogo morja. Geogr Prirodnye Resur 5 (2):78–84

Zenkovič VP (1962) Osnovy učenija o razvitii morskich beregov. Moskva

4.11 The Evolution of the Aden Gulf Coast (Yemen) During the Quaternary Period (Yemen)

HERBERT SCHRAMM und KASSEM O. REFKI

In the course of regional geological investigations carried out by former GDR surveying teams in the central part of Republic of Yemen from 1976–1979 and again 1982–1985, the authors performed Quaternary geological mapping in connection with geomorphological studies.

Results of the geological investigations have been submitted in the form of two Final Reports (Andreas et al. 1979; Schramm et al. 1986) and several geological maps, for instance:

- Geological Map of the Mahfid-Bir Ali Region 1:200000 (printed 1979);
- Detailed Geological Maps of Quaternary Superficial Deposits, 5 sheets; 1:50000 (printed 1979);
- Geological Map of the P.D.R. of Yemen, 16 sheets; 1:100000 (edition 1988);
- Geomorphological Map, 2 sheets; 1:200000 (edition 1988).

The investigated area covers a total of 27000 km^2 and borders the Aden Gulf coast for more than 350 km, from the Ahwar delta in the west (long. 46°40'E) to the Ar Ryyan airport east of Mukalla (long. 49°30'E). The major part of the Quaternary superficial deposits is concentrated on the coastal plain and its adjacent area.

Genetically, they belong to:

- Fluvial-proluvial deposits of foreland fans and gravel plains;
- Alluvial and alluvial-proluvial sediments of flood plains and wadi-fillings;
- Fluvio-marine or alluvial-marine deposits of flat nearshore plains and deltas, respectively;
- Marine and littoral deposits of the nearshore area;
- Aeolian sand and dunes; and, less frequently,
- Lagoonal deposits of sabkhas.

The stratigraphic division of the Quaternary sequence is uncertain. It is based on morphological criteria, regional correlations and on the various bedding conditions between the sediments in question only. A detailed chronological classification is lacking because ^{14}C-measurements could not be established, and corals or shell findings of marine deposits cannot be faunally distinguished from Pliocene or recent forms.

The stratigraphic scale applied to the Geological Map of the P.D.R. of Yemen on a 1:100000 scale (see above) implies spans of stratigraphic dating of the Quaternary deposit concerned:

- Q_{IV} Recent (Holocene);
- Q_{III-IV} Young Quaternary to Holocene;
- Q_{II-III} Middle to Young Quaternary;
- Q_{I-II} Early to Middle Quaternary;
- N_2-Q_I Pliocene to Early Quaternary.

In the following, detailed results are reported on the palaeogeographic evolution and stratigraphy of the Gulf coastal region between Ahwar and Mukalla. Possible stratigraphic correlations as well as questions to tectonic or eustatic movements are discussed and verified by cross-sections and a few areal sections of geological/geomorphological maps of the coastal plain (Encl. 2, Plates 1–4).

Results of Geological Fieldwork

Occurrences of Beach Deposits and Morphological Indications of Ancient Shorelines of Pliocene to Early Quaternary (?) Age

Occurrences of old, raised beaches in the Mukalla region were already reported by Little (1925) and Beydoun (1966) at levels of 100 to 120 and 150 m above the present sea level. During the geological survey in the field further localities associated with ancient shorelines or marine deposits in high positions could be noted; among these are:

- Well-rounded, sandy-gravelly sediments with shell fragments at two localities in the water-divide areas between the Wadis Arar and Rabtha at 200 and 270 m a.s.l. and about 15 and 20 km, respectively, NW of Husn Balid on the Gulf coast;
- Parts of a former abrasion plain on flattened conglomerates of Miocene/Pliocene origin dot-

ted by abundant, well-rounded quartz pebbles, shells, and coral fragments situated NE of Ahwar 60 to 70 m a.s.l. and 12 km from the sea;
- Well-rounded, sandy, fine gravelly deposits with shells 20 km NE of Irqah at an altitude of 160 m a.s.l. and 12 km north of the recent shore;
- Well-preserved, coral-limestone stocks in the vicinity of Wadi Marbad 10 km from the sea at 150 m a.s.l.;
- Some small occurrences of gravelly-shelly beachrock found disconformably on Oligocene sandstones[1] north of Al Ayn about 140 m a.s.l. and 4 to 5 km from the sea;
- Wave-cut platform with cliffs on flattened limestone of Miocene age[1] east of Mukalla at altitudes of approximately 120 to 160 m a.s.l. near the recent rocky cliff coast;
- Numerous scattered indications of ancient shorelines along the coastal zone and its mountainous hinterland.

Beydoun (1964) supposed the strongly raised beach marks at altitudes of more than 100 m to be of Pliocene or even Late Miocene age. At some localities the deposits in question overlie disconformably Miocene limestone and conglomerates of the still younger Irqah Formation (Miocene to Pliocene), elsewhere the defined Irqah conglomerates have been affected by abrasive processes. For this reason the most ancient beach deposits are considered to be of Pliocene to Early Quaternary age. As reported from Saudi Arabia, transgression marks found 70–100 km west of the Arabian Gulf shore and about 150 m a.s.l. are assigned to the Late Pliocene, and deltaic sediments in front of the ancient cliff are correlated with a regression phase of Late Pliocene/Early Quaternary age (Al-Sayari and Zötl 1978).

Considering Quaternary post-depositional block movements within the Aden-Gulf rift zone, which might explain the differing altitudes of the old strand marks, further attempts at correlations and statements regarding the manifold stages of sea level fluctuation during Pliocene and the Early Quaternary would be too speculative. However, a few occurrences of fluvio-marine or littoral deposits might belong to a younger phase of the gradually receding sea. Thus, deposits, consisting of rounded pebbles at approximately 45 m a.s.l. north of Ryyan airport as well as at scattered localities e.g. beach barriers, cliffs and abrasive plains at comparable levels, are considered to be of probably Early to Middle (?) Quaternary age (Encl. 2, Plate 4).

Fluvio-Marine Plains and Marine/Littoral Deposits in Nearshore Areas of Middle (?) to Young Quaternary Age

Approaching the nearshore areas of the coastal plain, fluvial-proluvial deposits of foreland fans of Middle to Young Quaternary origin pass gradually into less inclined accumulative plains consisting mainly of medium- to fine-grained, well-rounded gravel and sand interbedded with sandy silt. Occasionally, marine fauna fragments can be found; outcropping layers may show delta bedding.

Sediments of this type are fairly widespread in the near-coast areas near Hawra between Ahwar and Al Ayn in the western half of the investigated area (Encl. 2, Plate 2). They belong to the Middle and Young Quaternary sequence as can be concluded from their interfingering with fluvial-proluvial foreland fans.

Correlative marine beds or beach deposits in that western part are restricted to a few poorly exposed occurrences, many of which are covered by recent sand. In some places Young Quaternary beach deposits are preserved as isolated flat hills or small gravelly ridges extending about 8–12 m above the nearshore. Small fishing villages have been built on them, e.g. Husn Balid, Hawra, Husn An Nushaymah and a few others. Between Balhaf and Al Juwayri pre-existing marine or littoral layers of Young (and Middle ?) Quaternary age have been removed by younger, probably Holocene transgressive processes (Encl. 2, Plate 2).

In the eastern part of the area under survey, namely west and east of Mukalla, raised beach sediments of presumably Q_{II-III} (Middle to Young Quaternary) and Q_{III-IV} (Young Quaternary: Late Pleistocene to Holocene) stages are well preserved and partly allow one to reconstruct the contours of the former shorelines easily (Encl., Plate 4). They represent marine beds and raised shore terraces at altitudes between 18–30 m a.s.l. (Q_{II-III} stage) or at levels ranging between 8–16 m (Q_{III-IV} stage) which farther inland may correspond to deposits of fluvio-marine or fluvial-proluvial origin and of adequate age (position see index map on Encl. 2).

In the Burum-Mukalla region a persistent shore terrace at 25 m a.s.l. was already noted by Beydoun (1966, p. 39), and he designated a further "6–10 meter terrace" as "the most striking beach

---

[1] Due to the general legend of the Geological Map of the P.D.R.Y. 1 : 100000:

N_{1-2ig}	– Irqah Formation	Neogene Shir Group
N_{1fw_2}	– Fuwwah Formation	
P_{1-2r_m}	– Rimah Formation	Paleogene Hadramawt Group (upper part)

mark beside recent forms". In the same area Caton-Thompson (1938) found palaeolithic implements associated with 32- and 14-m marine terraces.

The marine sediments of the coastal area show a heterogeneous lithologic structure resulting from the internal facial differentiation of open, shallow, shelf basins up to the littoral sequence itself. At the surface, commonly sandy-silty sediments with abundant marine shells and corals prevail. They are locally baked to beachrock. Former beach barriers are characterized by more gravelly or even coarse, shingle deposits, and calcareous shelly sandstone (calcarenites) or heavily cemented bioclastic limestone indicate shallow shelf environments. It is noteworthy that half-consolidated sandy deposits of probably aeolian origin are in some places associated with the raised beach sediments.

Recent and Subrecent Formations of the Coastal Zone (cf. Encl. 2, Figs 1–3)

Commonly, recent (Holocene) littoral sediments form a small edge along the shoreline only. They extend in a tube-like fashion, elsewhere in the form of deltas, inland at the mouth of the main wadis, interfingering with young alluvial layers. West of the Balhaf-Bir Ali basalt complex, Holocene marine and alluvial-marine sediments reach 4–5 km inland, contouring an embayment of the subrecent Gulf coast (Encl. 2, Plate 2).

Along the shore gravelly ridges or partly well-developed abrasive terraces, which occur 2–2.5 m higher than the recent sea level, are very common. Besides these youngest strand marks, raised shore deposits 4–6 m above the medium sea level can be observed bordering the lower littoral deposits, often by a distinct step (see map).

Flat mud areas with lagoonal sediments (sabkhas) are of small extension only, and are restricted to the immediate nearshore zone. They consist of silty-clayey and sandy-silty sediments with a high salt content owing to a high groundwater level and intensive evaporation. Superficial crusts and partly scattered halophytic vegetation are typical features of the sabkha zones. They are often surrounded by small dune walls which separate them from the seaward littoral zone. Open, active lagoons which are still affected by flood or tidal waters occur at the mouths of a few wadis east and west of Mukalla and within the tidal zone of the Wadi Hajr and Wadi Ahwar debouchures.

Alluvial-marine delta sediments with sandy-gravelly, but, mainly silty beds are widely developed at the mouth of the main valleys, e.g. Wadi Ahwar in the west, the Wadi Garish/Rafad system and Wadi Hajr in the central part, Wadi Buwaysh east of Mukalla and a few others. The deposits are considered to represent not only one but several phases of the Holocene regression because parts of the larger delta plains have been newly incised by erosive processes. The mass of widespread delta sediments of the Ahwar region (Encl. 2, plate 1) accumulated during a Young Quaternary/Early Holocene regressive phase (position see index map on Encl. 2). Many parts of the Ahwar and the Wadi Hajr deltas have been under cultivation and flooding irrigation since historical times.

Various types of dunes or aeolian sand sheets cover great amounts of the marine or alluvial-marine deposits. They are widely distributed on the coastal plain and even in the adjacent mountainous areas where mobile sands may conceal solid rocks, either of the basement complex or the platform deposits. In the NW part of the central Mayfa'ah depression a large territory is occupied by more or less fixed aeolian deposits forming huge "sand mountains", the accumulation of which might have begun in the extremely arid phases of probably Middle (?) and Young Quaternary periods.

The recent mobile sands form seif dunes, barchans or multi-shaped, shallow-waved dune complexes. Very common are phenomena of "dikhaka", i.e. small sandy hummocks stabilized by bushes or bunches of grass. Sand sheets of small thickness or even decicentimeter-thick sandy covers are distributed nearly everywhere in the coastal area. They have rendered geological mapping and aerial-photo interpretation more difficult within that region.

Evolution of the Aden Gulf Coast During the Quaternary Period (at Summary)

In the western and central part of the Aden Gulf coast – observations and investigations are limited to that region – there is evidence for Neogene/Quaternary riftogenic movements which caused a phase-like uplift of the coastal region, namely the adjoining mountains (Schramm et al. 1986). The tectonic events were accompanied by volcanic activities which took place during several phases of the Quaternary period. Quite a number of characteristic morphological and geological features such as abrasion plains, highly raised beach deposits, fossil coral reefs, etc., which indicate ancient shorelines, provide excellent examples to support the results of structural-geologic research.

The oldest strand marks appear in the mountainous hinterland of the coastal zone at altitudes between approximately 150 and more than 200 m above the present sea level and maximally 15 to 20 km from the present shoreline. They are suggested for Pliocene to Early Quaternary formations ($N_2 - Q_I$), however, no provable stratigraphic correlations can be made. The individual, scattered occurrences differ considerably with respect to height; altitudes range between 40 or 50 m to a maximum of 270 m a.s.l. They may certainly belong to different stages of the shifting ancient shoreline along the Aden Gulf, but, it is quite impossible to consider each of the individual strand marks of varying height as a result of eustatic fluctuations of the sea level. This is in accordance with reports of Picard (1970) regarding similar results from the Tiran Islands/Red Sea.

The obtained observations refer rather to a phase-like emergence of the landmass along the Gulf of Aden coast which caused the gradual regression of the sea and which was interrupted by several phases of transgression and standstills. Moreover, it can be assumed that the intensity or rate of lifting might have differed within various tectonic blocks caused by both transverse (NW-SE) and longitudinal faults (ENE-WSW).

Younger and distinctly lower levels, indicating marine transgressions or standstills, are related to areal occurrences of Quaternary marine terraces and various shoreline-associated morphological phenomena, respectively. Their altitudes range between 2–25 m, in part more than 30 m a.s.l., forming at least four to five terrace steps. In spite of the great distances between the different localities surveyed, the various terraces or adequate strand marks are well comparable and in good correspondence to each other. In part, they are widely extended, especially in the nearshore areas and not farther than 1 to 4 km distant to the recent shoreline.

As their precise stratigraphic age could not be determined by absolute time marks, the stratigraphic positions of the different steps can only be estimated by correlations. The whole sequence presumably represents the period of Middle (?) to Young Pleistocene and Holocene sea level fluctuations, and the question arises as to whether these younger beach marks are the result of tectonic uplift or the result of a decrease in sea level under the influence of worldwide eustatic sea oscillations.

An interpretation of the different elevations compared with the well-known strand marks of Thyrrhenian, Milazzian or even Sicilian in the Mediterranean area would essentially be too speculative, the more so, since tectonic movements along the Aden Gulf coast during the Young Pleistocene and Holocene cannot be absolutely excluded.

Compared with adequate results from the Arabian Gulf (Al-Sayari and Zötl 1978) and the Red Sea coast (Jado and Zötl 1984), at least the lower levels known at 8–12, 4–6 m, and below this mark can be assigned to either Young Pleistocene or Holocene transgressions as could be supported by many ^{14}C-datings of corals and shells from the areas mentioned.

There is further evidence that in the Holocene period recent inundating parts of the transgression in the coastal area and larger debouchures of valleys took place, as can be concluded from the configuration of several "subrecent" embayments along the Gulf coast. Correlative shorelines at 5–10 m altitude from the Red Sea were assigned to the Late Monastirian by Butzer (1958). Beach marks and lagoonal deposits situated between 2–2.5 m a.s.l., obviously representing the youngest sea oscillation, are also reported from both the Arabian Gulf and the Red Sea coast. On the basis of ^{14}C-measurements obtained from sabkah deposits, it corresponds to the Dunkirk transgression (4000–7000 years ago) according to several authors (see e.g. Jado and Zötl 1984).

The recently developed, mature shoreline with its straight course extending over long distances indicates that tectonic movements gradually disappear in recent times, and the direction of the coastal drifts has become regularly under the influence of the present monsoon system.

References

Al-Sayari SS, Zötl J (1978) Quaternary period in Saudi-Arabia, vol. 1. Wien New York

Andreas D et al. (1979) Geological reconnaissance mapping and prospecting of the Mahfid-Bir Ali area, 1977–1979. Final Rep, vol. I and II. Halle (unpublished)

Beydoun ZR (1964) The stratigraphy and structure of the eastern Aden Protectorate. Overseas Geol Miner Resour Bull (Suppl) 5

Beydoun ZR (1966) Geology of the Arabian Peninsula, eastern Aden Protectorate and Part of Dhufar. US Geol Survey, Professional Paper 560-H

Butzer KW (1958) Quaternary stratigraphy and climate in the Near East. Bonner Geogr Abh 24:1–57

Caton-Thompson G (1938) Geology and archeology of the Hadramawt, southwest Arabia. Nature (London) 142:139–142

Jado AR, Zötl J (1984) Quaternary period in Saudi-Arabia, vol. 2. Wien New York

Little OH (1925) The geography and geology of Mukalla (South Arabia). Minist Finance, Egypt Geol Survey, Govern Press, Cairo

Picard L (1970) On Afro-Arabian graben tectonics. Geol Rundsch 59 (2):337–381

Schramm H et al. (1986) Geological survey and prospecting of the Habban-Mukalla area, 1982–1986. Final Rep, vol. I–V, Halle (unpublished)

5 Beiträge zum Binnenholozän in Mitteleuropa

5.1 Genese, Verbreitung und Klassifizierung holozäner sulfatischer Sedimente in Talauen des inneren Thüringer Beckens*

Joachim Schulze

Mit der Kartierung holozäner Auen und Niederungsflächen im Einzugsgebiet der oberen und mittleren Unstrut wurden frühere, quartärgeologisch konzipierte Erkundungs- und Kartierungsarbeiten von Heinz Kliewe und seinen Schülern in den letzten zwei Jahrzehnten fortgesetzt (vgl. zusammenfassend Kliewe 1970).

Vor allem im vergangenen Jahrzehnt stand das sogenannte Ackerbau- und Meliorationssystem „Thüringer Becken" im Mittelpunkt des Interesses für die Vorbereitung und Durchführung hydromeliorativer Maßnahmen, wobei zunächst größere Teilflächen innerhalb der Talauen und Niederungen sehr detailliert erfaßt und untersucht wurden.

Da seit der geologischen Oberflächenkartierung in Thüringen (ab 1875) für die Talbereiche eine umfassende lithologische Bearbeitung und Kartierung der holozänen Bildungen fehlte, ergab sich die Notwendigkeit, sowohl für die Projektvorbereitung als auch für komplexe Flächennutzungsmaßnahmen eine ausreichend differenzierte und eindeutige Ansprache und Unterscheidung von Sedimenten bzw. Substraten holozäner Akkumulationsräume vorzunehmen. Grundlage hierfür bildete die Erfassung und Klassifizierung des lithologischen Inventars innerhalb des Testgebietes und die Erprobung von Möglichkeiten einer differenzierten kartographischen Darstellung.

Zu den wesentlichen Ergebnissen der mehrjährigen Erkundungs- und Kartierungsarbeiten innerhalb der thüringischen Auen und Niederungen gehörte die Feststellung, daß hier neben dominierenden feinklastischen (sog. Auelehm bzw. Klock) und stellenweise karbonatischen (Süßwasser- als Teil der Binnenwasserkalke; Jäger 1965) auch sulfatische Auesedimente weit verbreitet vorkommen. Für die gezielte lithologisch-petrographische Kennzeichnung und kartenmäßige Erfassung dieser bisher nur wenig bekannten Sedimente bzw. Böden[1] bestand nicht nur naturwissenschaftliches, sondern auch volkswirtschaftliches Interesse, vor allem im Hinblick auf die geplante Mehrfachnutzung der Auenbereiche (z. B. Land- und Wasserwirtschaft, Meliorations- und Verkehrsbau).

Geochemisch-petrologische Grundlagen für die Sulfatbildung

Sulfationen (SO_4^{2-}) sind in bestimmter Konzentration sowohl im Grund- als auch im Fluß- und Meerwasser enthalten, wobei ihr Anteil starken regionalen Schwankungen unterliegt. Die Höhe des Sulfatgehaltes im Grundwasser hängt in erster Linie von der chemischen Zusammensetzung der Gesteinsfolgen ab, die vom Wasser durchflossen werden, wobei besonders salinare Schichten durch Subrosion bzw. Verkarstung partiell aufgelöst werden. Darüber hinaus können auch sulfidische Minerale (z. B. Pyrit) in Lösungsprozesse mit anschließender Oxidation einbezogen werden, wodurch ebenfalls sulfatangereicherte Wässer entstehen.

Für den Mineralisationsgrad der Grund- und Oberflächenwässer und ihre chemischen Inhaltsstoffe ist vor allem die Löslichkeit der im Ausgangsgestein enthaltenen Salze entscheidend. Sie verändert sich in Abhängigkeit von Druck, Temperatur und der jeweiligen chemischen Zusammensetzung der Lösungen. Hierzu einige Beispiele: Eine Temperaturerhöhung bewirkt in den meisten Fällen eine Zunahme der Löslichkeit, wobei $CaCO_3$ eine Ausnahme bildet. $CaSO_4$ (Gips) löst sich z. B. am leichte-

* Zusammengefaßte Übersicht von ausgewählten Teilergebnissen aus der vom Verfasser vorgelegten Dissertation (Schulze 1980).

[1] In vielen Gebieten des Thüringer Beckens werden diese Bildungen bis heute als „Salpeterböden" bezeichnet. Fischer (1966) vermutete, daß die örtliche Bodenversalzung auf Na_2SO_4-Ausfällung zurückzuführen sei. Erst Unger et al. (1969) erkannten im „Sulfatmergel" von Siebleben (Kreis Gotha) „... eine bisher einmalige Fazies holozäner limnischer Sedimente in Thüringen ...".

sten bei +38 °C (Ruchin 1958). Dagegen nimmt die Löslichkeit eines Salzes ab, wenn ein leichter lösliches Salz zugegen ist, das ein Ion mit ihm gemeinsam hat; sie nimmt jedoch zu bei der Anwesenheit eines anderen Salzes, das mit ihm keine Ionen gemeinsam hat (Nernstsches Gesetz).

Dieser Sachverhalt erklärt, warum sich die Löslichkeit von $CaCO_3$ in Gegenwart von $CaSO_4$ verringert und demzufolge eine selektive Auflösung des Gipses in Karbonat-Sulfat-Mischgesteinen – wie in triassischen Schichtenfolgen – eine normale Erscheinung darstellt.

Die Voraussetzungen für die Sulfatabscheidung lassen sich am besten am Beispiel der Salzakkumulation erläutern, für die im Schrifttum aus vielen Gebieten der Erde aktualistische Befunde angeführt werden (vgl. u.a. Janitzky 1957; Ruchin 1958). Danach ist eine Salzanreicherung im Boden im Regelfall von folgenden Bedingungen abhängig:

– Heißes und trockenes Kontinentalklima mit einem Überwiegen der Verdunstung gegenüber der Versickerung mindestens während des Sommerhalbjahres;

– geomorphologische und hydrologische Verhältnisse, die einen Abfluß des Bodenwassers verhindern bzw. undurchlässige Boden- oder Gesteinsschichten, die einen (periodisch) hohen Grundwasserstand hervorrufen;

– salinare Boden- oder Grundwässer, die nicht tiefer als 1,5–2,5 m unter der Geländeoberfläche auftreten.

Von den genannten Bedingungen kommt dem Klima eine entscheidende Bedeutung zu, vor allem für den Grad der Salzkonzentration und die Mächtigkeit der Salzschichten. Beide sind dann am höchsten, wenn über längere Zeiträume eines Jahres hohe Temperaturen geringen Niederschlägen gegenüberstehen und demzufolge die Verdunstung überwiegt. Diese Bedingung ist in Bereichen mit kontinental geprägtem Trockenklima (z. B. Gebiete der Wüsten, Halbwüsten, Steppen) und damit in weiten Teilen Eurasiens erfüllt.

Unter entsprechenden Voraussetzungen kann eine Bodenversalzung ebenso, wenn auch in abgewandelter Form, in gemäßigten Klimabereichen auftreten. Entscheidend hierfür ist ein periodisches Niederschlagsdefizit (trockene, heiße Sommer), wogegen die Herkunft der Salzionen (Ausgangsgestein oder Grundwasser) zunächst untergeordnete Bedeutung hat.

Aus der Vielzahl der chemischen Umsetzungsprozesse bei der Lösung, Umwandlung und Ausfällung der Kalziumsulfate können nur einige geochemisch-petrologische Modelle vorgestellt werden, deren Gültigkeit nach Untersuchungen von Langbein (1976) und anderen Autoren für die Sulfatanreicherungen innerhalb der holozänen Schichtenfolgen wahrscheinlich ist.

(1) Zufuhr von schwefelhaltigen Verbindungen aus dem reduzierenden Milieu in die Oxidationszone durch aufsteigende Grundwässer:

$$H_2S + 2O_2 \rightleftharpoons H_2SO_4 \qquad \text{(I)}$$

$$H_2SO_4 + CaCO_3 + H_2O \rightarrow CaSO_4 \cdot 2H_2O + CO_2 \ . \qquad \text{(II)}$$

Dieser Fall wird u.a. von Engels (1962) zur Deutung der Entstehung der Schwefelwässer von Bad Langensalza angeführt. Die aus Keuperschichten aufsteigenden sulfatischen Grundwässer (SO_4-Gehalt ca. 1100 mg/l) geraten beim Durchdringen von Torflagen innerhalb der Unstrutaue zunächst in reduzierendes Milieu (I), wobei H_2S-Anteile bis 47% entstehen. In den Oberbodenschichten erfolgt dann eine Oxidation mit örtlicher Sulfatabscheidung (II).

(2) Verdrängung von Karbonat durch Gips:

$$CaCO_3 + SO_4^{2-} + 2H_2O \rightarrow CaSO_4 \cdot 2H_2O + CO_3^{2-} \qquad \text{(III)}$$

$$CaMg(CO_3)_2 + SO_4^{2-} + 2H_2O \rightarrow CaSO_4 \cdot 2H_2O + 2CO_3^{2-} + Mg^{2+} \ . \qquad \text{(IV)}$$

Beide Reaktionen verlaufen in Richtung Gipsausscheidung bei starker Sulfatkonzentration des verdunstenden Grundwassers und lassen sich auf der Grundlage petrologischer Untersuchungen sowohl für die permotriassischen Anhydrit-Gips-Gesteine (Langbein 1973) als auch für die holozänen Sulfatausfällungen innerthüringischer Talungen (Langbein 1976) nachweisen.

(3) Sulfatausfällung durch Kationenumtausch bei Cl^--Überschuß:

$$2CaCl_2 + MgSO_4 \, (Na_2SO_4) \rightarrow 2CaSO_4 + MgCl_2 \, (2NaCl) \ . \qquad \text{(V)}$$

Die Sulfationen gehen hierbei ständig in unlösliche Verbindungen (z. B. Gips) über, wobei das Grundwasser in ein Sulfat-Chlorid-Stadium gelangt, das typisch für extrem aride, abflußlose Senken ist.

Dieser Modellfall kann für die Sulfatanreicherungen innerhalb der thüringischen Flußauen und Niederungen zur Zeit nicht, eventuell jedoch für das Naturschutzgebiet „Solgraben" bei Artern nachgewiesen werden. Die Salzgehalte des Grundwassers betragen hier für SO_4^{2-} 3500 mg/l und für Cl^- = 14 312 mg/l.

Zu den Voraussetzungen für die sekundäre Einlagerung von $CaSO_4$ gehören entweder Lockergesteinsschichten oder Bodenhorizonte mit einem hohen Porenvolumen (Modell 1) und/oder mit primär hohen $CaCO_3$-Gehalten (Modell 2).

Die häufig nachgewiesene Bindung der Sulfatanreicherungen an primär vorhandene Vorkommen holozäner Karbonatablagerungen gibt eine Erklärung dafür, daß die für die Binnenwasserkalke unterscheidbaren Sedimenttypen auch bei den vergleichbaren sulfatischen Varietäten angetroffen werden können (vgl. S. 165).

Vorkommen und Verbreitung

Nach den bisher vorliegenden Kartierungsbefunden scheint die flächenhafte Verbreitung der sulfatischen Auesedimente bestimmten regionalen Gesetzmäßigkeiten zu folgen. Die Sulfatakkumulation erlangt vor allem dort Bedeutung bzw. führt zur Entstehung eigenständiger Sedimenttypen, wo gipsführende Gesteinsschichten (z. B. Gipskeuper) den unmittelbaren Untergrund der Aueablagerungen bilden oder im Bereich der Talränder ausstreichen. Bedingung für die Salzbildung ist in jedem Fall ein zumindest periodisch hoher Grundwasserstand (Janitzky 1957), wobei es unerheblich ist, ob die Zufuhr der Sulfationen durch aufsteigendes Grundwasser oder sulfatharte Fremdwässer (z. B. Quellen, Bäche) erfolgt. Auch die häufige Vergesellschaftung von Binnenwasserkarbonaten und Sulfaten ist nach den bereits diskutierten Voraussetzungen zur Salzbildung kein Zufall, sondern bei Erfüllung der entsprechenden Bedingungen eine im Thüringer Becken vielfach belegbare Regel. Der nochmalige Hinweis auf die Bedeutung des Klimafaktors für die Salzakkumulation soll darüber hinaus deutlich machen, daß auch die großräumige Verbreitung holozäner sulfatischer Ablagerungen in der Regel mesoklimatischen Grenzen folgt. Die Konzentration der Vorkommen holozäner sulfatischer Auesedimente auf die trockensten und wärmsten Bereiche des Thüringer Beckens mit mittleren jährlichen Niederschlägen unter 500 mm bestätigt diesen Sachverhalt.

Aus der zusammenfassenden Auswertung der Kartierungsergebnisse in verschiedenen Beispielsgebieten, z. B. Großengotternsches Ried, Schloßvippacher Ried und Naturschutzgebiet „Alperstedter Ried“ (vgl. hierzu Schulze 1982) sowie aufgrund von petrographischen, paläontologischen und im Einzelfall chronostratigraphisch gesicherten landschaftsgeschichtlichen Befunden sind folgende Regeln für die Entstehung und Verbreitung holozäner sulfatischer Auesedimente abzuleiten, die nach bisherigem Kenntnisstand sowohl für subrezente als auch für rezente Sulfatablagerungen gelten:

(1) Sulfatanreicherungen können sich rezent in grundwassernahen und -beeinflußten Niederungsgebieten überall dort bilden, wo sulfatharte Wässer durch Kapillarwirkung in Oberflächennähe gelangen.

(2) Das Ausmaß der Sulfatkonzentration in den Oberbodenschichten hängt u.a. wesentlich vom Grundwasserchemismus, vom Wasserregime (ständiger oder periodischer Grundwassereinfluß), von bodenphysikalischen Eigenschaften (z. B. Korngrößenzusammensetzung, Porenvolumen, Wasserdurchlässigkeit) sowie in besonderem Maße von geländeklimatischen Faktoren ab. Die bisher vorliegenden Feldbefunde (Abb. 1) zeigen, daß die Sulfatakkumulation in Niederungen außerhalb der größeren Flußtäler nach Schichtmächtigkeit und Konzentration wesentlich höher ist als in den Talauen der Flüsse. Diesen Sachverhalt erklären aktualistische Beobachtungen, wonach die Sulfatkonzentration des oberflächennahen Grundwassers (Gräben, Bäche) im Ursprungsgebiet am höchsten ist, während in den Haupttälern – je nach geologischer Struktur des jeweiligen Einzugsgebietes – im Regelfall eine deutliche Verringerung des Sulfatanteils festgestellt wird (Verdünnungseffekt).

(3) Im Ergebnis solcher Sulfatanreicherungen entstehen sulfatversalzene Böden, in denen der Gips entweder in Form von Konkretionen (Porenfüllungen) oder regelrechten, den Sinterbildungen vergleichbaren Gipskrusten auftritt.

(4) Sulfatablagerungen bilden sich unter bestimmten Voraussetzungen auch rezent in fluviatilen und limnischen Sedimentationsräumen. Auf fluviatile Entstehung weisen u.a. die Dauchtravertine mit sekundärer Gipsablagerung hin, die in Bächen und Gräben im Gipskarstgebiet um Elxleben (Kreis Erfurt) vorkommen.

(5) Aus den Randgebieten des Thüringer Beckens, besonders den Gipskarstgebieten, sind weiterhin sulfatische Sinter (Pramenite) bekannt. Sie kommen neben verschiedenen Gipsvarietäten z. B. in der Marienglashöhle bei Friedrichroda vor und wurden dort bisher vor allem mineralogisch untersucht.

Während den erstgenannten rezenten Sulfatablagerungen (1)–(3) gebietsweise vor allem im Rahmen der landwirtschaftlichen Flächennutzung größere Bedeutung zukommt, sind die sulfatischen Sinterbildungen eher von mineralogischem Interesse. Sie verdienen aber deshalb besondere Erwähnung, weil sie belegen, daß zu den von Jäger (1965) unterschiedenen Sedimenttypen der Binnenwasserkalke auch bei den sulfatischen Sedimenten in allen Faziesbereichen lithologische Parallelen auftreten.

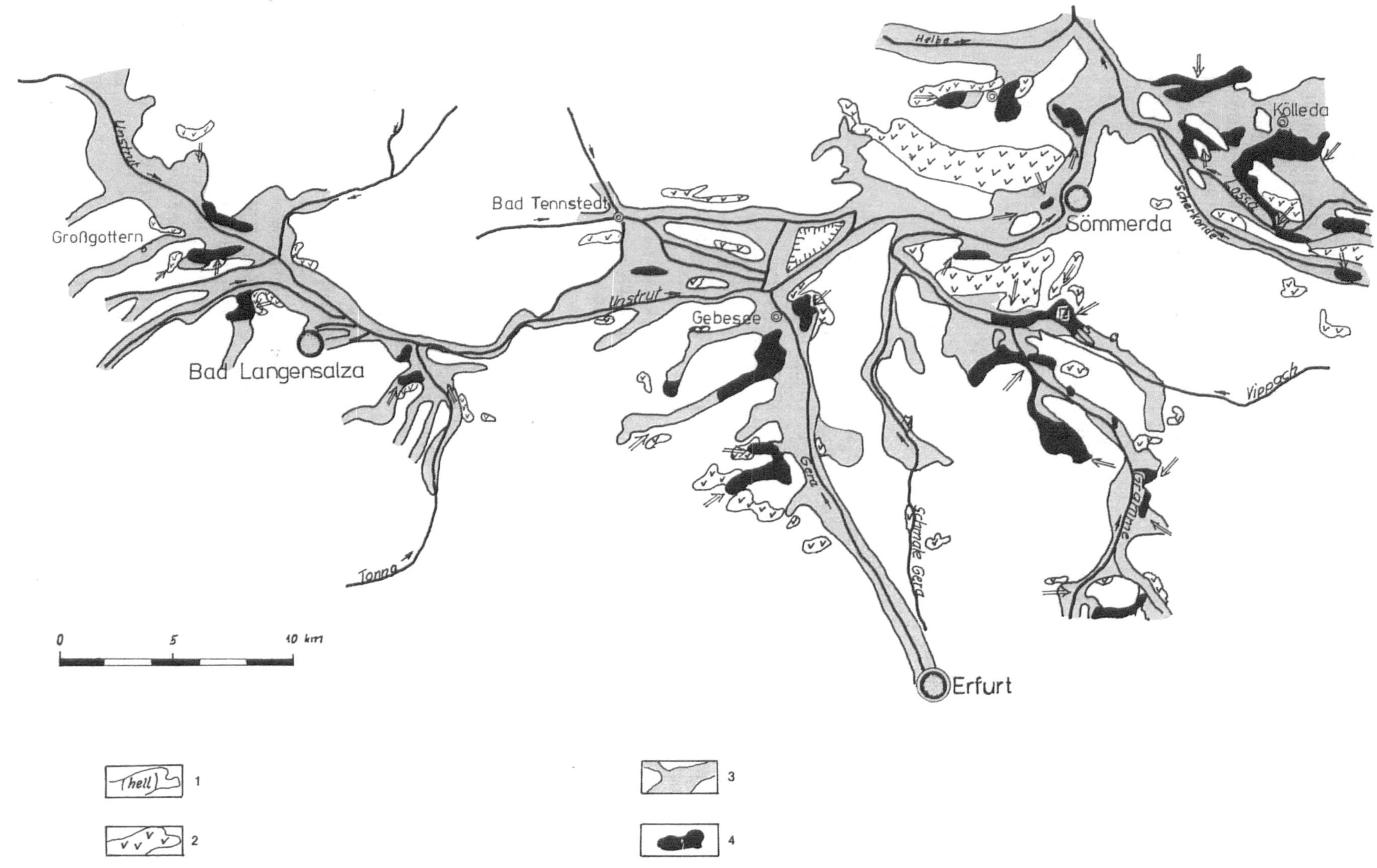

Abb. 1. Vorkommen und Verbreitung holozäner sulfatischer Auesedimente im inneren Thüringer Becken. *1* Trias (vorwiegend Keuper) mit pleistozänen Deckschichten; *2* oberflächennahes Gipsgestein (km_1; *3* Auen und Niederungsgebiete; *4* Holozäne sulfatische Auesedimente; ✓ Zufluß sulfatharter Grund- oder Oberflächenwässer; ◪ Typuslokalität

Kennzeichnung der Entstehungsbedingungen und Klassifizierung

Bodenchemische Untersuchungen an ca. 100 Proben mit erkennbarem Sulfatanteil zeigten, daß in innerthüringischen Auenbereichen nahezu alle Mischungsverhältnisse von $CaCO_3$ und $CaSO_4$ möglich und nachzuweisen sind (Schulze 1980, Tabelle 36).

Durch ergänzende petrologische und paläontologische Untersuchungen wurde geprüft, ob die anfangs genannten möglichen Bildungsbedingungen für die holozänen sulfatischen Auesedimente zutreffen und ob die nach lithologischen Kriterien vergleichbaren sulfatischen auch faziell den jeweiligen karbonatischen Sedimenttypen (vgl. Jäger 1965, Tabelle 4) entsprechen.

Die Auswertung von Dünnschliffen[2] ergab, daß Sedimentstrukturen und Mineralassoziationen bei beiden Ablagerungstypen weitgehend übereinstimmen. Kennzeichnende Unterschiede zwischen beiden Sedimentgruppen bestehen vor allem darin, daß bei den sulfatreichen Sedimenten idioblastische (oft nadelförmige) und xenoblastische (unregelmäßig auf primär vorhandene Porenräume konzentrierte) Gipskristalle auftreten und häufig vorherrschen (vgl. Abb. 3).

Aus diesem Sachverhalt leitete Langbein (1976) für die holozänen sulfatischen Auesedimente die gleichen Bildungsbedingungen ab, die bereits früher für die permotriassischen Salzgesteine Thüringens nachgewiesen wurden (Langbein 1973). Danach entstehen die holozänen Sulfatanreicherungen hauptsächlich durch Verdrängung von $CaCO_3$ durch Gips, d.h. die Sulfatakkumulation erfolgt bei der Mehrzahl der bisher unterschiedenen Sedimenttypen sekundär (postsedimentär).

Die aus verschiedenen Verbreitungsgebieten sulfatischer Ablagerungen im Thüringer Becken vorliegenden paläontologischen Untersuchungsbefunde (vgl. Schulze 1980, S. 170/171) belegen, daß die Sedimente limnisch-telmatischer Akkumulationsräume vielfach ein Artenspektrum aufweisen, das dem einer verarmten „Sumpfkreidefauna" – jedoch mit Halobionten – entspricht.

Salinitätsanzeiger, wie *Candona neglecta*, *C. rostrata*, *Cyprinotus salinus* u.a., die hier auch rezent vorkommen, lassen jedoch nur auf einen Mineralisationsgrad des Grundwassers zur Zeit der Sedimentation von maximal 1,3‰ schließen. Derartige Salzkonzentrationen wurden auch bei Wasseranalysen im inneren Thüringer Becken häufig festgestellt (Sulfatanteile zwischen 600 und 1500 mg/l).

Nach übereinstimmenden petrologischen und paläontologischen Untersuchungsbefunden erfolgte nach Ablagerung karbonatischer Sedimente sekundär eine Sulfatanreicherung in den Porenräumen der primär locker-porösen Karbonate. Die nach $CaCO_3$-Ausfällung und klimatischer Austrocknung jetzt stärker salzhaltigen und im Regelfall flacheren Gewässer boten den Lebensraum für halophile Faunen, z. T. auch für flachwasser- oder sumpfliebende Arten.

Die holozänen Sedimente der Binnenwasserfazies können nach ihren chemischen Hauptbestandteilen gegliedert werden, wie nachstehendes Schema (nach Jäger 1965) zeigt:

Binnenwasserkalke	
kohlensaure	schwefelsaure
(Binnenwasserkarbonate)	(Binnenwassersulfate)

Da die ursprüngliche makroskopische Struktur und damit der Charakter der primär abgelagerten Sedimente auch nach der Sulfatanreicherung weitgehend erhalten bleibt, besteht die Möglichkeit, analog zu den karbonatischen Ablagerungen sulfatische Sedimenttypen zu unterscheiden und zu klassifizieren.

Während in bezug auf die chemischen Stoffkomponenten alle Übergänge zwischen Karbonaten und Sulfaten möglich sind, wird die lithofazielle Zuordnung der unterschiedenen sulfatischen Auesedimente (Binnenwassersulfate) durch petrologische und paläontologische Befunde gestützt.

Die im inneren Thüringer Becken besonders häufigen Sedimenttypen weisen im einzelnen folgende Merkmale und Eigenschaften auf (vgl. Schulze 1980, Tabelle 35, 36):

(1) *Fluviatile Sulfate*

– Kennzeichnender Sedimenttyp: Sulfat-Dauch;

– makroskopische Bestimmungsmerkmale: hellgelblich-graue, locker-poröse, fein- bis mittelkörnige Sulfataggregate mit Inkrustationen unterschiedlicher Form und Größe, selten Faunenreste, im Wasseraufguß stabil (vgl. Abb. 2);

– mikroskopische Gefügemerkmale: feinfilziges bis sperriges Leistengefüge, häufig spitzrhombische Gipskristalle („Nadeln"), meist biogene kalzitische Strukturrelikte in dolomitisch-toniger Matrix (vgl. Abb. 3);

– chemische Hauptbestandteile: $CaSO_4$ (44–64%), $CaCO_3$ (8–23%);

– Hauptverbreitung: Vippach-Niederung (Kreis Erfurt-Land).

[2] Für die Anfertigung der Dünnschliffe und deren Auswertung gilt Herrn Prof. Dr. Langbein (Greifswald) besonderer Dank.

Abb. 2. Sulfatisch-karbonatischer Feinstrukturdauch, aufgeschlossen in einer Grabenböschung in der Vippachniederung westlich von Schloßvippach, Kreis Erfurt-Land. (Aufnahme: Schulze, Mai 1975)

Abb. 3. Dünnschliff des Feinstrukturdauches von Schloßvippach, ein sperrig-brekziöses Leistengefüge aus spitzrhombischen, z. T. tafeligen Gipskristallen in feinkörniger sulfatisch-dolomitischer Matrix, vereinzelt kalzitische Schalenreste. (Aufnahme: Langbein 1976, 30fach vergrößert)

(2) *Limnische (lacustrische) Sulfate*

– Kennzeichnender Sedimenttyp: Sulfat- (Karbonat)-Seekreide;

– makroskopische Bestimmungsmerkmale: grauweiß bis gelblich-weiß, feinpulverig-kreidig bis feinkörnig („sandig"), oft massenhaft limnische Faunenelemente, im Wasseraufguß zerfallend;

– mikroskopische Gefügemerkmale: bioklastische Arenite, vollständig durchsetzt von reliktischem porösen Karbonat (Kalzit, Dolomit), Gipsaggregate filzig bis isometrisch (rhombisch-tafelig), häufig Fossilreliktstrukturen;

– chemische Hauptbestandteile: $CaSO_4$ (73–77%), $CaCO_3$ (5–20%);

– Hauptverbreitung: Randbereiche der Unstrutniederung, z. B. Großengottern (Kreis Mühlhausen), Gräfentonna-Nägelstedt (Kreis Bad Langensalza).

(3) *Telmatische (palustrische) Sulfate*

– Kennzeichnender Sedimenttyp: Sulfat-Alm;

– makroskopische Bestimmungsmerkmale: hellweiß- oder schmutzig-grau, gelegentlich bräunlich, feinstkörnig („mehlig") oder amorph, im Anschnitt stumpf, oft mit pflanzlichem Feindetritus, im Wasseraufguß stark quellend und Übergang in weichplastisch-breiigen Zustand;

– mikroskopische Gefügemerkmale: Gipsreiches Karbonat mit feinkörnig-schlierigem Leisten- oder Granoblastgefüge, gleichmäßig verteilte Relikte von Dolomit, Ton, z. T. organischer Substanz, häufig knollenförmige Konkretionen aus reinem Gips;

– chemische Hauptbestandteile: $CaSO_4$ (55–75%), $CaCO_3$ (5–25%), organische Substanz (1–5%);

– Hauptverbreitung: Niederungsbereiche meist außerhalb der rezenten Flußtäler (Auslaugungssenken, reliktische Niedermoore), z. B. Großengotternsches Ried (Kreis Mühlhausen); Vippach-Gramme-Niederung: Schloßvippach, Udestedt; Alperstedter Ried (Kreis Erfurt-Land); Monna-Niederung: Leubingen, Dermsdorf (Kreis Sömmerda).

Hier nicht genannte Sedimenttypen, wie sulfatisch-(karbonatisch)-klastische (z. B. Sulfat-Mergel) oder sulfatisch-(karbonatisch)-organische (z. B. Sulfat-Mudden) sind entsprechend ihren Bildungsbedingungen in das vorgeschlagene Klassifikationsschema einzuordnen. Ihre Feldbestimmung ist jetzt teilweise nach TGL 24 300/04 möglich. Dagegen fehlt für die infolge Verdunstungskonzentration entstehenden auch im Thüringer Becken örtlich beobachteten Sulfatkrusten (Sulfat-Sinter) z. Z. noch eine umfassende lithologische Bearbeitung.

Literatur

Engels C (1962) Die hydrogeologischen Verhältnisse und Mineralgewinnungsanlagen von Bad Liebenstein und Bad Langensalza. In: Kurzreferate der Vorträge und Exkursionen anläßlich der 9. Jahrestagung der Geologischen Gesellschaft der DDR in Erfurt, Eberswalde, S. 63–65

Fischer G (1966) Die Bedeutung der Bodenschätzung für die sozialistische Landwirtschaft. Erfurt, S. 16

Jäger K-D (1965) Holozäne Binnenwasserkalke und ihre Aussage für die nacheiszeitliche Klima- und Landschaftsentwicklung im südlichen Mitteleuropa. Diss Friedrich-Schiller-Univ, Jena

Janitzky F (1957) Salz- und Alkaliböden und Wege zu ihrer Verbesserung. Giess Abh Agrar- und Wirtschaftsforsch Europ Ostens, Bd 2, Gießen

Kliewe H (1970) Ein Jahrzehnt Quartärforschung am Jenaer Lehrstuhl für Physische Geographie. Wiss Z Friedrich-Schiller-Univ, Math-Nat Reihe 19 (5/6):885–896

Langbein R (1973) Über die petrographischen Strukturen akzessorischen Anhydrits sowie Geochemie und Mechanismen seiner Bildung. Chem Erde 32 (1/2):46–79

Langbein R (1976) Gutachten über Dünnschliffaufnahmen von sulfatischen Sedimentproben des Thüringer Beckens (unveröffentlicht)

Ruchin LB (1958) Grundzüge der Lithologie (Lehre von den Sedimentgesteinen). Berlin, S. 182–324

Schulze J (1980) Das Standortmosaik von ausgewählten Talauen und Niederungen im Einzugsgebiet der oberen und mittleren Unstrut unter besonderer Berücksichtigung der Sedimenttypenverteilung. Diss Ernst-Moritz-Arndt-Univ, Greifswald

Schulze J (1982) Ergebnisse der lithostratigraphischen und genetischen Zuordnung holozäner Sedimente in innerthüringischen Niederungen – dargestellt am Beispiel des NSG „Alperstedter Ried". Landschaftspflege und Naturschutz in Thüringen 19 (4):85–92

TGL 24 300/04 (1986) Fachbereichsstandard Aufnahme landwirtschaftlich genutzter Standorte – Moorstandorte. Akad Landwirtsch DDR, Berlin

Unger KP et al. (1969) Quartäre Ablagerungen im Zentralen Thüringer Becken und im nördlichen Vorland des Thüringer Waldes und ihre lagerstättenkundliche Bedeutung. In: Ergebnisse quartärgeologischer Untersuchungen in Thüringen (Exkursionsführer). Berlin, S. 57–82

5.2 Die Entwicklungsgeschichte des Donau-Theiß-Zwischenstromlandes

ZOLTÁN BORSY

Hinsichtlich seiner Entwicklungsgeschichte und der Herausbildung seiner Oberfläche stellt das Donau-Theiß-Zwischenstromland eines der merkwürdigsten Gebiete der Pannonischen Tiefebene dar. So ist es verständlich, daß sich viele Wissenschaftler während der letzten 100 Jahre mit der Erforschung dieser Landschaft befaßten.

In der ersten Hälfte des 20. Jahrhunderts wurde von den Forschern die quartäre Entwicklungsgeschichte des Gebietes in Anlehnung an die stratigraphischen, paläontologischen und hydrogeologischen Daten von oberflächigen und oberflächennahen Schichten sowie von Proben der artesischen Brunnen zum Großteil aufgrund von Hypothesen skizziert.

Hinsichtlich des Ursprungs der Oberflächenformen wurden jahrzehntelang die Ansichten von J. Cholnoky (1910) akzeptiert. J. Cholnoky war der Meinung, die Basis des Donau-Theiß-Zwischenstromlandes sei ein altpleistozänes Lößplateau und der Flugsand durch den Wind vom Überschwemmungsgebiet der Donau hierhergeweht worden.

Vom Anfang der 50er Jahre an wurde die Schichtenserie des Gebietes vor allem durch Bohrungen in 10–30 m und z. T. auch größere Tiefen aufgeschlossen. Die Sedimente der Oberfläche wurden neu kartiert, und an manchen Stellen wurden ebenfalls geomorphologische Untersuchungen vorgenommen.

Aufgrund der Forschungsergebnisse bildeten sich über die Entwicklungsgeschichte des Donau-Theiß-Zwischenstromlandes zwei entgegengesetzte Standpunkte heraus. Nach dem einen soll das Gebiet ein Schwemmfächer der Donau sein (Sümeghy 1951, 1953; Bulla 1951; Kádár 1956; Pécsi 1959, 1960, 1967; Erdelyi 1960; Somogyi 1961; Franyó 1964; Borsy 1968), der durch den von der Pester Ebene nach Südosten strömenden Fluß während des Quartärs aufgebaut wurde. Nach dieser Auffassung soll der Flugsand im Donau-Theiß-Zwischenstromland aus dem Material des Schwemmfächers stammen.

I. Mihältz (1947, 1953) und B. Molnár (1961, 1965) vertraten hingegen die Meinung, daß die Donau während des ganzen Quartärs in ihrer heutigen breiten Talebene floß. Der Flugsand wurde durch den Wind von hier ausgeweht und in hoher Mächtigkeit abgelagert (30–140 m). Nach I. Mihältz und B. Molnár konnte die äolische Aufschüttung mit der Absenkung in den mittleren und östlichen Teilen des Zwischenstromlandes Schritt halten.

In der Erkenntnis der quartären Entwicklungsgeschichte des Donau-Theiß-Zwischenstromlandes wurden von der ersten Hälfte der 70er Jahre an wichtige Fortschritte erzielt. Das ist einerseits darauf zurückzuführen, daß die Abteilung Flachlandgebiete der Ungarischen Geologischen Anstalt im Gebiet mehrere Tiefenbohrungen vornahm. Durch die vielseitige Analyse des Bohrungsmaterials konnten viele sedimentgeologische Eigenschaften der durchbohrten Schichten, die Zyklen der Sedimentbildung, das Ausmaß der tektonischen Bewegungen usw. erschlossen werden (Franyó 1980).

Gleichzeitig fanden ausführliche geomorphologische Untersuchungen statt, und in allen wichtigeren Dünengebieten wurde der Rundungswert der Sandkörner der Dünen bestimmt (Borsy 1974).

Obwohl der Schwemmfächercharakter des Gebietes durch die vielseitige Analyse der Proben der erwähnten Kernbohrungen und aufgrund der Ergebnisse der Rundungsuntersuchungen der Flugsandkörner eindeutig bewiesen wurde, blieb auch im weiteren offen, welchen Anteil die Schichten äolischen Ursprungs an der pleistozänen Schichtenfolge ausmachen. Um diese Frage zu klären, wurden elektronenmikroskopische Untersuchungen der Sandsedimente aus Kernbohrungen von großer Tiefe eingeleitet.

Gleichzeitig mit dieser Arbeit wurden neuere Forschungsbohrungen durchgeführt, um zuverlässige Daten über den Ursprung des Flugsandes auf der Oberfläche zu erhalten.

Obwohl zur genauen Erkenntnis einiger geologischer und geomorphologischer Merkmale des Donau-Theiß-Zwischenstromlandes weitere Forschungen erforderlich sind, kann in Anlehnung an die bisherigen Ergebnisse über die Herausbildung des Donau-Theiß-Zwischenstromlandes ein Überblick aus neuer Sicht gegeben werden.

Entwicklungsgeschichte des Donau-Theiß-Zwischenstromlandes bis zur Würm-Eiszeit

Auf dem Gebiet von Ungarn befand sich gegen Ende des Miozäns in der pannonischen Stufe – von den Mittelgebirgen abgesehen – noch das Wasser des Pannonischen Sees. Obwohl dieser See flach war, dauerte seine Auffüllung lange, weil sich sein Boden in ständiger Senkung befand. Der Pannonische See wurde zuerst in Transdanubien und im Nordostteil der Tiefebene aufgeschüttet. Nach Angaben der K/Ar-Altersbestimmungen (Borsy et al. 1986) war der Großteil von Transdanubien vor 3,5–3,2 Mio. Jahren eine aufgeschüttete Ebene, und der Pannonische See zog sich in den Südteil der Tiefebene zurück. Das in seiner Ausdehnung immer kleiner werdende Seebecken wurde durch die einmündenden Wasserläufe, die viel Sediment transportierten, in kurzer Zeit bis zum Ende des Pliozäns aufgefüllt.

Der Pannonische See wurde in seiner Ausdehnung immer kleiner, und parallel dazu begann die Herausbildung des neuen Gewässernetzes. Das Gewässernetz am Ende des Pliozäns unterschied sich aber beträchtlich von dem heutigen. Die Donau strömte schon durch den Engpaß von Visegrád (Abb. 1; 2), aber als sie die Pester Ebene erreichte, floß sie nicht nach Süden, sondern weiter nach Südosten in den See der Tiefebene, der sich dort am Ende des Pliozäns noch befand. Nachdem dieser vollsedimentiert worden war, floß sie entlang der Linie Csongrád-Szentes-Makó weiter, denn damals war dieses Gebiet jener Teil der Tiefebene, in dem die Senkung am bedeutendsten war. Diese Situation blieb auch am Anfang des Quartärs unverändert.

Im Quartär wurden in der westlichen Hälfte des Donau-Theiß-Zwischenstromlandes 2 Schwemmfächer aufgebaut. Ein kleinerer Schwemmfächer, der des Ur-Sárviz, drängte sich von der Richtung des Mezöföld nach Südosten in das Bácska-Gebiet (Borsy et al. 1982). Nördlich davon bildete sich der gewaltige Schwemmfächer der Donau, dessen Spitzenteil auf der Pester Ebene liegt (Abb. 2).

Bei den Versuchen im Flußlaboratorium ist gut zu sehen, daß der Schwemmfächer des die Ebene erreichenden Wasserlaufes im Anfangsstadium noch einen größeren Neigungswinkel aufweist. Später schneidet sich der sein Tal vertiefende Fluß in den Spitzenteil des Schwemmfächers ein, und wenn dieser Prozeß lange andauert, entsteht eine Folge von Terrassen. Inzwischen verringert sich der Neigungswinkel des im Aufbau befindlichen Teiles des Schwemmfächers immer mehr.

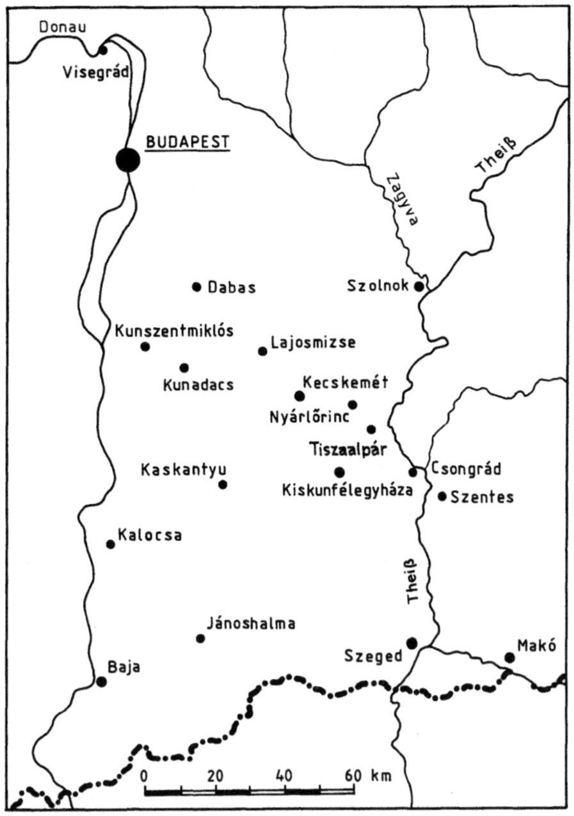

Abb. 1. Das Donau-Theiß-Zwischenstromland und seine Hauptentwässerungsbahnen

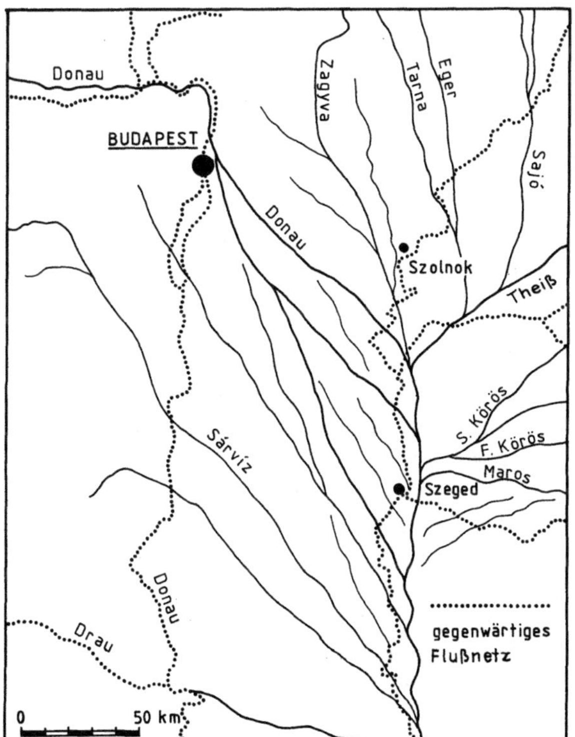

Abb. 2. Das Gewässernetz im Donau-Theiß-Zwischenstromland am Ende des Pliozäns

Auf dem Schwemmfächer der Donau vollzogen sich ähnliche Prozesse. Nach der Ablagerung der unterpleistozänen Sedimente schnitt sich der Fluß in den Spitzenteil des Schwemmfächers mehrmals ein und baute 4 Terrassen auf. Heute tauchen die unterpleistozäne Schwemmfächeroberfläche sowie die Terrassen III und IV auf dem Südostrand der Pester Ebene plötzlich unter die jüngeren pleistozänen Bildungen des Schwemmfächers ab.

Zu Beginn des Quartärs lagerte die Donau viel Schotter auf ihrem Schwemmfächer ab. Die grobkörnigen Flußsedimente unterpleistozänen Alters sind in der Pester Ebene noch auf der Oberfläche anzutreffen, sie liegen aber bei Kecskemét bereits 200–250 m, bei Kiskunfélegyháza 500 m tief unter der Oberfläche. Der Schotter wird zum Hangenden hin in mehreren Zyklen immer feiner und hat einen immer höheren Sand- und Schlammgehalt. Später lagerte die Donau auf ihrem Schwemmfächer vor allem Sand ab.

Beim Studium der Karte über die Mächtigkeit der quartären Sedimentfolge fällt die relativ geringmächtige quartäre Schichtenfolge im West- und Nordwestteil des Donau-Theiß-Zwischenstromlandes auf (Abb. 3). Nach der Ablagerung der unterpleistozänen Schichten erfolgte in diesen Teilen eine Sedimentanhäufung von nur bescheidenem Ausmaß.

Wegen der stärkeren Absenkung der Gebiete in der Umgebung von Csongrád-Szeged wurde die Schichtenfolge des Donauschwemmfächers (Abb. 3) notwendigerweise auf dem südöstlichen Flügel am mächtigsten (500–600 m).

Schon aus dem Gesagten folgt, daß der Aufbau des Schwemmfächers der Donau nicht überall kontinuierlich erfolgte. Als eine Begleiterscheinung der Entwicklung des Schwemmfächers und wegen der tektonischen Bewegungen verließ die Donau mehr oder weniger lange einen mehr oder weniger großen Teil ihres Schwemmfächers. So konnten von Zeit zu Zeit Gebiete von großer Ausdehnung überschwemmungsfrei werden, auf denen unter entsprechenden Umständen die Boden- oder Flugsandbildung beginnen konnte.

Bei den elektronenmikroskopischen Untersuchungen der Sandsedimente aus den Kernbohrungen wurde großer Wert auf die Klärung der Frage nach dem tatsächlichen Anteil des äolischen Sediments an der quartären Schichtenfolge gelegt. Zu diesem Zweck wurden über 4000 elektronenmikroskopische Aufnahmen angefertigt.

Auf dem Schwemmfächer der Donau erschlossen 5 von 6 Bohrungen (Kunszentmiklós, Kunadacs, Kerekegyháza, Kecskemét, Nyárlőrinc, Kaskantyu) 2–7 m mächtige Flugsandschichten in der

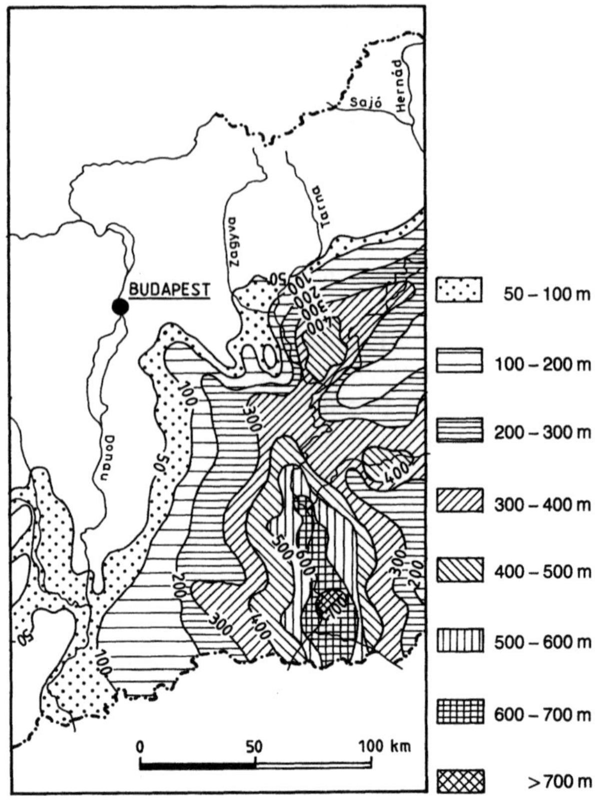

Abb. 3. Die Mächtigkeit der quartären Sedimentfolge des Donauschwemmfächers im Donau-Theiß-Zwischenstromland

30–373 m mächtigen quartären Schichtenfolge. Der Großteil der Flugsandschichten kommt in den Sedimenten vor, die im letzten Drittel des Quartärs abgelagert wurden.

Unter der Oberfläche wird der meiste Flugsand nordwestlich von Kecskemét angetroffen. Dieses Gebiet geriet schon in der ersten Hälfte der Würm-Eiszeit unter die Wirkung der äolischen Prozesse, was die äolischen Schichten widerspiegeln, die bis zu einer Tiefe von 38 m vorkommen.

Sehr aufschlußreich sind die Ergebnisse, die anhand der elektronenmikroskopischen Untersuchung des Sandmaterials aus der Kernbohrung bei Nyárlőrinc gewonnen wurden. In der Bohrung konnten insgesamt 7 Flugsandschichten nachgewiesen werden. Es ist auffallend, daß sogar in Tiefen von 264,0–266,0 und 307,4–313,0 m Flugsand auf typischem Flußsediment vorkommt.

Auf der Oberfläche sind 20–25 m mächtige Flugsandschichten nachgewiesen worden, unter diesen Schichten konnte hingegen in den Bohrungen keine Flugsandschicht von ähnlicher Mächtigkeit beobachtet werden. Die Auffassung (Molnár 1961), nach der im Donau-Theiß-Zwischenstromland an manchen Stellen 120–140 m mächtige kontinuierliche äolische Folgen anzutreffen seien, trifft also nicht zu.

Im südwestlichen Teil des Donau-Theiß-Zwischenstromlandes wurde auf dem Schwemmfächer des Ur-Sárvíz durch eine Bohrung in Jánoshalma eine unter den tiefländischen Verhältnissen ganz eigenartige Schichtenfolge aufgeschlossen. Ihr Sedimentbestand beweist, daß der Südwestteil des Donau-Theiß-Zwischenstromlandes nicht zum Schwemmfächer der Donau gehört (Borsy et al. 1982).

Durch elektronenmikroskopische Untersuchungen wurden in der 130 m mächtigen pleistozänen Schichtenfolge mehr als 10 Flugsandschichten nachgewiesen. Eine andere besondere Erscheinung der Bohrung war, daß bis zur Tiefe von 116 m (nach der Bestimmung von Franyó) 26 Löß-, sandige Löß- und lößige Sandschichten durchbohrt worden sind. Die zwischen den äolischen Schichten angetroffenen, durch das Wasser transportierten Sedimente bezeugen, daß die Wasserläufe, die diesen Teil des Donau-Theiß-Zwischenstromlandes aufschütteten, von geringerer Wasserergiebigkeit bzw. periodisch gewesen sein mögen.

Da in der Bohrung bei Jánoshalma sogar in einer Tiefe von weniger als 100 m eine lößartige Schicht vorkommt, darf angenommen werden, daß die Umgebung von Jánoshalma in der ersten Hälfte des Pleistozäns noch eine Denudationsoberfläche aufwies, auf der die Sedimentanhäufung aus tektonischen Gründen erst im letzten Drittel des Quartärs begann.

Das durch die kleineren Gewässer abgelagerte Sediment wurde durch den Wind bewegt und zu Flugsand umgewandelt. Wahrscheinlich konnte dies am besten in den trockeneren Glazialen während des letzten Drittels des Pleistozäns erfolgen, als in Ungarn das periglaziäre Klima vorherrschte. Auf dem Flugsand bildeten sich in der Regel Löß oder ein mit sandigem Löß bedeckter Mantel heraus, worauf sich wegen der Senkung des Gebietes eine neuere fluviale Schichtenfolge ausbildete.

Oberflächenveränderungen des Donau-Theiß-Zwischenstromlandes in der Würm-Eiszeit

Während der Würm-Eiszeit vollzogen sich in der ganzen Tiefebene bedeutende Veränderungen. Wegen der stärkeren Absenkung der Gebiete in der Umgebung von Szeged verließ die Donau den sanft steigenden Teil ihres Schwemmfächers nördlich der Linie Dabas-Lajosmizse-Kecskemét-Alpár (der eigentlich die Fortsetzung der die Terrasse II/b bildenden Schwemmfächeroberfläche darstellt). Sie verlagerte sich allmählich nach Süden, und von der Pester Ebene floß sie direkt nach Szeged weiter (Abb. 4). In einem relativ

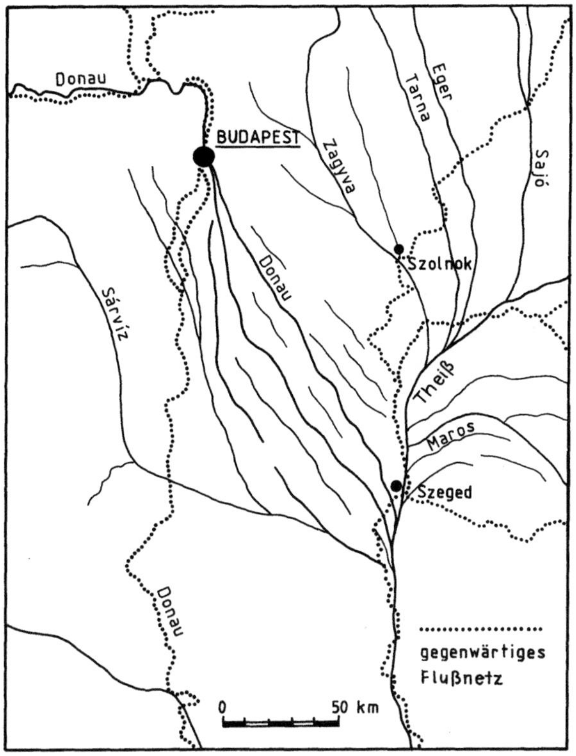

Abb. 4. Das Gewässernetz des Donau-Theiß-Zwischenstromlandes am Ende der Würm-Eiszeit

breiten Flußbett strömend, schnitt sie sich leicht auch in diesen Teil ihres Schwemmfächers ein. Zwischen den eingeschnittenen Bettstrecken entstanden mehr oder weniger große trockenliegende Oberflächen, auf denen sich der Flugsand später bewegte.

In der Mitte der Würm-Eiszeit verließ die Donau ihren Schwemmfächer endgültig, denn die stärkere Absenkung in der Linie Kalocsa-Baja-Zombor führte zur Verlagerung des Flußlaufes, der im wesentlichen noch dem heutigen entspricht. Der nach Westen wandernde Fluß brachte während der Hochwasserperioden noch einige Zeit lang beträchtliche Wassermengen in seine verlassenen Betten. So wurde in deren Verlauf und auf den angrenzenden Überschwemmungsebenen fluviatiles Sediment von beträchtlicher Menge (5 – 10 m mächtig) angehäuft. Diese Sedimente wurden neuerdings an mehreren Stellen erschlossen. Ihre genaue Altersbestimmung ist zur Zeit in Bearbeitung.

In der Entwicklungsgeschichte des Schwemmfächers der Donau wurde damit eine wichtige Periode abgeschlossen, denn auch auf dem Südflügel des Schwemmfächers hörte die oberflächenformende Tätigkeit des Flusses auf. Von der oberpleniglazialen Periode an, als im Vergleich zu den früheren Zeiten ein kälteres, trockeneres Klima einsetzte, konnte auf der Oberfläche des Schwemmfächers der Wind zum wichtigsten Faktor der Oberflächengestaltung werden.

Auch der Schwemmfächer des Ur-Sárvíz wandelte sich bedeutend. Die Verschiebung der Donau nach Westen und ihr darauffolgendes Einschneiden trennten den Bácskaer Teil endgültig von dem Mezőfölder Teil. Die Trennung wurde zusätzlich durch die Hebung der Gebiete nordöstlich und östlich von Baja noch mehr ausgeprägt.

Die äolische Umformung des Donau-Theiß-Zwischenstromlandes in der oberpleniglazialen Periode

Wie bereits ausgeführt, begann in den nördlichen und nordöstlichen Teilen des Donau-Theiß-Zwischenstromlandes die äolische Umformung der Oberfläche schon in der ersten Hälfte der Würm-Eiszeit. Damals entstanden Löß und Flugsand in großer Menge auch auf dem Schwemmfächer des Ur-Sárvíz. Die richtige, kräftige Sandbewegung erfolgte aber erst später, und zwar in der oberpleniglazialen Periode. Bei dem damaligen kälteren, trockeneren Klima (Borsy et al. 1982) war das Flußsediment auf der Oberfläche nur durch eine spärliche, für die kalten Steppen charakteristische Vegetation bedeckt. Sie konnte die Oberfläche gegenüber Auswehung nicht genügend schützen, und so begann in den Gebieten, wo Sand die Oberfläche bildete, infolge der Wirkung stärkerer Winde die Herausbildung von Flugsandformen.

Die stärkere Sandbewegung erfolgte während des ersten Kältemaximums in der oberpleniglazialen Periode, vor 27000–22000 Jahren. Danach wurde das Klima etwas milder und feuchter. Die Flugsandgebiete in niedrigerer Lage waren zu dieser Zeit durch die Vegetation schon besser geschützt, und an ihrer Oberfläche begann die Festlegung des aus der Luft niederfallenden Staubes. In der zweiten Hälfte der oberpleniglazialen Periode wurde der Staubmantel immer mächtiger. Aus dem abgelagerten Staub entstanden bei periglazialem Klima Löß bzw. ein lößiger Mantel, wobei die Mächtigkeit sogar 3–5 m erreichen konnte. Auf den trockeneren, zumeist höher liegenden Oberflächen, wo sich keine Lößdecke herausgebildet hatte, bewegte sich der Sand mit mehr oder weniger langen Unterbrechungen bis zum Ende der Eiszeit.

Die starken Sandbewegungen der oberpleniglazialen Periode gestalteten die Oberfläche des Donau-Theiß-Zwischenstromlandes bedeutend um, nicht nur dadurch, daß sie mancherorts abwechslungsreiche Dünenoberflächen zustandebrachten, sondern auch, weil sie die verlassenen ehemaligen Donaubetten endgültig verschwinden ließen oder zerschnitten.

Nach neueren Forschungen (Borsy et al. 1982, 1986; Borsy 1986) bewegte sich der Sand während der spätglazialen Periode 2mal, und zwar in der Älteren und in der Jüngeren Dryaszeit. Die Sandbewegungen der spätglazialen Zeit waren aber wesentlich bescheidener als diejenigen im Oberpleniglazial und beschränkten sich vor allem auf Sandoberflächen in höherer Lage.

Über die Sandbewegungen der spätglazialen Zeit hatte man zuvor noch keine Kenntnisse, und der damals entstandene Flugsand sowie die Sandformen wurden als Flugsand bzw. Sandformen aus der borealen Phase angesehen.

Während des Holozäns war das Donau-Theiß-Zwischenstromland mit Steppen, Waldsteppen bzw. Wäldern bedeckt. Diese Vegetation konnte in einem Großteil des Gebietes die Oberfläche ausreichend schützen.

Infolge anthropogener Einflüsse erfolgten aber auch im Donau-Theiß-Zwischenstromland bedeutende Sandbewegungen. Dieser Prozeß nahm besonders seit Beginn des 18. Jahrhunderts größere Dimensionen an, als der lockere Flugsand infolge der Waldrodung, Überweidung und nicht fachgerechten Bewirtschaftung mancherorts ungeschützt blieb. Besonders auf den größeren Sandfeldern mit akkumulativem Ursprung ist gut zu beobachten, wie die Herausbildung neuerer Formen die Zerstückelung der im oberen Pleniglazial bzw. im Spätglazial entstandenen Dünen nach sich zog (z. B. in den Gemarkungen von Fülöpháza, Agasegyháza, Izsák, Orgovány, Soltvadkert).

Das Problem der sich von Nordwesten nach Südosten erstreckenden Vertiefungen

Das über die Entwicklungsgeschichte des Donau-Theiß-Zwischenstromlandes skizzierte Bild wäre ohne die Darstellung der sich von Nordwest nach Südost erstreckenden und mehr oder weniger großen Vertiefungen nicht vollkommen. Sie sollen auch deshalb behandelt werden, weil es über ihre Entstehung unterschiedliche Ansichten gibt. J. Cholnoky (1910) erklärte ihren Ursprung mit der Windleistung. B. Bulla (1951), der das Donau-Theiß-Zwischenstromland als Schwemmfächer der Donau auffaßt, sah die Vertiefungen mit ihrer unterschiedlichen Ausdehnung als Reste der auf ihrem Schwemmfächer einst verzweigten Donau an. M. Pécsi (1967) vertritt die Auffassung, daß man im Donau-Theiß-Zwischenstromland die verlassenen Betten der Donau nicht mehr suchen kann, denn sie wurden durch die 20–40 m mächtige äolische Decke völlig überlagert. Z. Borsy (1968) betonte aufgrund der in den 60er Jahren durchgeführten geomorphologischen und geologischen Untersuchungen, daß ein Teil der sich von der Pester Ebene in Nordwest-Südost-Richtung radial erstreckenden Vertiefungen ohne Zweifel auf Deflation zurückzuführen ist, was die Sandanhäufungen am südwestlichen Ende der Vertiefungen gut belegen. Gleichzeitig machte er aber auch darauf aufmerksam, daß ein Teil der Vertiefungen westlich von Kerekegyháza und in den Gemarkungen von Fülöpháza, Agasegyháza, Izsák, Bugac und Jaszszentlászló zweifelsohne auf Reste von verlassenen Donaubetten zurückgeht.

Bei den neueren geomorphologischen und landschaftsökologischen Untersuchungen, die im Donau-Theiß-Zwischenstromland im Jahr 1983 begonnen wurden, schenkte man der Klärung dieser Frage ebenfalls große Aufmerksamkeit. In den wichtigeren Vertiefungen wurden Bohrungen durchgeführt und die Proben einer ausführlichen palynologischen und malakologischen Untersuchung unterzogen. Obwohl die Bearbeitung der Proben noch nicht abgeschlossen ist, stehen bereits wichtige Angaben im Hinblick auf den Ursprung der Vertiefungen zur Verfügung. Aufgrund der Ergebnisse kann folgendes festgehalten werden:

Vor allem muß festgestellt werden, daß das Donau-Theiß-Zwischenstromland hinsichtlich seiner Vertiefungen mindestens in 3 Teile zu gliedern ist. Den Nord- und Nordosteil des Donau-Theiß-Zwischenstromlandes verließ die Donau – wie bereits ausgeführt – schon am Anfang der Würm-Kaltzeit. In diesen Teilen begann also die äolische Umformung der Oberfläche frühzeitig. Die Betten wurden zuerst zerschnitten, dann allmählich äolisch aufgefüllt. Das bedeutet gleichzeitig den äolischen Ursprung der Vertiefungen im erwähnten Gebiet. Dies wird vor allem dadurch bewiesen, daß am Grund der Vertiefungen zuweilen eine 3 m mächtige Schicht typischen Flugsandes mit gut gerundeten Körnern liegt.

Ganz anders stellt sich die Situation an der Achse der Pester Ebene in Richtung Szeged bzw. im Bogen Agasegyháza-Orgovány-Bócsa und Izsák-Kiskörös dar, wo in den größeren Vertiefungen Sedimente fluvialen Ursprungs, Feinsand und vor allem Schlamm aufgeschlossen wurden. Die verlassenen Bettabschnitte im intaktesten Zustand befinden sich westlich von Kerekegyháza, in den Gemarkungen von Fülöpháza, Agasegyháza, Orgovány, Izasák, Bugac und Jászszentlászló. Das 5 – 10 m mächtige Sedimentgefüge der verlassenen Betten mit vielen Schneckenresten und häufig mit moorigen, torfigen Schichten geht auf Hochwasserperioden der Donau zurück.

Für den erwähnten Abschnitt des Donau-Theiß-Zwischenstromlandes sind auch die 3 – 12 m mächtigen Sedimente des Überschwemmungsgebietes charakteristisch. Das Gebiet kann also nicht überall mit Flugsand bedeckt gewesen sein. In diesen Bereichen hebt sich der Flugsand mancherorts inselartig aus den Sedimenten des Überschwemmungsgebietes heraus.

Auch in dieser Hinsicht ist der Südwestteil des Donau-Theiß-Zwischenstromlandes, das sogenannte Bácska-Gebiet, eine eigenartige Gegend. Hier gab es sogar ursprünglich keinen größeren Wasserlauf.

Die verlassenen Betten des Ur-Sárvíz und des Völgység-Baches mit ihrer geringen Wasserergiebigkeit wurden durch die äolischen Prozesse leicht zum Verschwinden gebracht, und man sucht in diesem Gebiet vergeblich nach verlassenen Bettabschnitten. Bei der morphologischen Kartierung wurden in den tiefstliegenden Teilen überall äolische Bildungen (2 – 4 m mächtiger Löß und Flugsand) aufgeschlossen, denn die Vertiefungen des Bácska-Gebietes haben äolischen Ursprung. Auf ihrem Rand sind immer die aus ihnen ausgewehten Flugsandmassen zu sehen.

Zusammenfassend kann festgestellt werden, daß die Vertiefungen im nördlichen, nordöstlichen und südwestlichen Teil des Donau-Theiß-Zwischenstromlandes durch äolische Prozesse gebildet werden. An der Achse, die sich von der Pester Ebene in Richtung Szeged erstreckt, bzw. entlang der Linie zwischen Ágasegyháza-Orgovány-Bócsa und Kunadacs-Izsák kommen hingegen die verlassenen Abschnitte von Donaubetten häufig vor.

Literatur

Borsy Z (1968) The surface of the region between the Danube and the Tisza. Acta Geogr Debrecina 14:45 – 57

Borsy Z (1974) A futóhomok mozgásának törvényszerüségei és védekezés a szélerózió ellen (Gesetzmäßigkeiten der Flugsandbewegung und Schutz gegen die Winderosion). Debrecen, Doktori értekezés

Borsy Z (1986) Research in areas of blown sand. In: Pécsi M, Lóczy O (Hrsg) Physical geography and geomorphology in Hungary. Budapest, S. 77 – 82

Borsy Z, Félszerfalvi J, Lóki J (1982) A Jánoshalmi MÁFI alapfurás homoküledékeinek elektronmikroszkópos vizsgálata (Electron microscopic investigation of the sand sediment in the core drilling of MÁFI at Jánoshalma). Acta Geogr Debrecina 20:35 – 50

Borsy Z et al. (1982) Phases of blown-sand movements in the north-east part of the Great Hungarian Plain. Acta Geogr Debrecina 20:5 – 33

Borsy Z et al. (1986) Recent contributions concerning the evolution of the Tapolca basin. Acta Geogr Debrecina 23:85 – 109

Bulla B (1951) A Kiskunság kialakulása és felszini formái (Herausbildung und Oberflächenformen von Kiskunság). Földrajzi Könyv- Térképtár Ért 2:101 – 116

Cholnoky J (1910) Az Alföld felszine (Das Relief der Tiefebene). Földrajzi Közlemények 28:413 – 436

Csongor E, Borsy Z (1987) Radiocarbon dates and late glacial blown-sand movements in NE Hungary. VEDA Publ Slovak Acad Sci, Bratislava, S. 114–117

Erdélyi M (1960) Geomorfológiai megfigyelések Dunaföldvár, Solt és Izsák környékén (Geomorphologische Beobachtungen in der Umgebung von Dunaföldvár, Solt und Izsák). Földrajzi Ért 9:257–271

Franyó F (1964) A futóhomok és a lösz települési viszonyai a Duna-Tisza köze középsö reszén (Ablagerungsverhältnisse von Flugsand und Löß in dem mittleren Teil des Donau-Theiß-Zwischenstromlandes). In: Földtani Intézet Évi Jelentése 1961-röl, Budapest, S. 31–46

Franyó F (1980) Ujabb felszinfejlödéstörténeti és vizföldtani eredmények a Duna-Tisza közi kutatófurások alapján (Neuere oberflächenentwicklungsgeschichtliche und hydrogeologische Ergebnisse aufgrund der Forschungsbohrungen im Donau-Theiß-Zwischenstromland). Földrajzi Ért 29 (4):409–443

Kádár L (1956) A magyarországi futóhomok-kutatás eredményei és vitás kérdései (Ergebnisse und Probleme der Flugsandforschung in Ungarn). Földrajzi Közlemények 80:143–163

Miháltz I (1947) A Duna-Tisza csatorna geológiai viszonyainak tanulmányozása (Untersuchung der geologischen Verhältnisse des Donau-Theiß-Kanals). Földmüv Min, Budapest, S. 189–199

Miháltz I (1953) A Duna-Tisza köze déli részének földtani felvétele (Geologische Aufnahme des Südteils des Donau-Theiß-Zwischenstromlandes). In: Földtani Intézet Évi Jelentése 1950-röl, Budapest, S. 113–139

Molnár B (1961) A Duna-Tisza közi eolikus rétegek felszini és felszin alatti kiterjedése (Die Verbreitung der äolischen Bildungen an der Oberfläche und untertags in dem Donau-Theiß-Zwischenstromland). Földtani Közlöny 91:300–315

Molnár B (1965) Adatok a Duna-Tisza köze fiatal harmadidöszaki és negyedkori rétegeinek tagolásához és származásához nehézásvány összetétel alapján (Daten zur Gliederung und Herkunft der jungtertiären und quartären Schichten des Donau-Theiß-Zwischenstromlandes aufgrund der Schwermineralzusammensetzung). Földtani Közlöny 95:217–225

Pécsi M (1959) A magyarországi Duna-völgy kialakulása és felszinalaktana (Herausbildung und Geomorphologie des ungarischen Donautales).Földrajzi Monogr 3:342

Pécsi M (1960) Die Entwicklung des ungarischen Abschnittes des Donautales. Sb Chest Na Akad AS Beshkov, Sofia, S. 137–147

Pécsi M (1967) A dunai Alföld (Die Donau-Tiefebene). Budapest, S. 1–342

Somogyi S (1961) Hazánk folyóhálózatának fejlödéstörténeti vázlata (Entwicklungsgeschichtliche Skizze des Wassernetzes von Ungarn). Földrajzi Közlemények 85 (1):26–50

Sümeghy J (1951) A Duna-Tisza közének földtani vázlata (Geologische Skizze des Donau-Theiß-Zwischenstromlandes). Földrajzi Könyv- Térképtár Ért 2:75–100

Sümeghy J (1953) A Duna-Tisza közének földtani Vázlata (Geologische Skizze des Donau-Theiß-Zwischenstromlandes). In: Földtani Intézet Évi Jelentése 1950-röl, Budapest, S. 233–262

5.3 Der Beitrag der Karstforschung zur holozänen Klimageschichte

VOJEN LOŽEK

Die Rekonstruktion des nacheiszeitlichen Klimaablaufs stützt sich größtenteils auf paläobotanische Daten aus Sumpf- bzw. Seeablagerungen (Lamb 1977). Die meisten Fundstellen mit reichen Beständen von Pflanzenfossilien befinden sich in den Tiefländern Nordeuropas oder in den Bergländern Mitteleuropas, in denen die Hochmoore höherer Lagen die Mehrzahl der Befunde lieferten. Hingegen sind die mittel- und südeuropäischen trockenwarmen Landschaften ausgesprochen arm an geeigneten paläobotanischen Fundorten, und somit stehen aus weiten Gebieten oft nur spärliche Funde zur Verfügung (Firbas 1949, 1952). Es handelt sich hierbei um Regionen, deren gegenwärtige Lebensgemeinschaften erkennen lassen, daß ihre postglaziale Entwicklung im Vergleich mit dem Norden bzw. mit den Berglagen viel komplizierter ablaufen mußte, insbesondere was die Feuchtigkeitsschwankungen anbelangt.

In Anbetracht dieser Sachlage war es erforderlich, weitere Informationsquellen zu suchen. Diese stehen vor allem in den Karstgebieten zur Verfügung, in denen reiche Fossilbestände von Weich- und Wirbeltieren zu finden sind, welche in bestimmten Fällen auch mit Pflanzenfossilien, namentlich mit den Abdrücken in Quell- und Bachkalken parallelisiert werden können. Bei der Anwendung von paläozoologischen Untersuchungsmethoden im Karst sind einige grundsätzliche Unterschiede gegenüber den paläobotanischen Analysen zu berücksichtigen, die folgendermaßen zusammengefaßt werden können:

- Die Untersuchungen im Karst spiegeln eine völlig abweichende Umwelt wider, die zumeist rein terrestrisch ist und in der xerotherme Komponenten gewöhnlich eine hervorragende Rolle spielen;
- andersartig sind gleichfalls die betreffenden Belege, die durch verschiedene Arten kalkhaltiger Ablagerungen und deren Fauna (vor allem Mollusken) repräsentiert werden.

Der vorliegende Beitrag hat das Ziel, eine Übersicht von Beobachtungen aus verschiedenen Karstgebieten Mitteleuropas zu bieten, die sich auf den nacheiszeitlichen Klimaablauf beziehen. Die meisten Befunde stammen aus der Tschechoslowakei, wo zahlreiche Fundstellen nach 1945 systematisch untersucht wurden (Ložek 1982a).

Möglichkeiten der Holozänforschung in den Karstgebieten

Einer der Charakterzüge der Karstlandschaften ist das Vorkommen kalkhaltiger Sedimente verschiedener Art, die für die Fossilisierung von Tierresten höchst geeignet sind. An erster Stelle stehen die Mollusken, die in sämtlichen terrestrischen und aquatischen Ablagerungen auftreten und zwar zumeist zahlreich genug, um eine statistische Auswertung der Fossilbestände durchzuführen. In geeigneten Ablagerungstypen, vor allem in Karsthohlräumen, Felsnischen sowie am Fuß von Felswänden, lassen sich auch zahlreiche Wirbeltierreste finden. Im Unterschied zu den Mollusken stellen diese meist sekundäre Anhäufungen dar, denn es handelt sich größtenteils um Beutereste von Raubvögeln, Eulen oder Raubtieren. Sie können demzufolge aus der weiteren Umgebung des Fundortes zusammengebracht werden und die Aussage der Konchylien ergänzen, da diese lediglich aus dem betreffenden Sedimentationsraum bzw. aus dem Einzugsgebiet stammen, welches das Material der molluskenführenden Ablagerungen geliefert hat.

Hier ist zu betonen, daß fossilführende Sedimente im Karst häufig auch archäologische Objekte enthalten, was eine Korrelation der natürlichen Entwicklung mit anthropogenen Eingriffen möglich macht. In manchen Fällen treten auch Pflanzenfossilien auf, im Durchschnitt jedoch viel seltener als die Tierreste.

Die fossilführenden terrestrischen Ablagerungen kommen im Karst in verschiedensten Lagen vor, was auf das spezifische Relief der Karstoberfläche sowie auf das Vorhandensein unterirdischer Hohlräume zurückgeht, in denen sich Sedimente auch dort erhalten können, wo sonst die Abtragung vorherrscht. Hinzu kommen noch die semiterrestrischen Sedimente im Talbodenbereich sowie einige aquatische Bildungen, vor allem die Quell- und Bachkalke bzw. kalkhaltige limnische Ablagerungen.

In den meisten Sedimentfolgen der Karstgebiete können die Beziehungen zur Bodenbildung bzw. zu den Abtragungsvorgängen verfolgt werden. Dank dieser günstigen Umstände kann man Auskunft über die Entwicklung in einer breiten Skala von Standorten gewinnen, die z. T. von gegensätzlicher Natur sind, wie die Felsensteppen, Inversionsschluchten oder die Talsümpfe. In Hochgebirgen mit steilen Hängen stellen die Karstlandschaften praktisch die einzigen Gebiete dar, die die Durchführung biostratigraphischer Untersuchungen zulassen (Ložek 1978). Eine Korrelation der Befunde von verschiedenen Sedimentationsräumen und Lagen sowohl im vertikalen als auch im horizontalen Sinn läßt eine Reihe von allgemeinen Gesetzmäßigkeiten erkennen, die mit den auf klassische Methoden der Postglazialforschung gestützten Ergebnissen konfrontiert werden können.

Einen außerordentlich bedeutsamen Vorgang stellt in dieser Hinsicht die Auflösung sowie die sekundäre Abscheidung des Kalziumkarbonats dar, die sich nur unter bestimmten Bedingungen vollzieht und als verläßlicher Klimaindikator anzusehen ist. Dies bezieht sich vor allem auf die Feuchtigkeitsverhältnisse, da dieser Vorgang ohne hinreichende Wasserzufuhr nicht zustandekommen kann, insbesondere, falls es sich um eine intensive Abscheidung in Form von Quellkalken oder Höhlensintern handelt.

Eine Akkumulation von reinen $CaCO_3$-Abscheidungen kann in den meisten Lagen (Höhleneingänge, Felsnischen, Hangfuß- und Talbodenlagen) nur in Perioden der Sedimentations- bzw. Abtragungsruhe erfolgen, d. h. wenn die Freilegung und der Transport des klastischen Materials auf ein Mindestmaß eingeschränkt sind. Zur selben Zeit herrscht Verwitterung und Bildung von entkalkten Böden vor, die mit der $CaCO_3$-Auflösung und dessen Transport in Wasserlösung verknüpft sind. Der Aufbau der Quellkalklager sowie die stratigraphische Position der Sinterhorizonte erlauben eine stratigraphische Einordnung von Phasen der klastischen Sedimentation bzw. Abtragung sowie von Ruheperioden, die miteinander abwechseln. Dieser Vorgang spiegelt gleichfalls die Intensität von Verkarstungs- bzw. Bodenbildungsprozessen wider.

Aus den vorstehenden Angaben ergibt sich, daß die erörterten Vorgänge als verläßliche Indikatoren von Feuchtigkeitsschwankungen anzusehen sind, da

(a) eine intensive Abscheidung bzw. Auflösung von $CaCO_3$ nur in hinreichend feuchten, also niederschlagsreichen Phasen möglich ist, während

(b) die Trockenphasen durch eine starke Einschränkung bzw. ein totales Ausklingen dieser Vorgänge gekennzeichnet sind.

Bisherige Ergebnisse

In den Karstgebieten Mitteleuropas steht heute eine ganze Reihe Sedimentfolgen von gesetzmäßigem Bau zur Verfügung, in denen die Entwicklung von Weichtier- und Wirbeltiergemeinschaften seit dem Ende des letzten Glazials bis in die Gegenwart hinein in Korrelation mit der Sedimentation bzw. Bodenbildung verfolgt werden kann. Diese Aufeinanderfolge spiegelt den postglazialen Klimaablauf wider, und ihre Aussage stimmt in groben Zügen mit den auf paläobotanischen Befunden basierenden Rekonstruktionen überein (Ložek 1982a, b).

Das Spätglazial ist durch schwach humose, kalkhaltige Lehme mit wechselndem Anteil an kleinstückigem Schutt und einer Fauna gekennzeichnet, die vorwiegend waldlosen Standorten bzw. mosaikartig verstreuten schütteren Wald- und Gebüschbeständen entspricht. Die einzelnen Klimaschwankungen, vor allem das Alleröd, konnten meist nicht ermittelt werden, mit Ausnahme einiger Andeutungen wie z. B. in der Mažarná-Höhle (Ložek 1980). Der Anteil an wärmebedürftigen Arten bleibt gering und die Weichtiergemeinschaften bewahren im allgemeinen ein kaltzeitliches Gepräge.

Das Altholozän, also das Präboreal und Boreal, ist durch ein stufenweises Vordringen von wärmeliebenden Elementen charakterisiert, unter denen sich Arten lichter Haine, wie *Helix pomatia* L. oder *Aegopinella minor* Stab., sowie von Felsensteppen, wie die submediterrane *Granaria frumentum* Drap., geltend machen. Von Interesse ist die zeitweilige Ausbreitung des sarmatischen Elements *Truncatellina costulata* Nils. in Südmähren (Pálava, Mährischer Karst). Auch manche Lößsteppenarten, wie *Pupilla sterri* (Vth.), Ochotona oder *Microtus gregalis* Pall., sind häufig anzutreffen. Nach der Aussage der Fauna weist das Boreal einen steilen Anstieg der Temperatur auf, die schließlich die heutigen Werte überschreitet, wobei das Klima während des größten Teils dieses Zeitabschnittes als relativ trocken erscheint (z. B. Ložek 1974).

Zum Unterschied vom Boreal zeigt sich das Mittelholozän, also das Atlantikum und Epiatlantikum, als eine ausgesprochen warmfeuchte Phase, während der die Hauptmasse von anspruchsvollen Arten nach Mitteleuropa vordringt und die Steppenelemente stark zurücktreten bzw. verschwinden. Hochanspruchsvolle Schneckenarten südeuropäischer

Herkunft, die für die pleistozänen Warmzeiten so bezeichnend sind, erscheinen zu dieser Zeit auch im Holozän, keine von ihnen besetzt jedoch ein so ausgedehntes Gebiet wie beispielsweise die Leitarten des letzten Interglazials, wie *Drobacia banatica* Rssm., *Soosia diodonta* Fér., *Aegopis verticillus* Lam. u. a. Sie bleiben auf kleinere isolierte Gebiete beschränkt, wie *Bulgarica nitidosa* Uličný auf das innerböhmische Berounka-Tal, *Vestia ranojevici moravica* Brab. auf einige Gebirge Nordmährens oder *Macrogastra densestriata* Rssm. auf Böhmen und die angrenzenden Teile Mitteldeutschlands. Die warmzeitliche Leitart *Aegopis verticillus* Lam., die in mehreren Interglazialen über weite Strecken von Mitteleuropa verbreitet war, erscheint erst im Endabschnitt des klimatischen Optimums und besetzt nur beschränkte Gebiete im Bereich des Böhmischen Massivs.

Das Jungholozän (Subboreal-Gegenwart) ist in unbesiedelten Gebieten nur durch eine mäßige Verarmung der Waldgemeinschaften um die anspruchsvollsten Elemente gekennzeichnet. *Macrogastra densestriata* Rssm. stirbt allerdings aus, *Truncatellina claustralis* Grd. bleibt an isolierten, gut geschützten Standorten erhalten. In besiedelten Landschaften breiten sich infolge Entwaldung einige altansässige Steppenbewohner wie *Chondrula tridens* Müll. und später auch *Pupilla muscorum* L. wieder aus. Stufenweise zieht auch eine ganze Reihe südlicher Offenlandarten ein, wie Cecilioides, Helicella, Candidula, Monacha, Zebrina u. a., die in der Vergangenheit Mitteleuropa nie erreicht hatten.

Aus den dargelegten Tatsachen wird eine rahmenmäßige Übereinstimmung mit dem bereits von F. Firbas (1949, 1952) festgestellten Klimaablauf deutlich. Die Sedimentausbildung entspricht der Faunenentwicklung, wobei die Beschaffenheit bestimmter Horizonte Beweise für einige bedeutsame Veränderungen liefert, vor allem was die Feuchtigkeitsschwankungen anbelangt (Abb. 1). Dies soll noch näher erörtert werden.

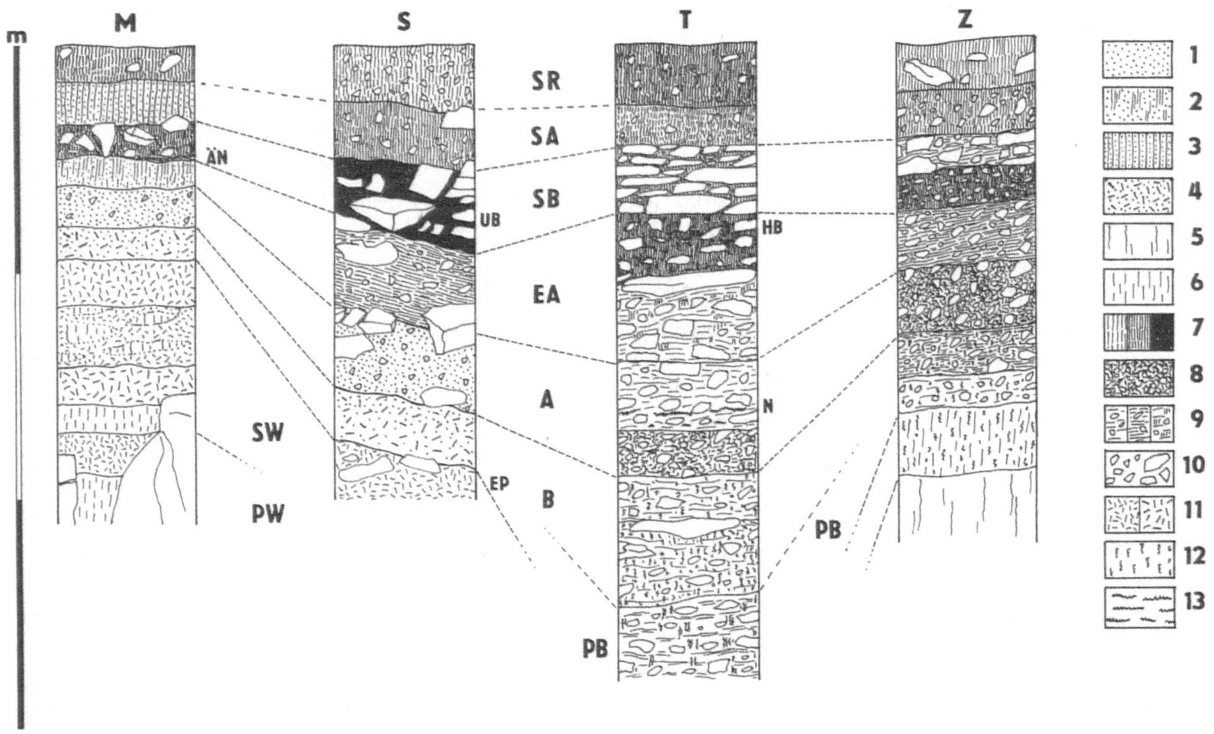

Abb. 1. Charakteristische Profile von Ablagerungsformen mit Schaumsinter- und entkalkten Bodenhorizonten. *M* – Mažarnáhöhle (Vel'ká Fatra), *S* – Soutěska, Fuß einer steilen Felswand (Pálavagebirge), *T* – Martinahöhle bei Tetín (Böhmischer Karst), *Z* – Zlatý Kůň, Ausfüllung einer Felsstufe am Südhang (Böhmischer Karst). *1* – Schaumsinter, *2* – Schaumsinter mit Humusbeimischung, *3* – humusreicher Lehm mit Schaumsinterbeimischung, *4* – humusarmer Lehm mit Feinschutt und Schaumsinterbeimischung, *5* – Löß, *6* – lößähnlicher Lehm, *7* – humushaltige Lehme (mäßig, stark bis sehr stark humushaltig), *8* – entkalkte Bodenhorizonte (vom B_t-Typ), *9* – braune bis braungraue Lehme mit wechselndem Schutt- und Humusanteil, *10* – Schutt (mittelgrob, gröber), *11* – scharfkantiger Feinschutt („Frostschutt", feiner bis gröber), *12* – Kalkanreicherungen (Auskleidungen, Ausblühungen, Konkretionen etc.), *13* – Holzkohlelagen. Chronologie: *PW* – Weichsel-Pleniglazial, *SW* – Weichsel-Spätglazial, *PB* – Präboreal, *B* – Boreal, *A* – Atlantikum, *EA* – Epiatlantikum, *SB* – Subboreal, *SA* – Subatlantikum, *SR* – Subrezent (= jüngeres Subatlantikum). Archäologische Funde: *EP* – Epipaläolithikum, *N* – Neolithikum (Linearbandkeramik), *ÄN* – Äneolithikum (Kannelierte Keramik), *HB* – Hügelgräber-Bronzezeit, *UB* – Urnenfelder-Bronzezeit

Der Temperaturablauf, insbesondere der hohe Wärmeanstieg während des Mittelholozäns, wird durch den Einzug der genannten wärmebedürftigen Arten sowie durch die Periode ihres Aufschwungs angezeigt, die etwa zu Beginn der subborealen Trockenschwankung ausklingt (Ložek 1982a, b). Ähnliche Ergebnisse erbrachten auch die „Wühlmaus-Thermometer"-Methode von L. Kordos (1978) sowie die Beobachtungen von A. Kotarba und L. Starkel (1972) an der oberen Waldgrenze in den Westkarpaten. Im Hinblick auf die Temperatur der Vegetationsperiode ist vor allem das Vorkommen der Smaragdeidechse *Lacerta viridis* Laur. von Bedeutung, die z. B. im Böhmischen Karst während des Mittelholozäns weiter verbreitet war als heute. Viel größere Bedeutung haben jedoch die Befunde aus der subalpinen bis alpinen Stufe der hohen Kalkkarpaten, in denen für das Ende des Mittelholozäns relativ reich entwickelte Waldmalakocoenosen bis 200 m über der gegenwärtigen oberen Waldgrenze nachgewiesen wurden. Einige Arten wie *Aegopinella minor* Stab. bewohnen heutzutage nur viel tiefer liegende, wärmere Vegetationsstufen. Dasselbe bezieht sich auch auf mehrere Elemente xerothermer Felsen wie *Truncatellina cylindrica* Fér. oder *Chondrina clienta* West. Die spätere Klimaverschlechterung kann sowohl durch die Absenkung der oberen Verbreitungsgrenze dieser Arten als auch durch das Vordringen einiger hochalpiner Elemente, wie z. B. der arkto-alpinen Reliktschnecke *Columella columella* Mart., in tiefere Lagen belegt werden (Ložek 1978, 1981). Dieser Wandel von Felsgemeinschaften wird vor allem deshalb hervorgehoben, weil er durch die anthropogene Tieferlegung der oberen Waldgrenze infolge der mittelalterlichen bzw. neuzeitlichen Weidewirtschaft unbeeinflußt blieb.

Für eine Beurteilung der Temperaturverhältnisse ist auch die Sedimentationsintensität der Quellkalke von Bedeutung, die von der Sommertemperatur abhängt (Jäger u. Ložek 1968). Die Hauptmasse dieser Kalkabsätze bildete sich vom Präboreal bis zum Ende des Epiatlantikums, während in früheren bzw. späteren Zeitabschnitten die $CaCO_3$-Abscheidung mehr oder weniger eingeschränkt war bzw. in der jüngsten Zeit völlig ausklang (Jäger 1965, 1969; Groschopf 1952).

Außerordentlich günstige Bedingungen bieten jedoch die Karstgebiete für die Ermittlung der Feuchtigkeitsschwankungen, die sich anhand von mehreren Kriterien stets in Zusammenhang mit der $CaCO_3$-Auflösung bzw. -Abscheidung verfolgen lassen:

(a) Die Bildung von reinen Lockersinterlagen (Schaumsinter) in den Ausfüllungen der Höhleneingänge und Felsnischen bzw. in den Ablagerungen am Fuß von steilen Felswänden stellt einen eindeutigen Beleg für sehr feuchte Phasen dar, da sich diese Sinterart lediglich aus den Wassertropfen bilden kann, die von durchfeuchteten Felsmassiven fallen. Dieser Vorgang kann auch gegenwärtig in der montanen und supramontanen Stufe der hohen Kalkkarpaten beobachtet werden, in denen auch heute noch ein hinreichend niederschlagsreiches Klima herrscht (Ložek 1965, 1984). In tieferen Lagen, vor allem in trockenwarmen Hügelländern (z. B. im Böhmischen und Slowakischen Karst, im Pálava-Gebirge, in den Kleinen Karpaten usw.), werden heute derartige Kalkabsätze nicht gebildet, aber in den holozänen Ablagerungsfolgen kann hier vielerorts eine auffällige Schaumsinterschicht nachgewiesen werden, welcher unmittelbar der Horizont der Linearbandkeramik (Frühneolithikum) aufliegt und welche schwach humose Schuttlehme mit frühholozäner Fauna überlagert. Nach der Aussage der Fauna sowie der archäologischen Funde setzt die Schaumsinterbildung im Spätboreal ein und kulminiert in der älteren Hälfte des Atlantikums (Kukla u. Ložek 1971). Im Bereich der Hügellandstufe kann eine entsprechende Sedimentation in keinem anderen Horizont beobachtet werden, woraus sich schließen läßt, daß geeignete Bedingungen für die Sinterbildung nur im betreffenden Zeitabschnitt gegeben waren. Dieser mußte folglich wesentlich feuchter sein als alle übrigen Phasen des Postglazials (Ložek 1984). Es ist zu betonen, daß sich die Schaumsinterbildung unter einem sehr warmen Klima vollzog, selbst an solchen Stellen wie am Fuß der Felswand von Soutěska (Klause) im Pálava-Gebirge, das eine isolierte Insel innerhalb des Tschernosemgebietes Südmährens bildet und einen der am meisten xerothermen Bezirke Mitteleuropas darstellt (Ložek 1985). Aufgrund dieser Tatsachen muß man in Betracht ziehen, daß die Niederschläge zur Zeit der Sinterbildung vorübergehend zumindest doppelt so hoch waren als heutzutage.

(b) Die Bildung von Horizonten entkalkter Verwitterungsböden findet innerhalb der schuttig-lehmigen Ablagerungsfolgen in Hangfußlagen sowie vor den Höhleneingängen statt, also dort, wo der Kalksteindetritus ständig angehäuft wird. Voraussetzung für die Entstehung eines solchen Bodens ist eine sehr feuchte Ruhephase mit üppiger Vegetation, denn unter anderen Bedingungen käme die Entkalkung nicht zustande. Der erwähnte Horizont wird einerseits durch altneolithische Funde (Linearbandkeramik) datiert, andererseits führt er Molluskengemeinschaften, die denjenigen aus den erörterten Schaumsinterschichten entsprechen. Folglich liegt hiermit ein weiterer bedeutsamer Beweis für eine außerordentlich feuchte Phase im Altatlantikum vor (Ložek 1988).

(c) Der Bau der Schichtenfolgen von Quellkalken spiegelt gleichfalls den Wechsel wider zwischen feuchten Perioden mit intensiver $CaCO_3$-Abscheidung und Trockenphasen, in denen die Quellkalkoberfläche trockengelegt wurde, so daß hier terrestrische Böden (Rendzinen) entstehen bzw. klastisches Material (Hangschutt) angehäuft wird. Wie bereits erwähnt, wird die Intensität der $CaCO_3$-Abscheidung auch durch die Temperatur der Vegetationsperiode beeinflußt – in kühleren Gebieten wie der montanen Stufe und in höheren Bereichen war die Quellkalkbildung stets stark eingeschränkt. Man muß hervorheben, daß der Abschnitt Spätboreal-Atlantikum, in dem sich die Schaumsinterhorizonte bildeten, auch durch eine hohe Intensität der Quellkalkbildung gekennzeichnet war. Diese setzt sich zwar auch später fort, wird jedoch durch kurze Trockenepisoden im Lauf des Epiatlantikums und durch eine längere Trockenphase im Subboreal unterbrochen. Während dieser bildeten sich auf zahlreichen Quellkalklagern im Bereich der Deutsch-Böhmischen Mittelgebirge sowie der Westkarpaten auffallende humose Rendzina-Horizonte, die häufig eine Schuttbeimischung sowie spätbronzezeitliche Keramik führen (Jäger u. Ložek 1982, 1983).

Die obigen Ausführungen machen klar, welche Bedeutung die Auflösung bzw. Abscheidung von $CaCO_3$ für die Rekonstruktion des Feuchtigkeitswandels haben kann. Am wichtigsten ist die Ermittlung der Phase maximaler Feuchtigkeit, die ins Spätboreal und Altatlantikum fällt, sowie die Feststellung der Phase maximaler Trockenheit, die dem Subboreal im Sinne von Jäger (1969) entspricht. Ein weiterer wesentlicher Befund besteht im Nachweis einer relativ plötzlichen Austrocknung etwa in der Mitte des Atlantikums, die zeitlich mit der neolithischen Expansion in Mitteleuropa übereinstimmt.

Ergänzend sind noch einige Beobachtungen von Fundstellen in schluchtartigen Flußtälern anzuführen, vor allem aus der Dunajec-Schlucht im Pieniny-Gebirge (Westkarpaten). Hier wurde die Ausfüllung einer Felsnische am Ort namens Svinská Úlina untersucht, deren malakologisch datierte Sedimente eine Beimischung von Dunajec-Anspülungen einschließlich Ancylus-Schalen und Fischschuppen aufweisen. Diese Abfolge ist durch einen Horizont von humosen Rendzinasedimenten unterbrochen, der kein Dunajec-Material enthält und an der Oberkante spätbronzezeitliche Scherben führt. Daraus ergibt sich, daß zur Bildungszeit des Humushorizontes, der ins Subboreal im Sinne von Jäger (1969) fällt, eine zeitweilige Senkung der Dunajec-Hochwasserstände erfolgte (Ložek 1977). Ähnliche Ergebnisse erbrachten auch die Untersuchungen an der archäologischen Fundstelle Lepenski Vir am Eisernen Tor an der Donau (Brunnacker 1971).

Diese wichtigsten Befunde könnten noch durch eine ganze Reihe von Teilbeobachtungen ergänzt werden, die von verschiedenen Methoden ausgehen und die hier dargestellten Überlegungen bestätigen. Dieses Fundmaterial ist bereits so reich, daß auch lokale relief- bzw. standortbedingte Anomalien richtig ausgewertet werden können.

Der nacheiszeitliche Klimaablauf, der nach den Befunden aus den Karstgebieten ermittelt werden kann, stimmt, grob gesehen, mit dem allgemein anerkannten Bild des Holozänklimas gut überein. Dies bezieht sich sowohl auf die Temperaturverhältnisse (z. B. Hafsten 1969; Berglund 1983) als auch auf die Feuchtigkeitszunahme im Endboreal (Frenzel 1980) oder auf das Maximum der Sinterbildung in Höhlen (Petránek u. Pouba 1951; Franke 1971). Der Beitrag des Autors zu dieser Problematik liegt vor allem in der Ermittlung des Feuchtigkeitsmaximums bzw. -minimums während des gesamten holozänen Klimaablaufs sowie einiger Feuchtigkeitsschwankungen, wie z. B. der plötzlichen Austrocknung zu Beginn des Neolithikums, die durch das Ausklingen der Sinterbildung sowie die Wiederbesiedlung der Höhlen indiziert ist (vgl. Fridrich u. Sklenář 1976; Lais 1941; Schmid 1958; Skutil 1939 etc.).

Schlußfolgerungen

Die Erforschung der holozänen Ablagerungsfolgen in den Karstgebieten hat zur Kenntnis des nacheiszeitlichen Klimaablaufs wesentlich beigetragen und die bisherigen, vorwiegend auf phytopaläontologischen Befunden aus Sumpf- bzw. Seeablagerungen gestützten Rekonstruktionen ergänzt bzw. präzisiert. Die Hauptergebnisse können in folgenden Punkten zusammengefaßt werden:

(1) Die Karstgebiete bieten außerordentlich günstige Bedingungen für die Korrelation der Sedimentations-, Abtragungs- und Bodenbildungsvorgänge mit der Entwicklung der Weichtier- und Wirbeltierfauna.

(2) Der Wechsel von verschiedenen Ablagerungstypen – vor allem der klastischen Bildungen mit den Horizonten von abgeschiedenem $CaCO_3$ – sowie der Wandel der eingebetteten Fauna spiegelt die Klimaänderungen wider.

(3) Die Auflösung bzw. Abscheidung von $CaCO_3$ in Sinterform ist von erstrangiger Bedeutung für die Ermittlung der Feuchtigkeitsschwankungen.

(4) Die Sinterhorizonte in Höhleneingängen, Felsnischen sowie am Fuß steiler Felswände belegen das Maximum der Feuchtigkeit, das unmittelbar der äl-

testen neolithischen Besiedlung voranging, jedoch ist es nach der Aussage der Fauna jünger als das Frühholozän und entspricht demzufolge dem Spätboreal sowie dem Altatlantikum.

(5) Die Horizonte von entkalkten braunen Verwitterungsböden innerhalb der Ablagerungsfolgen von Hangsedimenten weisen eine entsprechende stratigraphische Position auf und zeigen ebenfalls ein sehr feuchtes Klima an.

(6) In den Quellkalkkomplexen treten begrabene Boden- bzw. Schutthorizonte auf, unter denen diejenige Rendzina die mächtigste Ausbildung aufweist, die vielerorts eine spätbronzezeitliche Keramik enthält und altersmäßig ins Subboreal im Sinne von Jäger (1969) fällt. Sie belegt das holozäne Feuchtigkeitsminimum.

(7) Das häufige Vorkommen von archäologischen Objekten in verschiedenen Karstsedimenten ermöglicht eine Korrelation der natürlichen Vorgänge mit anthropogenen Eingriffen.

(8) Die Befunde aus den Karstlandschaften erlauben eine Rekonstruktion von Klima- und Standortbedingungen in Gebieten, die in der Holozänforschung bisher wenig Beachtung fanden. Die bisherigen Ergebnisse präzisieren und ergänzen wesentlich das Entwicklungsbild, das vor allem von paläobotanischen Befunden aus Sumpf- und Seeablagerungen abgeleitet wurde.

Literatur

Berglund BE (1983) Palaeoclimatic changes in Scandinavia and on Greenland – a tentative correlation based on lake and bog stratigraphical studies. Quat Stud Poland 4:27–44

Brunnacker K (1971) Geologisch-pedologische Untersuchungen in Lepenski Vir am Eisernen Tor. Fundamenta A, 3:20–32

Firbas F (1949/52) Spät- und nacheiszeitliche Waldgeschichte Mitteleuropas nördlich der Alpen, Bd 1, 2. Jena

Franke HW (1971) Die Bedeutung der Radiokohlenstoffmethode für die Datierung der Karstprozesse. Čs Kras 20:7–19

Frenzel B (1980) Klima der letzten Eiszeit und der Nacheiszeit in Europa. Veröffentl Joachim-Jungius-Ges Wiss 44:9–46

Fridrich J, Sklenář K (1976) Die paläolithische und mesolithische Höhlenbesiedlung des Böhmischen Karstes. Fontes Archaeol Pragenses 16

Groschopf P (1952) Pollenanalytische Datierung württembergischer Kalktuffe und der postglaziale Klima-Ablauf. Jahresh Geol Abt Württembergisch Statist Landesamt 2:72–94

Hafsten U (1969) A proposal for a synchronous sub-division of the Late Pleistocene period having global and universal applicability. Nytt Mag Bot 16 (1):1–13

Jäger K-D (1965) Holozäne Binnenwasserkalke und ihre Aussage für die nacheiszeitliche Klima- und Landschaftsgeschichte im südlichen Mitteleuropa. Diss Friedrich-Schiller-Univ, Geogr Inst, Jena

Jäger K-D (1969) Climatic character and oscillations of the Subboreal period in the dry regions of the central European highlands. In: Proc VII Congr INQUA, Washington, 16:38–42

Jäger K-D, Ložek V (1968) Beobachtungen zur Geschichte der Karbonatdynamik in der holozänen Warmzeit. Čs Kras 19:5–20

Jäger K-D, Ložek V (1982) Environmental conditions and land cultivation during the Urnfield Bronze Age in Central Europe. In: Climatic Change in Later Prehistory. Harding AF (Hrsg) Edinburgh, S. 162–178

Jäger KD, Ložek V (1983) Palaeohydrological implications on the Holocene development of climate in Central Europe based on depositional sequences of calcareous fresh-water sediments. Quat Stud Poland 4:81–89

Kordos L (1978) Changes in the Holocene climate of Hungary reflected by the "Vole-Thermometer" method. Földrajzi Közlemények 25 (1–3):222–229

Kotarba A, Starkel L (1972) Holocene morphogenetic altitudinal zones in the Carpathians. Stud Geomorphol Carpatho-Balcanica 6:21–35

Kukla J, Ložek V (1971) Význam krasových oblastí pro poznání poledové doby (The Role of Karst in the Investigation of the Postglacial). Čs Kras 20:35–49

Lais R (1941) Über Höhlensedimente. Quartär 3:56–108

Lamb HH (1977) Climate – present, past and future, vol 2. Climatic history and the future. London

Ložek V (1965) The formation of rock shelters and foam sinter in the High Limestone Carpathians. In: Probl Speleologic. Res Proc Intl Speleologic Conf, Brno 1964, Praha

Ložek V (1974) Příroda Českého krasu v nejmladší geologické minulosti (Landschaftsgeschichte des Böhmischen Karstes in der jüngsten geologischen Vergangenheit). Bohemia Centralis 3:175–194

Ložek V (1977) Stratigrafie a měkkýši jeskynní výplně v průlomu Dunajce v Pieninách (Stratigraphy and Molluscan Fauna of a cave fill in the Dunajec Gorge/Pieniny Mts.) Čs Kras 28:75–83

Ložek V (1978) Über postglaziale Schwankungen der oberen Waldgrenze im Gebirgskarst der Westkarpaten. Čs Kras 29:7–25

Ložek V (1980) Quaternary molluscs and stratigraphy of the Mažarná Cave. Čs Kras 30:67–80

Ložek V (1981) Příroda státní přírodní rezervace Rozsutec v nejmladší geologické minulosti (Landschaftsgeschichte von Rozsutec in der jüngsten geologischen Vergangenheit). In: Rozsutec Štátna prírodná rezervácia. Martin, S. 31–52

Ložek V (1982a) Faunengeschichtliche Grundlinien zur spät- und nacheiszeitlichen Entwicklung der Molluskenbestände in Mitteleuropa. Rozpravy Čs Akad Věd R.MPV 92:4

Ložek V (1982b) Nacheiszeitliche Entwicklung der mitteleuropäischen Vertebraten- und Molluskenfauna in gegenseitiger Korrelation. Z Geol Wiss 10 (7):1019–1027

Ložek V (1984) The foam sinter as palaeoclimatic indicator. Čs Kras 34:7–14

Ložek V (1985) The site of Soutěska and its significance for Holocene climatic development. Čs Kras 36:7–22

Ložek V (1988) Slope deposition in karst environments of Central Europe. Čs Kras 39

Petránek J, Pouba Z (1951) Pokus o datování vývoje jeskyně Domica na základě studia tmavých zon v krápnících a sintru (Dating of the Development of the Domica Cave, Based on the Study of the Dark Zones in the Travertine Formations). Sb Ústředního Ústavu Geol 18:245–272

Schmid E (1958) Höhlenforschung und Sedimentanalyse. Schr Inst Ur- u. Frühgesch Schweiz 13

Skutil J (1938/39) Paleolitikum v Československu. Praha 1938 u 1939. Obzor Praehist 11 u. 12

6 Beiträge zur Naturraumerkundung und zur angewandten geoökologischen Forschung

6.1 Luftbildgestützte geotopologische Erkundung und kartographische Darstellung von vorpommerschen Küstenlandschaften

KONRAD BILLWITZ, KATRIN FANDRICH und KATRIN FRITSCHE

Ausgangsmaterial

Als Ergebnis mehrjähriger geotopologischer Landschaftserkundung in Vorpommern wurde von Mitarbeitern der Physischen Geographie an der Ernst-Moritz-Arndt-Universität Greifswald die naturräumliche Ausstattung und Dynamik von Pleistozänplatten, holozänen Niederungen und Boddenverlandungsküsten gekennzeichnet (Billwitz 1983; Billwitz et al. 1986). Im einzelnen waren im terrestrischen Bereich landschaftsgenetisch-reliefstrukturelle Bautypen, die Bodenentwicklung sowie auf Relief und Vegetation bezogene Strukturaufklärung Gegenstände der Untersuchung. Die terrestrische Prozeßforschung bezog sich auf die Erfassung wind- und wassererosiver Stoffumlagerungen auf Ackerflächen sowie auf den aktuellen Stoffaustrag aus Dränsystemen und aus Flußeinzugsgebieten. Im Rahmen der marinen Erkundung der Freiwasserbereiche der inneren Seegewässer wurden die Schlicke einer geologisch-geochemischen Charakterisierung unterzogen, Seegangsmessungen durchgeführt und submarine Morphodynamik durch Kartenvergleiche nachgewiesen. Die Struktur- und Prozeßerkundung im Litoralbereich bezog sich auf die submarine Sedimentverteilung in Abhängigkeit von den geologisch-geomorphologischen Bedingungen und vom Energieeintrag, auf die Stoffproduktion, das ökologische Puffervermögen und die Vegetationsformensprache von Verlandungsröhrichten sowie auf den kartengestützten Nachweis langfristiger Küstenveränderungen. Alle diese Untersuchungen waren für die Erkenntnis der landschaftlichen Ordnung des Untersuchungsgebietes von entscheidender Bedeutung. In diese Arbeiten reihten sich auch die nachfolgend skizzierten landschaftsökologischen Arealstrukturuntersuchungen ein, deren Schwerpunkt methodische Fragen der Erkundung und kartographischen Darstellbarkeit ausmachten.

Erkundungsmethodik und -ergebnisse

Für einen repräsentativen Geländeausschnitt („Halbinsel Fahrenkamp"/Landkreis Ribnitz-Damgarten) wurde unter teilweiser Nutzung der kollektiv erarbeiteten Materialien und unter Verwendung vorhandener flächendeckender thematischer Unterlagen (u.a. Karten der Reichsbodenschätzung, Hangneigungskarten, Karten von Wasserstufen und Substrattypen, mittelmaßstäbige landwirtschaftliche und großmaßstäbige forstwirtschaftliche Standortkarten) sowie unter Einbeziehung studentischer Arbeiten ein Katalog von Geokomplexformen (GKF) erarbeitet, der in gekürzter Fassung (ohne Vegetationsformenkennzeichnung) zugleich als Legende für die beigegebene Farbkarte (s. Tabelle 1 und Anlage S. 257–258 und Beilage 3) fungiert.

Damit konnten im Rahmen einer landschaftsökologischen Studie an vorpommerschen Landschaften erstmalig neben den terrestrischen auch die (geo- und hydro-) litoralen Bereiche typisiert und durch GKF erfaßt sowie einer klassifikatorischen Ordnung unterworfen werden (Billwitz 1987), wobei im Litoral der zeitlich variierende Brackwassereinfluß oder die Art der submarinen Reliefdynamik mit Abrasion, Transit und Akkumulation bevorzugte Typisierungskriterien darstellten.

Bei Kartierungsvorhaben steht jedoch der areale Ausweis von quasi-homogenen landschaftlichen Einheiten im Vordergrund. Im Gegensatz zu den meisten bisherigen geotopologischen Erkundungen konnten hierbei durch den Einsatz von panchromatischen Archivluftbildern sowie von multispektralen MKF-6-Hochbefliegungsmaterialien die areale Abgrenzung der einzelnen Einheiten bedeutend verfeinert und der Erkundungsprozeß beschleunigt werden.

Über einige Ergebnisse komplexer luftbildgestützter geotopologischer Erkundung auf Ackerflä-

Tabelle 1. Luftbildgestützte geotopologische Analyse von Teilarealen eines landwirtschaftlichen Schlages der ehemaligen LPG Löbnitz (Kreis Ribnitz-Damgarten); zugleich Erläuterung der Abb. 1 (Bodenformenbezeichnung nach TGL 24300)

Grauton des Luftbildes	Interpretation der Grautonareale (nach terrestrischer Gegenerkundung) und Einschätzung landeskultureller und produktionsbeeinflussender Funktionen
1 fast schwarz	Frische, im Untergrund nasse, humusreiche Kolluvialsalm-Anmoorgleye, -Schwarzstaugleye und -Amphigleye sowie kolluvialsalmbedeckte Torfschicht-Erdfene auf mächtigem lehmsandigen Kolluvium in Senken von kuppigen und welligen Endmoränen; starker Zusatz von klastischen Substanzen, Nährstoffen und Zuschußwässern Stark vernässungs- und akkumulationsgefährdet mit Tendenz der Flächenausdehnung und Intensivierung der Vernässungs- und Akkumulationsprozesse; Ertragsausfälle oder -minderungen infolge sehr starker kolluvialer Überdeckung und/oder Bodennässe; Befahrbarkeit in feuchten Jahren eingeschränkt; Strukturschäden; starke Kontaminationsgefährdung oberflächennaher Grundwässer durch Nährstoffe
2 dunkelgrau	Frische, im Untergrund feuchte bis nasse humusreiche Kolluvialsalm-Anmoorgleye, -Humusgleye, -Amphigleye sowie -Graugleye auf mächtigem lehmsandigem Kolluvium an Unterhängen, in Dellen und in Senken von kuppigen und welligen Grund- und Endmoränen; mäßiger Zusatz von klastischen Substanzen, Nährstoffen und Zuschußwässern Vernässungs- und akkumulationsgefährdet mit Tendenz der Flächenausdehnung der Vernässungs- und Akkumulationsprozesse; Ertragsminderungen infolge kolluvialer Überdeckung und/oder Bodennässe; Befahrbarkeit in feuchten Jahreszeiten eingeschränkt; Kontaminationsgefährdung von oberflächennahem Grundwasser durch Nährstoffe
3 mittelgrau	Frische Kolluvialsalm-Rohböden auf mächtigen kolluvialen Lehmsanden sowie Kolluvialsalmtieflehm-Fahlerden auf Geschiebelehm mit kolluvialer lehmsandiger Decke, Kolluvialdecksalm-Braun- und Rosterden auf entschichteten Sanden mit kolluvialer lehmsandiger Decke in kleinen Dellen und an flachgeneigten Unter- und Mittelhängen von kuppigen und welligen Grund- und Endmoränen; mäßiger Zusatz von klastischen Substanzen, Nährstoffen und Zuschußwässern Schwach akkumulationsgefährdet; Krumenbasisverdichtung, oberflächige Verspülung und Verkrustung
4 hellgrau	Wechselfrische, humusarme Tieflehm-Fahlerden auf wenig differenziertem Geschiebelehm bzw. -mergel mit geschiebefreier lehmsandiger Decke sowie Sand- und Bändersand-Braunerden auf glaziären gestauchten Sanden ebener und flachwelliger Moränenplatten; keine oder nur geringe Abfuhr von klastischen Substanzen, Nährstoffen und Wasser. Schwach erosions- und verhagerungsgefährdet; Krumenbasisverdichtung; oberflächige Verspülung und Verkrustung
5 sehr hell	Wechselfrische, humusarme Lehm- (und Kalksand-)Rendzinen und gekappte Lehm-Parabraunerden auf sandlehmigem Geschiebemergel und -lehm sowie trockene Sand- und Bändersand-Rosterden und -Ranker auf teilweise entschichteten Sanden auf Kuppen, an konvexen und gestreckten Oberhängen kuppiger und welliger Grund- und Endmoränen; starke Abfuhr von klastischen Substanzen, Nährstoffen und Wasser Stark erosions- und verhagerungsgefährdet mit Tendenz der Flächenausdehnung; häufiger Ertragsausfall oder starke Defizite durch geringe biologische Aktivität des Substrats, starken oberflächigen Abfluß und häufige Austrocknung; Nährstoffmangel, Krumenbasisverdichtung, Klutenbildung (bei Lehm-Rendzinen und -Parabraunerden) und Verkrustung

chen wurde in anderem Zusammenhang bereits berichtet (Billwitz 1986). Diese stimmen mit den Schlußfolgerungen von Schmidt et al. (1987) im Rahmen der Erkundung der Struktur der Bodendecke in Grundmoränengebieten weitgehend überein. Die akzeptablen Interpretationsergebnisse, insbesondere bei Frühjahrsbildern, lassen sich auf das gute bis sehr gute Abbildungsverhalten des Reliefs im Stereomodell, der Durchfeuchtungs- und Humusverhältnisse und damit auch auf das gute Abbildungsverhalten des inhaltlichen und räumlichen Kontrastes zurückführen. Als eindeutig identifizierbare Areale erwiesen sich bei Kombination von Stereobetrachtung und Grauwertanalyse auf Papiervergrößerungen einerseits die fast schwarzen bis dunkelgrauen und andererseits die sehr hellen Bereiche (Abb. 1 in Verbindung mit Tabelle 1).

Weitgehend interpretationsindifferent waren die dazwischenliegenden mittleren Grauwertklassen. Sie stellen sozusagen „Normaleinheiten" mit Normböden und Normalertrag auf fast ebenen Geländepositionen bzw. schwach kolluvial überdeckten Böden an Unter- und Mittelhängen dar. Nach der terrestrischen Gegenerkundung konnte eine entsprechende Interpretation und Funktionseinschätzung erfolgen: Die Einheiten 1 und 2 der Abb. 1 spiegeln frische, im Untergrund nasse standörtliche Verhältnisse wider. Hier kommen meist humusreiche lehmsandige Anmoorgley-, Stagnogley-, Pseudogley-Gley- und Gley-Kolluvien sowie kolluvialbedeckte Torfe auf Sanden in Senken und Dellen von kuppigen und welligen Moränenplatten mit mäßigem bis starkem Zusatz von klastischen Substanzen, Nährstoffen und Zuschußwässern vor. Diese Bereiche sind mäßig bis stark vernässungs- und akkumulationsgefährdet mit Tendenzen einer Flächenausdehnung und Intensivierung der Vernässungs- und Akkumulationsprozesse. Es treten Ertragsausfälle oder -minderungen infolge

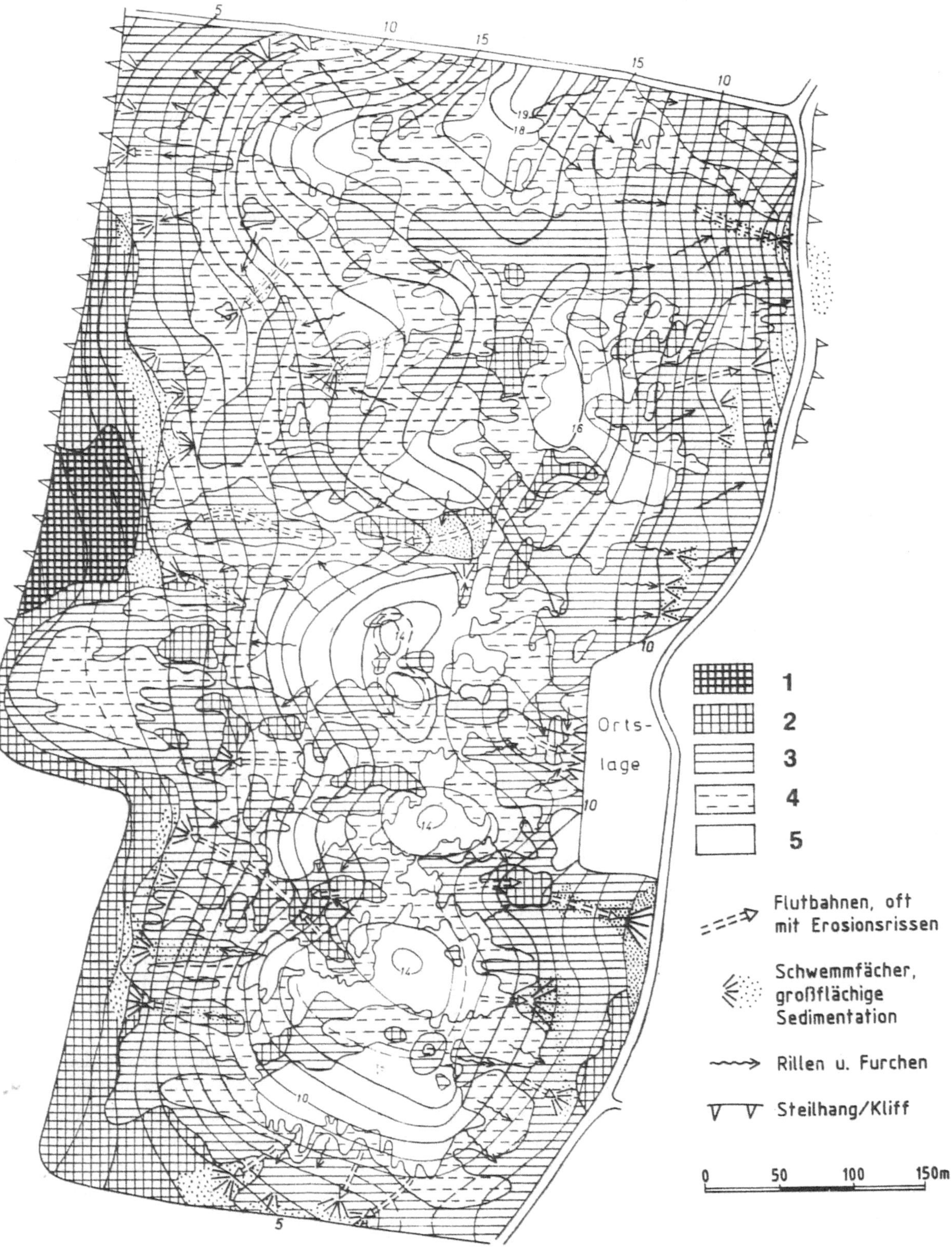

Abb. 1. Luftbildgestützte naturwissenschaftliche Analyse und Funktionseinschätzung von Teilarealen eines Ackerschlages der ehemaligen LPG Löbnitz, Kreis Ribnitz-Damgarten. Erläuterungen zu 1–5 s. Text und Tabelle 1

kolluvialer Überdeckung und/oder Bodennässe auf. Die Befahrbarkeit ist in feuchten Jahren bzw. Jahreszeiten eingeschränkt. Am Boden sind bereits Strukturschäden erkennbar. Oberflächennahe Grundwässer unterliegen einer mäßigen bis starken Kontaminationsgefährdung durch Nährstoffe.

Die Einheit 3 wird von frischen lehmsandigen Kolluvien sowie von jeweils kolluvialbedeckten Fahlerden auf Geschiebelehmen, von Braunerden und podsoligen Braunerden auf entschichteten Sanden in kleinen Dellen und an flachgeneigten Unter- und Mittelhängen von kuppigen und welligen Moränenplatten geprägt. Der Zusatz oder Transit von klastischen Substanzen, Nährstoffen und Zuschußwässern ist nur mäßig. Insgesamt sind diese Standorte nur schwach akkumulationsgefährdet. Meist wurden aber Krumenbasisverdichtungen, oberflächliche Verspülungen und Verkrustungen festgestellt.

Die Einheit 4 wird von wechselfrischen und humusarmen Fahlerden auf Geschiebelehmen und -mergeln mit Decksanden sowie von Braunerden und Bänderparabraunerden auf glaziären Sanden ebener und flachwelliger Moränenplatten eingenommen. Es ist keine oder nur eine geringe Abfuhr von klastischen Substanzen, Nährstoffen und Wasser feststellbar. Die Erosions- und Verhagerungsgefahr ist nur schwach. Allerdings sind Verdichtungen an der Krumenbasis, oberflächliche Verspülungen und Verkrustungen der Oberböden nicht selten.

Die Einheit 5 ist gekennzeichnet von wechselfrischen humusarmen Pararendzinen und gekappten Parabraunerden auf sandlehmigem Geschiebemergel und -lehm sowie von trockenen podsoligen Braunerden und Regosolen auf Sanden auf Kuppen, an konvexen und gestreckten Oberhängen kuppiger und welliger Moränenplatten. Infolge starker Abfuhr von klastischen Substanzen, Nährstoffen und Wasser müssen alle Flächen der Einheit 5 als stark erosions- und verhagerungsgefährdet gelten, wobei zugleich deren Flächenausdehnung zunimmt. Häufige Ertragsausfälle oder -defizite sind durch geringe biologische Aktivität der freigelegten Substrate, durch oberflächlichen Abfluß, durch häufige und langanhaltende Austrocknung und Nährstoffmangel bedingt. Zudem wurden Verdichtungen an der Krumenbasis, Klutenbildung (bei Pararendzinen und gekappten Parabraunerden auf Lehm) sowie Oberflächenverkrustung festgestellt.

Auf diese Weise gelang mit großer Sicherheit eine luftbildgestützte landschaftsökologische Kartierung und eine entsprechende Interpretation und Funktionseinschätzung für den Gesamtraum der Beilage 3.

Grasland und Verlandungsröhricht waren aufgrund des indifferenten oder schlechteren Abbildungsverhaltens der Vegetation auf den zur Verfügung stehenden Luftbildern schwer unterscheidbar. Außerdem blieben die Beziehungen der durch Grauton und Textur differenzierten Pflanzenbestände zu Bodenmerkmalen, zu Wasserverhältnissen, zum Humusgehalt und anderen Merkmalen unsicher. Nur in graslandgenutzten Meeressandebenen war trotz Deichbauten, mehrmaligen Umbruchs und Einsaat von leistungsfähigen Gräsern der Verlauf ehemaliger Priele deutlich erkennbar. Die Röhrichtsäume ließen sich hinsichtlich ihres Bestandes und hinsichtlich aktueller Prozesse (Freispülung von Torfbänken, Bildung von Spülsäumen, Schilfschnitt, Beweidung) mäßig gut differenzieren. Schlußfolgernd daraus erweist es sich für eine sachgerechte Interpretation von Vegetationsbeständen als besonders vordringlich, für den konkreten Befliegungstermin die ökologische Situation hinreichend genau zu rekonstruieren und z. B. die hydrometeorologischen und phänologischen Verhältnisse nicht nur zu ermitteln, sondern diese auch mit den langjährigen Perioden und Jahresgängen in Beziehung zu setzen. Die Schorre als solche war auf allen zur Verfügung stehenden Luftbildern areal eindeutig abgrenzbar. Des weiteren konnte ihr Bewuchs mit submerser Vegetation (Anordnung, Deckungsgrad; vgl. auch Lindner u. Wolff 1976), die Trennung von Sanden und Schlicken und die Ausbildung von Kleinformen (Gestalt, Anordnung und Ausdehnung von Wellenrippeln) eindeutig ermittelt werden. In Verbindung mit mariner Gegenerkundung (Aufnahme von Echogrammen, Sediment- und Vegetationsansprache), mit laboranalytischen Untersuchungen und einer Berechnung des Energieeintrags über die Wellen konnte eine Gliederung in dynamisch geprägte Schorretypen (Abrasion, Transit, Akkumulation) vorgenommen und diese den „hydro“litoralen GKF und ihren topischen Arealen zugrundegelegt werden.

Die Tiefwasserbereiche unterhalb der Schorre blieben auf allen Luftbildern undifferenziert und deshalb für vorliegende Kartierung außerhalb der Betrachtung.

Als gebietliche Besonderheit, die von der Typenbildung, über die Ermittlung ihres arealen Gültigkeitsbereiches bis zur kartographischen Darstellung methodische Schwierigkeiten bereitete, sei auf die starke räumliche und zeitliche Variabilität von Merkmalen hingewiesen, die auch der Typenbildung und klassifikatorischen Ordnung von (geo- und hydro-) litoralen GKF zugrundeliegen. Diese lassen sich vorzugsweise auf rasch veränderliche hydrometeorologische Bedingungen zurückführen. So prägen jeweiliger Wasserstand, Eisdynamik, eingetragene Wellenenergie, land- und wasserseitige Nährstoffeinträge, wasserstandsabhängige Nährstofffreisetzung aus dem organogenen Sediment und viele andere Faktoren die landschaftsökologischen Bedingungen (geo- und hydro-) litoraler Landschaften in entscheidender Weise. Diese z. B. in verstärktem Maße in „Regimetypen" zu fassen und den GKF zugrundezulegen, bleibt eine noch zu lösende Aufgabe.

Kartographische Darstellung

Hinsichtlich der kartographischen Darstellung galt es, eine entsprechende kartengestalterische Variante einschließlich Technologie zu erarbeiten und zu realisieren.

Im Rahmen des darzustellenden Kartengegenstandes wurde der klassifikatorischen Ordnung der GKF besondere Aufmerksamkeit gewidmet. Deren logischer Aufbau in der Karte beeinflußt wesentlich den Erkenntnisprozeß beim Kartenbetrachter. Deshalb mußten die hierarchischen Beziehungen des thematischen Inhalts und die zugeordneten kartographischen Ausdrucksmittel dem Legendenaufbau zugeordnet werden (Tabelle 2).

Während die Darstellung zweier Hierarchieebenen bei der Kartengestaltung keinerlei Schwierigkeiten bereitete, rief eine weitere Differenzierung Probleme hervor. Dem Sachverhalt adäquate Lösungen, wie Flächenmuster oder die Anwendung gesteuert hervorgerufener Moirés, ließen sich aufgrund der geringen Größe der Farbflächen und der Lagebeziehungen der auszuweisenden GKF nicht anwenden. Deshalb wurde ein gestalterischer Kompromiß zugunsten der thematischen Aussagekraft unumgänglich. Er wurde durch Zahlensymbole, die ihrerseits eine eindeutige Zuordnung von Kartenbild und Legende gewährleisten, realisiert.

Leider konnte die Zeichenerklärung der Karte nur die ersten beiden Hierarchieebenen verdeutlichen, da der Erläuterungstext für jede einzelne GKF zu umfangreich war. Bei der Fülle der zu differenzierenden Flächen erwies sich auch die Farbwahl als problematisch. Die 60 auszuweisenden GKF bedingten die Anwendung von folgenden Farben:

Grundlageelemente: Grau, Schwarz, Sepia
thematischer Inhalt: Schwarz, Sepia, Cyan, Magenta, Gelb, Grün, Rot

Für die Herstellung abgestufter Farbwerte (Farbtonvariationen) standen diese acht Druckfarben zur Verfügung. Es war zu erwarten, daß die Identifizierung des Farbwertes durch die geringe Flächengröße und den Einfluß der benachbarten Flächen erschwert werden würde, wenn die Farbeindrücke zu große Ähnlichkeit besitzen. Deshalb wurden die Rasterwerte immer in genügend großem Abstand gewählt. Da es entsprechend den Gesetzen der Farbenlehre auch Unterschiede zwischen den einzelnen Druckfarben gibt, galt es, dies bei der Zuordnung der Farbtöne zu den Klassen der GKF zu berücksichtigen. So mußte beispielsweise beachtet werden, daß sich blaue Farbtöne stärker als gelbe differenzieren lassen.

Aufmerksamkeit galt ebenfalls der technologischen Seite der Kartenherstellung. Ihrer Verdeutlichung dient das in Abb. 2 dargestellte Technologieschema. Vom Autorenoriginal wurde ein verkleinertes Filmdiapositiv hergestellt. Die Verkleinerung erfolgte aufgrund des großen Formats unter Berücksichtigung der Erkennbarkeit der einzelnen Teilflächen auf einen Maßstab von etwa 1 : 15000. Entsprechend dem unrunden Maßstab besitzt die Karte nur eine Maßstabsleiste. Der farbgetrennten Anfertigung der Gravuren der Linienelemente folgte die Herstellung eines zweiten Filmdiapositivs als Vorlage für alle folgenden Arbeitsschritte. Diese Zweitvorlage gewährleistet die Paßgenauigkeit der thematischen Flächenelemente. Die Anfertigung der Flä-

Tabelle 2. Beziehungen zwischen klassifikatorischer Ordnung und thematischer und kartographischer Zuordnung (vgl. Beilage 3)

Klassifikatorische Ordnung	Zuordnung	
	thematisch	kartographisch
GKF-Hauptgruppe (A, B, C...)	Klassen des Bodenfeuchteregimes (BFR); Wasser- und Litoralklassen	Farbton
GKF-Gruppe (I, II, III..., l, s, s/l, o/l...)	BFR-Typ, Hauptsubstrat, Moortyp, Überflutungsart	Farbtonabwandlung
GKF (1, 2, 3 ... 60)	BFR-Subtyp, Bodenform, genetischer Material(-lagerungs)typ, Reliefeigenschaften, Vegetationsform (einschl. Bestandstyp), ggf. Nährstoffbelastung und Größenordnung der maritimen Dynamik	Zahlensymbole

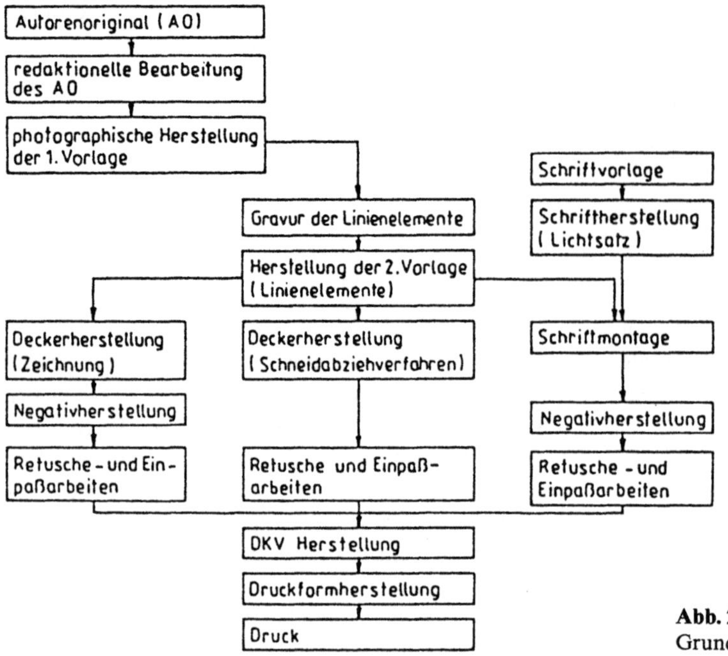

Abb. 2. Technologieschema der Karte „Geotopologische Grundeinheiten" (vgl. dazu Beilage 3)

chendecker wurde größtenteils zeichnerisch vorgenommen. Nur sehr große bzw. geradlinig begrenzte Flächen entstanden mittels Abziehverfahren auf Stripfilm. Parallel dazu konnten die Schriftvorlage angefertigt, auf Diskette die benötigten Schriftzeichen und Zahlen gespeichert und im automatischen Lichtsatz hergestellt werden. Die Schriftmontage wurde im Anschluß randparallel ausgeführt.

Alle positiv angefertigten Kartenelemente wurden photographisch in Negative umkopiert. Diese Kopien bildeten nach den Retusche- und Einpaßarbeiten die Grundlage der Herstellung der Druckkopiervorlagen (DKV) für die jeweilige Druckfarbe. Gemäß den festgelegten Farbtonvariationen wurden die einzelnen Rasterfarbwerte nacheinander zur DKV zusammenkopiert, was bei einer großen Anzahl von Belichtungen (z. B. bei der DKV Cyan) hohe Ansprüche an die Qualität der photographischen Arbeitsgänge stellt. Die nachfolgenden Arbeiten sind polygraphischer Art und schließen die Kartenherstellung ab.

Eine Technologie der Kartenherstellung ist auch immer abhängig von der jeweiligen technischen Ausstattung der Einrichtung. Deshalb ist die aufgeführte Form der Herstellung nur eine Variante, die den Gegebenheiten an der früheren Sektion Geodäsie und Kartographie der TU Dresden entsprach. Vorstellbar wäre beispielsweise auch die Herstellung eines farbvereinten Herausgabeoriginals mit anschließender Weiterverarbeitung mittels Scanner.

Im Ergebnis der luftbildgestützten geotopologischen Landschaftsanalyse, von Überlegungen zur kartographischen Gestaltung und von praktisch-kartographischer Bearbeitung wird eine Farbkarte geotopologischer Grundeinheiten mit einer ausführlichen Erläuterung vorgelegt (vgl. Beilage 2). Diese Karte gewährleistet aufgrund ihres synthetischen Charakters eine fundierte Landschaftsdiagnose und bietet die Möglichkeit, die stofflich-energetisch determinierten Belastungsgrade, Persistenzeigenschaften und Sensitivität sowie die Leistungsfähigkeit und Störanfälligkeit der einzelnen Einheiten zu beurteilen. Dies ist zugleich die Voraussetzung für landschaftsprognostische Überlegungen (Bartkowski u. Billwitz 1987) zur Vorbereitung und Durchführung von landschaftlich wirksamen gesellschaftlichen Maßnahmen im Rahmen agrarstruktureller Vorplanung sowie von Flurneuordnung, Landschaftsplanung und -gestaltung.

Literatur

Bartkowski T, Billwitz K (1987) Landschaftsanalyse, Landschaftsdiagnose und Landschaftsprognose im Küsten- und Jungmoränengebiet der DDR und der VR Polen. Wiss Z Ernst-Moritz-Arndt-Univ, Greifswald, Math-Nat Reihe 36 (2–3):140–143

Billwitz K (1983) Zur Weiterführung der physisch-geographischen Forschung an der Ernst-Moritz-Arndt-Universität Greifswald (DDR). Wiss Z Ernst-Moritz-Arndt-Univ, Greifswald, Math-Nat Reihe 32 (1/2):121–124

Billwitz K (1985) Zur Untersuchung und Wertung schlagbezogener geoökologischer Strukturen und Prozesse bei intensiver Pflanzenproduktion. In: Nachrichten Mensch-Umwelt, AdW der DDR, Inst Geogr Geoökol, Bereich ÖÖS 13 (3):18–27

Billwitz K (1987) Landschaftssystematik und Landschaftsstruktur im Küstenbereich. Wiss Z Ernst-Moritz-Arndt-Univ, Greifswald Math-Nat Reihe 36 (2–3):117–122

Billwitz K et al. (1986) Untersuchungen zur geoökologischen Ausstattung und Bilanz sowie zu Stoffumlagerungen in und zwischen Geosystemen des Küstenbereiches. In: Forschungsbericht (F/E-Arbeit G 4) Sekt Geogr Ernst-Moritz-Arndt-Univ, Greifswald

Herrmann H (1982) Beitrag zur Untersuchung der MMK für meliorationskundliche Fragestellungen auf der Grundlage von Luftbildern. Diss Wilhelm-Pieck-Univ, Rostock

Lindner A, Wolff G (1976) Möglichkeiten und Vorteile des Einsatzes von Farbluftbildern bei der Kartierung der Makrophyten in Gewässern mit geringer Sichttiefe. In: EUTROSYM '76, Material Intl Symp Eutrophierung und Sanierung von Oberflächengewässern, Bd III. Karl-Marx-Stadt, S. 255–265

Radegast M (1985) Beitrag zur bodenhydrologischen Standortaufnahme unter Einbeziehung von Fernerkundungsmaterialien für die Kartierung der Wasserverhältnisse. Diss Wilhelm-Pieck-Univ, Rostock

Schmidt R, Thamm B, Richter A (1987) Zur Auswertung von Luftbildern für die Erfassung der Struktur der Bodendecke in Grundmoränengebieten. In: Arch Acker- u Pflanzenbau u Bodenkd 31 (2):71–79

TGL 24300 (1986): Fachbereichsstandard Aufnahme landwirtschaftlicher Standorte, Akad Landwirtsch DDR, Berlin

Villwock G (1983) Untersuchungen zur Kennzeichnung der standörtlichen Heterogenität landwirtschaftlicher Nutzflächen mit Methoden der Geofernerkundung. Diss Martin-Luther-Univ, Halle

Anlage. Zusätzliche Erläuterung der Geokomplexformen der Kartenbeilage 3 (Nomenklatur der Bodenformen nach TGL 24300)

	Nr.	Bodenform (bzw. Substrat)	Relief und sonstige Merkmale
A II/s	1	Sand-Braungley (z. T. mit Kolluviallehmsand überdeckt)	Unterhänge und Hohlformen in Tieflage
	2	Sand-Halbamphigley	Unterhänge und ebene Platten in Tieflage
	3	Sand-Amphigley (mit Kolluviallehmsand überdeckt)	Unterhänge in Tieflage
	4	Kippsand (z. T. Kippschlacke)	
A II/l	5	Tieflehm-Amphigley (mit Kolluviallehmsand überdeckt)	Unterhänge und Tälchen in Tieflage
	6	Tieflehm-Amphigley	Ebene und flachwellige Platten in Tieflage
A III/s	7	Sand-Gley	Becken, Senken, Meeressandniederungen
	8	Sand-Anmoorgley	Wie 7
	9	Torfflachsand-Rankergley	Fossile Strandwälle, z. T. mit Baggergut
	10	Sand-Gley, Sand-Braungley	Ebene und flachwellige Platten in Tieflage
	11	Kolluviallehmsand-Humusgley	Hangfüße und Hohlformen flachwelliger Platten
	12	Lehmsand-Humusgley	Nasse bis sumpfige Sölle
A IV/s	13	Torfflachsand-Humusgley	Meeressandniederungen (grundwasserabgesenkt)
	14	Kolluviallehmsand-Humusgley	Hangfüße und Dellen flachwelliger Platten
	15	Lehmsand-Anmoorgley	Wie 14
	16	Sand-Humusgley und Lehmsand-Humusgley	Flachwellige Platten in Tieflage
A IV/$\frac{o}{s}$	17	Torfflachsand-Riedfen	Becken, Senken, Meeressandniederungen
	18	Torftiefsand-Riedfen	Meeressandniederungen
	19	Torftiefsand-Riedfen (z. T. übersandet)	Meeressandniederungen (mit Grabenaushub)
	20	Torf-Ried (mit Kolluviallehmsanden überdeckt)	Hohlformen, Dellen und Übergangsbereiche von Moränenplatten zu Meeressandniederungen
	21	Torf-Ried bis Torf-Erdfen (sandunterlagert)	Meeressandniederungen
A IV/o	22	Torf-Riedfen	Tiefliegende Hohlformen (grundwasserabgesenkt)
	23	Wie 22, aber schwach übersandet	Wie 22
A V/$\frac{o}{s}$	24	Torftiefsand-Ried	Meeressandniederungen, Flußmündungsgebiete
A V/o	25	Torf-Ried (sumpfig)	Flußmündungsgebiete
	26	Torf-Ried (sehr sumpfig)	Wie 24; außerdem Riegen
B I/l	27	Lehm-Ranker	Steile Kliff-Oberhänge
B III/l	28	Kalksandlehm-Gley	Kliff-Mittel- und -Unterhänge
	29	Kalkmudde-Humusgley	Kliff-Hangfüße
	30	(Kolluvial-)Kalksandlehm-Humusgley (z. T. Torfflachsand- bis Torftieflehm-Riedfen)	Kliff-Unterhänge, gelegentlich Brackwassereinfluß
C I/s	31	Sand-Braunstaugley	Hohlformen flachwelliger Platten
	32	Tieflehm-Braunstaugley und -Staugley	Ebene und flachwellige Platten
	33	Lehm-Fahlstaugley und -Staugley	Wie 32
	34	Tieflehm-Fahlstaugley und -Staugley (mit Kolluviallehmsand überdeckt)	Mittel- und Unterhänge sowie Dellen flachwelliger Platten
C III/l	35	Tieflehm-Staugley (mit Kolluviallehmsand überdeckt)	Wie 34

C III/$\frac{o}{l}$	36	Torftieflehm-(Moor-)Staugley	Hohlformen und Senken flachwelliger Platten
D I/s	37	Sand- und Bändersand-Braunerden	Ebene und flachwellige Platten
	38	Kalksand- und Kalklehmsand-Pararendzina	Mittel- und Oberhänge sowie Kuppen stark welliger Platten
D II/s	39	Sand-, Bändersand-, Braun- und Rosterde	Ebene und flachwellige Platten
	40	Sand-, Bändersand- und Lehmsand-Ranker	Oberhänge und Kuppen stark welliger Platten
	41	Anlehmsand-Braunerde	Wie 39
	42	Lehmsand-Fahlerde	Wie 39
	43	Sand-Braunerde (mit Kolluviallehmsand überdeckt)	Mittel- und Unterhänge sowie Dellen flachwelliger Platten
D II/l	44	(Lehmsand-Fahlerde), Tieflehm-Fahlerde	Ebene und flachwellige Platten
	45	Lehm-Pararendzina	Konvexe Oberhänge und Kuppen
	46	Tieflehm-Fahlerde (mit Kolluviallehmsand überdeckt)	Mittel- und Unterhänge sowie Dellen flachwelliger Platten
D IV/s	47	Sand- und Lehmsand-Kolluvialerde	Hangfüße und Dellen flachwelliger Platten
E I/$\frac{o}{s/l}$	48	Sand, Lehm und Muddeflachsand	Exponiertes Hydrolitoral von Stillwasserbuchten mit mäßiger Nährstoffbelastung
	49	Verschlickter Sand und Lehm	Wie 48, aber mit starker bis sehr starker Nährstoffbelastung
E II/$\frac{o}{s/l}$	50	Torf, Torftiefsand, Muddetiefsand, Muddetieflehm (jeweils Ried bis Riedfen)	Geolitoral mit mäßiger bis starker Nährstoffbelastung
	51	Torftiefsand-Riedfen und -Erdfen	Wie 50, aber mit starker bis sehr starker Nährstoffbelastung und abnehmendem Salzeintrag
	52	Torfflachsand-Riedfen und -Erdfen (z. T. Torfflach- und -tieflehm-Erdfen)	Wie 50, aber mit mittlerer bis geringer Nährstoffbelastung und höherem Salzeintrag
E III/$\frac{o}{s/l}$	53	Torftiefsand- und -lehm-Erdfen (seltener Torfflachsand- und -lehm-Erdfen)	Flache Unterhänge fossiler Kliffe, starke Nährstoffbelastung
	54	Sand-Humusgley (bis Sand-Anmoorgley)	Geolitoral mit geringer Nährstoffbelastung und geringem Salzeintrag
F I/s$\frac{s}{o}$	55	Sandriff-Schorre	Sublitoral mit höherer auflaufender Wellenenergie
	56	Sand-Schorre	Wie 55, aber mit geringerer auflaufender Wellenenergie
	57	Torf-Sandriff-Schorre	Wie 55, aber mit höherer auflaufender Wellenenergie
	58	Schlick-Schorre (verbreitet Torfe mit Untergrund), randlich übersandet	Wie 55, aber mit geringerer auflaufender Wellenenergie
F I/l-	59	(Sand-)Lehm-Schorre, z. T. mit Steinen	Sublitoral mit geringerer auflaufender Wellenenergie
	60	Lehm-Schorre mit Sandriffen, z. T. mit Steinen	Wie 60, aber mit höherer auflaufender Wellenenergie

6.2 Die mittelmaßstäbige Naturraumkarte Rügens

DIETER KOPP und HARTMUT LINKE

Bei der Methodenentwicklung der mittelmaßstäbigen Naturraumkarte auf großmaßstäbiger Grundlage (Kopp, Jäger, Succow u.a.) stellte die Insel Rügen neben dem Blatt Eberswalde das wichtigste Testgebiet dar, denn die naturräumliche Vielfalt Rügens ist groß und der – vor allem durch H. Kliewe und seine Mitarbeiter – erreichte Wissensstand physisch-geographischer Erkundungen hoch (Kliewe 1975, 1981; Deutschländer 1983; Gomolka und Janke 1976; Knoll 1983; Lampe 1983; Otto u. Jünger 1983; Pilarski 1983; Slobodda u. Voigtland 1980; ferner allgemein für den südbaltischen Küstenraum Kliewe 1973, 1979, 1983 a, b; Kliewe u. Janke 1980; Niedermeyer et al. 1987).

Die Arbeiten der Autoren auf Rügen begannen 1974 und haben für die Basiskarte einen Entwicklungsgrad erlangt, auf dessen Grundlage seit 1984 die flächendeckende Kartierung des Tieflandes vorgenommen wird. Seit Beginn der Kartierung auf Rügen besteht ein enger Kontakt zu H. Kliewe, W. Janke und weiteren physischen Geographen aus Greifswald. Die von den Autoren erarbeitete Basiskarte ist als Beitrag zu einer gemeinsamen naturräumlichen Bearbeitung Rügens gedacht. Die Aufgabenstellung wird durch die folgenden fünf Arbeitsschritte verdeutlicht:

(1) Abgrenzung von Naturraummosaiken nach naturräumlichen Trennmerkmalen in einer Basiskarte und inhaltliche Kennzeichnung im Basisteil eines Legendenbandes;

(2) Naturraumkennzeichnung nach Humusvorrat, Wasservorrat im Frühjahr, Sorptionskapazität des Bodens usw. als Merkmale der 1. Überleitstufe sowie Frostveränderlichkeit und Tragfähigkeit des Bodens, ökoklimatische Wasserbilanz usw. als Merkmale der 2. Überleitstufe;

(3) Kennzeichnung der Naturraummosaike als Ökosystem mit Aussagen über Funktionstüchtigkeit und Reaktionsbereitschaft auf technogene Eingriffe;

(4) Zweigspezifische Nutzungsinterpretation: Biotisches Ertragspotential für Pflanzenproduktion (Waldbau, Obstbau, Feldbau, Dauergrasland, Gartenbau), Tierzucht-Weidewirtschaft, Fischzucht, Eignung für Wohn- und Produktionsstätten, Wassernutzungspotential, Erholungspotential;

(5) Zweigübergreifende Nutzungsinterpretation: Kennzeichnung der naturräumlichen Voraussetzungen für die Lenkung der Landnutzung aus übergeordneter Sicht.

Nur die Ergebnisse des ersten Arbeitsschrittes werden in diesem Beitrag anhand der Basiskarte näher dargestellt, für die anderen 4 Schritte werden nur die Vorstellungen für die weitere Bearbeitung erörtert.

Die Ergebnisse des Basisteils werden auf einer Karte 1 : 100000 und im zugehörigen Teil eines umfangreichen Legendenbandes dargestellt, die Ergebnisse der anderen 4 Schritte erscheinen zumindest in entsprechenden Teilen des Legendenbandes, soweit möglich aber zusätzlich auch auf abgeleiteten Karten.

Basiskarte

Die Basiskarte liegt gegenwärtig in geringer Stückzahl als handkolorierte kartonierte Lichtpause im Amt für Forsteinrichtung (Bereich Entwicklung, Arbeitsgruppe Standortserkundung) in Eberswalde-Finow vor. Ein Mehrfarbendruck wird erstmalig in Verbindung mit dem vorliegenden Beitrag veröffentlicht. Der Basisteil des Legendenbandes besteht aus 8 Blattserien zu je 17 Seiten. Von den wichtigsten dieser 17 Seiten werden in Abb. 1 die Legendenköpfe mit jeweils einem Beispielsareal dargestellt. Die vollständige Fassung befindet sich ebenfalls in nur geringer Stückzahl im gleichem Amt.

Bisher konnten nur die Landflächen nach Stammeigenschaften, d.h. nach den von der Nutzung weniger beeinflußbaren Naturraumeigenschaften bearbeitet werden; die Kartierung der Zustandseigenschaften steht noch aus. Die Moormosaike sind bisher nur in grober Gruppierung enthalten; die naturräumliche Kennzeichnung der Seen und Fließgewässer sowie der Bodden- und Außenküsten ist noch offen.

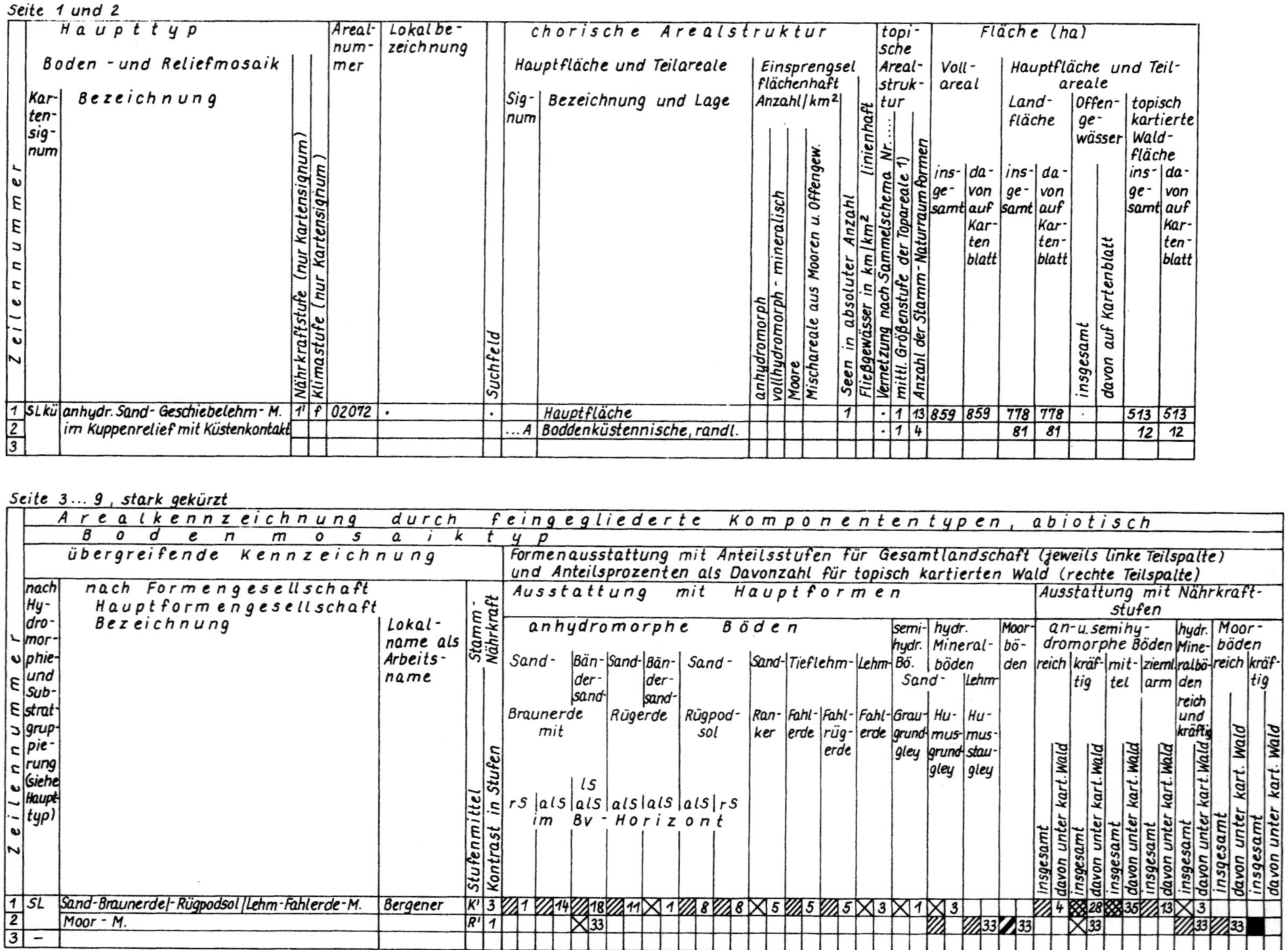

1) 1 = ziemlich kleintopisch (3-4 ha)

Abb. 1. Kopfleiste (Auszug) für den Basisteil des Legendenbandes mit einem Mosaikareal als Beispiel

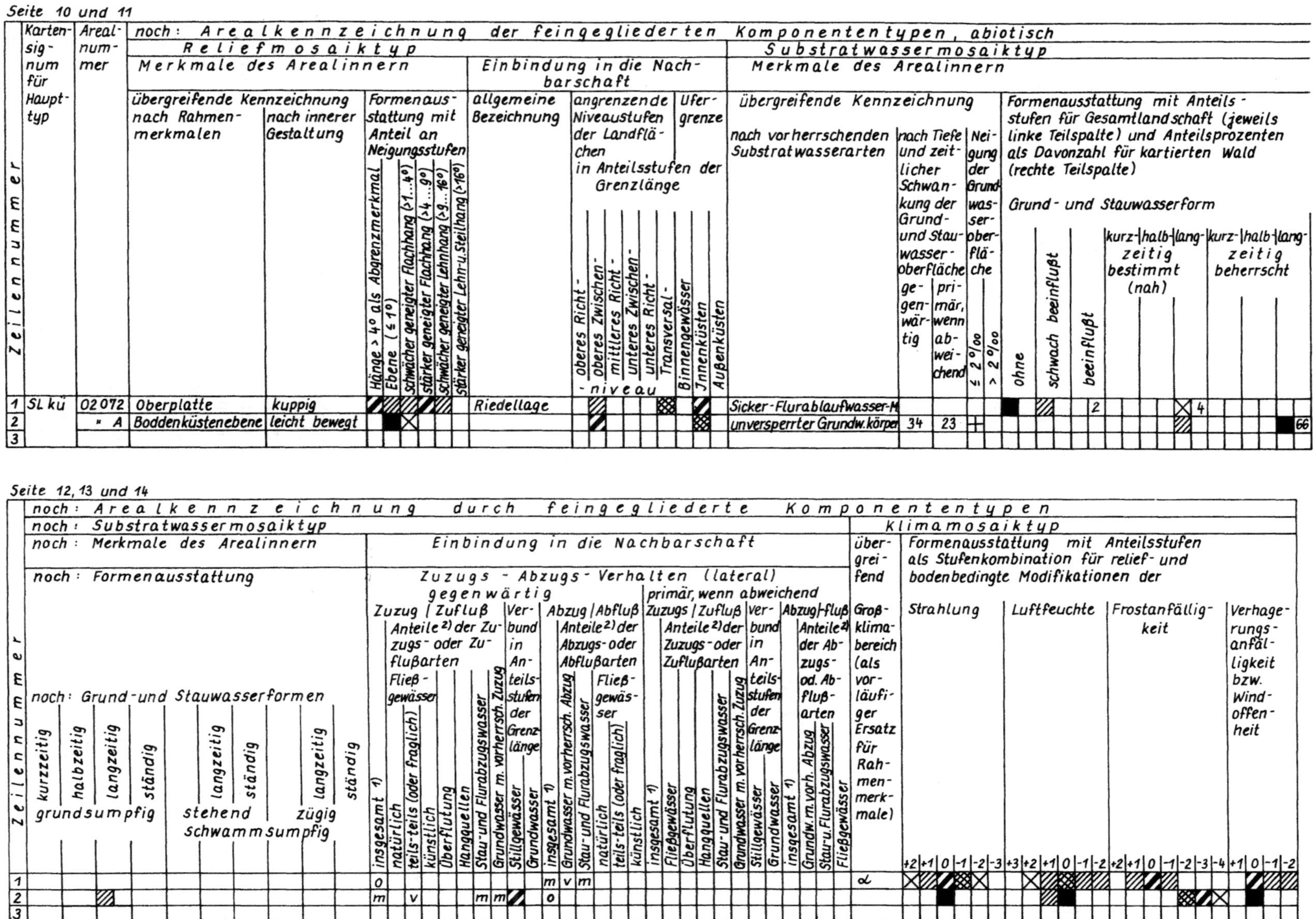

1) Mit der Abstufung : o = ohne, g = gering, m = mäßig, st = stark.
2) Mit der Abstufung : a = ausschließlich, v = vorherrschend, m = mitherrschend, u = untergeordnet.
3) Unterirdischer Eintrag ins Grundwasser, oberirdischer in Offengewässer.

Abb. 1. (Fortsetzung)

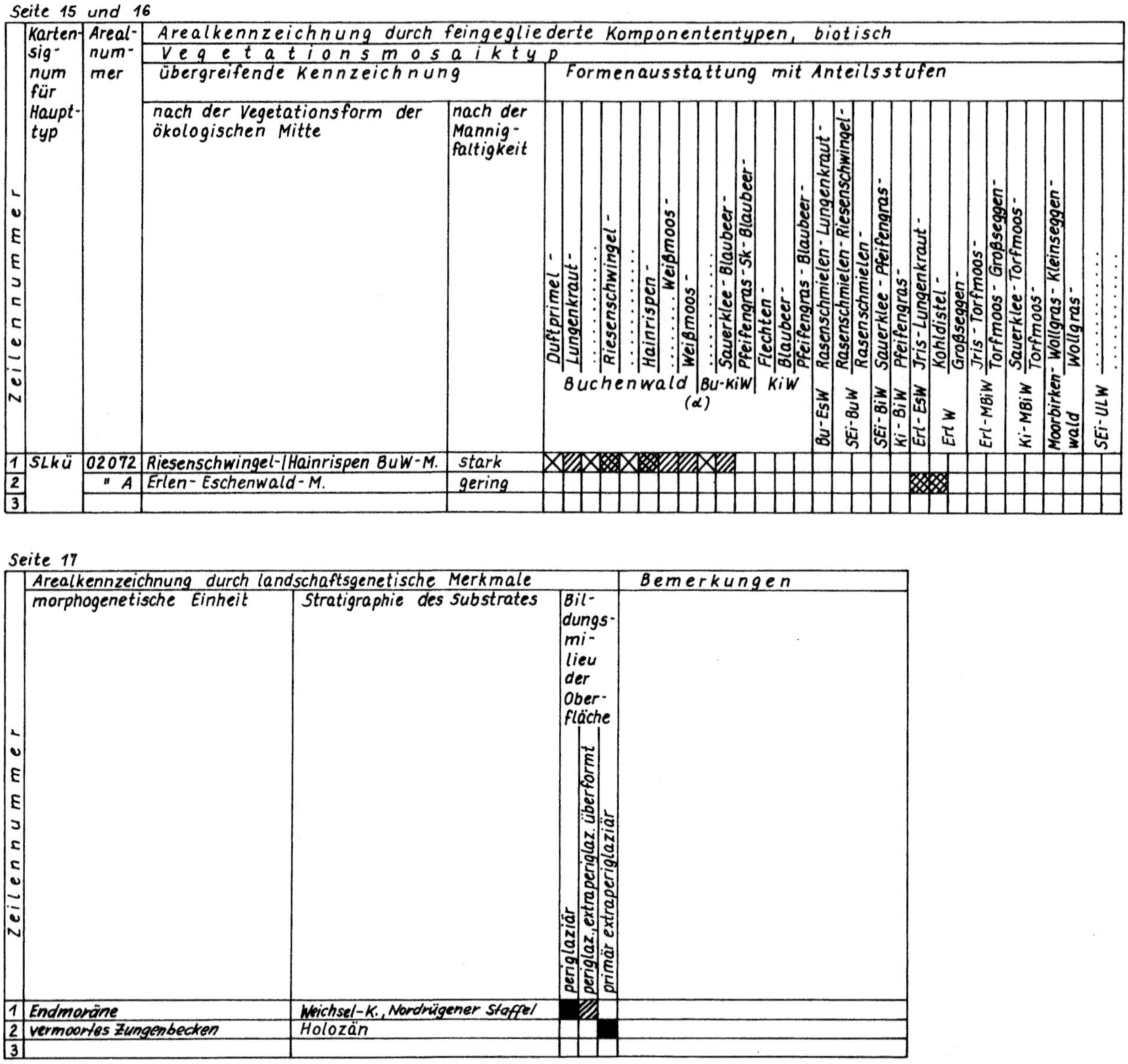

Abb. 1. (Fortsetzung)

Die Areale der Landflächen werden zuerst nach dem Haupttyp des Naturraummosaiks gekennzeichnet. Dieser wird auf der Karte durch ein Symbol für die Hydromorphie-Substratkombination des Bodenmosaiks und für das Reliefmosaik sowie durch Flächenkolorit dargestellt (vgl. Beilage 4).

Den größten Flächenanteil mit zusammen rund 30% an den Landflächen Rügens (Tabelle 1) haben wenig hydromorphe und anhydromorphe Geschiebelehm-Sand-Mosaike und Sand-Geschiebelehm- sowie Geschiebelehm-Mosaike, alle in welliger Platte. Dann folgen die gleichen Bodenmosaike in flachen Platten mit zusammen rund 10%, anhydromorphe Sand-Geschiebelehm- und Geschiebelehm-Sand-Mosaike in kuppigen Platten mit ebenfalls rund 10%, sowie mäßig hydromorphe Geschiebelehm-Sand-, Geschiebelehm- und Sand-Geschiebelehm-Mosaike mit zusammen rund 5% Anteil. Sie alle sind Naturraummosaike der Grund- und Endmoränen. Die anhydromorphen Sand-Mosaike der pleistozänen Substratmosaike, d.h. jene auf flachen, welligen und kuppigen Platten haben ebenfalls rund 5% Flächenanteil. Zu den Mosaiken auf pleistozänem Substrat gehört mit über 3% ferner das hydromorphiebreite Geschiebelehm-Sand-Mosaik der Stubnitz (Areal 03005) mit Kreidedurchragungen.

Vom Rest entfällt der größte Teil auf holozäne Substrate, allein reichlich 8% auf Küstenniederungen mit anhydromorphen, stark- und vollhydromorphen Sand-Mosaiken (mit zusammen rund 2%), auf Sand-Flußlehm-Mosaike (mit rund 1%) und auf Moormosaike der Küstenniederungen (mit rund 5%). Einen Anteil von rund 3% haben die mäßig und stark hydromorphen Sand-Mosaike der Küsten-

Tabelle 1. Flächenanteil der Haupttypen des Naturraummosaiks von Rügen

Symbol[a] für das Bodenmosaik	Flächenanteil [%]							Summe
	f	w	k	u	e	j	v	
S	1,6	2,1	1,4			0,6	0,9	6,6
SL	2,4	5,2	5,5				0,8	13,9
LS		5,9	4,0					9,9
L		2,4	0,5					2,9
WSL	1,4	3,7						5,1
WLS	2,7	8,2						10,9
WL	3,0	5,2	1,7					9,9
MS				1,5				1,5
MSL	1,2							1,2
MLS	2,3				0,2			2,5
ML	1,8							1,8
NS				1,1	0,5	0,9		2,5
NSL					0,1			0,1
NLS				0,7				0,7
NSA						0,5		0,5
VS						0,6		0,6
VSA						1,0		1,0
BLS			3,3					3,3
O					2,7	4,7		7,4
Summe insgesamt rund 91 000 ha	16,4	32,7	16,4	3,3	3,5	8,3	1,7	82,3

[a] Erklärung der Symbole s. Kartenrandlegende der Beilage 4.

dünenfelder, und reichlich 3% entfallen auf Moormosaike, Sand- bis Geschiebelehm-Sand-Mosaike verschiedener Hydromorphiegrade in Moräneneinsenkungen.

Die in Tabelle 1 nicht erfaßten Flächen entfallen auf Teilareale, die von der Hauptfläche der Mosaikareale stark abweichen. Die Teilareale erscheinen nicht auf der Karte 1 : 100000, nur auf der Arbeitskarte 1 : 25000 sind sie ausgegrenzt. Im Legendenband sind sie jedoch mit den gleichen Angaben wie die Hauptfläche enthalten (vgl. Abb. 1). Unter den Teilarealen herrschen hydromorphe Senken aus Mooren oder Mineralbodenmosaiken stärkerer Hydromorphiegrade vor.

Die Haupttypen dienen nur der Übersicht; die naturräumlichen Feinheiten werden in den feingegliederten Komponententypen erfaßt und zwar für das Boden-, Relief-, Substratwasser- und Klimamosaik bei den abiotischen Naturraumkomponenten und für das Vegetationsmosaik als wichtiger biotischer Komponente. Die feingegliederten Komponententypen sind – vermittelt durch die Arealnummer – nur aus dem Legendenband ersichtlich (vgl. Abb. 1).

Jeder Komponententyp wird nach übergreifenden Merkmalen und nach der Formenausstattung gekennzeichnet. Beim Relief und beim Substratwasser kommt zu den Merkmalen des Arealinneren die Einbindung in die Nachbarschaft hinzu.

Auf der letzten Seite jeder Blattserie ist für jedes Areal der landschaftsgenetische Hintergrund verzeichnet und zwar mit morphogenetischer Einheit, Stratigraphie und Bildungsmilieu der Bodenoberfläche. Wenn dieser Nachweis auch als „Hintergrund“-Merkmal gilt, so hat die Frage nach der Landschaftsgenese doch bei allen Arbeiten an der Basiskarte Pate gestanden; eine anspruchsvolle Naturraumerkundung ist ohne landschaftsgenetisches Fundament undenkbar. Daher bestand von Beginn an bei der Naturraumerkundung auf Rügen eine enge Zusammenarbeit mit H. Kliewe und seinen Mitarbeitern.

Besonders die Reliefmosaiktypen sind dadurch stark beeinflußt. Übernommen wurden große Teile der Gliederung der Küstenniederungen (Kliewe 1973, 1981). Ferner wurden die Höhenniveaustufen (vgl. Abb. 1) der morphogenetischen Gliederung (Kliewe 1975; Kliewe u. Janke 1980; Deutschländer 1983) auch dort angepaßt, wo Grund- und Endmoränen nur wenige Meter über dem Meeresspiegel liegen. Auch bei der Fassung der Reliefformengesellschaften lagen die Greifswalder Arbeiten zugrunde (Pilarski 1983).

Zur Bearbeitung der anderen vier Arbeitsschritte

Naturraumkennzeichnung nach Überleitmerkmalen

Die in der Basiskarte erfaßten Naturraumtypen werden nach Merkmalen definiert, die zur Abgrenzung von Unstetigkeiten in der lateralen Struktur des naturräumlichen Hauptstockwerkes führen. Diese Merkmale sollen zwar für die Landnutzung allgemein wesentlich sein, sie dürfen aber nicht unmittelbar auf die Nutzungsinteressen einzelner Landnutzungszweige ausgerichtet sein. Sie werden als primäre Definitionsmerkmale für die Naturraumtypen der Basiskarte bezeichnet. Bei ihrer Auswahl ist die landschaftsgeschichtliche (morphogenetische) Fundierung besonders wichtig.

Stellt man diesen nach primären Definitionsmerkmalen kartierten Naturraumtypen die Interpretationsansprüche der einzelnen Landnutzungszweige gegenüber, so zeigt sich die Notwendigkeit, aus den nach primären Definitionsmerkmalen kartierten Naturraumtypen Merkmale abzuleiten, die speziell auf die jeweilige Nutzungsinterpretation zugeschnitten sind. Solche Merkmale „leiten“ zu den Interpretationsansprüchen der Landnutzungszweige „über“; daher werden sie „Überleitmerkmale“ genannt.

Demnächst erarbeitet werden sollen die nachstehenden Überleitmerkmale:

(a) Körnungsart des Feinbodens von 0–40 cm Tiefe und für weitere Tiefenstufen;
(b) Humusvorrat des Bodens in dt/ha von 0–40 und 0–80 cm Tiefe;
(c) Kationensorptionsvermögen des Bodens in kval/ha;
(d) Azidität und Basensättigung;
(e) Gesamtgehalt des Bodens an N, P, K, Mg, Ca im HF-Aufschluß;
(f) Gehalt an löslichem K, Mg, Ca;
(g) nutzbare Frühjahrsfeuchte des Bodens in mm Wassersäule;
(h) Porenvolumen und Anteil der Porengrößenklassen;
(i) Standortsfeuchteziffer als kombinierter Ausdruck aus Boden- und Klimamerkmalen (Kopp u. Kirschner 1985).

Die Merkmale c–h sollen jeweils für die Bodenblöcke 0–20, 0–40, 0–80, 0–120, 0–160 cm Tiefe bestimmt werden. Bereits fertiggestellt wurde die Naturraumkennzeichnung nach der terrestrischen γ-Grundstrahlung als Dosisleistung (Kopp u. Hannemann 1985). Als Ergebnis liegen eine Karte 1:100000 und ein entsprechender Teil des Legendenbandes vor.

Naturraumkennzeichnung als Ökosystem

Auch dieser Arbeitsschritt soll zunächst nur in den Grundzügen ausgeführt werden. Dabei wird jedes Landareal – insgesamt und unterteilt in die Landnutzungsarten Wald, Dauergrasland, Acker- und Obstland sowie bebautes Gelände – beurteilt nach

– der ökologischen Mannigfaltigkeit der topischen Ausstattung, getrennt nach Stamm- und Zustandseigenschaften;

– der Zustandsabweichung vom primär natürlichen Zustand des Bodens, des Reliefs, des Substratwassers und der Lufthülle sowie der Vegetation;

– der Reaktionsbereitschaft auf (weitere) technogene Eingriffe, wie Entwässerung, übermäßige Bodenentblößung, Bodenverdichtung durch Befahren mit schweren Maschinen, Versiegelung, und auf überhöhten Eintrag wasserlöslicher Fremdstoffe.

Feinheiten, besonders zur Reaktionsbereitschaft auf technogene Eingriffe, wären ein Arbeitsfeld für die physische Geographie, die Agrarökologie und andere geoökologisch arbeitende Disziplinen.

Zweigspezifische Nutzungsinterpretation

Eine zweigspezifische Nutzungsinterpretation ist für folgende Landnutzungszweige erforderlich: Waldbau, Obstbau, Feldbau, Dauergrasland, Gartenbau, Tierzucht, Fischzucht, Eignung für Wohn- und Produktionsstätten, Eignung für Abfalldeponien, Wassernutzung und Erholungsnutzung.

Die Nutzungsinterpretation für den Wald soll wiederum durch die Autoren bearbeitet werden. Dabei sind folgende Ableitkarten für die Waldfläche mit entsprechenden Teilen des Legendenbandes vorgesehen:

– Stamm-Standortsmosaikgruppen (forstliche chorische Zweckgruppierung);

– Stamm-Fruchtbarkeitsziffern für nutzbare Holzmasse und oberirdische Phytomasse;

– Bestockungszielmosaike;

– Bestockungszustand;

– Abweichung zwischen Zustand und Ziel;

– Regulierungsbedürftigkeit für Grund- und Stauwasser.

Für die anderen Landnutzungszweige stehen Interpretationen noch aus. Hier liegt ein weites Arbeitsfeld für die physische Geographie und zahlreiche verwandte Fachrichtungen.

Zweigübergreifende Nutzungsinterpretation

Dieser Arbeitsabschnitt steht für Rügen noch aus und könnte durch die Greifswalder Geographen in Angriff genommen werden.

Literatur

Amelang K (1986) Intensität und Vorausschätzung des Bodenabtrags im küstennahen Jungglazial (K). Vortragsprogramm der 6. bilateralen Arbeitstagung DDR/VR Polen am 26., 29. und 31.5. sowie am 1.6.1986, Eberswalde/Greifswald

Amelang K, Janke W, Kliewe H (1983) Formenveränderungen und Substratumlagerungen an Grenzsäumen zwischen Naturraumeinheiten des Küstengebietes. Wiss Z Ernst-Moritz-Arndt-Univ, Greifswald Math-Nat Reihe 32:81–92

Billwitz K (1986) Landschaftsstruktur und Landschaftssystematik im Küstenraum (K). Vortragsprogramm der 6. bilateralen Arbeitstagung DDR/VR Polen am 26., 29. und 31.5. sowie am 1.6. 1986, Eberswalde/Greifswald

Deutschländer A (1983) Möglichkeiten der Kennzeichnung morphogenetischer Einheiten im Jungmoränengebiet Südost-Rügens. Wiss Z Ernst-Moritz-Arndt-Univ, Greifswald Math-Nat Reihe 32 (1–2):21–28

Gomolka A, Janke W (1976) Zur Ausstattung, Struktur und Nutzung ausgewählter Räume im südlichen Küstengebiet der Ostsee – dargestellt an küstennahen Talungen und an Boddenküsten. Petermanns Geogr Mitt 120 (2):161–165

Janke W (1986) Ausgewählte Aspekte der jungweichselglazialen und holozänen Landschaftsentwicklung und landschaftsgenetisch-reliefstrukturelle Bautypen des küstennahen Jungmoränengebietes und der Boddenküsten, Raum Barth (K). Vortragsprogramm der 6. bilateralen Arbeitstagung DDR/VR Polen am 26., 29. und 31.5 sowie am 1.6. 1986, Eberswalde/Greifswald

Kliewe H (1973) Zur Genese der Dünen im Küstenraum der DDR. Petermanns Geogr Mitt 117 (3):161–168

Kliewe H (1975) Spätglaziale Marginalzonen der Insel Rügen. Untersuchungsergebnisse und Anwendungsgebiete. Petermanns Geogr Mitt 119 (4):261–269

Kliewe H (1979) Zur Wechselwirkung von Natur und Mensch in küstennahen Dünensystemen. Potsdamer Forsch, Nat Reihe 15:107–119

Kliewe H (1981) Zur Stratigraphie und Genese von Küstenniederungstypen auf der Insel Rügen. Wiss Z Ernst-Moritz-Arndt-Univ, Greifswald Math-Nat Reihe 30:11–15

Kliewe H (1983a) Untersuchungen über naturräumliche Strukturen und Prozesse im Jungmoränen- und Küstengebiet der DDR als Grundlage für landeskulturelle Maßnahmen. Eine fünfjährige Forschungsbilanz. Wiss Z Ernst-Moritz-Arndt-Univ, Greifswald Math-Nat Reihe 32:3–20

Kliewe H (1983b) Entwicklung, Ergebnisse und Tendenzen der Spätglazial- und Holozänforschung im nordöstlichen Küstenraum der DDR. In: Das Jungquartär und seine Nutzung im Küsten- und Binnentiefland der DDR und der VR Polen. Ergänzungsh Petermanns Geogr Mitt 282:28–38

Kliewe H (1986) Besonderheiten der Genese, Entwicklung und Nutzung von Becken im Bereich der südbaltischen Boddenausgleichsküste. Acta Univ Nic Copernici, Geogr XXI, Torun, S. 53–60

Kliewe H, Janke W (1980) Eigenschaften, Genese und Stratigraphie sowie Dynamik jungquartärer Reliefformen, Strukturen und Substrate als Grundlage der Naturraumerkundung und von landeskulturellen Maßnahmen. Forschungsber Sekt Geogr Ernst-Moritz-Arndt-Univ, Greifswald (unveröffentlicht)

Knoll D (1983) Kennzeichnung und Typisierung holozäner Niederungen Rügens. Wiss Z Ernst-Moritz-Arndt-Univ, Greifswald Math-Nat Reihe 32 (1–2):37–44

Kopp D, Hannemann M (1985) Die Arbeiten 1985 zum Thema Interpretation forstlicher Standortskarten und allgemeiner Naturraumkarten für die gamma-Dosisleistung. Staatliches Amt für Atomsicherheit und Strahlenschutz, Berlin (unveröffentlicht)

Kopp D, Kirschner G (1985) Erfassung des Klimas bei der topischen und chorischen Naturraumerkundung durch die forstliche Standortserkundung im Tiefland der DDR. Z Meteorol 35:137–145

Kopp D et al. (1982) Naturräumliche Grundlagen der Landnutzung. Berlin

Lampe R (1983) Die Sedimente eines polytrophen Flachsees (Schmachter See/Rügen) und ihre Beziehungen zum Stoffhaushalt in Vergangenheit und Gegenwart. Wiss Z Ernst-Moritz-Arndt-Univ, Math-Nat Reihe 32 (1–2):93–98

Lampe R et al. (1986) Ergebnisse der Untersuchung von Struktur und Dynamik von Boddenküsten. Vortragsprogramm der 6. bilateralen Arbeitstagung DDR/VR Polen am 26., 29. und 31.5 sowie am 1.6.1986, Eberswalde/Greifswald

Lange E, Jeschke L, Knapp HD (1985) Die Landschaftsgeschichte der Insel Rügen seit dem Spätglazial. Berlin

Niedermeyer R-O, Kliewe H, Janke W (1987) Die Ostseeküste zwischen Boltenhagen und Ahlbeck. Geogr Bausteine NR 30

Otto G, Jünger K (1983) Untersuchungen zur geländeklimatologischen Differenzierung typischer Naturräume Südost-Rügens. Wiss Z Ernst-Moritz-Arndt-Univ, Math-Nat Reihe 32:45–51

Pilarski M (1983) Morphologische Kennzeichnung jungquartärer Reliefformen Süd-Rügens. Wiss Z Ernst-Moritz-Arndt-Univ, Math-Nat Reihe 32 (1–2):29–36

Slobodda S, Voigtland R (1980) Vegetationsgeographische Charakteristik morphogenetischer Einheiten in Testgebieten SE-Rügens. Forschungsmaterialien 80/26. Akad Wiss DDR, Phys Geogr, und Sekt Geogr Ernst-Moritz-Arndt-Univ, Greifswald (unveröffentlicht)

6.3 Die Landnutzung als Indikator für Naturraumpotentiale im Jungmoränengebiet am Beispiel des östlichen Stadtrandgebietes von Berlin

JOACHIM MARCINEK und LUTZ ZAUMSEIL

Mit der Lage Berlins im Zentrum der Zone der Platten und Urstromtalungen im seenreichen Jungmoränenland verbinden sich über die Gestaltung des Geländes durch das nordeuropäische Inlandeis und seine Schmelzwässer sowie periglaziäre und warmzeitliche Vorgänge im allgemeinen naturräumliche Strukturen mit Potentialen hoher Gunst für die Nutzung.

Von großer Bedeutung für die Nutzung sind jene räumlichen Strukturen und Naturraumpotentiale, die aus der bisher jüngsten Kaltzeit, der Weichsel-Kaltzeit, stammen. Im Verein mit den klimatischen Verhältnissen unserer Warmzeit bildete sich auf dem kaltzeitlich angelegten räumlichen Muster – gesteuert vom Klima und in Wechselwirkung mit Relief und Substrat sowie den Wasserverhältnissen – eine Boden- und Walddecke aus, die der kaltzeitlich angelegten räumlichen Relief- und Substratdifferenzierung in natürlich warmzeitlicher Modifikation entsprach.

Grundlage des räumlichen Musters ist, wie fast durchgehend im Jungmoränentiefland, die spezielle räumliche Anordnung von Gliedern der glaziären Serie. Diese wird im Berliner Raum repräsentiert durch eine Plattenreihe südlich der Eberswalder Urstromtalung, von der die Barnimhochfläche bis in die Nordteile der Stadt reicht, ferner durch die Berliner Urstromtalung, von der der Spreeabschnitt für Berlin der wichtigste ist, und schließlich durch die Plattenreihe zwischen Berliner und Baruther Urstromtalung, von der die Teltowhochfläche die südlichen Stadtbereiche prägt.

Hochfläche und Urstromtalung bestimmen den Naturraum auch in der östlichen Stadtrandzone, über deren Flächennutzung auf etliche Naturraumpotentiale und deren Inwertsetzung geschlossen werden kann.

Die Barnimhochfläche wird etwa von Südosten nach Nordwesten von der Frankfurter Eisrandlage durchzogen, die nordöstlich und nördlich der Stadt verläuft. Damit ergibt sich das einfache Bild eines Wechsels von Schmelzwasserbahnen (Sander) und Inlandeisablagerungen (Grundmoränen) in ungefähr westöstlicher Richtung zwischen der Frankfurter Eisrandlage auf dem Barnim im Norden und dem Spreeabschnitt der Berliner Urstromtalung im Süden (vgl. Abb. 1).

In den Spreeabschnitt der Berliner Urstromtalung hat sich mit ihrer großen Laufverlegung die Spree am Ende der letzten Kalt- und zu Beginn der jetzigen Warmzeit um einige Meter in das untere Niveau der Urstromtalung (jünger als die Frankfurter Eisrandlage; vgl. Lembke 1936, S. 144) eingeschnitten. Somit besteht einerseits ein kilometerbreiter, relativ grundwasserferner Urstromtalboden und andererseits eine schmale, grundwassernahe feuchte Aue als wichtigster naturräumlicher Gegensatz im Niederungsbereich.

Das vor allem durch kaltzeitliche Vorgänge geprägte Muster der naturräumlichen Einheiten der Barnimhochfläche und des Spreeabschnittes der Berliner Urstromtalung mit der Transformation in warmzeitliche Verhältnisse läßt sich im Bereich des östlichen Stadtrandgebietes im Stadtbezirk von Berlin-Hellersdorf (Hellersdorf, Kaulsdorf, Mahlsdorf) durch Anteile an einem bis vor kurzem vorwiegend ackerbaulich genutzten Hochflächenbereich des Barnims innerhalb der Stadtgrenze sowie einem mischgenutzten Urstromtalungsabschnitt charakterisieren.

Die westliche Begrenzung des Stadtbezirks Berlin-Hellersdorf zum Stadtbezirk Berlin-Marzahn wird durch das Wuhletal markiert.

Die Talanlage erfolgte noch im Weichselhochglazial, wobei das spätere Tal möglicherweise einer während der Inlandeisbedeckung gebildeten Rinne folgt. Bisher konnte nicht geklärt werden, ob im dreiphasig angelegten Tal das oberste Niveau (etwa 3–4 m über dem unteren) durch Schmelzwasser von der Frankfurter Eisrandlage geschaffen wurde (sehr schmaler Schlauchsander) oder ob eine erste periglaziäre Talanlage zur Zeit des oberen Niveaus in der Berliner Urstromtalung vorliegt. Deutliche Terrassenreste des oberen Niveaus im Mündungsbereich des Wuhletals in die Urstromtalung wurden bei großräumigen Erdarbeiten beseitigt. Das untere Ni-

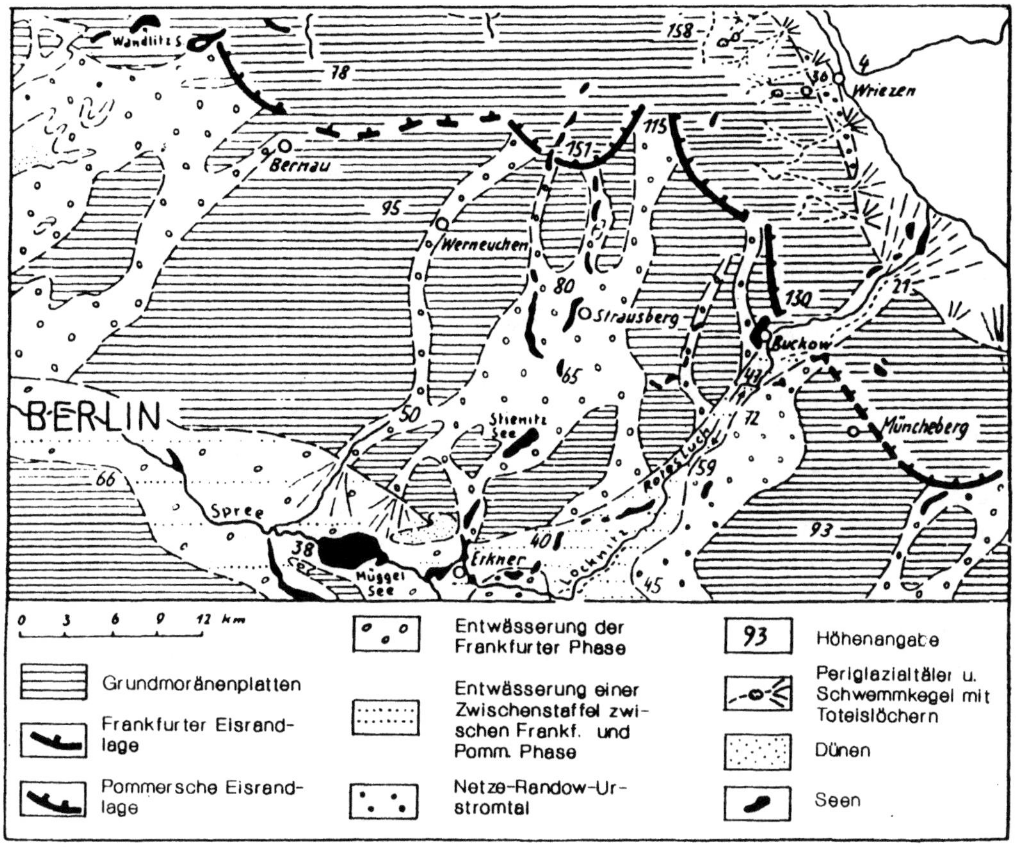

Abb. 1. Die glaziär angelegte Grundstruktur des Raumes nordöstlich von Berlin

veau, jünger als die Frankfurter Eisrandlage, zieht vom Wuhletal stufenlos in den Spreeabschnitt der Berliner Urstromtalung. In das untere Niveau ist die Wuhleaue eingeschnitten.

Die ackerbaulich genutzte Grundmoränenhochfläche, in die das Wuhletal eingeschnitten ist, liegt zwischen dem Panke-Sander im Westen und dem Strausberger Sander im Osten, wobei der Werneuchener Schlauchsander – wie das Wuhletal – ein zweites Mal, allerdings außerhalb des Stadtgebietes, den ackerbaulich genutzten Hochflächenbereich untergliedert. Zahlreiche, oft kilometerlange, Aufschlüsse zur Zeit des Wohnungsbaues zeigten eine söhlige Lagerung der Grundmoräne der weichselkaltzeitlichen Vergletscherung.

Im Spreeabschnitt der Berliner Urstromtalung, deren Nordrand als periglaziär überformter, durch Ackernutzung weiter abgeflachter Erosionsrand die Barnimhochfläche im Stadtbezirk Berlin-Hellersdorf mit über 10 m, zuweilen über 15 m Höhenunterschied von der Urstromtalung scheidet, belegen ein oberes Niveau (zeitgleich mit der Frankfurter Eisrandlage) und ein unteres, jüngeres (Lembke 1936, S. 143), daß Inlandeisschmelzwässer den Spreeabschnitt zweimal durchflossen.

Die Besonderheit der Berliner Urstromtalung liegt in ihren mehrere Dekameter mächtigen Sand- und Kiesablagerungen. Seit der elsterkaltzeitlichen Vergletscherung bestand eine Vertiefung im Berliner Raum. Bereits aus der Abschmelzzeit des elsterkaltzeitlichen Inlandeises stammen durchschnittlich 15–20 m mächtige, überwiegend mittelsandige bis kiesige Schmelzwasserabsätze. In der weitflächigen Vertiefung wurden in der nachfolgenden Holstein-Warmzeit die „Paludinenschichten“ abgelagert. Es handelt sich um Seeablagerungen von meist 10–20 m, manchmal bis zu 30 m Mächtigkeit. Diese Seesedimente liegen in meist −8 m bis +11 m NN recht horizontbeständig und weisen mitunter Lükken auf. Unter dem Barnim und dem Teltow streichen sie bald aus. Somit läßt sich die Dreiteilung im Berliner Raum, ein niedrigerer Bereich zwischen zwei Hochflächen, seit etwa dieser Zeit nachweisen.

Im Zusammenhang mit der saale- und weichselkaltzeitlichen Vergletscherung bildeten sich im Mittel 25–45 m mächtige Sand- und Kiesablagerungen, die durch die bis zu 5 Horizonte von Grundmoränendecken gegliedert werden können. Aus dieser Situation wurde auf einen saalekaltzeitlichen Vorläufer einer Urstromtalung geschlossen (vgl. Assmann

1957). Aus der zwischengeschalteten Eem-Warmzeit stammende, geringmächtige und sehr lückenhaft vorkommende Seeablagerungen bezeugen ihrerseits wiederum eine weiterbestehende Vertiefung im Berliner Raum in dieser Zeit. Schließlich belegt das randliche Absinken und Aufsteigen der weichselkaltzeitlichen Grundmoränendecke ebenfalls eine vor der weichselkaltzeitlichen Vergletscherung bestehende Vertiefung im Bereich der Berliner Urstromtalung (vgl. Böse 1983).

Wichtiger für die Nutzung ist jedoch, daß die in der Urstromtalung bis an die Oberfläche tretenden mittelsandigen bis kiesigen Schmelzwasserablagerungen unter die weichselkaltzeitliche Moränen- und Sanderbedeckung der flankierenden Hochflächen von Barnim und Teltow ziehen. Infolge des langen, pultartigen Anstiegs der Barnimhochfläche nach Norden greift nicht nur das oberirdische, sondern auch das unterirdische Einzugsgebiet weit nordwärts aus. Dagegen sind ober- wie unterirdisches Einzugsgebiet zur Berliner Urstromtalung im Bereich des Teltows klein, weil der Teltow mit langer Abdachung südwärts abfällt.

In den jüngeren Boden der Berliner Urstromtalung hat sich die Spree – nach ihrer Umlenkung im Übergangszeitraum von der Weichsel-Kaltzeit zur gegenwärtigen Warmzeit – eingeschnitten. Die Becken der Seen (z. B. Großer und Kleiner Müggelsee, Dämeritzsee u. a.) in der Urstromtalung bewahrten verschüttete Inlandeisreste (Toteiskörper) vor der Zuschüttung. Erst nach Austauen der Inlandeisrestkörper traten die allseitig geschlossenen Vertiefungen in der ebenen Oberfläche in Erscheinung und füllten sich mit Wasser.

Unter natürlichen holozänen Verhältnissen überzog eine Walddecke den Spreeabschnitt der Berliner Urstromtalung ebenso wie die Hochfläche. Es läßt sich entsprechend den Naturraumpotentialen eine räumliche Differenzierung zwischen unzerschnittenem Urstromtalboden und Grundmoränenfläche anhand landschaftlicher Merkmale festhalten (Tabelle 1).

Diese naturnahe Situation wird außerhalb des Stadtgebietes im Stadtumland, im städtischen Randgebiet und innerhalb der Stadt unterschiedlich genutzt, wobei die Mischnutzung im städtischen Randgebiet eine besonders günstige Voraussetzung für die Bewertung schafft.

Von 2 Standorten aus lassen sich bei Kenntnis der Naturraumverhältnisse die Naturraumpotentiale einschätzen und unter Berücksichtigung ihres Bedeutungswandels im Rahmen der Entwicklung Berlins bewerten.

Die Naturraumpotentiale der Berliner Urstromtalung können, unter der oben angemerkten Bedingung, an ihrem Nordrand an der Bundesstraße B 1/5 nördlich der wassergefüllten Kaulsdorfer Sandgruben nach der Nutzung eingeschätzt werden.

Tabelle 1. Differenzierung der Naturraumpotentiale des Barnim und der Berliner Urstromtalung nach landschaftlichen Merkmalen

	Barnim	Berliner Urstromtalung
Oberflächennaher Untergrund	Grundmoräne	Schmelzwassersande
Relief	Jungmoränenrelief, wellig mit Binneneinzugsgebieten	ebener Talboden, vereinzelt mit seenerfüllten Austauhohlformen oder Dünen
Bodentyp	Fahlerde, Braunerde	Braunpodsol, Ranker (Rosterde), Braunerde
natürliche Vegetation	Traubeneichen-Hainbuchen-mischwald mit Winterlinde	Kiefernmischwald mit Eiche und Birke
Wasserverhältnisse	bedecktes Grundwasser, grundwasserfern	unbedecktes Grundwasser, relativ grundwasserfern

Die Naturraumpotentiale der Grundmoränenhochfläche lassen sich zur Zeit noch entweder auf den Ackerflächen rund 1 km nördlich des S-Bahnhofes Berlin-Kaulsdorf oder von der ehemaligen Bauschuttkippe Marzahn aus, jetzt fälschlich als Kienberg bezeichnet (99 m NN), direkt westlich der Wuhleniederung, westlich des Dorfes Hellersdorf (ehemaliges Rieselgut), nach der Nutzung bewerten (vgl. Tabelle 2).

Mit der Ausdehnung Berlins im Jahr 1920 (Bildung von Groß-Berlin) bis zur heute noch gültigen Stadtgrenze vollzog sich auf der Grundmoränenhochfläche nur relativ langsam und in geringem Umfang ein Rückgang der durch das Ertragspotential begünstigten Ackernutzung zugunsten einer stärkeren Baugrundnutzung (Stadtrandsiedlungen). Das Entsorgungspotential für die Abwasserbeseitigung von Berlin in Form der Rieselfeldtechnologie wurde in großem Umfang genutzt. Demgegenüber nahm die Bebauung der ertragsarmen Schmelzwassersandflächen der Berliner Urstromtalung vom Stadtzentrum bis Köpenick und Grünau unter Aussparung größerer parkartiger Freiflächen (Plänterwald, Wuhlheide, Dammheide) und bei Wahrung des forstlichen Ertragspotentials und des Erholungspotentials im Köpenicker Wald-Seen-Gebiet rasch zu.

Nach 1945 kam es zu einer zunehmenden Bebauung vornehmlich im Bereich der Urstromtalung (Hans-Loch-Viertel, Köpenick, Plänterwald), teilweise aber auch auf der Barnimhochfläche (Weißensee, Lichtenberg), ohne die Flächennutzungsproportionen entscheidend zu verändern.

Tabelle 2. Flächennutzung im Bereich der Urstromtalung und der Grundmoränenfläche im östlichen Stadtrandgebiet von Berlin

Naturraum	Flächennutzung (Grundstruktur)		
	Stadtumland	städtisches Randgebiet	kompakte Stadt
Urstromtalung	Kiefernforst, Erholungswald (Wald-Seen-Gebiet)	Erholungswald (Wald-Seen-Gebiet), Wassergewinnung, differenzierte Bebauung, Industriestandorte in Spreenähe	Wohn- und Mischbebauung höchsten Grades, im Wechsel mit Parkanlagen und Produktionsstandorten
Grundmoränenhochfläche	Ackerland mit Formen stadtnaher Landwirtschaft	Ehemaliges Ackerland mit Rieselfeldbewirtschaftung, Stadtrandbebauung im Wechsel mit Kleingärten, ab 1975 komplexer Wohnungsbau, Industrie- bzw. Gewerbeflächenentwicklung	Wohn- und Mischbebauung höchsten Grades, im Wechsel Produktionsstandorte, Kleingärten, übriges Stadtgrün

Erst ab 1971 und ganz besonders nach 1975 (Berlin-Programm) trat eine entscheidende gesellschaftliche Bewertungsänderung der naturräumlichen Potentiale der Barnimhochfläche ein. Dieser Umstand äußert sich in einer augenfälligen wie sprunghaften Änderung der Flächennutzung:

(1) Rapide Abnahme der hochwertigen landwirtschaftlichen Nutzungsfläche Berlins und völlige Abschaffung der Rieselfeldwirtschaft zugunsten des komplexen Wohnungsneubaus bei günstigen Bedingungen des Bebauungspotentials auf dem Barnim.
(2) Aufwertung der landwirtschaftlichen Nutzfläche im Stadtumland für eine stadtnahe landwirtschaftliche Produktion.
(3) Herausbildung von Flächennutzungskonflikten auf dem Barnim wie zunehmende Bodenversiegelung einerseits und Intensivierung der landwirtschaftlichen Produktion (Höchstertragskonzeptionen) im Stadtumland andererseits bei gleichzeitiger Bedeutungssteigerung des Grundwasserbildungspotentials für die Hälfte der Wasserwerke im östlichen Teil von Berlin.
(4) Wohnungsneubau in der Dimension von Großstädten und intensive landwirtschaftliche Bodennutzung schränkten einerseits eine vielfältige Mehrfachnutzung ein, erfordern aber andererseits eine Mehrfachnutzung der verbliebenen Freiflächen für die Erholungsnutzung, für die stadt- und verkehrstechnische Infrastruktur, für die Entsorgungsnutzung, für die Baustoffgewinnung usw.

Wie vielfältig heute die Nutzung im Stadtrandgebiet ist, zeigt sich wie folgt:

– Urstromtalung: Grundwassernutzung (Wasserwerk Kaulsdorf), Baurohstoffe (Sand- und Kiesgruben in und außer Nutzung), Erholung (in und um aufgelassene Sand- und Kiesgruben), lockere Bebauung (Einfamilienhäuser, Wochenendgrundstücke), Hochhausbebauung (z. B. Stadtbezirk Köpenick und Lichtenberg), Kiefernforst (Erholungswald um den Müggelsee, Wuhlheide mit Freizeit- und Erholungszentrum u. a.), relativ geringe Ackernutzung.

– Grundmoränenhochfläche: Waldloses Ackerland, Grundwasserbildungsraum (ehemals: Baurohstoffe für Ziegelherstellung, Geschiebe für Fundamente, Haus- und Straßenbau; nur geringe Erholungsmöglichkeiten), Nutzung wassergefüllter Hohlformen nach Ausbau als Bad (Werner-Bad in Mahlsdorf) und Ausgestaltung der Bauschuttkippen zu Erholungsbereichen, lockere Bebauung (Einfamilienhäuser, Wochenendgrundstücke) und – Hochhausbebauung vorwiegend im Bereich ehemaliger Rieselfelder (Kaulsdorf Nord I und II, Hellersdorf – westlich der Wuhle Marzahn).

Aus der vielfältigen Nutzung läßt die Kenntnis der natürlichen Verhältnisse eine Bewertung der Naturraumpotentiale zu.

Die Landschaftslehre hat u. a. zur „Potentialkennzeichnung von Mikrochorentypen im Tiefland der DDR" (nach Barsch u. Knothe 1978) eine Übersicht als Richtschnur entwickelt (s. Auszug daraus in Tabelle 3).

Tabelle 3. Auszug aus der „Potentialkennzeichnung von Mikrochorentypen im Tiefland der DDR" zur Bewertung der Naturraumpotentiale im östlichen Stadtrandgebiet von Berlin (Nach Barsch u. Knothe 1978)

	Biotisches Ertrags-potential	Bebauungs-potential	Wasser-potential
Lehmplatten (Grundmoränen) flachwellig, wenig sandüberdeckt	sehr hoch	sehr hoch	hoch
Sandplatten (Sander, Talsandflächen) grundwasserfern, nur vereinzelt lehmunterlagert	gering	sehr hoch	hoch

Wird nun die Nutzung als Indikator für die Bewertung der Naturraumpotentiale angesehen, so ergibt sich aus Untersuchungen und Beobachtungen in der Urstromtalung wie im Grundmoränenbereich eine gute Übereinstimmung mit der oben angeführten Potentialkennzeichnung.

Für das Ertragspotential zeigt das völlig vom Wald entblößte Ackerland auf der Grundmoräne des Barnim zweifelsfrei einen hohen Wert an. Ganz im Gegensatz dazu steht die geringe Ackerlandnutzung in der Urstromtalung, die auf ungünstige Verhältnisse schließen läßt. Das bestätigt sich weiter östlich, wo die überwiegend kiefernforstbestockte Urstromtalung nur vereinzelt Rodungsinseln aufweist, in deren größter die Stadt und das Umland von Fürstenwalde liegen.

Für das Bebauungspotential belegen die häufig gebauten Hochhäuser in der Urstromtalung wie auf der Grundmoränenhochfläche, daß vorzüglicher Baugrund in beiden Naturraumeinheiten vorliegt. Nur wassererfüllten und vermoorten Austauhohlformen, letztere offen oder überdeckt, sollte ausgewichen werden, wenn nicht zwingende Gründe eine kostspieligere Bebauung erfordern. Das Relief eignet sich in beiden Naturraumeinheiten für eine Bebauung ohne größere Erdbewegungen vorzüglich. Auf der Grundmoränenfläche muß das hohlformenreiche Jungmoränenrelief an die Vorflut angeschlossen werden. Die Wasserverhältnisse sind in beiden Naturraumeinheiten günstig für eine Bebauung. Auf der Hochfläche müssen Vorkehrungen für eine Baugrubenentwässerung getroffen werden (z. B. Stauwasser, sog. Schichtenwasser bei Anschnitt von kleineren Grundwasserleitern in der Grundmoräne u. a.).

Das Wasserpotential kann nach der lokalen Situation noch höher als in der angeführten Richtschnur bewertet werden. Auf der Grundmoränenhochfläche mit unterlagernden Sanden und Kiesen wird im behandelten Raum – vor der teilweisen Versiegelung – Grundwasser infolge des Jungmoränenreliefs in hohem Maße gebildet. Es ist durch die insgesamt permeable Grundmoränendecke relativ gut gegen Verschmutzung geschützt, weil während der langsamen Infiltration eine weitgehende Reinigung erfolgt. Der darunter liegende mächtige Grundwasserleiter, unterteilbar in hydraulisch zusammenhängende Grundwasserstockwerke, kann erhebliche Wassermengen aufnehmen und sie der Urstromtalung mit den darin liegenden Wasserwerken zuführen (Kapazität des Wasserwerks Friedrichshagen im Spreeabschnitt der Berliner Urstromtalung: ca. 650000 m^3/Tag).

Wegen des mehrere Dekameter mächtigen Grundwasserleiters in der Urstromtalung, unterteilt in mindestens 2 Grundwasserstockwerke, muß das Wasserpotential unter dieser aus der landschaftlichen Entwicklung erklärbaren Besonderheit noch höher eingeschätzt werden. Von Ausnahmen abgesehen (Fremdwasserzufuhr) werden aus den örtlichen Vorkommen rund 3,25 Mio. Menschen in Berlin versorgt, maximal waren es um 1925 sogar schon einmal über 4 Mio. Einwohner.

Das hier nicht aufgeführte Erholungspotential wäre unter natürlichen Bedingungen in beiden Naturraumeinheiten verhältnismäßig gering. Die Grundmoränenhochflächen besitzen die besten Böden, auch des weiter gefaßten Umlandes, so daß sie radikal gerodet und ausgeräumt wurden. Nur Rinnenstrukturen, wie beispielsweise die Hönower Rinne (Hönow, außerhalb der Stadt, erhielt die Endstation der durch den Stadtbezirk Berlin-Hellersdorf gebauten U-Bahn) und wasser- oder moorerfüllte geschlossene Hohlformen wie z. B. in Mahlsdorf (Werner-Bad u. a.) eignen sich hier für die Erholung. Für die Naherholung müssen deshalb auf der Hochfläche in günstigen Bereichen Erholungsmöglichkeiten geschaffen werden.

Auch die Urstromtalung verfügt im Stadtbezirk Berlin-Hellersdorf nicht über günstige natürliche Erholungsmöglichkeiten. Erst durch die Kombination von Wald und Wasser in den Wald-Seen-Gebieten, also bei einer weiteren Untergliederung der grundwasserfernen oder -nahen, vereinzelt lehmunterlagerten Sandplatten kommt jener hochwertige Erholungstyp vor. Im Spreeabschnitt der Berliner Urstromtalung repräsentiert das Erholungsgebiet um den Müggelsee diesen Typ. Künstlich und unvollkommen liegt er in den aufgelassenen Kaulsdorfer Sandgruben (an warmen und heißen Sommertagen über alle Maße strapaziert) vor, die sich überdies noch im Trinkwasserschutzgebiet des Wasserwerkes Kaulsdorf befinden.

Weitere Naturraumpotentiale und deren Bewertung sollen hier nicht diskutiert werden.

In größerer Entfernung vom Stadtrandgebiet liegen inner- und außerhalb der Stadt weitere Typen von Mikrochoren, sowohl auf der Hochfläche als auch in der Urstromtalung. Sie sind ebenfalls in ihren Naturraumpotentialen durch glaziäre, periglaziäre und auch warmzeitliche Prozesse geprägt. Ihnen soll hier nicht weiter nachgegangen werden.

Offen bleiben vor allem 2 Fragen: 1. Wie soll die gemischte und Mehrfachnutzung im Stadtrandgebiet in eine planvolle Gestaltung einbezogen werden? 2. Wie sollen die an das Stadtgebiet angrenzenden Naturraumeinheiten bis zum Autobahnring in ihrer zu ändernden Nutzung geplant werden?

Literatur

Assmann P (1957) Der geologische Aufbau der Gegend von Berlin. Berlin

Barsch H, Knothe D (1978) Ableitung von Potentialeigenschaften chorischer Naturräume aus geoökologischen Untersuchungen. Wiss Abh Geogr Ges DDR, Bd 14:109–114

Böse M (1983) Zum Aufbau der Sedimente im Berliner Urstromtal nach Kiesanalysen von Geschiebemergeln. Z Geomorphol NF 27 (2):139–145

Chrobok S et al. (1983) Weichselspätglaziale bis holozäne Transport- und Sedimentationsprozesse im Hinterland der Frankfurter Eisrandlage nördlich Berlins. In: Das Jungquartär und seine Nutzung. Ergänzungsh Petermanns Geogr Mitt 282:237–248

Hendl M (1969) Grundzüge des Klimas im Havel-Spree-Raum zwischen Nördlichem und Südlichem Landrücken. Wiss Abh Geogr Ges DDR, Bd 10:37–66

Jäger K-D, Hrabowski K (1976) Zur Strukturanalyse von Anforderungen der Gesellschaft an den Naturraum, dargestellt am Beispiel des Bebauungspotentials. In: Petermanns Geogr Mitt 120 (1):29–37

Lembke H (1936) Von der „Urspree“ zum heutigen Spreelauf. In: Festschrift für Norbert Krebs zum 60. Geburtstag. Stuttgart, S. 140–145

Louis H (1936) Die geographische Gliederung von Groß-Berlin. In: Festschrift für Norbert Krebs zum 60. Geburtstag. Stuttgart, S. 146–171

Mannsfeld K (1978) Zur Bestimmung der potentialbezogenen Nutzungseignung chorischer Naturräume. Wiss Abh Geogr Ges DDR, Bd 14:115–122

Marcinek J, Nitz B (1973) Das Tiefland der Deutschen Demokratischen Republik. Gotha

Marcinek J, Saratka J (1977) Geomorphologisch-geologische Verhältnisse im Raum der Hauptstadt Berlin und ihre Bedeutung für Hydrologie und Wasserbewirtschaftung. Wiss Z Humboldt-Univ, Math-Nat Reihe 26:693–700

Marcinek J, Zaumseil L (1987) Der Naturraum der Stadt-Umland-Region der Hauptstadt Berlin und seine Nutzung. Geogr Ber 32 (2):103–120

Marcinek J, Saratka J, Zaumseil L (1983) Die natürlichen Verhältnisse der Hauptstadt der DDR, Berlin, und ihres Umlandes. Ein Überblick. Berlin

Rumpf H et al. (1985) Entwicklungsaspekte der Stadt-Umland-Region der Hauptstadt Berlin unter besonderer Berücksichtigung des Umlandes. Petermanns Geogr Mitt 129 (2):111–119

6.4 Anthropogene geoökologische Veränderungen der kleineren Offenland-Hohlformen am Erzgebirgsnordrand im 20. Jahrhundert – Ein Beitrag zum Landschaftswandel

ARND BERNHARDT

Problemstellung

Beiderseits des Erzgebirgsnordrandes erstreckt sich südwärts ein breiter Saum submontanen Berglandes und nordwärts ein ebensolcher des oberen Hügellandes. Außerhalb der querenden Haupttäler überwiegen schwach bis mäßig geneigte Reliefformen. Mächtigere Verwitterungsdecken und nordwärts zunehmende Anteile an Lößderivat- und Lößlehmauflagen tragen verbreitet noch Böden mittlerer, teils sogar höherer Güte. Die relativ günstigen Boden-, Relief- und Klimabedingungen ermöglichten den Kolonisatoren im 12. und 13. Jahrhundert eine großflächige Rodung der primären Wälder. Seitdem befindet sich der Hauptanteil kleinerer Hohlformen im Offenland. Unter „kleineren Hohlformen" werden nachfolgend Dellen, Quellbachtälchen und Taltrakte von Bachoberläufen sowie verstreut vorhandene Tilken verstanden. Diese erscheinen als Einzelobjekte unbedeutend, stellen aber mit ihrer großen Verbreitungsdichte einen flächenmäßig nicht unwesentlichen und landschaftsökologisch recht wichtigen Bestandteil der breiten unteren Erzgebirgsnordabdachung dar.

In ihrer Gesamtheit bilden sie das entscheidende Glied des autochthonen hochcollinen und submontanen Still-, Fließ- und Grundwasserhaushaltes am Erzgebirgsnordrand. Die kleinflächige Verzahnung terrestrischer und aquatischer Ökosysteme und verschiedenartiger Nutzung bedingt des weiteren einen sehr großen faunistischen und floristischen Artenreichtum und eine entsprechende Mannigfaltigkeit von Biocoenosen. Als Primärfunktion wurde und wird bislang meist nur die Biomasseproduktion – vorrangig in Gestalt von Grasland – gesehen. Bei komplexer geoökologischer Betrachtung überlagern sich damit in diesen Hohlformen also mindestens 3 wesentliche Funktionszyklen im Rahmen des Landschaftshaushaltes.

Bodenkundliche Aufnahmen machten den Verfasser auf eine große Fülle anthropogen veränderter Profile in den Offenland-Hohlformen aufmerksam. Gezielte Recherchen ergaben innerhalb dieses Jahrhunderts im Rahmen zweier Intensivierungsphasen (nämlich der industriellen und der wissenschaftlich-technischen) und jeweils in den Endphasen der Einflußnahme auf die landwirtschaftliche Nutzfläche sehr wesentliche anthropogene geoökologische Veränderungen. Mit dem Ziel, die agrare Bioproduktion zu steigern und zu technisieren, kam es zugleich zu einer starken Homogenisierung und Monotonisierung dieser Hohlformen, in deren Folge die beiden anderen obengenannten Funktionen bzw. Potentiale erhebliche Einbußen erfuhren.

Dieser Beitrag ist jener Gruppe geoökologischer Arbeiten zuzuordnen, deren Anliegen darin besteht, das außerordentlich umfangreiche und letztlich nur interdisziplinär durchdringbare, sehr komplexe Forschungsfeld des jüngeren Landschaftswandels aufzuhellen. Im Rahmen der sich gegenwärtig so außerordentlich rasch vollziehenden gesellschaftlich induzierten Veränderungen geoökologischer Prozeßabläufe resultieren in nicht wenigen Fällen auch Veränderungen geoökologischer Strukturen und Haushaltabläufe. Solche hinken in ihrem Erscheinungs- und Wirkungsbild gewöhnlich zeitlich nach und lassen sich deshalb später oft recht schwer und nur mit hohem ökonomischem Aufwand korrigieren. Je frühzeitiger derartige Veränderungen erkannt und erfaßt werden, umso günstiger sind die Voraussetzungen für prognostische Aussagen und für die Reduzierung ökonomischen Mehraufwandes zur Korrektur negativer Nebenwirkungen.

Die „kleineren Hohlformen" des Offenlandes

Unter diesem Begriff werden hinsichtlich der Flächennutzung solche Hohlformen zusammengefaßt, die ausschließlich oder überwiegend als Grasland oder z. T. als Ackerland genutzt werden. Lokal können noch einzelne kleine Teiche bestehen. Ausgeklammert wurden solche Hohlformen im Siedlungsbereich, insbesondere innerhalb der weit verbreiteten und teilweise heute noch locker bebauten sogenannten Waldhufendörfer, solche mit bergbaulicher Einflußnahme und solche mit Verkehrstrassen (Straßen, Bahnen), deren Anlage – meist erst ab Mitte des 19. Jahrhunderts – weitere Veränderungen zur Folge hatte. Die bis weit in das 19. Jahrhundert hinein bedeutsame Nutzung der Wasserkraft durch Mühlenstau und Mühl- oder Floßgräben war in diesen Hohlformen nur selten vertreten.

Nach ihrer natürlichen Struktur und Funktion werden zusammengefaßt:

(1) Dellen, und zwar sowohl solche unregelmäßiger Gestalt und meist geringer Neigung, die auf den Hochflächenanteilen des unteren Berglandes besonders häufig sind, als auch schmale und langgestreckte Dellen mit muldenförmigem symmetrischem oder asymmetrischem Querprofil, die im oberen Hügelland dominieren, können mit und ohne entspringende perennierende Wasseradern auftreten, haben dann aber meist wenigstens einen subcutanen Abfluß. Zumindest die Kerne oder die tiefsten Teile aller dieser Dellen sind meist durch Naßböden gekennzeichnet: Staugleye mit lang anhaltender Naßphase, Amphigleye, Gleye, u. U. kleine Anmoor- und Moorinseln. Meist nehmen Feucht- und Naßböden den Hauptteil der Dellen ein, und gewöhnlich tritt im tiefsten Teil Schuttdeckenwasser in Form von Sickerquellen zutage. Damit fungieren diese zahlreichen Dellen als entscheidende Kleinreservoire des Wasserhaushaltes der Schuttdecken und der Lößderivat- und Lößlehmauflagen im Bereich des Erzgebirgsnordrandes bzw. als die Keimzellen daraus hervorgehender Fließgewässer.

Die Hochflächen- und Plateaudellen des Offenlandes haben noch eine wenig beachtete mesoklimatisch-hydrologische Bedeutung. Hier werden stets größere Ansammlungen von Triebschnee (angewehtem Schnee) akkumuliert, die nach jeder Tauwetterphase noch einige Tage sichtbar sind und eine nicht unbedeutende Schmelzwasserzugabe der Dellensysteme darstellen. Mesoklimatisch ist des weiteren die Früh- und Spätfrostgefährdung dieser Dellen zu beachten. Vor allem bei Änderung in Ackernutzung fällt außerdem die verzögerte Bodenerwärmung, die auch auf dränierten Naßböden noch gegeben ist, phänologisch ins Gewicht.

(2) Bei Quellbachtälchen und Taltrakten von Bachoberläufen, sofern diese nicht wegen zu hoher Neigung ihrer Hänge der Waldnutzung überlassen blieben, handelt es sich geomorphologisch um lehn- bis flachhängige symmetrische oder asymmetrische Mulden-, Muldensohlen- und Sohlentälchen bis -täler (Kerbsohlentäler sind selten vertreten). Diese haben oder hatten stets eine perennierende Wasserader. Deren Lauf war in den Muldentälchen meist gestreckt bzw. geradlinig, während er in den Sohlentälchen meist mehr oder minder mäandrierte. Die natürlichen Eintiefungsbeträge dieser Wasserläufe können mit etwa 0,3 – 1,2 m angegeben werden. In den Sohlentälchen befindet sich durchweg Auengrundwasser, dessen Spiegel mit dem Wasserlauf korrespondiert und zum Auenrand hin ansteigt. Bei geringem Eintiefungsbetrag des Fließgewässers dominieren darum als Auenbodentypen Gleye, bei stärkerer Eintiefung Braungleye bzw. Vegagleye mit Gleyinseln oder Gleystreifen an den Auenrändern. An den Talhängen können Hangwasseraustritte bzw. Hangsickerquellen verstreut vorkommen. Im Wasserhaushalt stellen die Auengrundwasserkörper eine wichtige Komponente dar.

Mesoklimatisch sind diese Tälchen durch etwas reduzierten Strahlungsgenuß, besonders aber durch erhöhte Strahlungsfrostgefährdung (mit Kaltluftzufluß) gekennzeichnet.

(3) Sporadisch treten noch Tilken (kleine steilhängige Hohlformen mit kastenartigem Querprofil, meist mit subcutanem Abfluß) und schluchtartige Trockentälchen auf, deren Entstehung überwiegend auf Hangerosionsrisse nach der Rodung zurückgeführt werden muß, lokal auch auf alten Fahrwegen („Hohlwegen") beruht. Diese anthropogen induzierten Hohlformen können hier vernachlässigt werden. Viele derselben bestehen inzwischen wegen einer Mülldeponie und nachfolgendem Auftrag von Mutterboden nicht mehr.

Phasen historischer Einflußnahme und geoökologischer Veränderungen

Der bisherige Kenntnisstand ermöglicht, 3 historische Phasen anthropogener Einflußnahme und entsprechende geoökologische Veränderungen auseinanderzuhalten, die offensichtlich mit dem jeweiligen technologischen Entwicklungsstand koinzidieren (Bernhardt u. Jäger 1985):

- Rodungsphase des 13. Jahrhunderts und die nachfolgende Einpegelung eines Grasland-Gleichgewichtszustandes;
- Ablösung der Sense durch die vom Pferd gezogene Grasmähmaschine im Rahmen der industriellen Revolution (etwa 1910 – 1940);
- jüngste Intensivierung mittels Großtechnik und Großflächenbewirtschaftung im Rahmen der wissenschaftlich-technischen Revolution (etwa ab 1965).

Nur in die beiden letzten Phasen waren tiefere Einblicke möglich.

Bemerkungen zur ersten Phase (13.–19. Jahrhundert)

Der hochcollin-submontane Erzgebirgsnordrand wurde überwiegend im 13. Jahrhundert durch deutsche Kolonisten, die agrartechnisch in der Lage waren, Verwitterungsböden und auch teilweise staunasse Lößböden zu kultivieren, gerodet und in agrares Offenland umgewandelt. Als Zeugen jener Zeit bestehen noch heute die Ortslagen der sogenannten Waldhufendörfer und Reste der zugehörigen Hufenfluren, deren streifenförmige Anordnung besonders an steileren Hängen in Gestalt von Hochrainen, Lesesteinrücken und Gebüschreihen teilweise gegenwärtig noch erkennbar ist.

Als Folge jener Rodung kam es zu verbreiteter und stärkerer Bodenerosion, deren Intensität erst mit der allmählichen Herausbildung und Stabilisierung einer Ackerkrume abklang. Zeugen jener Phase sind vor allem die feinkörnigen Kolluvial- und Auensedimente. Sie überlagern verbreitet die Schuttdecken der Dellen und die meist sandig-kiesigen Sedimente der Auen in erheblicher Mächtigkeit. Hinzu kommen die feinkörnigen Hangfußschürzen. Damit werden erhebliche Umlagerungsprozesse dokumentiert, die den natürlichen Reaktionsvorgang auf den Rodungseingriff nachzeichnen und weitgehend auch dort fehlen, wo die Bewaldung erhalten geblieben ist. Diese feinkörnigen Decksedimente der gerodeten Hohlformen stellen damit überwiegend oder gar ausschließlich anthropogen induzierte Bildungen der ersten aktiven Eingriffsphase des Menschen dar.

In den verstreut an Hangpartien auftretenden Tilken und Trockentälchen müssen Erosionsrisse, gelegentlich auch solche in Anlehnung an ehemalige Fahrwege, gesehen werden, die sich überwiegend erst nach der Rodungsphase gebildet haben und spätere Veränderungen erfuhren. Dafür spricht auch die Tatsache, daß derartige Bildungen in konstant unter Wald gebliebenen Bereichen (außer entlang alter Fuhrwege) so gut wie absolut fehlen.

Die kleineren Hohlformen unterlagen nach der Rodung wohl überwiegend der Grasnutzung. Hinzu kam, vor allem bis zur Reformationszeit, die Anlage von kleinen Fischteichen (vgl. Abb. 1). Eine Reihe historischer Quellen kleiner Landgemeinden nimmt beispielsweise auf jährliche Fischlieferauflagen an Klöster oder Abteien Bezug (Fisch als Fastenspeise), aber die zugehörigen Teiche lassen sich heute kaum rekonstruieren. Wo das in Einzelfällen gelingt, erweist sich, daß gerade die kleineren Hohlformen des Offenlandes mit ihren Kleinteichen Hauptträger jener Fischproduktion waren.

Nach der Sedimentationsphase der Rodungszeit

Abb. 1. Erhalten gebliebener Kleinstteich in flacher Oberhangdelle (*1*) im Übergang von den mittelhohen zu den oberen Lagen des Berglandes am Erzgebirgsnordsaum bei Schöneck/Vogtland, gespeist von Sickerwasserquellen aus Hangschuttdecken (*2*). Umland noch in traditioneller Nutzung (wie vor 1910) mit zweischüriger Sensenmahd und Spaten-Stichgräben zur Oberflächen-Entwässerung (*1, 2*). Schöneck-Hohe Reuth, 740 m ü. NN (schutzwürdig kulturhistorisch wie als Biotop)

pegelten sich über einen Zeitraum von etwa 7 Jahrhunderten Graslandgesellschaften im Bereich der Hohlformen ein. Kennzeichnendes Merkmal war deren Anpassung an die gegebene und meist kleinflächig wechselnde standörtliche Vielfalt. Differenzierungen in der Trophie (reiche bis arme Standorte) sowie im Feuchte- und Wärmehaushalt (trockene Südhänge – kühle Schattenhänge; feuchte, nasse, anmoorige Auenstandorte; Hangsickerquellen) wurden noch bereichert durch die Fließ- und Stillgewässer und deren Randsäume (Fließgewässer: Kolk- und Sedimentationsabschnitte, Altwasserarme und -schleifen; Teiche: Ufer- und Verlandungssäume).

Das Grasland diente wohl höchstens zeit- und teilweise als Weide, wobei erstaunlich kleine und leichte Rinderrassen im Vergleich zur Gegenwart wesentlich geringere Vertrittschäden auf Naßflächen verursachten. Hamel (1983) gibt als Durchschnittsgewicht je Kuh noch um 1800 nur 250 kg, um 1900 aber bereits 450 kg an. Zumindest für das Hochmittelalter gibt es Hinweise darauf (z. B. in Fronverzeichnissen), daß auf Grasland wahrscheinlich die Rauhfuttergewinnung mittels Sichel oder Sense dominierte, wobei ein relativ später erster Schnitt eine hohe Artenvielfalt des Grünlandes zusätzlich begünstigte. Die kleineren Hohlformen des Offenlandes (Abb. 1) erlangten damit bis gegen Ende des 19. Jahrhunderts ihre größte natürliche Artenvielfalt. Ihr Reichtum ist am besten im botanischen Inventar (vgl. z. B. Kosmale 1980), weniger gut dagegen im zoologischen Inventar (z. B. Ameisen, Insekten) bekannt und rekonstruierbar. So besaßen hier Frösche, Kröten, Molche, Elritzen, Ameisen, Laufkäfer oder Schmetterlinge ebensolche Populationsschwerpunkte wie die Wiesenorchideen oder die einst stark verbreiteten Schlüsselblumen (Primula), die heute fast nur noch an ihren Primärstandorten, nämlich nahe den Wasserläufen kleiner mit Laubmischholz bestandener Täler, vorkommen.

Eingriffe im Zuge der industriellen Revolution (Ablösung der Sense durch die vom Pferd gezogene Grasmähmaschine, ab 1910)

Der in Mitteleuropa um die Mitte des 19. Jahrhunderts anzusetzende Beginn des Zeitalters der industriellen Revolution brachte auch in der Landwirtschaft eine bahnbrechende Intensivierungsphase mit sich. Mineraldüngung, Wegfall der Brache und andere Neuerungen führten zu wesentlichen Ertragssteigerungen, die es ermöglichten, die stark anwachsende Industriegesellschaft mit Nahrung zu versorgen, und dies trotz Rückganges der bäuerlichen Arbeitskräfte. Im Erzgebirge wurde der Singvogelfang zur zusätzlichen Absicherung der menschlichen Ernährung gegenstandslos (Gränitz 1981). Die tierische Futterversorgung konnte in wenigen Jahrzehnten so weit erhöht werden, daß, von herbstlicher Nachweide abgesehen, eine nahezu generelle ganzjährige Stallhaltung der Rinder und Schweine erfolgte. Im Zeitraum zwischen 1880 und 1900 wurden erste größere flächenhafte Dränungen auf staunassen Äckern der Rittergüter und reicheren Bauern vorgenommen, um die labile und witterungsabhängige Produktionsleistung dort nachhaltig zu stabilisieren. Damit ging auch eine schrittweise und entscheidende Verbesserung der Agrartechnik in Gestalt von Maschinen (z. B. Dresch- und Mähmaschine) einher, die sowohl im Bereich des Gehöfts als auch auf der landwirtschaftlichen Nutzfläche zum Einsatz kamen. Barth (1979) konnte durch umfangreiche historische Studien nachweisen, daß die vom Pferd gezogene Grasmähmaschine um 1910 im heutigen Raum um Chemnitz eine rasche Verbreitung fand. Damit wurde es möglich, verbreitete anthropogene Eingriffe in den geoökologischen Zustand der kleineren Grasland-Hohlformen zeitlich zu bestimmen. Solche waren bei bodenkundlichen Arbeiten zunächst in Teilen des Kreises Werdau (Bernhardt 1966) in Gestalt vieler, nicht natürlicher Bodenprofile, fast ausschließlich aus dem Bereich solcher Hohlformen, aufgefallen. Gezielte Gespräche mit älteren Landwirten und vergleichende Studien an konstant gebliebenen Wald-Grasland-Grenzen, die derartige Hohlformen queren, rundeten sich zu nachfolgend dargestelltem Ergebnis ab.

Die Einflußnahme basierte auf dem Bestreben der Bauern, die Grasland-Hohlformen so weit als möglich der effektiveren Grasmähmaschine und mit ihr auch der Heuwende- und Heurechenmaschine zugänglich zu machen und den Einsatz der Sense auf ein Minimum zu reduzieren. Das geschah im Zeitraum zwischen 1910 und 1939/1940, gleichsam als Abschluß der industriellen Intensivierungsphase auf dem Lande. Die Intensität und der Zeitpunkt der Eingriffe waren stärker individuell differenziert, offenbar in Abhängigkeit von der wirtschaftlichen Stärke und dem Arbeitskräftebesatz der einzelnen Bauernwirtschaften, denn im wesentlichen standen nur Handarbeit und tierische Zugkraft zur Verfügung.

Die Grasmähmaschine besaß ein Kippmoment ab bestimmter Hangsteilheit. Jede kleinste Unebenheit im Grasland und bestimmte, vor allem punkthafte Flurgehölze wurden zu technischen Hindernissen. Auf Naßflächen mußte eine gewisse Pferdetritt- und Fahrsicherheit gegeben sein. Schließlich verlangten Grasmähmaschine und Gespann auch eine bestimmte Mindest„schlaggröße“, wenn der Einsatz rentabel sein sollte.

Belegbar sind Relief-, Hydro- und Flurholzmeliorationen, die zu nicht unerheblichen Veränderungen führten (vgl. Abb. 2a mit Abb. 2b und Tabelle 1).

Reliefmeliorationen

Reliefmeliorationen betrafen zunächst den Ausgleich der Kleinstunebenheiten. Hierunter fielen sogenannte „Ameisenbuckel", eventuell Durchragungen von Fels oder Blöcken, Baumwurzelausläufer und alte Baumstubben, in den Auen die Auffüllung verlandender Altwasserschleifen mäandrierender kleiner Wasserläufe oder die Abtragung von Dämmen offengelassener alter Kleinteiche.

Eine zweite Kategorie von Reliefmeliorationen stellt die Abschrägung kleinerer Steilhänge oder (Acker-)Terrassenkanten dar, um diese befahrbar zu machen. Das geschah mittels des sogenannten „Erdhobels", eines vom Pferd gezogenen starken Stahlblechs mit Haltebügel. Diese schwere und aufwendige Arbeit erfolgte meist außerhalb der Vegetationsperiode und hatte im Laufe der drei Jahrzehnte nicht unwesentlichen Umfang, wie viele stark reduzierte oder völlig fehlende natürliche Bodenprofile zeigen. Kleinere, die Hufe querende Dellen wurden auf solche Weise gelegentlich sogar in Ackerland umgewandelt (vgl. Abb. 2b, rechts unten).

Hydromeliorationen

Hydromeliorationen zielten einerseits auf eine Reduzierung oder Eliminierung von nicht tritt- und fahrsicheren Naßflächen ab (vgl. Abb. 2), andererseits auf die Begradigung oder Verlegung von Wasserläufen und vereinzelt bereits auf die Verrohrung von Kleinstwasserläufen. Naßflächen befanden sich überwiegend im Bereich der Auen, hinzu gesellten sich die Sickerwasserquellen im Bereich der Dellen, lokal auch an Hängen und ferner offen gelassene Teiche. Sickerquellen (Schuttdeckenwasseraustritte) wurden im maschinengangbaren Grasland meist mit Dränsträngen zu fassen versucht, um wenigstens das oberflächennahe Wasser abzuleiten.

Vor allem in den bachlauffernen Auenrandbereichen bestanden infolge des hier meist am höchsten anstehenden Grundwasserspiegels wiederholt sogenannte Naßgallen unterschiedlicher Größe und Intensität. Sie variierten vom Naßgley bis zum Anmoor, lokal auch bis zu kleinen Moorinseln und wurden durchweg von zum Bachlauf gerichteten Dränsträngen wenigstens teilweise entwässert. In gleicher Weise verfuhr man mit Wasseransammlungen in reliefmeliorierten Altwasserschleifen. Vordem teilweise schon bestehende, spatenstichtiefe Oberflächenentwässerungsgräben (vgl. Abb. 1) stellten in

Tabelle 1. Meliorative Eingriffe im Zeitraum von etwa 1910–1939/40

Intensität und Verbreitung der Eingriffe
Eingriffe fast nur mit Hand- und Gespannarbeit;
Eingriffe innerhalb individueller Besitzstrukturen und nach Intensität differenziert:
- generell und mit hohen Intensitätsstufen auf Fluren der Rittergüter und Großbauern
- mit differenzierten Intensitätsstufen größtenteils auf Fluren der Mittelbauern
- teilweise und meist mit geringen Intensitätsstufen auf Fluren der Kleinbauern
- nicht oder selten und dann mit geringer Intensität auf halbbäuerlichen Fluren (Lohnarbeiter mit Kleinwirtschaft).

Melioration ausgelegt auf Befahrbarkeit, Tragkraft und Mindestschlaggröße für vom Pferd gezogene Maschinen, vereinzelt/verstreut auch auf die von leichten/kleinen Traktoren.

Art der Eingriffe

Reliefmeliorationen	
Kleinst-Unebenheiten:	Ameisenbuckel, Felsdurchragungen, alte Baumstubben, Baumwurzelausläufer.
Kleinere Hindernisse:	Auffüllung verlandender Altwasserschleifen der kleinen Fließgewässer; Liquidierung offengelassener Kleinteiche (inkl. Dämme); Abschrägung kleiner Steilhänge/Terrassenkanten.
Mittlere Hindernisse:	Begradigung und Verlegung kleiner (bes. mäandrierender) Wasserläufe entlang von Auenrändern, Flurgrenzen, evtl. auch Feldwegen; vereinzelt bis verstreut Verrohrung von Kleinstwasserläufen in länglichen Dellen mit Reliefausgleich.
Hydromeliorationen	
Klein-/Einzelmaßnahmen:	Einzeldränungen von Sickerwasserquellen und Naßgallen mit hoch anstehendem Grundwasser; Liquidierung evtl. bestehender künstlicher oberflächiger Abzugsgräben (etwa spatenstichtief und -breit).
Größere Maßnahmen:	Flächenhafte Dränagen von Feucht- und Naßstandorten (bes. Amphigleye, Naßgleye, Anmoore) in Dellen und Auenbereichen; vereinzelt bis verstreut Liquidierung von Kleinteichen; Wasserlaufbegradigungen, -verlegungen und gelegentlich auch -verrohrungen.
Flurgehölzmeliorationen	
Klein-/Einzelmaßnahmen:	Liquidierung von Einzelbäumen und kleinen Gehölzgruppen als Störgrößen im meliorierten Schlag.
Größere Maßnahmen:	Liquidierung der Ufergehölze begradigter/verlegter und verrohrter Wasserläufe sowie beseitigter Teiche (inkl. Teichdämme).

a

b

c

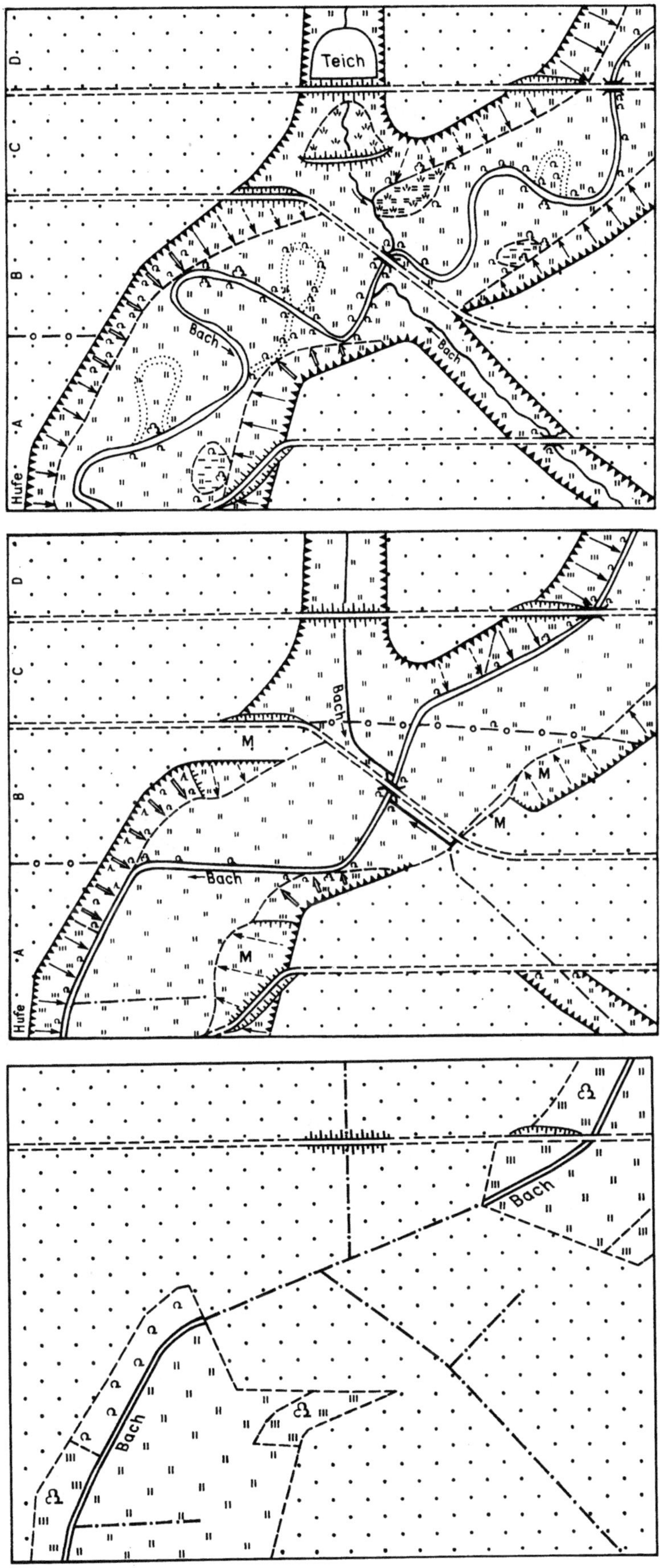

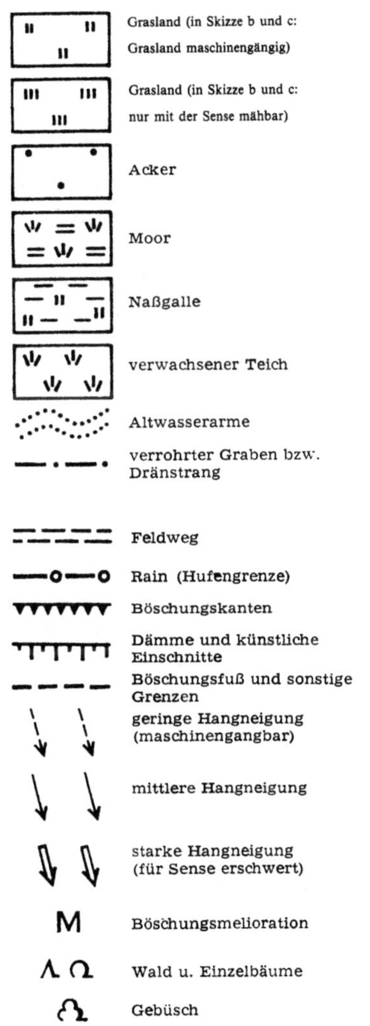

Abb. 2. Kartenskizzen zu Veränderungen kleiner Offenlandhohlformen in drei Entwicklungsphasen. **a** Zustand um 1910; **b** Zustand um 1940; **c** Zustand heute

jedem Fall ein Hindernis für die Grasmähmaschine dar und wurden gleichermaßen verrohrt.

Besonders in den Tälchenauen mit mäandrierendem Fließgewässer war, wegen der dadurch bedingten unregelmäßigen Zerschneidung der Auwiesen, das Interesse auf eine Begradigung der Wasserläufe gerichtet – vor allem solcher, deren Breite ca. 0,5 m nicht wesentlich überschritt. Das optimale Ziel bestand darin, die begradigten Wasserläufe möglichst am Auenrand (Sohlentälchen) oder an einer Flurgrenze entlangzuführen. Hierzu und zur Auffüllung der primären Wasserläufe waren relativ große Erdmaterialbewegungen notwendig. Rückschlüsse auf die Dimension derselben lassen sich aus Angaben ziehen, wonach in den 30er Jahren sogar der nazistische „Reichsarbeitsdienst" mit Feldloren zum Einsatz gelangte. Mit der Begradigung kleiner Bachläufe wurde deren natürliches Fließgleichgewicht (Mäandrieren in Sohlentälchen; stufenförmiges Längsgefälle in Muldentälchen) außer Funktion gesetzt. In den künstlich geschaffenen Läufen pegelte sich in der Folgezeit ein sekundäres Längsstufengefälle ein. Es bildeten sich in annähernd regelmäßigen Abständen Abschnitte mit Sedimentation und Erosion, letztere jeweils mit einem kleinen Kolk einsetzend. Dies erforderte in größeren Zeiträumen eine Aufrechterhaltung der begradigten und/oder verlegten Gewässerläufe. In den Kriegs- und Nachkriegsjahren zeigte sich, bedingt durch den Mangel an Arbeitskräften, daß einige Sedimentationsabschnitte völlig zugefüllt waren und es zu Ausuferungen und Verwilderungen der begradigten Gewässerläufe kam (Entwicklung zum natürlichen Fließgleichgewicht).

Flurholzmeliorationen

Auch Flurholzbestände waren verschiedentlich ein Hindernis für die Grasmähmaschine. Dies betraf vor allem punktuelle Störgrößen, wie Einzelbäume und kleine Gehölzgruppen, sowohl wegen ihres Wurzelbereiches (Messerschäden) als auch wegen insgesamt reduzierter Grasmasse oder wegen Beeinträchtigung der Schlaggröße und der Schlagform. Ebenso verschwanden Gehölze auf meliorierten Naßgallen sowie entlang von sogenannten Stichgräben.

Größeren Umfang hatte die Beseitigung von Flurgehölzen entlang verrohrter Kleinstwasserläufe und zugeschütteter Altwasserarme, ganz besonders aber entlang der durch Begradigung veränderten Bachläufe. Andererseits vermochten an begradigten Wasserläufen wenigstens teilweise wieder neue Flurgehölze aufzukommen, sofern diese nicht generell laufend beseitigt wurden.

Flurgehölze fielen schließlich auch der Reliefmelioration auf abgeschrägten Böschungen zum Opfer. Hinzu kamen die Ufergehölze aufgelassener und vernichteter Kleinteiche (vgl. Abb. 1).

Geoökologische Veränderungen in der Zeit der industriellen Revolution

Wenn auch die genannten Eingriffe im Graslandbereich der kleineren Hohlformen je nach individuellen, personellen und ökonomischen Voraussetzungen der einzelnen Landwirte in Umfang und Intensität differierten, so ergaben sich insgesamt merkliche qualitative geoökologische Veränderungen. Diese äußerten sich u. a. selbst physiognomisch in einer nicht unerheblichen Monotonisierung der Dellen und Quellbachtälchen im Offenland – ein Landschaftsbild, das den Älteren noch aus der Kindheitserinnerung bekannt ist und als „normal" empfunden wurde.

Bedeutsam erscheint die Reduzierung der Wasserrückhaltekapazität und der Verweildauer des Wasserangebotes (Tabelle 2). Dabei überlagern sich 2 Vorgänge, nämlich einerseits die schon seit der zweiten Hälfte des 19. Jahrhunderts wirksame starke Erhöhung der Ackerproduktivität im Zuge der industriellen Revolution und damit ein erhöhter Wasserverbrauch durch die gesteigerte Biomasseerzeugung, andererseits die Reduzierung der Wasserreserven in den kleineren Hohlformen im Zuge der anschließenden Intensivierung der Graslandnutzung. Für den Raum Annaberg z. B. gibt Markgraf (1986) eine Steigerung der Milchleistung pro Kuh von 2238 kg/a 1925 auf 2977 kg/a 1935 (um 33%) an. Erwartungsgemäß versiegten in den stärker meliorierten Bereichen des Offenlandes kleine Wasseradern während Trockenphasen in der Folgezeit häufiger, perennierende Kleinstabflüsse wurden teilweise zu episodischen und episodische wiesen fast nur noch subcutanen Abfluß auf. Sorgfältige Vergleiche großmaßstäbiger topographischer Kartenaufnahmen, die zu geeigneten Zeitpunkten aufgenommen oder laufend gehalten sind, könnten diesbezüglich im Nachhinein noch Belege für eine erste Atrophie des Kleingewässernetzes im Offenland erbringen. Die Hydromelioration der Sickerquellbereiche, der Naßgallen an den Auenrändern, der Verlandungslachen in Altwasserschleifen und die Reduzierung des Kleinteichbesatzes haben zwar das Verdunstungsangebot gemindert, waren aber viel entscheidender für die Reduzierung des Wasserrückhaltepotentials dieser Hohlformen, selbst wenn die Dräneingriffe entsprechend den technischen Anforderungen hauptsächlich nur auf die Beseitigung von Stau- und Grundwasser in den obersten 40 cm des Bodenprofiles beschränkt blieben. Des weiteren führte die Begradigung der

Tabelle 2. Veränderungen des Wasserhaushaltes und der Wasserqualität

A. *Art der Einflußnahme*

1. Phase (1910–1939/40) (differenzierte Einflußnahme):

a) Stärkere Einflußnahme bei Großgrundbesitz und groß- bis mittelbäuerlichem Besitz:
- Absenkungen des Stau- und Grundwasserspiegels der Naßbodenbereiche um 3–8 dm;
- Reduzierung bis Liquidierung des überkommenen Stillgewässernetzes (Teiche, Tümpel) und des damit verbundenen Wasserrückhaltes und Schwebfanges;
- vielfach künstlich angelegte/begradigte (lokal schon verrohrte), aber nicht ausgebaute Betten der kleineren Fließgewässer mit rascherem Durchfluß und reduzierter Selbstklärung (Schweb);
- erhöhter Wasserverbrauch durch gesteigerte Biomasseproduktion;
- keine oder höchstens unwesentliche chemische Belastung der Gewässer;
- überwiegend Mähnutzung mit herbstlicher Nachweide (fehlende bis geringe Oberbodenverdichtung des Graslandes durch Viehtritt).

b) Reduzierte bis fehlende Einflußnahme auf klein- bis halbbäuerlichem Besitz.

2. Phase (1965–1985) (generelle und starke Einflußnahme):
- Absenkungen des Stau- und Grundwasserspiegels der Naßbodenbereiche auf 8–10/12 dm unter Flur unter erheblicher räumlicher Ausdehnung (Einbeziehung aller Gley-/Staugley-Areale, vielfach auch von Braungley- und Braunstaugley-Flächen);
- fast völlige bis vollständige Liquidierung überkommener Stillgewässer (s. o.);
- weitestgehend begradigte/verlegte und ausgebaute (Betongitterplatten) oder verrohrte kleine Fließgewässer (s. o.);
- partielle Umwandlung von Gras- in Ackerland (etwa 5–20%) bei stärkerer gebietlicher Differenzierung (reduzierte Pufferwirkung);
- zeitlich und gebietlich differenzierte, aber insgesamt bedeutsame Erhöhung der Weidenutzung (Oberbodenverdichtung mit starkem Oberflächenabfluß; Fäkalien);
- merklich erhöhter Wasserverbrauch durch wesentlich gesteigerte Biomasseproduktion;
- neuartig ist der Eintrag chemischer Substanzen (bes. N und P, selektive Herbizide, PSM) durch stark erhöhte Düngung und Pflanzenschutz;
- gebietsweise zusätzlich starker Eintrag organischer Lasten (Gülle, Weidefäkalien) in die Gewässer;
- neugeschaffene und angrenzende Äcker steuern wegen polyfaktorieller Veränderungen (Großschläge, verdichtete Krume, reduzierter Wildkrautbesatz, erosionsfördernde Kulturen, Begüllung u. a.) erhöhte Schweblasten (mit Chemikalien) bei Starkregen ein.

B. *Auswirkungen*
- Höherer Wasseraufbrauch (Biomasse, Wind/Verdunstung);
  geringere Wasserversickerung (Weidetritt, Fahrspuren, erhöhter Oberflächenabfluß von Äckern);
  merklich verringerte Wasserspeicherkapazität (Dränraum, fehlende Stillgewässer).
- Veränderungen des Abflußregimes der kleineren Fließgewässer:
  episodische fließen seltener, aber dann oft extremer;
  ein Teil der perennierenden wird zu episodischen;
  der Rest perennierender hat reduzierten MW-Abfluß bei häufigeren Abflußextremen (HW, NW).

Fließgewässer und die Reduzierung der Kleinteiche zu rascheren Durchflüssen und zu einer Abnahme der Selbstreinigungskraft, die vereinzelt bei Verrohrung schon völlig erlosch. Nicht ganz ohne Bedeutung waren ferner Böschungsabschrägungen, vor allem bei lokaler Häufung, weil dadurch das Bodenprofil und mit ihm die Wasserrückhaltung reduziert wurde.

Summarisch resultiert daraus eine Verminderung des natürlichen Grund-, Stau- und Schuttdecken-Wasservolumens und eine kürzere Verweildauer des Wasserangebotes. Stärkere Schwankungen des Abflußgeschehens in Abhängigkeit von der Witterung und höhere Schweblasten bei Stark- oder Dauerregen in den Fließgewässern sind weitere Folgen. Weitgehend unbedeutend blieb die chemische Belastung der Gewässer, weil die im allgemeinen begrenzte Düngung höchstens in Ausnahmefällen die natürliche Pufferung überschritten haben dürfte.

Die meliorativen Eingriffe zur Standortnivellierung und Produktionssteigerung im Gefolge der Grasmähmaschine hatten auch eine merkliche Reduzierung der Lebensräume von Pflanzen- und Tierbiocoenosen zur Folge, welche sich über etwa 8–9 Jahrhunderte im gewässerdurchsetzten Gras-Offenland einem Gleichgewichtszustand genähert haben dürften. Betroffen waren vor allem Kleingewässer- und Naßbodengesellschaften, so die der Kleinteiche, der mäandrierenden kleinen Fließgewässer und ihrer Altwasserschleifen, der Naßgleye und der Anmoore. Hier erfuhren kleine Fischarten, wassergebundene Insekten oder Amphibien ebenso teilweise erhebliche Biotopeinbußen wie die wasser- und naßbodengebundene Pflanzenwelt. Hinzu kamen spezialisierte oder gegen bestimmte Milieuänderungen empfindliche Tier- und Pflanzenarten außerhalb der Wasser- und Naßstandorte. So wurden ausgesprochen oligotrophe Arten durch Düngungseinflüsse auf melioriertem Grasland dezimiert. Erhebliche Rückgänge erfuhren wärmeliebende Arten auf reliefmeliorierten Südhangböschungen, Saumhabitaten der Flurholzrandbereiche und Kleinbiotopen auf Ameisenbuckeln oder Block-/Felsdurchragungen.

Es war darum nötig, in den 20er und 30er Jahren dieses Jahrhunderts den Artenschutz auf Grasland zu proklamieren und gemäß der 1927 in Deutschland erlassenen Tier- und Pflanzenschutzordnung auch erste solche Schutzgebiete auszuweisen. Der ab Mitte des 19. Jahrhunderts durch die Intensivierung der Landnutzung im Zuge der industriellen Revolution allmählich einsetzende generelle Rückgang spezialisierter Arten sowie des Deckungsgrades empfindlicherer Arten findet seinen vorübergehenden Abschluß mit der industriellen Intensivierungsperiode des Graslandes in den kleineren Hohlformen des Offenlandes. Infolge der differenzierten Größe und Schlagkraft der einzelbäuerlichen Betriebe waren diese Veränderungen aber nicht totaler Art. Dort, wo kleinbäuerlicher oder halbbäuerlicher Besitz bestand, ebenso vielfach auch im Siedlungsbereich (große Obstgärten), fehlte die Grasmähmaschine, oder sie kam nicht zum Einsatz. Hier blieben Refugialstandorte in den genannten Hohlformen erhalten.

Nicht unerwähnt bleiben soll eine merkliche landschaftliche Homogenisierung und Monotonisierung, die sich als Folge jener Meliorationsmaßnahmen im Bereich der kleineren Hohlformen des Offenlandes ergeben hat. Neben einer Einbuße an Landschaftsästhetik verursachte die Verarmung an Flur- und Landschaftselementen auch gewisse geländeklimatische Veränderungen. Der Verlust an Wasser- und Naßbodenfläche sowie an Flurgehölzen bedeutet raschere Erwärmung im Frühjahr und raschere Auskühlung im Herbst, erhöhte Windoffenheit, Schneeverwehung und Verdunstung, aber auch ungehinderten Kaltluftfluß in Strahlungsnächten.

Unverändert blieben allein Steilhangleisten entlang von asymmetrischen Quellbachtälchen, die entweder im Nieder- oder Mittelwaldbetrieb mit meist naturnahen Laubholzarten oder mit oft nur einem Sensenschnitt pro Jahr als Grasland genutzt wurden.

Auf den Flurstreifen von Klein- und Halbbauern, die jene landeskulturelle Entwicklung nicht mitzugehen vermochten, war es noch bis in die 60er Jahre hinein möglich, den Zustand der Grasland-Hohlformen vor etwa 1910 zu erfassen. Gerade hier finden sich heute die meisten noch unter Schutz gestellten Habitatinseln auf Grasland und/oder mit Kleinstgewässern (meist Flächennaturdenkmäler), die sich bei angepaßter Nutzung und Pflege auch erhalten lassen, sofern keine schädigenden Nachbarschaftseinflüsse auftreten.

Eingriffe der sozialistischen Landwirtschaft im Rahmen der wissenschaftlich-technischen Revolution

Auch in dieser Intensivierungsphase der landwirtschaftlichen Bioproduktion liegen die größeren Eingriffe auf das Grasland der kleineren Hohlformen zeitlich nach den Veränderungen im Bereich des Ackerlandes. Erst die generelle Herausbildung von Landwirtschaftlichen Produktionsgenossenschaften des Typs III und das Erstarken des ökonomischen Potentials derselben ermöglichten die der wissenschaftlich-technischen Revolution angepaßten kostenintensiven Eingriffe. Wesentliche Ziele bestanden in der Umwandlung von Grasland in Ackerland und in der Intensivierung der Nutzung des bestehenden bzw. verbleibenden Graslandes. In beiden Fällen war der nunmehr motorisierten agraren Großtechnik Rechnung zu tragen (d. h. kritischen Hangneigungen, bestimmten Mindestschlaggrößen bzw. -formen und der Befahrbarkeit von Feucht-/Naßstandorten mit schwerer Technik), was eine tiefere Entwässerung erforderte. Dieser jüngste Maßnahmekatalog bezog sich auf

– unregelmäßig gestaltete flache Dellen der Hochflächen und Plateaus mit der Maßgabe, solche generell in Ackerland umzuwandeln (in den unteren Lagen des Osterzgebirges betrug dadurch z. B. im Kreis Dippoldiswalde innerhalb von nur 15 Jahren nach Kaulfuss (1984) der Ackerlandgewinn 15%, und die durchschnittliche Schlaggröße erhöhte sich von 8 auf 26 ha);

– langgestreckte und meist relativ schmale, muldenförmige Dellen mit dem Ziel, entweder diese teilweise oder ganz in die angrenzenden Äcker einzubeziehen (besonders dann, wenn sie den Ackerschlagstrukturen hinderlich waren und/oder die Hangneigung dies zuließ), oder aber langgestreckte, geschlossene und technisch beherrschbare Graslandschläge (über alle ehemaligen Besitzgrenzen hinweg) zu schaffen;

– muldenförmige Tälchen (mit Wasseradern) unter gleichen Aspekten wie bei langgestreckten muldenförmigen Dellen, allerdings mit stärkerer Orientierung auf Graslandnutzung;

– mulden- und kastenförmige Sohlentälchen mit nicht zu hoch anstehendem Grundwasser (Bodentypen: Vega, Vega-Gley, Braungley), wobei selbst hier teilweise Umwandlungen in Ackerland bis herab in die Auen erfolgten, besonders bei tieferem Grundwasser (Bodentyp Vega) und bei asymmetrischen Tälchen über die jeweiligen Flachhänge herab, wenn das Graslanddargebot solchen Nutzungswandel erlaubte;

– teilweise auf lokal vorhandene tilkenartige Kleinsthohlformen (Entfernung durch Verfüllung).

Entsprechend den verbesserten technischen Voraussetzungen wurde bei den erforderlichen Meliorationen Hand- und Gespannarbeit weitgehend von Maschinenkraft abgelöst, wodurch sich das Ausmaß und die Intensität der Eingriffe erhöhten. Auch mußten Drän- und Rohrsysteme der stärkeren maschinellen Belastung Rechnung tragen, es wurden also tiefergreifende und umfassendere Entwässerungen erforderlich. Auen mit hoch anstehendem Grundwasserspiegel (Bodentypen: Gleye, Naßgleye, Anmoore) wurden erst in der letzten Phase für die maschinelle Graslandnutzung melioriert, sofern sich ausreichende Mindestschlaggrößen schaffen ließen. Das Maßnahmenspektrum umfaßt wiederum Relief-, Hydro- und Flurholzmeliorationen (Tabelle 3). All jenes Hohlformengrasland, das dieser neuen technologischen Entwicklung nicht zugänglich war, gelangte fortan in das Stadium der Extensivierung. Hierunter fallen besonders Klein- und Splitterflächen, stark geneigte Hänge und die schmalen Wiesenauen der Kerbsohlentälchen. Das Spektrum ihrer Inanspruchnahme reicht von regelmäßigem Weideauftrieb über episodische Beweidung (besonders bei Futtermangel in Trockenphasen) bis zum völligen Offenlassen mit nachfolgender natürlicher Entwicklung von Hochstauden- und Verbuschungsstadien.

Reliefmeliorationen

Reliefmeliorationen setzten zuerst an den ehemaligen Besitz- bzw. Hufengrenzen ein. Sie betrafen aufgegebene Feldwege einschließlich deren Hang- und Böschungsanschnitte und eventuelle Dammschüttungen quer durch die Hohlformen, des weiteren Besitzraine, Feldraine und Rainstufen sowie u. U. vorhandene Lesesteinrücken. Einbezogen wurden vielfach auch die Dämme der bis dahin verbliebenen Kleinteiche, zumal sich diese Stillgewässer infolge mangelnder Pflege und Unterhaltung während der Kriegs- und Nachkriegsjahre oft ohnehin in einem schlechten Zustand befanden.

In der Folgezeit wurden zunächst die flachen Plateau- und Hochflächendellen, dann muldenförmige Dellen und Tälchen mäßiger Hangneigung und geringer Tiefe melioriert, vorrangig unter dem Aspekt ihrer völligen oder teilweisen Einbeziehung in angrenzende Äcker. Die Maßnahmen bestanden im Abschrägen vorhandener Ackerrandstufen sowie einzelner und kleiner, für die Ackernutzung zu steiler Hangpartien. All diese Reliefmeliorationen förderten bei nachfolgender Ackernutzung – wie nach der Rodungszeit – bodenerosive Prozesse. In Abhängigkeit von Bodenform und Niederschlag erwie-

Tabelle 3. Meliorative Eingriffe im Zeitraum von etwa 1965 – 1985

Intensität und Verbreitung der Eingriffe
Eingriffe mit maschineller Großtechnik, großflächig geschlossen und von hoher Intensität;
Eingriffe innerhalb der sich herausbildenden LPG-Strukturen (um 30 – 60 km^2) nach Art und Intensität einheitlich; ausgenommen blieben nur andere angrenzende oder eingreifende Bewirtschaftungsarten und Eigentumsformen;
Eingriffe mußten neuem Großschlagsystem mit stark reduziertem Feldwegenetz angepaßt werden;
Melioration war ausgelegt auf Befahrbarkeit (Hangneigung, Nässe) mit schweren Großmaschinensystemen (inkl. entsprechende Schlaggröße).

Art der Eingriffe
Reliefmeliorationen

Kleinere Hindernisse:	Liquidierung individueller Flurgrenzen (Raine, Rainstufen, Feldwege und deren Böschungen, Dämme von Feldwegen oder Kleinteichen usw.); Liquidierung kleiner steiler Hohlformen (wie Tilken und Hohlwege)
Mittlere Hindernisse:	Liquidierung eines Großteiles aller verbliebenen Klein- und Mittelteiche; Böschungsabschrägungen/-nivellierungen steilerer oder feinreliefierter Hangpartien; umfangreiche Laufverlegungen von Fließgewässern (bes. der kleineren)

Hydromeliorationen
Generelle Dränung *aller* Naßbodenareale (bes. Staugleye der Dellen und Gleye der Auen), teilweise selbst von Halbnaßböden (Braunstaugleye, Braungleye), meist mit Neudränung der in der 1. Phase hydromeliorierten Areale;
tiefere Dränung/Entwässerung;
überwiegende bis generelle Fassung der kleineren begradigten/verlegten Fließgewässer mittels Betongitterplatten oder Verrohrung

Flurgehölzmeliorationen
Liquidierung von Gehölzstreifen und -gruppen entlang aufgegebener Besitzgrenzen, entlang von Feldwegen und Teichrändern;
Liquidierung der Uferholzgalerien ausgebauter/verrohrter Fließgewässer und beseitigter Stillgewässer;
Liquidierung von Gehölzen auf reliefmeliorierten Hängen und Hangkanten;
Liquidierung von Gehölzen beseitigter Tilken und Hohlwege

sen sich die Zeiträume bis zur Stabilisierung der neuen Krume als differenziert. Vielerorts waren Erosionsrisse unterschiedlicher Dimension, nicht in Gefällsrichtung, sondern winklig dazu entlang der meliorierten Grenzsäume über Jahre hinweg zu verfolgen, und noch heute zeichnen sich diese Leitlinien nicht selten durch schlechtere Wuchs- und Ertragsleistungen nach.

Zuletzt erfolgten gebietsweise sogar Reliefmeliorationen zur Einbeziehung geeigneter Sohlentalabschnitte (Aue und angrenzender Flachhang) in die Ackernutzung mit Verrohrung des Wasserlaufs (vgl. Abb. 2c).

In einer Reihe von Fällen wurden ferner kleinere Tilken, Trockentälchen oder alte Hohlwege, meist nach vorausgegangener Müll- oder Schuttverfüllung, mit ausreichend Mutterboden überzogen und sind somit gegenwärtig oft nur noch an den sekundären Sackungen, z. T. auch an geringeren Wuchsleistungen, erkennbar.

Hydromeliorationen

Die Hydromeliorationen der jüngsten Phase mußten den motorisierten Großmaschinen gerecht werden – eine Voraussetzung, die ältere Dränanlagen unter Grasland nur in wenigen Fällen erfüllen konnten. Nicht bekannte oder unbeachtete alte Dränanlagen (vgl. Abb. 2b links unten und rechts Mitte) wurden dabei bei Beschädigung sehr leicht zu unerwarteten Störgrößen, indem es an der Schadstelle zu akuten Vernässungen kam und sich ggf. ehemalige Naßgallen wieder aktivierten.

In den Dellen und Muldentälchen wurden die Staugleyareale nunmehr generell dräniert, Schuttdecken-Sickerquellen tief und mit stärkeren Rohrkalibern gefaßt sowie die Gefällslinien im Muldentiefsten mit episodischem oder perennierendem Abfluß fast stets verrohrt.

In den Sohlentälchen, die teilweise oder ganz der Ackernutzung erschlossen wurden, erfolgte durchweg eine großkalibrige Verrohrung der Wasserläufe (vgl. Abb. 2c) mit Einbindung von etwaigen Nebenzuflüssen und Hauptdränen. Notwendig war auch die Neudränung von Naßgallen im Auenbereich sowie die Fassung eventueller Sickerquellen am Hang. Bei verbleibender Graslandnutzung erfolgte statt der Gewässerlaufverrohrung häufig ein Auslegen des Wasserlaufes (Sohle und Böschungen) mit Betongitterplatten, wobei es häufig in Anpassung an die neuen Schlagstrukturen nochmals zu Laufverlegungen kam. Künftige derartige Eingriffe, auch in die kleinen Wasserläufe, wurden inzwischen gesetzlich unterbunden. Verrohrungen und selbst Gitterplatten werden nur noch in Sonderfällen gestattet. Auen mit hoch anstehendem Grundwasserspiegel benötigten für die technische Graslandnutzung eine generell stabile und tiefe Dränage, die nicht immer mit der Erstausführung zum vollen Erfolg führte.

Weitere hydromeliorative Eingriffe bewirkten oft eine absolute Zerstörung noch vorhandener überkommener Kleinteiche, in Einzelfällen auch die Beseitigung von ehemaligen Mühlgräben, die in den Auenbereichen kräftigerer Wasserläufe noch vorhanden sein konnten.

Flurholzmeliorationen

Die jüngste Phase der Relief- und Hydromeliorationen in den kleineren Hohlformen des Offenlandes erbrachte auch entsprechende Veränderungen des Flurholzbestandes.

Kleinere Gehölzgruppen oder -reihen, die allerdings in ihrer Gesamtheit nicht unerhebliche Bedeutung als Biotope und Landschaftselemente (auch in mesoklimatischer und ästhetischer Hinsicht) hatten, mußten der Anlage größerer Schläge weichen, weitere bei der Beseitigung von Feldwegen, Feldrainen und Teichen sowie erfolgten Böschungsabschrägungen. Diese Flurgehölze setzten sich teils aus naturnahen und standortspezifischen Laubholz- und Straucharten zusammen, die in Form von Gebüsch-, Nieder-, Mittel- und Altholzstreifen, -reihen oder -gruppen, aber auch als signifikante alte Einzelbäume oder Baumgruppen eingestreut waren. Eine zweite Kategorie bestand im jährlich nutzbaren, sogenannten Streuobst, dessen lockere Baumreihen besonders Feldwege, Rain-, Hochrain- und Böschungskanten oder auch kleinere Steilhänge säumten.

Mit der Verrohrung oder dem Gitterplattenausbau der Fließgewässer sind die ein- oder zweiseitigen Ufergehölzgalerien meist so gut wie völlig verloren gegangen, hinzu kommen die Gehölzumrandungen zerstörter Stillgewässer.

Insgesamt resultiert daraus eine sehr starke Reduzierung und nicht selten sogar völlige Ausmerzung der Flurgehölze in den meliorativ der modernen Landtechnik erschlossenen kleineren Hohlformen des Offenlandes. Dies bedeutet neben einer Verarmung an landschaftlicher Vielfalt zugleich auch einen weitestgehenden Verzicht auf die von den Flurgehölzen ausgehenden geoökologischen Gratisleistungen, wie Nutzvogelbesatz, Uferschutz, Beschattung der Fließgewässer oder geländeklimatische Wirkungen.

Im ursprünglichen Zustand verblieben sind lediglich Steilhangleisten (von etwa 10–40 bzw. 50 m Höhe), die besonders entlang von asymmetrischen Tälchen auftreten und im Erzgebirgsbecken ihre größte Verbreitungsdichte aufweisen. Solche wären für eine Reliefmelioration zu kostspielig geworden. Sie tragen entweder Wald, meist naturnahen Laubmischwald, der aus einer Mittel- oder Niederwaldbewirtschaftung hervorgegangen ist, oder aber Grasland. Diese Steilhangleisten unterliegen nunmehr der Extensivierung und werden entweder überhaupt nicht oder nur gelegentlich (Weideauftrieb auf Grashänge, seltene Holzentnahme) genutzt. Damit setzen hier naturnahe Sukzessionen ein, die sich vor allem auf den selten oder nicht genutzten Grashängen in Form von Hochstaudenfluren und Verbuschungen am deutlichsten abzeichnen. Die extensivierten Steilhangleisten stellen vielfach die letzten Biotopinseln für eine Reihe von Tier- und Pflanzenarten dar, die der Intensivierung in den kleineren Hohlformen des Offenlandes weichen mußten.

Talabwärts leiten solche Steilhangleisten häufig in ausgesprochene Talräume über, entweder in die Nebengründe der Haupttäler oder in die stärker und oft schon steilhängig eingetieften Taltrakte der Bachmittelläufe. Damit entstehen zunehmend geoökologische Gemeinsamkeiten mit den standörtlichen Gliedern und Biotopen der Talhänge, während die mit denen der Quelltälchen und -mulden (Dellen) verlorengehen.

Geoökologische Veränderungen im Rahmen der jüngsten Meliorationsphase

Die jüngsten anthropogenen Eingriffe im Graslandbereich der kleineren Hohlformen waren, da kaum noch an Besitzstrukturen oder an ökonomische Differenzierungen der Landwirtschaftsbetriebe gebunden, von umfassender und tiefgreifender Natur. Sie haben zu einer starken standörtlichen Homogenisierung und landschaftlichen Monotonisierung dieser Hohlformen im einseitigen Interesse hoher und technisierter Biomasseproduktion geführt. Man könnte dies in Anlehnung an einen medizinischen Begriff recht treffend als „Landschaftsatrophie" bezeichnen, da wesentliche „Zellen und Organe" der Landschaft geschwunden oder verschwunden sind.

Gegenwärtig ist sowohl die Lebensdauer der künstlichen Eingriffe als auch das veränderte standörtliche bodenphysikalische, -chemische und -biologische Wirkungsgefüge schwer einzuschätzen. Vor allem Fließgewässerverrohrungen, aber auch Dränstränge unterliegen der Zusetzung und Verockerung, die in Abhängigkeit von den differenzierten naturräumlichen Bedingungen sehr verschiedene Zeiträume umfassen können. Die neuartige Dynamik hydromeliorierter Böden ist in ihrer Gesamtheit mit den herkömmlichen Bodenaufnahmemethoden nur sehr bedingt ansprechbar und stellt deshalb ein noch ziemlich offenes Forschungsfeld dar. Selbst Indikationen mit Hilfe von Grünlandgesellschaften belegen, wenn das Grasland umgebrochen und mit Hochleistungssorten neu bestellt ist sowie regelmäßig gedüngt wird, im wesentlichen nur den augenblicklichen Meliorationszustand. Damit sind mit den herkömmlichen Methoden Beurteilungen zur Entwicklung meliorierter Standorte unzureichend und künftige Veränderungen derselben schwer oder kaum prognostizierbar.

Wasserhaushalt und Wassergüte (vgl. Tabelle 3)

Der natürliche Funktionszyklus der als Einzelobjekt scheinbar belanglosen, aber in ihrer Vielzahl als die eigentlichen Quellfäden des Fließgewässernetzes sehr bedeutsamen kleinen Hohlformen ist nunmehr weitgehend künstlich verändert worden. Neben der Totalität der Einflußnahme über alle ehemaligen Besitzdifferenzierungen hinweg erscheint das der modernen Landtechnik angepaßte tiefere Entwässerungsniveau besonders bemerkenswert.

So wurden durch nachhaltige Dränung der Hochflächen- und Plateaudellen die hier befindlichen Schuttdecken-Wasseransammlungen, die vordem in sogenannten Sickerquellen austraten, um etwa 0,8 – 1 m in der Vertikalen abgesenkt. Das bedeutet in diesen flachen Hohlformen eine ganz erhebliche räumliche Einengung der Schuttdecken-Wasserreservoire, die Starkregenereignisse abzupuffern vermochten und in Trockenphasen den Niedrigwasserabfluß sicherten. Reduzierter Wasserrückhalt und häufigere Extreme im Abflußgeschehen sind eine notwendige Folgewirkung, die auch etwaige Trinkwasserversorgungsgebiete entsprechend beeinträchtigt.

Auch die Auengrundwasserspiegel, die meist mit dem Fließgewässerspiegel korrespondierten, wurden künstlich abgesenkt. Beträge von 0,5 – 1 m bedeuten in breiten und langgestreckten Auen eine erhebliche Reduzierung des vordem in Trockenphasen verfügbaren Abflußpotentials.

Hinzu kommen weitere Faktoren: Verrohrte Fließgewässer haben eine geringere oder gar fehlende Korrespondenz zum Grundwasserkörper, des weiteren schießt das Wasser durch die Rohre und fließt auch rasch durch Betongitterrinnen. Sind diese künstlichen Wasserläufe einseitig an den Auenrand verlegt, besteht zudem nur eine einseitige Korrespondenz zum Auengrundwasser. Zu verweisen ist schließlich auch auf die oft totale Vernichtung überkommener Stillgewässer. Die Wasserdurchflüsse erfolgen in den künstlichen Flutbahnen ungehemmt und darum sehr rasch. Sowohl die mechanischen als auch die biologischen Klärvorgänge in solchen Wasseradern sind erheblich reduziert oder fehlen bei Verrohrung fast gänzlich. Auch das thermische Verhalten dieser Gewässer im Jahreszyklus unterliegt Veränderungen.

Zu betonen ist schließlich noch der gesteigerte Wasserbedarf seitens der stark erhöhten Bioproduktion in den meliorierten Hohlformen.

Als qualitativ neuartig oder stark angestiegen gilt die intensivierungsbedingte chemische und organische Wasserbelastung.

Überschüsse des stark erhöhten Stickstoffangebotes durch Düngung gelangen in das Schuttdeckenwasser oder in die Dräne und damit in die Vorfluter, wobei die Pufferungsleistungen der Standorte in Abhängigkeit von Ausgangsgestein und Körnung der Verwitterungsdecken sowie von Bodentyp, Feinkorn- und Humusgehalt sehr differenziert sein können und entsprechende Ein- bzw. Austräge nach wenigen Jahren oder auch erst in längeren Zeiträumen relevant werden. Hinzu kommt der steigende trockene und nasse „fall out" von Stickstoff-Verbindungen aus der Luft, der für große Teile Mitteleuropas gegenwärtig mit etwa 25–30% derjenigen Rein-Menge an Stickstoff angesetzt wird, die jährlich auf Ackerflächen über die Düngung zum Einsatz kommt.

Die Phosphat-Belastung ist vorrangig an den durch die Bodenerosion eingebrachten Schweb gebunden. Großschläge, Bodenverdichtungen durch schwere Agrotechnik, Fruchtarten, die die Bodenerosion fördern (v. a. Mais und Hackfrüchte), sowie die starke Reduzierung der Ackerwildkrautbestände durch Herbizideinsatz haben den Bodenabtrag und damit den Schweb- und Phosphat-Eintrag allgemein forciert.

Verwiesen werden muß ferner auf die Möglichkeit des Eintrages von Pflanzenschutzmitteln, Herbiziden und Mitteln zur biologischen Prozeßsteuerung bzw. deren Ab- und Umbauprodukten, auch wenn diesbezüglich noch keine ausreichend genauen Aussagen möglich sind.

Moderne Viehhaltungskomplexe, oft am Rand oder außerhalb der Dörfer gelegen, verfügen über ein entsprechendes Gülleumland. Gülle wird überwiegend auf Äcker, verschiedentlich aber auch zwangsweise auf Grasland ausgebracht. Vor allem im Winter (bei gefrorenem Boden und Regen) und im Juni und Juli (begrenzte und deshalb meist überbegüllte Ausbringungsflächen zuzüglich Gewittertätigkeit) kommt es leicht zu ungewolltem Gülleeintrag in die Vorfluter, zumal auf Gülleflächen infolge Porenverstopfungen zeitweise zusätzliche erhöhte oberflächige Abflüsse erfolgen.

Verwiesen werden muß des weiteren auf teilweise vorhandenen Weidebetrieb in den Graslandhohlformen, der meist erst nach dem ersten Schnitt erfolgt. Mit einem solchen sind zunächst erhebliche Grasnarbenverdichtungen – z. B. Bodendruck der Rinderklaue bis zu 7 kg/cm^2 (nach Bartels und Watermann 1981) – und entsprechende oberflächige Abflußintensivierungen verbunden. Relevant wird dabei auch die Fäkallast. Für das beweidete Feuchtgrünland der Mittelgebirge weist Wegener (1976) einen im Vergleich zur Schnittnutzung um 4–5fach höheren Phosphat- und einen um 11–20fach höheren Stickstoff-Austrag nach.

Auch etwa benachbarte ländliche Siedlungen verdienen in bezug auf Abwasser eine immer stärkere Beachtung. So hat in den letzten 2–3 Jahrzehnten der Anteil schwer abbaubarer chemischer Substanzen der „Haushaltchemie" kontinuierlich zugenommen. Vor allem in kleineren Vorflutern sind die Wasserlebewesen den morgendlichen und abendlichen Belastungsschüben vielerorts erlegen, und in jüngster Zeit mehren sich die Fälle, wo selbst eingebaute biologische Kleinkläranlagen an Funktionstüchtigkeit erheblich einbüßen, weil sich das Chemikalien-Fäkalien-Verhältnis ungünstig verändert.

Dem insgesamt in der jüngsten Intensivierungsphase nach Art und Intensität stark erhöhten Stoffeintrag an mineralischem Schweb, an organischer und an chemischer Substanz stehen überwiegend gefaßte und rasch strömende Fließgewässer gegenüber, die über ein geringes oder gar fehlendes natürliches Selbstreinigungsvermögen verfügen und wenig oder schon überhaupt nicht mehr belebt sind. Der in ihrem Einzugsgebiet stark aktivierte Umsatz von Stoffen wird in Gestalt ihrer Überschüsse damit direkt in die Mittel- und Unterläufe der Fließgewässer weitergeleitet und belastet diese z. T. noch wenig beeinflußten Abschnitte zunehmend direkt. Somit reicht das Wirkungsfeld der kleinen Hohlformen des Offenlandes von den jeweiligen Wasserscheiden bis in die Mittel- und Unterläufe der Fließgewässer, weil die Pufferungsfunktion dieser Hohlformen zumindest merklich abgeschwächt ist.

Standorthomogenisierung und Biotopverlust

Im Bereich der kleineren Hohlformen des Offenlandes wurden durch die umfassenden Hydro- und Reliefmeliorationen die natürlichen Bodenprofile und deren Dynamik auf recht großen Flächen verändert. Sowohl bodengenetisch als auch teilweise substratseitig läßt sich deshalb die aktuelle Standortstruktur und -dynamik mit den herkömmlichen Methoden nur bedingt oder überhaupt nicht einschätzen.

Substratseitig betrifft dies geschüttete Böden („Kippböden") und gekappte Böden durch Maßnahmen der Reliefmelioration. Kippböden markieren als Ausfüllungen besonders ehemalige Wasserläufe und Laufschleifen, die durch Begradigung oder Verrohrung der Wasseradern funktionslos wurden und Fahrhindernisse darstellten. Besonders innerhalb feinkörniger Aulehme bleiben solche verfüllten Wasserläufe erkennbar, wenn grobkörniges (sandig-kiesiges) Füllmaterial verwendet wurde und dann bei längerer Trockenheit der Grasbestand frühzeitige Dürreschäden aufweist. In dichten und schweren Substraten (Lehme bis Tone) füllte man, wenn geeignete Materialgruben in der näheren Umgebung bestanden, nicht selten auch den Zwischenraum zwischen Drän und Krumenunterkante mit Sand und Kies aus, um gute Dränzügigkeit dauerhaft zu garantieren. Auch hier sind Dürreschäden entlang den Dränsträngen gelegentlich zu beobachten. Zu den Kippböden gehören ferner die Unterhänge abgeschrägter Böschungen mit meist mächtigen vermischten Lagen des lokalen Materials der Boden- und Verwitterungsdecken. An den Mittelhängen und besonders an den Oberhängen solcher Böschungsabschrägungen finden sich unter der künstlich aufgebrachten Krume, die wenig oder keine Bindung zum Unterboden besitzt, oft nur die erhalten gebliebenen tieferen Lagen der Verwitterungsdecke. Hier bestehen darum meist flachgründige Standorte mit reduziertem Nährstoffhaushalt und Dürreanfälligkeit.

Die in den kleineren Hohlformen hohen Anteile hydromeliorierter Böden (Staugleye, Amphigleye, Gleye, Naßgleye, Anmoore, Hang- und Sickerwassergleye, teils sogar Braunstaugleye und Braungleye) zeigen zwar außerhalb der Dränstränge noch ihren natürlichen Substrat- und Horizontaufbau, jedoch ist letzterer zumindest im oberen Profilteil reliktisch geworden, er stimmt also in der tatsächlichen Dynamik nicht mehr mit dem Erscheinungsbild überein. Solange die Dränsysteme intakt bleiben, müßte es entlang des Erzgebirgsnordsaumes bodengenetisch zu Verbraunungstendenzen kommen. Diese aktuelle Dynamik kann aber mit den herkömmlichen Bodenansprachen nicht oder nur bedingt erfaßt werden. Hinzu kommt bei Grünlandintensivierung (Umbruch, Neueinsaat, Düngung) oder gar bei Umwandlung in Ackernutzung, daß auch pflanzensoziologische Aufnahmen als Indikator teilweise oder völlig versagen. Eine exakte Beurteilung der aktuellen Dynamik dieser Standorte und erst recht ihrer weiteren Entwicklung ist somit erschwert oder unmöglich. Gezielte Maßnahmen zur weiteren Stabilisierung und Qualifizierung derselben können somit gegenwärtig nur auf den empirischen Erfahrungen aus der Dränungsära der industriellen Phase aufbauen. Diese hatte aber mit der Zugkraft Pferd, mit geringerer Dräntiefe, mit bedeutend niedrigerer Düngung, mit fehlendem chemischen Pflanzenschutz, mit geringeren Hektarerträgen und mit einem längeren Entwicklungszeitraum (40–60 Jahre) andere Randbedingungen.

Durch die jüngsten Meliorationsmaßnahmen erfolgte in den kleineren Hohlformen zugleich eine außerordentliche Biotop-Reduzierung (Tabelle 4, 5), die vielerorts zu einem völligen oder fast völligen Verlust an biotischer Mannigfaltigkeit und der daraus resultierenden biotischen Regulationsmechanismen geführt hat. Das betrifft Flora, Fauna und Edaphon gleichermaßen. Hinzu kommen jene Vertreter der Fauna, die indirekt auf den vernichteten Biotopen und Arten fußten – nämlich dann, wenn bestimmte Glieder ihrer Nahrungsketten ausfallen (z. B. Ringelnatter bei fehlenden Amphibien) oder bestimmte Phasen ihrer Entwicklung betroffen sind.

Am gravierendsten ist der Verlust von Habitaten in und an den Gewässern. Vielfach ausnahmslos verschwunden sind die Stillgewässer (Kleinteiche, Wasserlachen von toten kleinen Bachschleifen) und mit ihnen die zugehörigen Pflanzen- und Tiergesellschaften. So fehlen vielerorts beispielsweise die einst

Tabelle 4. Entwicklung der Biotopeinbußen und Biotopverluste in den kleinen Offenland-Hohlformen

1. Phase (1910–1939/40)
- Biotopreduzierung erfolgte besitzdifferenziert innerhalb der einzelbäuerlichen Fluren; Eingriffe sind großflächig von mäßiger bis mittlerer Intensität und führen zu ersten Naturschutzaktivitäten.
- Auf Fluren mit ausschließlichem oder vorherrschendem Gutsbesitz sowie groß- und mittelbäuerlichem Besitz erfolgte starke Verarmung bis teilweises Verschwinden von Biotopen (bes. von Kleinbiotopen), verbunden mit Rückgang bis Verschwinden von vor allem *empfindlichen oder spezialisierten Arten.*
- Auf Fluren mit mittel- bis kleinbäuerlichem Besitz war die Biotop- und Arteneinbuße von mäßiger Intensität.
- Geringe bis fehlende Veränderungen zeigten Bereiche mit klein- bis halbbäuerlichem Besitz.

2. Phase (1965–1985)
- Biotopreduzierung erfolgte generell über alle ehemaligen Besitzstrukturen hinweg.
- Eingriffe waren von hoher Intensität mit starker Homogenisierung des natürlichen Standortspektrums.
- Das Spektrum reduzierter und liquidierter Biotope wurde erheblich erweitert, woraus ein starker bis gebietsweise totaler Verlust an Kleinbiotopen resultiert.
- Neuartige und/oder intensivere Belastungen (Düngung, Gülle, PSM) treten hinzu (u. a. besonders von Einfluß auf oligotrophe Arten).
- Es kommt zu starker Verarmung oder gebietsweisem *Verlust zahlreicher Arten* der Fauna und Flora.
- Der Naturschutz gefährdeter Biotope und Arten wird hochaktuell und ist bei unzureichendem Biotopverbundnetz nicht mehr vollständig garantierbar.

Tabelle 5. Beispiele für gefährdete bzw. verschwundene Pflanzen (einschl. Gesellschaften und Formationen) und Tiere der kleinen Offenland-Hohlformen im unteren Erzgebirge und seinem Vorland[a].

Flurelement	Pflanzenformation	Gefährdete Pflanzenarten (Gefäßpflanzen und Pilze)	Gefährdete Pflanzengesellschaften	Gefährdete und zurückgehende Tierarten
Gewässer und Gewässersäume				
Kleine perennierende Fließgewässer (Bäche, Gräben, Quellfluren)	Quellfluren (Montio-Cardaminetea)	Quellgras (*Catabrosa aquatica*)** Bach-Quellkraut (*Montia fontana*) Moorklee (*Trifolium spadiceum*) Dunkelgrünes Weidenröschen (*Epilobium obscurum*)*	Quellkraut-Quellflur (Montietum rivularis)**	Bachneunauge (*Lampetra planeri*) Elritze (*Phoxinus phoxinus*) Moderlieschen (*Leucaspius delineatus*) Bachforelle (*Salmo trutta fario*) Hasel (*Leuciscus leuciscus*) Eintagsfliegen (z. B. Rhitrogaena) Steinfliegen (z. B. Chloroperla) Köcherfliegen (z. B. Sericostoma, Hydropsyche) Libellen (z. B. *Cordulegaster boltoni, Calopteryx virgo, Pyrrhosoma nymphula, Coenagrion, Enallagma*) Bachflohkrebs (*Gammarus pulex*) Bach-Mützenschnecke (*Ancylus fluviatilis*)
Stillgewässer (Kleine Teiche und Tümpel)	Laichkraut-Tauchfluren und Schwimmblattfluren (Potamogonetea)	Haarblättriges Laichkraut (*Potamogeton trichoides*)** Tannenwedel (*Hippuris vulgaris*) Alpen-Laichkraut (*Potamogeton alpinus*)* Durchwachsenes Laichkraut (*Potamogeton perfoliatus*) Dreimänniges Tännel (*Elatine triandra*) Gemeine Brunnenkresse (*Nasturtium officinale*) Gemeiner Wasserhahnenfuß (*Ranunculus aquatilis*) Quirl-Tausendblatt (*Myriophyllum verticillatum*) Gemeiner Wasserschlauch (*Utricularia vulgaris*)	Alpenlaichkraut-Tauchflur (Potametum alpini)*** Tausendblatt-Teichrosen-Schwimmblattflur (Myriophyllo-Nupharetum)*	Amphibien (Molche, Kröten, Frösche) Libellen (z. B. *Libellula quadrimaculata*, Sympetrum)
Ufergehölze und Röhrichtgürtel	Bachbegleitender Schwarzerlen-(Weiden-)Saum (Alnion glutinoso-incanae)		Erlen-Eschenwald (Fraxino-Alnetum, Pruno-Fraxinetum)*	Wasserspitzmaus (*Neomys fodiens*) Gebirgsstelze (*Motacilla cinerea*) Wasseramsel (*Cinclus cinclus*) Zaunkönig (*Troglodytes troglodytes*) Rohrammer (*Emberiza schoeniculus*) Ringelnatter (*Natrix natrix*) Schillerfalter (Apatura) Zitronenfalter (*Gonepteryx rhamni*)
	Röhrichte und Großseggenrieder (Phragmitetea) – Bachröhrichte (Spargano-Glycerion) – Großseggenrieder (Magnocaricion)	Sumpf-Rispe (*Poa palustris*)* Blasen-Segge (*Carex vesicaria*) Graugrüne Sternmiere (*Stellaria palustris*) Pfeilkraut (*Sagittaria sagittifolia*)	Faltsüßgras-Bachröhricht (Glycerietum plicatae)** Gauklerblumen-Bachröhricht (Veronico-Mimuletum guttati) Schlankseggenried (Caricetum gracilis)*	

Grünland				
Wiesen und Weiden	Wirtschaftsgrünland (Molinio-Arrhenatheretea)			Feldhase (*Lepus europaeus*) Rebhuhn (*Perdix perdix*) Braunkehlchen (*Saxicola rubetra*) Wiesenpieper (*Anthus pratensis*) Zauneidechse (*Lacerta agilis*) Waldeidechse (*Lacerta vivipara*) Blindschleiche (*Anguis fragilis*) Wildbienen (Apoidea) Hummeln (Bombus) Schmetterlinge (z. B. Erebia, Satyrus, Pararge, Coenonympha, Melitaea, Argynnis)
	Naßwiesen (Calthion)	Schlangenknöterich (*Polygonum bistorta*)* Sumpf-Dotterblume (*Caltha palustris*) Kuckucks-Lichtnelke (*Lychnis flos-cuculi*) Kleiner Baldrian (*Valeriana dioica*) Breitblättrige Kuckucksblume (*Dactylorhiza majalis*) Kleiner Klappertopf (*Rhinanthus minor*) Herbst-Zeitlose (*Colchicum autumnale*) Sumpf-Schafgarbe (*Achillea ptarmica*) Hirse-Segge (*Carex panicea*)	Schlangenknöterich-Kohldistel-Feuchtwiese (Polygono-Cirsietum oleracei)** Waldsimsen-Quellwiese (Scirpetum sylvatici)* Waldbinsen-Quellwiese (Crepido-Juncetum acutiflori)	
	Frischgrasland (Arrhenatheretalia)	Gemeiner Augentrost (*Euphrasia rostkoviana*)* Wiesen-Margerite (*Leucanthemum vulgare*) Stattliches Knabenkraut (*Orchis mascula*) Wohlriechende Schlüsselblume (*Primula veris*) Bärwurz (*Meum athamanticum*) Wiesen-Kümmel (*Carum carvi*)	Glatthafer-Frischwiese (Dauco-Arrhenatheretum)** Kammgrasweide (Lolio-Cynosuretum)*	
Wegraine und Böschungen (z. T. mit Sträuchern u. a. Flurgehölzen)	Frischgrasland (Arrhenatheretalia)	Knöllchen-Steinbrech (*Saxifraga granulata*)* Zittergras (*Briza media*) Pechnelke (*Lychnis viscaria*)	Pechnelken-Rotschwingel-Frischwiese (Viscario-Festucetum rubrae)**	
	Borstgrasrasen (Nardetalia)	Grüne Hohlzunge (*Weloglossum viride*)*** Holunder-Kuckucksblume (*Dactylorhiza sambucina*) Berg-Wohlverleih (*Arnica montana*)** Salep-Knabenkraut (*Orchis morio*) Gemeines Katzenpfötchen (*Antennaria dioica*)* Wald-Läusekraut (*Pedicularis sylvatica*) Mond-Rautenfarn (*Botrychium lunaria*) Gefleckte Kuckucksblume (*Dactylorhiza maculata*) Weiße Waldhyazinthe (*Platanthera bifolia*) Teufelsabbiß (*Succisa pratensis*) Rötlinge (Entoloma) Saftlinge (Hygrocybe) Ellerlinge (Camarophyllus) Erdzungen (Geoglossaceae)	Kreuzblümchen-Borstengrasrasen (Polygalo-Nardetum)**	
	Weißdorn-Schlehengebüsche (Crataego-Prunetea)			Dorngrasmücke (*Sylvia communis*) Neuntöter (*Lanius collurio*) Grauammer (*Emberiza calandra*)

[a] Zusammengestellt von O. Bastian nach Angaben von Gutte et al. (1963/1964); Hardtke (1980, 1984); Hempel (1977); Kästner et al. (1938); Knapp et al. (1985); Kosmale (1980); Lange u. Heinrich (1970); Paepke (1981); Ranft (1972, 1975); Rauschert (1978); Falz u. Walter, jeweils persönliche Mitteilung.

* schwach gefährdet

** stark gefährdet

*** vom Aussterben bedroht

allgegenwärtigen Amphibien (Kröten, Frösche, Molche) schon völlig. Auch die kleineren Fließgewässer, in denen z. B. die Elritze eine starke Verbreitung aufwies, sind zumindest rar geworden. Lediglich entlang den Betongitterplatten-Gräben vermochten sich noch bestimmte Pflanzenarten und Vertreter der niederen Tierwelt zu halten, und zwar solche, die sich den Veränderungen der Abflußverhältnisse, der Wasserthermie und der Wassergüte anpassen konnten. Entfallen sind des weiteren die Hochstaudenfluren und Gehölzformationen der Gewässerufer mitsamt ihrer spezifischen Tierwelt (Beispiel für Brutvogelbesatz s. Steffens 1986).

Eine nahezu erloschene Biotopgruppe betrifft die Naßstandorte des Graslandes (einschließlich quellige Standorte). Als dezimierende Faktoren sind neben dem Wasserentzug vor allem Düngungseinflüsse für oligotrophe Arten und Beweidung für viele trittempfindliche Arten entscheidend. So werden beispielsweise solche einst weit verbreiteten Arten wie Wiesenorchideen, Schlüsselblumen, Wollgräser oder Herbstzeitlosen kaum mehr angetroffen.

Vielfach völlig beseitigt oder auf unbedeutende Reste reduziert wurden die Flurgehölze und ihr Unterwuchs und mit ihnen wesentliche Brut- und Ruhebiotope der Vogelwelt.

Auch die Kleinbiotope der Feldwege, Feld- und Hochraine wurden sehr stark dezimiert, die verbliebenen durch Eutrophierung artenreduziert.

Auf nicht melioriertem, steilerem und extensiv genutztem Hanggrasland (in sich differenzierbar nach Sonnen- und Schattenlage) vermochten sich die Magerstandortvertreter noch einige Zeit zu erhalten, unterliegen nunmehr aber gleichfalls einer starken Auslese und dem Konkurrenzdruck, hervorgerufen durch Eutrophierung, Viehvertritt sowie durch natürliche Sukzessionen.

Relativ unbeeinflußt und oft völlig ungenutzt blieben nur die Waldstandorte der steileren Hangleisten. Sie stellen mit ihren Randsäumen für eine Reihe von Pflanzen- und Tierarten letzte inselhafte oder streifenförmige Rückzugshabitate dar (z. B. Vögel, Reptilien) und unterliegen zur Zeit einer weitgehend natürlichen Sukzession. Allerdings bestehen auch hier Eutrophierungseinflüsse, besonders entlang den Oberhangkanten und entlang den gelegentlichen Abflußbahnen, was vor allem in der Kraut- und Strauchschicht (z. B. Springkraut, Schwarzer Holunder) sichtbar ist.

Als Nebenwirkung der Intensivierung des Graslandes der kleineren Hohlformen hat die dazu notwendige Standorthomogenisierung zu einschneidenden Veränderungen des Wasserhaushaltes und zu einem erheblichen Biotopschwund geführt. Daraus resultiert ein in seinen Ausmaßen und in seiner Bedeutung noch kaum abschätzbarer, gebietsweise schon totaler Populations- und z. T. sogar Artenschwund an Flora und Fauna. Die Erhaltung biologischer Mannigfaltigkeit erweist sich aber sowohl für den Genpool als auch für die Stabilität ökologischer Gleichgewichte als sehr bedeutsam. Sie hat nicht zuletzt auch Bedeutung für das Naturerleben und die landschaftästhetische Bildung und Erziehung. Gerade der Erzgebirgsnordsaum verzeichnet durch die beschriebene jüngste Entwicklung diesbezüglich eine starke Verarmung. Es erfordert viel Aufwand und persönliches Engagement, um in ausgewiesenen Schutzgebieten die verbliebene biotische Mannigfaltigkeit dauerhaft zu erhalten. Eine wesentliche, dazu notwendige, Voraussetzung, nämlich der Genaustausch über ausreichende Vernetzung solcher Inselhabitate, besteht wegen zu großer Zwischenräume teilweise schon nicht mehr.

Rückwirkungen und Ausblick

Die jüngste Intensivierungsphase der kleineren Offenland-Hohlformen hat gegenwärtig ihr ökonomisches Ziel im wesentlichen erreicht. Entlang dem Erzgebirgsnordsaum wurden dieselben durch meliorative Eingriffe weitestgehend der modernen Großtechnik erschlossen. Hinzu kommen bedeutende Ackerlandgewinne sowie größere und effektivere Schlagstrukturen. Das Grasland verzeichnet einen erheblichen Zuwachs der Biomasseproduktion.

Erkauft wurde dieser mit hohem materiellen und ökonomischen Einsatz erzielte Gewinn mit einer Reihe von Nebenwirkungen. Diese betreffen einerseits den Landschaftshaushalt insgesamt, andererseits indirekt und direkt auch die landwirtschaftliche Produktion selbst.

Im Landschaftshaushalt sind Reduzierungen des natürlichen Wasserrückhaltes, Veränderungen des Abflußgeschehens, Beeinträchtigungen der Wasserqualität und natürlicher „Gratisleistungen" der Gewässer bemerkenswert (vgl. auch Benndorf 1986). Der hohe Anteil künstlich homogenisierter Standorte bedarf künftig neuer Methoden zur Beurteilung ihrer aktuellen Dynamik und eventueller weiterer Qualifizierungsmaßnahmen. Gravierend erscheint der Habitatverlust für Flora, Fauna und Edaphon, dessen Umfang und Bedeutung gegenwärtig nur schwer einzuschätzen ist. Auf alle Fälle findet eine sehr große Zahl von Arten nur noch in wenigen Schutzgebieten letzte Rückzugsstandorte. Populations- und Artenschwund bedeuten aber eine Labilisierung eingepegelter ökologischer Gleichgewichte, eine Reduzierung natürlicher „Gratisleistungen", des Genpooles, der landschaftlichen und ästhetischen

Vielfalt. Besonders über die Dezimierung der Flurgehölze und des Wasserangebotes sind schließlich auch Veränderungen der geländeklimatischen Gegebenheiten vorhanden, so in höherer Windexposition (einschließlich Schneedeckenverlagerung), im Verdunstungsgeschehen und in den thermischen Bedingungen (Aufheizung und Frostgefährdung). Die Palette der Nebenwirkungen ist damit komplexer Natur und beeinträchtigt oder verändert den Landschaftshaushalt insgesamt. Hieraus resultieren, langfristig gesehen, auch negative ökonomische Rückwirkungen, die sich gegenwärtig kaum bewerten lassen.

Viele Neuerungen gingen – wie auch in diesem Zusammenhang – im Bestreben, maximale Ergebnisse zu erreichen, nicht selten über das optimale Ziel hinaus. So wurden noch vor wenigen Jahren, entgegen gesetzlichen Regelungen und in Auseinandersetzung mit den zuständigen Behörden, lokal letzte Kleinwasserläufe begradigt und mit Betongitterplatten ausgelegt, quellige Klein- und Kleinstflächen bis herab zu ar-Größe mit Großtechnik für den Hangweidebetrieb hydromelioriert und somit verbliebene letzte Habitate, die keinen Schutzstatus tragen, zerstört.

Für die Landwirtschaft selbst lassen sich erste nachteilige Nebenwirkungen belegen. So zeigt sich im Nachhinein die Einbeziehung von kleineren Auen in die Ackernutzung als problematisch. Verstopfungen der verrohrten Wasseradern und Überflutungen bei Starkregen sind in solchen Ackerauen nicht selten. Auch erweist sich z. B. Getreide auf Auenanteilen infolge höheren Feuchteangebotes als wüchsiger, kommt wegen größerer Halmlänge leichter zur Lagerung, vielfach später zur Totreife und enthält nicht selten auch einen andersartigen sowie oft stärkeren Wildkrautbesatz. Damit paust sich die natürliche Standortdifferenzierung letztlich derart durch, daß eine einheitliche Ernte solcher Schläge in Frage gestellt sein kann.

Die Flurholzausräumung hat Bedeutung für das Wohlbefinden des Weideviehes und damit dessen Leistung. Es fehlt ihm an schattenspendenden Unterstellmöglichkeiten bei praller Sommermittagssonne, und es fehlt ihm ebenso an physiologisch wichtigen Scheuermöglichkeiten zur Reinhaltung des Felles, erkennbar an verbliebenen Einzelbäumen oder an hölzernen Leitungsmasten.

Versäumt wurde ferner vielerorts, vor allem in der ersten Zeit der jüngsten Meliorationsphase, die Einrichtung trittfester Tränkstellen aus dem lokalen Wasserangebot, weshalb Tränkwassertransport mit den damit verbundenen Nachteilen (rasche Erwärmung des Tränkwassers; Treibstoffkosten) stattfinden muß.

Nicht unbedeutend ist auch die Fragestellung nach der Lebensdauer hydromeliorativer Eingriffe. Als besonders kritisch erweisen sich die Verrohrungen von Fließgewässeradern – eine Erfahrung, die schon unter einzelbäuerlicher Bewirtschaftung gemacht werden mußte. Gewöhnlich handelt es sich um Versandungen oder Verschlammungen in den Rohrleitungen, ausgelöst durch Gefällswechsel oder durch rasch abebbende Starkwasserdurchflüsse mit Liegenlassen mitgeführter Fracht, die dann verdichtet. So können oft schon nach wenigen Jahren Verstopfungen entstehen. Wasseraustritte, Oberflächenabfluß und rasch um sich greifende Vernässungen sind dann die Folge. Bei Häufung solcher Fälle sollte deshalb künftig besser auf flache durchfahrbare Betongitterplatten-Auslegungen zurückgegriffen werden.

Dränsysteme haben bei sorgfältiger Ausführung demgegenüber meist eine hohe Lebensdauer (es sind solche mit 100jähriger Funktionsbereitschaft bekannt). In Gebieten mit starker Verockerung (Eisenverbindungen, die vom Wasser ausgeflockt werden) kann hingegen, ebenso wie bei schlechter Ausführung, der Meliorationsaufwand schon nach Zeiträumen von 5 – 10 Jahren in Frage gestellt sein. Probleme verursachen ferner lokal vorhandene, sehr dichte oder tonreiche Bodenbildungen, in denen die Dränzügigkeit sehr gering ist und besser andere meliorative Maßnahmen zum Einsatz kommen sollten.

Betongitterplatten-Auslegungen der Wasseradern erweisen sich bei guter Ausführung und Berechnung der Objekte als recht stabil, bedürfen aber andernfalls (labiler Untergrund, größere Hochwasserspitzen mit Hinterspülung der Seitenwände, Wirkung eventuell aufkommender Ufergehölze) der Reparatur, wenn es nicht zu Verwilderungen kommen soll. Der Material- und Kostenaufwand ist hoch. Er betrug nach Weise et al. (1985) 175000 Mark je Kilometer. Hinzu kamen 15 t Stahl sowie 150 t Zement.

Im Ausblick muß davon ausgegangen werden, daß die mit hohem Aufwand erreichten Intensivierungen der modernen Biomasseproduktion in den kleineren Hohlformen des Offenlandes von wesentlicher wirtschaftlicher Bedeutung sind und darum künftig fortbestehen. Seitens des Hauptnutzers, der Landwirtschaftsbetriebe, werden aber Korrekturmaßnahmen dort vonnöten sein, wo sich sekundäre negative Erscheinungen im Nachhinein herausstellen oder sich effektivere Verbesserungen anbieten.

Einige Hinweise dazu seien nachfolgend gegeben: Offen bleibt die Beantwortung der Frage, inwieweit die Palette der genannten Nebenwirkungen auf die Dauer in vollem Umfang in Kauf genommen werden kann. Vorrangig treten dabei die Aspekte des reduzierten Wasserangebotes und der geminderten Wasserqualität als Langzeitwirkung in das Blickfeld. Hinzu kommt der Habitatverlust mit einem bemerkenswerten Populations- und Artenschwund, der das bisherige natürliche Gleichgewicht labilisiert und eine Entwicklung zu einem ökologisch verarmten und homogenisierten Zustand auslöst. Im Interesse moderner Überlegungen zur Frage von Ökonomie und Ökologie auf lange Sicht, zur besseren und nachhaltigen Nutzung der Gratisleistungen der Naturpotentiale und zur integrierten Betrachtung und Koordinierung der im Territorium arbeitenden Zweige der Volkswirtschaft (Mehrfachnutzung und Landschaftsplanung) erscheint es zweckmäßig, schon frühzeitig Vorstellungen zu entwickeln, die zu einer Minderung entstandener negativer Nebenwirkungen führen oder gegebene Potenzen erhalten bzw. besser nutzbar machen könnten. Für die gefährdeten Tier- und Pflanzenarten wäre es dabei von großer Bedeutung, den Zeitraum bis zu solchen Maßnahmen sehr kurz zu halten.

Ein wesentlicher denkbarer Schritt wird darin gesehen, neue polyfunktionale Kleinwasserreservoire anzulegen (vgl. auch Schnurrbusch u. Westhus 1986). Sie sollten am Erzgebirgsnordrand dort entstehen, wo sich die kleinen Tälchen stärker eintiefen, denn hier bestünden flächenverlustarme Stauraumbedingungen, und vielfach läßt dort auch die Intensität der Nutzung nach (kleine Graslandschläge, steilere z. T. bewaldete Hänge). Mit solchen Anlagen könnte bei angemessener Vielzahl ein bedeutender Wasserrückhalt geschaffen werden, der abwärts den Hochwasserabfluß reduziert und den Niedrigwasserabfluß aufbessert. Hinzu käme bei Bedarf deren Nutzung als landwirtschaftliche Wasserspeicher. Des weiteren ermöglichten solche Anlagen eine Verbesserung der Wasserqualität. Kleine, technisch schlämmbare Vorbecken könnten den Großteil des eingetragenen Schwebs (damit die Phosphat-Last) und der organischen Last aufnehmen. Das gewonnene Substrat käme, möglichst nach Kompostierung, der Aufbesserung erosiv gekappter Ackerkrume zugute. Die Stickstoff-Last unterläge in den Kleinstauanlagen wenigstens teilweise dem organischen Abbau. Kleinspeicher lassen sich ferner, die mögliche hohe Dichte vorausgesetzt, einer mäßig intensivierten Fischproduktion erschließen und böten mit ihren Randsäumen und Vorbecken einem Großteil der stark reduzierten Pflanzen- und Tierwelt zusagende Biotope (aquatische, subaquatische und nasse bis sehr feuchte Standorte sowie Ufergehölze). Hinzu kämen positive geländeklimatische Einflüsse, in Auswahl selbst Möglichkeiten für Naherholung (Bade- und Eislaufbetrieb) und schließlich eine Erhöhung der landschaftsästhetischen Vielfalt. Am Erzgebirgsnordsaum könnte nach grobem Überschlag mit einer solchen Anlage alle 3 – 5 km^2 gerechnet werden. Das wäre in dem ca. 25 – 30 km breiten und etwa 110 km langen Saum ein Potential von ca. 750 Kleinstauanlagen. Setzt man für die ungefähre Speichergröße einer Einzelanlage nur ein Volumen von 10000 – 20000 m^3 (0,5 – 1 ha Fläche mit durchschnittlich 2 m Tiefe) an, so stünde eine Gesamtspeicherkapazität von etwa 11 Mio. m^3 Wasser in diesem Bereich zusätzlich zur Verfügung. Bei größeren Stauanlagen oder Schaffung von Teichkaskaden in geeigneten Hohlformen könnte diese Speicherkapazität noch erheblich erweitert werden.

Ein zweiter Schritt wird in der polyfunktionalen Rolle der Wiedereinbringung von Flurgehölzen gesehen. Solche wären sicher bereits vorteilhaft für das Wohlbefinden und damit das Leistungsvermögen des Weideviehs. Flurgehölze bewirken des weiteren positive geländeklimatische Effekte und bieten einem artenreichen Vogelbestand Einstand und Brutmöglichkeit (biologische Schädlingsbekämpfung). Bei geeigneter Auswahl der Flurgehölze kann sowohl auf Holznutzung als auch auf andere noch wenig praktizierte Nutzungen (z. B. Edeleberesche, Lindenblüten, Hagebutten, Schnittreisig) abgezielt werden. Hinzu kommt der hohe landschaftsästhetische Reiz und nach entsprechenden Standzeiten die Einpegelung einer reichhaltigen bodennahen Flora und Fauna (Strauch- und Krautschicht; Schmetterlinge, Reptilien, Igel; Pilze).

Mit diesen beiden Maßnahmen könnte dem negativen Wirkungsspektrum dieser im Abschluß befindlichen landwirtschaftlichen Intensivierungsphase in den kleineren Hohlformen des Offenlandes merklich begegnet werden. In den gegenwärtig zugunsten einer Produktionsrichtung homogenisierten, ausgeräumten, biologisch verarmten und damit ökologisch labilisierten Bereichen wäre, gleichfalls künstlich gesteuert, und im Vergleich zum jüngst erbrachten Meliorationsaufwand mit begrenzten Mitteln, eine polyfunktionale Nutzung möglich, insbesondere hinsichtlich der Verbesserung von Wasserrückhalt und Wasserqualität sowie der Erhaltung großer Teile der vordem vorhandenen biotischen Substanz. Von dieser komplexen landschaftsökologischen Denkweise ist künftig auszugehen, wenn wir Bestehendes erhalten, Vorhandenes effektiver und die natürlichen Potenzen besser nutzen wollen. In den gegenwärtig vom Menschen sehr hoch beanspruchten mitteleuropäischen Territorien muß künftig besonders eine mit allen Nutzern abgestimmte und optimierte Mehrfachnutzung erreicht werden. Ferner ist das noch stark verbreitete, rein großtechnische Denken zu überwinden. Auch die nicht selten bedeutenden Summationseffekte kleinerer Potenzen können und müssen wissenschaftlich-technisch erschlossen werden. Gerade die jüngste Intensivierungsphase der kleineren Offenland-Hohlformen hat dies in den Ackerlandgewinnen und in den gesteigerten Graslandleistungen bewiesen. Es gilt nun aber, die negativ betroffenen anderen Funktionszyklen und Gratisleistungen dieser Hohlformen durch geeignete Maßnahmen zu kompensieren und künftige Veränderungen in der Landschaft geoökologisch, d. h. polyfunktional, zu steuern.

Literatur

Bartels R, Watermann EA (1981) Einfluß der N-Düngung auf die Trittfestigkeit und Tragfähigkeit von Hochmoorgrünland. Z Kulturtech Flurbereinigung 22:365–370

Barth E (1979) Bäuerliches Inventar eines 27,5 ha großen Gutes in einer Ortschaft des (heutigen) Kreises Reichenbach im Jahre 1938. Sächsische Heimatbl 25 (4):158–159

Benndorf J (1986) Erhaltung und Wiederherstellung naturnaher Fließgewässer als Voraussetzung für ihre Mehrzwecknutzung. Naturschutzarbeit Sachsen 28:21–32

Bernhardt A (1966) Beschaffenheit und Genese des Substrats und der Böden als bestimmendes Element des Landschaftshaushaltes im sächsisch-thüringischen Hügelland (Gebiet Ronneburg-Schmölln-Werdau). Diss, Univ Leipzig

Bernhardt A (1981) Veränderungen im Landschaftsbild durch eine technische Neuerung – die Grasmähmaschine. Erzgebirgische Heimatbl 3 (3):65–68

Bernhardt A, Jäger KD (1985) Zur gesellschaftlichen Einflußnahme auf den Landschaftswandel in Mitteleuropa in Vergangenheit und Gegenwart. Sitzungsber Sächsische Akad Wiss, Math-Nat Kl 117 (4):5–56

Gränitz R (1981) Vogelfang im Erzgebirge – Eine historische Betrachtung. Sächsische Heimatbl 27 (3):97–137

Gutte P et al. (1963/1964) Vegetationskundlicher Überblick Sachsens. Ber Arbeitsgemeinsch Sächsischer Bot, NF, 5/6:348–430

Hamel G (1983) Die Intensivierung der landwirtschaftlichen Produktion und Chancen für den Florenschutz. Naturschutzarbeit in Berlin u. Brandenburg, 19 (2):33–42

Hardtke H-J (1980) Veränderungen der Gewässerflora des Elbhügellandes und der angrenzenden Gebiete. Naturschutzarbeit u Naturkdl Heimatforsch Sachsen 22:18–25

Hardtke HJ (1984) Schutzgebiete für Moose, Flechten, Pilze. Naturschutzarbeit u Naturkdl Heimatforsch Sachsen 26:38–44

Hempel W (1977) Biotopschutz für gefährdete Pflanzenarten – eine Naturschutzaufgabe ersten Ranges (Rote Liste der ausgestorbenen und gefährdeten Pflanzenarten der drei sächsischen Bezirke – Teil III). Naturschutzarbeit u Naturkdl Heimatforsch Sachsen 19:76–82

Kästner M, Flössner W, Uhlig J (1938) Die Pflanzengesellschaften des westsächsischen Berg- und Hügellandes, 3. u. 4. Teil. Veröffentl Landesver Sächsischer Heimatschutz, Dresden

Kaulfuss W (1984) Untersuchungen zur Landschaftsstruktur und Hydromelioration landwirtschaftlicher Nutzflächen im Osterzgebirge. Wiss Z PH „Karl Friedrich Wilhelm Wander" 18:89–105

Knapp HD, Jeschke L, Succow M (1985) Gefährdete Pflanzengesellschaften auf dem Territorium der DDR. Berlin

Kosmale S (1980) Ursachen und historische Entwicklung der Veränderung von Flora und Vegetation in der Umgebung Zwickaus. Hercynia, NF 17 (3):333–357

Lange E, Heinrich W (1970) Floristische und vegetationskundliche Beobachtungen auf dem MTB Frankenberg/Sa. (5044). Hercynia, NF 7 (1):53–86

Markgraf W (1986) Ein Agraringenieur erinnert sich. Erzgebirgische Heimatbl 8 (3):62–64

Paepke H-J (1981) Die gegenwärtige Situation der Süßwasserfischfauna in der DDR. Arch Naturschutz und Landschaftsforsch 21 (3):113–130

Ranft M (1972) Grünlandgesellschaften des sächsischen Elbhügellandes. Die Viscaria vulgaris-Ranunculus bulbosus-Gesellschaft. In: Ber Arbeitsgemeinsch Sächsischer Bot, NF 10:139–156

Ranft M (1975) Zur Veränderung der Pflanzenwelt des Wilsdruffer Landes. In: Naturschutzarbeit u Naturkdl Heimatforsch Sachsen 17:77–82

Rauschert S (1978) Liste der in der Deutschen Demokratischen Republik erloschenen und gefährdeten Farn- und Blütenpflanzen. Berlin

Schnurrbusch G, Westhus W (1986) Wassergefüllte Hohlformen als Landschaftselement und ihre Gestaltung zur Unterstützung der landwirtschaftlichen Produktion. Hercynia, NF 23 (4):457–462

Steffens R (1986) Die Auswirkungen von Weideschäden an Flurgehölzen auf den Brutvogelbestand. Naturschutzarbeit Sachsen 28:43–48

Wegener U (1976) Die Hauptformen der Bewirtschaftung des Gebirgsgrünlandes in ihrer Beziehung zum Nährstoffhaushalt und zum Trinkwasserschutz. In: Arch Naturschutz u Landschaftsforsch 16(3/4):215–235

Wegener U (1986) Ökologische Auswirkungen der Beweidung von Feuchtgrünland im Gebirge. Arch Naturschutz u Landschaftsforsch 26 (3):193–207

Weise G et al. (1985) Ökotechnische Verfahren im Wasserbau unter besonderer Berücksichtigung des Ufer- und Böschungsschutzes. Wasserwirtschaft – Wassertechnik 35 (7):153–155

6.5 Physisch-geographische Forschungen für den Obstbau

ROLAND WEISSE

Der Autor beschäftigt sich seit Jahren mit der Aufnahme glazialer und periglazialer Oberflächenformen, Substrate und Strukturen sowie holozäner Prozesse. Die dabei erzielten Forschungsergebnisse sind praxiswirksam, indem sie zur Standortbeurteilung im Obstbau herangezogen werden. Die wenigen, hier angeführten Beispiele sollen den theoretischen Ansatz und die praktischen Aspekte dieser Untersuchungen verdeutlichen.

Wie Weiße (1987 a, b) ausführte, gibt es neben der klassischen Grundmoräne mit Deckenlagerung des Geschiebemergels (*lodgement till*) einen weiteren Typ, der zwar flächenmäßig zurücktritt, jedoch unbedingt beachtet werden sollte: die deformierte Grundmoräne. Abbildung 1 verdeutlicht einen Ausschnitt einer solchen Grundmoräne mit Falten-Schuppen-Struktur. Die Schuppen bestehen entweder aus Sanden, Kiesen und/oder Schluffen bzw. aus basalem Geschiebemergel (*waterlain till*). Die ca. 20 – 70 cm mächtige periglaziale Decke wurde nicht dargestellt. Aus diesem Kartierungsbeispiel lassen sich folgende Regeln ableiten:

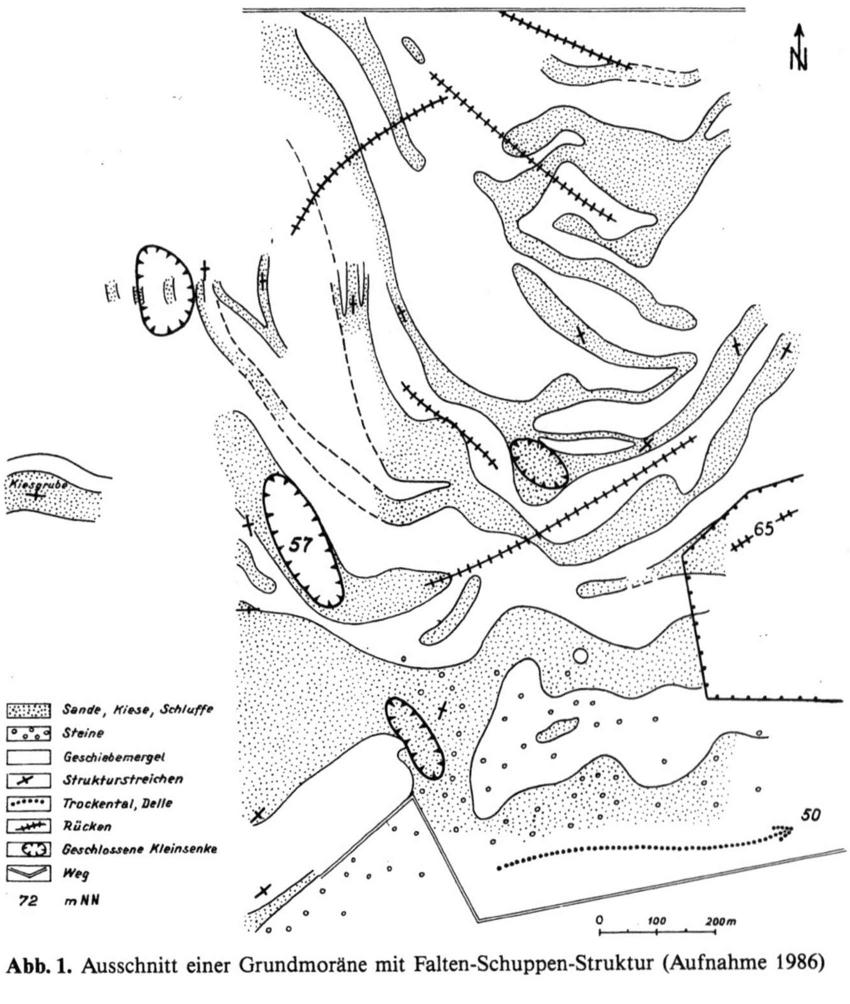

Abb. 1. Ausschnitt einer Grundmoräne mit Falten-Schuppen-Struktur (Aufnahme 1986)

(a) Die Breite der Schuppen beträgt 50 – 200 m.
(b) Im Norden sind die Geschiebemergelschuppen flächenmäßig weiter verbreitet als die Areale mit rolligen Substraten. Im Süden überwiegt der Anteil sandiger und kiesiger Areale.

Auffallend ist die Übereinstimmung von Oberflächenformen und Substraten. Die meist flachen Rücken wurden vielfach in gepreßten Geschiebemergelkomplexen beobachtet, und die geschlossenen Kleinsenken sind in Sanden und Kiesen angelegt. Die westliche Hohlform weist eine gemischte Substratausstattung der Senkensohle auf. Die Längsachsen der Kleinsenken verlaufen parallel zum Streichen der Einengungsstrukturen. Die Tiefe der Hohlformen beträgt 5 – 10 m. Wegen der Ausbildung der Senkensohle in Sanden und Kiesen sowie wegen ihrer bedeutenden relativen Höhenlage über dem Niederungsniveau zeigen alle Hohlformen Bodentrockenheit. Stau- bzw. Grundwassereinfluß wurde zu keiner Zeit beobachtet.

Das auffallende Streichen der Einengungskörper spiegelt im Norden mit einem System von nach Nordnordosten geöffneten Bögen die Umrisse einer ehemaligen Gletscherzunge wider. Im Süden verliert sich dieses Anordnungsprinzip. Diese glazialdynamisch entstandene Anordnung der oberflächennahen Baukörper war für die periglaziale Substratumverteilung (z. B. auch die periglaziale Steinigkeit) und die holozäne Bodenbildung von entscheidender Bedeutung. Das Glazialrelief wurde erosiv, solifluidal und durch Spülprozesse überprägt, jedoch nicht ausgelöscht; andernfalls wären die stauchungsbedingten Kleinsenken morphologisch nicht mehr nachweisbar. Neu entstanden Tälchen und Dellen, aber auch sandige und schluffige Decken, Streifen und Bänder; feinkörnige periglaziale Zwischenschichten sind insbesondere in den Sand-Kies-Schuppen wegen ihrer fruchtbarkeitserhöhenden Eigenschaften bedeutend, so daß Bodenmeliorationen (z. B. Entsteinungsmaßnahmen) sie nicht zerstören sollten. Da Bodennässe nicht oder nur kurzfristig auftritt (z. B. auf breiteren Geschiebemergelschuppen), bedarf es keiner hydromeliorativen Maßnahmen. Im Zusammenhang mit künstlicher Beregnung muß mit partieller Vernässung der Lehm-Braunerden und Tieflehm-Fahlerden der basalen Geschiebemergel-Schuppen gerechnet werden, so daß Bedarfsdränung angebracht ist. Die Ableitung des überschüssigen Wassers kann in die Kiesschuppen erfolgen, das Grundwasser tritt erst in mehr als 10 m Tiefe auf. An diesem Beispiel wird deutlich, daß die Kenntnis des glazialen Baustils einer Grundmoräne wesentlich zum Verständnis der Bodenformenanordnung beiträgt und Ableitungen für Be- und Entwässerungsmaßnahmen ermöglicht; auch Fragen der Grundwasserneubildung und des Grundwasserschutzes lassen sich auf diese Weise realistischer beantworten.

Eine effektive Nutzung des begrenzten Bodenfonds verlangt ferner, natürliche und/oder anthropogen ausgelöste oder verstärkte Erosionsprozesse in ihren gesetzmäßig bedingten Raum-Zeit-Strukturen zu erfassen und durch geeignete Maßnahmen einzuschränken. Diese Forderung erscheint dort umso dringlicher, wo größere Flächen über einen längeren Zeitraum mit nur einer Kulturart genutzt werden. Das nachstehend aufgeführte Beispiel bezieht sich auf einen Plattenrand einer Grundmoräne mit Falten-Schuppen-Struktur (vgl. Abb. 2 und 3). In diesem Bereich traten in den letzten Beobachtungsjahren (1982 – 1987) wiederholt erosive Prozesse auf; zuletzt wurden sie im März 1987 kartiert. Das erosionsgefährdete Gebiet ist etwa 1000 m lang und einige Hundert Meter breit, seine Achse bildet ein periglazial angelegtes Tälchen, von dem viele Dellen seitwärts und plattenwärts ausgehen. Von oben nach unten lassen sich folgende, durch verschiedene Teilprozesse charakterisierte Abschnitte ausgliedern:

Das erste, relativ hoch gelegene Wassersammelgebiet weist geringe Neigung und morphologisch schwach ausgebildete Dellen auf und zeichnet sich durch Spülerosion aus. Der Bodenabtragungswert ist gering; wegen des großen Einzugsgebietes (ca. 45% des Gesamtareals) sammeln sich bedeutende Feststoffmengen in der zentralen Delle an (bis 20% des insgesamt erosiv umgelagerten Materials). Ein zweiter, etwas kleinerer Abschnitt (ca. 20% der Gesamtfläche) hat als wichtigste Wassersammelader eine flache Kerbe, in der es wiederholt zu Furchen- und Grabenerosion kommt. Gefällewärts verringert sich die Erosionstiefe bei gleichzeitiger Verbreiterung der Ausräumungsformen. Lokal tritt eine zeitlich begrenzte Sandakkumulation auf. Eine das Tälchen spitzwinklig querende Geschiebemergelschuppe verstärkt mit ihrer Gefällsversteilung die Erosionsintensität, wodurch kräftige Gräben ausgebildet werden. Gefällewärts tritt als Rahmenform eine flache periglaziale Mulde auf; diese ist ein bevorzugtes Akkumulationsgebiet für Feststofftransporte der zentralen Achse und der seitlich einmündenden Dellen. Unterhalb des Sandkegels wird das abfließende Wasser erneut gesammelt, so daß es zu weiteren erosiven Prozessen kommt, die wiederum tiefe Gräben entstehen lassen. Während oberhalb 40 – 60% des gesamten verlagerten Materials vorübergehend abgelagert werden können, werden in den erosiven Gräben bis 25% der gesamten Abtragungsrate weggeführt und teilweise auf einer Sandschuppe abgelagert, da es wegen des geringen Gefälles zu Wasserversickerungen kommt. Auf einer anschließenden,

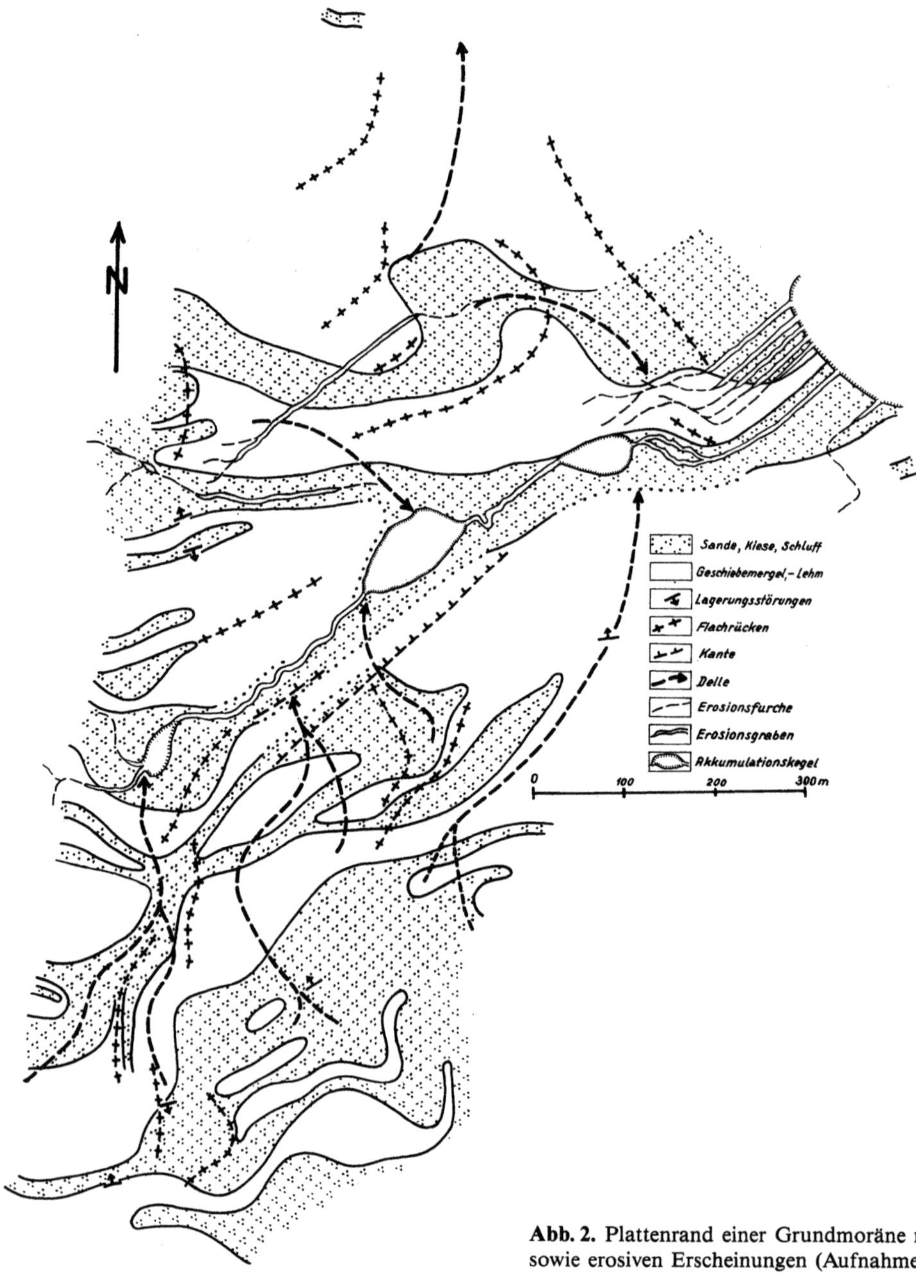

Abb. 2. Plattenrand einer Grundmoräne mit Falten-Schuppen-Struktur sowie erosiven Erscheinungen (Aufnahmen 1982 und 1987)

geneigten Geschiebemergelfläche sammelt sich erneut Niederschlagswasser, das, sobald es die nächste Sandschuppe erreicht, zu einer weiteren Verstärkung der Erosion führt. Zahlreiche parallel verlaufende enge Erosionsfurchen setzen in der Regel an der Grenze Geschiebemergel/Sand an und reichen bis zum letzten größeren, etwa 50 × 100 m einnehmenden Akkumulationskegel. Folgende Regeln lassen sich aus dieser Kartierung ableiten:

(a) Steile Plattenränder von Grundmoränen mit einem Neigungswinkel von mehr als 3 – 5 ° sind bei großflächigen Bewirtschaftungsweisen erosionsgefährdet. An diesen Steilrändern wurden bereits unter kaltzeitlichen Bedingungen sogenannte Trockentäler und Dellen angelegt (in unserem Fall maximal 10 m tief), in denen das Niederschlagswasser gebündelt abfließt. Besonders kräftige Niederschläge führen zu bedeutenden erosiven Abtragungen und Umlagerungen.

(b) Da das Untersuchungsgebiet glazialdynamisch gefaltet ist, treten eiszeitlich und periglazial geprägte Versteilungen und Verebnungen auf. Diese Stufenfolge beeinflußt entscheidend das Erosions- und Ablagerungsgeschehen. Die Abtragung vollzieht sich im Tälchenbereich vorwiegend als rückschreitende Erosion, insbesondere in den Sandschuppen, wäh-

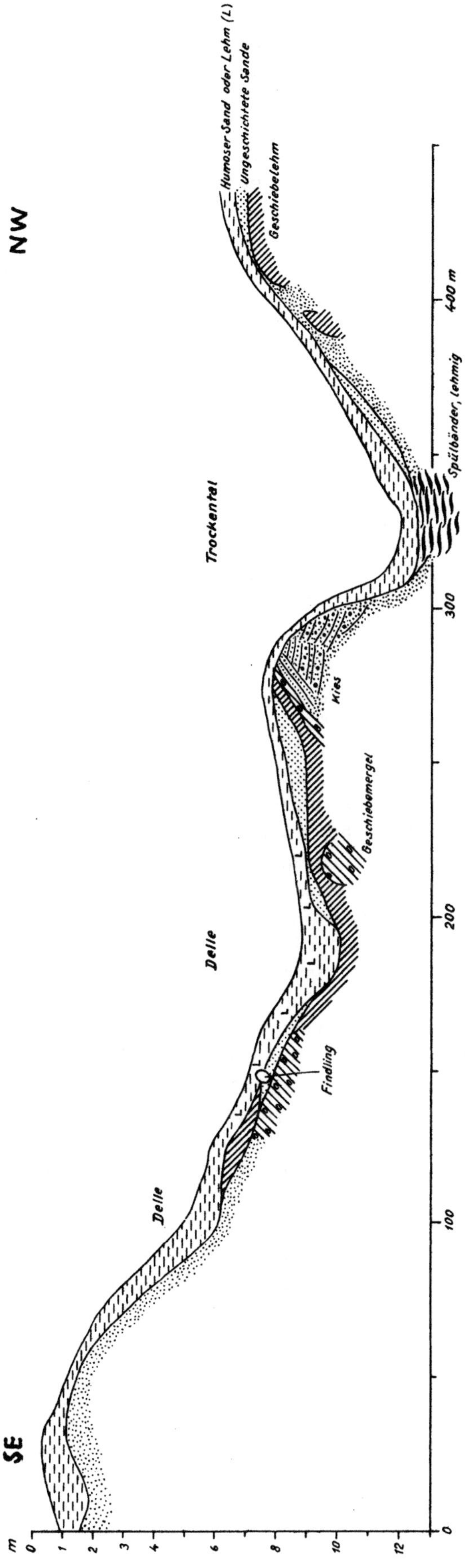

Abb. 3. Substratprofil periglazialer Oberflächenformen: Tälchen und Dellen (Aufnahme 1986)

rend die Lehmflächen den Niederschlag sammeln und gebündelt weiterleiten.

(c) Die Erosionsleistung ist um so intensiver, je größer das flach geneigte lehmige obere Einzugsgebiet ausgebildet ist. Aus diesem Grund muß darauf geachtet werden, daß durch die Bewirtschaftungsweise ein vielfach parzelliertes Einzugsgebiet (Bearbeitungsrichtungen, Terrassen, kleine Dämme, grasfreie und grasbedeckte Arbeitsgassen usw.) angestrebt wird, um den weiträumigen oberflächigen Wasserstrom so gut wie möglich zu unterbinden.

Risikoreich ist die obstbauliche Nutzung von glazialen Kleinsenken in Grundmoränen mit deckenartiger Lagerung des obersten Geschiebemergels. Als Beispiel sei eine Hohlform angeführt, die auf einer niederen Grundmoräne liegt (relative Höhe 5–10 m über der benachbarten Niederung), und zwar nahe ihrem Nordrand. Die Kleinsenke streicht Nordnordost-Südsüdwest; damit streicht ihre etwa 200 m lange Längsachse parallel zu den eingeregelten Geschieben des basalen Geschiebemergels. Das oberirdische Einzugsgebiet beträgt ca. 160000 m^2, die Hangneigung schwankt zwischen 1 und 4 °, und die Hanglänge erreicht durchschnittliche Werte von rund 200 m. Die etwa 2–3 m über dem Niederungsniveau gelegene Kleinsenkensohle ist ca. 6 m in die Grundmoränenplatte eingelassen.

Diese Kleinsenke stellt ein ausgesprochenes Störareal dar. So wurden beispielsweise nach dem niederschlagsreichen Winter 1981/82 ca. 2400 m^3 Fremdwasser (Februar 1982) auf der leichtwelligen Sohle ermittelt. Ferner betrug der im Mineralboden gespeicherte Wasservorrat etwa 100 m^3. Das bedeutet, daß sich von den im Dezember 1981 sowie Januar und Februar 1982 eingegangenen Niederschlags- und Fremdwassermengen (rund 20000 m^3) ca. 12% auf der Senkensohle angesammelt hatten. Die damals installierte Rohrdränage benötigte etwa 2 Monate, um diese auf kleinem Raum angehäuften Wassermassen abzuleiten – ein Prozeß, der wegen der z. T. in Lehm verlegten Rohre außerordentlich schleppend vonstatten ging. Erst am 15.4.1982 war die Senke oberflächig abgetrocknet, so daß die erforderlichen Pflegearbeiten beginnen konnten. Der Dränabfluß betrug im Februar (2 Wochen) 600 ml/s, im März 800 ml/s und im April (2 Wochen) ca. 300 ml/s. Legt man diese Werte zugrunde, so hatte die Dränung bis Mitte April 1982 etwa 3310 m^3 abgeführt. Da in den Monaten März und April 1982 weitere 7500 m^3 Niederschlag im Einzugsgebiet der Kleinsenke fielen, betrug der gesamte Eingang rund 28500 m^3; bis Ende April 1982 waren jedoch durch die Dränung nur ca. 3700 m^3 Wasser aus der Kleinsenke abgeführt worden.

Da die Hohlform bereits vor ihrer heutigen obstbaulichen Nutzung ein Feuchtstandort war (Anmoore, Humusgleye, Amphigleye), wurde sie z. T. mit Sanden verfüllt; die Aufschüttungssedimente erreichten eine Mächtigkeit von 20–70 cm. Trotz dieser Sohlenerhöhung und der durchgeführten Dränung war es nicht möglich, diese Senke innerhalb von 10–14 Tagen nach dem Niederschlagsereignis ausreichend zu entwässern. Daher wurde 1982 eine weitere hydromeliorative Maßnahme durchgeführt: Auf der Senkensohle hob man drei kürzere Gräben aus, die das hineinströmende Wasser zu den Dränrohren weiterleiten. Zwischenzeitlich wurde eine Neubepflanzung der Sohle vorgenommen, deren Zustand Aussagen zu der Wirkungsweise der Dränung zuläßt. Die nach fünf Standjahren vorgenommene Baumzählung (Juni 1987) läßt eindeutig eine Verbesserung des Bodenwasserhaushaltes erkennen. Es steht fest, daß das Kleinsenkenzentrum am wirkungsvollsten entwässert wird, die Baumausfälle sind gering (5–10%). Anders verhält es sich mit den Sohlenarealen, die im Grenzbereich der Senke zu den angrenzenden Hängen mit den in ihnen eingelassenen Dellen liegen. Die Baumausfälle liegen hier teilweise doppelt so hoch. Dieser Tatbestand weist darauf hin, daß Unterhang- und randliche Senkensohlenbereiche einem mehr oder weniger ständigen subkutanen Wasserstrom ausgesetzt sind. Die Reliefgestaltung der Sohle sowie deren lehmige Substrate erlauben es nicht, daß dieser Zufluß relativ rasch in die mehr senkenzentral gelegenen Gräben abgeführt wird. Insgesamt kann man folgende Ursachen für die – trotz erzielter „Fortschritte" – unzureichende Entwässerung anführen:

(1) An erster Stelle ist der basale Geschiebemergel zu nennen; er ist mehrere Meter mächtig und steht unmittelbar an der Senkensohle bzw. unter geringmächtigen periglazialen Sanden bzw. Schluffen an.

(2) Die Reliefgestaltung des oberirdischen Einzugsgebietes begünstigt die Wasserbewegung zur Senkenwanne. Hangneigung und -länge sowie einige Dellen fördern diesen Prozeß, so daß der Niederschlag relativ rasch als Fremdwasser in der Kleinsenke angereichert werden kann.

(3) Das Versickerungsprofil, d. h. der vertikale Abstand der Senkensohle zum Grundwasser, ist gering, so daß sich Stauwasser- bzw. Überflutungswasser und Grundwasserkörper nahezu berühren; diese Tatsache erschwert zusätzlich die erfolgreiche Entwässerung der Hohlform.

Die durchgeführten glazialmorphologischen, bodenkundlichen und hydrographischen Untersuchungen an dieser Kleinsenke über einen Zeitraum von 7 Jahren verdeutlichen, daß Oberflächenformen mit dem genannten inneren und äußeren Baustil für den industriemäßig organisierten Obstbau ungeeignet sind. Unabhängig von der Sortenunterlage ist der Obstbaum zu lange Feuchtphasen, z. T. aber auch extremen Trockenperioden, ausgesetzt, denen er sich nur schwer anpassen kann. Aus diesem Grunde sollten Kleinsenken dieser Art, auch wegen ihrer Funktion als Kaltluftfallen, künftig nicht mehr obstbaulich genutzt werden.

Wie bereits ausgeführt, entscheidet der Zeitraum, der erforderlich ist, um einen Fremdwasserkörper in einer sogenannten Naßstelle abzubauen, über den Zustand landwirtschaftlicher und obstbaulicher Kulturen. Die Entwässerungsdauer hängt ab vom geomorphologischen Naßstellentyp (vgl. Weiße 1986) und von der Dränungstechnik. Abbildung 4 weist den Abbau des Wasserüberschusses durch den Dränabfluß für 5 geomorphologische Naßstellen einer Apfelplantage aus. Der am 12.5.1983 gemessene Dränabfluß, hervorgerufen durch ein starkes Niederschlagsereignis, wurde als Ausgangswert (100%) angenommen. Abbildung 4 belegt den ungleichen Dränabfluß und damit den unterschiedlichen Abbau des Bodenwasserüberschusses in den einzelnen geomorphologischen Naßstellentypen. Der Dränrückgang war bei der Unterhangnaßstelle mit Sandarealen im Einzugs- und Versickerungsgebiet sowie bei den Kleinsenken- und Dellennaßstellen am stärksten ausgeprägt. Langsamer vollzog sich dieser Prozeß bei der Flachrinnennaßstelle mit teilweise lehmiger Ausstattung des Einzugsraumes. Ein sehr langsamer Wasserkörperabbau war für die Unterhangnaßstelle mit Lehmauskleidung typisch, bei der nach einem Monat der Dränabfluß noch 40% vom Ausgangswert betrug. Darin äußert sich ein relativ starker subkutaner Wasserzufluß. Zusammenfassend kann zu diesem Problem festgestellt werden, daß Dränabflußmessungen mit dazu beitragen, die entscheidenden Einflußgrößen geomorphologischer Naßstellentypen herauszufinden; auf ihrer Grundlage lassen sich künftig noch effektivere Entwässerungsmaßnahmen planen.

Zur weiteren Präzisierung der Kenntnisse zu Bodenwasserbewegungen und zum Aufbau von sogenannten Naßstellen auf Obstplantagen wurde vor 3 Jahren ein ca. 400 m langes und 100 m breites Meßfeld angelegt, auf dem an rund 100 Meßstellen die Wasserströme auf dem und im Boden (der Baumreihen, der Fahrspuren sowie der Arbeitsgassenmitte) bei verschiedener Hangneigung und Position registriert werden. Auf der Basis dieser Meßergebnisse werden Modelle für einzelne Wettererscheinungen entwickelt, die die Bildungsbedingungen sowie die Raum-Zeit-Strukturen der Naßstellen in Obstplantagen besser als bisher ausweisen.

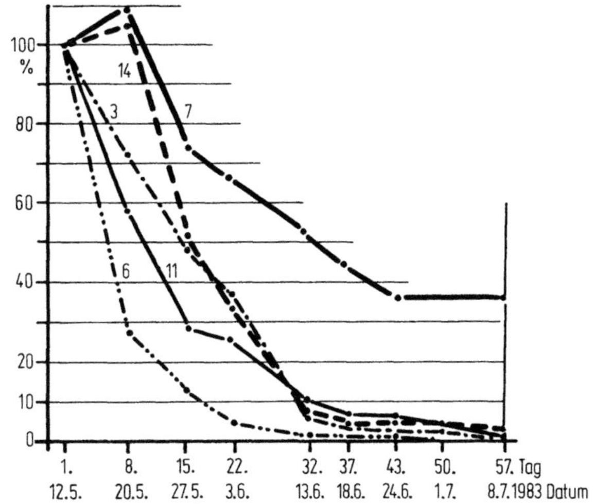

Abb. 4. Abbau des Wasserkörpers verschiedener geomorphologischer Naßstellen durch den Dränabfluß (*3* Dellen-Naßstelle, *6* Unterhang-Naßstelle, z. T. mit Sand, *7* Unterhang-Naßstelle, z. T. mit Lehm, *11* Kleinsenken-Naßstelle, *14* Flachrinnen-Naßstelle, z. T. mit Sand)

Der Autor teilt Ergebnisse von physisch-geographischen Struktur- und Prozeßuntersuchungen mit; sie betreffen den Einfluß der Grundmoräne mit Falten-Schuppen-Struktur auf die Ausbildung der Bodendecke, auf Maßnahmen der Hydromelioration sowie auf die Erosion im Bereich periglazialer Dellen bzw. Tälchen. Außerdem wird auf die Intensität einiger geomorphologischer Naßstellentypen hingewiesen, die mit Hilfe der Dränabflußspende ermittelt wurde. Dränungsarbeiten in Kleinsenken mit anschließender obstbaulicher Nutzung sind nur bei genauer Kenntnis des inneren und äußeren Baustils dieser geschlossenen Hohlformen ratsam.

Literatur

Schwieger H-J (1986) Morphologische Untersuchungen zur räumlichen Verteilung von Naßstellen auf Grundmoränenplatten sowie zu einigen Aspekten der Wasserdynamik (Dränwasser) von hydromeliorierten Flächen in Obstplantagen bei Potsdam. Diss PH Karl Liebknecht, Potsdam

Weiße R (1986) Zur Typisierung und Verteilung von Naßstellen im Tiefland der DDR. Tagungsber Akad Landwirtsch DDR, Berlin, S. 117–123

Weiße R (1987a) Die glaziale Entstehung von Kleinsenken. Petermanns Geogr Mitt 131 (2):103–111

Weiße R (1987b) Die glazialgenetischen Einheiten westlich von Potsdam. Z Geol Wiss 15 (3):337–353

Weiße R (1988) Ergebnisse von Dränabflußmessungen geomorphologischer Naßstellen auf drei Obstplantagen bei Potsdam. Wiss Z PH Potsdam 32 (3):479–505

Weiße R (1990): Zu einigen Aspekten der wasserbedingten Bodenerosion auf industriemäßig bewirtschafteten Obstplantagen glazialer Gebiete bei Potsdam. Arch Gartenbau 38 (1):21–35

7 Methodische Beiträge zur Erforschung des Jungquartärs

7.1 Quartärforschung und Mikromagnetik

ROBERT LAUTERBACH

„Mikromagnetische Messungen ermitteln Materialunterschiede und mit diesen vor allem strukturelle Anisotropien oberflächennaher Sedimente. Während sich die Geomagnetik bekanntlich durch ihre Messungen bemüht, Gestalt und Suszeptibilität von Störkörpern des tieferen Untergrundes zu ermitteln, soll ... die Mikromagnetik die letzten mit der üblichen Feldausrüstung meßbaren Feinheiten, die magnetischen „Elementaranomalien", also die Feintextur im Störzustand, hervorgerufen durch oberflächennahe Gesteine, ermitteln" (Kliewe 1960).

Daß dieses Verfahren auf Sedimente quartären Alters anwendbar ist, hat Kliewe in überzeugender Weise gezeigt (Kliewe 1960; Kliewe und Lauterbach 1955/56). So ließen sich radiale und frontale Schüttungsrichtungen oder Anlagerungsgefüge quartärer Ablagerungen in den oberen 5 – 10 m des Untergrundes erfassen.

Während die ersten Arbeiten noch mit Hilfe einer magnetischen Feldwaage durchgeführt wurden, sind heute sehr viel schnellere und genauere Messungen mit Hilfe von Protonen- oder optischen Absorptionsmagnetometern möglich.

Voraussetzung für die Erfassung der magnetischen Anomalienfeinstruktur sind enge, regelmäßige Punktraster. Das bedeutet aber, daß stellvertretend für größere Flächen nur Testflächen im Ausmaß von 20×20 m bis 50×50 m vermessen werden können, wobei der Punktabstand meist 2 – 5 m beträgt. Zwischen den Messungen an diesen Punkten werden zwecks Ausgleich des zeitlichen Ganges Basispunkte vermessen. Diese Meßergebnisse werden von ihrem zeitlichen Gang befreit, aufgetragen und in Isanomalenkarten umgesetzt. Letztere werden sodann mit speziellen Verfahren in Isanomalen-Richtungsrosen umgewandelt, die klar die Vorzugsrichtungen erkennen lassen.

Die Richtungsverteilung des mikrodimensionalen magnetischen Anomalienfeldes spiegelt meist sehr gut das oberflächennahe Sedimentationsgefüge wider, das fluviatiler, fluvioglazialer, litoraler, äolischer oder anderer Herkunft sein kann.

Sie gibt somit indirekt recht konkrete Auskunft über bevorzugte Richtungen sedimentären Transportes und zwar sowohl radial (in Stromrichtung) als auch frontal (senkrecht dazu).

Auf die Bedeutung derartiger Informationen für geomorphologische Untersuchungen wurde bereits auf Grundlage untersuchter Beispiele verschiedener Typen von Grundmoränen, Endmoränen, Sanderflächen, Oszügen, „Binnenkliffs" oder Dünenfächern mehrfach hingewiesen. Der durch die Geophysik zutage geförderte Richtungsbefund bei derartigen pleistozänen Formen gestattet vor allem auch die Beurteilung der Zulässigkeit von Verknüpfungen fragmentarischer Relikte derselben. Diese Arbeiten auf Usedom und im Odermündungsraum wurden später im Gebiet des Alt-Darß, im Bereich von Zingst, aber auch in der Rostocker Heide fortgesetzt. Immer wieder bewährten sich diese Methoden. Es zeigte sich aber auch, daß sie noch erweiterungsfähig sind. So wurde das Gebiet des Meßtischblattes Lüdershagen vom ehemaligen Institut für Geophysikalische Erkundung der Leipziger Universität gemeinsam mit dem ehemaligen VEB Geophysik Leipzig als Modellfall detaillierter untersucht. Dabei wurden die mikromagnetischen Messungen vor allem durch geoelektrische Kartierungen mit verschiedenen Wirkungstiefen und zugehörigen Sondierungen ergänzt. Die geoelektrische Leitfähigkeit liefert zur meist sehr klaren Richtungsaussage der Mikromagnetik noch eine Substanzaussage (vor allem den Gegensatz zwischen hochohmigen Sanden und Kiesen und gut leitfähigen Lehm- und Tongesteinen). Zur Interpretation konnte eine flächenhafte Probeentnahme mit Bestimmung der magnetischen Suszeptibilität (in Ergänzung der Mikromagnetik) und des Korngrößenspektrums (Grundgröße für die Beurteilung der elektrischen Gesteinsleitfähigkeit) durchgeführt werden.

Somit gelang es nahezu durchweg, das morphologische Formeninventar durch geophysikalisch (also aufschlußlos) nachgewiesene geologische Strukturmerkmale mit ihrer charakteristischen Richtungsverteilung und durch Substanzaussagen auch in Zweifelsfällen sehr klar und präzise zu klassifizieren.

Die Konzentration der geophysikalischen Arbeiten in der ehemaligen DDR auf gänzlich andersartige Aufgaben führte zwar dazu, daß entgegen der ursprünglichen Planung hier eine breite Anwendung dieser komplexen Methodik nicht mehr zustande kam, in anderen Ländern hingegen sind diese Verfahren mit großem Nutzen bei der geomorphologisch-geologischen Kartierung zum Einsatz gekommen und haben sich sehr bewährt. Dies trifft für viele Aufgaben der Küstenforschung zu, die mit diesen Methoden in den Niederlanden, in Südschweden oder in Rumänien gelöst wurden. 1976 wurden analoge Arbeiten für den Wasserwirtschaftsverband Küste bei Kühlungsborn ausgeführt.

Die Mikromagnetik gestattet auch Aussagen über Fluidalgefüge von Vulkaniten, besonders rhyolithischer Natur, und bei diagenetisch verfestigten Gesteinsverbänden auch über Kluftvorzugsrichtungen. Das bedeutet, daß es in ehemals vulkanischen Bereichen – wie etwa den Porphyrgebieten der Halleschen Mulde oder Nordwestsachsens – gelang, Aussagen zur Stützung der Interpretation morphologischer Befunde zu machen. In mehreren Fällen konnte eine Eruptionszone sowohl morphologisch als auch mit dem geophysikalisch nachgewiesenen Fließgefüge gesichert werden. Dieses Fließgefüge kann aber auch typische Anomalienmuster (*patterns*) aufweisen, die materialtypisch sind und diagnostischen Wert besitzen. So berichten Arbeiten aus Sibirien von der Anwendung der Mikromagnetik bei der Aufsuchung von Diamant-führenden Kimberlitschloten in Jakutien.

Diese geophysikalische Feinstrukturuntersuchung, zu der neuerdings außer der mikromagnetischen und geoelektrischen Kartierung auch noch die radioaktive γ-Aufnahme zählt, gibt ferner bündigen Aufschluß über die Hauptbruchrichtungen. Damit konnte die bruchtektonische Anlage von Talsystemen geklärt werden. Dies kann z. B. von Bedeutung sein, wenn Bruchzonen gesucht werden (wegen iher Mineralisierung, der Wasserführung oder wegen Baugrundproblemen wie z. B. bei Talsperren). Die Arbeiten, die Kliewe in Thüringen durchführte (etwa im Bereich der Saale und der Unstrut), waren ebenso erfolgreich wie geophysikalisch-geomorphologische Feinstrukturstudien zur Aufsuchung von Mineralwässern aus Quellspalten im Rahmen balneologischer Untersuchungen.

Damals wurde festgestellt (Kliewe u. Lauterbach 1955/56): „Die Fragestellungen der Naturwissenschaften an ihre zu erforschenden Objekte wandeln sich nicht unwesentlich mit der Entwicklung und Erweiterung ihrer Methoden". So hatte die verbesserte Technik bei Luftbildaufnahmen (z. B. *remote-sensing*-Technik mit Aufnahmen in verschiedenen Spektralbereichen) einen großen Einfluß auf die Untersuchung geologischer und geomorphologischer Strukturen. Die neue Technik gewährleistete in vorteilhafter Weise ein hohes Auflösungsvermögen und einen großflächigen Überblick. Aber auch die regionalen geophysikalischen Methoden wurden weiterentwickelt.

Dazu kamen die gewachsenen Möglichkeiten der Interpretation geophysikalischer Ergebniskarten. Hieraus folgten neue Ansätze zwischen Geographie und Geophysik, die bislang noch nicht oder zu wenig genutzt wurden.

Die Richtungsangaben geophysikalischer Potentialfeldkarten im regionalen Maßstab geben, wie zahlreiche Voruntersuchungen lehrten, klare Hinweise auf die tektonischen Hauptstrukturen, die das morphologische Bild entscheidend beeinflussen.

Zur eigentlichen Ursache der mikromagnetischen Strukturen wurden relativ spezielle Untersuchungen vor allem an jungen Sedimenten ausgeführt. Dies war die Folge der Tatsache, daß die Flachlandkartierung besonders dringend einer methodischen Ergänzung und Verfeinerung bedurfte und infolgedessen Arbeiten vorwiegend auf diesem Sektor in Gang kamen.

Somit galt es vor allem zu erkennen, daß im geologischen Substrat Prozesse abgelaufen waren, die für eine hinreichende Differenzierung des Stoffes als Träger physikalischer Eigenschaften (mit Einschluß der Suszeptibilität) gesorgt hatten. Als Modellbeispiel für die Arbeiten im Flachland kann die ausgetaute Grundspaltenfüllung vom Brúarjökull angesehen werden (nach Todtmann 1957). Hier existiert eine Anzahl paralleler, reliktischer Störkörper, die auf die Gestaltung der magnetischen Mikroanomalien Einfluß haben müssen. Die Störkörper sind als Reste der Füllung von Gletscherspalten in der Eisfließrichtung gestreckt. Selbst wenn im Lauf der Zeit Abtragung und Einebnung an diesem rezenten Befund gewirkt und ihn dadurch undeutlicher gestaltet haben sollten, ist noch immer zu erwarten, daß die mikromagnetische Messung die generelle Streichrichtung richtig wiedergibt. Sie stellt in diesem Fall dann zugleich die Eisfließrichtung dar. Tatsächlich wurden analoge Beobachtungen in Gebieten pleistozäner Grundmoränen häufig angestellt.

Doch nicht allein die glaziale Sedimentation bewirkt die erforderliche Suszeptibilitätsvariation, auch die fluvioglazialen Prozesse wirken hier mit. Beide Ursachen zusammen gestalten den mikromagnetischen Befund.

Welcher Art ist nun der vielfältig erwiesene, deutliche Zusammenhang zwischen Sedimentstruktur und mikromagnetischer Vorzugsrichtung?

In diesem Zusammenhang sei zunächst auf die auffällige Tatsache verwiesen, daß sogar mehr oder weniger deutliche Beziehungen zwischen Mikromagnetik und Korngefüge bestehen.

Alle bisherigen Untersuchungen lassen nur die Erklärung zu, daß der Transportvorgang sowohl zur magnetisch so wichtigen Fraktionierung des Sediments als auch zur Korneinregelung führte. Kornregelung wie Differenzierung der Sedimentfraktionen unterschiedlicher magnetischer Suszeptibilität gehen gemeinsam auf eine Ursache zurück: den Transport, die Vorschüttung. Insofern stellt das Kriterium der Kornorientierung nur einen Beweis für die den geologischen Gegebenheiten entsprechende Einregelung der magnetischen Mikroanomalien dar, nicht aber die Ursache derselben.

Die mit genetischen Vorzugsrichtungen übereinstimmenden Mikroanomalien über jungen Sedimenten haben ihre Ursache in der durch die Schwankung der Transportkraft bedingten Variation des Stoffes und der analogen Variation seiner Suszeptibilität. Mit der diagenetischen Verfestigung des Sediments wird dieser Befund immer undeutlicher. Durch die mikromagnetische Auswirkung der Schieferung und Klüftung werden die Effekte der primären Strukturen stärker verwischt, bis sie schließlich mit dem Einsatz der Metamorphose vollständig verschwinden.

Obgleich also die Klärung noch mancher Probleme wünschenswert bleibt, kann festgestellt werden, daß die Methode im Feld ihre praktische Bewährungsprobe bei der Routinearbeit gut bestanden und ihre Nützlichkeit für die Lösung zahlreicher geographischer und geologischer Fragen bewiesen hat.

Die Mikromagnetik hat vor allem auch durch die Arbeiten von H. Kliewe der Quartärforschung und damit der Geographie insgesamt großen Nutzen gebracht, wobei gleichzeitig Grundfragen ihrer Anwendbarkeit ausführlich geklärt wurden.

Derartige Erfolge der Mikromagnetik gibt es auf fast allen Kontinenten. Auch wird es Zeit, solche Möglichkeiten wieder verstärkt zu nutzen, gehen doch wichtige Erkenntnisse dieser Methode auch auf H. Kliewe zurück. Aufgaben sind genug vorhanden!

Literatur

Kliewe H (1960) Die Insel Usedom. Berlin

Kliewe H, Lauterbach R (1955/56) Oberflächenform und Mikromagnetik auf Usedom – eine methodische Studie zur Geomorphologie. Wiss Z Univ Leipzig, Math-Nat Reihe 5 (4):503–514

Lauterbach R (1953/54) Mikromagnetik – ein Hilfsmittel geologischer Erkundung. Wiss Z Univ Leipzig, Math-Nat Reihe 3 (3):223–238

Lauterbach R (1953/54) Quartärgeologie und Mikromagnetik. Wiss Z Univ Leipzig, Math-Nat Reihe 3 (3):281–289

Todtmann EM (1957) Krengilsárrani, das Vorfeld des Brúarjökull, am Nordrand des Vatnajökull. 1955. Neues Jahrb Geol Paläontol, Abh 104 (3):255–278

7.2 Seenmorphometrische Untersuchungen im weichselhoch- und -spätglazialen Raum des östlichen Brandenburg

BERND MÜLLER und GERHARD MARKUSE

Seen besitzen als Speicher der lebensnotwendigen und volkswirtschaftlich unentbehrlichen Naturressource Wasser eine überaus große Bedeutung. Gerade unter den Bedingungen des sich verschärfenden Widerspruchs zwischen einem natürlich limitierten Wasserangebot und einem steigenden Wasserbedarf aller Zweige einer sich dynamisch entwickelnden Volkswirtschaft kommt dem Schutz und der optimalen Nutzung der Seen eine entscheidende gesamtvolkswirtschaftliche Aufgabenstellung zu. Ökonomische und ökologische Nutzungsstrategien für Seen und Seengebiete setzen exakte Kenntnisse ihrer geomorphologischen, physikalischen, chemischen und biologischen Verhältnisse voraus.

Die Häufung natürlicher Seen im östlichen Brandenburg, ihre Entstehung und Entwicklung ist eng mit der Morphogenese der glazial geformten und periglaziär überprägten Landschaft verknüpft.

Theoretische Erkenntnisse zur geographischen Seenkunde und Aussagen zu ihrer Nutzung in der gesellschaftlichen Praxis sind nur durch geowissenschaftlich komplexe Erkundungen und die Anwendung und Entwicklung neuer Methoden und Verfahren möglich.

Die hierzu erforderlichen objekt-adäquaten Untersuchungen können auf eine Vielzahl überprüfter glazialmorphologischer (Kliewe 1980) und allgemein physisch-geographischer Arbeitsmethoden (z. B. Hanwell u. Newson 1977; Scholz D et al. 1979; Scholz E et al. 1980; Aurada et al. 1984) sowie in zunehmendem Maße auch auf mathematische Methoden in der Geographie (Müller 1985) zurückgreifen.

Das Untersuchungsgebiet

Im weichselhoch- und -spätglazialen Raum des östlichen Brandenburg wurden die Seen ab 10 ha anhand von topographischen Meßtischblättern im Maßstab 1:25000 (alte Ausgabe) kartometrisch erfaßt und morphometrisch untersucht (insgesamt 307 Seen auf 79 Meßtischblättern). Das bearbeitete Gebiet, das sich von der Frankfurter Eisrandlage bis zur Küste des Kleinen Haffs erstreckt, wird im Osten durch die Staatsgrenze zu Polen und im Westen im wesentlichen durch die Havel und die oberirdische Wasserscheide zwischen dem Uecker- und dem Tollenseflußgebiet begrenzt (vgl. Abb. 1).

Für eine differenzierte seenmorphometrische Analyse wird das Untersuchungsgebiet nach verschiedenen Gesichtspunkten in Teilgebiete untergliedert. Die erste Unterteilung erfolgt nach hydrographischen Merkmalen.

Ausgangspunkte bilden die Hauptwasserscheiden der Flußgebiete Oder und Elbe und der Küste. Dabei werden im Odergebiet der südliche Bereich (Einzugsgebiet der Alten Oder und des Finowkanals) und der nördliche Bereich (zusammenfassend als Welsegebiet bezeichnet) getrennt betrachtet. Gleichfalls erweist es sich als günstig, das Küstengebiet in die Einzugsgebiete von Randow und Uecker aufzuteilen.

Die Hauptabschnitte der auf morphometrischer Grundlage erfolgten Unterteilung des Untersuchungsgebietes stellen die einzelnen Bereiche zwischen den Eisrandlagen dar (Berendt 1888; Berendt u. Wahnschaffe 1888; Chrobok et al. 1982; Gellert 1965; Hurtig 1954/55; Kliewe u. Janke 1972; Marcinek u. Nitz 1973; Wahnschaffe 1909; Woldstedt 1936, 1961).

Dabei werden neben der Frankfurter Staffel und dem Pommerschen Stadium die Angermünder, die Gerswalder, die Randow- und die Rosenthaler Staffel herangezogen. Die Zichow-Golmer und die Ueckerstaffel bleiben unberücksichtigt, da ansonsten eine zu starke Untergliederung erfolgen würde.

Somit ergeben sich folgende 6 Teilgebiete (Gürtel = G und Becken = B):

1. Fr G: Frankfurter Endmoränenzug und sein Rückland bis zur Pommerschen Eisrandlage (Unterteilung in nördlichen sowie mittleren und südlichen Teil);
2. Po G: Pommerscher Endmoränenzug und sein Rückland bis zur Angermünder Staffel (Unterteilung in nordwestlichen und südöstlichen Teil);
3. An G: Gebiet zwischen der Angermünder Eisrandlage und der Gerswalder sowie der Randow-

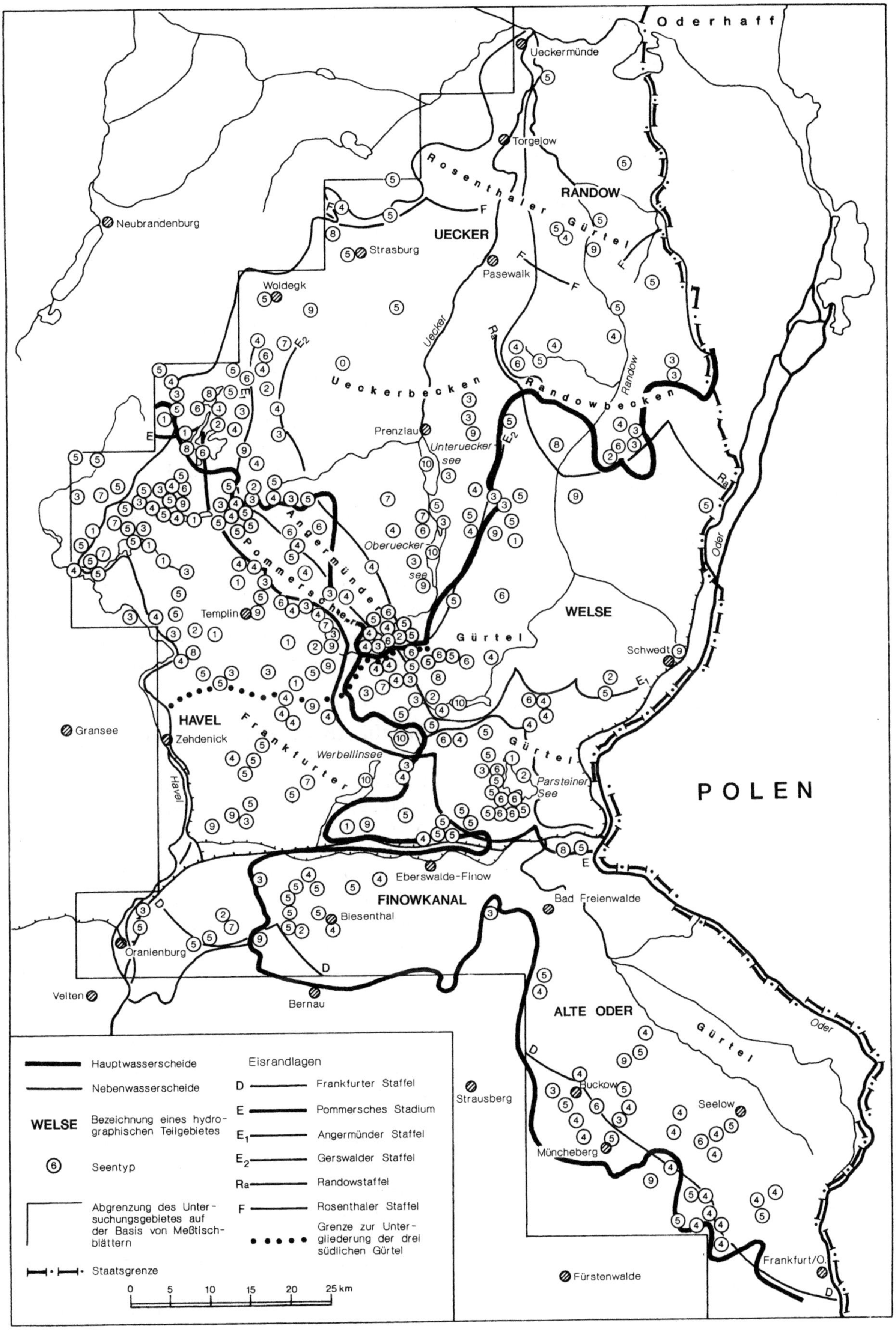

Abb. 1. Lage und Gliederung des Untersuchungsgebietes sowie Verteilung der Seentypen

Staffel (Unterteilung in westlichen und östlichen Teil);

4. Ue B: Ueckerbecken zwischen Gerswalder und Rosenthaler Staffel;
5. Ra B: Randowbecken zwischen Randow- und Rosenthaler Staffel;
6. Ro G: Rosenthaler Endmoräne und ihr Rückland bis zur Küste.

Der Oder-Havel-Kanal und die in Abb. 1 gepunktet dargestellte Linie bilden die wesentlichen Kriterien für die oben aufgeführte Untergliederung einzelner Gürtel.

Kartographische Erfassung und Berechnung der morphometrischen Koeffizienten

Die Grundlage der Untersuchungen bildet die kartographische Methode, die neben kartometrischen und morphometrischen Verfahren die mathematische und statistische Analyse des Datenmaterials sowie die mathematische Modellierung einschließt. Unter Kartometrie wird das Messen der Lage- und Größenmerkmale von Objekten anhand der Karte (kartometrische Parameter) verstanden, unter Morphometrie die Bestimmung und Berechnung der Form- und Strukturkoeffizienten von Objekten, die in der Regel relative Werte sind und daher keine Maßeinheit besitzen (morphometrische Koeffizienten).

Zu den wichtigsten Parametern gehören (Abb. 2) die Seespiegelfläche F (allgemein als Seefläche bezeichnet), die Inselfläche F_I, die Uferlänge u, die Länge des Sees l, die Längsrichtung φ, die effektive Breite b_{eff}, die maximale Breite b_{max} und der innere Durchmesser d.

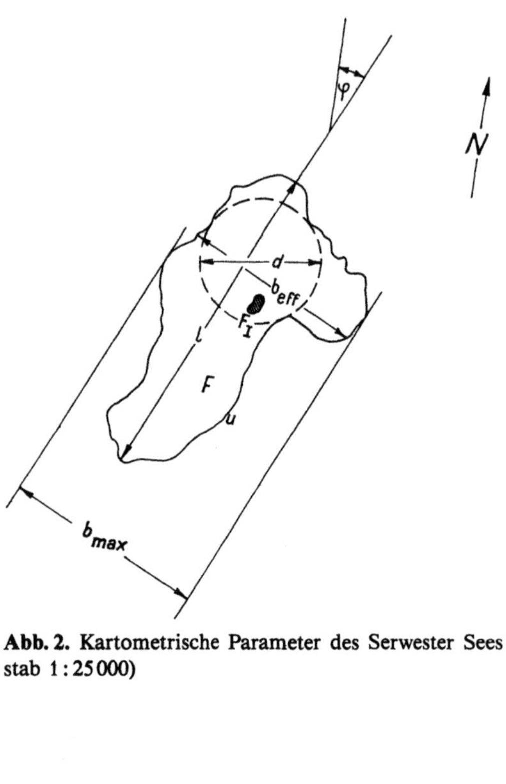

Abb. 2. Kartometrische Parameter des Serwester Sees (Maßstab 1 : 25000)

Tabelle 1. Definition der morphometrischen Koeffizienten

Bezeichnung	Symbol	Definition
Längsstreckung	λ	$\lambda = l/d$
Ufergestaltung	γ	$\gamma = U/U_e$, wobei $U_e = [l^2 + d_F^2 + (l - d_F)^2]\,\pi 2 l$
Krümmung	β	$\beta = b_{max}/b_{eff}$
Zentrumsgestaltung	ζ	$\zeta = d/b$, wobei $b = 4F/\pi l$
Kompaktheit	Φ	$\Phi = 4F/\pi l b_{max}$

Mit d_F wird der Durchmesser eines flächengleichen Kreises bezeichnet (Seeflächendurchmesser).

Zur Erfassung der topographischen Gestalt von Seen werden, ausgehend von den klar definierten kartometrischen Parametern, 5 neu definierte morphometrische Koeffizienten (Längsstreckung, Ufergestaltung, Krümmung, Zentrumsgestaltung, Kompaktheit) abgeleitet, die eine komplexe Charakterisierung der Seespiegelflächengestalt ermöglichen (Tabelle 1). Eine wichtige Rolle spielt dabei der Vergleich und die quantitative Erfassung des Abweichens verschiedener Komponenten der Seeoberflächenform von der eines elliptischen Seenmodells.

Seenhäufigkeit und Seeflächendichte

Seeflächenstatistische Erfassungen erfolgen, wenn überhaupt, häufig nur für administrative Zwecke oder Wassereinzugsgebiete (Tabelle 2). Hieraus lassen sich wichtige Aussagen zum Wasserangebot, zu vorhandenen Erholungskapazitäten usw. gewinnen (Übensee 1977; Weber 1980). Rückschlüsse auf morphogenetische Prozesse sind jedoch nur mittelbar möglich, da diese Gebiete unter genetischen Gesichtspunkten selten homogene Territorien darstellen.

Deshalb wurde in dieser Arbeit einer Untergliederung des Untersuchungsgebietes auf morphogenetischer Grundlage besondere Aufmerksamkeit geschenkt.

Die größte Seenhäufigkeit und Seeflächendichte, die im Bezug jeweils auf 1/4 eines Meßtischblattes berechnet wurden, weisen die Gebiete auf, die am stärksten durch die glazigenen und fluvioglaziären Leitprozesse in der Hauptphase der Reliefformung geprägt wurden (Tabelle 3 und Abb. 3). Es handelt sich hierbei um den eng gestaffelten Endmoränenzug an der Westflanke des Ueckerbeckens zwischen der Pommerschen und der Gerswalder Eisrandlage,

Tabelle 2. Seenhäufigkeit und Seeflächendichte der hydrographischen Teilgebiete

Teilgebiet	Gebietsfläche [km²]	Anzahl der Seen		Seefläche [km²]	Seeflächendichte	
		absolut	pro 100 km²		[%]	Bemerkung
Alte Oder/Finowkanal	2223,2	71	3,19	31,05	1,40	
Welse	1261,8	38	3,01	14,16	1,12	nur Welsegebiet 1,35
Havel	1393,5	93	6,67	66,32	4,76	
Uecker	1693,3	67	3,96	63,57	3,75	
Randow	858,3	20	2,33	8,29	0,97	nur Randowgebiet 1,17
gesamt	7430,1	289	3,89	183,39	2,47	

Tabelle 3. Seenhäufigkeit und Seeflächendichte der morphogenetischen Teilgebiete

Teilgebiet		Gebietsfläche [km²]	Anzahl der Seen		Seefläche [km²]	Seeflächendichte	
			absolut	pro 100 km²		[%]	Bemerkung
FrG	nördliches	630	65	10,32	44,59	7,08	
	mittleres	510	26	5,10	16,22	3,18	
	südliches	2060	46	2,23	15,12	0,73	
	gesamt	3200	137	4,28	75,93	2,37	
PoG	nordwestliches	270	27	10,00	18,29	6,77	
	südöstliches	480	31	6,46	30,87	6,43	
	gesamt	750	58	7,73	49,16	6,55	
AnG	westliches	250	23	9,20	17,89	7,16	
	östliches	875	27	3,09	8,43	0,96	
	gesamt	1125	50	4,44	26,32	2,34	
UeB		1110	26	2,34	28,71	2,59	ohne Ueckerseen 0,87
RaB		625	15	2,40	4,86	0,78	
RoG		635	8	1,26	3,93	0,62	
gesamt		7445	294	3,95	188,91	2,54	

FrG: Frankfurter Gürtel; PoG: Pommerscher Gürtel; AnG: Angermünder Gürtel; UeB: Uecker-Becken; RaB: Randow-Becken; RoG: Rosenthaler Gürtel

der sich in südöstlicher Richtung in Form des Pommerschen Gürtels fortsetzt, und die nördlich des Eberswalder Urstromtales gelegene, überwiegend mit Sandern bedeckte Vorlandzone der Pommerschen Haupteisrandlage. Die höchsten Werte verzeichnen dabei die durch eine ausgesprochen starke glazigene Dynamik gekennzeichnete Westflanke des Ueckerbeckens und das diesem Endmoränenabschnitt vorgelagerte Gebiet, das sich bis zur Havelniederung erstreckt. Zwischen diesem Endmoränenbereich und der Vorlandzone gibt es keine nennenswerten Unterschiede in der Seenhäufigkeit und Seeflächendichte. Ihre Werte erreichen sogar annähernd die des Haveleinzugsgebietes im ehemaligen Bezirk Neubrandenburg.

Eine wesentlich geringere Seenhäufigkeit und Seeflächendichte ist für die Gebiete des etappenweisen Niedertauens der Gletscherzungen (des passiven Eises) charakteristisch. Dies sind das Ueckerbecken, das Randowbecken, der östlich des Ueckerbeckens gelegene Teil des Angermünder Gürtels und die durch das Eberswalder Urstromtal begrenzte Rücklandzone der Frankfurter Staffel.

Bleiben die beiden Ueckerseen unberücksichtigt, so fällt für diese morphogenetisch ähnlichen Abschnitte des Untersuchungsgebietes, die jedoch von unterschiedlichen Eisvorstößen geprägt wurden, eine hohe Übereinstimmung der Werte für die Seenhäufigkeit und die Seeflächendichte auf.

Seenarmut zeigt die glazilimnisch und äolisch überprägte Niederung im Rückland der Rosenthaler Staffel.

Eine analoge Differenzierung wie bei der Seenhäufigkeit und Seeflächendichte ist auch in der Struktur der Seenverteilung bezüglich der Seengröße nachweisbar (Tabelle 4).

Ein Vergleich zwischen der Seeflächendichte im Untersuchungsgebiet und derjenigen in einem Sektor (24°–48° ö.L.) der waldaifrüh- und -spätglazialen Morphoskulpturzonen der Russischen Ebene (Čuklenkova 1982) belegt, daß die für das Untersuchungsgebiet ermittelten Zusammenhänge zwischen der Seeflächenverteilung und der Genese der Reliefformen allgemeinen Charakter tragen. Obwohl in der Reliefformung dieser beiden Gebiete neben vielen Ähnlichkeiten eine Reihe von charakteristischen

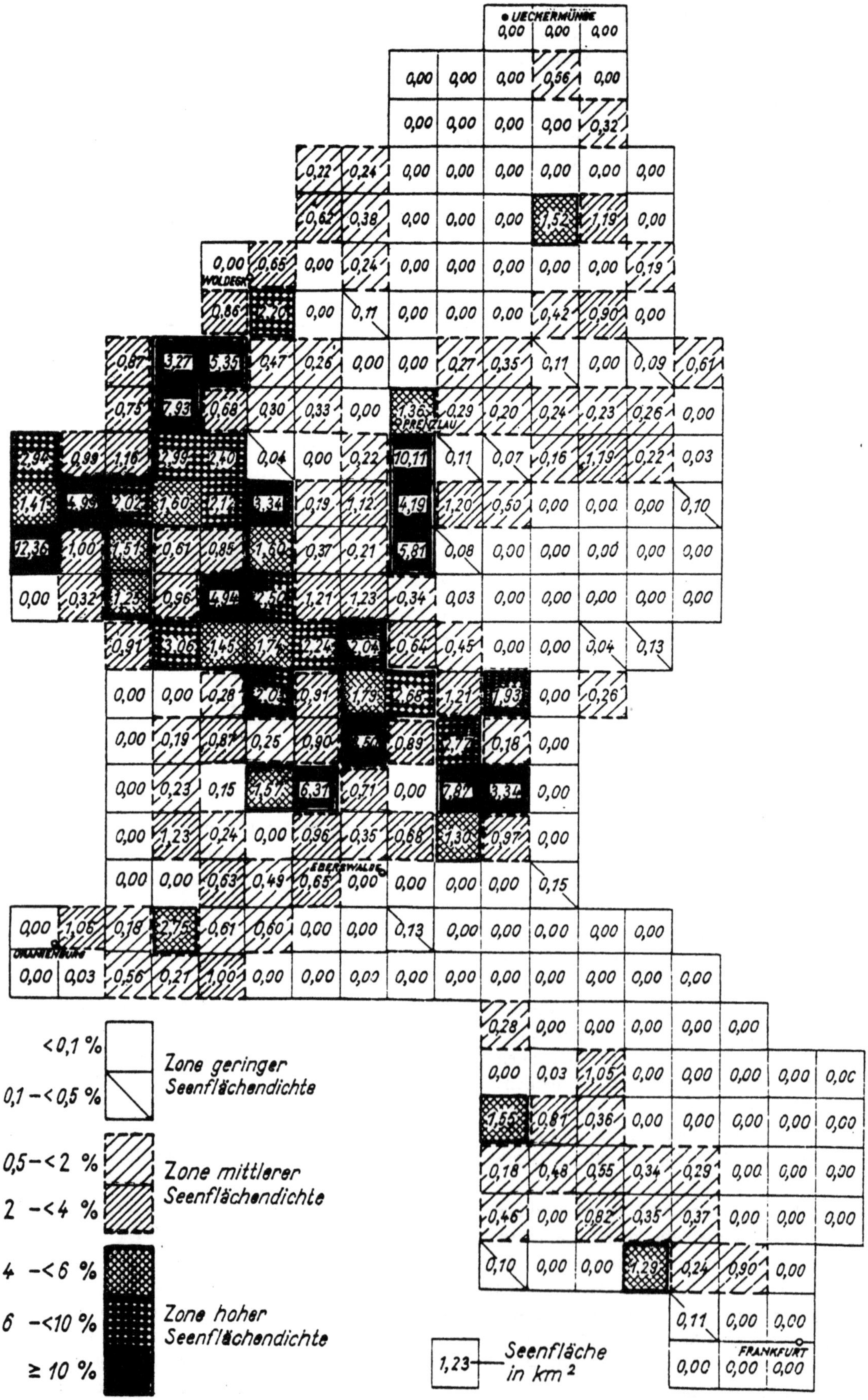

Abb. 3. Seeflächenverteilung im weichselhoch- und -spätglazialen Raum im östlichen Brandenburg (die jeweilige Bezugsfläche entspricht einem Viertel des Meßtischblattes 1 : 25 000)

Tabelle 4. Prozentuale Seenhäufigkeitsverteilung in den morphogenetischen Teilgebieten des Untersuchungsgebietes und im ehemaligen Bezirk Neubrandenburg (Abkürzungen vgl. Tabelle 3)

Größenklasse [ha]	FrG			PoG		AnG		UeB	RaB	RoG	gesamt	Bezirk Neubrandenburg
	Nord	Mitte	Süd	Nordwest	Südost	West	Ost					
10–15	15,4	23,1	28,3	18,5	19,4	13,1	55,6	26,9	6,7	12,5	22,8	20,8
15–20	10,8	11,5	23,9	7,4	16,1	13,1	11,1	7,7	40,0	–	14,3	12,2
20–25	10,8	15,4	8,7	11,1	12,9	13,1	11,1	11,5	13,3	12,5	11,6	8,6
25–50	24,8	30,8	26,1	37,0	22,6	13,1	14,8	30,8	13,3	25,0	24,5	23,6
50–75	16,9	11,1	6,5	3,7	9,7	17,4	3,7	7,7	20,0	37,5	11,6	11,5
75–100	3,1	–	2,2	7,4	6,5	4,3	–	–	6,7	–	3,1	3,8
100–150	7,7	3,8	2,2	3,7	6,5	8,7	–	–	–	12,5	4,4	6,3
150–200	1,5	–	–	3,7	–	4,3	–	3,8	–	–	1,4	3,8
200–250	1,5	–	2,2	–	–	8,7	–	3,8	–	–	1,7	2,5
250–375	6,2	–	–	3,7	–	–	3,7	–	–	–	2,0	2,9
375–500	1,5	–	–	3,7	–	4,3	–	–	–	–	1,0	1,1
500–750	–	–	–	–	–	–	–	3,8	–	–	0,3	0,9
750–1000	–	3,8	–	–	3,2	–	–	–	–	–	0,7	–
>1000	–	–	–	–	3,2	–	–	3,8	–	–	0,7	1,6
gesamt	100,2	99,9	100,1	99,9	100,1	100,1	100,0	99,8	100,0	100,0	100,1	99,9

Tabelle 5. Verteilung der Seeflächendichte in den Morphoskulpturzonen des Untersuchungs- und des Waldaivereisungsgebietes in der Russischen Ebene zwischen dem 24. und 48. östlichen Längengrad (teilweise nach Čuklenkova 1982). Berechnung aus dem Anteil der Bezugseinheiten mit vorgegebenen Seeflächendichtewerten an der Gesamtzahl der Bezugseinheiten für die Morphoskulpturzone; die Bezugsfläche für das Untersuchungsgebiet entspricht einem Viertel des Meßtischblattes 1 : 25 000 und für das Gebiet in der Russischen Ebene einem Viertel der topographischen Karte 1 : 100 000.

Seeflächendichte [%]	Morphoskulpturzonen							
	der Weichseleiszeit im Untersuchungsgebiet						der Waldaieiszeit der Russischen Ebene	
	frühe		späte		gesamt			
	Anzahl der Bezugseinheiten	[%]	Anzahl der Bezugseinheiten	[%]	Anzahl der Bezugseinheiten	[%]	frühe [%]	späte [%]
>10	4	3,01	10	6,90	14	5,04	2,29	3,44
6–10	7	5,26	8	5,52	15	5,40	1,83	3,28
4–6	9	6,77	5	3,45	14	5,04	2,07	5,41
2–4	20	15,04	19	13,10	39	14,03	5,73	6,97
0,5–2	24	18,05	31	21,38	55	19,78	21,10	23,80
<0,5	69	51,88	72	49,66	141	50,72	66,98	57,10
gesamt	133	100,01	145	100,01	278	100,01	100,00	100,00

Unterschieden bestehen, die eng mit den verschiedenen präglazialen Reliefverhältnissen und damit verbundenen abweichenden glazialen und glazifluvialen Prozessen zusammenhängen, zeigt es sich, daß morphogenetisch ähnlich gestaltete Teilgebiete eine gute Übereinstimmung in den mittleren Seeflächendichtewerten aufweisen. Dies betrifft auch die Struktur der Dichteverteilung in den entsprechenden Sektoren der weichsel- sowie der waldaifrüh- und -spätglazialen Zonen (Tabelle 5).

Neben diesen Übereinstimmungen gibt es jedoch auch einige Unterschiede. So ist z. B. der Anteil der Bezugseinheiten mit Seeflächendichtewerten von 2–4% im Untersuchungsgebiet (jeweils bezogen auf 1/4 eines Meßtischblattes 1 : 25 000) wesentlich höher als in den entsprechenden Zonen der Russischen Ebene (jeweils bezogen auf 1/4 Blatt der topographischen Karte 1 : 100 000). Ob diese Unterschiede morphogenetisch bedingt sind oder ob hier die verschiedenen Größen der Bezugseinheiten für die Seeflächendichteermittlung die dominierende Rolle spielen, konnte aus den durchgeführten Betrachtungen nicht abgeleitet werden.

Topographische Gestalt der Seen

Für die Beschreibung der topographischen Gestalt von Seen werden die 5 morphometrischen Koeffizienten (Längsstreckung, Ufergestaltung, Krümmung, Zentrumsgestaltung, Kompaktheit) und der Seeflächendurchmesser herangezogen. Ihre mittleren Werte für die einzelnen morphogenetischen Teilgebiete sind in Tabelle 6 zusammengefaßt.

Mit Hilfe cluster- und faktorenanalytischer Methoden lassen sich für das bearbeitete Gebiet 10 charakteristische Seegestaltstypen ausgliedern. 9 von ihnen werden allein aufgrund spezifischer Merkmale der topographischen Gestalt gebildet (Tabelle 7). Der zehnte, den man eigentlich nicht als Typ bezeichnen kann, beinhaltet die großen Seen des Untersuchungsgebietes (Grimnitz-, Werbellin- und Wolletzsee sowie die beiden Ueckerseen). Die anderen Seetypen werden durch Haupt-, Neben- und abgeleitete Merkmale beschrieben. Es lassen sich dabei deutliche Unterschiede in der Verteilung der Seegestaltstypen erkennen (vgl. Abb. 1).

Von den beiden ausgegliederten, lang gestreckten Seetypen ist Typ 1 fast ausschließlich im Vorland der Pommerschen Endmoräne anzutreffen, während Typ 2 insbesondere im östlichen Abschnitt des Rücklandes der Angermünder zur Gerswalder Staffel besonders häufig auftritt. Ebenfalls überdurchschnittlich stark vertreten sind die durch ihre hohe Ufergestaltung charakterisierten Seetypen (Typen 6, 7 und 8) im Endmoränengürtel zwischen der Pommerschen Eisrandlage und der Gerswalder bzw. Zichow-Golmer Staffel. Dagegen gehören die Seen in den Niederungen und Urstromtälern in der überwiegenden Mehrzahl Seetypen an, die sich durch eine ausgeprägte Zentrumsgestaltung ausweisen (Typen 5, 8 und 9). Dies zeigt sich auch bei der Verteilung der als Normaltypen anzusehenden Seetypen 4 und 5 (rundlich bis leicht gestreckt mit geringer bis durchschnittlicher Krümmung und Ufergestaltung) im Bereich der Frankfurter Staffel und ihrer Rücklandzone. Die Seen dieser Typen sind im Vergleich zum Durchschnitt des gesamten Untersuchungsgebietes hier wesentlich häufiger anzutreffen. Dabei läßt sich eine deutliche Konzentration des Seetyps 4 (geringe Zentrumsgestaltung) in den Moränengebieten und des Seetyps 5 (ausgeprägte Zentrumsgestaltung) in der Havelniederung und im Eberswalder Urstromtal sowie auf den Sanderflächen feststellen.

Eine ausgeprägte Zentrumsgestaltung weist unter anderem auch die Mehrzahl der Seen im Angermünder Sander auf. Hier gilt es zu überprüfen, inwieweit gerade in den Niederungen, Urstromtälern und auf Sanderflächen Thermokarsterscheinungen mitverantwortlich sind für die überdurchschnittliche Zentrumsausprägung vieler Seen.

Tabelle 6. Mittelwerte des Seeflächendurchmessers und der morphometrischen Koeffizienten im Untersuchungsgebiet und in dessen morphogenetischen Teilgebieten (Erläuterung von Abkürzungen vgl. Tabelle 3)

Morphogenetische Teilgebiete	Anzahl der Seen	Seespiegelhöhe über NN [m]	Seeflächendurchmesser (d_F) [km]	Koeffizienten					Bemerkung
				Längsstrekkung (λ)	Ufergestaltung (γ)	Krümmung (β)	Zentrumsgestaltung (ζ)	Kompaktheit (Φ)	
PoG nordwestliche	27	54,7 – 100,0	0,79	3,34	1,24	1,21	0,98	0,69	
südöstliche	31	2,1 – 85,7	0,86	2,92	1,24	1,13	0,98	0,69	
AnG westliche	23	43,5 – 93,2	0,87	3,43	1,29	1,27	0,96	0,64	
östliche*	13	41,8 – 62,6	0,64	3,50	1,28	1,26	0,98	0,65	
FrG nördliche	65	47,2 – 87,2	0,82	4,39	1,19	1,28	1,01	0,65	
mittlere	12	24,1 – 58,4	0,71	4,03	1,13	1,16	1,05	0,72	
AnG östliche**	26	23,5 – 73,8	0,45	4,17	1,20	1,30	1,03	0,61	$\zeta = 1{,}00$ ohne Gr. Kuhsee
FrG südliche	26	5,6 – 91,4	0,59	3,12	1,15	1,15	1,00	0,73	
UeB	26	18,2 – 81,4	0,85	3,87	1,18	1,20	1,03	0,69	$d_F = 0{,}63$ ohne Ueckerseen
RaB	12	8,7 – 49,9	0,61	3,82	1,27	1,19	1,01	0,66	
RoG	8	0,6 – 99,0	0,75	2,27	1,10	1,10	1,02	0,80	
gesamtes Untersuchungsgebiet	307	0,6 – 100,0	0,74	3,69	1,20	1,22	1,01	0,68	

* Seen südlich der Zichow-Golmer-Zwischenstaffel

** Seen nördlich der Zichow-Golmer-Zwischenstaffel

Tabelle 7. Merkmalsbeschreibung der Seentypen des Untersuchungsgebietes

	Typ	Hauptmerkmal	Nebenmerkmal	abgeleitetes Merkmal	Beispiel
I. Längsstreckung	1	äußerst lang gestreckt	stark gekrümmt, geringe bis mittlere Ufergestaltung	unterschiedliche Zentrumsausprägung	Schmaler Luzin Üdersee
	2	lang gestreckt	mittlere bis hohe Krümmung, hohe Ufergestaltung	geringe Zentrumsausprägung	Hellsee Der Zansen
	3	leicht bis mittellang gestreckt	mittlere Krümmung und Ufergestaltung	geringe Zentrumsausprägung	Serwester See Schermützelsee
	4	rundlich bis leicht gestreckt	geringe Zentrumsgestaltung	schwach gekrümmt und zerlappt	Petschsee Streesee
	5	wie Typ 4	große Zentrumsgestaltung	schwach gekrümmt und zerlappt	Weißer See Gr. Plagesee
II. Ufergestaltung	6	stark zerlappt und buchtenreich	äußerst geringe Zentrumsgestaltung	gering bis mittellang gestreckt	Parsteiner See Carwitzer See
	7	wie Typ 6	mittlere Zentrumsgestaltung	gering bis leicht gestreckt	Sternhagener See Gr. Lychensee
	8	wie Typ 6	hohe Zentrumsgestaltung	gering bis mittellang gestreckt	Breiter Luzin Dreetzsee
III. Zentrumsgestaltung	9	starke Zentrumsausprägung	mittlere Längsstreckung, geringe bis mittlere Ufergestaltung	unterschiedliche Krümmung	Gr. Buckowsee Gr. Kuhsee

Literatur

Aurada K et al. (1984) Umweltforschung. Zur Analyse und Diagnose der Landschaft. Gotha

Berendt G (1888) Die südliche baltische Endmoräne in der Gegend von Joachimsthal. In: Jahrb Königl-Preuss Geol Landesanst Bergakad Berlin 1887. Berlin, S. 301–310

Berendt G, Wahnschaffe F (1888) Ergebnisse eines geologischen Ausfluges durch die Uckermark und Mecklenburg-Strelitz. In: Jahrb Königl-Preuss Geol Landesanst Bergakad Berlin 1887. Berlin, S. 363–371

Chrobok SM, Markuse G, Nitz B (1982) Abschmelz- und Sedimentationsprozesse im Rückland weichselhoch- bis -spätglazialer Marginalzonen des Barnims und der Uckermark (mittlere DDR). Petermanns Geogr Mitt 126 (2):95–102

Čuklenkova IN (1982) Morfometričeskie issledovanija drevnelednikovoj morfoskul'ptury. Moskva

Gellert JF (Hrsg) (1965) Die Weichsel-Eiszeit im Gebiet der Deutschen Demokratischen Republik. Berlin

Hanwell J, Newson M (1977) Metody geografičeskich issledovanij. 2 vypusk. Fiz Geogr, Moskva

Hurtig T (1954/55) Zur Frage des letztglazialen Eisabbaus auf der mecklenburgischen Seenplatte. Wiss Z Univ Greifswald, Math-Nat Reihe 4: 6/7

Kliewe H (1980) Die Insel Usedom. Neuere Arb Mecklenburg Küstenforsch 5

Kliewe H, Janke W (1972) Verlauf und System der Marginalzonen der letzten Vereisung auf dem Territorium der DDR. In: Wiss Z Ernst-Moritz-Arndt-Univ, Math-Nat Reihe 21 (1):31–37

Marcinek J, Nitz B (1973) Das Tiefland der Deutschen Demokratischen Republik. Leitlinien seiner Oberflächengestaltung. Gotha

Müller B (1985) Morphometrie der topographischen und Beckengestalt von Seen. Diss Humboldt-Univ, Berlin

Scholz D et al. (1979) Geographische Arbeitsmethoden. Gotha, Studienbücherei Geogr 1

Scholz E et al. (1980) Einführung in die Kartographie und Luftbildinterpretation. Gotha, Studienbücherei Geogr 16

Übensee C (1977) Untersuchungen der Morphometrie der Seen im Einzugsgebiet Uecker und Zarow unter besonderer Berücksichtigung der Erholungsnutzung zweier ausgewählter Seen. Dipl-Arbeit, Ernst-Moritz-Arndt-Univ, Greifswald

Wahnschaffe F (1909) Die Oberflächengestaltung des norddeutschen Flachlands. Stuttgart

Weber J (1980) Beiträge zur Hydrogeographie des Uecker-, Randow- und Zarowgebietes auf der Grundlage einer quantitativen Analyse von Flußgebietskenngrößen und Untersuchungen zum hydrologischen Gebietscharakter und Wasserhaushalt. Diss Ernst-Moritz-Arndt-Univ, Greifswald

Woldstedt P (1936) Erläuterungen zur geologischen Karte von Preußen, Blatt Angermünde, Nr. 2950. Berlin

Woldstedt P (1961) Das Eiszeitalter. Grundlinien einer Geologie des Quartärs, Bd 1. Stuttgart

GPSR Compliance

The European Union's (EU) General Product Safety Regulation (GPSR) is a set of rules that requires consumer products to be safe and our obligations to ensure this.

If you have any concerns about our products, you can contact us on ProductSafety@springernature.com

In case Publisher is established outside the EU, the EU authorized representative is:

Springer Nature Customer Service Center GmbH
Europaplatz 3
69115 Heidelberg, Germany

Batch number: 10684237

Printed by Printforce, the Netherlands